高职高专"十二五"规划教材

金属矿床开采

刘念苏　主编

U0342519

北　京

冶金工业出版社

2012

内 容 提 要

本书是根据冶金高职院校金属矿开采技术专业人才培养方案的要求编写的，书中讲述的内容为采矿科学技术的重要组成部分。全书共有 6 篇（23章）。第 1 篇：金属矿床地下开采概述；第 2 篇：地下开拓的系统网络；第 3篇：矿块的采准、切割、回采工艺；第 4 篇：金属矿床的地下采矿方法；第 5篇：金属矿床露天开采；第 6 篇：其他采矿方法与矿业法律法规。

本书除了主要用于冶金高职院校金属矿开采技术专业的教学外，也是矿山地质、矿山测量、矿山机械等相近专业和采矿生产一线技术管理人员、设计人员的参考书。

图书在版编目（CIP）数据

金属矿床开采/刘念苏主编 . —北京：冶金工业出版社，
2012. 8
高职高专"十二五"规划教材
ISBN 978-7-5024-5999-4

Ⅰ . ①金… Ⅱ . ①刘… Ⅲ . ①金属矿开采—高等职业
教育—教材 Ⅳ . ①TD85

中国版本图书馆 CIP 数据核字（2012）第 183092 号

出 版 人 曹胜利
地 址 北京北河沿大街嵩祝院北巷 39 号，邮编 100009
电 话 (010)64027926 电子信箱 yjcbs@cnmip. com. cn
责任编辑 张耀辉 宋 良 美术编辑 李 新 版式设计 葛新霞
责任校对 王贺兰 责任印制 张祺鑫
ISBN 978-7-5024-5999-4
北京印刷一厂印刷；冶金工业出版社出版发行；各地新华书店经销
2012 年 8 月第 1 版，2012 年 8 月第 1 次印刷
787mm×1092mm 1/16；29.75 印张；723 千字；459 页
53. 00 元

冶金工业出版社投稿电话：(010)64027932 投稿信箱：tougao@cnmip. com. cn
冶金工业出版社发行部 电话：(010)64044283 传真：(010)64027893
冶金书店 地址:北京东四西大街 46 号(100010) 电话:(010)65289081(兼传真)
（本书如有印装质量问题，本社发行部负责退换）

前　言

金属矿床开采（the metals mineral bed mine）是现代冶金工业的基础，任何国家的经济发展都高度依赖于金属矿产资源的开发与利用。冶金高职院校金属矿开采技术专业开设"金属矿床开采"这门课程的主要任务是：让学生建立矿产资源和金属矿开采的基本概念，掌握一般冶金矿山开采"必须"而"够用"的采矿科学技术知识，从而拓展视野，培养采矿生产技能和生产现场的施工组织与管理能力以及采矿设计的初步能力，为今后从事采矿生产技术工作和相关的管理工作，做好必要的技术思想准备。出于适应冶金采矿工业的发展和深化高等职业技术教育改革需要的目的，我们编写了本书。

全书共有6篇（23章）。第1篇：金属矿床地下开采概述，含第1~3章；第2篇：地下开拓的系统网络，含第4~6章；第3篇：矿块的采准、切割、回采工艺，含第7~9章；第4篇：金属矿床的地下采矿方法，含第10~14章；第5篇：金属矿床露天开采，含第15~19章；第6篇：其他采矿方法与矿业法律法规，含第20~23章。各章的后面均附有复习思考题。

在内容安排上，本书注重学科知识的系统性与"必须"而"够用"相结合的原则和尽可能体现采矿生产情景的实用性原则，体现了工学结合、校企结合的高等职业技术教育课程改革的成果。它既是冶金高职院校金属矿开采技术专业的教科书，亦可以作为采矿工程技术人员的参考资料，还可以作为现代矿山企业管理人员的技术培训教程。

本书由刘念苏主编，袁世伦、万士义、黄玉焕、江双全、刘其升为编写组成员。其中，袁世伦参加了大纲确定过程和第5篇的部分内容编写，并对教材编写提供了部分参考资料；万士义编写了第4篇的两章内容；黄玉焕参加了金属矿床露天开采的部分内容编写；江双全参加了第4篇部分内容的编写，刘其升编写了第16、17章；刘念苏编写了其余内容并完成全书统稿工作。

在编写过程中，得到了铜陵有色金属集团控股公司所属矿山企业、设计与科研部门以及有关院校专家的大力支持与帮助，在此一并表示衷心感谢！特别是铜陵有色金属控股公司技术中心，希望今后还有更多的合作。

　　由于掌握的资料和水平所限，书中不足之处，恳请读者批评指正（安徽工业职业技术学院的地址：安徽省铜陵市长江西路 274 号；邮编：244000；电话：0562 - 2608629（系办）；联系人邮箱：lns550728@163.com）。

编　者

2012 年 6 月

目　录

第1篇　金属矿床地下开采概述

第2篇　地下开拓的系统网络

第3篇　矿块的采准、切割、回采工艺

第4篇　金属矿床的地下采矿方法

第5篇 金属矿床露天开采

第6篇　其他采矿方法与矿业法律法规

绪　　论

0.1　金属矿床开采的重要意义

金属矿床开采，是冶金采矿工业的重要组成部分。任何国家的经济发展，都高度依赖于金属矿产资源的开采与利用。现代社会经济中，主要工农业部门所利用的主要矿产品如表 0-1 所示。

表 0-1　现代经济中主要工农业部门所利用的主要矿产品

行业类别	主　要　矿　产　品
冶炼及加工业	铁、铅、铜、锌、镍、铬、钴、钼、钨、钛、钒、白云岩、硅石、萤石、黏土等
建筑业	石灰石、黏土、石膏、高岭土、花岗石、大理石、钢铁、铅、铜、锌等
化学工业	磷、钾、硫、硼、纯碱、重晶石、石灰石、砷、明矾、钛、钨、汞、镁、硒等
石油工业	重晶石、铼、稀土金属、天然碱、钾、铂族金属、铅等
运输业	铁、铅、铜、锌、钛等
电子工业	铜、纯金、锌、银、铍、镉、铯、钛、锂、锗、硅、云母、稀土金属、铊、硒等
核工业	铀、钍、硼、镉、铪、稀土金属、石墨、铍、锆、钽、镁、镍、钛、铌、钒等
航天工业	铍、钛、锆、锂、碘、铯、银、钨、钼、镍、铬、铂、铋、钽、铼等
轻工业	砂岩、硅砂、长石、硒、钛、镉、锌、锑、铅、钴、锂、稀土金属、萤石、锡等
农业	磷、钾、硫、白云石、砷、锌、铜、萤石、汞、钴、镭等
医药业	石膏、辰砂、磁石、明矾、金、铂、镍、铬、钴、钼、钛、镭等

从表 0-1 中可以看出，金属矿产资源是重要的基础原材料，它的产品种类多、应用领域广、产业的关联度高，在经济建设、国防工业、社会发展等方面都发挥着重要作用。

据统计，我国 2008 年，全国 10 种有色金属总产量 2520 万吨，总消费量 2517 万吨；其中铜、铝、铅、锌、镍总产量分别占全球产量的 20%、32.7%、37.8%、33%、9.5%，总消费量分别占全球消费量的 27.2%、32%、35.7%、31.7%、23.5%，规模以上企业完成工业增加值 5766 亿元。

金属矿产资源的开采和利用，还提供和创造出大量延伸、附加的就业机会和社会财富，现代冶金采矿业，已经是我国社会经济发展的支柱产业和居民赖以生存的重要组成部分。

0.2　"金属矿床开采"课程的教学任务与安排

"金属矿床开采"是冶金高职院校金属矿开采技术专业的职业技术主干课程。为了适应矿业经济的发展，就要让学生建立矿产资源与金属矿床、矿产储量指标、采矿的损失与贫化等基本概念，了解我国矿产资源分布情况、地下开采的条件、采矿生产基本工艺过程，掌握金属矿床开拓方法、地下采矿场结构、采矿准备和切割工艺、回采落矿方法，熟悉露天开采的生产工艺以及境界确定等内容。从而培养他们的采矿生产技能，使他们具备采掘施工组织的管理知识能力和一般采矿设计的基本素质，为从事采矿生产技术工作或与其专业相关的技术管理工作，做好必要的技术思想准备。

0.2.1　课程的主要任务

（1）介绍矿产资源与金属矿床的基本概念、地下开采基本过程与生产能力、采矿生产的主要经济技术指标等，让学生们对金属矿开采的基本概念有一个较为全面而又系统的专业认识。

（2）让学生系统掌握金属矿床地下开拓方法和主要开拓工程、矿块的采准、切割与回采工艺；了解开拓方案的设计内容与步骤，进一步熟悉井下开采的生产条件和工作环境。

（3）让学生根据不同矿床的实际情况，熟悉不同矿床的地下开采方法与工程特征、适用条件等内容；培养金属矿床地下开采的生产认知能力和初步设计能力。

（4）结合充填采矿方法中的矿柱回采与采空区处理等生产工艺过程的教学，进一步提高采矿生产技术技能与素质，为学生从事采矿生产的顶岗实践活动打好基础。

（5）介绍金属矿床露天开采的基本概念、生产工艺、开拓方法与开采境界的确定原则和采掘计划编制等内容；培养学生露天开采的基本素质与初步设计能力。

（6）介绍砂矿概念，让学生了解水力开采的设备和方法；培养其开采的初步能力。

（7）介绍矿床开采方面的法律法规，让学生建立安全生产的意识与环境保护的意识。

（8）让学生了解金属矿开采的部分新技术、新工艺、新装备、新动态，培养其创新意识或使其初步具备自学采矿新技术、新工艺、新装备的知识能力。

0.2.2　课程教学的主要内容与安排

本课程的主要教学内容与安排，如表 0 - 2 所示。

表 0 - 2　本课程的主要教学内容与安排表

序　号	教　学　内　容	讲授时间	计划课时
第一篇	金属矿床地下开采概述	第 3 学期	12 学时
第二篇	地下开拓的系统网络	第 3 学期	12 学时
第三篇	矿块的采准、切割、回采工艺	第 3 学期	10 学时
第四篇	金属矿床的地下采矿方法	第 3、4 学期	42 学时
第五篇	金属矿床露天开采	第 4 学期	40 学时
第六篇	其他采矿方法与矿业法律法规	第 4 学期	10 学时
讲座	采矿新技术与本行业未来发展趋势报告	第 5、6 学期	8 学时
合　　计		大二、大三年级 4 个学期	134

注：1. 本课程安排，是根据冶金高职院校金属矿开采技术专业人才培养方案的要求而拟订的。对不同学历的教学班级或不同矿山企业的培养对象，应该视不同要求来调整教学内容与课堂理论教学时间。

　　　2. 采矿新技术、新工艺、新装备、新材料、新动态的学术报告目录如下：

　　（1）金属矿地下开采业的现状与未来发展趋势。

　　（2）金属矿露天开采的发展趋势与先进技术装备。

　　（3）特殊采矿法专题技术讲座：1）溶浸采矿/生物化学采矿/微菌采矿·概述；2）安徽某矿氧化矿堆浸提铜可行性研究报告；3）核爆技术在地下采矿工业中的应用（机密）。

　　（4）海洋矿产资源的开发与利用。

　　（5）登月采矿的前景展望。

　　（6）采矿科学技术"之最"/矿业经济课题 1.2.3。

0.3　冶金采矿业的发展史简介

0.3.1　人类从事采矿活动的大事记

采矿是除农业耕作以外，人类最早从事的生产活动。在大约45万年前的旧石器时代，人类就为获取工具采集石块，人类历史发展的每一个里程碑无不与采矿有关：如石器时代（公元前4000年以前）、铜器时代（公元前4000～公元前1500年）、铁器时代（公元前1500～公元1780年）、钢时代（公元1780～1945年）等。人类文明发展史的各个阶段，就是以矿物资源的利用情况来划分的。

表0-3是哈特曼（Hartman）给出的从史前到20世纪初机械化大规模采矿开始的采矿及矿物利用发展史简表。我们对哈特曼给出的这份简表应该仔细阅读和有所记忆。

表0-3　采矿发展史简表[①]

时　间	事　件
公元前 450000	旧石器时代人类为获取石头器具进行地表开采
40000	在非洲斯威士兰（Swaziland）地表开采发展到地下开采
30000	在捷克斯洛伐克首先使用黏土烧制的器皿
18000	人类开始使用自然金和铜作为装饰品
5000	埃及人用火法破碎岩石
4000	加工金属的最早使用，铜器时代开始
3400	埃及人开采绿松石，最早有记载的采矿
3000	中国人用煤炼钢[②]，埃及人最早使用铁器
2000	在秘鲁出现黄金制品，黄金制品在新大陆的最早使用
1000	希腊人使用钢铁
公元 100	罗马采矿业兴旺发展
122	罗马人在大不列颠使用煤
1185	Trant 的大主教颁布法令，使矿工获得法律和社会的权利
1524	西班牙人在古巴采矿，新大陆最早有记录的采矿
1550	捷克斯洛伐克最早使用提升泵
1556	第一部采矿著作《De Re Metallica》（作者 Georgius Agricola）在德国出版
1585	北美洲发现铁矿（美国北卡罗来纳州）
1600	铁、煤、铅、金开采在美国东部开始
1627	炸药最早用于欧洲匈牙利矿山（在中国可能更早）
1646	北美洲第一座鼓风炉在美国麻省建成
1716	第一所采矿学校在捷克斯洛伐克建立
1780	工业革命开始，现代化机器最早用于矿山
1800	美国采矿业蓬勃发展，淘金热打开西部大门
1815	Humphrey Davy 在英国发明矿工安全灯
1855	贝氏（Bessemer）转炉炼钢法首先在英国使用
1867	诺贝尔发明的达那炸药用于采矿
1903	第一座低品位斑岩铜矿在尤他建成，机械化大规模开采时代在美国拉开序幕

① 在我国采矿发展史上，某些开采活动和矿物利用的发生时间也许比表中所列更早，《采矿手册》第一卷（冶金工业出版社，1988）有较完整的论述。

② 可能的发生时间。

从表0-3可以看出，采矿活动与矿物利用推动了人类历史的进步。人类的生活水平和生产力随时间的发展，较以前的每一个历史阶段都有了很大的提高。18世纪末的工业革命使人类开始步入工业文明，也揭开了人类大规模开发、利用矿产资源的新纪元。工业革命以来的短短200年间，科学技术的飞速进步、生产力的大幅提高和人类财富的快速积累，均是以矿产资源的大规模开发和创造性利用为基础的。所以说没有采矿业，许多产业（特别是金属冶炼和加工工业）就会成为无米之炊。

0.3.2　我国冶金采矿工业的发展概况

我国历史悠久，幅员辽阔，矿产资源丰富。原始时期就已经能够采集石料并打磨成生产工具、采集陶土以供制陶。据历史记载和考古证明：距今4700年前（即公元前2750年前）人们就已经开始采、冶青铜。以后历经夏、商、唐到元、明代，采矿业都在不断发展。

从湖北大冶铜绿山古铜矿遗址出土的用于采掘、装载、提升、排水、照明等的铜、铁、木、竹、石制的多种生产工具及陶器、铜链、铜兵器等文物证明，春秋时期已经使用了立井、斜井、平巷联合开拓，初步形成了地下开采系统。至西汉时期，开采系统已经相当完善。此时，在河北、山东、湖北等地的铁、铜、煤、沙金等矿产都已开始开采。

战国末期，秦国蜀郡太守李冰在今四川省双流县境内开凿盐井，获取食盐。

明代以前主要有铁、铜、锡、铅、银、金、汞、锌的生产。

到了清朝，当时的四川人民已经在自贡开凿出了1000多米深的盐井。

17世纪初，欧洲人将由中国传入的黑火药用于采矿，用凿岩爆破方法落矿代替人工挖掘，这是采矿技术发展史上的一个里程碑。

19世纪末至20世纪初，我国相继使用了矿用炸药、雷管、导爆索和凿岩设备，尤其是电动机械铲、电机车和电力提升、通信、排水等设备的使用，标志着近代采矿、装运技术的逐渐形成。

20世纪上半叶开始，采矿技术迅速发展，出现了硝酸铵炸药，使用了地下深孔爆破技术；各种矿山设备不断完善和大型化，逐步形成了可适用于不同矿床条件的机械化采矿工艺。

20世纪50年代后，由于使用了潜孔钻机、牙轮钻机、自行凿岩台车等新型设备，采掘设备、运输提升设备开始实现大型化、自动化。电子计算机技术用于矿山生产管理、规划设计和工程计算，开始用系统科学研究采矿问题，诞生了系统采矿工程学。矿山生产开始建立控制系统，利用现代试验设备、测试技术和电子计算机，预测和解决采矿科学的某些实际问题。

新中国成立以后，全国建设了一批重点矿山，鞍山钢铁公司、武汉钢铁公司、重庆钢铁公司、湖北大冶有色金属公司、云南锡业公司和江西铜业公司以及新疆有色金属公司等都有大量采矿生产活动，我国的采矿工业从露天到地下开采都有了较大的发展。许多大型的露天采矿设备用于井下开采，深井开采的能力也得到了显著提高和增强。安徽铜陵地区曾被喻为古铜都，唐朝就采冶铜矿资源。清朝时铜陵地区就设立了铜官衙门。新中国成立以后，铜陵设特区，中央人民政府派出军代表进驻，铜陵地区的铜矿资源采冶为我国近代冶金工业和物质文明发展发挥了重要作用。

　　目前，我国已有亚洲最大规模的露天矿、一次性提升最深的采铜井和先进的地下采矿方法，矿山设计、矿床评价和矿山计划管理的科学方法，也更加有利于规范管理和参加国际交流与合作，使采矿工艺向工程科学发展。可以肯定，中国的采矿工业（特别是冶金采矿业），还将会为人类社会的进步，做出更大、更多的贡献！

复习思考题

0-1　金属矿开采有什么意义？

0-2　本课程的主要任务是什么？

0-3　本课程的主要教学内容有哪些？

0-4　人类采矿活动有哪些值得记忆的事情？

0-5　我国冶金采矿业的发展能为社会进步做什么贡献？

第 1 篇

金属矿床地下开采概述

金属矿开采的对象，是矿床或矿体，其产品是矿石。所谓金属矿床地下开采，就是根据金属矿床的埋藏地质条件和对地下开采的要求，有计划、有步骤地从金属矿床中把矿石采掘、运输出来。但是何为金属矿床？其产品又有哪些？地下开采的基本程序、主要技术经济指标是什么？

以上这些是必须要首先了解的基础理论知识，所以本篇分 3 章来介绍矿产资源与金属矿床的概念、矿床的赋存条件与开采能力、对金属矿床地下开采的要求等内容。

 矿产资源与金属矿床的概念

┈┈┈┈┈┈┈┈┈┈┈┈┈┈┈┈┈┈┈┈┈┈┈┈┈┈┈┈┈┈┈┈┈┈┈┈┈┈

【本章要点】矿产资源、金属矿、矿体、矿床、围岩、资源储量、矿石品位的基本概念

┈┈┈┈┈┈┈┈┈┈┈┈┈┈┈┈┈┈┈┈┈┈┈┈┈┈┈┈┈┈┈┈┈┈┈┈┈┈

1.1 矿产资源的定义与分类

1.1.1 矿产资源的定义

矿产资源，是指经过地质成矿作用，埋藏于地下或出露于地表，并具有开发利用价值的矿物或有用化学元素的集合体。它们以元素或化合物的集合体形式产出，绝大多数为固态、少数为液态或气态，习惯上称为矿产或者矿产品。如油气矿、煤矿、磁铁矿等。

根据美国地质调查局（U. S. Geological Survey）1976 年的定义，矿产资源（mineral resources）是指天然赋存于地球表面或地壳中，由地质作用所形成，呈固态（如各种金属矿物）、液态（如石油）或气态（如天然气）的具有当时经济价值或潜在经济价值的富集物。

从地质研究角度来说，矿产资源不仅包括已发现的经过工程控制的矿产；同时，还包括目前虽然未发现、但是经过预测（或推断）其可能存在的矿产。

从技术经济条件来说，矿产资源不仅包括在当前经济技术条件下可以利用的矿物质；同时，也还包括随着技术进步和经济发展，在可预见的将来能够利用的矿物质。

现代经济系统中常见的矿产品见表 1-1。

表 1 – 1　现代经济系统中常见的矿产品

序号	英文名	中文名	序号	英文名	中文名
1	Aluminum	铝	37	Iron & steel slag	渣钢铁
2	Antimony	锑	38	Kyanite & related minerals	蓝晶石及其矿物
3	Arsenic	砷	39	Lead	铅
4	Asbestos	石棉	40	Lime	石灰
5	Barite	重晶石	41	Lithium	锂
6	Bauxite and Alumina	铝土矿和氧化铝	42	Magnesium compound	化合镁
7	Beryllium	铍	43	Magnesium metal	金属镁
8	Bismuth	铋	44	Manganese	锰
9	Boron	硼	45	Manufactured abrasives	硬质磨料
10	Bromine	溴	46	Mercury	汞
11	Cadmium	镉	47	Mica scrap & flake	碎云母
12	Cement	水泥	48	Mica sheet	片云母
13	Cesium	铯	49	Molybdenum	钼
14	Chromium	铬	50	Nickel	镍
15	Clays	黏土	51	Nitrogen (fixed)、Ammonia	固氮、氨
16	Cobalt	钴	52	Peat	泥煤
17	Columbium (Niobium)	钶(铌)	53	Perlite	珍珠岩
18	Copper	铜	54	Phosphate rock	磷酸盐岩
19	Diamond (industrial)	金刚石(工业)	55	Platinum – group metals	铂、铂族金属
20	Diatomite	硅藻土	56	Potash	钾碱
21	Feldspar	长石	57	Pumice、pumicite	浮石
22	Fluorspar	萤石	58	Quartz crystal (industrial)	硅晶(工业)
23	Gallium	镓	59	Rare earths	稀土
24	Garnet (industrial)	石榴石	60	Rhenium	铼
25	Gemstones	宝石	61	Rubidium	铷
26	Germanium	锗	62	Rutile	金红石
27	Gold	黄金	63	Salt	盐
28	Graphite (Natural)	石墨(自然)	64	Sand & gravel (construction)	砂砾石(建筑)
29	Gypsum	石膏	65	Sand & gravel (industrial)	砂砾石(工业)
30	Helium	氦	66	Scandium	钪
31	Ilmenite	钛铁矿	67	Selenium	硒
32	Indium	铟	68	Silicon	硅
33	Iodine	碘	69	Silver	银
34	Iron ore	铁矿石	70	Soda ash	纯碱(苏打灰)
35	Iron & steel	钢铁	71	Sodium Sulfate	硫酸钠
36	Iron & steel scrap	废钢铁	72	Stone (crushed)	碎石

序号	英文名	中文名	序号	英文名	中文名
73	Stone（dimension）	石料	81	Tin	锡
74	Strontium	锶	82	Titanium & Titanium dioxide	钛和二氧化钛
75	Sulfur	硫	83	Tungsten	钨
76	Talc & Pyrophyllite	滑石和叶蜡石	84	Vanadium	钒
77	Tantalum	钽	85	Vemiculite	蛭石
78	Tellurium	碲	86	Yttrium	钇
79	Thallium	铊	87	Zinc	锌
80	Thorium	钍	88	Zirconium & Hafnium	锆和铪

注：表中矿产品不是以化学元素划分的，而是以能在市场上独立参与交易的产品划分的，如钢铁和废钢铁元素相同，但由于它们作为两种独立商品参与贸易，故列为两种矿产品。

资料来源：《Mineral Commodity Summaries》（美国矿山局）。

1.1.2　矿产资源定义中应注意区分的几个基本概念

1.1.2.1　矿物

矿物是天然的无机物质，有一定的化学成分，在通常情况下，各种矿物因内部分子构造不同，从而形成各种不同的外形和具有不同的物理化学性质。矿物有单质存在形式，如金刚石、石墨、自然金等；但大部分矿物都是由两种或两种以上元素组成，如磁铁矿（Fe_3O_4）、黄铜矿（$CuFeS_2$）等。

1.1.2.2　矿石、矿体与矿床

凡是地壳中的矿物集合体，在当前技术经济水平条件下，能够以工业规模从中提取国民经济所必需的金属或矿物产品的，称为矿石。矿石的聚集体，称为矿体，而矿床又是矿体的总称。对于某一个矿床而言，它可以是由一个矿体或若干个矿体组成。

矿体，是指在空间上具有一定位置、形状和大小，并能组成矿床的矿石聚集体的基本概念。它包含地质和技术经济的双重含义。就地质含义而言，它是包括矿体与矿体在空间上、成因上与围岩构造有联系的综合地质体；而对技术经济的含义而言，它是指在地壳中由地质作用形成、并在质和量上适合工业规模开采和利用的有用矿物聚集体。金属矿床，是指适合工业规模开采和利用的有用金属矿物聚集起来的综合地质体。而非金属矿床，则是非金属矿物的聚集体。

1.1.2.3　围岩与废石

矿体周围的岩石称为围岩。根据围岩与矿体的位置，有上盘与下盘围岩和顶板与底板围岩之分。凡是位于倾斜至急倾斜矿体上方和下方的围岩，分别称为上盘围岩和下盘围岩；凡是位于水平或缓倾斜矿体顶部和底部的围岩，分别称为顶板围岩和底板围岩。矿体周围的岩石和夹在矿体中的岩石（称之为夹石），无有用成分或有用成分含量过少，而当前不具备开采条件的称废石。

废石的概念是相对的，有的废石在一定条件下可以转化成矿产资源来利用。

矿产资源定义中各相关概念的关系如图1-1所示。

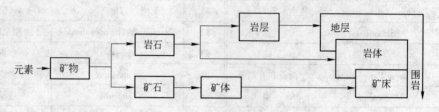

图1-1　矿物、岩石与矿石等相关概念的关系示意图

1.1.3　矿产资源的分类

矿产资源按照可利用情况，分为金属矿产资源、非金属矿产资源和能源矿产资源三大类。

1.1.3.1　金属矿产资源

金属矿产是国民经济、居民日常生活及国防工业、尖端技术和高科技产业必不可缺少的基础材料和重要的战略物资。钢铁和有色金属的产量常被认为是一个国家国力的体现，我国金属工业经过50多年发展，已经形成了比较完整的工业体系，奠定了雄厚的物质基础，并已成为金属资源生产和消费主要国家之一。

金属矿产资源，根据金属元素特性和稀缺程度又可分为：

（1）黑色金属矿产，如铁矿、锰矿、铬矿、钒矿、钛矿等；

（2）有色金属矿产，如铜矿、铅矿、铝土矿、镍矿、钨矿、镁矿、锡矿、钼矿、汞矿等；

（3）贵重金属矿产，如金矿、银矿、铂矿、钯矿、铱矿、铑矿、钌矿、锇矿等；

（4）稀有金属矿产，如铌矿、钽矿、铍矿、锆矿、锶矿、铷矿、锂矿、铯矿等；

（5）稀土金属矿产，如钪矿、轻稀土（镧、铈、镨、钕、钷、钐、铕矿）等；

（6）重稀土金属矿产，如钆矿、铽矿、镝矿、钬矿、铒矿、铥矿、镱矿、钇矿等；

（7）分散元素金属矿产，如锗矿、镓矿、铟矿、铊矿、铪矿、铼矿、镉矿、碲矿等；

（8）放射性金属矿产，如铀矿、钍矿（也可归于能源类）等。

1.1.3.2　非金属矿产资源

非金属矿产资源系指那些除燃料矿产、金属矿产外，在当前技术经济条件下，可供工业提取非金属化学元素、化合物或可直接利用的岩石矿物。此类矿产中少数是利用化学元素、化合物，多数则是以其特有的物化技术性能而利用的整体矿物或岩石。由此，世界一些国家又称非金属矿产资源为"工业矿物与岩石"。

目前，世界上已被工业利用的非金属矿产资源达250余种；年开采非金属矿产资源量在250亿吨以上，非金属矿产原料年总产值已经达2000亿美元，大大超过金属矿产值，非金属矿产资源的开发利用水平已成为衡量一个国家经济综合发展水平的重要标志之一。

中国是世界上已知非金属矿产资源品种比较齐全、资源比较丰富、质量比较优良的少数国家之一。迄今，中国已发现非金属矿产品 102 种，其中已探明有储量的矿产 88 种。非金属矿产品与制品，如水泥、萤石、重晶石、滑石、菱镁矿、石墨等的产量多年居于世界首位。

1.1.3.3 能源类矿产资源

能源类矿产资源主要包括煤炭、石油、天然气、油页岩等由地球上的有机物堆积转化而成的"化石燃料"。它是国民经济和人民生活水平的重要保障物质，直接关系到一个国家的生存和发展。

1.2 我国矿产资源的分布状况

1.2.1 金属矿产资源

1.2.1.1 黑色金属矿产

（1）铁矿。我国的铁矿资源主要集中在辽宁、四川、河北 3 省。这 3 个省的保有铁矿石储量，占全国总保有铁矿石储量的近 50%。我国已经形成的主要铁矿原料基地包括：
1）长江中、下游铁矿原料基地；
2）鞍山—本溪和抚顺铁矿原料基地；
3）冀东—北京铁矿原料基地；
4）攀枝花—西昌铁矿原料基地；
5）包头—白云鄂博铁矿区；
6）五台—岚县铁矿区；
7）鲁中铁矿区；
8）河北宣化—赤城铁矿区；
9）太行山铁矿区；
10）酒泉镜铁山铁矿区；
11）吉林通化铁矿区；
12）江西新余—萍乡、吉安—永新铁矿区；
13）湘东、田湖铁矿区。
除此之外，还有滇中、闽南、水城等 12 个规模较小的铁矿区为地方钢铁企业提供铁矿原料。

铁矿类型以分布在东北、华北地区的变质 – 沉积磁铁矿最为重要。该类型铁矿含铁量虽低（35% 左右），但储量大，约占全国总储量的 50%；可选性能好，经选矿处理后可以获得含铁 65% 以上的精矿。从成矿时代看，自元古宙至新生代均有铁矿形成，但以元古宙时期最为重要。

（2）锰矿。湖南和广西是我国重要锰矿原料基地，产量占全国锰矿总产量的近 50%；其次为辽宁、广东、云南、四川、贵州等省。我国锰矿储量比较集中的地区有以下 8 个：
1）桂西南地区；
2）湘、黔、川三角地区；
3）贵州遵义地区；

4）辽宁朝阳地区；

5）滇东南地区；

6）湘中地区；

7）湖南永州—道县地区；

8）陕西汉中—大巴山地区。

以上 8 个地区保有锰矿储量占全国总保有储量的 80% 以上。

矿床成因类型以沉积型锰矿为主，如广西下雷锰矿、贵州遵义锰矿、湖南湘潭锰矿、辽宁瓦房子锰矿、江西乐平锰矿等；其次为火山－沉积矿床，如新疆莫托沙拉铁锰矿床；受变质矿床，如四川虎牙锰矿等；热液改造锰矿床，如湖南玛璃山锰矿；表生锰矿床，如广西钦州锰矿。

形成时代为元古宙至第四纪，其中以震旦纪和泥盆组最为重要。

（3）铬矿。铬铁矿主要分布在西藏，其次为内蒙古、新疆、甘肃、四川，这些省（自治区）的铬铁矿保有储量占全国铬铁矿总保有储量的 85% 左右。

我国铬矿矿床是典型的与超基性岩有关的岩浆型矿床，绝大多数属蛇绿岩型，矿床赋存于蛇绿岩带中。铬铁矿的形成时代以中、新生代为主。

（4）钛矿。我国探明的钛资源分布在 21 个省（自治区、直辖市）。主要产区为四川，次要产区有河北、海南、广东、湖北、广西、云南、陕西、山西等省（自治区）。

钛矿矿床类型主要为岩浆型钒钛磁铁矿，其次为砂矿。

原生钛铁矿的形成时代主要为古生代，砂钛矿则主要形成于新生代。

（5）钒矿。我国的钒资源较丰富，保有储量位居世界前列。钒矿在 19 个省（自治区）有探明储量，其中四川钒矿储量居全国之首，占总储量的 49%；湖南、安徽、广西、湖北、甘肃等省次之。

钒矿主要产于岩浆岩型钒钛磁铁矿床之中，作为伴生矿产出。钒钛磁铁矿主要分布于四川攀枝花—西昌地区；黑色页岩型钒矿主要分布于湘、鄂、皖、赣一带。

钒矿的形成时代，主要为古生代，其他地质年代也有少量的钒矿产出。

1.2.1.2　有色金属矿产

（1）铜矿。铜矿在我国分布广泛，除北京、天津、重庆、台湾、香港、澳门外，其他省、市、自治区均有铜矿床发现。其中，云南、内蒙古、安徽、山西、甘肃、江西等地的铜矿分布最为集中。目前，我国已形成了以矿山为主体的七大铜业生产基地：江西铜基地、云南铜基地、白银铜基地、东北铜基地、铜陵铜基地、大冶铜基地和中条山铜基地。

矿床类型以斑岩型铜矿最为重要，如江西德兴特大型斑岩铜矿和西藏玉龙大型斑岩铜矿；其次为铜镍硫化物矿床（如甘肃白家嘴子铜镍矿）、矽卡岩型铜矿（如湖北铜绿山铜矿、安徽铜官山铜矿）、火山岩型铜矿（如甘肃白银厂铜矿等）、沉积岩中层状铜矿（如山西中条山铜矿、云南东川式铜矿）、陆相砂岩型铜矿以及少量热液脉状铜矿等。

铜矿的形成时代跨越太古宙至第三纪，但主要集中在中生代和元古宙。

（2）铅锌矿。全国 27 个省、自治区、直辖市发现并勘探了铅锌资源的储量，但从富集程度和保有储量来看，其主要集中于 6 个省（自治区），即云南、内蒙古、甘肃、广东、湖南和广西。6 省（自治区）占了全国铅锌合计储量的 65% 左右。

矿床类型主要包括：

1）与花岗岩有关的花岗岩型（广东连平）、矽卡岩型（湖南水口山）、斑岩型（云南姚安）矿床；

2）与海相火山有关的矿床（青海锡铁山）；

3）产于陆相火山岩中的矿床（江西冷水坑和浙江五部铅锌矿）；

4）产于海相碳酸盐（广东凡口）泥岩—碎屑岩系中的铅锌矿（甘肃西成铅锌矿）；

5）产于海相或陆相砂岩和砾岩中的铅锌矿（云南金顶）等。

铅锌矿成矿时代以古生代为主。

（3）铝土矿。我国铝土矿主要分布在山西、贵州、河南和广西4省。其储量合计占全国总储量的90%以上。

铝土矿的矿床类型主要为古风化壳型矿床和红土型铝土矿床，且以前者最为重要。

铝土矿成矿时代主要集中在石炭纪和二叠纪。

（4）镍矿。我国镍矿主要分布在西北、西南和东北地区，甘肃储量最多，其次是新疆、云南、吉林、湖北和四川。

镍矿床类型主要为岩浆熔离矿床和风化壳硅酸盐镍矿床两个大类。

镍矿的成矿时代比较分散，从前寒武纪到新生代皆有镍矿产出。

（5）钴矿。全国24个省（自治区）有钴矿资源，但以甘肃、山东、云南、河北、青海、山西等省的资源最为丰富，以上6省储量之和占全国总储量的70%，其余30%的储量分布在新疆、四川、湖北、西藏、海南、安徽等省（自治区）。

矿床类型有岩浆型、热液型、沉积型、风化壳型等4类；其中以岩浆型硫化铜镍钴矿和矽卡岩铁铜钴矿为主，占总储量65%以上；其次为火山沉积与火山碎屑沉积型钴矿，占总储量的17%左右。

钴矿成矿时代以元古宙和中生代为主，古生代和新生代次之。

（6）钨矿。在全国已探明钨矿储量的21个省（自治区、直辖市）中，以湖南和江西最丰富，其次为河南、广西、福建、广东、云南，这7个省（自治区）合计占全国钨矿保有储量的90%以上。主要矿区有湖南柿竹园钨矿，江西的西华山、大吉山、盘古山、归美山、漂塘等钨矿，以及广东莲花山钨矿、福建行洛坑钨矿、甘肃塔儿沟钨矿、河南三道庄铝钨矿等。

钨矿床的类型，以层状控制叠加矿床和壳源改造花岗岩型矿床最为重要；壳幔源同熔花岗闪长岩型矿床、层状控制再造型矿床和表生型钨矿床次之。

钨矿成矿时代，最早为早古生代，晚古生代较少，中生代形成钨矿最多，新生代钨矿罕见。

（7）锡矿。主要集中在云南、广西、湖南、广东、内蒙古、江西6省（自治区），其合计保有储量占全国总保有储量的98%左右。

锡矿矿床类型主要包括与花岗岩类有关的矿床，与中、酸性火山–潜火山岩有关的矿床，与沉积再造变质作用有关的矿床和沉积–热液再造型矿床；其中以花岗岩矿床最为重要，云南个旧和广西大厂等世界级超大型锡矿皆属此类。这两个锡矿储量占全国锡矿总储量的33%以上。

锡矿成矿时代比较广泛，以中生代锡矿最为重要，前寒武纪次之。

（8）钼矿。全国钼矿资源位居前3名的省份依次为河南（占全国钼矿总储量的30%左右）、陕西和吉林，3省的合计保有储量占全国总保有储量的50%以上。另外，储量较多的还有山东、河北、江西、辽宁和内蒙古。陕西金堆城、辽宁杨家杖子、河南栾川是我国三个重要的钼业基地。

矿床类型以斑岩型钼矿和斑岩矽卡岩型钼矿为主。

除少数钼矿形成于晚古生代和新生代之外，绝大多数钼矿床均形成于中生代，为燕山期构造岩浆活动的产物。

（9）汞矿。汞矿资源贵州储量最多，占全国汞矿储量的近40%，其次为陕西和四川，3省的合计保有储量占全国汞矿资源的75%左右；广东、湖南、青海、甘肃和云南也有一定的汞矿资源分布，著名汞矿有贵州万山汞矿、务川汞矿、丹寨汞矿、铜仁汞矿以及湖南的新晃汞矿等。

汞矿矿床类型分为碳酸盐岩型、碎屑岩型和岩浆型3种，其中碳酸盐岩型占主要地位，拥有汞储量90%以上。大多数汞矿床产于中、下寒武纪地层之中。

（10）锑矿。锑矿资源储量以广西为最多，其次为湖南、云南、贵州和甘肃；5省（自治区）合计储量占全国锑矿总储量的85%左右。

锑矿矿床类型有碳酸盐岩型、碎屑岩型、浅变质岩型、海相火山岩型、陆相火山岩型、岩浆期后型和外生堆积型7类，其中以碳酸盐岩型锑矿为最重要。世界著名的湖南锡矿山锑矿和广西大厂锡、锑多金属矿皆属此类型。

锑矿改造成矿的时代主要集中在中生代的燕山期。

1.2.1.3 其他金属矿产

（1）铂族矿床。铂矿和钯矿主要分布在甘肃，分别占全国铂矿和钯矿的90%以上，其次是河北；铂钯（未分）矿主要在云南（占全国的65%），其次是四川（占全国的26%）；其他几种铂族金属（如铑、铱、锇、钌）的分布也主要在甘肃、云南和黑龙江。

铂族金属矿产矿床类型主要为岩浆熔离铜镍铂钯矿床、热液再造铂矿床和砂铂矿床。

铂族矿床的成矿时代主要为古元古代和古生代。

（2）金矿。我国金矿分布广泛，山东、河南、陕西、河北4省保有储量约占全国"岩金"储量的46%以上，山东省"岩金"储量接近全国"岩金"总储量的25%，居全国第一位，其他"岩金"储量超过百吨的省份还有辽宁、吉林、湖北、贵州和云南；砂金主要分布于黑龙江，其次为四川，两省合计几乎占全国砂金保有储量的50%左右。

金矿成矿时代的跨度很大，从太古宙到第四纪都有金矿形成。但主要是前寒武纪，其次为中生代和新生代。

（3）银矿。银矿保有储量最多的是江西，其次是云南、广东、内蒙古、广西、湖北、甘肃，以上7个省（自治区）储量合计占全国总保有储量的60%以上。单独的银矿很少，大多数与铜、铅、锌等有色金属矿产共生或伴生在一起。我国重要的银矿区有江西贵溪冷水坑、广东凡口、湖北竹山、辽宁凤城、吉林四平、陕西柞水、甘肃白银、河南桐柏等。

矿床类型有火山-沉积型、沉积型、变质型、侵入岩型、沉积改造型等几种，其中以火山-沉积型和变质型最为重要。银矿成矿时代较分散，但以中生代形成的银矿最多。

（4）锂矿。主要分布在 4 个省（自治区），即四川、江西、湖南和新疆。4 省（自治区）合计占全国总储量的 98% 以上，其中青海盐湖锂矿储量占 80% 以上。

锂矿成矿时代以中生代和晚古生代为主。

（5）铍矿。铍矿资源分布在 14 个省（自治区）。新疆、内蒙古、四川、云南 4 省（自治区）合计占全国总储量的 90% 左右，其次为江西、甘肃、湖南、广东、河南、福建、浙江、广西、黑龙江、河北等 10 个省（自治区），合计约占 10% 左右。绿柱石矿物储量，主要分布在新疆和四川，两省（自治区）合计占 90% 以上，其次为甘肃、云南、陕西和福建。

铍矿成矿时代以中生代和晚古生代为主。

（6）铌矿。分布在 15 个省（自治区），内蒙古、湖北两省（自治区）合计占 95% 以上；其次为广东、江西、陕西、四川、湖南、广西、福建、新疆、云南、河南、甘肃、山东、浙江等。其中，砂矿储量，广东占 99% 以上；其次是江苏、湖南；褐钇铌矿储量主要分布在湖南、广西、广东和云南。

铌矿成矿时代以中生代和晚古生代为主。

（7）钽矿。分布在 13 个省（自治区），江西、内蒙古、广东 3 省（自治区）合计占 70% 以上，其次为湖南、广西、四川、福建、湖北、新疆、河南、辽宁、黑龙江、山东等。

钽矿成矿时代以中生代和晚古生代为主。

（8）锶矿。青海省储量最多，占全国总的保有储量接近 50%；其次是陕西、湖北、云南、四川和江苏。

矿床类型主要有沉积型、沉积改造型和火山热液型。锶矿成矿时代以新生代为主，中生代次之。

（9）稀土。我国稀土矿产资源分布广泛，目前已探明有储量的矿区分布于 17 个省（自治区）。其中内蒙古占全国稀土总储量的 95% 以上，其次，贵州、湖北、江西和广东也有一定储量。

（10）锗矿。分布在 11 个省（自治区），其中广东、云南、吉林、山西、四川、广西和贵州等省（自治区）的储量占全国锗矿总储量的 96% 左右。

（11）镓矿。分布在 21 个省（自治区），主要集中在山西、吉林、河南、贵州、广西等地区。

（12）铟矿。分布在 15 个省（自治区），主要集中在云南、广西、内蒙古、青海和广东。

（13）铊矿。分布在云南、广东、甘肃、湖北、广西、辽宁、湖南 7 个省（自治区），其中云南占全国铊矿总储量的 94% 左右。

（14）硒矿。分布在 18 个省（自治区），集中在甘肃，其次为黑龙江、广东、青海、湖北等省（自治区）。

（15）碲矿。分布在 15 个省（自治区），集中在江西（占总储量 40%）、广东（占 40%）、甘肃（占 10%）。

（16）铼矿。分布在 9 个省，储量集中在陕西（占全国铼矿总储量近 45%）、黑龙江和河南。

(17) 镉矿。分布在 24 个省（自治区），储量集中在云南（占总储量 45%）、广西、四川和广东。

1.2.2　非金属矿产资源

(1) 菱镁矿。中国是世界上菱镁矿资源最为丰富的国家。探明储量的矿区有 27 处，分布于 9 个省（自治区），以辽宁的菱镁矿储量最为丰富，占全国的 85.6%；山东、西藏、新疆、甘肃次之。

矿床类型以沉积变质－热液交代型最为重要，如辽宁海城、营口等地菱镁矿产地，山东掖县菱镁矿产地等。

中国菱镁矿主要形成于前震旦纪和震旦纪，少数矿床形成于古生代和中新生代。

(2) 萤石。萤石已探明储量的矿区有 230 处，分布于全国 25 个省（自治区），以湖南萤石最多，占全国总储量的 38.9%；内蒙古、浙江次之，分别占 16.7% 和 16.6%。我国主要萤石矿区有浙江武义、湖南柿竹园、河北江安、江西德安、内蒙古苏莫查干敖包、贵州大厂等。

矿床类型以热液充填型、沉积改造型为主。

萤石矿主要形成于古生代和中生代，以中生代燕山期最为重要。

(3) 耐火黏土。已探明储量的矿区有 327 处，分布于全国各地。以山西耐火黏土矿最多，占全国总储量的 27.9%；其次为河南、河北、内蒙古、湖北、吉林等省（自治区）。

矿床按成因可分沉积型（如山西太湖石、河北赵各庄、河南巩义县、山东淄博耐火黏土矿等）和风化残余型（如广东飞天燕耐火黏土矿）两大类型，其中以沉积型为主，占总储量的 95% 以上。

耐火黏土主要成矿期为古生代，中生代、新生代次之。

(4) 硫矿。主要为硫铁矿，其次为其他矿产中的伴生硫铁矿和自然硫。全国已探明储量的矿区有 760 多处。硫铁矿以四川省最为丰富；伴生硫储量江西（德兴铜矿和永平铜矿等）第一；自然硫主要产于山东泰安地区。广东云浮硫铁矿、内蒙古炭窑口、安徽新桥、山西阳泉、甘肃白银厂等矿区也均为重要的硫铁矿区。

矿床类型有沉积型、沉积变质型、火山岩型、矽卡岩型和热液型几种，其中以沉积型（占全国总储量 41%）和沉积变质型（占全国总储量 19%）为主。

硫矿成矿时代主要为古生代，其次为前寒武纪至中生代，新生代也有大型自然硫矿床形成。

(5) 重晶石。贵州的重晶石保有储量占全国的 34%，湖南、广西、甘肃、陕西等省（自治区）次之。以上 5 省（自治区）储量占全国的 80% 左右。

矿床类型以沉积型为主（如贵州天柱、湖南贡溪、广西板必、湖北柳林重晶石矿等），占总储量的 60%；此外，还有火山－沉积型（如甘肃镜铁山伴生重晶石矿）、热液型（广西象州县潘村）和残积型（广东水岭矿）。

重晶石成矿时代以古生代为主，震旦纪至新生代也有重晶石矿形成。

(6) 盐矿。中国盐矿资源相当丰富。除海水中的盐资源外，矿盐资源在全国 17 个省（自治区）都有产出，但以青海为最多，占全国的 80%；四川（成都盆地、南充盆地等）、云南、湖北（应城盐矿）、江西（樟树盐矿、周田盐矿）等省次之。

盐矿可分岩盐、现代湖盐和地下卤水盐 3 种，以现代湖盐为主，如柴达木盆地的现代盐湖。盐矿成矿时代主要为中生代、新生代。

（7）钾盐。我国是钾盐矿产资源贫乏的国家。仅在 6 个省（自治区）有少量钾盐产出，探明储量矿区只有 28 处。我国钾盐主要产于青海察尔汗盐湖，其储量占全国的 97%；云南勐野井也有钾盐产出。

钾盐矿床类型以现代盐湖钾盐为主，中生代沉积型钾盐矿和含钾卤水不占重要地位。

（8）磷矿。中国磷矿资源比较丰富。全国 26 个省（自治区）有磷矿产出，其中以湖北、云南为多，分别占 22% 和 21%，贵州、湖南次之。以上 4 省合计占全国储量的 71%。我国重要磷矿床有云南昆阳磷矿、贵州开阳磷矿、湖北王集磷矿、湖南浏阳磷矿、四川金河磷矿、江苏锦屏磷矿等。

磷矿矿床类型以沉积磷块岩型为主，储量约占 80%；内生磷灰石矿床、沉积变质型磷矿床次之；鸟粪型磷矿探明储量极少。

磷矿成矿时代主要为震旦纪和早寒武纪，前震旦纪、古生代也有。

（9）金刚石。中国金刚石矿资源比较贫乏。全国只有 4 个省产有金刚石矿，其中辽宁储量约占全国的 52%，山东蒙阴金刚石矿田次之，占 44.5% 左右。

我国金刚石矿以原生矿为主，砂矿（湖南沅江流域、山东沂沭河流域等地砂矿）次之。

金刚石矿成矿时代以古生代和中生代燕山期为主，第四纪砂矿亦具一定的工业开采意义。

（10）石墨。中国石墨矿资源相当丰富。全国 20 个省（自治区）有石墨矿产出，其中黑龙江省最多，储量占全国的 64.1%，四川和山东石墨矿也较丰富。

石墨矿床类型有区域变质型（黑龙江柳毛、内蒙古黄土窑、山东南墅、四川攀枝花扎壁石墨矿等）、接触变质型（如湖南鲁塘、广东连平石墨矿等）和岩浆热液型（新疆奇台苏吉泉矿等）3 种，其中以区域变质型最为重要，不仅矿床规模大、储量多，而且质量也好。

石墨矿成矿时代有太古宙、元古宙、古生代和中生代，其中以元古宙石墨矿最为重要。

（11）滑石。中国滑石矿资源比较丰富。全国 15 个省（自治区）有滑石矿产出，其中以江西滑石矿最多，占全国的 30%；辽宁、山东、青海、广西等省（自治区）次之。

滑石矿床类型主要有碳酸盐岩型（如辽宁海域、山东掖县等产地）和岩浆热液交代型（如江西子都、山东海阳等产地）其中以碳酸盐岩型最为重要，占全国储量的 55% 左右。

滑石成矿时代主要为前寒武纪，古生代、中生代次之。

（12）石棉矿。青海石棉矿最多，储量占全国的 64.3%；四川、陕西次之。主要石棉矿产地有四川石棉、青海茫庄和陕西宁强等石棉矿区。

我国石棉矿床的成因类型主要有超基性岩型和碳酸盐岩型两类，前者储量占全国 93% 左右。

石棉矿成矿时代有前寒武纪、古生代和中生代，以古生代成矿最为重要。

（13）云母。中国云母数新疆块云母最多，储量占全国的 64%；四川、内蒙古、青海、西藏等地也有较多的云母产出。主要云母矿区有新疆阿勒泰、四川丹巴、内蒙古土贯乌拉云母矿等。

云母矿床类型主要有花岗伟晶岩型、镁矽卡岩型和接触交代型 3 种，以花岗伟晶岩型最为重要，其储量占全国 95% 以上。

云母矿主要形成于太古宙、元古宙和古生代，中生代后形成较少。

（14）石膏。山东石膏矿储量占全国的 65%；内蒙古、青海、湖南次之。主要石膏矿区有内蒙古鄂托克旗、湖北应城、吉林浑江、江苏南京、山东大汶口、广西钦州、宁夏中卫平石膏矿等。

石膏矿以沉积型矿床为主，储量占全国的 90% 以上。

石膏矿在各个地质时代均有产出，以早白垩纪和第三纪沉积型石膏矿最为重要。

（15）高岭土。中国高岭土矿资源丰富，在全国 21 个省（自治区）的 208 个矿区有高岭土矿，广东、陕西储量分别占全国储量的 30.8% 和 26.7%；福建、广西、江西探明储量也较多。我国主要的高岭土矿区有广东茂名、福建龙岩、江西贵溪、江苏吴县和湖南醴陵等。

矿床类型有风化壳型、热液蚀变型和沉积型 3 种，其中以风化壳型矿床最为重要，如广东、福建的高岭土矿区。

高岭土成矿时代主要为新生代和中生代后期，晚古生代也有矿床形成。

（16）膨润土。广西、新疆、内蒙古为其主要产区，储量分别占全国的 26.1%、13.9% 和 8.5%。膨润土矿主要分布在河北宣化、浙江余杭、河北隆化、辽宁黑山、甘肃金口、新疆布克塞尔等地。

矿床类型可分沉积型、热液型和残积型 3 种，以沉积（含火山沉积）型最为重要，储量占全国储量的 70% 以上。

膨润土成矿时代主要为中、新生代。在晚古生代也有少量矿床形成。

1.2.3　能源类矿产资源

（1）石油。中国石油虽有一定的储量，但远远不能满足国民经济发展的需要，中国已成为重要的石油输入国。中国陆上石油主要分布在松辽、渤海湾、塔里木、准噶尔和鄂尔多斯等地，储量占全国陆上石油总储量的 87% 以上；海上石油以渤海为主，占全国海上石油储量的近 50%。

我国含油气盆地主要为陆相沉积，储层物性以中低渗透为主（低渗透往往伴随着低产能与低丰度）。其生成时代分布特点是：时代愈新资源量愈大，如新生代石油资源量占一半以上，其次为中生代、晚古生代、早古生代及前寒武纪。

（2）天然气。中国天然气资源主要分布在鄂尔多斯、四川、塔里木、东海等地，其储量占全国的 60% 以上。

天然气资源主要是油型气，其次为煤成气。生化气主要分布于柴达木盆地，其次为南方的一些小盆地。生成时代主要是在第三纪、石炭纪和奥陶纪，其他各时代的资源量大体均等。

（3）煤炭。中国是煤炭资源大国。在全国 34 个省级行政区划中，除上海市、香港特别行政区外，都有不同质量和数量的煤炭资源赋存；全国 63% 的县级行政区划里都分布有煤炭资源，煤炭保有储量超过千亿吨的有山西、内蒙古和陕西；超百亿吨的有新疆、贵州、宁夏、安徽、云南、河南、山东、黑龙江、河北、甘肃。以上 13 个省（自治区）煤炭保有储量占全国的 96%。

我国具有工业价值的煤炭资源主要存在于晚古生代的早石炭纪到新生代的第三纪。

（4）油页岩。我国油页岩的分布比较广泛，但勘探程度较低，探明储量较多的省份是吉林、辽宁和广东；内蒙古、山东、山西、吉林和黑龙江等省（自治区）则有较高的预测储量。

油页岩的成矿时代较新，从老至新为石炭纪、二叠纪、三叠纪、侏罗纪、白垩纪及第三纪。

（5）铀矿。中国铀矿资源比较缺乏，在世界储量上排位比较靠后。江西、湖南、广东、广西 4 省（自治区）的铀矿资源占探明工业储量的 74%。

已探明的铀矿床，以花岗岩型、火山岩型、砂岩型、碳硅泥岩型为主。矿石以中低品位为主，0.05% ~ 0.3% 品位的矿石量占总资源量的绝大部分。矿石组分相对简单，主要为单铀型矿石。

中国铀矿成矿时代以中新生代为主，并主要集中在 4500 万 ~ 8700 万年间。

注：我国矿产资源分布情况可查阅国家相关部门的有关统计资料。

1.3　矿产储量及其评价指标

1.3.1　矿产储量

矿产资源领域有两个非常重要的概念，即资源与储量。由于矿产资源/储量分类是定量评价矿产资源的基本准则，它既是矿产资源/储量估算、资源预测和国家资源统计、交易与管理的统一标准，又是国家制定经济和资源政策及建设计划、设计、生产的依据，因此各国都对矿产资源/储量分类给予了高度重视。虽然各国都是基于地质可靠性和经济可能性对资源与储量进行定义和区分，但具体分类标准各不相同。我国于 1999 年 12 月 1 日起实施的《固体矿产资源/储量分类》国家标准（GB/T 177766—1999）是我国固体矿产第一个可以与国际接轨的真正统一的分类。

1.3.1.1　分类依据

（1）根据地质可靠程度将固体矿产资源/储量分为探明的、控制的、推断的和预测的，分别对应于勘探、详查、普查和预查四个勘探阶段。

1）探明的。矿床的地质特征、赋存规律（矿体的形态、产状、规模、矿石质量、品位及开采技术条件）、矿体连续性依照勘探精度要求已经确定，可信度高。

2）控制的。矿床的地质特征、赋存规律（矿体的形态、产状、规模、矿石质量、品位及开采技术条件）、矿体连续性依照详探精度要求已基本确定，可信度较高。

3）推断的。对普查区按照普查的精度，大致查明了矿产的地质特征以及矿体（点）的分布特征、品位、质量，也包括那些由地质可靠程度较高的基础储量或资源量外推的部分；矿体（点）的连续性是推断的，可信度低。

4）预测的。对共有矿化潜力较大地区经过预查得出的结果，可信度最低。

（2）根据可行性评价分为概略研究、预可行性研究和可行性研究三个阶段。

（3）根据经济意义将固体矿产资源/储量分为经济的（数量和质量是依据符合市场价格的生产指标计算的）、边际经济的（接近盈亏边界）、次边际经济的（当前是不经济的，但随技术进步、矿产品价格提高、生产成本降低，可变为经济的）、内蕴经济的（无法区分是经济的、边际经济的还是次边际经济的）、经济意义未定的（仅是预查后预测的资源量，属于潜在矿产资源）。

1.3.1.2　分类及编码

依据矿产勘察阶段和可行性评价及其结果、地质可靠程度和经济意义，并参考美国等西方国家及联合国分类标准，中国将矿产资源分为 3 大类（储量、基础储量、资源量）及 16 种类型。

（1）储量。指基础储量中的经济可采部分，用扣除了设计、采矿损失的实际开采数量表述。

（2）基础储量。指查明矿产资源的一部分，是经详查、勘探所控制的、探明的并通过可行性研究、预可行性研究认为属于经济的、边际经济的部分，用未扣除设计、采矿损失的数量表达。

（3）资源量。指查明矿产资源的一部分和潜在矿产资源，包括经可行性研究或预可行性研究证实为次边际经济的矿产资源，经过勘察而未进行可行性研究或预可行性研究的内蕴经济的矿产资源以及经过预查后预测的矿产资源。

资源储量 16 种类型、编码及其含义见表 1-2。

表 1-2　我国固体矿产资源分类与编码

大类	类　　型	编码	含　　义
储量	可采储量	111	探明的、经可行性研究的、经济的基础储量的可采部分
	预可采储量	121	探明的、经预可行性研究的、经济的基础储量的可采部分
	预可采储量	122	控制的、经预可行性研究的、经济的基础储量的可采部分
基础储量	探明的（可研）经济基础储量	111b	探明的、经可行性研究的、经济的基础储量
	探明的（预可研）经济基础储量	121h	探明的、经预可行性研究的、经济的基础储量
	控制的经济基础储量	122b	控制的、经预可行性研究的、经济的基础储量
	探明的（可研）边际经济基础储量	2M11	探明的、经可行性研究的、边际经济的基础储量
	探明的（预可研）边际经济基础储量	2M21	探明的、经预可行性研究的、边际经济的基础储量
	控制的边际经济基础储量	2M22	控制的、经预可行性研究的、边际经济的基础储量
资源量	探明的（可研）次边际经济资源量	2S11	探明的、经可行性研究的、次边际经济的资源量
	探明的（预可研）次边际经济资源量	2S21	探明的、经可行性研究的、次边际经济的资源量
	控制的次边际经济资源量	2S22	控制的、经预可行性研究的、次边际经济的资源量
	探明的内蕴经济资源量	331	探明的、经概略（可行性）研究的、内蕴经济的资源量
	控制的内蕴经济资源量	332	控制的、经概略（可行性）研究的、内蕴经济的资源量
	推断的内蕴经济资源量	333	推断的、经概略（可行性）研究的、内蕴经济的资源量
	预测资源量	334?	潜在矿产资源

注：表中编码，第 1 位表示经济意义，即：1 = 经济的，2M = 边际经济的，2S = 次边际经济的，3 = 内蕴经济的；第 2 位表示可行性评价阶段，即：1 = 可行性研究，2 = 预可行性研究，3 = 概略研究；第 3 位表示地质可靠程度，即：1 = 探明的，2 = 控制的，3 = 推断的，4 = 预测的；其他符号：? = 经济意义未定的，b = 未扣除设计、采矿损失的可采储量。

1.3.2　工业评价指标

用以衡量某种地质体是否可以作为矿床、矿体或矿石的指标，或用以划分矿石类型及品级的指标，均称为对矿床进行评价的工业指标。常用的工业评价指标包括以下几项。

1.3.2.1　矿石的品位

金属和大部分非金属矿石的品级（industrial ore sorting），一般用矿石品位来表征。品位是指矿石中有用成分的含量，一般用质量百分数（%）表示，贵重金属则用 g/t 表示。

有开采利用价值的矿产资源，其品位必须高于边界品位（圈定矿体时对单个样品有用组分含量的最低要求）和最低工业品位（在当前技术经济条件下，矿物原来的开采价值等于全部成本，即采矿利润率为零时的品位）。而且有害成分含量必须低于有害杂质最大允许含量（对产品质量和加工过程起不良影响的组分允许的最大平均含量）。

1.3.2.2　最小可采厚度

最小可采厚度是在技术可行和经济合理的前提下，为最大限度利用矿产资源，根据矿区内矿体赋存条件和采矿工艺的技术水平而决定的一项工业指标；亦称可采厚度或最小可采真厚度。

1.3.2.3　夹石剔除厚度

夹石剔除厚度，亦称为最大允许夹石厚度，是开采时难以剔除、圈定矿体时允许夹在矿体中间合并开采的非工业矿石（夹石）的最大真实厚度或应予剔除的最小厚度。厚度大于或等于夹石剔除厚度的夹石，应予剔除；反之，则合并于矿体中连续采样估算储量。

1.3.2.4　最低工业米·百分值

对一些厚度小于最低可采厚度但品位较富的矿体或块段，可采用最低工业品位与最低可采厚度的乘积，即以最低"工业米·百分值"（或"米·克/吨"）作为衡量矿体在单工程及其所代表地段是否具有工业开采价值的指标。最低"工业米·百分值"，简称"米百分值"或"米百分率"，也可表示为"米·克/吨"值。高于这个指标的单层矿体，其储量仍列为目前能利用（表内）储量。最低"工业米·百分值"指标实际上是以矿体开采时高贫化率为代价，换取资源的回收利用。

复习思考题

1 - 1　何为矿产资源，它有哪些存在形式，人们对它做了哪些分类？

1 - 2　在矿产资源分类中，有哪些需要注意区分的基本相关概念？

1-3　我国矿产是怎样分布的，铁矿产地有哪些，铜矿又有几处？

1-4　镁矿属于金属矿产吗？它在我国主要分布于哪些地区？

1-5　何为矿产资源储量，我国对矿产资源储量又做了哪些分类？

1-6　衡量资源储量的工业指标有哪些，生产中常用到哪些评价指标？

1-7　何为矿石的品位，铁矿石和金矿的品位各用什么方法来表示？

1-8　何为矿体的可采厚度，采矿生产中掌握这个指标有什么意义？

矿床的赋存条件与开采能力

2.1 金属矿床的埋藏要素

金属矿床的开采条件，是指矿床中矿体的走向长度、矿体厚度、矿体的倾角、延伸深度、矿体的形状分类等。这些埋藏要素对于采矿工程的布置、地下采矿方法的选择有直接影响。

2.1.1 矿体的走向长度

矿体的走向长度，是指矿体在水平方向上的延伸长度。不同标高上的矿体走向长度是变化的。因此提及矿体走向长度时，必须指明是矿体的平均走向长度，还是某个阶段水平上的走向长度。

2.1.2 矿体的厚度

矿体的厚度，是指矿体上盘与下盘之间的垂直距离或水平距离。前者称为垂直厚度（或真厚度）；后者称为水平厚度，如图2-1所示。通常对急倾斜矿体用水平厚度，而对倾斜、缓倾斜、水平矿体用垂直厚度。两者之间有以下关系式：

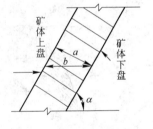

$$a = b\sin\alpha \qquad (2-1)$$

式中 a——矿体垂直厚度，m；

图2-1 矿体的厚度示意图

b——矿体水平厚度，m；

α——矿体倾角，(°)。

2.1.3 矿体的倾角

矿体的倾角，分为真倾角与伪倾角。真倾角是指矿体下盘接触面上的真倾斜线与水平投影线之间的夹角，如图2-2中的$\angle ACB$；而伪倾角则是伪倾斜线与水平投影之间的夹角，如图2-2中$\angle AEB$。真倾角与伪倾角存在以下关系式：

$$\tan\gamma = \sin\beta\tan\alpha \qquad (2-2)$$

式中 γ——伪倾角，如$\angle AEB$、$\angle ADB$；

α——真倾角，$\angle ACB$；

β——伪倾斜线的水平投影线与走向线之间的夹角，如$\angle EBF$、$\angle DBG$。

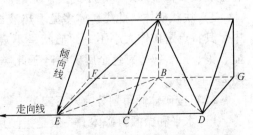

图2-2 矿体的真倾角与伪倾角示意图

2.1.4　矿体的延伸深度

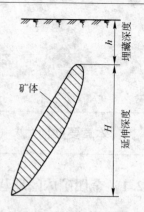

图 2-3　矿体延伸
深度示意图

矿体的延伸深度是指矿体上部界限与下部界限之间的垂直距离或倾斜距离，分别称为垂直高度和倾斜长度，简称垂高和斜长。

从地表至矿体上部界限的垂直距离称为埋藏深度，图 2-3 展示了矿体的埋藏深度和延伸深度。

2.1.5　金属矿床或矿体的分类

（1）按矿体的形状分类。金属矿床按矿体的形状划分为以下三类：

1）层状矿体。这类矿体多属沉积或变质沉积矿床，特点是规模较大，赋存要素和有用金属矿物成分的组成稳定，矿产的品位比较均匀，在一定程度上为开采创造了有利条件，多见于黑色金属矿床，见图 2-4（a）。

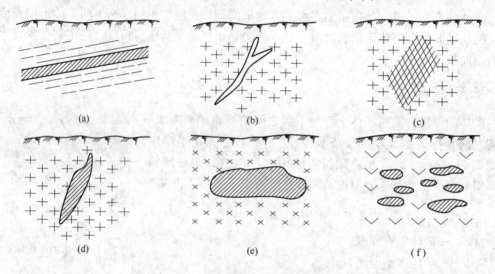

(a)　　　　　　　(b)　　　　　　　(c)

(d)　　　　　　　(e)　　　　　　　(f)

图 2-4　金属矿床的矿体形状示意图
(a) 层状矿体；(b) 脉状矿体；(c) 网状矿体；(d) 透镜状矿体；(e) 块状矿体；(f) 巢状矿体

2）脉状矿体。这类矿体主要赋存于热液和气化作用形成的矿床中，其特点是矿岩接触处有蚀变现象，赋存要素不稳定，有时呈网脉状，有用成分含量不均匀。有色金属、稀有金属及贵重金属矿多产于此类矿床的矿体中，见图 2-4（b）、图 2-4（c）。

3）块状矿体。此类矿体多见于热液充填、接触交代、分离和气化作用而形成的矿床中。其特点是矿体大小不一，形状呈不规则透镜状、块状、巢状等，矿体与围岩界限明显。铜、铅、锌等有色金属矿多产于此类矿床的矿体中，见图 2-4（d）、图 2-4（e）、图 2-4（f）。

（2）按矿体倾角划分为以下四类。

1）水平和微倾斜矿体。一般是指倾角为 0°~5° 的矿体。

2）缓倾斜矿体。矿体倾角在 5°~30° 之间。

3）倾斜矿体。矿体倾角在 30°~50° 之间。

4）急倾斜矿体。矿体的倾角大于 50° 以上。

（3）按矿体厚度划分为五类。

1）极薄矿体。矿体厚度在 0.8m 以下。此类矿体开采，均需采掘部分围岩。

2）薄矿体。矿体厚度在 0.8~5m 之间。此类矿体开采，在缓倾斜条件下，一般都是用"浅眼"或用单分层回采；而在倾斜和急倾斜条件下回采，一般不需要采掘围岩。

3）中厚矿体。矿体的厚度，在 5~10m 之间。开采这类矿体时，一般都是用多分层回采或中深孔落矿；矿块的长度方向，往往沿着矿体走向布置。

4）厚矿体。矿体厚度为 10~20m。开采这类矿体一般用中深孔或深孔落矿，矿块的长度方向可以沿矿体走向布置、也可以垂直走向布置。

5）极厚矿体：矿体厚度为 20m 以上。开采这类矿体时，一般使用深孔落矿，而矿块多作垂直走向布置。当矿体厚度大于 50m 时，布置成两排垂直走向矿块，两排矿块之间沿着走向留矿柱。

2.1.6 矿石与围岩的性质

在金属矿床的开采过程中，对矿床开采有较大影响的矿岩性质有：

（1）矿岩硬度。矿石和岩石硬度，是指矿岩抵抗工具侵入的性能。它与组成矿岩的颗粒硬度、形状、大小、晶体结构和颗粒间胶结情况有关；会影响到凿岩速度和矿岩的坚固性和稳固性。

（2）坚固性。矿石和岩石的坚固性，是指矿岩在综合外力作用下抵抗破坏的一种性能。这种性能通常用坚固性系数 f 值来表示。在我国常用矿岩单轴的极限抗压强度 R 值代入下式确定。

$$f = \frac{R}{10} \tag{2-3}$$

式中　R——矿岩单轴极限抗压强度，MPa。

（3）稳固性。矿石和岩石的稳固性，是指矿岩在一定暴露面积和一定暴露时间内不得自行垮落的性能。它对于巷道维护和采矿方法的选择有很大影响，通常划分为五种类型：

1）极不稳固的。不允许有任何暴露面积，矿体或岩体一旦揭露，即会垮落。

2）不稳固的。是指在矿岩顶板或者两帮暴露后，就需要立即支护或允许不支护的暴露面积只能在 50m² 以内，才能进行安全生产的矿岩。

3）中等稳固的。是指允许不支护的暴露面积在 50~200m² 以内的矿岩。

4）稳固的。是指不支护的暴露面积在 200~800m² 以内的矿岩。

5）极稳固的。是指顶板允许的暴露面积在 800m² 以上的矿岩。

（4）碎胀性。矿石和岩石的碎胀性，是指矿或岩石破碎后，其体积要比原状态下增大一些的性质。通常用碎胀性系数（或松散系数）K 来表示，它表示矿岩破碎后体积比原来扩大的倍数。

一般情况下硬和极硬岩石的 $K = 1.45~1.80$；中硬矿岩 $K = 1.4~1.6$；砂质黏土 $K = 1.2~1.25$。硬和极硬岩石的二次松散系数，有时还可达到 $1.8~2.0$。

（5）体积质量。矿石和岩石的体积质量，是指矿岩原单位体积的质量。一般矿岩的 $\rho = 2.0 \sim 3.5 t/m^3$。

（6）自然安息角。矿石和岩石的自然安息角，是指矿岩颗粒自然堆积坡面与水平面的最大夹角，一般矿岩的自然安息角是 30°～45°。它对于矿块底部结构的设计和矿石的搬运都有较大影响。

（7）结块性。矿石和岩石的结块性，是指采下的矿石在遇水和受到挤压一段时间之后，又黏结成块的性能。矿岩的结块性，对放矿、装运以及采矿方法的使用都有影响。

（8）含水性。矿石和岩石的含水性，是指矿岩吸收和保持水分的性能。这与矿岩的孔隙度及节理存在的状况有关。矿岩的含水性对落矿、放矿、矿石运输提升、储存也有影响。

（9）自燃性。矿石和岩石的自燃性，是指含硫在 18%～20% 以上的高硫矿与空气接触后具有自燃的性能。在开采具有自燃性的矿床时，应对采矿方法选择提出特殊要求。

（10）氧化性。矿石和岩石的氧化性，是指高硫矿在水和空气作用下，变为"氧化矿"的性质。矿石氧化后，将降低选矿的回收率、增加选矿难度和提高选矿成本。

2.2　开采的单元与开采顺序

2.2.1　矿床开采的单元划分

金属矿床的地下开采，必须对其开采空间按一定大小划分开采单元，才能有计划、有步骤地组织生产。在开采缓倾斜、倾斜与急倾斜矿床时，通常将其开采空间划分成矿区、矿田、井田、阶段和矿块；开采水平或微倾斜矿床时，又可将其开采空间划分成矿区、矿田、井田、盘区和采区。由于在矿块和采区中从事回采工作，故称矿块和采区为最基本的回采单元。矿区、矿田与井田的关系如图 2－5 所示。

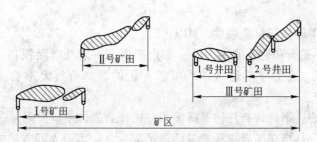

图 2－5　矿区、矿田与井田之间关系的表达示意图

2.2.1.1　矿田和井田

划归一个矿山企业开采的矿床或其一部分，称为矿田；而在一个矿田的范围内，划归一个矿井（或坑口）开采的矿床或其一部分，称作井田。矿井（或坑口）是地下开采企业内部的独立生产经营单位。矿田有时等于井田，有时包括若干个井田。图 2－6 即为这种关系的表示。

井田尺寸是矿床开采的重要参数。在倾斜和急倾斜矿体中常用走向长度 L 和垂直深度 H 来表示。而在水平和微倾斜矿体中，则用长度 L 和宽度 B 来表示。

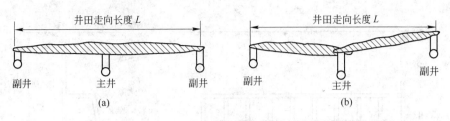

图 2-6　矿田和井田关系示意图

(a) 矿田等于井田；(b) 矿田包括两个井田

井田尺寸的大小，一般根据国民经济的需要、矿床的自然条件以及技术经济的合理性作综合分析确定。如矿床范围不大、地表地形条件复杂，多数情况下就以矿床界限或地表地形条件作为井田的边界。而开采一个很大矿床时，确定合理的井田范围就应考虑以下因素：基建时间和矿山规模的要求、矿床的埋藏特征、矿区地表地形条件、基建和以后生产时期的最佳经济效果等。

从保证一个井田有足够的储量并方便生产管理方面考虑，一般选取矿体走向长度为 500~800m 至 1000~1500m，深度为 500~600m，这个范围划分为一个井田比较合理。

2.2.1.2　阶段和矿块

A　阶段和阶段高度

在开采缓倾斜、倾斜和急倾斜矿体时，从井田中每隔一定的垂直距离就要掘进与走向一致的主要运输巷道，从而将井田在垂直方向上划分为一个个长条形矿段，这个矿段就称为阶段。阶段沿着走向以井田边界为限，沿倾斜以上下两个相邻的主要运输巷道为限。

上下两个相邻主要运输巷道底板之间的垂直距离，称为阶段高度。相邻两个主要运输巷道沿矿体的倾斜距离，称阶段斜长。后者常在开采缓倾斜矿体时应用。阶段高度范围变化很大，应该根据矿床的埋藏条件、矿岩的稳固性以及采矿方法的要求等因素来确定。当开采缓倾斜矿体时，阶段高度一般小于 20~25m；开采急倾斜矿体时，通常为 40~60m，条件有利时可达 80~120m。

B　矿块

矿块，是上下两个相邻阶段运输平巷和两个相邻天井之间所包围的空间。它与采矿方法密切联系，是独立的回采单元。阶段和矿块的划分情况，如图 2-7 所示。

2.2.1.3　盘区和采区

A　盘区

当开采水平和微倾斜矿床时，若矿体的厚度没有超过允许阶段高度，则在井田内不再划分阶段。这时采矿是在井田内，用沿着平行盘区走向的运输巷道把井田划分为长条形矿段，此矿段就称为盘区（见图 2-8）。盘区和阶段性质相似，它以井田两边界为长度，相邻两条盘区运输巷道之间的距离为宽度。盘区宽度的大小主要取决于矿床开采条件、所用采矿方法与矿石运搬机械等。

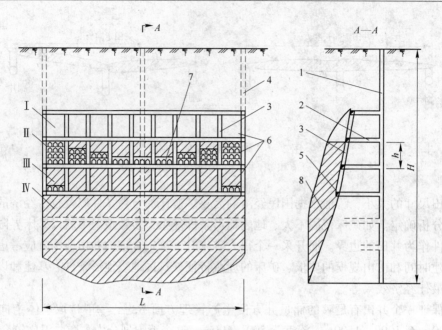

图2-7 阶段和矿块划分示意图

Ⅰ—采完阶段；Ⅱ—回采阶段；Ⅲ—采矿准备阶段；Ⅳ—开拓阶段；

H—矿体垂直埋藏深度；h—阶段高度；L—矿体走向长度；

1—主井；2—石门；3—天井；4—副井；5—阶段平巷；6—矿块；7—拉底漏斗；8—矿体

B 采区

在盘区中沿长度方向每隔一定距离就掘进一采区巷道，以连通相邻两条盘区运输巷道，从而将盘区进一步划分成独立回采单元，这种单元称为采区（见图2-8中6）。采区与矿块属一个等级范畴。

2.2.2 地下开采的顺序

金属矿床地下开采，不仅要从空间上将其划分成不同级别的开采单元，而且在采掘时间上也要遵循一定的开采顺序。井田与井田之间、阶段与阶段之间、矿块与矿块之间都有一定的开采顺序。

2.2.2.1 井田之间的开采顺序

当矿田内沿着走向方向同时划分有几

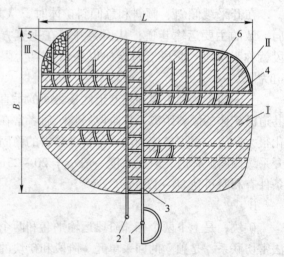

图2-8 盘区和采区的划分示意图

Ⅰ—开拓盘区；Ⅱ—采矿准备与切割盘区；Ⅲ—回采盘区；

1—主井；2—副井；3—主要运输平巷；4—盘区运输平巷；

5—采区巷道；6—矿壁（采区）

个井田时，各井田间的开采顺序可以是同时开采、依次开采或混合开采。混合开采是矿田中随着新井田勘探工作的结束，各井田相继投入生产。这时新井田的开采工作与早已投产的老井田的开采工作同时进行。

对这三种开采顺序的选择，主要取决于三个因素：首先是矿床的勘探程度；其次是矿山年产量的大小；最后是矿井基建投资的多少。

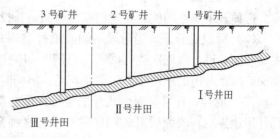

图 2-9 沿矿田倾斜线划分井田的开采示意图

当矿田内沿倾斜方向划分井田时（见图 2-9），一般应采取自上而下依次开采顺序或下行混合开采顺序，以有利于矿床的深部勘探，从而减少初期的基建投资和基建时间。

2.2.2.2 阶段之间的开采顺序

井田中各阶段间的开采顺序，可以采用下行式或上行式。下行式，是指先采上部阶段后采下部阶段的自上而下逐个阶段开采的方式；上行式，则正好相反。

生产实践中，常采用下行式开采顺序。因为，下行式开采顺序具有初期投资较少、基建时间短、可同时进行深部勘探、安全条件比较好和适用的采矿方法范围广等优点。

上行式开采顺序，仅在某些特殊条件下采用。如开采缓倾斜矿床时，若地表排弃废石的场地不够，就可利用深部采空区作排废场地或蓄水使用。

2.2.2.3 阶段中各矿块的开采顺序

阶段内各矿块之间的开采顺序，取决于阶段的回采方式。依据主要开拓巷道（主井、平硐）的位置关系，其分为前进式、后退式、混合式三种开采顺序。

（1）前进式开采。这种开采顺序是阶段运输巷道掘进到一定距离之后，从靠近主要开拓巷道的矿块开始，逐个依次进行回采，回采推进方向背离主开拓巷道（见图 2-10 中的 I）。

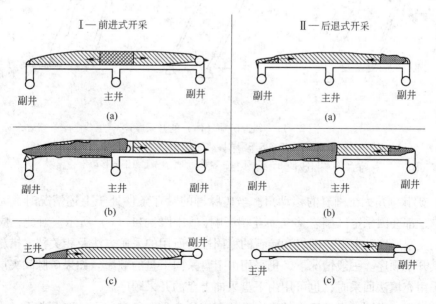

图 2-10 阶段中的矿块回采顺序
(a) 双翼回采；(b) 单翼回采；(c) 侧翼回采

　　这种开采顺序的优点是初期基建时间短，投产快；缺点是巷道维护费用大。

　　（2）后退式开采。当阶段运输巷道掘进到井田边界后，从井田边界的矿块开始，向主要开拓巷道方向依次进行回采（见图 2-10 中的 Ⅱ）。这种开采顺序的优点是可较好地勘探矿床，井田的三级储量储备充足，但同时也存在着基建时间较长、投产慢的缺点。

　　（3）混合式开采。混合式开采是指开采初期采用前进式顺序，等阶段运输平巷掘进到井田边界后，改为后退式顺序的开采。这种开采顺序，能兼有上述两种开采顺序的优点，但生产管理比较复杂。

　　以上讨论的是单翼回采或侧翼回采的情况。当主要开拓巷道位于井田中央时，在主要开拓巷道的两翼都可以布置回采工作线；这时，阶段矿块的开采顺序就有双翼前进式或双翼后退式，如图 2-10（a）。双翼回采能形成较长的回采工作线，获得较高产量，从而缩短阶段回采时间，有利于地压管理，故在实践中应用最多。

2.2.2.4　矿脉（体）群的开采顺序

　　当矿床由彼此相距很近的矿脉（体）群组成并用矿脉分采时，开采其中任何一条矿脉，往往都会影响邻近矿脉。确定这种矿脉群开采顺序，可区别以下两种情况：

　　（1）矿脉倾角小于或等于围岩的移动角。当矿脉群赋存条件处于这种情况时，应采取自上盘向下盘推进的开采顺序，如图 2-11（a）所示。此时位于采空区下盘的矿脉，不会受到采矿移动的干扰。相反，若先采下盘的矿脉，则会使上盘矿脉处在采空区引起的移动带内，如图 2-11（b）所示，这将给上盘矿脉的开采造成困难。

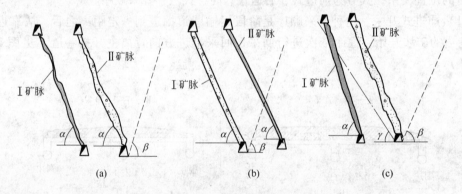

图 2-11　邻近矿脉（体）的开采顺序

（a），（b）矿脉（体）倾角小于或等于围岩移动角；（c）矿脉（体）倾角大于围岩移动角

α— 矿脉（体）倾角；γ—下盘围岩移动角；β—上盘围岩移动角

　　（2）矿脉倾角大于围岩的移动角。当矿脉群的赋存条件处于上述情况时，无论先采哪条矿脉，都会因采空区围岩移动而互相影响，如图 2-11（c）所示。对此，应该根据矿脉间的夹层厚度、上下盘围岩和矿石的稳固性、所用的采矿方法及相关技术措施等，综合确定其开采顺序。一般情况下，仍采用由上盘采向下盘的顺序。如果矿脉间夹层厚度不大，又采用充填法回采时，也可用由下盘采向上盘的开采顺序。

　　必须指出，在同一个井田内的多个矿体间应注意贯彻贫富兼采、厚薄兼采、大小兼采及难易兼采的原则。否则，就会破坏合理的开采顺序，并造成严重的资源损失。

2.2.3　地下开采的步骤与三级储矿量

金属矿床地下开采必须遵循的又一原则是，地下矿山工程应按计划逐步展开，并在时间和空间上保持一定的超前关系，形成一定的储备矿量，只有这样才能保持生产的正常、持续进行。

2.2.3.1　金属矿床地下开采的步骤

金属矿床的地下开采，一般分为以下步骤。这些步骤反映了不同阶段的不同工作内容。

（1）矿床开拓。矿床开拓是指从地面开掘一系列通达矿体的巷道，使地面与矿体之间建立一个完整的提升、运输、通风、排水、供电、供水、供风、行人系统。出于矿床开拓目的而掘进的巷道，称为开拓巷道；开拓巷道所形成系统工程网络，称为开拓系统网络工程。

（2）采准、切割。采准是在已经完成开拓工程的阶段或盘区内，掘进巷道，从而把矿段分割为矿块（或采区），并形成矿块的行人、通风、凿岩、出矿等系统。为实现这一目而掘进的巷道，统称为采准巷道，如天井、电耙道、分段巷道等。切割是在已完成采矿准备巷道工作的矿块里，掘进切割、拉底巷道，开辟漏斗等，为大规模落矿开辟自由面和补偿空间，从而创造出必需的采矿和出矿条件。

（3）回采工作。回采工作是在已做好上述工作的矿块里，直接进行的大量采矿工作。回采工作，主要包括落矿、搬运和地压管理三项生产工艺过程。所谓落矿，是指利用凿岩爆破的方法将矿石从矿体中分离下来的过程。矿石运搬，是将落矿地点的矿石移运到阶段运输巷道装载点并进行装车的过程。而地压管理，是指对采空区显现的"地压"活动现象采取抗衡或人为的利用措施。

（4）矿柱回采与采空区处理。上述几个步骤，在时间和空间上必须密切配合。在基建时期，一般是依次进行；在正常生产时期是下阶段开拓和上阶段采准、切割同时进行。但为了保证生产的持续、均衡，开拓必须超前"采准"、"采准"超前切割、切割超前回采作业。各超前量，应该符合国家规定的标准。

2.2.3.2　三级储矿量

按照我国实践经验，矿床地下开采各个步骤之间的相互超前关系，可用获得的工业矿石储量来体现。因此按采矿工作的准备程度不同，将矿石储备量分为开拓储量、采准储量和备采矿量。

（1）开拓储量。开拓储量是指在井田中，已经形成完整开拓系统的开拓巷道工程范围内所圈定的矿石储量。图2－7中Ⅱ～Ⅳ阶段内的工业矿石储量，就是开拓储量。

（2）采准储量。采准储量是开拓储量一部分，是指在矿块中完成规定"采准"工程后获得的工业矿石储量。

（3）备采矿量。备采矿量是采准储量的一部分，是能立即开展回采工作的矿块内的矿石储量。

保有合理的三级储矿量，是保证矿山持续正常生产的基础，在矿山投产的初期就必须提供。三级储矿量的定额，是以其储矿量的保有期限来体现的。三级储矿量的保有期限，分别对应有各自的生产期限。表 2 - 1 中数据，是我国金属矿山地下开采主管部门，对三级储量保有期限的规定。

表 2 - 1　金属矿床地下开采的三级储矿量保有期限

储矿量类别	有色金属矿山定额	黑色金属矿山定额
开拓储量	3 年以上	3 ~ 5 年
采准储量	1 年左右	1.5 ~ 2 年
备采矿量	半年左右	0.5 ~ 1 年

2.3　开采的能力与服务年限

2.3.1　矿床开采的生产能力

金属矿床开采的生产能力，工程设计与生产管理中常用矿床开采强度、采选企业每日出矿量或选矿日处理能力、采选企业每年产出多少万吨矿石量来表示。

2.3.1.1　矿床开采强度

矿床开采强度，是衡量矿床开采快慢程度的指标。当井田开采范围和矿床埋藏条件一定时，其取决于矿床开拓、采矿准备和切割工作的连续性与回采强度。矿床的开采顺序对其也有较大影响。如果井田以前进式开采，开拓、采准、切割工作速度对它的影响是主要的；当井田为后退式开采时，则以回采工作速度影响为主。为了对矿床开采强度进行比较，常用以下两项指标进行评价。

　　A　回采工作的年下降深度

年下降深度，是指在一定矿床条件下，按矿山测量人员年初与年终测定的数据、采出矿石与矿体水平面积推算而确定的一年垂直下降距离。它不能反映下降深度的具体位置，但对比较或验证矿井生产能力，却是有用的指标。其计算公式如下：

$$h = \frac{A(1 - \rho')}{SVK'} \qquad (2 - 4)$$

式中　　h——年下降深度，m；

　　　　A——矿井生产能力，t/a；

　　　　ρ'——实际贫化率，%；

　　　　S——矿体水平面积，m²；

　　　　V——矿石体积质量，t/m³；

　　　　K'——实际回收率，%。

回采工作的年下降深度，一般随矿体厚度减少、倾角增大和同时开采的阶段数目增多而增大。另外，在采用高效率采矿方法和先进的回采设备时，年下降深度也会增加。但在一般情况下，一个阶段回采的平均年下降深度为 15 ~ 20m；两个阶段同时回采的平均年下降深度为 20 ~ 30m。

必需指出：年下降深度是指整个矿体的下降深度，包括矿房和矿柱同时下降。若矿柱回采拖延时间较长，便会影响年下降深度的确定。对于多个矿体，由于大小和形态不一，单独计算或折合计算的结果波动幅度都较大。因此正确选用这项指标只适合于规整的单一矿体和厚大矿床的验证。

B 开采系数

有些矿山，利用每平方米矿体水平面积上每年（或每个月）采出的矿石吨数，来作为矿床开采强度的评价指标。这种表示方法称为开采系数。其表达式为

$$C_h = \frac{A}{S} \tag{2-5}$$

式中 C_h——开采系数，$t/(m^2 \cdot a)$；

A——矿井生产能力，t/a；

S——矿体水平面积，m^2。

此法只牵涉面积参数，而忽略厚度与倾角的影响；只适合形态复杂矿体的开采强度指标计算。

2.3.1.2 矿井的采矿生产能力

矿井的采矿生产能力，是指矿井在正常生产时期单位时间内能采出的矿石量。如果以年作计算单位（t/a），则称为矿井年产量；如果以日作计算单位（t/d），则称为矿井日产量。

对采选联合企业，上级主管部门常按年生产的精矿量或金属量作为任务下达。因此，应根据矿山企业最终产品的产量（精矿或金属量）按比例折算出合格的采出矿石量，俗称矿山年产量。

矿井生产能力，是矿床开采的主要技术经济指标之一。它决定了矿山企业的生产规模，基本建设工程的布置范围，主要生产设备的种类和数量、选矿车间的产品产量和职工人数等，直接关系到矿山的基建投资与达产时间、正常生产能力的持续时间和经济效果。

确定矿井的采矿生产能力，是一个重要课题。选择采矿方案必须满足三个条件：一是符合国民经济的发展需要；二是在技术上要可行；三是经济上要合理。

在技术上可行和经济上合理的前提下，尽可能最大限度地满足国民经济高速发展的需要。为此，要根据矿床地质条件、资源条件、技术经济条件（包括井田或坑口可能而又合理的采矿生产能力）做出可行性研究；综合分析经济技术和安全、时间等因素。

矿井生产能力，通常是由上级主管部门根据国民经济发展计划和市场需要与资源条件，通过设计任务书下达给生产矿山。生产矿山要按回采工作条件、回采工作的年下降深度及经济合理的服务年限等方面进行验证，并以此安排采掘生产计划。

2.3.2 采矿生产能力与矿山服务年限的关系

采矿生产能力与矿山服务年限都是矿床开发的重要技术经济指标。矿山生产能力的确定，主要取决于国民经济需要、矿床储量、资源前景、矿床地质与开采技术条件、矿床勘探程度、矿山服务年限、基建投资和产品成本等因素。矿山服务年限，是指维持矿山正常生产状态的时间；一般情况下，采矿生产能力、矿床储量、采矿损失率和回收率等因素确定后，它也就相应确定了。

　　矿山生产能力和服务年限是密切相关的，为在保证矿山合理的经济效益的同时，保持可持续发展，矿山企业必须具有一定的服务年限。因此，采矿生产能力既不能过小，也不能无限扩大，而是应与矿山合适的服务年限相适应。所以采矿生产能力与矿山服务年限都是矿山设计的重要指标。

　　矿井的采矿生产能力与矿山服务年限、矿床工业储量之间，有如下关系：

$$A = \frac{QK'}{T(1 - \rho')} \qquad (2-6)$$

或

$$T = \frac{QK'}{A(1 - \rho')} \qquad (2-7)$$

式中　Q——矿床工业储量，t；

　　　　T——服务年限，年；

　　　　其他参数意义同前。

　　根据上述关系，当矿床工业储量一定时，若过分增大采矿生产能力，势必大大缩短矿井服务年限，这在经济上是不合理的。大的采矿生产能力，要配备大型设备，大型建筑、构筑物，并开掘大断面井巷，从而导致基建投资增加；而服务年限缩短以后，也必然引起固定资产折旧摊销额增大，从而增加成本。相反，若矿井采矿生产能力过小，服务年限过长，设备效率不能充分发挥，也会增加维护费用，对经营效果不利。因此，矿井的采矿生产能力与相应的服务年限之间有经济上的最优值，这就是经济上合理的采矿生产能力与矿井服务年限。在我国金属矿地下开采中，经济上合理的采矿生产能力与矿井服务年限之间的综合关系，如表 2-2 所示。

表 2-2　经济上合理的采矿生产能力与矿井服务年限

矿山规模	矿山企业采矿生产能力/万吨·年⁻¹		相应的服务年限/年
	有色金属矿山	黑色金属矿山	
大型矿山	>100	>100	>30
中型矿山	20 ~ 100	30 ~ 100	>20
小型矿山	<20	<30	>10 ~ 15

　　还应指出的是，矿山实际的服务年限，往往要大于计算的服务年限。因为矿山计算服务年限，未考虑投产前期和末期（衰减期）达不到设计生产能力而延长的服务年限。矿山企业计算的服务年限和实际服务年限与矿山发展期和衰退期之间的关系，应该用下列公式和图 2-12 表示。

$$T_Z = T_C + T_{Zh} + T_M \qquad (2-8)$$

$$T = T_{Zh} + \frac{T_C + T_M}{2} \qquad (2-9)$$

式中　T_Z——矿山实际服务年限，年；

　　　　T_C——矿山发展期年限，年；

　　　　T_{Zh}——矿山正常生产年限，年；

　　　　T_M——矿山衰退期年限，年。

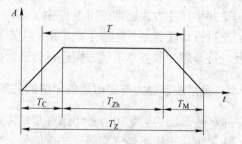

图 2-12　矿山年产量与服务年限之间的关系图

注：矿山正常生产年限，不应少于实际服务年限的 2/3；矿山发展期年限与衰退期年限之和的二分之一，一般为 5 ~ 8 年。

复习思考题

2-1　矿床埋藏要素有哪些，各有什么含义？

2-2　金属矿床按矿体的赋存条件不同有哪些分类？

2-3　矿岩的性质有哪些，它们对采矿工作有什么影响？

2-4　矿床开采单元是如何划分的，阶段、矿块的含义是什么？

2-5　阶段与阶段之间和矿块与矿块之间的开采顺序有哪些种？

2-6　如何确定矿脉（体）群之间的正确开采顺序？

2-7　地下开采的主要工作步骤有哪些，三级储矿量的含义是什么？

2-8　何为采矿生产能力，选择矿山年产量应该考虑哪些因素，如何确定矿山的服务年限？

3 对金属矿床地下开采的要求

【本章要点】金属矿床的基本属性和工程特征、采矿的损失贫化、对地下开采的基本要求

3.1　金属矿床的属性与特征

3.1.1　金属矿产的基本属性

矿产资源种类众多，我国通过大量地质勘察已发现矿产 171 种。探明储量的有 155 种。其中金属矿产 54 种，非金属矿产 90 种，能源及水气矿产 11 种。虽然不同矿种的化学组成、开采技术条件、用途等各不相同，但也都具有一些共同特性。特别是金属矿产的基本属性更显明显。

（1）资源的有效性。矿产资源具有使用价值，能够产生社会效益和经济效益。人类社会的衣、食、住、行无不牵涉到矿产资源的开发与利用，没有矿产资源的开发与利用，就没有人类社会的物质文明。

（2）有限性、非再生性。矿产资源是在地球的几十亿年漫长历史过程中，经过各种地质作用后富集起来的，但被开采后，在相对短暂的人类历史中，绝大多数不可再生。特别是那些优质、易探、易采的矿床，其保有量已日渐减少。为保证矿业可持续发展，必须"开源"与"节流"并重，把节约放在首位，走资源节约型的可持续发展之路。"开源"即扩大矿物原料来源，包括加大深部、边远地区的勘探力度；提高资源开发技术水平，回收低品位的矿量；寻找替代资源等。"节流"即千方百计改善和提高矿产资源利用的技术水平，使有限的矿产资源得到最大限度的、充分合理的利用。包括改进、改革采矿方法，提高选矿、冶炼的工艺技术水平；努力探索综合回收、综合利用的新方法、新工艺、新技术，搞好尾矿的综合利用，通过变废为宝、物尽其用等各种途径，将矿产资源非正常的人为损失降至最低限度，以适应现代化建设对矿产品日益增长的需求。

（3）时空分布不均匀性。矿产资源分布的不均性，是地质成矿规律造成的。某一地区可能富产某一种或某几种矿产，但其他矿种相对缺乏，甚至缺失。例如，29 种金属矿产中，有 19 种矿产的 75% 储量集中在 5 个国家；石油主要集中在海湾地区；煤炭储量大国主要是中国、美国和前苏联地区；中国的钨、锑储量占世界总储量的一半以上，而稀土资源占世界总储量的 90% 以上。

（4）开采投资的高风险性。矿产资源赋存隐蔽，成分复杂多变。在自然界中，绝无相同的矿床，因而在矿产勘探过程中，也必然伴随着不断地探索、研究，并总有不同程度的投资风险存在。矿产资源勘探难度大、成本高、效果差，投资风险高，是一般工业企业不可比拟的。矿产资源的开发需要一定周期，从矿山设计、基建至达到设计能力，一般都需要几年时间。在此过程中产品价格变化等，也很可能使投资回报受到影响。

（5）资源开发的环境破坏性。矿产资源是地球自然环绕系统中的组成部分，矿产资

源的开发必然导致对环境的破坏，如造成影响范围内的地表下沉、地下水位下降、土地资源破坏、森林资源锐减、生物资源减少。而矿产资源开发过程中排出的废水、废气、废料，也会造成不同程度的环境污染。因此，矿产资源评估过程中，应充分考虑到这一因素。

（6）资源储量的动态性。矿产资源储量是一个动态变化的经济和技术概念。从技术层面而言，勘探力度的加强、勘探技术的提高、综合利用水平的进步，会使资源储量增加，而资源开发利用会消耗储量；从经济层面而言，开采成本的降低和矿产品价格的升高，会使原来被认为无开采价值的资源储量，逐渐成为可供人类以工业规模开发利用的资源储量。

（7）多组分共生性。由于不少成矿元素的地球化学性质近似性和地壳构造运动与成矿活动的复杂多样性，自然界中单一组分的矿床很少，绝大多数矿床具有多种可利用组分共生和伴生在一起的特点。例如，我国最大的镍铜矿山——金川有色金属集团公司，除主产金属镍和金属铜外，还伴生钴、硫、金、银、铂、钯、锇、铱、钌、铑等多种有用元素。

（8）质量差异性。同一矿种不同矿山，甚至同一矿山不同矿体之间，矿石品位高低不一，资源质量差异巨大。影响资源质量的因素众多，主要包括以下几种：

1）地质因素，包括矿床地质特征、成矿环境、矿体空间形态、产状、厚度及结构特征等。

2）地质工作程度，尤其是生产勘探程度、矿石取样研究程度等。

3）开采技术因素，主要指矿床开采方式、采矿方法、机械化水平、管理水平等。

4）矿石加工因素，主要指矿石进入选厂后的破碎和选矿工艺流程的技术水平等。

3.1.2 金属矿床的工程特征

金属矿床的赋存条件比较复杂，对开采工作影响较大的工业特征是：

（1）矿床赋存条件不稳定。在同一矿体内，沿着走向或倾斜线方向上的厚度、倾角常有较大变化，而且经常出现尖灭、分枝、复合等现象，这使得开采工作复杂化。

（2）矿物组成和矿石品位变化大。金属矿床在矿体走向和倾斜线方向上，矿物组成和矿石品位经常有变化。这种变化有时表现出一定规律，有时则显示复杂多样，甚至还经常存在夹石。有些硫化矿床在同一矿体内，矿石还会产生分带现象。这些都要对采矿提出特殊的要求。

（3）地质构造复杂。在矿床中常有断层、褶皱、破碎带穿入矿体的岩脉等地质构造存在，还有些矿床水文地质条件很复杂，这都给采矿和探矿工作增加了困难。

（4）多数矿床的矿岩都比较坚硬。金属矿床的开采，需要用凿岩爆破方法来达到破碎崩落，这对实现综合机械化开采与运输，也有一定困难或要付出相应代价。

（5）某些矿床大量含水。矿床含水大不仅会降低矿岩的稳固性，增加采下矿石结块和堵塞漏斗的机会；而且增加了排水工作难度，给回采工作带来困难。

对某一具体矿床进行评估时，首先应了解该矿床的工业性质，对该矿床的开发利用难易程度做出科学的判断，从而制定出适合技术经济考核的一系列指标，如对固体矿床开采的考察评估指标就应该包括对采矿的损失与贫化指标进行的计算与评估。

3.2　地下开采的损失贫化

3.2.1　地下开采的损失贫化概念

3.2.1.1　矿石的损失与回收率

在矿床开采过程中，由于多种原因造成的部分工业矿石未能采出或采下来的矿石未能全部运至地表而散失于地下的现象，称作矿石损失。采矿过程中损失的矿石量与计算范围内工业储量的百分比，称为矿石的损失率。工业储量与损失矿石量之差，称为矿石回收量。矿石回收量与工业储量的百分比，称为矿石回收率。矿石的损失率与回收率之和等于 1（即 100%）。

另外还应该注意的是：工业矿石的损失率与矿石中金属的损失率不是一回事。因为，混入矿石中的废石含有金属成分，金属的损失率就小于矿石中的损失率。所以，把金属损失称为"视在"损失，而把矿石损失率称为"实际"损失率。另外，矿石回收率，也分"视在"回收率和"实际"回收率。

3.2.1.2　矿石的贫化与贫化率

在采矿、运输过程中，由于围岩和夹石的混入或富矿的丢失，使采出矿石品位低于计算范围内工业矿石品位的现象称为矿石贫化，工业矿石品位降低的百分数称为矿石贫化率。

矿石的贫化率，也有"实际"贫化率与"视在"贫化率之分。"实际"贫化率，是混入的废石量与采出的全部矿石量之比；"视在"贫化率，则为原生工业矿石品位和采出矿石品位之差与原生工业矿石品位之比。两者均用百分数来表示。

3.2.2　矿石损失、贫化的计算

矿石的损失率、回收率、贫化率只有在区分视在值与实际值时，才有实用意义。因为，在一些场合采用的是视在值指标；而在另一些场合应用的是实际值指标。

对应矿石损失率、回收率、贫化率指标的概念与计算方法，用图解法来给予直观说明（见图 3-1），可以将抽象概念具体化，从而更加明确、易懂。

（1）矿石的视在回收率。矿石的视在回收率，是指采出的矿石量（或称视在矿石回收量）与工业储量之比。

$$k = \frac{T}{Q} \times 100\% \qquad (3-1)$$

（2）矿石的实际回收率。矿石的实际回收率，

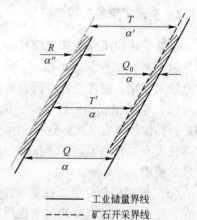

图 3-1　矿石的损失、贫化
计算示意图

——— 工业储量界线
----- 矿石开采界线
·········· 围岩开采界线

Q—矿石的工业储量，t；Q_0—损失的工业矿量，t；T—采出来的矿石量，t；T'—采出的工业矿量，t；R—混入的围岩废石，t；α—工业储量矿石品位，%；α'—采出矿石的品位，%；α''—混入围岩的品位，%

是指采出的工业储量与工业储量之比。

$$k' = \frac{T'}{Q} \times 100\% \qquad (3-2)$$

（3）矿石的视在损失率。矿石的视在损失率，是指视在矿石损失量（$Q-T$）与工业储量之比。

$$q = \frac{Q-T}{Q} \times 100\% = (1-k) \times 100\% \qquad (3-3)$$

（4）矿石的实际损失率。矿石的实际损失率，是指实际矿石损失量与工业储量之比。

$$q' = \frac{Q_0}{Q} \times 100\% = \frac{Q-T'}{Q} \times 100\% = (1-k') \times 100\% \qquad (3-4)$$

注：实际的矿石回收率与实际的矿石损失率之和必然等于 1（或 100%）。而视在矿石回收率与视在矿石损失率之和不一定等于 1，当混入废石量大于损失的工业储量时，它可能大于 1。

（5）矿石的视在贫化率。矿石的视在贫化率，指的是采出矿石中的品位降低率。

$$\rho = \frac{\alpha - \alpha'}{\alpha} \times 100\% \qquad (3-5)$$

（6）矿石的实际贫化率。矿石的实际贫化率，指的是采出矿石中废石的混入率：

$$\rho' = \frac{R}{T} \times 100\% = \frac{\alpha - \alpha'}{\alpha - \alpha''} \times 100\% \qquad (3-6)$$

注：由于生产现场实测 R 比较复杂，故一般可以通过品位化验的计算方法来表示贫化指标。

由采出矿石量和金属量可以列出下列平衡方程式：

$$\begin{cases} T = Q - Q_0 + R & (A) \\ T'\alpha' = Q\alpha - Q_0\alpha + R\alpha'' & (B) \end{cases}$$

式（A）表示采出的矿石量；式（B）表示采出矿石中所含金属量。

解：

（A）$\times \alpha''$ 后，得到：

$$T\alpha'' = (Q - Q_0 + R)\alpha'' \qquad (C)$$

（B）-（C），得：

$$Q_0 = Q - T \times \frac{\alpha' - \alpha''}{\alpha - \alpha''}$$

$$q' = \frac{Q_0}{Q} \times 100\% = \frac{Q - T' \times \dfrac{\alpha' - \alpha''}{\alpha - \alpha''}}{Q} \times 100\% = (1-k')\frac{\alpha' - \alpha''}{\alpha - \alpha''} \times 100\%$$

（A）$\times \alpha$ 得：

$$T\alpha = Q\alpha - Q_0\alpha + R\alpha \qquad (D)$$

（D）-（B）得：

$$\rho' = \frac{R}{T} \times 100\% = \frac{\alpha - \alpha'}{\alpha - \alpha''} \times 100\%$$

上面计算式中的 α、α'' 可在地质探矿时化验得到，α' 从采出矿石中取样得到。

生产现场所谓的损失贫化指标，一般是指实际的损失率和实际的贫化率。因为它们对采矿生产作业的影响较大。但在生产设计和财务计划与财务核算中，仍然要用视在损失率、视在贫化率指标来确定采出矿石量和采出的金属量等。

设计部门对不同地下采矿方法实际损失率、实际贫化率的推荐指标见表 3 − 1。

表 3 − 1　不同地下采矿方法实际的损失率和贫化率指标　　　　　　（％）

采矿方法	损失率	贫化率	采矿方法	损失率	贫化率
全面法	5 ~ 15	5 ~ 10	深孔落矿法	10 ~ 15	10 ~ 15
房柱法	8 ~ 12	5 ~ 10	壁式崩落法	5 ~ 10	4 ~ 5
分段矿房法	10 ~ 15	7 ~ 15	分段崩落法	15 ~ 20	15 ~ 20
阶段矿房法	10 ~ 20	10 ~ 15	阶段崩落法	15 ~ 20	15 ~ 20
浅孔留矿法	5 ~ 8	8 ~ 10	充填法	< 5	< 5

3.2.3　损失贫化的降低措施

3.2.3.1　造成损失的原因

（1）地质及水文地质的因素。如断层、破碎带、矿体产状急剧变化、矿床含水量大等引起采矿工作复杂和困难，而不得不遗弃部分工业储量造成采矿损失。

（2）留保安矿柱造成的永久损失或部分损失。

（3）矿石运输和装载过程撒落矿石（特别是矿粉）造成的损失。

（4）由于采矿方法的落矿和放矿管理不当而造成的部分矿石损失。

（5）其他原因引起的损失。如违反开采顺序、地下火灾、管理不善等。

采矿量的损失，不仅是对自然资源的浪费；同时也会增加单位矿石基建费、采矿准备与切割费，从而提高采出矿石的成本；另外，对于有自燃性的矿石损失后，其与易燃材料混杂还可能引起地下火灾。

3.2.3.2　造成贫化的原因与后果

造成矿石贫化的原因，多数是由于废石的混入或富矿粉在放矿、装运过程丢失而造成的采出矿石品位降低；个别情况下有用成分被析出，也是造成贫化的原因。

矿石的贫化，不仅造成矿石品级下降、影响矿石售价和企业的盈利指标；同样也将影响选矿回收率，特别是围岩含有杂质时，还将造成其他加工环节的不良后果。

3.2.3.3　降低损失贫化的措施

为了充分利用自然资源，减少矿石损失与贫化引起的经济损失，针对生产中的损失与贫化原因，应采取有效的措施来降低损失和贫化。采矿生产实践中采用的一般原则措施是：

（1）加强矿山生产时期的地质、测量工作，及时为采矿设计和生产提供可靠的原始资料，以便正确划分采掘界线，减少矿石丢失量与废石的混入量。

（2）正确选择开拓方法，尽量避免矿石多次转运和不留保安矿柱，以减少损失。

（3）合理确定开采顺序，正确选择采矿方法，及时回采矿柱和加强处理采空区。

（4）对复岩下放矿的崩落类采矿法，要严格进行放矿管理，遵循放矿计划图表和放矿制度。对充填类采矿法，应尽量采取措施减少在充填过程中的粉矿损失。对空场类采矿法，要尽可能回收散失在底柱上与黏附在两壁的高品位的粉矿。对薄矿体和极薄矿中使用的采矿方法，应该认真控制采幅，减少废石混入率。

（5）合理确定凿岩参数。在中深孔、深孔凿岩过程中，应严格掌握炮孔深度、方位及倾角，深孔验收要认真，补充炮孔要及时，爆破装药也要有质量保证。

（6）定期检查，分析整改，加强损失贫化管理，提高作业人员的操作技术技能。

3.3 对矿床地下开采的要求

在现代技术经济条件下开采金属矿床，除了要对矿床开采本身提出要求以外，还必须要考虑保护环境和提高开采技术水平的问题。所以，对地下开采的要求是多方面的。

3.3.1 对金属矿床地下开采的基本要求

（1）确保开采安全和良好的工作条件。采矿作业环境特殊，保证工人、设备与整个矿井的安全，是现代企业经营的重要标志。所以，保证作业环境安全和创造良好的劳动卫生条件，必须成为矿床开采设计和施工组织的重要原则。

（2）劳动生产率要高。采矿生产劳动强度较大，消耗在单位产品上的劳动量比重提高了采矿成本，因而必须寻求高效率的采矿方法，加强科学管理，用先进的技术和工艺不断提高综合机械化化水平，进一步促进劳动生产率的提高。

（3）矿床开采强度要大。提高开采强度，不仅有利于完成和超额完成国家下达的任务，同时也降低了巷道的维护费用及非生产性开支，对安全生产大有好处。

（4）矿石的损失贫化小。矿井开采，原则上是一次性采完后就闭坑处理，所以要周密设计、严格施工，使矿石的损失贫化保持在设计允许范围。降低损失贫化，可减少矿石的生产和加工费用，同时还可避免因开采自燃性矿石而引起的火灾隐患。

（5）矿石开采的成本要低。矿石开采成本是综合性指标，它反映出劳动消耗、材料和动力费用与生产经营管理的水平。只有不断提高劳动生产率，控制好矿石的品位，降低各种非生产性开支，开采才能降低成本。

3.3.2 对环境保护的要求

（1）保护矿区环境不受破坏。矿区人口密集，矿床开采或开采后要经过恢复、美化才可以改造利用。所以开采矿石的同时要注意保持生态平衡，使周围大气、森林、水域等自然资源，重要的建筑物，名胜古迹，珍贵遗址等不受破坏损害。

（2）消除三废对环境的污染。矿井排出的废气，应排送到远离居民住宅的地段；含有害杂质的废水、选厂尾矿废水在排放前必须进行净化，不得污染农田、水域；采出的废石和尾砂应尽量用于充填采空区，采钾盐的矿山，更应注意防止土壤盐碱化。

（3）对受开采破坏的农田、土地做好复垦利用。要做好这一点，必须在每个开采单元工作结束后，及时进行采空区的回填处理。对于已经破坏的采空区地表，也应做好土地的复垦利用工作，以还耕于农业或做其他利用。

3.3.3 对提高开采技术水平的要求

采矿科学技术发展，使得先进矿山与传统矿山之间、大型矿山与地方中小型矿山之间差距逐渐加大。为了适应发展，必须从以下几个方面提高开采技术水平。

（1）实现或完善矿山基本生产过程的机械化或综合机械化。采矿生产的基本过程主要是井巷掘进和矿块回采，实现这两大过程的机械化或综合机械化，对加快掘进速度、提高生产能力、改善劳动条件、确保安全生产具有十分重要的作用。当然，在有条件的矿山，也要实现辅助生产过程的机械化。

（2）逐步实现工艺系统和主要生产环节的自动化。目前国外一些先进矿山在矿井提升、运输、通风、排水、压气及矿石破碎等设备方面已达到了相当高的自动化水平，而我国也有部分矿山开始实现。这对于促进采矿生产的现代化管理，关系重大。从我国的现状出发，就是要求推广运用这些经验，使之发展并逐步实现采矿工艺系统和主要生产环节的自动化。

（3）实现矿山企业管理的现代化。矿山企业在实现生产工艺设备自动化的同时，必然要研究组织管理的自动化。这就是运用科学技术手段来收集和传送信息，用电子计算机处理信息和做出决策，如矿山工作计划实施、调度管理、物资供应和产品销售等全自动化管理。

复习思考题

3 – 1　矿产资源一般具有哪些特征，金属矿床的工程特征又有哪些？

3 – 2　原矿石与采出矿石是一回事吗，两者的联系和区别在哪里？

3 – 3　何为采矿的损失与贫化，它们各有哪些表达方法？

3 – 4　造成采矿的损失与贫化的因素有哪些，怎样降低其损失与贫化？

3 – 5　设某铜矿一个回采单元的工业储量为87500t（回采工作中14160t工业储量没有被采下来，而采下来5560t废石，在出矿过程中又有150t矿岩散失），实际放出矿岩量78750t。工业储量中含铜品位为1%，采出来的铜矿石品位为0.9%，围岩中含铜品位为0.3%。试计算，该回采单元采矿的损失率、贫化率、回收率的实际值和视在值。

3 – 6　在采矿工程中，对金属矿床地下开采有哪些要求？

第2篇

地下开拓的系统网络

金属矿床的地下开采，要从地表开始建立与矿体之间的联系，并在这些联系道上形成完整的行人、通风、提升、运输、排水、供电、供水和安全逃生系统。但是这些地下通道有哪些分类？其系统网络工程的内容有哪些？地下开拓方案又该怎么选择？这是本篇将要阐述的三个课题。

4 地下开拓方法的基本概念

【本章要点】地下开拓的概念与分类、平硐、竖井、斜井、斜坡道单一开拓与联合开拓

4.1 开拓巷道的基本概念

地下矿床的开拓，是从地表开始开掘一系列井巷工程，以建立地表与矿体之间行人、设备与材料运送、矿石与废石运输的通路，并在这些通路上形成完整的行人、通风、提升、运输、排水、供电、供水和安全逃生系统。为形成这些井巷工程系统而开掘的巷道，称为地下开拓道。

地下开拓道有：平硐、竖井、斜井、斜坡道、井底车场（井底车场内有各种用途的硐室）、石门、阶段运输平巷、溜井、充填井等。各种开拓道的位置关系，如图4-1所示。

（1）平硐。如图4-1中12所示，又称平窿，它是具有一端通达地表的水平巷道。轨道运输时，线路坡度一般为3‰~7‰，以利于列车运行和排水；运输线路旁边有人行道和水电管线。

平硐与隧道的区别在于，隧道具有两端通达地表的出口，平硐只有一端见光的地表出口。

（2）竖井，是指轴向与水平面垂直相交，并供提升矿石、废石、人员、设备、材料用的通道，如图4-1中的4所示。它按其内部安装的提升容器类型不同又分为：罐笼井、箕斗井和混合井；而按它与地表之间是否有无直接可以见到光的出口，又分为明竖井和盲竖井。

（3）斜井，是指轴向与水平面成一定倾角的主要巷道。它的功能与竖井相同，也有明斜井与盲斜井（见图4-1中16）之分。按其井筒内提升的方式不同又分为串车斜井和

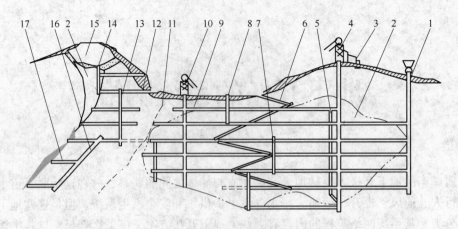

图 4 - 1　开拓道示意图

1—风井；2—矿体；3—选矿厂；4—箕斗提升井；5—主溜井；6—斜坡道；7—溜井；

8—充填井；9—阶段运输平巷；10—副井；11—大断层；12—主平硐；

13—盲竖井；14—溜井；15—露天采场；16—盲斜井；17—石门

箕斗斜井。

竖井和斜井统称为井筒。作为提升用的井筒，井筒内一般装有提升运输的机械设备，如罐道、罐道梁和装载计量斗口等；但作为通风用的井筒，其井口都有通风设施和通风机械装置。

（4）斜坡道，也是具有直通地表出口的倾斜通道，如图 4 - 1 中 6 所示。斜坡道主要供运行无轨设备或安装胶带运输机使用，内部不铺轨道，坡度比斜井小，运输线路方向变换较为灵活。

（5）井底车场，是指井筒与阶段运输巷道连接处各种运输路线和硐室的总称。它是连接井下运输和井筒提升的枢纽。在井底车场范围内一般都设有储车线、行车线、调车线，除此以外还有水泵房、变电所、调度室、修理库等硐室。

如图 4 - 2 所示，为竖井井底车场结构示意图。

（6）石门和阶段运输平巷。统称为阶段运输巷道。它们开在阶段水平内，是井底车场通到矿体的平面运输段巷道。掘进在岩体中的，称为石门；接着石门并沿矿体走向通到井田两端边界的，称为阶段运输平巷。这些巷道的主要作用是供平面运输、通风、行人等。

（7）溜井，是专门用于溜放矿石或废石的井筒，常采用垂直或急倾斜布置，如图 4 - 2中 2 所示。

（8）充填井，主要是供下放充填料的井筒，往往也是垂直布置或急倾斜布置。

图 4 - 3 是竖井开拓系统立体示意图。它在井田中央布置主井、副井，两翼布置通风井；通过井底车场、石门、阶段运输平巷，建立起地表与矿体在不同平面之间的联系。

矿石通过溜井下放至破碎硐室，其后再经箕斗提升至地表；人员、材料、设备及废石的提升，可以通过副井运输。全部井田通风采用对角式通风系统，副井进风，两翼风井排出污风。

井底车场起着连接竖井提升和阶段运输之间的交通枢纽作用。

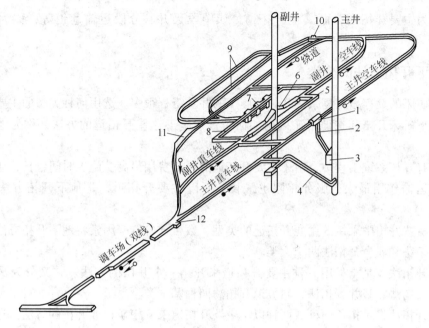

图4-2 竖井井底车场结构示意图

1—翻车硐室；2—矿石主溜井；3—箕斗装载硐室；4—粉矿回收小斜井；5—等候笼室；6—马头门；
7—水泵房，8—变电所；9—水仓；10—水仓清理的绞车硐室；11—机车修理房；12—井下调度室

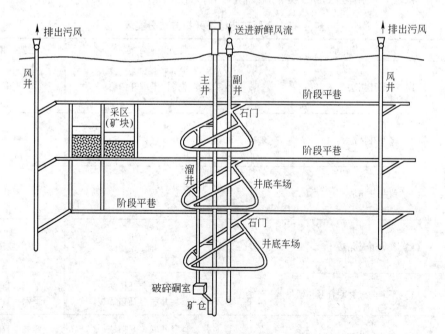

图4-3 竖井开拓系统立体示意图

需要注意的是：一个独立或者说完整的开拓系统网络，按照矿山安全生产的管理规定，除了能在井田的范围内实现全部开拓目的以外，还至少要有两个独立或通往地表的安全出口。

而在这些开拓系统网络中，凡是主要用来提升和运输矿石的主平硐、提升井筒、主斜

坡道，称为主要开拓道；而其他开拓道，如中段天井、分段运输巷道等，称为辅助开拓道。

4.2　地下开拓方法的分类

金属矿床的赋存条件复杂多变，要施工的井巷工程很多。选用何种类型的主要开拓道来进行地下矿床开拓和在地下矿区内如何布置与施工这些开拓道的方法，称为地下开拓方法。

在所有开拓系统工程中，由于主要开拓道的投资费用最高、施工时间较长，矿山投产后的提升运输作用最大，服务年限也最长，所以主要开拓道，是地下开拓方法的分类依据。

本教材按井田中采用的主要开拓道的类型、数目、位置等因素将地下开拓方法综合分为单一开拓法和联合开拓法两个大类。

单一开拓法，是指只用一种主要开拓道来开拓一个井田的方法。它又分为平硐开拓法、斜井开拓法、竖井开拓法、斜坡道开拓法四种基本类型。

联合开拓法，是指用两种或两种以上主要开拓道来开拓矿田或井田的方法。这种开拓方法，一般是在矿床上部用一种主要开拓道，而在矿床下部又用另一种主要开拓道的方法。

金属矿床地下开拓方法的分类情况如表 4 – 1 所示。

表 4 – 1　金属矿床地下开拓方法分类表

类别	开　拓　方　法	典型开拓方案	主要开拓道
单一类开拓法	（1）平硐开拓法	① 沿矿体走向平硐开拓法； ② 垂直矿体走向平硐开拓法； ③ 组合平硐的开拓方法	平硐
	（2）竖井开拓法	① 下盘竖井开拓法； ② 侧翼竖井开拓法； ③ 上盘竖井开拓法	竖井
	（3）斜井开拓法	① 脉内斜井开拓法； ② 下盘斜井开拓法	斜井
	（4）斜坡道开拓法	① 螺旋式斜坡道开拓法； ② 折返式斜坡道开拓法	斜坡道
联合类开拓法	（1）平硐与竖井联合开拓法	① 平硐、盲竖井联合开拓法； ② 平硐、盲斜井联合开拓法	平硐、盲竖井 平硐、盲斜井
	（2）竖井与井筒联合开拓法	① 竖井、盲竖井联合开拓法； ② 竖井、盲斜井联合开拓法	竖井、盲竖井 竖井、盲斜井
	（3）斜井与井筒联合开拓法	① 斜井、盲竖井联合开拓法； ② 斜井、盲斜井联合开拓法	斜井、盲竖井 斜井、盲斜井
	（4）斜坡道联合开拓法	① 斜坡道与平硐联合开拓法； ② 斜坡道与井筒联合开拓法	斜坡道、平硐 竖/斜井、斜坡道

4.2.1　单一开拓法

4.2.1.1　平硐开拓法（单一开拓法之一）

平硐开拓法，是以平硐为主要开拓巷道来实现矿床开拓系统的开拓方法。它适用于开拓山区地形中的矿床矿体或者是矿床矿体的全部或大部分位于当地水平基准面以上的情况。

在这种情况下，平硐水平以上各阶段采下的矿石，可通过溜井下放到平硐水平，再经平硐运出地表。而且废石和涌水也可以在各阶段直接排放。即使矿石具有结块性而不宜使用溜井或围岩不稳固不便开凿溜井时，也可以通过辅助竖井或斜井下放，平硐以上各阶段生产的许多材料、设备以及人员上下，可以通过盲竖井、盲斜井或与地面联系的斜坡道与上部各阶段联系。

平硐开拓法，是一种简便、经济而又安全的开拓方法。它的基建时间较短，当条件适合时，应该优先选用。我国矿山生产实践证明：采用平硐开拓法时，平硐长度以不超过3000~4000m 为宜，并在中间（有条件开凿井时）开凿措施井。平硐长度过大，掘进困难，基建时间过长时，会增加基建工程量，扩大基建投资。

A　两种典型的平硐开拓法

平硐开拓方法，按平硐相对于矿体的位置分为沿走向布置和沿垂直走向布置两种。

a　沿矿体走向的平硐开拓法

这种方案的平硐采取沿矿体走向或平行矿体走向布置。当矿体厚度很大且矿石稳固性又差时，平硐一般布置在下盘围岩内；而当矿床由若干条互相平行的矿脉组成时，主平硐应沿着主脉布置。这种开拓方案，如图 4-4 所示。

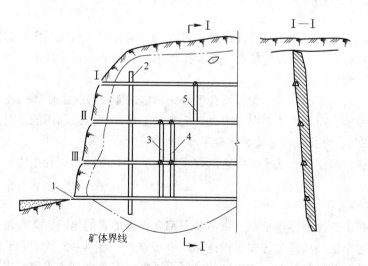

图 4-4　脉内沿脉平硐开拓法

Ⅰ~Ⅲ—上部阶段平硐；1—主平硐；2—辅助盲竖井；3，4—主溜井；5—溜井

沿矿体走向的平硐开拓法的优点是：能及时掌握矿体走向变化，开拓工程可靠，并能在短期内采矿；脉内掘进时，可顺便采得部分矿石，借以抵偿一部分开拓费用；平硐还可

以起到补充探矿作用。它的缺点是：当平硐布置在脉内时，必须从井田边界向平硐口作后退式回采；否则，要在平硐上部留保安矿柱。但平硐布置在下盘围岩中时，这个缺点不存在。

　　沿矿体走向的平硐开拓法，最适合开拓一侧沿山坡露出或距山坡表面很近的矿体。

　　b　垂直矿体走向的平硐开拓法

　　垂直矿体走向的平硐开拓法，是指连通地表与矿脉间的主平硐呈垂直或斜交矿体走向布置。而对单侧山坡地形的山区，当矿体与山坡的倾斜方向相同时，平硐穿过上盘岩层与矿体相交，这种垂直矿体走向的平硐开拓法，又有上盘平硐开拓和下盘平硐开拓之分。图 4-5 是上盘平硐开拓示意图。

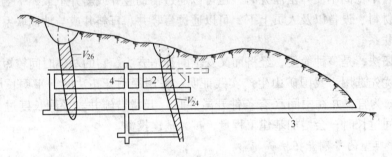

图 4-5　垂直矿体的上盘平硐开拓法
1—阶段平硐；2—溜井；3—主平硐；4—辅助盲竖井；V_{24}，V_{26}—矿脉

　　图 4-5 中，各阶段平硐穿过矿脉后，再沿矿脉掘进沿脉巷道。各阶段采下的矿石经溜井 2 溜放至主平硐 3 水平，再由主平硐运出地表。而人员、设备、材料等由辅助竖井 4 提升至各个阶段。

　　垂直矿体走向的平硐开拓法的优点是：可以双翼同时展开回采工作，回采推进方向不受限制；且在垂直矿体走向方面能起补充勘探作用。它的缺点是：开拓工程见矿的时间较长，开拓费用较大。

　　垂直矿体走向的平硐开拓方案最适宜于开拓离地表距离较远的矿体，在矿体走向两侧无适当的工业场地，而在矿体走向的中央有适宜的工作场地可以利用的情况。

　　B　按矿石运出方式不同分类的两种平硐开拓法

　　平硐开拓法，根据矿石从平硐中运出方式不同，又有阶段平硐开拓法和组合平硐开拓法之分。

　　a　阶段平硐开拓法

　　此法是在每个阶段上掘进平硐，每条平硐都有直通地表的出口，矿石由各个平硐单独运出，再转由各个溜槽或其他方式运送至储矿仓或选厂。图 4-5 属于主平硐开拓。它是根据地形和矿体赋存标高情况，在矿体的最低水平掘进一条大型主平硐。主平硐以上各个阶段的矿石都经过溜矿井溜放到主平硐水平后集中运出。而人员、材料、设备的上下，通过主平硐及辅助井筒进行。

　　b　组合平硐开拓法

　　组合平硐开拓法是用两个或两个以上的主平硐来开拓同一矿床，属于阶段平硐开拓法与主平硐开拓法的中间形式。就整个矿床而言，由于有两条以上的主平硐，就相当于是较高阶段的阶段平硐开拓法，而每个较高的阶段内，又相当于主平硐开拓法。

用组合平硐开拓时，矿石需通过溜井多次运转集中运出地表。组合平硐开拓布置如图4-6所示。

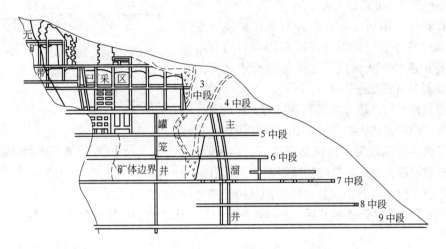

图4-6 组合平硐开拓法（4中段、9中段为主平硐）

在以上几种平硐开拓方案中，主平硐开拓法由于出矿集中、管理方便、生产能力大，而且人员、材料、设备等运送方便，故在使用平硐开拓的大中型矿山中，获得广泛应用。

4.2.1.2 斜井开拓法（单一开拓法之二）

斜井开拓法，是以斜井为主要开拓巷道来实现矿床开拓系统的开拓方法。斜井与阶段的运输平巷之间需要通过井底车场和石门取得联系。

斜井开拓法一般用于开拓矿体埋藏在地平面以下、埋藏深度不大、地表又无过厚表土层的层状矿床。斜井倾角为15°~40°（缓倾斜和倾斜）；当采用伪倾斜角的斜井开拓时，也可开拓稍微有些急倾斜的矿体。但因为斜井本身提升能力小、承压能力差，故一般只适宜于中小型矿床开拓。而在国外，应用钢绳胶带运输机运矿的大型矿山，也有采用斜井开拓的。

斜井开拓法，根据斜井与矿体之间的相对位置关系，分为两种主要方案。

A 脉内斜井开拓法

脉内斜井开拓法，是将斜井直接开在矿体内部的下盘，并沿矿体的倾斜线布置；斜井与阶段运输平巷之间的连接，只通过井底车场，不开石门。脉内斜井开拓法如图4-7所示。

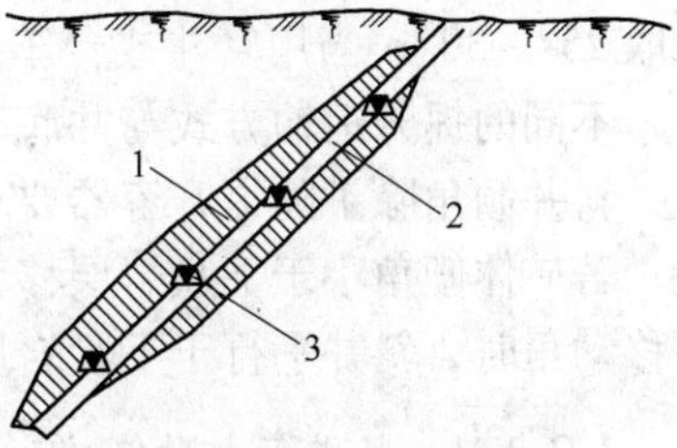

这种开拓方法的优点是：不开石门，基建投资少、时间短，投产快，并能补充探矿和在基建掘进时期就可获得部分副产矿石。其缺点是：必须保留斜井的保安矿柱，而当矿体底板倾角起伏较大时，斜井难以保持平直，从而影响斜井提升能力和提升安全。此法仅在以下条件时使用：

图4-7 脉内斜井开拓法
1—矿体；2—斜井；3—阶段运输平巷

（1）矿体的厚度小、面积大，下盘岩石不稳固，矿石稳固，矿石价值不高；

（2）矿床勘探不足，但又急需短期投产，希望早日见到矿体；

（3）由露天开采转入地下开采：露天矿场的边坡或其斜坡道的卷扬沿着矿体底板布置；转入地下开采后，继续沿用原来斜坡道卷扬寻找矿体倾斜线向下开掘的情况。

　　B　下盘斜井开拓法

下盘斜井开拓法，是将斜井布置在矿体下盘围岩内，通过多种形式的斜井井底车场和石门与阶段运输平巷相连接，从而建立起矿体与地表之间的联系。下盘斜井开拓法如图 4-8 所示。

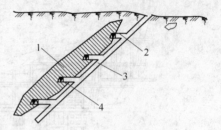

图 4-8　下盘斜井开拓法
1—矿体；2—石门；3—下盘斜井；
4—阶段运输平巷

下盘斜井开拓，通常是将斜井沿着矿体的真倾斜方向布置。但对有些大型金属矿山，矿体走向长度较大，为了选用钢绳胶带运输机运送矿石，需保持 16° 左右的有效坡度，也可布置成伪倾斜斜井，如图 4-9 所示。这时不仅可以开拓倾斜矿体，而且可开拓急倾斜矿体。布置成为伪倾斜斜井后，各阶段的石门与矿体之间的连接分散在矿体的走向线上。

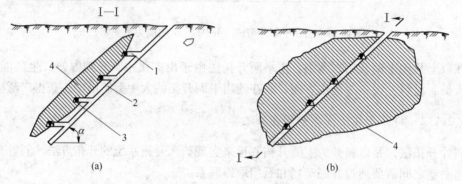

图 4-9　伪倾斜的斜井开拓示意图
（a）垂直走向投影图；（b）沿着走向投影图
1—石门；2—斜井；3—阶段运输平巷；4—矿体；α—斜井伪倾角

　　这种开拓方案的优点是，不需要留保安矿柱，井筒的维护条件比较好，且不受矿体底板起伏变化的影响。另外，与脉内斜井开拓法相比较，这种方案要多开一些石门；但是石门长度并不是太大。所以，斜井开拓法在金属矿山的生产实践中应用最广。

　　斜井开拓法的斜井倾角，通常是根据装备在井筒内的提升容器要求来确定的。当采用钢绳胶带运输机运送矿石时，斜井的倾角小于或等于 16°；若用串车提升矿石，斜井的倾角取 25°~30°；当用箕斗或台车提升矿石时，斜井倾角取 30°~45°。

　　不同的提升运输方式与井底车场之间连接方式也是不同的。

　　斜井倾角除了随提升容器要求不同外，下盘岩层移动角的大小也是其必须要结合考虑的。若矿体倾角小于下盘岩层移动角时，斜井按矿体的倾角布置；当矿体倾角大于下盘岩层移动角时，斜井平行于下盘岩层的移动线布置。

4.2.1.3　竖井开拓法（单一开拓法之三）

竖井开拓法，是以竖井作为主要开拓巷道来实现矿床开拓系统的开拓方法。在一般情况下，由于竖井的生产能力比斜井大，受地质条件的限制小，比较安全，且易于维护，故在国内外金属矿山中广泛应用。根据我国 30 多个大中型金属矿山统计，有 70% 的矿山使用竖井开拓。随着开采深度加深，其应用范围将会更加广泛。

竖井开拓法，主要用于开拓矿体赋存于地平面以下，倾角大于 45° 的急倾斜矿床或矿体埋藏较深而倾角小于 15° 的水平与缓倾斜矿床。

竖井按其所用提升容器，可以分为罐笼井、箕斗井、箕斗罐笼混合井。竖井深度小于 300m、而矿井日产量约为 700t 时，一般采用罐笼井提升；竖井深度大于 300m，矿井日产量超过 1000t 时，大多采用箕斗井提升。

竖井开拓法，根据主要竖井与矿体相对位置的不同，可分为下盘竖井开拓、上盘竖井开拓、侧翼竖井开拓和穿过矿体的竖井开拓四种主要方案。

下面将金属矿山使用较多的三种典型方案分别介绍如下。

A　下盘竖井开拓法

下盘竖井开拓是将竖井布置在矿体下盘围岩内，并位于下盘岩石移动带以外，然后按阶段标高分别掘进各阶段井底车场、石门及主要运输平巷，以通达矿体建立开拓联系，如图 4-10 所示。

这种开拓方案的最大优点是井筒的保护条件好，无需留保安矿柱。缺点是石门的长度随开采深度的增加而加长，尤其是当矿体的倾角变小时，这个缺点更加突出。

由此可见，下盘竖井开拓法，最适宜于开拓埋藏在地平面以下的急倾斜矿体，对于矿体倾角大于 75°，下盘的地形、地质构造、岩层条件适合于开掘井筒时更为有利。

下盘竖井开拓法，在国内金属矿中使用最广泛。

B　上盘竖井开拓法

上盘竖井开拓方案与下盘竖井开拓方案相区别的是，主竖井布置在上盘岩石移动带以外，再由竖井开掘阶段石门通达矿体，如图 4-11 所示。

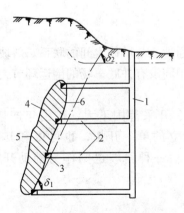

图 4-10　下盘竖井开拓方案

1—竖井；2—石门；3—平巷；4—矿体；

5—上盘；6—下盘；δ_1—下盘

岩石移动角；δ_2—表土移动角

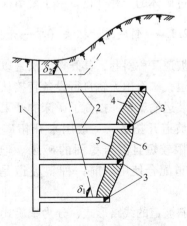

图 4-11　上盘竖井开拓方案

1—竖井；2—石门；3—阶段运输巷；

4—矿体；5—上盘；6—下盘；

δ_1—上盘岩石移动角；δ_2—表土移动角

这种开拓方案的上部石门很长，投资大，基建时间延长。仅在下列特殊条件下采用：

（1）受地表地形限制，下盘或侧翼缺乏布置工业场地的条件，只有上盘的地形有利；

（2）根据矿区内部和外部运输联系，选矿厂和"尾矿库"只布置在矿体上盘方向，这时在矿体上盘开掘竖井，地面的运输费用最少；

（3）下盘岩层地质及水文地质条件复杂，不宜掘进竖井。

C　侧翼竖井开拓法

侧翼竖井开拓方案，是将竖井布置在矿体走向一侧的侧翼岩石移动带以外，然后在各阶段水平上由井底车场、石门、阶段平巷与矿体间建立联系，如图 4-12 所示。

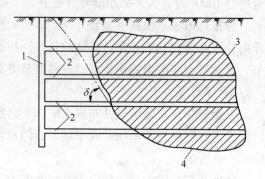

图 4-12　侧翼竖井开拓方案
1—竖井；2—石门；3—矿体；4—地质储量界线；
δ—岩石移动角

这种方案在金属矿床，特别是有色金属和稀有金属矿床的竖井开拓中，应用较为广泛。这是由于这些矿床规模小，矿体走向长度较短，有可能从井筒一翼将矿石采完。

这种开拓方案的缺点是，井下为单向运输，运输功大；回采工作线也只能是单向推进，掘进与回采强度受到限制。故在下列条件适用：

（1）矿体倾角较缓，竖井布置在下盘或上盘时石门都很长；

（2）矿体走向长度不大，矿体偏角不大的块状矿床矿体；

（3）只有矿体侧翼有合适的工业场地与布置井筒的条件；

（4）采用侧翼竖井开拓后，井下、地面的运输方向一致。

穿过矿体的竖井开拓，由于要留保安矿柱，储量损失大，故金属矿山很少使用。

4.2.1.4　斜坡道开拓法（单一开拓法之四）

斜坡道又称斜巷，其开拓方法是以斜坡道来沟通地表与矿体之间的联系。斜坡道内不敷设轨道，矿石用无轨自行设备直接从采场运出，中间没有井底车场的倒运环节，因而简化了采装运输工序，提高了矿床的开采强度。

斜坡道开拓法，一般用来开拓矿体埋藏较浅、开采范围不大、矿山年产量较小、服务年限较短且围岩稳固的矿床。但它既可作独立的单一开拓，也可以和其他主要开拓巷道配合使用。前一种斜坡道是主斜坡道，后一种斜坡道则作为辅助开拓巷道使用。

主斜坡道的线路形式，分为螺旋式与折返式。

图 4-13 为典型螺旋式斜坡道开拓示意图。这种斜坡道又分为圆柱螺旋线和圆锥螺旋线。两者的区别是：圆锥螺旋线的曲率半径和坡度，在整个线路内是变化的；而圆柱螺旋线坡度一般为 10% ~ 30%，螺旋式坡道中心要有溜井或其他垂直天井配合施工，这样掘进出渣与通风才方便。

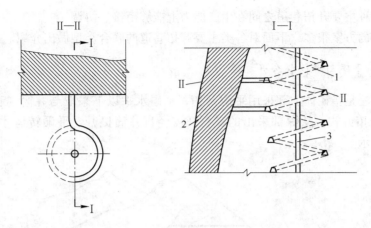

图 4 - 13　螺旋式斜坡道开拓示意图
1—斜坡道；2—矿体；3—井筒

图 4 - 14 是折返式斜坡道的典型开拓示意图。折返式斜坡道开掘在矿体下盘岩层移动带以外，其路线分直线段和折返段，直线段线路较长，变换高程的坡度一般不大于 15%；折返段线路较短，坡度减缓以至水平。开掘石门也可开设措施井。

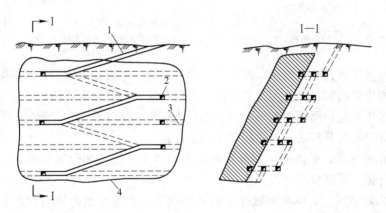

图 4 - 14　折返式斜坡道开拓示意图
1—斜坡道；2—石门；3—中段运输巷道；4—矿体界线

对比这两种形式的斜坡道，由于螺旋式线路中没有缓坡段，故在同等高程内的螺旋式线路比折返式短，其开拓工程量小。但螺旋式线路掘进困难，行车司机的视距小，安全性差，车辆轮胎磨损也较大。因此，在实际应用中以折返式居多。

4.2.2　联合开拓法

联合开拓法，是用两种或两种以上主要开拓道来共同开拓一个井田的方法。这类开拓法通常在矿体上部用一种主要开拓巷道，而下部用另一种主要开拓巷道。

金属矿床的地形、赋存条件及埋藏深度变化很大，往往不能用单一开拓方法解决整个井田的开拓问题。因此，需要联合其他类型的主要开拓巷道来共同开拓。

使用联合开拓法的前提，必须是井田上部的主要开拓巷道能为开拓深部矿床时继续利用；同时，两种主要开拓巷道之间在生产能力上能够衔接、协调。

联合开拓的方案很多，下面对各类主要开拓巷道的联合类型做出介绍。

4.2.2.1　平硐与井筒联合开拓法

这种开拓法是指矿体上部采用平硐开拓，平硐水平以下采取与井筒（盲竖井、盲斜井）联合的开拓方式。从深部采出的矿石，需经盲井筒提升、平硐转运才能到达地表，如图 4-15 所示。

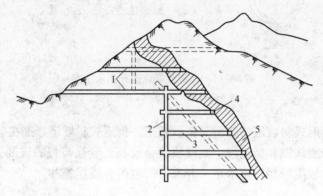

图 4-15　平硐与盲竖井开拓法
1—平硐；2—盲竖井；3—石门；4—阶段沿脉巷；5—矿体

在平硐与井筒联合开拓法中，井筒一般用盲井筒，但当地表地形和矿体赋存条件较有利时，也可考虑采用明井筒。用盲井开拓，石门比较短，但是需要增加地下调车场和卷扬机硐室的掘进工程量；而用明井筒开拓，石门比较长，井口要安装井架。

平硐与井筒联合开拓法，常适用于下列条件：

（1）在山岭地区，矿体的一部分赋存地平面以上，另一部分延伸到地平面以下；上部分用平硐开拓，下部分用井筒开拓；

（2）在山岭地区，矿体全部赋存于地平面以下；而受当地的地表和地形限制不宜开掘明井筒时，可用盲井筒联合开拓法。

4.2.2.2　斜井与盲井联合开拓法

这种开拓法是指矿体上部用斜井开拓，而到深部用盲井筒开拓。因而，这种开拓法同样也分为斜井与盲竖井联合开拓和斜井和盲斜井联合开拓两种方案。

图 4-16 是斜井与盲竖井联合开拓方案，它适用于矿床深部存在盲矿体的情况。

4.2.2.3　竖井与盲井联合开拓法

在开采深度很大矿体，如果只用一段竖井提升，所需提升设备功率过大，深部石门过长时，可

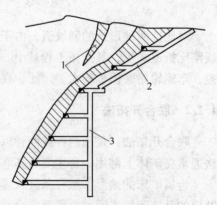

图 4-16　斜井与盲竖井联合开拓方案
1—矿脉；2—斜井；3—盲竖井

考虑用竖井与盲竖井联合开拓法：即上部用明竖井提升，下部采用盲竖井提升，如图4-17所示。

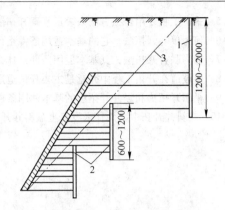

图4-17　竖井与盲竖井联合开拓方案
1—竖井；2—盲竖井；3—下盘围岩移动线

用这种联合开拓法，虽能减少深部石门长度和维持上部竖井原有的提升能力，但却带来提升工作复杂化、提升设备与成本增加等问题。故在设计时应尽量使第一段竖井的开拓深度加大或使减少石门所节约的费用，能够补偿在提升上增加的费用。

竖井与盲井联合开拓法一般的应用条件为：

（1）矿体埋藏很深，一段竖井提升发生困难；

（2）深部矿体倾角变缓，致使深部石门过长；

（3）矿体深部偏角变大，延伸向一方侧移；

（4）深部发现有新的矿体。

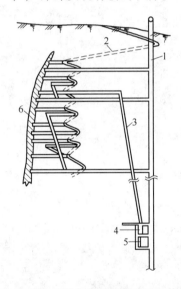

图4-18　竖井与斜坡道联合开拓方案
1—主井；2—斜坡道；3—溜井；
4—破碎硐室；5—矿仓；6—矿体

4.2.2.4　以斜坡道为辅助的联合开拓法

单一斜坡道开拓，由于受到无轨自行设备合理运输距离的限制，只能用于开拓200～300m以内深度的矿体，且矿井规模不宜过大。因而，主斜坡道作为单独开拓使用时，其应用范围往往受到局限。

在实践中，斜坡道常与平硐、斜井、竖井联合，作辅助开拓巷道使用。

辅助斜坡道也从地表开始起联通各阶段的运输平巷，供无轨设备由地表进入地下各阶段或由一个阶段转向另一阶段，但其主要作用还是辅助联络，只运送人员和材料，同时兼作通风。

图4-18是南非普列斯卡铜矿用的竖井与斜坡道联合开拓方案示例。此处斜坡道作为无轨设备的出入通道。我国凡口铅锌矿采用的斜坡道也是这种类型。

复习思考题

4-1　何为金属矿床地下开拓，它的主要任务是什么？

4-2　主要开拓道、辅助开拓巷道组成的系统工程内容有哪些？

4-3　何为金属矿床地下开拓方法，各种开拓方法的分类依据是什么？

4-4　平硐开拓法与竖井开拓法或斜井开拓法相比较，其主要优缺点是什么？

4 - 5   采矿工程中用什么方法来表示平硐开拓法、竖井开拓法、斜井开拓法?

4 - 6   何为单一开拓法,它的基本适用条件是什么,其基本类型又有哪些?

4 - 7   何为联合开拓法,其基本适用条件是什么,它有哪些具体分类?

4 - 8   斜坡道在开拓工程中究竟是主要开拓道还是辅助开拓道?

4 - 9   平硐开拓法和竖井开拓法的基本适用条件究竟是什么?

4 - 10   在斜井开拓中,为什么没有上盘斜井开拓法?

5　地下开拓的系统网络工程

+-+

【本章要点】主要开拓道的选定、副井与阶段运输道、主溜井系统、井底车场与硐室、井口地面运输布置

+-+

5.1　主要开拓道的选定

金属矿床地下开拓的核心技术问题之一，是如何选择主要开拓巷道（以下简称主开道）的类型和怎么确定主开道的位置。这两个方面的决定是否正确与合理，不仅直接影响到矿井的生产安全和生产能力，而且还直接影响到整个开拓工程量、基建投资以及矿井建设的期限。

5.1.1　主开道的类型选择

要选择主开道的类型，必须对不同特点的主要开拓巷道进行比较才能做出正确的决定。

5.1.1.1　平硐与井筒的比较

与井筒相比，平硐具有以下的优点：

（1）基建时间短。平硐施工比井筒条件好、速度快；所以基建时间短，有利于早日建成投产。

（2）建设费用低。平硐施工的设施简单，不需要建筑井架和提升机房，所需重型设备少，所以建设费用低。

（3）生产经费少、安全可靠。坑内可通过平硐自流排水而无需排水设施，通风比较容易和费用低，矿石、设备及材料等运费也较低，年生产经营费用比井筒低；另外，平硐运送人员及货载均要比井筒安全。

平硐的主要缺点是：当平硐过于长时，会增大供水、供电与通风费用，并拖延基建时间。

5.1.1.2　竖井与斜井的比较

（1）基建工程量方面。在相同高差条件下，斜井比竖井长，但斜井的石门比竖井的短；斜井的基建投资比竖井少。

（2）井筒装备方面。竖井的井筒装备比斜井的复杂，但斜井内的管电、提升钢丝绳等比竖井长；排水费用也较高。

（3）地压与支护方面。斜井承受的地压比竖井大，容易变形和增加维护费用；而竖井筒不易变形，支护效果较好。

（4）提升能力方面。竖井允许的提升速度较高，提升能力较大，费用低；而斜井提

升设备的修理费高和钢绳磨损大。

此外，从施工机械化程度及工作安全性方面考虑，竖井都较斜井优越。但斜井施工简便，需要的设备和装备少，成井速度较快，要求的技术管理水平也低。

5.1.1.3　斜坡道与竖井、斜井的比较

（1）斜坡道的布线灵活、适应范围广。斜坡道受地表地形及围岩条件的影响小，线路布置灵活，有利于开拓多个分散小矿体。

（2）开拓速度快、投产早。斜坡道施工简便，如和竖井平行施工，则当斜坡道先掘进到矿体之后（即使竖井尚未掘进到位），就可利用斜坡道运出矿岩，从而加快矿体的开拓，提早投产。

（3）斜坡道可代替主井或副井运输。在开拓埋藏较浅的矿体时，用主要斜坡道和通风井构成完整的开拓系统，可不开掘提升井；而开拓埋藏较深的矿体时，可与竖井或斜井联合开拓，起到副井作用，解决辅助运输与通风问题。

（4）总的基建投资少、方便无轨设备下井。斜坡道不敷设轨道，节省钢材及维护费用；斜坡道的运输线路虽然比井筒要长，但中间没有转运环节，矿岩可以一次运出地表，方便大型设备下井；所以总的投资少、方便设备运送。

用斜坡道来开拓的主要缺点是：因为采用无轨柴油动力设备，废气会污染井内空气，所以需要加大矿井通风量，增加通风费用。同时要有较大投资添置无轨设备，备品、备件需要量会增加。

5.1.1.4　主开道的选型原则

主开道的类型选择，主要取决于矿山地表地形、地质及水文地质条件和矿体赋存条件。一般都是从技术、经济、时间、施工等方面来综合比较选定。

就一般金属矿山而言，只要埋藏在地平面以上的脉状矿床或者矿床矿体的上部，多使用平硐开拓（这是优先条件）。而在地面为起伏不大的丘陵地区或平缓地势，矿床埋藏在地平面以下的，一般多选用竖井开拓。

这是因为，竖井开拓具有机械化程度高、提升能力大、工作安全可靠、生产经营费用低等突出优点。另外，对于深部矿床，竖井开拓也有重要意义，故在新建的矿山中更加应该得到应用。

在矿体的倾角为倾斜以下，埋藏深度又不大，而开采规模为中小型矿山的，为简化技术装备和施工技术，减少投资，可以采用斜井开拓。

斜井开拓，在金属矿山应用还有些局限。但目前随着钢绳胶带运输机的成功运用，国外某些大中型金属矿山以及国内某些煤矿，已在斜井中装备这种运输机，它配合地下破碎而直接将粗碎矿石由井下运往选厂，变间断运输为连续化运输，使生产能力显著提高。所以，斜井作为主要开拓巷道仍有一定的发展前途。

斜坡道在单一开拓法中使用时，只适宜开拓离地表较浅并分散的小型矿体，它的投资少、开拓快、短期即可发挥效益。但其大量应用，都是作为辅助开拓巷道来配合其他主要开拓道使用，以提供运送设备、材料、人员及通风的通道。对边缘、深部矿体，斜坡道也可承担勘探与开发任务。

为适应金属矿床的深部开拓，通常需要根据矿床赋存条件来选择两种或两种以上的主要开拓巷道联合类型，以发挥最佳的衔接效果与经济效益。

5.1.2 主开道的位置确定

在主要开拓巷道的类型确定以后，接着就应确定它相对于矿床的具体位置。

由于主开道是联系井下与地面运输的桥梁，起咽喉作用；矿井生产都要依此作为核心展开，各种通风、排水、供水、压气等管路以及动力设施全部由此导入地下，内外运输线路密集，再加上附近又是各种生产和辅助设施的基地，因此，主开道的位置确定就显得极为重要。

主开道位置的正确与否，直接关系到矿井建设的基建工程、基建投资、基建时间及施工条件等；而且对今后长年累月的矿井生产经营费用也有深远影响（除非改建，一般变不了）。所以必须要对其位置确定的基本要求和影响因素都做出认真分析。

5.1.2.1 影响主开道位置确定的因素

选择主要开拓巷道合理位置的基本要求包括：基建和生产经营费用最小、地形位置安全可靠、探明的工业储量都能够开采出来或尽可能不留保安矿柱、有足够工业场地以方便施工、掘进施工条件要好五方面。但在具体确定位置时，应重点考虑下列影响因素：

（1）地表地形因素。主开道既然是地表与井下联系的桥梁，其出口处就必须要有足够的工业场地，以便按作业流程布置下各种建筑物、构筑物、调车场、运输线、堆放场地和废石场等，并尽可能不占或少占农田，减少不必要的土石方工程量。

井巷出口的标高应比当地历年最高洪水位高出 1~3m 以上，以防洪水淹没；另外从出车要求看，井口标高要稍高于选厂储矿仓的卸矿口，以便重车作下坡运行。

井巷出口的位置应保证其自身的有关建筑物、构筑物，不受山坡滚石、滑坡、雪崩及塌陷等危害；同时，还应尽量选在烟尘源的上风方向。

（2）地质构造、岩层和水位地质条件。主开道必须开在岩层稳固、地质构造和水文地质条件简单的地段，以避开含水层、受到断层破坏和不稳固的岩层，特别是岩溶发育的岩层和流沙层。在初步确定井位后，一般都要打出检查钻孔，查明工程地质情况；拟定开掘平硐的地段，作相应的地形地质纵剖面图，以验明地质构造，为更好地确定平硐位置、方向及支护形式建立依据。

（3）地下开采的要求。主要开拓井的位置应该尽量使井下的运输方向和地面的运输方向一致，以使井下、地面总的运输功为最小（运输功是指货运质量与运输距离的乘积，单位是 t·km）。这也是减少生产经营费用和提高经济效益的重要方面。

另外，随着地下矿床的开采，采空区上部的岩层将发生陷落和移动。为保证安全起见，主要开拓巷道还必须开在岩层的陷落和移动范围以外，并留足够的安全保护距离；否则，对这些巷道要留设保安矿柱，但这又会引起保安矿柱内的矿石开采困难。

（4）矿床的勘探程度、储量以及勘探远景。确定主开道的位置之前，矿床储量原则上必须全部勘探清楚，以做最合理的方案选择。但是对深部或边缘矿区一时还不能探清的，应提出远景储量的范围，以便后期开拓加以延深或利用。

（5）其他影响因素。如矿井生产能力，牵涉到井下井底车场的布置、开拓方式和井巷断面确定；井巷的服务年限，关系到这些巷道是临时权宜之计、还是永久设置，以及新建或改建的问题等。

5.1.2.2　岩石移动对矿井安全的影响

主要开拓巷道的位置一经设定，在其有效的服务期限内，包括地面设施在内，是不允许受到岩石移动或地表沉陷等破坏性现象扰动的。因此，为确保主要开拓巷道及井口设施的安全，必须把主要巷道布置在岩石移动界限以外的安全地带。

A　安全深度的概念

埋在地下的矿床一旦被采出后，便在相应的空间形成了采空区。采空区周围的岩层由于失去原有岩体应力的平衡，便会引起上部岩层的地压活动。

经过一定的时间后（这段时间的长短与周围岩石的物理力学性质及采空区的形状、大小等有关），岩层逐渐发生变形、移动乃至破坏塌陷。

当陷落岩石由于松散、体积膨胀而将采空区和陷落空间一齐填满时，则其上部的岩层就不会再继续移动下沉，其破坏区域也就不会进一步扩展；如果采空区较小或距地表较深，开采后破坏区域不会波及地表的深度，就称作安全开采深度。安全开采深度如图 5 – 1 所示。

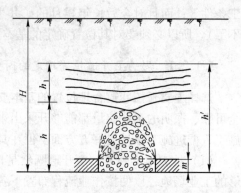

图 5 – 1　安全开采深度

安全开采深度计算值，一般应大于采空区上部的崩落岩层和下沉（移动）岩层厚度之和。即

$$H > h + h_1 \tag{5-1}$$

式中　H——安全开采深度；

　　　h——采空区上部岩层崩落高度；

　　　h_1——陷落带上部下沉岩层厚度。

采空区上部岩层的崩落高度取决于采空区的地压状态、岩石性质和崩落条件，一般情况下约为矿体厚度的 100 ~ 500 倍；陷落带上部下沉（移动）的岩层厚度为：

$$h_1 = (0.04 \sim 0.05)h \tag{5-2}$$

所以，要使岩层下沉（移动）不至于波及地表，一般认为安全开采深度必须满足：当采空区不作充填时，$H \geqslant 200\text{m}$；采空区用干式充填时，$H \geqslant 80\text{m}$；采空区用湿式充填时，$H \geqslant 30\text{m}$。

注：图 5 – 1 中的 m 为矿体厚度。

B　岩石移动区的圈定

多数情况下，采空区规模较大，且距离地表又不远，若采空区不加人为支护或充填，上部岩层将会继续大规模活动，乃至使地表发生陷落和移动，形成倒锥形陷坑。图 5 – 2 表示矿体倾角与偏角不同时，采矿后地表陷落和移动状况。

采空区上部地表发生陷落和移动的范围，分别称为崩落带和移动带。崩落带内除明显的塌陷之外，还出现有大小裂缝；移动带则是在崩落带的外围，由崩落带边界起至移动变形消失的地点为止。

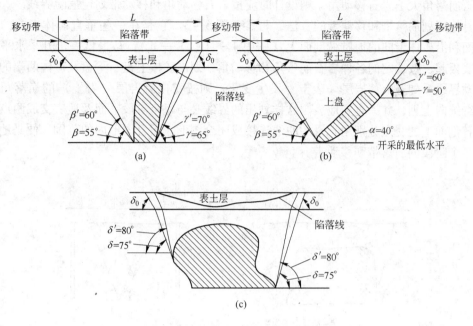

图 5 – 2 崩落带与移动带界线示意图

（a）垂直走向剖面 α 大于 γ 及 γ' 的情况；（b）垂直走向剖面 α 小于 γ 及 γ' 的情况；（c）沿着走向剖面

α—矿体倾角；γ'—下盘崩落角；β'—上盘崩落角；δ'—走向端部崩落角；γ—下盘移动角；

β—上盘移动角；δ—走向端部移动角；δ_0—表土移动角；L—危险地带

从采空区最低边界到地表崩落带和移动带边界的连线和水平面之间所构成的夹角，分别称为崩落角和移动角，如图 5 – 2 中 γ'、β'、δ' 和 γ、β、δ。崩落角和移动角的大小，与采空区上部各种岩石的物理力学性质、层理、节理、水文地质构造、岩层的厚度、倾角、开采深度以及所用的采矿方法等密切相关。

一般来说，矿体上盘岩石的移动角 β 小于下盘岩石的移动角 γ，而走向两端岩石的移动角 δ 又比下盘岩石的移动角大。这是就同一种岩石而言。表土的上述三个方向移动角的大小是相等的。

表 5 – 1 列举了各种岩石移动角的概略数据。设计时可参照条件类似的矿山数据选取，也可查看设计参考资料提供的详细数据。

表 5 – 1　各种岩石移动角的概略数据

岩石名称	垂直矿体走向的岩层移动角/(°)		走向端部岩层的移动角 δ /(°)
	β（上盘）	γ（下盘）	
第四纪表土	45	45	45
含水中等稳固片岩	45	55	65
稳固片岩石	55	60	70
中等稳固致密岩	60	65	75
稳固致密岩石	65	70	75

崩落带和移动带的大小与崩落角和移动角的大小成反比。移动角愈大，移动带愈小。

若岩石崩落角大于岩石移动角，则设计时应按岩石移动角和移动带划定危险界线。

具体圈划崩落带和移动带的方法，可参看图 5 - 3。它是在一些垂直矿体走向的地质横剖面和沿矿体走向的地质纵剖面上（图中 Ⅰ—Ⅰ、Ⅱ—Ⅱ），从最低一个开采水平的采空区底板起，按选定的各种岩石崩落角和移动角，划出矿体上盘、下盘及矿体两端的崩落和移动界线。如遇上部岩层（表土）发生变化，则按变化后岩层（表土）的崩落角和移动角继续向上划，并一直到地表。这样划出的界线必与每个阶段平面及地表交成两点，随后将各剖面上的交点分别用光滑的曲线连接成闭合图形。闭合图形内的范围，便是地表和相应各个阶段的崩落带和移动带。

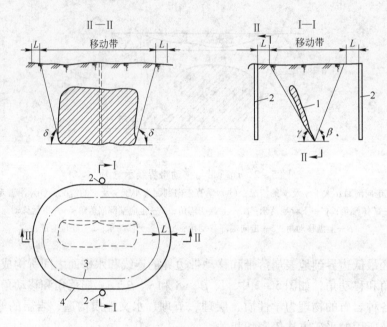

图 5 - 3　地表岩石的移动界线和布置竖井的安全界线示意图
1—矿体；2—竖井；3—移动界线；4—竖井布置安全界线；L—安全距离；
δ—矿体走向端部岩石移动角；β—上盘移动角；γ—下盘移动角

移动带，原则上应从开采储量的最深部划起。矿体形态比较复杂或矿体倾角小于岩石的移动角时，应从矿体的最突出部分划起。没有勘探清楚的矿体或矿体埋藏很深并计划作分期开采时，按延深到的部位或分期开采的深度起圈划移动带。

地表移动带内是危险区域，主要开拓巷道、井口设施、地面建筑物、构筑物、铁路及河道等布于其内时，都将有可能遭到变形或破坏。

C　建筑物和构筑物的保护等级与保护措施

主要开拓巷道及井口各种建筑物、构筑物等，为确保其安全，免遭破坏，一定要布置在移动带以外的安全地带。至于这些设施在移动界线以外应保持多大的安全距离，视建筑物和构筑物的用途、服务年限以及保护要求等具体决定。根据地表移动所引起的后果性质，将要保护的各种设施划分为两个等级。凡是因受到岩土移动破坏致使生产停止或可能发生重大人身伤亡事故、造成重大经济损失的，列为 Ⅰ 级保护；其余的被列为 Ⅱ 级保护。具体保护对象，列于表 5 - 2 中。

表 5 – 2　地表建筑物和构筑物保护等级表

保护等级	地表建筑物和构筑物的名称
Ⅰ级保护	提升井筒、井架、卷扬机房、发电厂、中央变电所、中央机修厂空压机站、主扇风机房、车站、铁路干线、索道装载站、锅炉房、贮水池、水塔、烟囱、多层住宅和多层公用建筑物
Ⅱ级保护	没有提升设备的井筒：通风井、充填井、其他次要井筒、索道支架、高压线塔、矿区铁路线、公路、水道干线、简易建筑物

冶金矿山设计规定：受到Ⅰ级保护的建筑物和构筑物，相距在移动界线外的安全距离应不小于20m；受Ⅱ级保护的建筑物和构筑物，相距在移动界线外的安全距离应不小于10m；如地表有河流、湖泊，则安全距离应在50m以上。

确定保护对象的安全距离时，应该考虑岩石移动角的偏差、勘探钻孔的偏斜和矿体轮廓圈定的误差所带来的影响。因为岩石移动角一般是从条件类似的矿山借鉴来的，从长期实践观察，一个矿山的移动角本身误差就可能达到3°，而且是在开采以后才显现出来。钻孔方向受地质、机械和施工等因素影响，均不同程度地偏离设计位置，深度越大，倾角偏差也越大；再加上移动界线是从开采深部或矿体最突出部位划起，而这个部位的储量，往往是推算出来的，故可靠性较差。

当主要开拓巷道、建筑物和构筑物等的布置不能满足上述要求时，井下采空区必须在回采期间作充填处理。及时充填采空区能减弱乃至控制岩层的变形，并加大岩石的移动角。

据国内外资料统计，采空区充填后，中等稳固岩石的移动角可增加到65°～75°，而稳固岩石的移动角则可增至75°～80°。由于矿石移动角的增大，岩石移动范围将相应缩小。然而，采用这种方法并不能像保留保安矿柱那样可以维护位于矿体陷落范围内的井筒安全，它只能是控制或限制岩层崩落，但并不能完全消除崩落，除非采用胶结充填料充填。

5.1.2.3　保安矿柱的圈定

由于某种原因，主要开拓巷道、建筑物和构筑物等只能布置在地表移动带内，或者是在地下开采之前，地面已经存在有一些比较重要的建筑物、文物、河流、湖泊之类，它们不便于拆迁或移动，为保护这些设施或水体等不受变形破坏，一般都要在这些设施或水体的下面部位设计或留下保安矿柱。

保安矿柱的形状和尺寸，要用作图法来圈定。圈定的方法和采空区圈划地表移动带的方法是相类似的，但它是从上向下圈划，图5 – 4为圈定方法的实例。

(1) 在井口平面图上，以20m的安全距离划出保护对象的保护带；

(2) 再沿着井筒中心作垂直矿体走向的Ⅰ—Ⅰ剖面，井筒左侧根据下盘岩石移动角，从保护带的边界线由上向下作移动线；井筒右侧根据上盘岩石的移动角从上到下作移动线，分别交矿体底板于 A_1、B_1、A_1'、B_1' 四点，这四个点就是井筒保安矿柱沿矿体倾斜方向在此剖面上的边界点。剖面作多个，就得到多个边界点；

(3) 将上述这四个点投影到平面图Ⅰ—Ⅰ剖面上，便得到保安矿柱在这个剖面上的

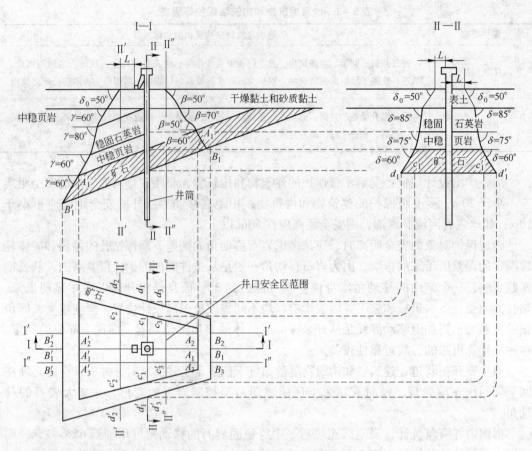

图 5 - 4　保安矿柱圈定方法示意图

β—上盘岩石移动角；γ—下盘岩石移动角；δ—端部岩石移动角；L—安全距离（L = 20m）

平面界点 A_1、B_1、A_1'、B_1'。用同样的方法作其他剖面的平面边界点，分别连接后便得保安矿柱在平面图上的边界线；

（4）按相同原理，在平行走向的 Ⅱ—Ⅱ 剖面上作移动线，同样也可以得到在矿体走向方向上顶底板的边界点 c_1、d_1、c_1'、d_1' 和投影到平面图上的平面边界点及边界线；

（5）将两个方向做出的平面边界线，分别按照顶板和底板延接，围成闭合图形；这个闭合图形，即为整个保安矿柱的轮廓界线。

保安矿柱的边界应该标记到总平面布置图、开拓系统平面图和阶段平面图上。

还必须指出：留下的保安矿柱只能等到闭坑结束阶段才可能回采。这时，回采的安全条件很差，难度很大，矿石损失率高（达 50% 甚至更多），劳动生产率低，有的甚至无法回采，会形成永久损失。因此，在确定井筒位置时应该尽量不留保安矿柱。特别是在开采高品位或高价值矿与储量不大的矿床时，更要注意这一点。

留下保安矿柱也有不可靠的地方，这是由于它所承受的地压较大，矿柱本身也会产生移动和变形。尤其是不用充填采矿方法回采矿块时，危险性更大。保安矿柱留在深部，还有可能成为冲击地压和岩爆的根源，给深部开采带来危险。所以开采深度超过 500 ~ 600m 时，一般不留保安矿柱。

5.1.2.4　主要开拓巷道位置的确定

主要开拓巷道的位置，依据它相对于矿体方位不同，可以分成直交矿体走向方向上的位置和沿矿体走向方向上的位置。

A　直交矿体走向方向上的位置确定

直交矿体走向方向上的位置，依据不同的地表地形和矿床埋藏条件，可布置在矿体的下盘、上盘、脉内（斜井）或穿切矿体（竖井）。后两者必须留保安矿柱。从不留保安矿柱，又能体现安全、有效、经济的准则考虑，主要开拓巷道必须布置在矿体上、下盘移动界线以外的安全地带，并符合保护等级确定的安全距离。

从岩石上盘和下盘的位置对比看，上盘岩石的移动角小于下盘岩石的移动角。因此上盘位置的阶段石门比下盘位置的阶段石门长，从经济上讲这对下盘位置布置有利。而且下盘位置的基建时间短，投产速度快，初期投资也比上盘小。但从下列条件看，竖井布置在上盘岩石移动带以外又是合理的。这些条件是：

（1）根据地面的地形条件，选矿厂和井筒边的地面工业建筑物等只适合布置在矿体上盘一侧，为便于与地面联系，避免反向运输，此时应将竖井布置在上盘；

（2）矿体上盘地势平坦，下盘地势陡峻，如果将竖井布在矿体下盘，不但会增加井深，而且井口还会受到滚石和滑坡等威胁；

（3）矿体下盘的地质条件很复杂，会影响凿井速度、施工成本及工程安全。

在划定上盘或下盘井筒的位置时，事先必须将深部或边界矿体切实勘探清楚，以免造成丢矿。圈划直交矿体走向方向上的安全位置，对于非层状规则矿体，其每个相邻剖面上所划出的结果都是不同的。具体确定每个剖面上的安全位置时，要同时考虑相邻剖面上位置的影响。

B　沿矿体走向方向上的位置确定

沿着矿体走向的方向上，主要开拓巷道可以布置在矿体的中央或侧翼。侧翼布置，是指布置在矿体侧翼岩石移动界线以外或侧端下盘的岩石移动界线以外。

布置在中央可以加快阶段准备时间，开展双翼回采，缩短运矿距离。而单侧翼布置只能适得其反。对这两种位置的选择，也得取决于地形和地面布置条件、矿体埋藏条件以及生产经营费用。当其他条件都允许时，应从减少矿石的运输费用来考虑。

合理的井筒位置，应该使得矿石的地下与地面总的运输功最小。

要减少总的运输功，首先是应使地下与地面之间无反向运输。其次是由于在同样的条件下，地下的运输费用一般都高于地面的运输费用。因此，在按运输功的条件确定主要开拓巷道的位置时，应该着重考虑减少地下的运输功。

按运输功的条件确定主要开拓巷道的位置时，可假设各个矿块的矿石量都是由横巷运出，到达横巷与阶段运输平巷的交接点后待运。这时可沿着主要运输平巷作一条直线，将各矿块的待运矿量作为货载投放到这条直线上，如图 5－5 所示。

若有这样的一个点，该点的出矿量为 Q_n，加上它左边所有矿石量总和 $\sum Q_左$，大于其右边所有的矿石量总和 $\sum Q_右$；或者加上它右边所有的矿石量总和 $\sum Q_右$，大于其左边所有的矿石量的总和 $\sum Q_左$，即

$$\left.\begin{array}{c} \sum Q_{左} + Q_n > \sum Q_{右} \\ \sum Q_{右} + Q_n > \sum Q_{左} \end{array}\right\} \qquad (5-3)$$

则这个出矿点，便是最小运输功的合理位置。

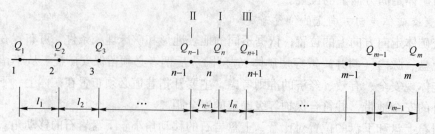

图5-5　求荷载最小运输功的点示意图

　　以上是从一个阶段出矿而作的分析。多个阶段出矿条件下，求最小运输功位置的方法也一样，只是这条直线要取矿体沿着走向的总长。然后把各个阶段上各矿块的待运矿量，分别投影投放到这条长直线上，再用上述的关系式计算。

　　各矿块的矿量，如果不是从集中运输阶段平巷，而是从许多分散的、逐渐移动的点上运出，例如，从沿着走向推进的长壁式采矿工作面上运出，则这种情况下的最小运输功位置，应确定在矿石量的等分布线上，即

$$Q_{左} = Q_{右} \qquad (5-4)$$

　　上述方法，也适合于平硐开拓方案中选择直交矿体走向的平硐合理位置。而平硐还应该结合进一步勘探两盘矿体的具体情况，来定其合理位置。

　　C　考虑其他因素后主开道位置的最终情况

　　从直交走向和沿着走向两个方向上相交情况下，一般就可以定出主要开拓巷道在安全和经济上的合理位置。至于这个位置是否切实可行，还要通过其他因素验证：

　　如地表地形、矿山地面运输、工业设施布置、巷道穿过岩层条件及开拓期限。

　　地表地形在某种程度上起着极为重要的影响。如位于某山区有两个大小悬殊矿体，如图5-6所示。从达到最小运输功角度来看，井筒应设在矿石运输量的中心位置，即图5-6中的A点。但从地形条件看，A点是不允许布置井口的。此时，无需进行最小运输功的详细计算，就可以直接确定井筒只能设在靠近矿石运输量中心附近地形比较平坦的位置，如图5-6中的B点。有些山坡地形，并不存在洪水、岩崩雪崩、滑坡威胁，这就有利于平硐开拓。

　　地表地形在很大程度上还决定着井口的地面运输。当地形有利时，可以从井口铺设窄轨铁路通向选厂，其土石方工程量均比较少。而当地形不利时，甚至要用架空索道来转运矿石。

　　地面工业广场，是指需要在井口周围布置采矿生产、矿石地面加工的工艺设施

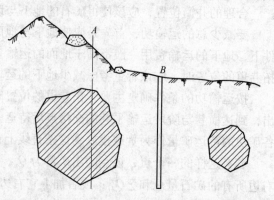

图5-6　地表地形与最小运输功对井筒位置的影响

和修理设施等的生产场地。这些设施，一般要按生产流程的要求合理布置，需占有的场地较大。其中，选矿厂的位置，对主要开拓巷道位置的确定有着决定性的影响。

按照一般情况，选矿工艺流程需要设在有 5°～20°坡角的山麓地带，而且要与就近的外部运输有比较简便的连接。选厂位置还要考虑方便排砂和水电供给问题，它在众多设施布置中较为特殊。选厂位置一经选定，有时为简化地面矿石运输，就将井筒直接开在选厂储矿仓的上侧，使从井筒提升上来的矿石直接卸入储矿仓；或者通过简捷的途径将矿石从井口运向选厂，而不是绕道运输或井下地面迂回运输。因此在最终选定井筒位置时要和选厂的厂址选择一起考虑。

从岩层的地质条件方面考虑，主要开拓巷道所穿过的岩层性质，直接关系到巷道掘进施工与维护的难易，并影响到以后整个矿床开采期间的安全。主要开拓巷道必须避开断层破碎带、流沙带以及溶洞性含水岩层。因为在这些岩层中掘进，岩层不仅松散破碎，而且一般含水，有的甚至可能与上部地面河床保持裂隙相通，致使掘进非常困难，并且还潜在着一定的危险。

为求可靠确定主要开拓巷道的位置，事先都应在其定点周围，即距井筒中心不超过 10～15m 的地方，钻进若干个钻孔检查，钻孔的深度要超出井深 3～5m。至于斜井，至少要打三个彼此间距小于 50m、与井筒中心线垂直的钻孔，以检查岩层的层位、地质构造、水文地质条件以及矿岩的物理力学性质等。具体要查清以下几方面的资料：

（1）表土的深度、土质颗粒组成、湿度、容重、安息角、内摩擦角、强度等；

（2）表土与基岩接触带的厚度、倾角、基岩风化深度、节理发育程度等；

（3）各层基岩的地质构造要素、岩石的硬度、容重、内摩擦角及抗压强度等；

（4）有无含水岩层及溶洞，水位标高，渗透系数与涌水量，水质分析及地下水流动方向等。

上述资料都是工程选址设计的基础。只有经过钻孔检查分析，确认该处地质条件适合于井巷开掘时，才能对该点位置作最终的选定。

5.2　副井与阶段运输道

任何一个矿井要保持正常而又安全的生产，必须要有两个或两个以上通达地面的独立出口，以利于通风及安全出入。主要开拓巷道一般用于提升运输矿石。而副井的作用，是辅助主井完成一定量的提升任务，并作为矿井的通风和安全通道。

5.2.1　副井的布置形式

5.2.1.1　副井的基本概念

副井，是相对于主井、主平硐、主斜井、主要斜坡道而言的，它属于Ⅰ级保护的建筑物。对它的配置，在不同的开拓方法中，有不同的要求。

竖井开拓时，用罐笼井作提升时一般不开掘副井，而由罐笼井来承担副井作用；但罐笼井也需要与专门的排风井构成完整的通风系统。用箕斗井和混合井作提升时，由于井口卸矿会产生大量的粉尘，影响入风口处空气的新鲜程度，按《矿山安全规范》的规定，不允许箕斗井和混合井作入风井。所以必须开掘副井来解决入风问题，这时掘进的副井，主要是为了构成一个完整的通风系统。

斜井开拓，主斜井装备串车或台车时，与竖井的罐笼井提升一样，可以不开掘副井，而利用串车或台车进行辅助提升的副井是作为入风井使用；主斜井是箕斗提升时，就必须开掘副井；若主斜井装备胶带运输机，在胶带运输机一侧又铺设轨道作辅助提升时，可以不开掘副井；但是单独装备胶带运输机的，仍然要另外开掘副井。

平硐开拓时，其辅助开拓的副井有以下几种形式：

（1）通风副井（竖直或倾斜的井筒）联系平硐水平以上的各个阶段。此时副井可以开成明井，直接与地面联系；也可开成盲井经主平硐与地面联系，如第4章图4-15所示。

（2）在主平硐水平以上每个阶段或间隔一个阶段用副平硐与地面联系。这种副平硐可供通风或排放废石；若兼作其他辅助运输通道时，则要从地表修筑山坡公路和工业广场相联系。

（3）采用上面两种结合形式，副竖井提升人员、设备材料，副平硐排放废石。

5.2.1.2　主副井的布置形式

副井的具体位置，应在确定开拓方案和主井的位置时作统一考虑。它的位置确定原则与主井相同，差异之处是与选矿厂关系不大，不受运矿因素影响。

副井与主井的关系，既可作集中布置又可作分散布置，如图5-7所示。

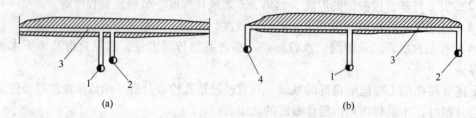

图5-7　主副井的布置形式
(a) 集中布置（中央式）；(b) 分散布置
1—主井；2—副井；3—平巷；4—风井

如地表地形和运输条件允许，副井应该尽可能和主井靠近，但两个井筒之间应保持不小于30m的防火安全间距，这种布置形式称为集中布置；如果地表地形条件和运输条件不允许作集中布置，则副井只能根据工业场地、运输线路和废石场位置等另行选点，两井筒会相隔很远，这种布置形式称为分散布置。

集中布置有以下优点：

（1）地面工业场地布置集中，可减少平整工业场地的土石方量；

（2）两个井筒的井底车场可联合，既减少基建工程量又便于管理；

（3）井筒相距较近，开拓工程量少，能缩短基建时间；

（4）井筒布置集中，有利于集中排水；

（5）井筒间容易贯通，有利于通过副井对主井进行反掘，从而加快主井的延接。

集中布置也存在以下的缺点：

（1）两井相距较近，若一井筒发生火灾或其他灾变，就会危急另一井筒的安全；

（2）如副井为入风井，主井为箕斗井，两井相距很近，则副井入风易受到主井井口卸矿时的粉尘污染。对于这种情况，主井的井口最好安装收尘设施或在主井与副井之间设置防尘隔离设施，以减少卸矿时的粉尘污染。

分散布置的优点和缺点，恰好与集中布置相反。

一般大中型矿山，矿石运输量和辅助提升工作量均较大，只要地表地形条件和运输条件许可，以采取集中布置更为有利。

井筒开拓时，副井的深度一般要超前主井一个阶段。而在平硐开拓中，副井的高度一般要求满足最上面一个阶段的提升要求。

5.2.1.3 通风井"硐"及其布置形式

通风井"硐"，是指通风井与通风平硐。每个生产矿井，从满足通风要求上讲，至少要有一个进风井（进风平硐）和一个回风井（回风平硐）。凡是不受卸矿污染、不排放废石的井筒或平硐，如罐笼井、不受溜井卸矿污染的主平硐等，都可用作进风井。而回风井则需要专门开掘。从节省基建工程量着眼，有时也可利用矿体端部的采场天井作回风井用。但是，天井的断面和它的完好程度应满足回风要求。回风井，一般不应该作为正常生产时的辅助提升井和主要行人通道。

专用风井的数量，与矿井采用的通风系统有关。全矿井采用统一的通风系统时，至少要有两个专门供通风使用的井"硐"。采用分区通风的矿井，每个分区也至少要有两个专门供通风使用的井"硐"；分区之间通风是互相独立的。

在下列这些条件下，通常考虑采用分区独立的通风系统：

（1）矿床地质条件复杂，矿体分散零乱，埋藏浅，作业范围广，采空区多且与地表贯通。这时采用集中进风和集中回风，风路过长、漏风很大、不利于密闭；而采用分区通风可以减少漏风、减小阻力，便于主要扇风机迁移。

（2）围岩或矿石具有自燃危险的、规模较大的矿床。

（3）矿井年产量较大，多阶段开采，为了避免风流串联，采用分区通风。

通风井"硐"的位置，与通风系统的布置形式有关。一般依据进风井与回风井的相对位置，通风系统的布置可分为中央式布置和对角式布置两种。

（1）中央式布置。中央式布置如图5-8所示，进风井与回风井布置在井田或矿体中央。主井为箕斗井时，箕斗井作回风井，副井进风；主井为罐笼井时，罐笼井作进风井，另外掘回风井。两个井筒相距不得少于30m；如井口采用防火建筑，也不得小于20m。

（2）对角式布置。对角式布置分为两种情况：单翼对角式和双翼对角式。单翼对角式，两个通风井筒分别布置在井田（或通风分区）的两端，通常是罐笼井作为进风端，专用回风井在另一端。双翼对角式，是将一个井筒布于井田中央作进风井，另外两个通风井筒分别布置于井田的两端作为回风井。位于井田中央的井筒若为罐笼井时，由罐笼井进风；若为箕斗井时，因箕斗井不能用来进风，故尚需在箕斗井附近另行布置一条罐笼井，做进风并辅助提升用，再由两端风井回风。

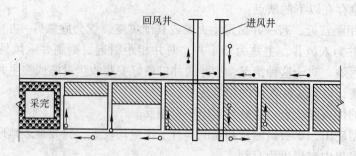

图 5 - 8　进出风井的中央式布置

⟶ 污浊风流；　⟵ 新鲜风流

单翼对角式如图 5 - 9（a）所示，双翼对角式如图 5 - 9（b）所示。

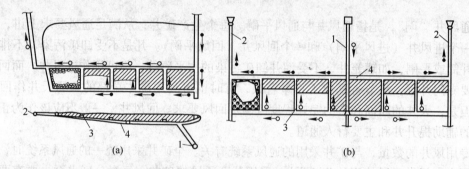

（a）　　　　　　　　　　　　（b）

图 5 - 9　进、出风井的对角式布置图

（a）单翼对角式布置；（b）双翼对角式布置

1—进风井；2—回风井；3—天井；4—阶段运输巷

中央式布置和对角式布置相比，中央式布置的优点是：

两井相距很近，能很快贯通，贯通后即可开始正常回采。

中央式布置的缺点是：

1）随回采面向井田边界推进，通风路线越来越长，扇风机负压就越来越大；

2）当用前进式回采时，风流容易短路，造成大量漏风；

3）如果其他部位未设安全出口，当地下发生事故时，危险性很大。

对角式的优点是：

1）两个井筒之间的风流长度一定，负压低，风压损失小，漏风少；

2）污风不会污染工业场地，便于通风管理；

3）当地下发生火灾或其他塌落事故时，有临近的安全出口；

4）双翼对角式布置回风井，有一条井筒发生故障时，另一条可维持通风。

对角式布置的缺点是：

1）井筒间联络巷道很长，在回采开始前必须掘通，开拓工作延时较长；

2）需要掘进两条回风井，其掘进费用和维护费用都比较大。

从金属矿山的应用现状来看，对角式布置比较普遍。大型矿山一般采用双翼对角式，即在井田中央布置主、副井，井田两翼各布置回风井。这些回风井可以布置在两翼的侧端或两翼的下盘；可以开掘竖井，也可以开掘斜井，具体可根据地形地质条件和矿体赋存条件来决定。中小矿山，因矿体沿着走向长度不大，一般采用单翼对角式，且常利用矿体两翼所掘探井，对其改造以作回风井使用。

中央式布置最适宜在下列条件下使用：

1) 矿体走向短、埋藏较深；

2) 因受地形、地质构造限制，不便在边界掘井；

3) 需要用进风井作辅助提升，或由于延接井筒的需要；

4) 为使地面工业场地集中，减少井筒的保安矿柱的矿量；

5) 为加速矿井投产，采用前进式开采。

5.2.2　阶段运输巷道布置

5.2.2.1　运输阶段和副阶段

矿床开拓，按开拓巷道空间位置分布的不同，可以分平面开拓和立体开拓。竖井、斜井、溜井、井下破碎系统等的位置布置和数目、断面形状与尺寸确定等，属于立体开拓的内容。而对井底车场、硐室、阶段运输巷道等的布置与施工，则属于阶段平面的开拓。

阶段平面开拓，又分为主要运输阶段和副阶段两类。

主要运输阶段，一般是指形成完整的阶段运输、通风和排水系统，并和井筒有直接运输连接的阶段水平。在这阶段内，开掘有井底车场、硐室及阶段运输巷道，它能将矿块放下来的矿石直接运出地表；同时也能将各个矿块中，生产所需要的设备、材料、人员直接运送到矿块水平。

副阶段，则是指在上下两个主要运输阶段之间增设的中间阶段。它与主要运输阶段的主要区别是，不与井筒直接连接。其中运输巷道的范围也比较有限，需要通过局部天井、溜井等与下部运输阶段贯通，把矿石转运到主要运输阶段。

采用副阶段的原因，多半是因为上下两个主要运输阶段之间的高差过大或因地质和矿床赋存条件变化而引起采矿生产的困难而产生的。

阶段运输，按其运输方式的不同，又分为一般水平运输阶段和主要水平运输阶段。

凡是采用分散运输，即从每个阶段内的采场放出矿石，由运输平巷运往井底车场，并有独立运输功能的，都属于一般水平运输阶段；而采用集中运输，即从各个阶段采场放出的矿石，装车后再运往本阶段的卸矿溜井，之后又沿溜井溜放到下部主要运输阶段或用电机车再转运到井底车场，这种集中运输阶段，称为主要水平运输阶段。主要水平运输阶段，一般都连接箕斗提升井。

5.2.2.2　阶段运输巷道的布置要求

阶段运输（大）巷道，包括开拓阶段的石门及主要运输平巷。它们是连接井底车场与矿块之间的主要通道。就石门和主要运输平巷而言，石门是井底车场通向主要运输平巷的过渡道。所以其位置选择除了要求岩性条件比较好以外，还应考虑便于车辆在井底车场与主要运输平巷之间的短线运行问题。

如果石门穿过的岩层有不稳固的层理、断层或破碎带时，原则上应尽量绕开或与层理、断层作交叉穿过。主要运输平巷布置，实际上就是确定主要运输平巷的形式、规格、数量和位置。要解决好这些问题，必须满足以下几项要求：

（1）必须满足阶段运输能力的要求。矿山生产，在每一个阶段都有其分配的生产任务。主要运输平巷的运输能力必须和采矿场的生产能力及车场的通过能力相适应，以保证计划产量的完成。能够在规定的时间内把矿岩、设备材料等运送到位，并根据发展需要，留有一定的备用余地。

（2）要适应阶段内矿体的平面形状和矿岩稳固条件。主要运输平巷一般都是沿矿体下盘边界线布置，以适应探矿和装矿要求。考虑到矿体的平面形状变化，也可以布置在下盘脉外。脉外平巷的布置，要尽量保持巷道的直线性，这对方便运输、铺道，促进通风、防火与安全有利。巷道还应该尽量布置在稳固的矿岩内，以利于巷道维护和以后阶段的矿柱回采。

（3）要避开采矿移动地压的影响。主要运输平巷，在开采本阶段时作运输巷道使用；当开采到相邻的下阶段时又作回风或充填巷道使用。由此可见，主要运输平巷必须完整保持到下一阶段回采结束。采用崩落法的一类的矿山，设计定位时，就应该尽可能避开崩落移动范围。

（4）要贯彻探采结合的原则。布置阶段探矿巷道时，应该尽量照顾到以后生产需要，使它既能满足于探矿，又有利于阶段开拓和矿块采准。并使探采总的掘进工程量达到最小。

（5）要适合于所采用的采矿方法和矿柱回采方法。主要运输平巷，既是开拓巷道，又为以后阶段内各矿块的采切、回采服务。因此，巷道布置必须结合所用采矿方法的特点，适应矿房回采和矿柱回采。

（6）满足装矿、运输、通风、防火等工艺要求。采矿场的出矿方式和出矿位置一经确定，出矿点与主要运输之间的巷道形式，就得适应运输形式和装矿要求。例如，用电机车牵引出矿，为使横巷出矿与平巷运输互不干扰，装矿点与平巷之间的布置就要适应列车运行的要求。用铲运机出矿时要在保证铲运机直道铲装条件下，沿铲运机回转半径布置线路。

从通风、防火要求上，主要运输平巷要有明确的进风和回风路线，并有切断和隔离的可能；当本阶段与下阶段同时开采时，本阶段的新鲜风流不能受下阶段污风的污染。

另外，平面开拓系统还要求简单紧凑，工程量小，开拓时间短，工作条件好。

关于主要运输平巷的具体布置，包括按阶段生产能力、运输类型及其在巷道内的回车方式等确定主要运输平巷的布置形式，按通风及充填系数、矿岩稳固性条件、采矿方法要求等确定主要运输平巷的条数、线数、尺寸及位置方面的问题，将结合阶段运输水平的"采准布置"再行论述。

5.3　主溜井系统

溜井，是垂直或急倾斜井筒。它的主要功能是用重力来溜放上阶段矿石，有时也用来下放充填料和废石。它按开掘的倾角、溜放阶段的数目以及溜放过程中能否被控制等的不同，有多种形式的分类。国内金属矿山，多是按其空间特征和转运设施的不同进行分类。

本节除了介绍溜井的种类外，还对它的特点、组成结构、结构参数、巷道检查、磨损与维护、位置选择与通过能力等方面的问题做出说明。

5.3.1 溜井的种类和特点

溜井可分为以下几种：

（1）按运输物料不同，分为矿石溜井、废石溜井、充填溜井。

（2）按开掘的倾角不同，分垂直溜井和倾斜溜井两种基本类型。

（3）按服务范围不同，又分为主溜井和采场溜井两种。主溜井属开拓巷道，是服务多个运输中段的长溜井；采场溜井属采矿准备巷道，是较小范围的短溜井。

本节主要介绍主溜井的内容。

（4）按溜井的结构形式分为单一阶段式溜井和多段式溜井两个大类。单一阶段式溜井，又分垂直单一阶段溜井和倾斜单一阶段溜井两种。多段式溜井，又分为五种。

这里按国内金属矿山情况，介绍溜井两个大类中的 7 种结构形式。这 7 种溜井的纵剖面结构如图 5 – 10 所示。

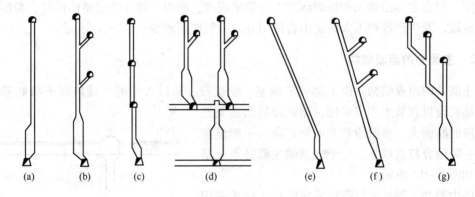

图 5 – 10　溜井的结构分类示意图

（a）单一阶段式垂直溜井；（b）多阶段式分枝垂直溜井；（c）多阶段分段控制垂直溜井；

（d）多阶段倒运溜井；（e）单一阶段斜溜井；（f）多阶段分枝斜溜井；（g）多阶瀑布式溜井

图 5 – 10（a）为垂直的单一阶段溜井，优点：中心落矿、不易堵塞。

图 5 – 10（e）为倾斜的单一阶段溜井，结构简单，井底壁磨损较大。

图 5 – 10（g）为瀑布多段式溜井，缺点：放矿冲力大，储矿小，是多段式溜井。

图 5 – 10（d）、（c）为接力多段式溜井，要求：在坚硬岩石内布置井筒。

图 5 – 10（b）、（f）为阶梯多段式溜井，要求：应留有一定的缓冲储矿层。

溜井放矿，简单可靠，方便管理，尤其是在开采水平与主要运输水平之间高差越大、穿过矿岩越稳固，就越显出这种放矿方式的优越性。如在平硐开拓的矿山，将主平硐以上各个阶段采下的矿石，经过溜井下放到主平硐，可实现集中运输。

竖井开拓矿山，将几个阶段的矿石集中溜放到下面部分的阶段，可以实现集中破碎和集中出矿。这对于降低提升运输设备和材料消耗，都将发挥重要作用。但溜井放矿对于黏结性很大的矿石或对选矿破碎程度有特殊要求的就不再适用。

溜井放矿的缺点是：一旦溜井出现故障，就会影响到多个阶段的运输提升能力。因此，要正确选择和设计溜井的形式、结构参数、生产能力以及合理位置。

垂直溜井与倾斜溜井相比，垂直溜井易于施工，便于管理，落矿为中心垂降，对井壁的冲击磨损小，磨损主要在上口；但中心落矿冲击力大，矿石容易冲碎。倾斜溜井，通向溜井的石门长度较大，溜放矿石会大量磨损溜井的下井壁。

单一阶段溜井与多阶段溜井相比，施工与管理都简单，可在溜井内储矿，这对降低矿石在溜井内的落差，减轻矿石对溜井壁的冲击磨损，调节上下阶段矿石运输量十分有利。多阶段卸矿溜井储矿高度受到限制，对溜井壁的磨损也严重。

与多阶段分枝溜井相比，分枝溜井的分枝处不易加固，而且易堵塞；分枝对侧溜井壁的磨损也比较严重，而且分枝较多时难以控制各阶段的出矿量。采用分段控制溜井，每个阶段都要设置闸门与转运硐室，它可以控制各阶段的矿石溜放，限制矿石在溜井中的落差，减轻矿石对溜井壁的冲击与磨损；但对这些设施的安装与控制，会使生产管理大为复杂化。

瀑布式溜井是上阶段溜井与下阶段溜井间通过斜道连接，矿石以瀑布的形式从斜道溜下。这种形式，相对缩短了矿石在溜井中的落差高度，对减轻溜井壁的冲击磨损起到一定的作用。但它也会给施工和处理堵塞工作带来困难。所以，除在岩层整体性好、稳固、坚固的地段，及生产规模不大的矿山有使用外，一般应用较少。

5.3.2　主溜井的组成结构

主溜井的组成结构，由上部卸矿硐室、溜矿段、阶段水平的连接口和下部储矿段组成。储矿段供调节生产出矿用，储矿段的断面要比溜矿段的断面大。多阶段溜井的储矿段，一般设在最下一阶段分枝点以下。一个完整的主溜井系统结构，如图 5 – 11 所示。

图中溜井上端卸矿口设计成喇叭口，卸矿采用翻罐笼或底部曲轨；溜井的井筒是垂直或急倾斜的，也称为溜矿段；下部储矿段也称为矿仓；下部储矿段，视服务的中段数目而确定长度；下端放矿设施，一般设计有漏斗形收口和闸门；溜井的检查道和天井，可以安装电子眼等监控仪器；与溜井连接的地下破碎硐室系统和储矿段的外连接部分，图中没标出。

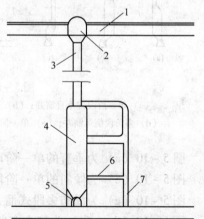

图 5 – 11　主溜井系统结构图
1—阶段运输巷道；2—有格筛的卸矿硐室；
3—溜矿段；4—储矿段；5—放矿闸门；
6—人行道；7—检查天井

5.3.2.1　溜井上口结构

溜井与它所服务的最上一个水平阶段的连接口，称为溜井上口。它的作用是接受矿车在卸矿硐室中下卸矿石，所以，又称为卸矿硐室的卸矿口。

卸矿口结构形状有喇叭形与直筒形两种。采用翻转式车厢卸矿或曲轨侧卸式矿车自卸，因为卸矿长度短，所以可用直筒形卸矿口。翻车机硐室如图 5 – 12 所示。它又称为翻笼卸矿硐室，硐室下侧底有格筛，格筛的作用是防止大块进入溜井。

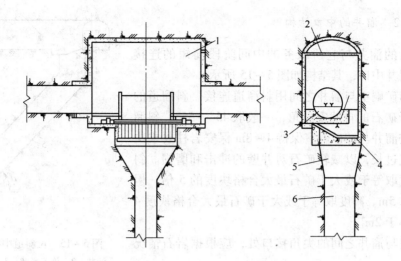

图 5 – 12 翻车机硐室示意图

1—硐室；2—吊车梁；3—翻车机；4—格筛；5—溜井上口；6—溜井

图 5 – 13 是底卸式矿车卸矿示意图。图 5 – 14 是曲轨侧卸硐室示意图。

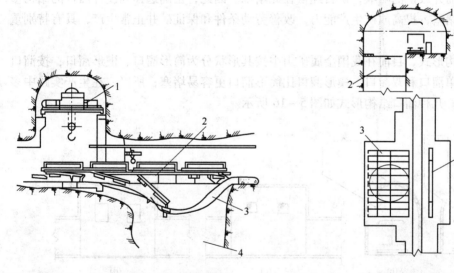

图 5 – 13 底卸式矿车卸矿示意图   图 5 – 14 曲轨侧卸硐室示意图

1—吊车；2—底卸式矿车；3—曲轨；4—溜井   1—卸矿硐室；2—溜井；3—格筛；4—侧向卸载导轨

一般中小型矿山多采用翻转式车厢卸矿或曲轨侧卸式矿车自卸，而大型矿山采用底卸式矿车卸矿。

喇叭口尺寸根据卸矿方式来定。为防止粉矿堆积，喇叭口的倾斜坡度要大于 50° ~ 55°。卸矿口要装设格筛，以阻止不合格的大块进入溜井。格筛一般安装成 15° ~ 20° 的倾角，使不能过筛的大块能滚到格筛两侧或卸矿方向进行处理。格筛采用钢轨、钢管、锰钢条等加工制成。格筛两侧及卸矿侧应留出不小于 0.6m 的工作平台，以作处理大块用。

5.3.2.2　溜井的中口结构

多阶段的溜井与它所服务的中间阶段简短的连接口，称为溜井中口，其结构如图 5 – 15 所示。

中口卸矿硐室与溜井之间用斜溜道连接。斜溜道的倾角应大于矿石的自然安息角，一般取 45°~55°。斜溜道长度，按溜井与卸矿硐室保持 4~8m 保安岩柱要求决定，但不宜过长，以减轻矿石对井壁的冲击和磨损。斜溜道的宽度取等于或大于矿石最大合格块度的 5 倍，但不宜小于 2.5m。高度取等于或大于矿石最大合格块度 4 倍，但不小于 2m。

斜溜道与溜井之间的尖角接口处，应根据岩石情况进行支护。

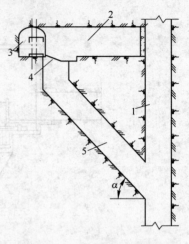

图 5 – 15　长斜道中口结构
1—溜井；2—施工平巷；3—卸矿硐室；
4—格筛；5—斜溜道；α—斜道倾角

5.3.2.3　溜井的下口结构

溜井下部与装矿硐室或箕斗装载硐室相连接处的出口结构，称为溜口。溜口下安装有闸门。溜口是溜井放矿的咽喉，矿石经常在此堵塞。因此，正确选择和设计溜口的结构参数，对于减少堵塞，提高放矿生产能力，改善劳动条件和保证矿井正常生产，具有特别重要的意义。

溜口的结构形式，目前在我国金属矿山中按其形状分为筒形溜口、楔形溜口；按溜口数目又可分为单溜口和双溜口。楔形溜口比筒形溜口更容易堵塞；所以，在生产实践中多采用筒形溜口。几种溜口结构形式如图 5 – 16 所示。

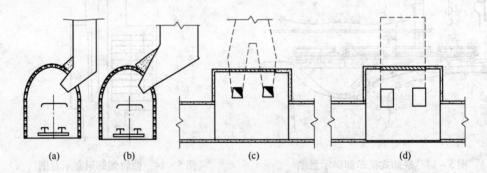

| (a) | (b) | (c) | (d) |

图 5 – 16　溜口的结构形式
（a）筒形单溜口；（b）楔形单溜口；（c）楔形裤衩式双溜口；（d）筒形双溜口

5.3.3　溜井的放矿闸门

溜井的放矿闸门，是溜井的重要组成部分，它直接影响到放矿的安全和可靠性。因此，选择溜井的放矿闸门时，要满足结构简单、坚固耐用、开闭可靠和放矿迅速均匀等要求。

目前我国金属矿山中，常用的放矿闸门有风动指状闸门、风动扇形闸门、链状闸门、插板式和插棍式漏斗闸门、板式给矿机等。图5-17是指状闸门的布置，其规格见表5-3。

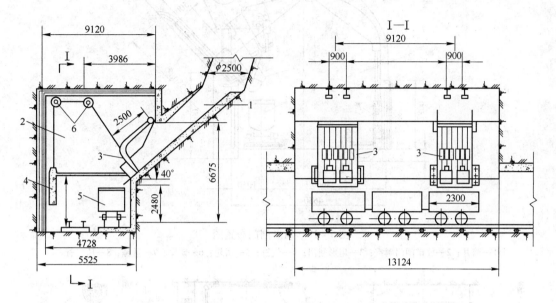

图5-17 双缸气动指状闸门布置图
1—溜井；2—放矿闸门硐室；3—指状闸门；4—气缸；5—矿车；6—滑轮

表5-3 放矿闸门规格表

闸门形式	规格/mm		适用块度/mm
	宽度	高度	
链锤式	1200	1100	0~400
	1500	1200	0~500
	1600	1300	0~650
	2000	1700	0~750
	2500	2200	0~1000
扇形	800	700	0~350
	1200	850	0~400
	1600	900	0~500
	2000	1000	0~650
指状	800	600	0~350
	1000	600	0~350
	1300	900	0~500
	1500	1200	0~500
	1800	1200	0~750
	3200	2150	0~1200

其他闸门布置如图5-18~图5-20所示。

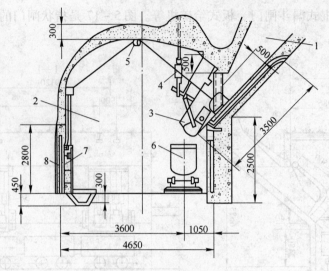

图 5 – 18　扇形闸门布置图
1—溜井；2—放矿闸门硐室；3—扇形闸门；4—气缸；5—滑轮；6—矿车；7—重锤；8—压气管

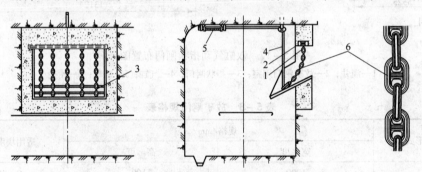

图 5 – 19　链状闸门示意图
1—链条闸门；2—挂铁链横梁；3—钢条；4—钢丝绳；5—气缸；6—铁链

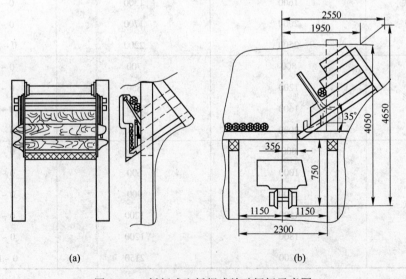

图 5 – 20　插板式和插棍式放矿闸门示意图
（a）插棍式；（b）插板式

一般大中型矿山，多用风动的指状闸门、扇形闸门、链锤式闸门或板式给矿机。链锤式闸门一般用于块矿多的溜井。小型矿山多用手动或风动扇形闸门、手动指状闸门、插板式漏斗闸门。

5.3.4 溜井的结构参数

溜井的结构参数，主要是指溜井溜矿段与储矿段的断面形状和尺寸、倾角、溜矿段的长度等指标。而对储矿段的溜口尺寸，应在溜口结构对照图中重点介绍。

5.3.4.1 溜井的断面形状和尺寸

溜井断面形状，通常取圆形或矩形。圆形，稳定性好、利用率高、易于开掘。垂直溜井全部采用圆形，倾斜溜井开掘成圆形有困难，所以改用矩形。斜溜道，一般采用拱形。

溜矿段的断面尺寸，主要取决于被溜放矿石的最大块度，并与矿石的黏结性、湿度、含粉量多少有关。溜矿段的直径或最小边长与溜过矿石的最大"合格块度"之比，称为通过系数。当通过系数大于 3 时，溜井一般不会堵塞。溜井的直径或最小边长也等于矿石的最大"合格块度"乘以通过系数。溜矿段的最小边长或直径（一般不能小于 2m）为：

$$D = nd \qquad (5-5)$$

式中　D——溜井的最小直径，mm；

　　　n——通过系数，$n = 5 \sim 8$ 为宜；

　　　d——最大合格块度，mm。

储矿段的断面由于要求调节出矿，故其直径或最小边长要比溜矿段大 $1.5 \sim 2m$。

溜井溜放矿石的最大块度、通过系数、溜井的最小直径或最小边长三者参数列于表 5-4。

表 5-4　溜井的断面尺寸

溜放矿石的最大块度/mm	溜井的通过系数	溜井最小直径或最小边长/mm
>800	≥4~5	≥3500
800~500	≥4~5	≥3000
500~300	≥5~6	≥2500
<300	≥7~8	>2300

5.3.4.2 溜矿段的倾角

溜矿段的倾角，要按上部加压情况考虑，一般比矿石的自然安息角要大，在 55°以上；储矿段的倾角，一般大于粉矿的堆积角，在 65°~75°以上；溜井底板倾角，不储矿也为 45°~55°。有关各种矿石的粉矿堆积角实测值，参见表 5-5。

表 5 – 5　几种矿石的粉矿堆积角（α）实测值

矿石名称	坚固性系数 f	矿石的黏结性	粉矿堆积角 α/(°)
白云岩（含铜）	4 ~ 6	不黏	65 ~ 70
石英脉型钨矿	12 ~ 19	不黏	65 ~ 70
鲕状赤铁矿	10 ~ 12	不黏	55 ~ 60
赤铁矿	10 ~ 15	黏性较大	65 ~ 85
钒钛赤铁矿	6 ~ 13	不黏	60
磁铁石英岩	12 ~ 15	不黏	60 ~ 71
赤铁矿	12	粉矿较多，较黏	60 ~ 75
磁铁矿（绿色）	—	粉矿多，较黏	>80
铜矿	4 ~ 8	黏性不大	65 ~ 75
磁铁矿（黑色）	18	不黏	55 ~ 60
铅锌矿	8 ~ 12	不黏	65 ~ 70
赤铁矿（富矿）	10 ~ 15	不黏	50 ~ 65

5.3.4.3　溜矿段长度和储仓高度

（1）溜矿段长度。溜矿段长度取决于溜井所服务的阶段数目、阶段高度、溜井所在位置的矿岩稳固性、溜井的掘进方法等。岩性好，易掘进，且溜井内需储存矿石时，长度可取大；不储矿时考虑溜井受冲击磨损，不宜取大。目前，国外垂直式溜井的溜矿段长度已达到 600m 以上，而国内也已达到 350m。斜溜井的长度，国内一般在 100 ~ 250m 之间，个别矿山最大长度可达 330m。

（2）溜井储矿段的高度。溜井的储矿段高度，应根据该段的直径及所溜出的矿石的粉矿堆积角来决定，常在 8 ~ 30m 范围内选取，一般为 10 ~ 15m。但要考虑 0.1 ~ 0.2 倍的储矿波动。扩大的储矿段与溜矿段之间，要以 45°或 60°的收缩角接界。储矿段的高和储矿仓直径共同决定储矿仓的储量。

（3）溜井储矿仓直径。根据储矿要求，溜井储矿仓直径可按下面公式计算：

$$D_1 = B + d_厚 \tag{5 – 6}$$

式中　D_1——储矿仓直径，mm；

　　　B——溜口宽度，mm；

　　　$d_厚$——储矿仓直径加厚值，$d_厚 = 1.5 ~ 2m$。

5.3.4.4　溜口的结构参数

溜口的结构参数包括：溜口宽度 B、溜口高度 H、粉矿堆积角 α、溜口顶板倾角 α_1、溜口内坡角 α_2、溜口倾角 α_3、溜口"斜脖长"长度 L_2、溜口上额墙厚度 b、双溜口中心距 L_1、溜口与矿车联系参数。现将这些参数对照图 5 – 21，分述如下：

（1）溜口宽度 B。溜口最小宽度应按所溜放矿石的性质、块度及装运设备的规格来确

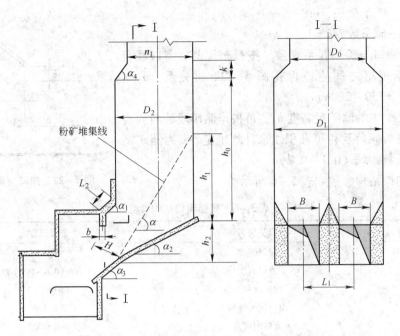

图 5-21 溜井储矿仓及溜口结构参数示意图

定，一般按下式计算：

$$B \geqslant 3d \tag{5-7}$$

式中 d——矿石最大块度，mm。

（2）溜口高度 H。溜口的上额墙与矿粉堆积线的距离，一般取：

$$H = (0.6 \sim 0.8)B \tag{5-8}$$

（3）粉矿堆积角 α。指粉矿在储矿段底部长期堆积压实的最大倾角。实测的数值在 $50° \sim 80°$ 之间，通常取 $65° \sim 75°$。其他的取值见表 5-5。

（4）溜口顶板倾角 α_1。当溜口底板堆积粉矿后，应保证溜口仍有一定的高度，以使矿石顺利流通。因此，溜口顶板倾角应等于或大于粉矿堆积角（$\alpha_1 \geqslant \alpha$）。

（5）溜口内坡角 α_2。指储矿段底板倾角。为使储矿段底板能堆积一定厚度粉矿，以保护储矿仓底板和顺利放矿，α_2 一般不大于溜放矿石的自然安息角，即 $\alpha_2 \leqslant 35°$。

（6）溜口倾角 α_3。为保证顺利放矿，但又不致发生跑矿，溜口倾角一般要比矿石的自然安息角大 $2° \sim 4°$，一般 $\alpha_3 = 38° \sim 45°$。

（7）溜口"斜脖子"长度 L_2。为控制放矿速度，保证闸门安全，"斜脖子"不宜太长或过短，其长度为 $0.5 \sim 2.0\text{m}$，一般取 $L_2 = 0.8 \sim 1.8\text{m}$。

（8）溜口上额墙厚度 b。上额墙受矿石的冲击，磨损很严重，为保证闸门硐室的安全，上额墙应有足够的厚度，一般取 $b = 500 \sim 800\text{mm}$。

（9）双溜口中心距 L_1。当使用单向双溜口放矿时，应使两个溜口与溜井中心对称。溜口中心距离，一般取矿车长度的整倍数，即

$$L_1 = nL \tag{5-9}$$

式中　L——矿车全长，m；

　　　n——矿车数，$n = 1, 2, \cdots$。

（10）溜口与矿车联系参数。按行车规范，溜口底板下缘与矿车规格之间应该保持图 5 – 22 的关系：$a_2 >$ 200mm；$a_1 = 150 \sim 200\text{mm}$。

图 5 –21 中的储矿量高度 h_0，可根据储矿段的断面直径、溜口底板倾角及粉矿堆积线来计算确定。k 为储矿高度的波动系数，$k = (0.1 \sim 0.2)h$。

筒形溜口结构参数如表 5 – 6 所示。

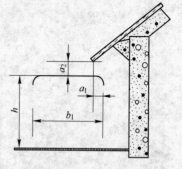

图 5 – 22　溜口与矿车关系

表 5 – 6　筒形溜口结构参数

序　号	溜口结构名称	公式或数据
1	溜口宽度	$B \geqslant 3d$
2	溜口高度	$H = (0.6 \sim 0.8)B$
3	粉矿堆积角	$\alpha = 65° \sim 75°$
4	溜口顶板倾角	$\alpha_1 \geqslant \alpha$
5	溜口内坡角	$\alpha_2 \leqslant 35°$
6	溜口顶板倾角	$\alpha_3 = 38° \sim 45°$
7	溜口"斜脖子"长度	$L_2 = 0.8 \sim 1.8\text{m}$
8	溜口上额墙厚度	$b = 500 \sim 800\text{mm}$
9	溜口与矿车关系	$a_1 = 150 \sim 200\text{mm}$；$a_2 > 200\text{mm}$
10	双溜口中心距	$L_1 = nL$

注：L 为矿车全长；n 为矿车数。

5.3.5　溜井的检查、磨损与加固措施

5.3.5.1　溜井的检查巷道

在溜井储矿段的相邻侧，一般设有检查天井和检查平巷，如图 5 – 23 所示。它们的作用是观察溜井储矿状况、处理溜井堵塞；当加固溜井储矿段时，应搭设安全平台或封闭溜井上部，以供检修溜井时上下人员及运送材料。

检查巷道通常布置在储矿段的坡度变化处、溜井断面的变化处以及溜井的转折点等容易发生堵塞的地段。检查平巷从放矿方向侧面和溜井储矿段接通。检查巷道中设密闭防护安全门、高压水管、气压管等。密闭目的，在于防止粉尘进入检查巷道；设置高压水管和气压管目的，是用来处理溜井堵塞。检查巷道的断面一般为高 1.8m，宽 1.2m。

检查天井应布置在运输平巷进风的一侧，与

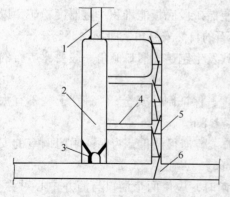

图 5 – 23　溜井的检查巷道

1—溜矿段；2—储矿段；3—放矿闸门；
4—人行道；5—检查天井；6—运输平巷

溜井之间留 8~10m 的保安岩柱。天井内要设置行人梯子间。断面尺寸应便于施工及人员上下，一般为 1.5m×1.5m~1.2m×2.0m，其高度应该与检查巷道相适应。

5.3.5.2 溜井的磨损

矿石在溜井中运动，会对溜井壁产生冲击与摩擦，使得井壁局部出现脱落或断面扩大与变形的现象。这种磨损情况严重到一定程度时，将影响到出矿产量或矿石的回收率，故对它的磨损规律和维护与加固措施，也应该有所认识。

A 垂直溜井的磨损规律

当矿石在溜井上口中心处直接翻倒时，矿石基本上是垂直下落；这时对井壁上口的冲击和磨损较小。当矿石从喇叭口或斜溜道进入溜井时，矿石对井壁冲击力较大，一般经过 2~3 次撞击后垂直下落，如图 5-24 所示。经常磨损的部位，在距溜口约 15m 范围内。

正确掌握第一和第二个冲击点的位置，对于采取有效的加固措施很有意义。

B 倾斜溜井的磨损规律

当矿石在倾斜式溜井中通过时，磨损的一般规律是非储矿段的底板磨损严重，两井壁次之，顶板最轻；储矿段的情况相反，主要受损部位在顶板和两井壁的地方，且由上而下减弱，底板常因粉矿保护而不受磨损。各部位的磨损情况，如图 5-25 所示。

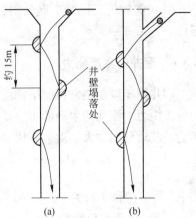

图 5-24 矿石在溜井中的运动轨迹
(a) 喇叭口卸矿；(b) 斜溜道卸矿

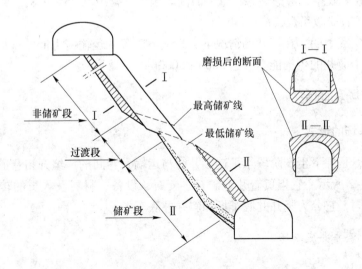

图 5-25 倾斜式溜井的磨损规律示意图

在储矿段的溜口处，由于矿石溜放会自行分级而造成大块集中，溜口挡墙和顶板会因为大块冲击而磨损严重，甚至被大块矿石撞坏；所以，在此处应该特别注意加固。

5.3.5.3　溜井的维护与加固

溜井维护与加固的措施有：

（1）控制矿流在中心落矿，如在卸矿口设置导向板、缓冲链条等。

（2）对溜井薄弱环节和容易损坏部位，用钢轨、铁板、混凝土等材料加固。

（3）将溜井的位置选在矿石量比较集中的地段，尽量使上下阶段运矿距离最短。

（4）设计时，避开断层破碎带及岩溶、涌水构造发育的地带来选择溜井的施工位置。

（5）溜放矿石到箕斗提升的出矿主溜井，应结合地下破碎硐室装载设施布置一并考虑。

5.3.6　溜井的生产能力

溜井储矿段在正常情况下都应储有一定数量的矿石，其上口的卸矿能力必须大于下口的放矿能力。溜井的生产能力主要是指放矿能力。溜井的放矿能力受上下阶段运输能力的影响，波动范围很大。对装有风动放闸门的溜井，可以按下式进行计算：

$$W = 3600 \times \frac{F\alpha\lambda\gamma v\eta}{K} \eqno(5-10)$$

式中　W——溜井的生产能力，t/h；

F——放矿口面积，m^2；

α——"矿流"收缩系数，$0.5 \sim 0.7$；

λ——闸门完善程度系数，$\lambda = 0.7 \sim 0.8$；

γ——矿石体重，t/m^3；

v——矿流速度，常取 $0.2 \sim 0.4 m/s$；

η——放矿效率，考虑堵塞、歇停时间等因素，常取 $0.75 \sim 0.8$；

K——矿石松散系数，$K = 1.4 \sim 1.6$。

国内生产实践表明，在正常的情况下，当上下阶段的运输能力能够满足卸矿能力与放矿能力时，每个溜井的生产能力可达 $3000 \sim 5000 t/d$。

5.4　井底车场和硐室

5.4.1　井底车场的形式

井底车场，是井下生产阶段水平连接井筒与运输大巷间的一组开拓巷道和硐室。其空间结构如图 4-2 所示。它担负着井下矿石、废石、设备、材料及人员的转运任务；根据开拓方法的不同，它分为竖井井底车场和斜井井底车场。

5.4.1.1　竖井井底车场

A　车场线路

车场线路，是为了运输车辆调动，而在车场内设置的储车线、行车线及辅助车线。

凡是供储放空车和重车的线路，称储车线。它包括储放矿的空、重车线，储放废石的空、重车线及停放材料车线等。调度空车、重车车辆的线路统称行车线。它包括连接主、副井的空、重车线绕道、调车支线以及供矿车出入罐笼的马头门线路等。由储车线或行车线通往各种硐室的线路统称为辅助车线。

空、重车线，常以其终端的道岔警冲标为界。道岔警冲标是指交叉线路不能跨越的界限标志。储车线的长度可用下式计算：

$$L_c = l_1 nK + l_2 + l_3 \qquad (5-11)$$

式中 L_c——储车线长度，m；

l_1——矿车长度，m；

n——列车矿车数；

K——储车系数，考虑提升能力的不均匀性，主井的空、重车线取 1.5~2.0；副井的空、重车线取 1.1~1.5；

l_2——电机车的长度，m；

l_3——电机车停车所需长度，通常取 8~10m。

调车支线长度，一般取列车的长度，再加 8~10m 停车长度；材料车线长度一般取 6~8 个矿车长度。

B 车场的形式

竖井的井底车场形式很多，按提升容器分为罐笼井底车场、箕斗井底车场、罐笼－箕斗井底车场；也可按矿车运行系统分为尽头式、折返式和环行式井底车场（见图 5-26）。

（1）尽头式井底车场。这种井底车场只适于罐笼提升井。从井筒一侧进、出车辆，空、重储车线和调车线都布置在井筒一侧，无专门回车绕道。这种车场车采用推进拉出方式，通过能力小，适用于小型矿。

（2）折返式井底车场。在井筒或硐室两侧布置线路，重车从车场一侧进入，空车从另一侧出，空车经过改变头尾方向后从原路线或另一平行线路返回。平行线路与原路线可布置在同巷道内。

（3）环行式井底车场。其空车线、重车线也布置于井筒或卸载硐室的两侧，但出来的空车经由环形绕道返回，不改变行车方向。所以，运输通过能力最大。

从这三种车场的线路结构看，尽头式最简单，巷道工程量最少；折返式次之，环形式最复杂。环行式弯道部分约占车场线路总长的三分之一，弯道圆滑度敷设要求较高，列车在弯道段的运行速度较慢。但从总的通过能力（通过能力，是指一个班内或一年内井底车场通

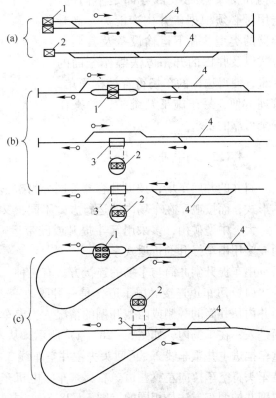

图 5-26 井底车场示意图

(a) 尽头式；(b) 折返式；(c) 环行式

1—罐笼；2—箕斗；3—翻车机；4—调车线

过的矿石与废石量的总和）来看，环行式列车运输能力较大，折返式次之，尽头式最小。

采用主、副井或混合井集中开拓的大中型矿井，常开掘成双井筒或混合井井底车场，如图 5 – 27 所示。

如果双井筒井底车场的主井为箕斗井，副井为罐笼井时，主副井运行线路一般都采用环行式，如图 5 – 27 （b）所示；混合井井底车场的罐笼行车线，采取尽头式或折返式，而箕斗的行车线取环行式或折返式，如图 5 – 27 的 （a）、（c）所示。此外，主、副井的储车线还可与阶段运输巷保持直交、平行或斜交。

上述这些井底车场的形式，其巷道工程量、运输通过能力、巷道断面结构和交叉点的数目等都是不同的，选用时必须根据矿井生产能力、提升容器的类型、井下运输设备及其调车方式以及井田的开拓方法等作全面的衡量，使得选出的车场符合结构简单，管理方便，易于施工及维护，并操作安全可靠的要求。

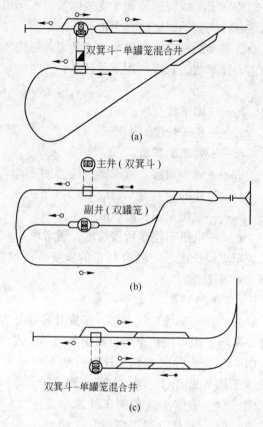

图 5 – 27　双井筒或混合井的井底车场示意图
（a）混合井环行—折返式车场；（b）双井筒、双环行车场；
（c）混合井折返—尽头式井底车场

5.4.1.2　斜井井底车场

斜井的井底车场，按提升容器不同分为矿车提升井底车场和箕斗提升井底车场两种基本形式；而按矿车在车场内的运行方式不同，又分为折返式车场和环行式车场两种。

大、中型矿山，多采用箕斗提升或胶带运输机提升的环行式车场；中、小型金属矿山，多用串车提升的折返式车场。

串车提升斜井筒与车场的连接方式有三种：

（1）甩车道连接。甩车道，是一种既改变方向又改变坡度的过渡行车道，可用于在斜井内从井筒的一侧或两侧开掘的情况。当串车下行时，串车经过甩车道就由倾斜变成平面进入；在车场内，如图 5 – 28 （a）所示，从左翼来车，经调车场线路 1 调转车头，将重车推进主井重车线 2，再回头去主井空车线 3 拉走空车；空车拉至调车场线路 4，又调转车头将空车拉向左翼巷道。右翼来车，电机车也要在调车场调头，而空车则直接拉走。主副井的调车方法是相同的。图 5 – 28 （a）中：1、4 处为调车场，电机车在此调头改变方向；2、3 处为储车场，储车场内设有空车和重车的储车线。

（2）平车场连接。平车场只适用于斜井最下一个阶段的车场连接。车场连接段重车

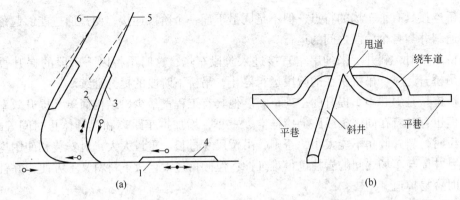

图 5-28 串车斜井折返式车场行车线路示意图
(a) 甩车道车场运行线路图; (b) 甩车道车场立体结构图
1—调车场线路; 2—重车线; 3, 4—空车线; 5—主井; 6—副井

线与空车线坡度方向是相反的, 以利于空车放坡, 重车在斜井接口提升。车场内的运行线路如图 5-29 所示。斜井为双钩提升。从左翼来车, 在左翼重车调车场支线调车后, 推进重车线 2, 电机车经绕道 4 进入空车线 3, 将空车拉到右翼空车调车场支线 5, 在右翼空车调车场支线进行调头后, 经空车线 6 将空车拉回左翼巷道。

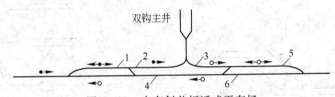

图 5-29 串车斜井折返式平车场
1—重车调车场支线; 2—重车线; 3, 6—空车线; 4—绕道; 5—空车调车场支线

(3) 吊桥连接。吊桥连接是从斜井顶板出车的平车场。如图 5-30 所示。

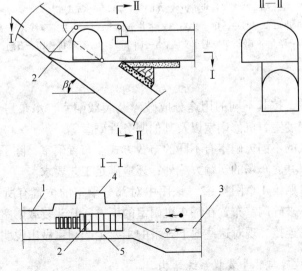

图 5-30 斜井吊桥车场示意图
1—斜井; 2—吊桥; 3—吊桥车场; 4—信号硐室; 5—人行口

吊桥连接具有平车场的特点，但不是同最下面一个阶段连接，而是通过能够起落的吊桥，沟通斜井与各个阶段之间的运行。

吊桥放落时，斜井下来的串车直接进入阶段车场，这时吊桥以下阶段的提升暂时停止；当吊桥升起时，吊桥所在的阶段运行停止，吊桥下阶段的提升继续。

吊桥连接是斜井串车提升的一项革新。他具有工程量最少、结构简单、提升效率高等优点。但也存在着在同一条线路上摘挂空、重车，增加推车距离和提升休止时间等缺点。使用吊桥时，斜井倾角不能太小，否则，吊桥尺寸过长，重量太大，对安装和使用均不方便，而且井筒与车场之间的岩柱也很难维护；但倾角过大，放下材料又不方便，并且在串车转道时容易掉道。

实践证明，斜井倾角大于 20°时，使用吊桥效果较好。它与用甩车道连接提升方式相比较，钢丝绳磨损较小，矿车也不易掉道，提升效率高，巷道工程量少，交叉巷道窄，易于维护；但下放材料不及甩车道方便。

图 5 - 31 为箕斗和串车提升的主、副斜井折返式和环行式运行线路，它适用于大中型矿山的斜井开拓。车场的主井线路，采用折返式或环行式车场运行；副井串车提升运行线路，采用尽头式。实质上这种是混合式井底车场。

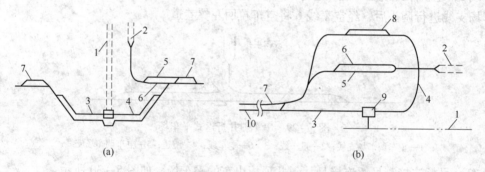

图 5 - 31　斜井折返式和环行式车场运行线路图
(a) 箕斗斜井折返式；(b) 箕斗斜井环行式车场
1—主井（箕斗井）；2—副井（串车井）；3—主井重车线；4—主井空车线；5—副井重车线；
6—副井空车线；7—调车支线；8—回车线；9—翻车机；10—石门

5.4.2　硐室

地下开掘的硐室，按其不同的用途分成破碎及装载硐室、水泵房及水仓、地下变电所、地下炸药库、调度室、机修硐室以及其他服务性硐室等。

随井底车场形式的不同，硐室有不同的布置方式。布置硐室，除了要适应矿井生产能力，井筒提升类型、井底车场的运输方式外；还应满足工艺要求。

硐室的位置可参照第 4 章图 4 - 2。该图中对部分硐室的位置有所表示。采用地下破碎的矿山，应将地下破碎硐室布置在翻车机硐室的下方，箕斗装载硐室的上方，并有专门通道与井底车场水平连接。现对这些地下开采的主要生产硐室做出说明。

5.4.2.1　地下破碎与箕斗装载系统结构

地下破碎是专门为采用深孔落矿的矿山设计，作粗碎使用。经过粗碎后的矿石块度均匀（$\phi = 100 \sim 300mm$），再转运到装载硐室，通过计量后由箕斗提升出地表。

实践证明：采用地下破碎可以增大采场的落矿块度（$\phi = 600 \sim 800mm$）、减少二次破碎工作量、改善采场劳动条件，并提高箕斗的装满系数和生产能力。

地下破碎的硐室开凿量大、投资多；所以，在年产量大的矿井和深孔落矿而大块产出率高的情况下使用才合理。

A 地下破碎系统

地下破碎系统包括卸矿硐室、原矿仓、破碎硐室、粗碎矿仓、计量硐室以及大件运输道等，如图 5 - 32 所示。破碎硐室内，安置有破碎机、板式给矿机及固定筛。当矿石从卸矿硐室 1 卸入原矿仓 2，即可经手动闸门 3、板式给矿机 4，供给固定筛 7 筛析。筛下的碎矿石直接溜入粗碎矿仓 8，筛上的大块，经破碎机 5 破碎后溜入粗碎矿仓；再经闸门控制进入计量硐室 9，计量后由箕斗 10 提升到地表。

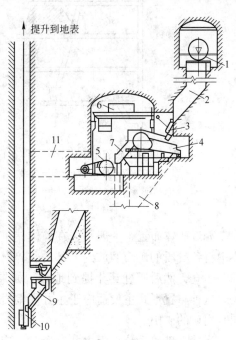

图 5 - 33 是国外某矿布置在距井筒较远的井下破碎站的矿石转运系统图。井下破碎站设在 -858m 水平，破碎站装有圆锥破碎机，处理能力为 1000t/h，排矿口 140mm。给入破碎机的矿石，由三个粗矿仓中的一个通过给矿机供给。三个粗矿仓中，一个是铜、锌矿石（A 类矿石），一个是银、铅、锌矿石（C 类矿石），第三个是废石仓（也可以储放 A 类矿石或 C 类矿石）。在圆锥破碎机下有一个 150t 的调节矿仓，调节矿仓下安有振动棒条给矿机。破碎的矿石从调节矿仓出来，经过振动棒条给矿机给到拣选皮带，再经过最大坡度为 25%、每小时能输送 1200t 矿石的倾斜皮带运输机送到 -792m 水平，分别装入直径为 6m 的细矿仓中。矿石再经储存

图 5 - 32 地下破碎系统示意图

1—卸矿硐室；2—原矿仓；3—手动闸门；4—板式给矿机；5—破碎机；6—吊车；7—固定筛；8—粗碎矿仓；9—计量硐室；10—箕斗；11—大件运输道

装载运输系统装入 27.5t 箕斗中，最后提升至地表。皮带运输机是通过液压连接器控制的。

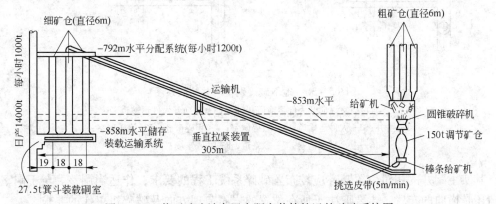

图 5 - 33 井下破碎站布置在距离井筒较远的破碎系统图

B　地下破碎硐室的布置形式

地下破碎硐室的布置形式,有靠近主矿体和靠近主井两种布置形式。图 5 - 34 是靠近主矿体的布置形式,图 5 - 35 是靠近主井的布置形式。

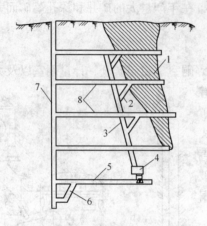

图 5 - 34　破碎硐室靠近主矿体布置

1—矿体;2—分枝溜井;3—主溜井;

4—破碎硐室;5—转运巷道;6—储矿仓;

7—箕斗井;8—石门

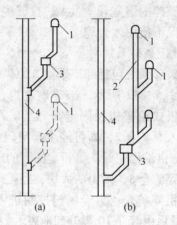

图 5 - 35　破碎硐室靠近主井布置

(a)分散布置;(b)集中布置

1—卸矿室;2—主溜井;

3—破碎硐室;4—箕斗井

靠近矿体布置,一般是选在矿体储量比较集中部位的下盘,由下盘分枝溜井及主溜井集中将各阶段的矿石溜放到下部的破碎硐室,经破碎后再用胶带运输机输送至箕斗井旁侧的储矿仓,然后通过箕斗提到地表。如果用平硐溜井开拓时,破碎后也可直接输送出地表。这种布置形式主要适应于主井周围岩性比较差,而在矿体附近开掘又较有利的多阶段同时出矿的矿山。

当地下破碎系统靠近主井布置时,应使破碎硐室的大件运输道与主井连通,联络道与副井贯通(见图 5 - 36),以利于在施工时大件设备从主井吊入,开掘下来的废石、人员、材料从副井出入,新鲜风流从副井引进,污风从箕斗井排出。

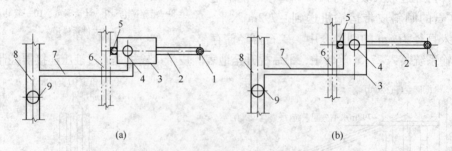

图 5 - 36　地下破碎硐室与井筒联系图

(a)硐室纵向开大件运输道;(b)硐室横向开大件运输道

1—主井;2—大件运输道;3—破碎硐室;4—粗碎矿仓;5—给矿硐室;

6—上水平运输巷;7—联络道;8—井底车场;9—副井

其实主副井的相对位置,亦应按布置破碎系统工程的要求,作适当调整。至于硐室作纵向还是横向的布置,主要取决于所在位置的岩石节理方向及破碎机工作的要求。

C　破碎硐室的内部布置

破碎硐室是地下破碎系统中的主要工程，它体积大、振动强烈、粉尘浓度高，开掘时必须选在稳固性好的岩层中，避开含水层、断层和破碎带，并尽可能使破碎硐室的长轴方向和岩层走向相垂直，与井筒间留设不得小于 10m 的保护岩柱。

硐室内，要安装破碎机、给矿机、起重设备、通风除尘设备、筛分设备及配电设备等。设备之间要留出安全间隙及人行过道。除此之外还应设有操作与检修场地。其平面布置设计可以参见图 5 - 37。

在放矿及破碎过程中，破碎硐室内会产生大量的粉尘。为确保工人的身体健康，在设计中应留有两个出口，并具有单独的通风除尘系统。

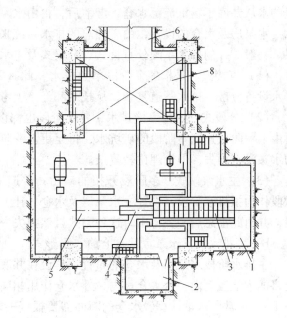

图 5 - 37　破碎硐室平面布置图

1—给矿硐室；2— 操作室；3—板式给矿机；4—固定筛；5—颚式破碎机；6—大件运输道；7—轨道线；8—检修场地

D　箕斗装载设施

矿石破碎后，若要通过箕斗提升，则必须在破碎系统的下部设立箕斗装载硐室，以安装卸矿设备。

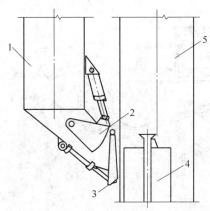

图 5 - 38　计量式漏斗

1—计量漏斗；2—扇形闸门；3—活舌头；4—箕斗；5—井筒

通常采用计量漏斗定点装矿。

计量式漏斗如图 5 - 38 所示，由计量漏斗、斜溜嘴、扇形闸门和活舌头等组成。装矿时用气缸将活舌头顶入箕斗内，打开扇形闸门后，矿石经斜溜嘴与活舌头装入箕斗。计量漏斗采用压磁式测力计计量，其容积与箕斗容积相适应。

在向箕斗装载硐室给矿的设计中，有矿仓给矿和胶带给矿两种。矿仓给矿，需在矿仓下部设置给矿闸门，以直接控制对计量漏斗的给矿量。

胶带给矿，是将溜井内的矿石先经电振给矿机供给胶带运输机，再由胶带运输机供给计量漏斗。这种方式，虽增加了胶带的转载环节，但由于它给矿持续均匀，因而使矿仓的磨损大为减轻，同时亦有利于保全溜井与井筒之间的围岩安全柱。

5.4.2.2　井下水泵房与水仓

A　地下水泵房及水仓的设置

用竖井、斜井或斜坡道开拓地平面以下的矿床，均需在地下设置水泵房及水仓。矿坑里的水从井底车场汇流至水仓，澄清后，再由水泵房的水泵排至地表。

水泵房及水仓的设置，由矿井总的排水系统来决定，并与矿井的开拓系统有着密切关系。一般矿井的排水系统分直接式、分段式及主水泵站式。

（1）直接式。是指各个阶段单独排水，此时需要在每个阶段开掘水泵房及水仓，其排水设备分散，排水管道复杂，从技术和经济上考虑是不合理的，应用也较少。

（2）分段式。是指串接排水，各个阶段也都设置水泵房，由下一阶段排至上一阶段，再由上一阶段连同本阶段的矿坑水，排至更上一阶段，最后集中排出地表。这种排水方式的水头没有损失，但管理比较复杂。

（3）主水泵站式。多阶段开拓的矿山，普遍采用主水泵站式。即选择涌水量较大的阶段作为主排水阶段，设置主水泵房及水仓，让上部未设水泵房阶段的水下放到主排水阶段，并由此汇总后一齐排出。这种方式虽然损失一部分水头能量，但可简化排水设施。

B　主排水阶段水泵房及水仓的布置形式

主排水阶段水泵房及水仓的布置，常设在井底车场内的副井一侧，在其水沟坡度最低处将涌水汇流至内、外水仓。内、外水仓作用相同，轮流除泥使用。水仓的总容积应按不小于8h正常涌水量计算。水仓的断面需要根据围岩的稳固程度、矿井涌水量大小、水仓清理设备的外形尺寸等综合考虑确定，一般为 $5 \sim 10m^2$，断面高度不低于2m。水仓入口处应设置过滤装置。对于采用水砂充填采矿法或矿岩含泥量大的矿山，水仓入口通道内应设立沉淀池。沉淀池规格一般为长3m、宽2m、深1m。水仓顶板的标高应比水泵硐室地坪标高低 $1 \sim 2m$。水泵房内必须设置两套排水管道，管子由井筒管子间接出地面。这种布置形式如图5-39所示。

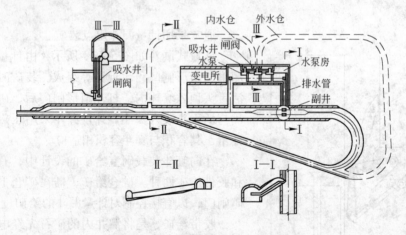

图5-39　主排水阶段排水系统图

其他水泵房及水仓设计的详细规定，可查阅有关的设计参考资料。

5.5　井口地面总图运输

5.5.1　总图运输的一般概念

在矿山拟定地下开拓系统的同时，为满足矿石和废石在地面工艺流程中的要求，需要在地面以井口为中心修建一定数量的工业建筑和构筑物、废石场、行政管理与生活福利设施等，并布置内外运输交通线路，使得其在平面图上形成一个生产、生活的有机整体。而这一矿山地面总体规划工作，就称为矿山地面总图运输。

矿山地面总图运输，通常包括矿山总平面图和矿山地面运输两大部分；将这两大部分汇总以后，则布置在同一张图上。

大型矿山的总平面图，一般包括矿区规划图和工业场地平面布置图，后者是在矿区规划图的基础上作小范围的细致布置，但比例相应扩大。如果矿山企业的采选工业场地和生活区布置比较集中，也可以把两图合并作一张图。

矿区规划图内应标明：原有的地形地物，规划的矿山企业范围，矿体边界线，岩石移动区，采选工业场地和生活区域内的供电、供水、排水线路，矿区的内部和外部运输线路，主要开拓巷道和辅助开拓巷道的位置，废石场、炸药库、尾矿池、地面的防排水沟以及桥梁、涵洞等。

工业场地平面布置图内主要标明：采选工业场地以及各种行政福利设施，各类建筑和构筑物间运输线路与管线平面配置，地表岩石移动区，洪水淹没范围，开拓井筒的位置和标高等内容。

采选工业场地与各种行政福利设施，按其性质可分下述几种类型。

5.5.1.1　工业生产设施

（1）采矿生产设施。包括井架、压气机房、通风机房、充填设施、废石场等。
（2）选矿生产设施。包括井口矿仓、破碎筛分选矿车间、尾矿设施及砂泵站等。
（3）动力、修理设施。包括变电站、供电网路、提升机房、机修厂、停车场房等。
（4）爆破器材存放加工设施。爆炸材料存放库、炸药加工厂。
（5）其他辅助生产设施和防止自然灾害设施。包括器材仓库、油仓、车库、木材加工厂及防洪坝、挡土墙等。

5.5.1.2　行政管理与福利设施

这类设施包括：办公室、食堂、浴室、医疗站、俱乐部、住宅、采暖及供排水设施等。

以上这些设施都得根据矿床赋存条件、矿区地表地形、人为需要和矿石地面工艺流程、运输要求等，做出合理布置。

5.5.1.3　布置总图运输应遵循的原则

（1）满足生产工艺要求。工业场地应尽量靠近井口，以方便井筒内外生产联络；各部分场地与建筑物和构筑物之间要布置紧凑，以利于供电、供水和符合生产作业流程；运输线路要短，并避免地表井下往返运输。
（2）确保安全并满足防火与卫生要求。工业场地要布置在岩石移动区以外的安全地带，远离爆破影响范围；为避免山崩和洪水危害，要修筑必需的排洪排水物；建筑物和构筑物之间应满足防爆、防火与卫生要求，搞好绿化。
（3）要因地制宜减少土石方工程。要考虑工程地质条件，合理利用地形、节约用地，力求不占良田或少占良田。

（4）妥善处理三废。要防止废水、废气、废料对周围居民区及农田、河流的污染。

（5）安排好外部运输条件。如合理布置运输线路以便于与国家的铁路、公路相连接。

（6）考虑企业发展需要并留有一定的余地等。对地下资源分散或矿体走向很长，矿田划作几个矿井或坑口开采时，则应把为全矿服务的主要工业建筑物、机修厂、总仓库、动力设施和部分住宅以及直接为坑口服务的设施建在坑口附近。如果坑口处在地形复杂的高山上时，可把其他的设施建在山下。

矿区规划图，一般应在 1：5000～1：10000 的地形图上绘制；而工业场地平面的布置图，一般在 1：500～1：1000 的地形图上进行施工设计。

5.5.2　地面工业场地的选择

总图运输布置，所涉及的投资比重较大；矿山总平面图一旦形成之后，在生产过程中就不易改变。若布置不当，必将影响到生产的可靠性和经济上的合理性。故在确定地面工业场地的位置和面积时，需作认真选择。

5.5.2.1　工业场地的选择

A　采矿工业场地

采矿工业场地，是指在工业场地的平面图内，布置采矿生产设施、地面矿石工艺设施以及修理设施等。采矿工业场地是矿山地面工业场地的主体，它与矿床开拓系统密切相关，相互影响，通常应结合井田开拓系统的选择一起做抉择。按生产建设条件，采矿工业场地都应围绕井口做出布置，使各项设施符合一定的生产程序，并便于联络，地面与地下总的基建工程量为最小。采矿工业场地的布置还必须与选矿工业场地的布置相协调，使采选之间的矿石运输保持合理联系。

矿石地面工艺设施布置方式，可分为如下三种（见图 5 - 40）。

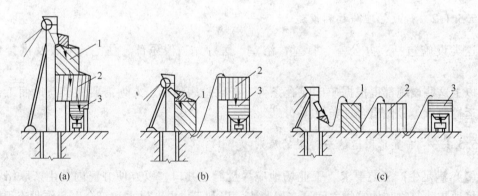

图 5 - 40　矿石地面工艺设施的布置方式示意图
(a) 垂直布置方式；(b) 混合布置方式；(c) 水平布置方式
1—储矿仓；2—破碎筛分设备；3—装车矿仓

（1）垂直布置方式。一般是在箕斗提升时使用。地面矿石工艺流程的运输，完全靠载重来完成；所占建筑面积也比较小，但要有结构复杂的高大井架。

（2）水平布置方式。正好与垂直布置相反。矿石主要依靠胶带运输机的动力运输，占地面积大，井架矮小，一般用于平硐开拓或罐笼提升。

（3）混合布置方式。其优缺点介于以上两者之间。

采矿工业场地应选在废石堆积场的上风方向，避开远景储量的移动带范围。场地的工程地质条件要好，无滑坡、崩塌、岩溶、洪水威胁。场地规模和标准，既要考虑正常生产时期完成矿山年产量的需要，还应充分考虑基建或扩建时期的动力供应、设备和材料运送及机械化施工要求。

主井和副井分散布置时，对有发展远景的企业，还要估计远景，留有余地。

对采矿工业场地中的主要设施，应结合设施的特点，提出如下的布置要求：

（1）提升机房。宜布置在提升井筒附近，并考虑井筒的出车方向，与井筒之间的距离还要满足提升钢丝绳仰角的规定。

（2）通风机房。宜布置在通风井/硐附近。当采用压入式通风时，应与产生有害气体或粉尘的地点隔开一定的距离，并在上风侧。

（3）压气机房。应该布置在靠近主要用气地点的井口附近，周围空气要清洁，通风良好，有风包遮阴、散热的条件。

（4）变电站。应位于电力负荷的中心、便于进出高压线的地点，高压线应尽可能不与铁路、公路交叉。

（5）机修厂。应设在距离压气机房与选矿厂较近、方便设备下井及内外运输联络的地点。机修厂常与成品、材料库设在一起。

（6）材料仓库、坑木加工厂等。宜布置在运输线路两侧距离井口较近的地点，并与其他设施保持有一定的防火间距。

B　选矿工业场地

选矿工业场地的布置，应该按照选矿工艺流程的要求，尽量选择在20°左右的山坡地形处以供矿浆自流输送；还应该结合矿床的开拓系统、采矿工业场地布置和外部运输条件统一考虑采选联合布置。如果地形允许，选矿厂可以设在主井附近，以让箕斗提出的矿石直接卸到选厂粗矿仓。按照这样布置，选厂粗矿仓的顶部标高，应该低于井口标高。

如果主井附近的场地受限，需另择厂址时，选矿工业场地应该尽量布置的靠近铁路或公路运输线，以便于成品矿对外发运。选厂位置应考虑供水和排砂的方便，并注意产生粉尘对入风的危害。尾砂池的有利地形是靠近内选厂、有足够容量的天然山谷或枯河，但要防止尾矿水直接排向农田或河流，以免造成环境污染和社会公害。使用充填法的矿山，尾砂池和充填系统设计一起考虑。

C　废石场

废石场一般设在提升废石的井口附近，位于进风井、居民区主导风向的下风侧；尽量利用山谷洼地，不占农田；必要时可以分散成几处布设。

D　爆炸材料库

爆炸材料库应避开各种工业场地、居民区、农田、森林或输电线路，最好设在有天然屏障的隐蔽山谷内，有运输线路直达，通风条件好，地质坚固干燥。炸药总库周围50m内，应消除一切易燃物。

5.5.2.2　采矿工业场地布置实例

图5-41为采用平硐与竖井开拓的大型矿山的采矿工业场地布置图实例。

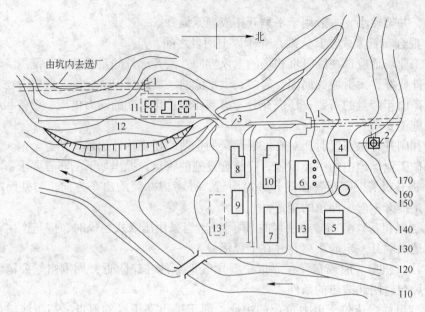

图 5 -41　采矿工业场地布置图

1—平硐；2—竖井；3—铁路；4—提升机房；5—变电所；6—压气机房；7—机修厂；8—电机车与矿车库；

9—锻造房；10—办公与生活室；11—木材加工厂与堆放场；12—废石场；13—仓库

5.5.2.3　行政福利设施场地的选择

行政、生活福利区应尽可能靠近工业场地，且方便内外联络。

生活区除靠近采矿与选矿工业场地外，还应布置在主导风向的上风侧，与产生的粉尘、噪声及有毒气体有较远的距离。居民区与工业场地之间，一般不宜跨越铁路。有条件的矿山也可将家属住宅区设在就近城镇，上下班用通勤车接送。

随着我国经济体制改革不断深入，办矿模式也在革新。按照以往的办矿模式，矿山行政福利设施是顾大求全，即将社会上的需要都包下来，矿山除生产自成体系外，辅助、生活服务也成体系，给办矿带来很大压力。而新模式主张：生产与辅助生活等设施，要因地制宜，合理建设；生产设施要工艺流程合理，以国产设备为主体，完善配套，形成较高的综合生产能力；辅助及生活设施，要尽量利用社会上已经形成的设施或与地方共建，面向社会服务；使矿区成为比较单一的生产单位。

确定矿山地面总平面布置，需要进行多方案的技术经济比较，以求基建工程投资和年生产经营费用最少，建设时间最短，占用农田面积和拆迁民房工程量不大。

5.5.3　矿山地面运输

矿山地面运输，包括内部运输和外部运输。内部运输，是在矿山企业总平面范围内，布置各个工业设施之间矿石、废石、材料和设备的运输；外部运输，则是矿山企业向外部用户运送产品（矿石或精矿）和向矿内运回材料、设备等的运输。

5.5.3.1　内部运输方式的选择

内部运输，具体地说是将矿石从井口（平硐口）运往破碎厂或内部的选矿厂；将废石从井口运往废石场；将尾矿从选矿厂运往尾矿坝；将各种材料、设备由仓库或车间运往井口或平硐口，以及企业内部各车间之间的设备与材料运送等。

内部运输常采用的方式为窄轨运输、架空索道运输、汽车运输及胶带运输机运输等。选择内部运输方式及系统，应主要考虑以下各项因素：

（1）矿山企业的年产量。矿山企业的年产量，是决定矿石运量或其他运量的主要根据。矿石运量大，应尽量采用机车运输；反之，根据地形起伏情况，采用汽车或架空索道运输。

（2）井口或平硐口至选厂的距离。井口与选厂之间的运输量最大，应尽量简化运输方式和运输环节。当选厂破碎筛分车间布置在靠近井口时，可用胶带运输机直接将矿石运到破碎车间；而选厂离井口较远时，宜用机车运输。

（3）地面地形条件。地面地形平坦，有利于采用机车运输；当地面起伏变化很大或用机车运输的迂回绕行过大时，可考虑选用架空索道运输。从运输系统上考虑，矿石的地面工艺流程、开拓井巷的布置方式，都会对运输系统产生影响。若矿石采出后不经选矿就直接运往冶炼厂，内部运输系统最简单；若矿石采出后需要分级运出或经选矿后运出精矿，中间就要用几种设备、几道转运，运输系统也就复杂。

井巷采用中央式布置，运输线路比较集中，便于实现机械化运输和管理；而采用对角式布置，设施分散，线路复杂，运距长，管理也比较复杂。

总之，内部运输方式与运输路线的选择，需要联系场址的选择、地面设施的布置、开拓系统的确定以及外部运输条件等进行综合考虑确定。

5.5.3.2　外部运输方式的选择

外部运输，主要指生产矿山企业与国家铁路、公路或水路运输之间的联系。常用的外部运输方式有准轨铁路运输、窄轨运输、汽车运输、架空索道运输和水路运输。

选择外部运输方式时，一般应考虑地形位置、交通条件、货运量及货运方向等。按一般情况，当矿山运输量较大（对平原、丘陵地区单向运输量大于 6×10^4 t 或对山岭地区大于 12×10^4 t）、矿山服务年限在 15 年以上、距离准轨铁路网又不超过 20km、且地形平坦时，可采用准轨铁路运输；其他情况，尽量采用汽车运输。水路货运费率比陆路运输低，矿区附近有水路条件时应尽量采用。

外部运输在可能情况下要考虑与内部运输衔接，以简化转运手续。

复习思考题

5－1　选择主要开拓巷道的类型应从哪些方面进行比较？

5－2　选择主要开拓巷道合理位置的基本准则是什么？

5－3　在具体选择主要开拓巷道合理位置时主要应该考虑哪些因素？

5－4　什么是采空区的安全开采深度，安全开采深度的大小应该怎样确定？

5－5　何为矿岩的崩落带、移动带、崩落角、移动角，它们与哪些因素有关？

5－6　井筒在沿着走向方向上和直交矿体走向方向上的安全位置如何确定？

5-7 除了安全、经济因素以外，对井筒位置的最终选定还应考虑什么？

5-8 根据不同主井的提升运输形式，配置副井有什么作用，怎么配置？

5-9 主井和副井的集中布置与分散布置各有哪些利弊？

5-10 主井和副井的对角式布置的优点和缺点各是什么？

5-11 在何种情况下适宜采用主要运输阶段、运输阶段和副阶段？

5-12 阶段运输平巷的具体任务是什么，布置时应满足哪些要求？

5-13 何为溜井，它的作用是什么，不同形式的溜井有哪些特点？

5-14 主溜井的基本组成结构是怎样的，溜口的结构参数有哪些？

5-15 何为矿石最大合格块度，它与溜井的通过系数是什么关系？

5-16 竖井的井底车场有哪些车线，这些车场车线有哪些布置形式？

5-17 斜井的井底车场有哪些连接形式，各连接形式的特点是什么？

5-18 平车场和甩车道车场相比有什么特点，吊桥车场有何优点？

5-19 环行车场的主要特点和适用条件是什么？

5-20 何为矿山地面总图运输，它包括哪些内容？

5-21 矿区规划图内应该标注明确哪些内容？

5-22 工业场地平面布置图内应标明什么？

5-23 布置总图运输要遵循哪些原则？

5-24 采矿工业场地和井口提升机房的布置有哪些要求？

5-25 选矿工作场地应该如何选择地面布置位置？

5-26 什么是矿山内部运输和外部运输？

5-27 选择内部运输方式及运输系统时应考虑哪些问题？

6　地下开拓方案的选择

在矿山企业的设计中，选择矿床开拓方案是总体设计中最重要的一部分内容。因为它决定着整个矿床开采期间的提升、运输、通风、排水等系统，以及矿山地面运输、矿井总平面布置等问题，这对矿山企业的合理规划与建设影响很大。

整个矿山的开拓是基本建设工程，根据不同的矿山类别和规模，都要涉及开凿几万到几十万立方米的井巷工程量和 2~7 年的基建时间；所以，投资巨大。而且开拓方案一旦确定下来就很难改变，它将长期影响矿山的生产、经营和管理，同时对于矿山生产期间能否降低矿石成本，提高企业的经济效益也具有深远的意义。

因此，在选择开拓方案时，必须切实根据矿床的具有条件，考虑其他各种因素的影响，进行多方案的选择比较，最后择优选取。

本章是在已经论述主要开拓巷道和辅助开拓巷道的类型、位置的基础上；对选择开拓方案的基本要求、影响因素、所需基础资料、选择设计开拓方案的方法和步骤以及选择实例进行说明。

6.1　基本要求与影响因素

6.1.1　对地下开拓方案选择的基本要求

金属矿床地下开采，经过选择确定的开拓方案，至少要满足以下几个方面的基本要求：

（1）确保工作安全，要为生产创造良好的地面与地下劳动卫生条件。

（2）能建立良好的提升、运输、通风、排水等系统；技术上可靠，生产能力足够，足以保证矿山企业的均衡生产。

（3）基建工程量要最少，尽量减少基本建设投资费用和生产经营费用。

（4）确保在规定时间内投产，并能按基建进度计划及时准备出新水平。

（5）尽量不留或少留保安矿柱；不占或少占农田。

（6）符合国家规定的矿床开采政策，顾及矿山发展远景。

6.1.2　影响地下开拓方案选择的主要因素

（1）矿床的赋存条件，如矿体的走向长度、倾角、厚度和埋藏深度等。

（2）地表地形条件，如地面运输条件、布置地面工业场地条件、外部交通条件、地面岩层的崩落和移动范围、农田分布情况等。

（3）地质构造破坏，如断层、破碎带等。

（4）矿区水文地质、工程地质及气象条件，如地表水（河溪、湖泊等）、地下水、溶洞、流沙层等的分布情况；主导风向、洪水位及土壤抗压强度等。

（5）矿石和围岩的物理力学性质，如坚固性、稳固性等。

（6）矿床的工业储量、矿石的工业价值、矿床的勘探程度及远景储量等。

（7）所选用的采矿方法。

（8）水、电供应条件。

（9）矿井的设计生产能力，开采深度、服务年限等。

（10）原有井巷和采空区的存在状态。

6.1.3　满足基本要求所需的基础资料

选择矿床开拓方案前，需要收集以下原始图纸和资料：

（1）矿区的交通位置图；

（2）综合地质地形平面图；

（3）地质勘探线剖面图；

（4）矿体的纵投影图；

（5）矿区的水文地质资料；

（6）矿床开采设计任务书等。

在这些图纸和资料中，矿床开采设计任务书是基本文件。

6.2　方案选择的一般步骤

对一个具体矿床，按设计任务书的要求能被选用的开拓方法，或同一个开拓方法中不同开拓方案往往都有好几个。这些开拓方案从技术上都可能实现，经济上也无显著差别，但要从中选择出最优方案，却不是轻而易举的事情。因为开拓方案涉及的内容非常广泛，甚至影响到井田的划分。因此，为了能选择最优的开拓方案，在设计中通常采用综合分析比较法。

用综合分析比较法选择矿床开拓方案，一般按以下三个步骤进行。

6.2.1　开拓方案初选

初选方案，必须全面了解设计基础资料，对有关问题进行深入的调查研究。并在此基础上，综合考虑与开拓系统紧密相关的各方面因素，如矿井设计生产能力、矿井地面总布置、矿井提升、运输、通风、排水系统以及拟选的采矿方法等，并根据国家的技术经济政策，提出若干个在技术上可行、经济上合理、安全上有保证的开拓方案。根据这些方案拟订出开拓运输系统，通风系统、确定开拓巷道的类型、位置和断面尺寸，绘出开拓方案草图。

草图一般包括：开拓系统的纵投影图、开拓系统横剖面图、阶段开拓巷道平面图、矿井地面总平面图以及留保安矿柱的保安矿柱设计图。

在这一步骤中，既不要遗漏在技术上可行的方案，又不要将有重大缺陷的方案列入。但一般提交作下一步初步分析比较的方案，都有 3～5 个。

6.2.2　开拓方案的初步分析比较

参与初步分析比较的方案，应先从技术、经济、安全、建设时间等方面进行可行性评价比较或进行扩大指标估算（所谓扩大指标，是各主管部门，根据类似矿山的实际指标加以整理，提供工程概算使用的指标），以删去有明显短缺、难于实现的方案。其比较的项目内容包括：

　　（1）矿井可能达到的生产能力及留有余地的状况；

　　（2）开拓系统在它的服务期限内的安全可靠性；

　　（3）基建工程量大小和基建时间长短；

　　（4）基建投资和生产经营费；

　　（5）资源利用情况；

　　（6）农田占用情况；

　　（7）矿床开拓方案有关的地面总布置、地下各大系统布置的经济合理性；

　　（8）井巷的施工条件及设备、材料等的供应条件。

　　经初步分析比较后，如在技术经济上还确实存在难于区分优劣的方案，则再选择出2～3个作最后的综合分析比较的方案。

6.2.3　开拓方案的综合分析比较

　　在综合分析比较中，要进一步计算和对比以下各项经济技术指标：

　　（1）基建工程量、基建投资总额和投资回收期；

　　（2）年生产经营费用和产品成本；

　　（3）基本建设期限、投产与达产时间；

　　（4）采出的矿石量、矿产资源利用度、留保安矿柱的经济损失；

　　（5）设备与材料（钢材、木材、水泥）需用量；

　　（6）占用农田和土地的面积；

　　（7）其他值得参与综合分析比较的项目。

　　各个开拓方案之间的费用相同或费用相差很少的项目，一般不参与比较。

　　如果参与比较的各方案，所采用的矿石质量和数量、副产矿石的回收量等不一致时，则应按矿床开采的赢利指标进行评价。矿床开采赢利指标的计算方法，在采矿方法选择中再作阐述。

　　下面以综合分析比较法为例，介绍基建投资总额和年生产经营费用这两项指标的计算方法。

　　6.2.3.1　基建投资总额（包括以下各项费用）

　　（1）井巷工程费。是指主井、副井、通风井、溜矿井、充填井、平硐、石门、井底车场及各类硐室等掘进和支护费用（注意：主井和副井还应包括安装费）；

　　（2）地面建筑物和构筑物的费用。包括井架、矿仓、工业用房、内部运输线路等的建筑和安装费用（费用数据可查阅有关规定资料或由专业部门提供）；

　　（3）设备费。包括购置费、运杂费（占设备总值5%）及安装费（总值5%）；

　　（4）其他费用。是指辅助工程投资费用，如供电供水费，民房拆迁费、土地购置费、青苗赔偿费（单价按当地资料选取）等。

　　这些费用的相关数据或规定，可查阅《采矿设计手册》或按类似矿山的数据选取

（类似矿山的数据，在后面的实例中标明了一部分）。

6.2.3.2　年生产经营费用

年生产经营费用，是指矿山企业每一年产出矿石所需要的全部生产资金，即为单位产品成本与矿石年产量的乘积。单位矿石成本的数据来源有如下两种：

（1）采用类似矿山正常生产中的平均单位产品成本指标进行计算。

（2）按各工艺过程中的实际消耗成本进行成本计算，其具体的内容有：

1）材料消耗费。是按正常生产工艺过程所提出的材料消耗指标乘以单价得出。材料的运输杂费，按其单价的 10% ~15% 加入计算。

2）动力费。按生产工艺过程所提供的动力消耗指标计算。

3）工资费用。根据国家规定的工资标准，按工艺流程中单位矿石所需要的工作日消耗指标，乘以平均日额。其中附加工资一般为基本工资的 19% ~21%。

4）附加工资。指劳动保险金、医疗卫生费等，按人员工资的 11% 计算。

5）每吨矿石分摊的折旧费。用包括基本折旧与大修折旧的综合折旧率进行计算。一般地下矿山固定资产的平均基本折旧率为 3% ~4%，大修折旧率为 1% ~1.5%；即综合折旧率为 4% ~4.5%。

$$折旧费 = \frac{投资额 \times 年折旧率}{矿石年产量} \quad 元/t \qquad (6-1)$$

6）每吨矿石分摊的修理费。一般按修理率计算，井下设备修理率约为 12%。

$$修理费 = \frac{固定资产投资额 \times 修理费率}{矿石年产量} \quad 元/t \qquad (6-2)$$

7）车间管理费。在方案比较时，一般车间管理费会因为相差不大而不参与比较；若需比较，可按前六项费用之和的 15% ~20% 进行计算，也可根据类似矿山资料选取。

根据需要确定出参与比较的各项费用以后，即可进行综合比较分析。比较中应抓住所设计企业中显得突出的问题和差别比较大的指标。在一般情况下，如参与比较的方案中，仅是基建投资或年经营费用不同，则应以该项指标为主，综合其他指标和因素进行分析。如果出现基建投资与年经营费用各有优劣，即甲方案的基建投资 K_1 大于乙方案的基建投资 K_2，而甲方案的年经营费 C_1 小于乙方案的年经营费 C_2，在这种情况下，则需再计算投资差额的返本期限 T。

投资差额的返本期限，是指用年生产经营费的节省额抵偿投资超额所折算的年限，即

$$T = \frac{K_1 - K_2}{C_1 - C_2} \quad 年 \qquad (6-3)$$

式中　K_1，K_2——分别为两个方案的基本建设投资总额，元；

　　　C_1，C_2——分别为两个方案的年生产经营费用，元。

计算出的返本期限 T 应与本主管部门推荐的额定返本期限 T_0 作比较。如果 $T < T_0$ 时，说明返本期限可以继续延长，则应选用投资比较大的方案。若两个方案经济比较的差额不大于 10%，则认为该两方案在经济上是等值的。在这种情况下，应优先选择

工作安全、生产工艺过程简单、基建时间短、设备来源容易以及第一期工程量较少的方案。

以上所评述开拓方案的确定方法，属于静态评价法。每一个比较方案仅根据单一的前期基建投资、年经营费和同一矿井服务年限加以表述。

随着我国经济体制的改革，基本建设由国家拨款改为建设银行贷款，建成投产后，每年按合同还本付息。根据这种情况，如继续按静态投资进行经济评价，就反映不出资金的时间价值。因此，有必要改用动态评价法进行技术经济评价。

但必须指出：静态评价法计算简便，概念直观，对规划方案的设计或投资使用期限很短的方法的比较，仍是技术经济分析中重要方法之一。

动态评价法，考虑了资金的时间价值，即按不同时间投入的资金，通过利率折算后进行比较；它反映出资金在运动条件下的社会资金和时间动态的关系，能比较确切地体现客观发展的经济情况，故在国外矿山得到了广泛应用。近年来，我国矿山也在积极使用。动态评价法的缺点是计算繁琐，并且利用复利计算资金时间价值也存在一定的问题。如现金流量贴现法、净现值法等。这都要涉及专门的技术经济学理论、表格和数据，故在本文介绍中从略。

对开拓方案作技术经济综合分析比较，是一项极为重要而细致的工作。它能正确处理好整体与局部、长远与近期、基建与生产、技术与经济等方面的辩证关系。选择时切忌主观片面，务必使最终选出的方案能从多方面体现出最佳效果。

6.3 开拓方案的选择实例

6.3.1 开拓设计原始基础资料

某中低温热液裂隙充填交代矿床，共有矿体 11 个。其中有工业价值的矿体 9 个，分布在全长 2000m 的走向线上。在垂直走向方向上矿体呈平行叠层状排列，矿体间距一般为 10~20m，个别为 1~10m。矿体除 A_9 及 A_{10} 隐伏外，其余的不同程度出露地表。地表风化层深度为 22~192m，一般为 37~158m。

主矿体 A_1 属第 Ⅲ 勘探类型，呈不规则似层状、脉状、透镜状；矿体有膨胀收缩、分支复合、尖灭再现等特征；与岩层产状基本一致，走向南东、倾向南西。倾角与厚度变化不一，西段倾角 50°~80°，东段倾角 25°~40°，中段倾角 40°~45°，平均倾角为 40°~45°。矿体上陡下缓；倾向延深为 370~630m；平均厚度 3~5m，最大 23m。

矿石中等稳固，坚固性系数 $f=6~13$。顶板围岩总体上属于稳固，$f=10~15$；局部地段受岩层和层间挤压破碎带的双重控制，擦痕已经形成 2m 左右宽的片理带，稳固性较差；底板围岩 $f=8~14$，中稳至稳固。围岩含矿化，密度 2.67t/m^3，松散系数 1.71。矿石密度 2.77t/m^3。

矿石品位变化不匀，一般含量较高。有用矿物以辉银矿、方铅矿、闪锌矿为主；脉石矿物为石英绢云母；矿体主要赋存于炭质绢云母石英片岩中。

整个矿区水文地质条件为简单类型。巷道涌水，主要是岩层裂隙水。矿区上部有古人开采老洞，可能有积水及有害气体存在。

地面属丘陵地形，中部略高，两侧偏低、最大起伏为 80~90m。可供选择的选矿厂址在矿体下盘，该处与国家准轨铁路线连接较近。

该矿床决定采用地下开采，靠近地面的"氧化矿"部分要求作暂时保护。采矿方法推荐使用房柱采矿法（中段），阶段高度 35m，年生产能力定为 20 万吨。

6.3.2　开拓方案的初步选择

6.3.2.1　开拓方案初选

根据矿床赋存条件、地表特征、选厂可选择的位置等因素，初选四种方案：

方案 I ——在矿区中部的矿体下盘开掘一对斜井（见图 6-1）。主斜井布置在 0 线，并且靠近选厂，副斜井布置在 W2 线，两个井相距 100m。

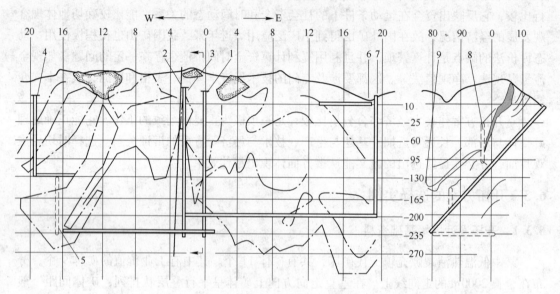

图 6-1　0 线一对斜井开拓方案

1—箕斗斜井；2—F4 断层；3—串车斜井；4—西风井；5—西盲井；
6—平硐；7—东风井；8—溜井；9—陷落界线

主斜井的井口标高 +45m，倾角 35°，掘进断面 11.69m²；井筒斜长 575m。单箕斗提升，箕斗为底卸式，容积 4m³，有效载重 5.5t，最大提升速度 5.5m/s。

副斜井的井口标高 +55m，倾角 25°，掘进断面 9.99m²；井筒斜长 693m。采用单钩串车提升，最大提升速度 5m/s。

方案 II ——在矿区偏东部矿体下盘开掘一对竖井（见图 6-2）。主竖井布置在 E5 线，靠近选厂（是不同 0 线选厂位置方案），副竖井布置在 E3 线，两井相距 100m。

主竖井的井口标高 +45m，井筒直径 3.5m，掘进断面 12.57m²；井深 325m。单箕斗提升，箕斗为翻转式，容积 2.5m³，有效载重量 3.5t，最大提升速度 5.5m/s。

副竖井的井口标高 +55m，井筒直径 4.5m，掘进断面 19.63m²；井深 335m。井筒采用 4a 号单层罐笼带平衡锤提升，最大提升速度 5m/s。

方案 III ——在矿区中部 W2—E7 线间矿体下盘开掘汽车运输斜坡道（见图 6-3）。斜坡道口布置在 E7 线，配合在 E3 线开掘进风竖井，兼做安全出口。

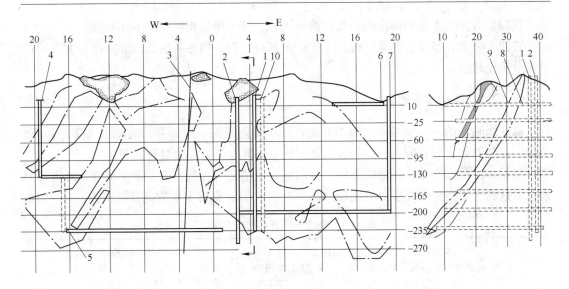

图6-2 E5线一对竖井开拓方案

1—主竖井；2—副竖井；3—F4断层；4—西风井；5—西盲井；6—平硐；

7—东风井；8—石门；9—平巷；10—卸矿系统回风井

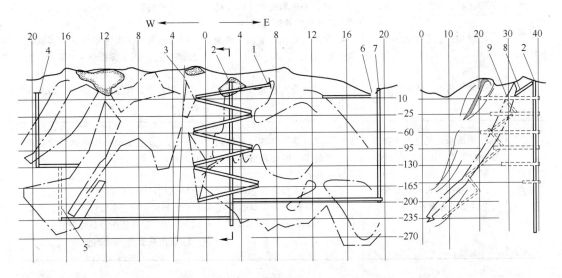

图6-3 斜坡道与进风竖井联合开拓方案

1—斜坡道；2—进风竖井；3—F4断层；4—西风井；5—西盲井；

6~+10m平硐口；7—东风井；8—石门；9—平巷

斜坡道口标高+55m，掘进断面18.44m²；斜坡道倾角10°，斜长3066m。每阶段折返一次，共折返6次。用进口25t载重汽车运矿，人员材料运输另安排。

进风竖井口标高+45m，井筒直径3.5m，掘进断面12.57m²；井深280m。井筒安装单层罐笼带平衡锤提升。

除了上述三种开拓方案之外，还可以采用改变布井位置，将主竖井从E5线改到0线，矿石提升到地面后直接卸入0线附近选厂矿仓。副竖井改到W2线，整个方案设施与在E5线时相同。这一方案，作为第Ⅳ方案。

　　这四个方案，都在矿体东西两翼开掘通风井，其工作量相同，可不作比较。

　　这四个方案在技术上都是可行的，年产量都可达到，但各有所长，故需作各方案的进一步分析比较。

6.3.2.2　开拓方案的初步分析比较

　　以 0 线附近的一对竖井作为第 I 方案，以 0 线附近的一对斜井作为第 II 方案，以 E5 线的一对竖井作为第 III 方案，以斜坡道和进风竖井联合开拓作为第 IV 方案。

　　根据布井的安全性、运输功条件、生产能力、基建工程量、施工条件和设备筹措等因素，对这四个方案进行初步分析比较，结果见表 6-1。方案 I 和方案 III 属一类。

表 6-1　各个开拓方案的技术比较

方案	II 主斜井箕斗、副斜井串车提升	I、III 主竖井箕斗、副竖井罐笼提升	IV 汽车运输斜坡道、竖井进风
优点	1. 技术上可行； 2. 提升能力可以达 800t/d 以上； 3. 出矿块度大于 500mm； 4. 基建井巷工程量最小； 5. 施工简单，进度快	1. 技术上可行； 2. 提升能力达 800t/d 以上； 3. 地面采选场地和井底车场布置，比斜井开拓有利； 4. 副井机械化程度高，劳动强度低； 5. 竖井提升人员的安全性比斜井好	1. 技术上可行； 2. 提升能力达 800t/d 以上； 3. 出矿块度大于 500mm； 4. 基建开拓深度在第一期工程就可能比竖井、斜井方案提前一个阶段，因此基建进度快，投产时间比较早一点； 5. 斜坡道延伸条件比竖井、斜井方案好
缺点	1. 地面采选场地和井底车场的布置条件比竖井差一些； 2. 斜井提升人员的安全性比竖井提升方案差	1. 基建井巷工程和投资比斜井方案的多，但比斜坡道和进风竖井方案的少； 2. 井巷施工技术管理和要求高，如没有专业施工队，进度和质量难以保证	1. 基建井巷工程和投资比竖井和斜井方案大得多； 2. 适用铲运机出矿的矿石量比例小，因此，阶段运输上无轨设备与有轨设备混合使用，阶段运输转载管理复杂； 3. 坑内载重汽车需要进口

　　从表 6-1 可以看出，四个方案各有优缺点，而且都满足 $20 \times 10^4 t/a$ 产量水平。因此，为了确定最佳方案，需进一步作综合分析比较。

6.3.3　综合分析比较

　　综合分析比较，是按每一方案到达产时的基建工程量、基建投资及按设计生产能力进行生产时的年经营费用来比较其经济性的。基建工程量要计算开拓工程、采矿准备及切割工程、基建探矿工程，但不包括相同部分；基建投资除井巷工程之外，还要计算其他地面基建投资（总图运输）、设备及安装工程；生产年经营费用，则按逐年生产所用的材料、动力、工资、折旧、修理及管理费用，从不同部分来分别计费。表 6-2 为各种开拓方案的投资计算表。表 6-3 为计算结果及差额比较综合表。

表6-2　各种开拓方案的投资计算表

序号	项目名称	第Ⅰ方案			第Ⅱ方案			第Ⅲ方案			第Ⅳ方案		
		工程量		投资额/元	工程量		投资额/元	工程量		投资额/元	工程量		投资额/元
		m	m³		m	m³		m	m³		m	m³	
一	基建工程量及投资												
1	井巷工程												
(1)	主井掘砌												
①	井筒掘砌	328	4243	706840	575	6169	901600	325	4205	700375			
②	井底车场单线喷混凝土	328	2007	265680	320	1958	259200	280	1714	225800			
	单线混凝土	80	579	96320	80	579	96320	72	521	86688			
	双线喷混凝土	296	3170	346912	360	3856	421900	296	3170	346912			
	双线混凝土	72	886	111168	88	1082	135872	72	886	111168			
③	主石门单线无支护	880	5078	516560	374	2158	219538	830	4789	487210			
	单线喷混凝土	288	1763	23328	124	759	100440	276	1689	223560			
	单线混凝土	288	2085	34752	124	898	149296	276	1998	332304			
④	主副井联络道	150	866	88050				98	565	57526			
⑤	主井装卸系统		4920	787200		4489	718240		4920	787200			
	小　计		25597	2976810		21948	3002406		24457	3358743			
(2)	副井掘砌												
①	井筒掘砌	320	6623	909440	693	7149	773388	320	6643	909440			
②	马头门双线混凝土	40	644	68000					644	68000			
③	井底车场单线喷混凝土	104	636	84240	80	490	64800	160	979	129600			
	单线混凝土	24	174	28896	16	116	19264	40	290	48160			
	双线喷混凝土	376	4027	440672	440	4712	515680	520	5569	609440			
	双线混凝土	96	1181	148224	112	1378	172928	128	1574	197632			
④	主石门单线无支护	400	2308	264800	244	1408	143228	52	300	30524			
	单线喷混凝土	136	832	110160	81	496	65610						
	单线混凝土	136	985	163744	81	586	97524						
⑤	210m平硐单线喷混凝土	88	539	71280	147	900	119070	88	539	71280			
	单线混凝土	38	275	45752	63	456	75852	38	275	45752			
⑥	甩车道单线喷混凝土				112	685	90720						
	单线混凝土				32	232	38528						
	小　计		18224	2335208		18608	2176592		16813	2109828			
(3)	斜坡道与进风井巷												
①	斜坡道掘砌井口										20	403	5800

续表 6-2

序号	项目名称	第Ⅰ方案 工程量 m	m³	投资额 /元	第Ⅱ方案 工程量 m	m³	投资额 /元	第Ⅲ方案 工程量 m	m³	投资额 /元	第Ⅳ方案 工程量 m	m³	投资额 /元
②	井筒										3046	56168	7273848
③	主石门										52	300	30524
④	井底车场										888	5435	719280
	进风井掘砌										320	3264	696000
	小　计											65570	8778252
	合　计	43821		5312018	40556		5178998	41270		5469571	65570		8778252
2	矿机设备与材料												
(1)	矿机设备			1073000			672146			1073000			
(2)	井架			200000			120000			200000			
(3)	竖井装备或斜井铺轨			192000			383000			192000			96000
(4)	车场及主石门铺轨			470000			292107			422800			
(5)	车场及主石门架线			115500			40150			107050			
(6)	地面设施						150000						
(7)	西德 MKA-25 型汽车										(3 辆)		780000
(8)	设备材料车										(1 辆)		300000
(9)	运人车										(1 辆)		300000
	合　计			2050500			1657403			1994850			1476000
二	总图运输及其他			634230			633899			228479			327448
	合　计			634230			633899			228479			327448
	总　计			7996748			7470300			7691900			10528900
三	生产经营费用			74400			721000			730400			611600

表 6-3　各种开拓方案的经济比较综合表

序号	项目名称	计算单位	方案 Ⅰ	方案 Ⅱ	方案 Ⅲ	方案 Ⅳ	Ⅰ-Ⅱ	Ⅰ-Ⅲ	Ⅰ-Ⅳ	Ⅱ-Ⅲ	Ⅱ-Ⅳ	Ⅲ-Ⅳ
1	井巷基建量	m³	43821	40556	41250	65570	+3265	+2571	-21749	-694	-25014	-24320
2	基建投资	万元	848.87	752.93	769.29	1058.17	+95.94	+79.58	-209.30	-16.36	-305.24	-298.88
	井巷掘砌	万元	580.397	517.900	546.957	147.600						
	设备、材料	万元	205.050	165.740	199.485	32.745						
	总图运输	万元	64.423	69.390	22.848	32.745						
3	生产经营费用	万元/a	74.40	72.10	73.04	61.16	+2.30	+1.36	+13.24	+13.24	+10.94	+11.88
4	多余投资偿还（静态）年限	a							15.81		27.91	

从表6－3可以看出，这四个方案中，井巷基建工程量，以斜坡道和竖井进风联合方案为最大，其次是0线竖井方案，再次是E5线竖井方案，最少是0线斜井方案。基建投资也基本如此。从生产经营费用上看，斜坡道和进风竖井联合方案为最小，其次是0线斜井方案，再次是E5线竖井方案，最大是0线竖井方案。这两项指标差额的比值说明0线斜井方案在经济上是最合理的，它所用的总费用最少。但是回顾前面的设定，0线斜井方案是在0线附近的选矿厂卸矿，E5线竖井方案是在E5线附近的选厂卸矿，这两个选厂厂址以E5线位置较为开阔、朝向好，便于外部运输。根据勘探裁定，选厂取E5线位置，故进一步比较落到0线斜井与E5线竖井两方案上。对比这两个方案，E5线竖井虽然基建投资多16.36万元，年生产经营费用每年多0.94万元，但差额不是很大。考虑安全性是竖井好，同时结合建设单位的习惯和要求，设计推荐采用E5线选矿厂址和E5线一对竖井作为最终选择方案。

复习思考题

6－1　选择地下矿床开拓方案应满足哪些基本要求？

6－2　哪些因素会对地下矿床开拓方案的选择产生影响？

6－3　选择地下开拓方案用什么方法，各步骤要点是什么？

6－4　什么叫基建投资总额、年生产经营费用、投资差额返本期限？

6－5　金属矿床地下开拓方案的选择与设计究竟可以实现多大的经济效益？

6－6　你在学了开拓方案选择实例后，对将来从事这些方面的实际工作有何想法？

第3篇

矿块的采准、切割、回采工艺

在建立了地表与矿床或矿体之间的开拓系统网路之后，接下来应该是在不同的阶段（盘区）内进行矿块（或采区）的采准、切割、回采施工。但这些工作内容是按什么要求来展开的？其采掘计划有哪些内容，它对于采矿生产管理能够发挥什么作用？这是需要进一步了解的，所以本篇介绍矿块的采准、切割工程，回采作业及其循环图表、采掘进度计划表的编制等内容。

7 矿块的采准、切割工程

【本章要点】运输中段"采准"布置，天井与斜坡道布置，切割量与采切比计算

在地下开采的各阶段中，为做采矿准备和切割矿块而开展的井巷工程，称为"采准与切割"工程，简称采切工程。采切巷道用何种布置方式和其尺寸决定，就是采切方法的内容。

"采准"的目的是在开拓基础上，根据不同采矿方法要求，在矿块或采区以内形成矿石运输、人员进出、设备材料运送以及通风、排水的通道等。

切割的目的，是在做出采矿准备基础上，为在矿块中规模化回采而开掘切割、拉底空间。

"采准"巷道包括：阶段运输平巷与横巷（又称为沿脉与穿脉巷道）、通风平巷、通风天井、行人天井、设备材料天井、天井联络道及分段斜坡道等。阶段运输平巷，一般属于开拓巷道，但因其布置和整个采切工程的关系密切，所以也放在采切方法中来叙述。

7.1 阶段运输水平的"采准"布置

7.1.1 影响阶段运输水平"采准"巷道布置的因素

根据各个矿山的具体条件和对"采准"巷道的不同要求，阶段运输水平以内的"采准"巷道布置，可以有很多布置形式。而影响这些布置形式的因素有：

（1）矿体及上下盘围岩的稳固性；

（2）矿体的厚度与倾角；

（3）矿床矿体的分枝、多脉等产出情况；

（4）阶段内的回采顺序、采场布置、生产能力和开采强度；

（5）阶段内的运输方法、运输条件及所需具备的运输能力；

（6）矿床的涌水、自燃性、放射性等情况；

（7）地压大小及巷道服务年限；

（8）生产探矿的手段和网度等。

7.1.2　阶段运输水平的巷道布置

7.1.2.1　阶段水平的"采准"布置方式

凡是由单一类型巷道所组成：即，只用一条或数条沿脉平巷，而不用穿脉横巷布置的，就称为简单"采准"。简单"采准"，有单线单巷、单线两巷和双线复线沿脉平巷等形式。凡是用沿脉平巷和穿脉横巷来共同进行"采准"的，称为联合"采准"。"联合采准"，适合厚大及多脉矿体；阶段运输量很大时，可采用上下盘平巷和横巷的环行采准。

7.1.2.2　阶段运输平巷的位置选择

开采薄和极薄矿体时，一般只掘进一条阶段运输平巷。其布置形式，有边角、中央与上盘或下盘三种情况，如图 7-1 所示。

为了使沿脉平巷稳固，尤其是服务时间较长的沿脉平巷，应该将其尽量布在靠向稳固岩体的一帮。布置沿脉平巷的具体位置，还应该便于闸门装车，即将闸门装在巷道的上角，如图 7-1（c）所示。

当矿体的赋存条件复杂多变，而且构造较复杂时，最好将矿体置于沿脉平巷中央的位置，如图 7-1（b）所示，以便跟踪矿体。在水平或缓倾斜极薄矿脉中，为便利装车起见，不宜将矿脉置于平巷下部，如图 7-1（a）所示。

开采中厚及以上厚度矿体时，沿脉布置阶段运输平巷，有下盘脉内、矿体中央、上盘脉内三种布置形式，如图 7-2 所示。

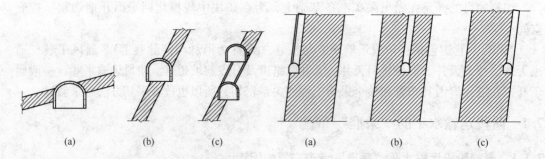

图 7-1　极薄矿体中的运输平巷布置　　　　图 7-2　开采中厚（以上）矿体时的脉内布置

（a）下部平巷布置；（b）中央平巷布置；（c）边帮巷道布置　　（a）上盘脉内；（b）中央布置；（c）下盘脉内

当矿体埋藏稳定而且矿石稳固时，可以布置在矿体中央，如图 7-2（b）所示；如果必须观察下盘的矿化情况，并且减少平巷上部的矿柱，则适宜将平巷布置在矿体下盘的接触面上，如图 7-2（c）所示；而下盘围岩脆弱、上盘围岩稳固，或采矿方法有特殊要求时，才将平巷布置在上盘的接触面上，如图7－2（a）所示。

当矿石不够稳定或有其他原因，阶段运输巷道只适宜布置在脉外时，也分成上盘脉外和下盘脉外两种形式。脉内与脉外布置相比较，各有自己的优缺点。

脉内布置的优点是：巷道可起探矿作用；掘进可得到副产矿石；矿床疏干效果好。

脉内布置的缺点是：当矿体不厚且变化又较大时，巷道难于保持平直，不利于铺轨和电机车运输；不能避开采矿地压的影响；若矿石不稳固，则巷道维护工作量大。

脉外布置的优点是：可以使矿柱的矿石量最小，且能及时回采；避开采矿移动地压的影响，巷道维护费用低；易于保持巷道平直，有利运输；通风条件好；当开采有自燃性矿石时，易于封闭火区；用前进式或后退式开采井田，均有良好的作业条件；可以加大阶段高度。

脉外布置的缺点是：掘进费用大；矿床疏干效果较差。

7.1.2.3 阶段运输巷道的布置形式

根据阶段的运输类型与回车方式，阶段运输巷道有不同布置形式。

A 沿脉单线有错车道布置

这种布置形式主要适用于小型矿山。在矿脉规整，采用充填法或因矿体薄不回收阶段矿柱的情况下，可用脉内布置，如图7－3（a）所示；当矿体变化大、矿柱需要回收时，采用脉外布置，如图7－3（b）所示，或根据矿体变化情况，采用脉内外联合布置，如图7－3（c）所示。

B 穿脉加沿脉"尽头式"布置

这种形式适用于大中型矿山，对双机车牵引运输更有利。当矿体不规则时，采用穿脉横巷有利于探矿，而且横巷地压小，多头掘进效率高，如图7－4（a）所示。

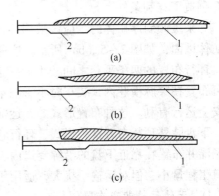

图7－3 脉内或脉外错车平巷布置
(a)脉内布置；(b)脉外布置；(c)脉内外联合布置
1—沿脉巷道；2—错车道

当矿体较规整时，采用沿脉"尽头式"比穿脉外横巷"尽头式"工程量小，如图7－4（b）所示。但是在矿体不够稳固时，这种布置的巷道是难以维护的。

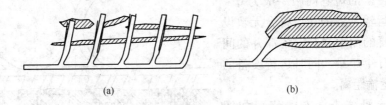

(a)   (b)

图7－4 沿脉加穿脉横巷"尽头式"布置
(a) 穿脉横巷"尽头式"；(b) 沿脉及脉外"尽头式"

C 脉内脉外环行布置

这种布置形式，适合厚大矿体或多条平行矿脉与生产能力较大情况。一般采用单线环行布置，当生产能力大（年产 800 ~ 1000 万吨）时，用双线环行布置，如图 7 - 5（a）所示。若矿体不稳固、长时间维护下盘大断面双线巷道有困难，可改用下盘脉外掘进两条单线平巷。

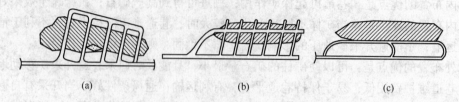

　　　　（a）　　　　　　　　　　　　（b）　　　　　　　　　　　（c）

图 7 - 5　脉内外环行运输布置
(a) 脉外环行布置；(b) 脉内外环形布置；(c) 下盘脉外环行布置

　　当地压很大，矿岩又不稳固时，为避开采矿移动地压的影响，还可将生产阶段的运输水平下移 60 ~ 120m，让采出的矿石经过溜井系统放到下部水平运输。这样既可缩短本阶段的巷道长度，减少支护和维修费用，又为下部采用大断面巷道、大型电机车运输与矿井提升创造了有利条件。

　　开采缓倾斜厚矿体时，应该采用环行布置，可以将其中一条沿脉平巷布置在靠近上盘的矿体以内，如图 7 - 5（b）所示。这种布置形式在我国大中型矿山应用很广。

　　环行布置的两条平巷之间按生产探矿或矿块"采准"的要求布置横巷，矿块的装车点可布置在穿脉横巷内，装车时不影响本阶段其他列车运行，机车头始终处在列车头部，对安全运行有利。这种布置形式的年运输能力可达 150 ~ 300 万吨以上。

　　下盘脉外环行布置这种形式，环行巷道全部位于下盘的脉外，如图 7 - 5（c）所示。采场溜井布置在靠近下盘的沿脉巷道内，环行道联络间距可增到 200m 以上。它的优点是巷道工程量小，但对运输干扰大，适用于中厚矿体。

　　D　无轨运输巷道布置

　　采用无轨装运设备装运时，运输巷道作平底装车布置，即装矿短巷的底板和运输水平底板标高一致。无轨设备在短巷道将矿石装起后，运到溜矿井倾卸。根据矿体厚度条件的不同，装矿短巷可作垂直矿体走向布置或沿着走向布置。

　　图 7 - 6 为不同厚度矿体，装矿短巷作垂直矿体走向布置的阶段运输平面图。

　　沿平巷装矿的短巷间距一般为 6 ~ 8m；短巷与运输巷道的接口符合无轨设备运行所需要的曲率半径。各溜井的间距取决于矿石年产量、同时运行设备的台数及合理运输距离。

　　装矿短巷沿着走向布置情况如图 7 - 7 所示。装矿短巷交错的布置在横巷两侧，间距 15m。巷道断面规格依据所采用的设备而定。当采用 3m³ 铲运机时，运输巷道的断面为 4m × 3m。

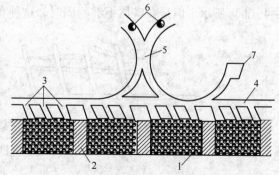

图 7 - 6　装矿短巷垂直走向布置运输平面图
1—矿房；2—间柱；3—装矿短巷；4—运输平巷；5—穿脉横巷；6—分枝溜井；7—无轨运输设备机修硐室

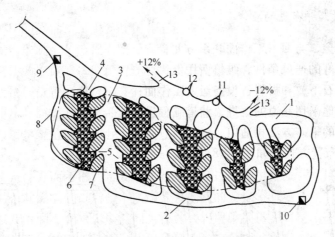

图 7 - 7　装矿短巷沿着走向布置运输平面图

1—下盘运输平巷；2—上盘运输平巷；3—穿脉横巷；4—拉底巷道；5—装矿短巷；6—矿房；7—间柱；
8—矿体边界；9—进风天井；10—回风天井；11—矿石溜井；12—废石溜井；13—斜坡道

必须指出的是：上述列举的只是一些基本布置形式。而在实际工作中，由于矿体产状分布、阶段运输能力等不同，尚可派生出多种布置方案。故在选择或使用不同阶段运输巷道的布置形式时，应该进行多方案的技术经济比较。

在一般情况下，既要分析影响阶段水平"采准"巷道布置的因素，又要考虑开拓工程对布置形式提出的要求；使最终选择与确定的布置方案既适应矿山生产能力、符合生产安全要求，又达到巷道工程量小、经济效果好的目的。

7.2　天井与斜坡道的布置

回采工作面水平与下部运输水平和上部回风水平的联系，主要是依靠天井或者斜坡道。这些巷道如果是为整个或几个阶段服务的，属开拓巷道；如果只为一个或几个矿块服务，则属"采准"巷道。

在不用无轨设备的矿山，回采工作面与上下阶段水平之间的联系，主要是依靠天井；而在使用无轨设备的矿山，回采工作面与上下阶段水平之间联系，主要依靠斜坡道，这时就称"斜坡道采准"。

7.2.1　天井布置

7.2.1.1　天井的种类

天井的用途很多，如划分开采单元，形成运输平巷与回采工作面间的通路，运送充填料、设备、材料，为开切割槽创造自由面以及从天井掘进分段巷道、分层巷道和凿岩硐室等。根据其用途的不同，天井断面的尺寸也不一样。供行人和通风用的天井断面尺寸，一般为 $2m \times 2m$；而作为上下设备的天井尺寸，可以达到 $3m \times 3m \sim 3.2m \times 4m$。

天井，可以是倾斜的也可以是垂直的。垂直天井的溜放条件好，支护磨损小，可用高效率和高速度的吊罐法和钻进法掘进，但一般在厚大或垂直的矿体开采中才使用。而斜天井一般用在倾斜或中厚矿体的开采中。

7.2.1.2　对天井布置的要求

（1）保证安全，与回采工作面联系方便；

（2）具有良好的通风条件，维修费用低；

（3）便于矿石下放和材料、设备运入工作面；

（4）利于其他采切巷道的掘进，巷道工程量小；

（5）与所用的采矿方法相适应。

常见的天井布置方式，如图7-8所示。

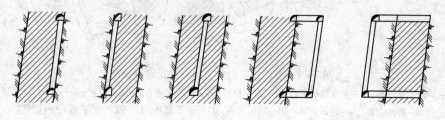

图7-8　天井布置示意图

布置天井，必须与阶段运输巷道相配合。一般多布置在下盘，但在下盘岩石不稳固时，也可布置在上盘岩石中。

天井的上下接口，一般都不能与运输巷道的顶底板直接衔接，而应从侧面接入，以保证人员上下安全。天井上口应有盖板或格网，并加强照明。

脉内天井与回采空间的联系方式，有如下几种（见图7-9）。

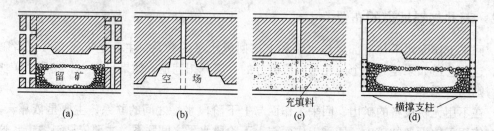

图7-9　天井与回采空间联系方式示意图

图7-9（a）表示矿柱内的天井，通过联络道与矿房连通；图7-9（b）表示开在矿块中央的先进天井，随着回采工作面向上推进，天井逐段消失；工作面与下部阶段运输水平之间，需另外架设板台和梯子以保持联系；图7-9（c）、图7-9（d）表示开在矿块中央或两侧的天井，随着工作面向上推进逐段消失，而在原来位置用混凝土、木垛盘或横撑支柱重新架设一条人工天井，也称顺路天井（系逐段形成的新天井），借以保持工作面与下部阶段运输水平之间的连通。

7.2.2　斜坡道"采准"布置

使用无轨采运设备的矿山，建立阶段运输水平与分段或分层面之间的联络，一般有两种方式：一种是采用大断面设备天井；另一种是用斜坡道。斜坡道布置的掘进工程量虽然较大，但与大断面设备天井相比，从设备运行调度、人员进出采场、材料运送等方面来讲，斜坡道比较方便，并且可以大大改善劳动条件。目前，国外采用无轨设备的矿山，广泛应用斜坡道"采准"；而国内采用无轨设备的新型矿山（如铜陵有色金属公司的安庆铜矿和冬瓜山铜矿），也都用斜坡道"采准"；斜坡道能为一个或几个中段的矿块回采服务，优点突出。

7.2.2.1 斜坡道"采准"的布置形式

斜坡道的"采准"布置形式有：直进式、折返式、螺旋式。

（1）直进式。当矿块长度较大而且阶段高度又不大时，可采用直进式斜坡道。这种布置的特点是：在各个阶段之间，斜坡道的中心线不折返转弯；在不同高程上有联络道与回采工作面连通。露天采矿场也用此布置。

（2）折返式。图 7-10 为广东凡口铅锌矿折返式斜坡道"采准"示意图。它的特点是：分段与分段之间斜坡道都要折返一次，并最终连通上下阶段水平。

（3）螺旋式。这种布置形式的特点是：阶段与分段之间，用螺旋形斜坡道连通（见第 4 章图 4-13）。

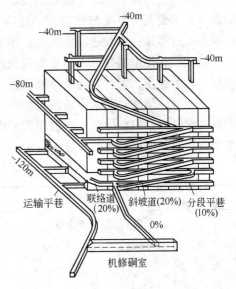

图 7-10 折返式斜坡道"采准"
布置示意图

7.2.2.2 斜坡道的断面与线路规范

行驶无轨运输设备的斜坡道断面与其用途有直接关系。图 7-11 表示既行人，又供装矿运输的无轨运输设备斜坡道断面图。斜坡道断面，由宽度 B 和高度 H 这两项尺寸确定。底宽 B 为运行线路宽度，是行人道宽度 a 和 A 及边沿间隙 c 这三项之和。对运输行人的斜坡道，运载设备最突出部位与行人道一侧拱壁之间的距离应不小于 1000mm（国外为 1200mm），而另一侧为 500mm（国外为 600mm）。

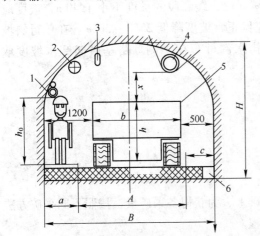

图 7-11 无轨运输设备的斜坡道断面图
1—压气与水管；2—行人道标志；3—照明灯；
4—通风管道；5—设备外形；6—排水沟

当设备行驶速度大于 20km/h 时，靠行人道一侧应设安全护栏或在行人道底板砌上 300mm 高的踏台，以防止设备闯上行人道。对只供装矿、运输而不准行人的斜坡道，运行线路两侧可保持同一间隙。运行线路宽度 A，一般用下列经验公式计算：

$$A = b + 1.5\delta + S \qquad (7-1)$$

式中 b——运行设备宽度，mm；

δ——轮胎宽度，mm；

S——安全余量，$S = 12v$，mm；

v——设备速度行驶，km/h。

转弯处的线路一般应加宽 300 ~ 500mm。有附加功能的加长设备或需搬运很长的物料时，转弯处加宽值应经专门校核。斜坡道转弯半径取值范围一般为 10 ~ 30m，具体依其用途及设备的性能而定。分叉点的交角一般为直角或大于 50° ~ 55°。

斜坡道的高度，应等于墙壁高度加上拱高。壁高根据安全规定不应小于 1800mm；拱的高度除了要安装电缆与管道外，还应考虑有 500mm 以内的装载超高度和 300 ~ 500mm 的设备运行颠簸；行驶速度愈大时，颠簸数值愈大。

路面质量是影响井下无轨设备行驶经济效益的最突出因素，因为它直接关系到运输生产率、轮胎磨损、燃料消耗及维修费用。路基要求平整、坚实、含水少。

斜坡道的坡度对无轨设备的行驶经济效益也有很大影响。坡度大可以缩短巷道长度，缩减基建投资；但会导致生产费用大幅度升高，引起通风条件恶化。生产中斜坡道的坡度常依其用途及所用设备的性能来决定。表 7 – 1 为其参考数据。

表 7 – 1　斜坡道坡度参考数据

斜坡道的类型	正常坡度/(°)	短距离极限坡度/(°)
主要运输巷道	1（17‰）	4（70‰）
汽车向地表运矿斜坡道（重车双道）	6（105‰）	8（141‰）
空车道	8（141‰）	10（176‰）
运送人员、设备、材料辅助斜坡道	8（141‰）	10（176‰）
运送人员、设备、材料辅助斜坡道，双轴驱动设备专用斜坡道	10（176‰）	12（213‰）
仅用于向分段搬运物资和设备调度的辅助斜坡道	12（213‰）	15（268‰）

当斜坡道长度很大时，宜每隔 600m 设置缓和段，缓和段的长度不小于 40m，坡度应小于 1°（17‰）。在多水的运输坡道中，坡度应比正常坡度降低 25% ~ 30%。在单行斜坡道内，沿路基中心设置排水沟；其他情况下排水沟可布在一侧。路基横向卸水坡度取 10‰ ~ 20‰。

7.3　切割量与采切比计算

7.3.1　切割工程的基本概念

7.3.1.1　切割工程的定义

切割工程，是在完成矿块采矿准备工作基础上，为获得备采矿量，按照不同采矿方法规定，而在回采作业之前所必须完成的井巷工程。

7.3.1.2　切割的目的与切割巷道

切割工程的任务是：为大量开采矿石，开辟最初的回采工作面和补偿空间。如切割天井、切割上山、切割平巷、拉底巷道等。这些巷道的布置与采矿方法密切相关。

切割巷道一般包括：

（1）底部结构中的巷道。如电耙道、隔筛道、斗穿、喇叭口等；

（2）拉底巷道。用来将采矿场回采部分与矿块底部结构分开；

（3）分段或分层巷道。目的是将矿块进一步划分为分段或分层；

（4）切割天井和切割横巷。用来开辟最初的落矿空间和爆破自由面。

7.3.2 采切比与采掘比指标

为保持三级储量平衡，使矿山持续稳产，必须明确每年所需掘进采切巷道的总进尺；并以此为基础，求算出采切工作面的数目以及所需人员与设备。采切巷道总进尺，即采切工程量。在我国金属矿山中，用千（万）吨采切比这一指标来表示。它是评价采矿方法的重要指标之一。

千（万）吨采切比，是指每回采 1 千（万）吨矿石，平均需掘进的采切巷道的米数或立方米数，用单位"$m/kt（10^4t）$"或"$m^3/kt（10^4t）$"表示。它和万吨采掘比不同的是：万吨采掘比表示每回采 1 万吨矿石所需掘进的包括开拓、地质探矿、生产探矿、"采准"及切割巷道的总工程量，它是估算矿山主要作业量的一项指标。

采切巷道因断面大小不同，若只按米数统计掘进工程量，往往不能充分反映实际情况。为此，计算采切比时，需要统计出实际掘进立方米数，并按 $2m \times 2m$ 的标准断面折算成为标准掘进米数。

矿山每年回采量，一般由矿房回采矿量、矿柱回采矿量以及采切工程副产矿量三部分组成。将每年采切总进尺中脉内与脉外部分区分开，即可求出每年采切工程的副产矿量及采切废石量。

掌握采切废石量的目的在于计划废石场的工作；所以，安排每年的矿房与矿柱出矿量所占比重时，需要结合当时所具有的掘进能力来考虑。如果一个矿山用几种采矿方法开采，则采切比应针对不同的采矿方法分别计算。

估算一个矿山的采切工程量，可用其年产量（10^4t）直接乘以万吨采切比。但在具体安排每年的采掘计划时，要根据矿山生产的特点留有余地。这个"余地"，通常是乘以系数 k（$k = 1.2 \sim 1.35$）来计算。其理由是：

（1）施工中可能出现部分废巷；施工中难免出现超挖量；

（2）如果矿床构造复杂，断层较多，需要增加补充采切工程量；

（3）由于矿体走向、厚度、倾角的变化引起巷道长度的增加。

对于矿体形态简单、勘探程度高、矿岩稳固性较好的厚矿体，k 取小值。

7.3.3 采切比与采掘比计算

7.3.3.1 采切工程量的计算方法

采切工程量，是根据标准矿块画出的采矿方法图中布置的采切巷道来进行计算的。一般情况可用表 7-2 所列的表格计算方法进行计算。

表 7 - 2　采切工程量计算表

巷道名称	巷道数目	巷道长度/m					巷道断面/m²	工程量/m³		
		矿石中		岩石中		矿岩		矿石	岩石	合计
		单长	总长	单长	总长	合计				
1	2	3	$4 = 2 \times 3$	5	$6 = 2 \times 5$	$7 = 4 + 6$	8	$9 = 8 \times 4$	$10 = 8 \times 6$	$11 = 9 + 10$

注：根据该表可以计算出采切的副产矿量和废石量。

7.3.3.2　矿房与矿柱的回采矿量

$$矿房总采出矿量 = 矿房中采切副产矿量 + 矿房回采出矿量　t \qquad (7-2)$$

$$矿房回采出矿量 = \frac{(矿房与矿柱的工业储量 - 采切副产矿量) \times 矿石回收率}{1 + 矿石贫化率}　t \quad (7-3)$$

$$矿柱总采出矿量 = 矿柱中采切副产矿量 + 矿房回采出矿量　t \qquad (7-4)$$

$$矿柱回采出矿量 = \frac{(矿房工业矿量 - 采切副产矿量) \times 矿石回收率}{1 + 矿石贫化率}　t \qquad (7-5)$$

7.3.3.3　矿房与矿柱回采出矿量比

$$矿房回采出矿量比 = \frac{矿房回采出矿量(t)}{矿房总采出矿量(t)} \times 100\% \qquad (7-6)$$

$$矿柱回采出矿量比 = \frac{矿柱回采出矿量(t)}{矿柱总采出矿量(t)} \times 100\% \qquad (7-7)$$

7.3.3.4　矿房与矿柱的万吨采切比

$$矿房万吨采切比 = k \times \frac{矿房采切工程量(m\ 或\ m^3)}{矿房总采出矿量(10^4 t)}　m\ 或\ m^3/10^4 t \qquad (7-8)$$

$$矿柱万吨采切比 = k \times \frac{矿柱采切工程量(m\ 或\ m^3)}{矿柱总采出矿量(10^4 t)}　m\ 或\ m^3/10^4 t \qquad (7-9)$$

7.3.3.5　采切废石率

$$采切废石率 = \frac{采切废石量(m^3)}{矿房和矿柱总采出矿量(t)}　m^3/t \qquad (7-10)$$

7.3.3.6　矿井年掘进废石量

$$矿井年掘进废石量 = 年产矿石量 \times 采切废石率 + 标准矿块中包括全部基建巷道量$$
$$及采场剔除全年需要外运的废石量　m\ 或\ m^3/a \qquad (7-11)$$

复习思考题

7 – 1　"采准"巷道的作用是什么，一般包括哪些巷道？

7 – 2　影响主要运输水平阶段"采准"巷道布置的因素有哪些？

7 – 3　在开采极薄、薄和中厚矿体时，运输平巷的位置怎样确定？

7 – 4　脉内"采准"巷道布置与脉外"采准"巷道布置的优缺点是什么？

7 – 5　根据运输类型及巷道内的回车方式不同，阶段运输巷有哪些布置形式？

7 – 6　天井的用途是什么，它又有哪些布置方式，一般断面的规格是多少？

7 – 7　"采准"斜坡道与开拓斜坡道，究竟有哪些联系与区别？

7 – 8　斜坡道的断面设计参数和线路规范要求究竟有哪些？

7 – 9　何为切割工程，它的内容有哪些，怎么计算其工程量？

7 – 10　计算采掘比、采掘废石率对于采矿生产究竟有什么作用？

7 – 11　计算万吨采掘（采切）比的分项指标有哪些，怎么计算？

回采作业及其循环图表

【本章要点】 矿块的回采落矿工艺、出矿与采场底部结构、地压管理与循环图表

矿块的回采作业，主要是落矿、矿石搬运、采矿场地压管理三项生产工艺。

落矿又称崩矿，它是将矿石从矿体上分离下来，并破碎成一定块度的过程；矿石搬运，是将崩落的矿石从回采工作面搬运到溜井或其他运输水平，它包括在工作面的装载、转运、二次破碎等；采矿场地压管理，是为了安全、顺利采矿而采取抵抗或利用地压的相应措施。

回采作业，是矿床开采的重要工程。三项主要工艺的费用，一般占回采总费用的75% ~ 90%，而回采费用又占整个矿石开采成本的35% ~ 50%，而且矿石的损失贫化亦与其回采工艺直接相关。因此，必须正确选择回采工艺方法，不断完善这些工艺的组织过程，并且从设备改进和工艺改革上都应该使其有进一步发展与创新。

8.1　矿块的回采落矿工艺

8.1.1　矿块的回采落矿概述

目前金属矿床开采广泛采用的落矿方法是凿岩爆破。其中又分浅孔、中深孔、深孔及药室落矿。至于水力、射流、超声波和激光等落矿新技术，还未被生产应用。本节主要介绍以下内容：

（1）回采落矿的评价指标；

（2）浅孔落矿方式、中深孔落矿方式、深孔落矿方式；

（3）不同落矿方式所用的凿岩机械设备应用情况与其性能参数。

8.1.1.1　回采落矿的生产技术指标

评价落矿效果的主要指标是：凿岩劳动生产率、落矿的准确度、实际落矿的矿石破碎块度以及崩落大块的产出率。偏离设计范围的程度问题，在采矿设计参数和布孔施工管理中给予介绍。

A　凿岩劳动生产率

凿岩劳动生产率，又称"凿岩台效"，用每班所钻凿炮孔的可落矿量（m^3 或 t）表示：

$$P = \lambda L \quad m^3/班(t/班) \tag{8-1}$$

式中　P——凿岩台效，m^3/班或 t/班；

　　　λ——每米炮孔的落矿量，m^3/m 或 t/m；

　　　L——每一个凿岩工班所钻凿炮孔的米数，m/班。

B　落矿的准确度

落矿的准确度与炮孔的装药长度和直径有关。炮孔愈短、直径愈小，落矿偏离设计边

界也就愈小。若浅孔落矿偏离设计边界有几十厘米；则当条件不利时，深孔落矿偏离设计边界就可能达到数米。落矿的准确度，在很大程度上决定着矿石的损失贫化。表 8 - 1 是深孔凿岩中，在一般情况下允许的角度偏差（国内外参考指标）。

表 8 - 1　不同直径深孔的允许角度偏差值

深孔直径 /mm	坚固性系数 f	计算指标			孔深		
		W/m	R_p/m	$R_p - W/m$	10m	20m	30m
36	15	0.90	0.90	0	0	0	0
	8	1.06	1.06	0	0	0	0
42	15	1.02	1.15	0.13	0°45′	0°20′	0°14′
	8	1.20	1.37	0.17	0°58′	0°27′	0°18′
56	15	1.27	1.54	0.27	1°32′	0°46′	0°31′
	8	1.49	1.83	0.34	1°57′	0°58′	0°38′
65	15	1.41	1.79	0.38	2°10′	1°05′	0°45′
	8	1.65	2.12	0.47	2°41′	1°22′	0°55′
80	11	1.65	2.2	0.55	3°09′	1°36′	1°02′
	8	1.91	2.6	0.69	3°57′	2°00′	1°20′
105	15	2.02	2.89	0.87	5°00′	2°28′	1°40′
	8	2.38	3.42	1.04	5°44′	3°00′	2°00′
125	15	2.27	3.45	1.18	6°44′	3°22′	2°15′
	8	2.72	4.07	1.35	7°40′	3°50′	2°33′
150	15	2.48	4.00	1.52	9°26′	4°43′	3°09′
	8	3.09	4.89	1.8	10°09′	5°04′	3°23′

表中，W 为落矿的最小抵抗线；R_p 为破坏半径；$R_p - W$ 为允许深孔直线的偏差。

$$R_p = 55d \sqrt{\frac{P_{相对}e}{\sqrt{f}}} \quad mm \qquad (8-2)$$

式中　d——药包直径，mm；

　$P_{相对}$——相对装药密度，g/cm³；

　　e——炸药相对爆力系数，cm³/g 或 mL/g；

　　f——岩石的坚固性系数。

C　矿石的破碎质量

矿石的破碎质量，表现为大块产出率的多少。用凿岩爆破法落矿，会产生一定数量的不合格大块。矿石中不合格大块矿石的总质量占放出矿石总质量的百分比，就称为大块产出率（简称大块率）。为了便于搬运和放矿，将不合格的大块矿石破碎成合格块度，称为矿石的二次破碎。大块产出率，取决于凿岩爆破参数与合格"块度"的尺寸。大块的产出率，可直接通过实验测定，也可用二次破碎所用的炸药消耗量来换算表示。

8.1.1.2　影响落矿效果的因素

矿石的崩落效果和破碎质量，受很多因素的影响，通常有：

(1) 矿石的坚固性。随着矿石坚固性增加，凿岩速度降低，炸药消耗量增高。为增加炸药消耗量，炮孔需要加密，则每米炮孔的落矿量就相应降低。因此，凿岩劳动生产率的定额应结合矿石的坚固性能来确定。

(2) 矿石的裂隙发育程度。目前很多大中型矿山规定合格矿石的块度为不大于 500 ~ 800mm。矿体中的裂隙间距小于 0.5 ~ 1m 时，大块产出率低；裂隙间距增大后，大块产出率升高，二次破碎工作量也随之增大。

(3) 矿体厚度与工作面宽度。工作面窄，夹制性强，爆破条件差，落矿所需炮孔量大。矿体窄、边界不规则，一般用"浅孔"落矿；矿体厚大，多用中深孔或深孔落矿；药室落矿只能在个别情况下采用。不同落矿方法所需的工作面最小宽度分别为："浅孔"落矿 0.4 ~ 0.5m；深孔落矿 5 ~ 8m；药室落矿 10 ~ 15m。

(4) 自由面数目。自由面的数目，对落矿生产率的影响很大，并与落矿工作量的大小成正比。

据统计，在坚硬矿石中爆破落矿各环节费用所占比例是：凿岩为 60% ~ 70%，炸药为 20% ~ 30%，装药和爆破为 10% ~ 20%。在中硬矿石落矿费用组成中，炸药费用是主要的。随着深孔直径的加大，炸药费用所占比例也在加大。

8.1.2　"浅孔"落矿

"浅孔"落矿，目前在我国地下矿山仍占有近一半的比重。"浅孔"凿岩一般采用轻型风动凿岩机；矿石较软时，如开采软质铝土矿，也可采用电钻钻孔或用风镐直接落矿。

(1) 爆破参数。

1) 最小抵抗线。钎头直径一般为 30 ~ 51mm，最小抵抗线，一般按钎头直径的 25 ~ 30 倍确定（也可用式 8 - 3 计算），孔深度一般为 0.5 ~ 2.0m。有两个自由面时，"浅孔"落矿的最小抵抗线可按下式计算：

$$W = d\sqrt{\frac{0.785\Delta k_3}{mq}} \qquad (8-3)$$

式中　d——药包直径，mm（计算时换算成 m）；

　　　Δ——装药密度，g/cm^3（计算时换算成 kg/m^3）；

　　　k_3——装药系数，0.6 ~ 0.72；

　　　m——邻近系数，电雷管起爆，$m = 1 ~ 1.5$；火雷管起爆，$m = 1.2 ~ 1.5$；

　　　q——单位炸药消耗量，g/cm^3（计算时换算成 kg/m^3）。

2) 炮孔直径。由钎头直径确定，$d_{药} = 32mm$，$d_{头} = 30 ~ 51mm$。

3) 炮孔深度。一般小于 3 ~ 5m。

另外，还有装药密度、装药系数、单位炸药消耗量等参数。

(2) 凿岩效率。常用凿岩设备为 YT 系列的 23、24、26、27 和 YTP - 26 型等；台班效率一般为 20 ~ 50m³/班。

（3）每米"浅孔"落矿量。"浅孔"落矿一般为 0.3 ~ 1.5m³/m。它适用于开采厚度在 5 ~ 8m 以下的不规则矿体，能较大程度提高矿石回收率。但是人工操作，效率低。所以应该用轮胎式"浅孔"凿岩台车来提高效率。

8.1.3　中深孔落矿

中深孔落矿，又称接杆深孔落矿。目前这种方法已成为我国金属矿山劳动生产率最高的落矿方法之一。其原因是由于重型风动凿岩机的改进和液压凿岩台车的应用。

（1）凿岩设备。目前我国使用的中深孔凿岩机有风动 YG – 40 型、YG – 80 型及 YGZ 型系列，液压的有 YYG – 80 型、TYYG – 20 型。一般都配装在台车上，有的配装在圆环雪橇式台架上。目前使用较多的是轮胎自行单机台车 CTC – 700 型和双机台车 CTC – 142 型以及 YYG – 80 型液压台车。

（2）爆破参数。炮孔布置，常用水平扇形和上向（竖向）扇形，如图 8 – 1 所示。

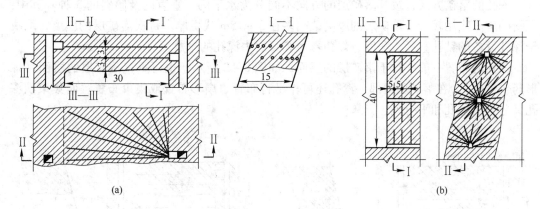

图 8 – 1　中深孔布置图

（a）水平布置扇形孔；（b）上向（竖向）布置扇形孔

钎头直径：一般为 51 ~ 65mm，少数矿山采用 46mm 和 70mm；

最小抵抗线：在使用铵油炸药时，一般为钎头直径的 23 ~ 30 倍；如果装药密度较大或炸药威力较高时，可以适当加大最小抵抗线的距离。

孔深：使用 YG – 80 型、YGZ – 90 型凿岩机时，一般不大于 15m；当用重型凿岩机或液压凿岩机时，深度可以加大；但凿岩速度会有较多下降。

孔底距：一般为 0.85W ~ 1.2W，W 为最小抵抗线的长度。矿岩不坚固时，取最大值。近年来，有些矿山采用加大孔底距，减小最小抵抗线的交错排列布孔方式，也取得了良好的落矿效果。

在扇形中深孔落矿装药时，应调整相邻跑空装药深度，使不同部位尽可能获得均匀分布的炸药爆破能。装药合理，扇形布孔可基本达到平行布孔的落矿效果。

（3）凿岩效率。中深孔凿岩机台班效率多为 30 ~ 40m，比浅孔凿岩机提高效率 25% ~ 30%，其指标如表 8 – 2 所示。

表8-2　中深孔凿岩机台班效率参考指标

矿岩坚固性系数 f	凿岩机台班效率/m			
	01-38	YG-40	YG-80	
7~10	18~25	26~35	60~80	30~40
11~16	13~18	18~25	50~60	—

（4）每米中深孔落矿量。中深孔落矿，每米中深孔落矿量通常为5~7t。

8.1.4　深孔落矿

深孔落矿，主要用于阶段矿房法、VCR采矿方法、有底柱和无底柱分段崩落法、阶段强制崩落法等；另外在矿柱回采和采空区处理中也得以应用。

8.1.4.1　深孔的落矿方式与布置

深孔的落矿方式，按其落矿层的方向不同分为水平的、垂直的及倾斜的3种。其中，倾斜的落矿应用较少。落矿层的厚度范围多在3~15m或更厚。每次落矿层的厚度，取决于深孔设备的钻孔直径、深度、炸药暴力和每层中深孔的排数。

深孔的布置一般平行于落矿层的层面，如图8-2所示；也可垂直落矿层的层面（球形药包爆破）。在落矿层内部，深孔还可作平行布置、扇形布置或集束布置。而集束状深孔又分为扇形孔和平行孔。

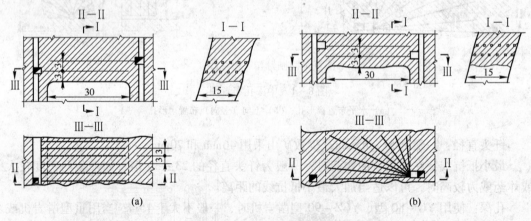

图8-2　水平深孔布置图
（a）平行孔；（b）扇形孔

图8-3为扇形集束状深孔。平行布置的深孔中，依钻孔方向不同，又分垂直的、水平的和倾斜的3种。垂直和倾斜深孔又都有上向和下向。落矿层尺寸取决于矿块的参数和钻机的合理凿岩深度。另外也与矿岩接触带的变化有关。

图8-4（a）为下向平行垂直深孔布置方式。平行深孔从凿岩横巷向下钻凿，横巷间距等于落矿层厚度；横巷内钻凿的深孔间距为5m，深孔的排距也就是穿脉横巷间距；深孔的深度大于40m。图8-4（a）左侧的空白处表示矿房空场。

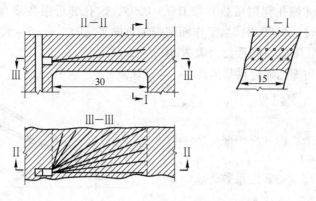

图 8-3 水平扇形集束状深孔布置图

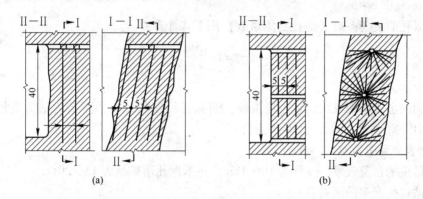

图 8-4 垂直深孔布置图
(a) 平行孔；(b) 扇形孔

图 8-4（b）为下向和上向扇形深孔垂直层落矿的布置方式，扇形炮孔直接由平巷向下钻凿和向上钻凿。深孔的排距为5m，也可以是一次垂直落矿层的厚度，爆破指向矿房空场，一次接一次顺序爆破。若一次落矿量较大，应考虑补偿空间的情况。

与平行孔对比，扇形深孔布置的总长要增加50%～100%，且矿石破碎不均匀。但采用扇形孔布置，可以大幅度的减少凿岩巷道长度。采用集束深孔作垂直层落矿时，可在凿岩硐室打下向或上向扇形放射状深孔；其落矿层厚度可达10～20m。

其实，为了既增加落矿层厚度，又减少凿岩工程量和提高凿岩效率，有的矿山采用大直径（250～350mm）平行集束深孔。每个集束组内深孔间距为200～300mm，每组内有4～30个深孔。

实践证明，这种布置在裂隙发育的矿体中落矿效果很好。

8.1.4.2 深孔爆破参数

钻头直径一般为80～120mm，主要为95～105mm（YQ-100A），大直径潜孔钻机的钻头直径可达150～200mm（安庆铜矿采用T-150高压循环钻机凿岩，用的就是直径$\phi=165mm$钻头）。

A 最小抵抗线

确定深孔最小抵抗线，通常仍然沿用体积计算公式（式8-3）进行计算。此时，平面深孔的装药系数（炮孔利用系数）取 0.7 ~ 0.95，炮孔邻近系数取 0.8 ~ 1.2（当工作面与裂隙方向垂直时，$m = 0.8$；当工作面与裂隙方向平行时，$m = 1 ~ 1.2$；当矿石整体性好时，$m = 1$）。扇形深孔邻近系数，取末端口的平均值。即，平均炮孔邻近系数值为：

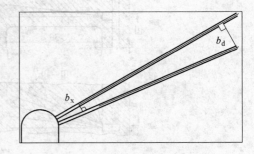

$$m_p = \frac{m_d + m_x}{2} \qquad (8-4)$$

式中　m_d——炮孔末端的邻近系数，$m_d = b_d \times W^{-1} \leqslant 1.5 ~ 1.7$；

　　　m_x——炮孔口端的邻近系数，$m_x = b_x \times W^{-1} \geqslant 0.5 ~ 0.8$；

b_d 与 b_x 见图 8 - 5。

图 8 - 5　扇形孔装药柱孔口端和孔末端的距离图

扇形深孔的装药系数（炮孔利用系数）用下式计算：

$$\eta_s = 1 - \frac{5b_x}{8b_d} \qquad (8-5)$$

当 $b_d = 2b_x$ 时，$\eta_s = 0.6$。

现在国内金属矿山取用的最小抵抗线，当深孔长度在 25m 以下，为钻头直径的 25 ~ 30 倍；若用铵油炸药，以小于 30 倍为宜。

B　凿岩与凿岩效率

深孔钻机的台班效率，一般为 10 ~ 18m；每米深孔落矿量为 13 ~ 20t。

影响钻机生产率的因素有：

（1）深孔倾角。上向深孔的效率比下向高，因为排渣容易，渣的过粉碎量小。

（2）孔深。随着孔深加大，钻杆在孔中的钻凿阻力也增加，钻凿速度会降低。

（3）冲击器回转速度。岩石不硬时，回转速度较快；岩石硬度超过一定限度，凿岩速度开始下降。钻具回转速度一般为 80 ~ 120r/min。

（4）水耗。经验表明，水量不大时（2 ~ 6L/min），凿岩速度快；增加供水量（达 10 ~ 14L/min）凿岩速度下降；但随着水量的减少，粉尘浓度增加。

深孔的弯曲或偏斜，与凿岩操作有直接关系。为了消除深度增大引发的弯曲，风压应当加大；开始钻进 0.3 ~ 0.5m 后，重新矫正钻机位置和在下部安装导向器。当钻机轴的间隙过大或"卡夹"严重磨损时，应当停机检修，更换零件。

正常凿岩情况下，冲击器外壳与孔壁的间隙应保持在 7 ~ 10mm。由于钻头不断的磨损，深孔直径会随着深度增加而减少。所以，必须根据岩石硬度与炮孔深度正确选择最初钻头直径 D_H。

$$D_H = D + E + \Delta_d L \qquad (8-6)$$

式中　D——冲击器外壳，mm；

　　　E——冲击器外壳与孔壁之间最小间隙，mm；

　　　L——炮孔深度，m；

　　　Δ_d——每钻进 1m 钻头的平均磨损，有超前片的三齿钻头为 0.122 ~ 0.152mm/m。

水平深孔凿岩硐室的最小尺寸：高 2m、宽 2.5m、长 3 ~ 3.5m。上向和下向深孔凿岩硐室的尺寸：高为 3 ~ 3.5m、宽大于 2.5m。

深孔落矿的优点是：凿岩劳动生产率高、劳动卫生条件好、钻机凿岩粉尘少、比中深孔落矿的采切工程量小，落矿费用低。

它的缺点是：矿石破碎不太均匀，大块产出率高，地震效应大，矿石损失贫化大。在合适的条件下采用挤压爆破工艺，可降低大块产出率，减少切割工程量，提高回采强度。

8.1.5　药室落矿

药室爆破的最小抵抗线一般为 $10 \sim 15m$。崩落矿柱的药室间距为 $0.8W \sim 1.2W$；崩落围岩为 $1W \sim 1.5W$，边界装药距崩落矿体设计边界的距离为 $0.3W \sim 0.4W$。

由于药室落矿需要的巷道和硐室工程量最大，崩下的矿石块度又难控制，所以，很少用于正常的矿房或矿柱回采，仅在极坚硬矿石或节理极其发育条件下，由于深孔落矿效率很低且易堵塞时，才采用。但作为一种辅助方法，它也可利用已有巷道回采顶底柱或崩落围岩处理采空区。

8.1.6　矿石的合格块度与二次破碎

8.1.6.1　矿石的合格块度

矿石的合格块度，是指爆破落矿时将矿石破碎到适合放矿和运输条件的最大允许块度。崩落的矿石过于粉碎，会使炸药消耗量、矿石成本、粉矿损失与井下粉尘浓度都增加；而大于合格块度的大块矿石，一般要进行二次破碎。矿石块度过大，不仅与装运设备、放矿闸门的规格不相适应，也会带来以下问题：

(1) 二次破碎工作量增加，影响出矿效率及采矿强度；

(2) 易使漏斗、溜井发生堵塞，若处理不当会影响闸门、漏斗结构稳固；

(3) 若大块矿石卡在急倾斜薄矿脉的采空区，对安全生产极为不利。

合格块度的最大尺寸，由放矿巷道的断面，运搬、装载、运输及提升设备的规格来确定，也与提出井筒前有无地下破碎装置有关。目前，在我国金属矿床地下开采中，所允许的最大块度尺寸是 $250 \sim 800mm$ 或 $300 \sim 1000mm$ 的范围。

8.1.6.2　深孔落矿大块产出率高的原因

当矿岩条件一定时，造成大块产出率高的主要原因有：

(1) 一般布置的最小抵抗线或孔底距过大，炸药消耗量太少；

(2) 扇形炮孔的孔深较大，孔底距太大，而底孔径又最小，装药不足；

(3) 装药密度过小：通常要求为 $1g/cm^3$，而人工装药仅为 $0.6g/cm^3$；

(4) 水平深孔落矿，自由面在下，部分崩落矿石未充分受到爆破能的作用；

(5) 深孔施工偏斜，偏离设计的爆破参数位置；而又没有矫正和补充深孔；

(6) 炮孔严重变形、错位、弯曲以及落渣堵孔等，致使装药量严重不足；

(7) 在节理裂隙发育的矿体中用秒差雷管起爆，可能带落相邻炮孔药包拒爆。

经验证明：在最小抵抗线变化不大的情况下，大块产出率的高低，在很大程度上取决于一次落矿的单位炸药消耗量；适当加大一次破碎单位炸药消耗量，在技术与经济上都是合理的。

8.1.6.3　二次破碎方法

大块的二次破碎，常用覆土爆破法、导爆索或浅孔（200～300mm 深）爆破法。对易碎的可用人工锤打破碎。目前有的矿山也开始使用风锤、机械锤等二次破碎方法。

8.2　出矿与采场底部结构

8.2.1　采矿场的矿石搬运概述

矿石的搬运与运输，是两个不同概念。矿石运输，是阶段平巷中的矿石移运和提升运输；而矿石搬运，是指将采矿场崩落的矿石从落矿地点运送到运输巷道装载处。两者的运送任务不同。矿石运输，一般是指井下矿石运往地表的长距离运输；采矿场的矿石搬运，是为了空出回采空间的短距离运输。对采矿场矿石搬运的基本要求是：要提高搬运生产效率和降低生产费用。

开采急倾斜矿体时，矿石从崩落地点运到巷道装载处，通常经过三个环节：

（1）矿石借自重从落矿地点下落到底部结构的二次破碎水平；

（2）在二次破碎水平进行二次破碎，然后借助机械或自重搬运到装载处；

（3）在装载处经放矿闸门装入运输设备。

本节主要介绍的是采矿场矿石搬运方法、采场的底部结构这两个方面的问题。

8.2.2　采矿场的矿石搬运方法

采矿场的矿石搬运方法有：重力搬运、爆力搬运、机械搬运、人力和水力搬运等；但在实践中，使用得最多和比较经济的搬运方法，主要是重力搬运及机械搬运。

8.2.2.1　重力搬运

重力搬运，是借助矿石自重的搬运方法，其效率高而成本低。它可以通过采空场直接溜运，也可以通过矿石溜井下放。但必须具备的条件是：矿体的底板倾角应大于矿石的自然安息角。矿石自然安息角的大小取决于矿石组成块度、有无粉矿和黏结物质、矿石湿度、矿石溜放面的粗糙程度与起伏情况。一般要求倾角大于 50°～55°，采用铁板溜槽时可降为 25°～30°。

8.2.2.2　爆力搬运

采用房式采矿法开采倾角小于 40°～45°矿体时，矿石不能全靠重力溜放时可借助爆力落矿，将矿石抛掷到放矿区，随后装车，如图 8-6 所示。这时为了充分提高矿石回收率，凿岩巷道应开在矿体底板或其 0.5m 以下。

爆力搬运的效果，是用抛入自重放矿区的矿石量来衡量的。影响抛掷效果的主要因素是单位

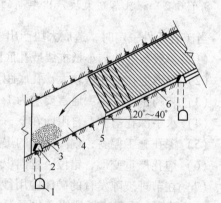

图 8-6　爆力搬运示意图

1—运输巷；2—二次破碎道；3—重力放矿区；
4—采空区；5—工作面；6—凿岩巷道

炸药消耗量、"壁端"倾角和矿体的倾角。现场经验表明，抛掷效果随矿体倾角和"端壁"倾角的加大而提高。图8-7所示为矿体倾角与抛掷效果的关系。

爆力搬运落矿所需的单位炸药消耗量比较大。但炸药的增加有一定的限度；增加过多，并不一定能达到提高抛掷效果的目的，因为药量加得过大，会使碎块矿与粉矿增加，从而效果不好。某矿试验结果表明（见图8-8），将单位炸药消耗量从400g/t降至200g/t，反而增强了抛掷效果。

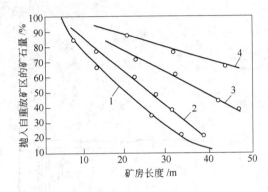 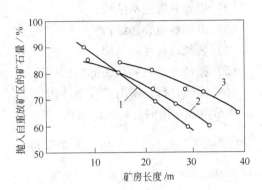

图8-7　矿体倾角与抛掷效果的关系图　　　　图8-8　单位炸药与抛掷效果的关系图
　1—25°；2—30°；3—35°；4—40°　　　　　　1—400g/t；2—300g/t；3—200g/t

采用爆力搬运，可少开下盘漏斗，减少采切工程量；工人也不必进入采空区，作业安全。但矿体倾角不能太小，一般要在40°左右，而且矿房不能太长；否则后期清理采场残留矿石的工作量太大。清理残留矿石，一般采用推土机或小水枪。

8.2.2.3　机械搬运

机械搬运，过去多用于水平或缓倾斜矿体。后来随着搬运设备的发展，改革相应采矿方法的底部结构，使得现在在开采急倾斜矿体时，也广泛使用机械搬运。

目前，我国金属矿山使用和试用的机械搬运设备有：

(1) 电耙设备，其电耙车的动力有7kW、14kW、28kW、30kW和55kW；

(2) 轮轨式电动或风动单斗装岩机；

(3) 轮胎式风动或柴油装运机；

(4) 铲斗容积为0.75~3m³的内燃和电动铲运机；

(5) 振动放矿机和履带式运输机；

(6) 载重25t以内的井下自卸汽车。

各种机械搬运设备的具体使用，将在后面结合矿块的底部结构进行讲述。

8.2.3　采矿场的底部结构

为了使回采工作面采下的矿石能从采矿场放出来，在很多采矿方法中，矿块下部都有底部结构。底部结构主要是用来接受崩落矿石、进行二次破碎和将破碎后的矿石放出采场进行装载的；所以是矿块的重要组成部分。复杂的底部结构约占矿块总采切工程量的50%左右，正确选择底部结构对于采矿方法的设计也具有重要意义。

　　实践证明，采场的底部结构在很大程度上决定着采矿方法的效率、劳动生产率、采切工程量、矿石的损失贫化以及放矿工作的安全等。

　　采矿场的底部结构，按放矿（出矿）方式不同可以分为：底部放矿、端部放矿及侧面放矿。而多数采矿方法采用的是底部放矿。

　　目前对不同放矿方式的多种底部结构，采用得比较多的底部结构形式主要有：

　　（1）重力搬运、闸门装车结构；

　　（2）格筛巷道底部结构；

　　（3）电耙巷道底部结构；

　　（4）装载设备底部结构；

　　（5）振动放矿机装载底部结构；

　　（6）无轨自行设备出矿底部结构。

　　本节重点介绍前五种底部结构。

8.2.3.1　重力搬运、闸门装车结构

　　这是一种属于底部放矿的结构形式。它的特点是，崩落的矿石借重力直接下落到运输平巷的顶板，然后经过漏斗闸门装入矿车。矿石可以直接经采空区下放或经过架在充填体内的人工溜矿井溜放（见图8-9）。运输平巷的顶板，可以架设木支架；也可以用混凝土结构（见图8-10）。

　　当矿石价值不高时，可以留下矿石底柱结构（见图8-11），底柱高度一般为5~8m。

　　这种形式，主要用于"浅孔"落矿和大块矿石少的情况，有的大块也可在工作面破碎或漏斗闸门内处理。其优点是结构简单，不需搬运设备；缺点是搬运产量小，处理大块时容易将闸门崩坏。

图8-9　矿石经溜井和闸门装车的底部结构
1—落矿工作面；2—崩落矿石；3—人造溜矿井；
4—放矿闸门；5—矿车；6—矿石底柱

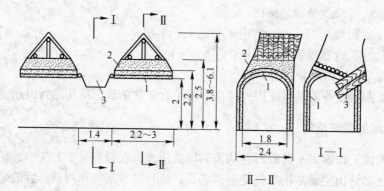

图8-10　平巷顶板浇灌混凝土的闸门装车底部结构（尺寸单位：m）
1—钢筋混凝土；2—混凝土；3—漏斗闸门

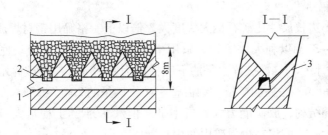

图 8-11 留矿石底柱的闸门装车底部结构

1—运输平巷；2—漏斗闸门；3—底柱

8.2.3.2 格筛巷道底部结构

格筛巷道底部结构，如图 8-12 所示。

崩落的矿石借重力经"受矿"喇叭口到达二次破碎水平的格筛上。小于合格块度的矿石，经格筛漏下通过溜矿井及闸门装入矿车。不合格大块留在筛面上进行二次破碎。格筛水平与运输水平用行人小井联络。

格筛巷道有双侧与单侧之分。双侧格筛巷道，如图 8-13 所示，主要用于开采应急倾斜厚矿体或缓倾斜极厚矿体，而单侧格筛巷道用于厚度不大或稳固性较差的矿体。

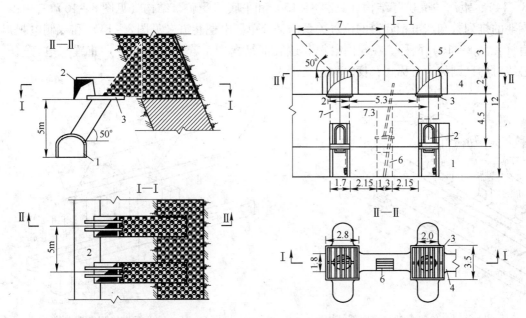

图 8-12 单侧格筛巷道底部结构

1—运输巷道；2—格筛巷道；3—格筛

图 8-13 双侧格筛巷道底部结构（尺寸单位：m）

1—运输巷道；2—漏斗闸门；3—格筛；4—二次破碎格筛联络道；5—喇叭口；6—行人联络小井；7—漏斗颈

两个相邻"受矿"喇叭口的中心距离，决定每个喇叭口的"受矿"面积。

房式采矿法的每个喇叭口负担"受矿"面积可达 $30 \sim 50m^2$，中心距 $5 \sim 7m$，喇叭口斜面倾角 $45° \sim 55°$；崩落采矿法喇叭口斜面倾角必须加大至 $60° \sim 70°$，而"受矿"面积取 20 ~ 40m² 为宜。

漏斗颈的最小边长尺寸比矿石最大块度大3倍以上。格筛用钢材焊成，安装时向格筛巷道一侧倾斜2°~3°，以利大块滚行。采用格筛巷道底部结构，矿块底柱的高度一般为 12 ~ 14m。从运输水平到二次破碎水平的下底柱高为 6 ~ 8m，二次破碎水平以上到拉底水平的上底柱高为 ±6m。底柱的矿量，约占整个矿块矿量的 20% ~ 25%。

格筛巷道底部结构，放矿能力大、成本低；但"采准"工程量大、底柱矿量多，放矿的劳动强度也大，目前仅在少数矿山使用。

8.2.3.3　电耙巷道底部结构

电耙运矿，由于设备简单、移动方便、坚固耐用而在我国广泛采用。

电耙运矿一般用在水平或微倾斜工作面，特殊情况下可以用在 20°~30° 倾角底板上作向下耙运或 10°~15° 底板上作向上耙运。它可以直接将矿石运入溜井或矿车。

A　电耙巷道底部结构的种类

电耙巷道底部结构的种类繁多，但皆以电耙巷道为主进行矿石搬运及二次破碎，崩落矿石由"受矿口"的斗颈、斗穿、进入电耙巷道，再由电耙耙入溜矿井后，由其下部的闸门装入矿车，如图 8 – 14 所示。

按接受矿石部位的结构形状不同，电耙巷道底部可以分为喇叭口"受矿"结构（见图8 – 14）、堑沟"受矿"结构（见图8 – 15）和平底"受矿"结构（见图8 – 16）三种；按漏斗的排列数和与电耙巷道的位置关系，又分单侧电耙巷道（见图8 – 14）和双侧电耙巷道（见图8 – 16）两种。在双侧电耙巷道底部结构中，若斗穿（漏斗）布置与电耙道中心线对称，则称为对称式；反之称为交错式。

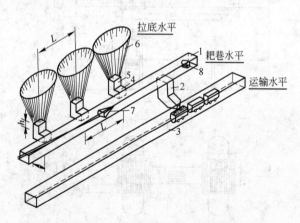

图 8 – 14　单侧电耙巷道底部结构
1—电耙巷道；2—小溜井；3—阶段运输平巷；4—斗穿；
5—斗颈；6—喇叭口；7—耙斗；8—电耙绞车

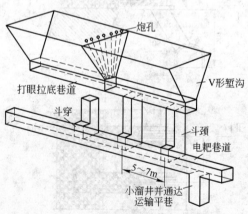

图 8 – 15　V 形堑沟单侧电耙巷道
底部结构图

电耙巷道的方向与运输平巷的方向，可以平行、垂直或斜交。电耙巷道的底板通常高于运输巷道的顶板（见图 8 – 14），溜井内储存的矿石量应能满足一列矿车装车的要求，这样可以排除耙矿与运输的相互影响。

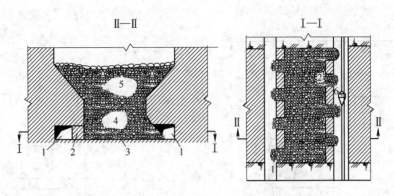

图 8-16 平底"受矿"电耙道底部结构
1—电耙巷道；2—斗穿；3—平底；4—留在平底上的三角矿堆；5—崩落矿石；6—耙斗

有时也可将电耙巷道底板与运输巷道顶板布置在同一水平，以使矿石从电耙巷道直接装车，如图 8-17 所示。此时，底柱高度可降低，巷道工程量减少，但耙矿与运输相互牵制，影响出矿。

B 电耙巷道底部结构的参数

（1）"受矿"高度。电耙巷道水平至拉底水平之间的垂直高度（上底柱高），称"受矿"高度。对于喇叭口受矿，可以为 5~7m；对堑沟受矿，因桃形矿柱孤立而需加大高度以增加其稳固性，可将电耙巷道底板至顶高度取为 10~11m。

（2）"斗穿"间距。一般为 5~

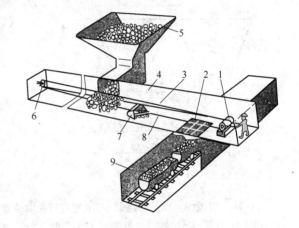

图 8-17 电耙道底板与运输巷顶板在同一水平装矿示意图
1—绞车；2—格筛；3—尾绳；4—电耙道；5—喇叭口；
6—滑轮；7—耙斗；8—头绳；9—运输巷道

7m，如果"斗穿"间距太小，将削弱底部结构的强度。

（3）"受矿"坡面角。"受矿"坡面角对房式采矿法取 45°~55°，对崩落采矿法取 60°~70°。

（4）"斗颈"轴线与耙矿巷道中心线的水平距离。这个距离会影响到桃形矿柱的稳固性、耙巷内矿石的堆积高度和扒运效率，一般情况下为 2.5~4m。

图 8-18 是几种使用"崩矿法"落矿的矿山的"斗颈"与电耙巷道相对位置示意图。

（5）电耙巷道、"斗穿"、"斗颈"的规格。采用 28~30kW 电耙绞车的电耙巷道规格多为 2m×2m 或 1.8m×2.5m，耙巷、"斗穿"和"斗颈"的规格为 1.5m×2.5m 左右。

加大耙巷、"斗穿"和"斗颈"的规格，将削弱底部结构的稳固性，增加掘进费用。但适当增加"斗穿"宽度和"斗穿"口的有效放矿高度（喉部高度），可提高松散矿石的流动性，减少处理大块的爆破次数，这对保护底部结构的稳固性又有利；此外，它能提高电耙巷道的出矿能力，并有利于安全生产和作业条件的改善。

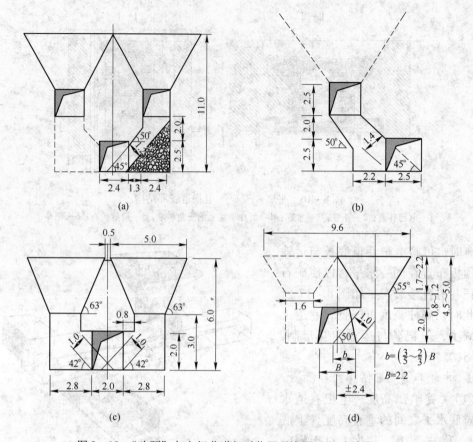

图 8 - 18　"斗颈"与电耙巷道相对位置示意图（尺寸单位：m）

（a），（d）双侧交错"受矿"电耙巷道；（b）单侧"受矿"电耙巷道；（c）双侧对称"受矿"电耙巷道

一般说来，在稳固的矿岩中，采用大规格的耙巷、"斗穿"、"斗颈"比较适宜；若矿岩较破碎或矿石爆破性能较好而大块产出率低时，则应采用较小的规格。

（6）电耙巷道的长度。电耙巷道的长度应与电耙的有效耙运距离相适应。电耙水平有效的耙运距离不超过 40 ~ 50m，最优值在 25 ~ 30m 以内；倾角小于 25° ~ 30° 的倾斜的耙运距离不超过 50 ~ 60m，最优值在 30 ~ 40m 以内。我国多数使用电耙的矿山，耙运距离一般为 30 ~ 50m。

C　电耙巷道设计应满足的要求

（1）电耙巷道长度应超出最远一个出矿口 6m 以上，以使安装电耙头能出尽矿石。

（2）电耙绞车硐室的长度一般为 4 ~ 5.5m。绞车应与放矿溜井边沿保持 2 ~ 3m 的安全距离；绞车硐室的底板应比电耙巷道的底板低 0.3 ~ 0.5m。

（3）电耙巷道与放矿溜井交接处，应适当加宽，以保证行人的安全。

D　对各种电耙巷道底部结构的评价

堑沟结构与喇叭口结构比较，堑沟结构具有以下优点：

（1）将扩沟、拉底和落矿工序合并为一，可简化回采工艺，提高劳动生产率；

（2）在巷道内凿岩，施工安全，能保证施工质量，免除复杂的扩喇叭口工作；

（3）底柱的矿量，虽然比较大；但底柱的形状规整，比较容易回采。

平底结构除具有堑沟的优点外，还有以下优点：

（1）进一步简化了底部结构，施工方便；

（2）采切工程量大大减少；

（3）扩平底工作面连续宽大，可用深孔，拉底效率高，速度快；

（4）放矿口尺寸大，放矿的条件好，效率高；

（5）底柱的矿量，大为减少，利于提高矿块的矿石回收率。

平底结构的主要缺点：

（1）底柱稳固性差；

（2）留在平底上的三角矿石堆，要在下阶段回采时才能回收，回收率低。

"斗穿"交错布置与对称布置的比较："斗穿"与喇叭口交错布置，放矿口分布均匀，可减少放矿口之间的脊部损失，对底部结构稳固性的破坏也较小；电耙巷道内的矿石堆积高度比对称布置低，有利于耙斗进行。但用木材或金属支架支护的耙巷，"斗穿"不宜作交错布置。因为交错分布矿堆，耙斗难于保持直线进行，容易将支架耙倒，支架在交口处架设也困难。

电耙巷道与格筛巷道底部结构比较，电耙巷道底部结构优点是：

（1）采切工程量比格筛巷道少20%；

（2）有专用回风巷道，通风条件与作业条件好。

电耙巷道底部结构的缺点是：

（1）放矿能力较小；

（2）各"斗穿"口的放矿量计量困难；

（3）需要相应的设备和动力，搬运费用高。

近年来，国外有些矿山将振动带或振动放矿机装入格筛巷道的放矿口或电耙道的"斗穿"中，能减少二次破碎工作量，使这两种底部结构的生产指标均提高较大。

8.2.3.4　装载设备出矿底部结构

装载设备出矿底部结构的特点是：矿石借重力下落到运输平巷水平，用装载设备装入矿车，二次破碎就在装载地点进行。这种出矿底部结构的装载设备有两类：一类是振动放矿机；另一类是一般装岩机或铲运机。矿车可以是轨道轮式，也可以是无轨自行式。

A　振动放矿机装载

振动放矿机是一种强力振动机械，安设于松散矿石下面，主体是一块（或两块）长度和刚度都很大的振动台面，并配合振动器、弹性元件和机架等组成，由电动机驱动而产生非定向振动或定向振动。振动台面上的矿石，则在强力振动下，借助矿石重力势能，沿台面卸矿流入矿车。

国产振动放矿机机型很多，其典型结构有单轴振动放矿机、双轴振动放矿机和附着式振动机三种。单轴振动放矿机因参加振动质量较小，振动放矿机会产生不规则摇摆，造成皮带磨损快，甚至拉断。对矿石流动性差，放矿量和激振力调节范围要求大的，宜用双轴振动放矿机。附着式振动放矿机以其使用范围广，更具有安全、易控、高效、节能和投资小等优点，得到中小型矿山的广泛应用，其产品也已系列化。振动放矿机如图8-19所示。

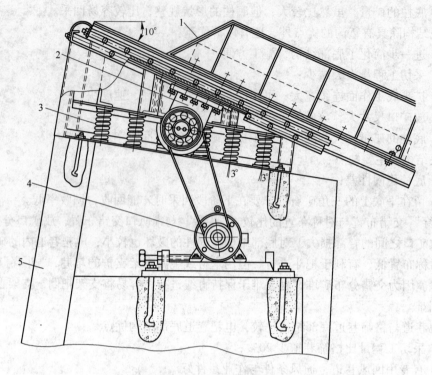

图 8 - 19　ZZ 型振动放矿机

1—振动台；2—振动器；3—减速器；4—电动机与传动三角带；5—混凝土基础

振动放矿机的技术生产能力，取决于振动放矿机的动力参数、几何参数、埋设参数以及被振动放矿的岩石性质等，一般可按下式计算：

$$Q = 3600\gamma hBv \tag{8-7}$$

式中　Q——技术生产能力，t/h；

　　　　γ——松散矿石堆密度，t/m³；

　　　　h——眉线高度，m；

　　　　B——振动台面高度，m；

　　　　v——矿石流动速度，一般等于 0.1 ~ 0.5m/s。

实际使用生产能力，要比计算的技术生产能力小。

振动放矿机的底部结构，也分漏斗式、堑沟式和平底式。

单侧漏斗底部结构布置在每个装载点运输巷道掘进一条放矿短巷，连通采场的矿石溜口，短巷的长度和结构要考虑振动放矿机的埋设要求。

振动放矿机的埋设参数包括：眉线角 δ、眉线高度 h 和振动面与矿车关系参数，如图 8 - 20 所示。

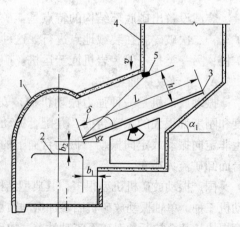

图 8 - 20　单侧漏斗底部结构布置图

1—运输平巷；2—矿车；3—振动放矿机；

4—溜井；5—眉线梁

为保证振动放矿机停机时，矿石不从槽台散落或溢出，δ 应比矿石的自然安息角 θ 小，即

$$\delta = \theta - (2° \sim 4°) \tag{8-8}$$

眉线高度 h，是眉线梁至振动台面的垂直高度，它取决于大块尺寸 d 和大块通过系数 K，可按下式计算：

$$h = Kd \tag{8-9}$$

振动放矿机出矿的 K 值，比重力放矿要小，一般为 $1.6 \sim 2.2$。

振动放矿机台面宽度，取大块矿石尺寸的 $1.6 \sim 2.0$ 倍，一般为 $800 \sim 1400mm$。振动台面与矿车的关系应符合表 8-3 的规定（表中参数示意见图 8-20）。

表 8-3　振动放矿机台面与矿车的关系

矿石容积/m^3	0.5，0.55，0.75	1.2，2.0	3.5，4.0	6.0，9.0	标准轨道矿车
b_1/mm	$150 \sim 200$	$200 \sim 300$	$250 \sim 350$	$300 \sim 400$	>300
b_2/mm	$\geqslant 200$	>250	>300	>300	>350

振动放矿机放不出的大块，可直接在震动台面上进行二次破碎，每次爆破药量不宜大于 2kg。二次破碎量大时，考虑清除炮烟，应将放矿短巷与回风巷道连通。

这种底部结构的优点是：

（1）生产能力比电耙巷道大得多；

（2）结构简单，不需专用的二次破碎巷道，采切工作量小，底柱高度小；

（3）设备费用低。

这种底部结构的缺点是：二次破碎污染运输水平风流；装卸设备费时。

必须指出，应用振动放矿机出矿是采场作业实现连续化的主要方向。在国外先进的地下黑色金属矿山，已经广泛使用振动放矿机取代电耙作业。

振动放矿机在采场或溜井出矿中，能发挥出良好作用的原因是：

（1）振动可使松散颗粒之间的内摩擦力和内聚力降低 5/6 ~ 18/19；当振动强度足够大时，被振动的松散介质几乎和流体一样。合理的振动频率为 1000 ~ 1500 次/min，振幅为 2 ~ 4mm。

（2）振动放矿，比重力放矿提高了有效放矿高度。重力放矿，放矿喉部高度由于受到正面"护檐"与"死矿"堆坡面的限制，而尺寸较小，一般为 0.7 ~ 1m，故易被大块堵塞。振动放矿由于矿石在振动台面上通过，放矿喉部高度即眉线高度，其值约为 0.8 ~ 1.6m。矿石通过能力显著增加，卡堵现象减少，也提高了大块尺寸。

（3）振动放矿时，崩落矿石从振动台面的有效埋设深度上接受振动能，改变了矿石在矿块中运动状态，原来依重力放矿放不出的放矿口周边的矿石，其流动性增加，"死矿"堆坡面角可以从 70° 以上减少到 60° 左右。从而使放矿口周边残留的矿石损失减少。据统计，振动放矿使每个放矿口负担的放矿面积比中立放矿增加 50% 或更大。这有利于

扩大放矿口的间距，可使其从原来的 5～7m 增大到 9～14m。

（4）由于振动放矿口尺寸加大，大块卡口次数减少，二次破碎工作量大幅度下降，从而提高了放矿强度和放矿工的劳动生产率（放矿强度比重力放矿提高 5～10 倍）。这对实现强化开采，缩短采场产周期，提高单位面积产量具有重要意义。

（5）从根本上简化了矿块底部结构，底柱的矿石量与采切工作量减小，巷道维护费用降低。根据国外先进平底或斜底柱底部结构的经验，运输水平与放矿水平甚至是拉底水平可合而为一。

（6）放矿工作开始变为可以人工控制，联合采区放矿、搬运和装载连续作业，为实现井下整体连续作业，改善作业的安全和劳动条件创造了前提。

振动放矿的缺点是：设备笨重，安装与移动不便；没有连续搬运、运输设备配套时，设备利用率低；而且要求爆破矿量大，一次破碎要求严格。

　　B　装岩机装载平底结构

这种底部结构的特点是，矿石从采矿场直接放入运输平巷、分段巷道或装矿巷，用装岩机或铲运机装入轮轨式或无轨运输设备。设备型号由矿块大小和产量确定。

图 8 - 21 所示为某钨矿开采薄矿体时所用华 - 1 型装岩机装载的底部结构。垂直脉外运输平巷向矿体掘进装矿巷道，矿石从采场放至装矿巷道端部，装岩机装载后退到运输平巷一边，将矿石卸入矿车，整个列车不需解体。若有大块，可在矿石堆积表面进行二次破碎。

为使装岩机顺利装岩，装岩巷道的长度应为以下三段长度之和：

（1）由矿石自然安息角，确定的矿石堆所占长度，一般为 2m；

（2）装岩机放下铲斗的长度，约 1.9m；

（3）装岩机装载时的行车长度，约 1～1.5m。

图 8 - 22 所示为铲运机从巷道底板铲运矿石后，卸入有轨矿车时的情况。

瑞典基律纳铁矿开采厚大矿体，在这种底部结构中采用蟹爪式装岩机，配合载重 25t 自卸矿车，每班出矿达 1500～1700t。

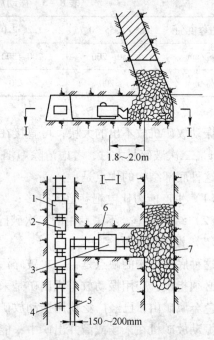

图 8 - 21　装岩机装载矿车运输的底部结构
1—机车；2—矿车；3—装岩机；4—轨道；
5—脉外巷道；6—装矿巷道；7—采场

8.2.3.5　无轨自行设备出矿底部结构

这种底部结构，是采用装运机或铲运机从装矿巷道端部将矿石铲起后，搬运卸入就近的溜井。它可以是平底"受矿"结构，也可以是斜面受矿（V 形沟道或喇叭口）结构。

图 8 - 23 为 V 形堑沟受矿的铲运机出矿的底部结构。它与装载机出矿底部结构的不同点是，装矿巷道的断面、间距以及曲率半径的尺寸都比较大，一般高 3 ~ 3.2m，宽 3 ~ 5m，长 8 ~ 10m，曲率半径装运机为 6.5 ~ 8m，铲运机为 9 ~ 20m。装矿点至溜井的距离，视所选用的设备而定，如 ZYQ - 14 型装运机的装运距离为 60m；用铲运机则以 150 ~ 300m 为宜。

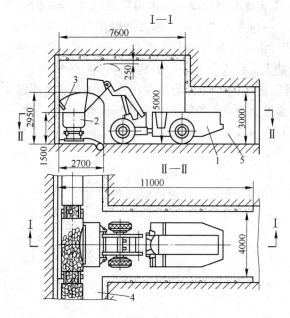

图 8 - 22　铲运机装车点结构
1—铲运机；2—有轨矿车；3—导向板；4—运输巷道；
5—出矿巷道

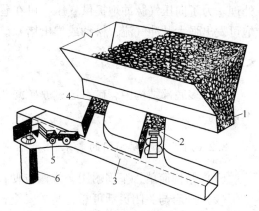

图 8 - 23　V 形堑沟受矿铲运机搬运结构图
1—V 形堑沟；2—装矿；3—装矿巷道；4—放下矿石；
5—铲运机；6—矿石溜井

8.2.4　矿块底部结构的选择

8.2.4.1　矿块底部结构的基本要求

（1）底部结构的类型必须适应所采用的采矿方法和放矿特点；
（2）结构要稳固，能经受落矿和二次破碎的冲击和放矿地压变化；
（3）底柱矿量要少，结构简单，巷道工程量小；
（4）放矿能力大，堵塞事故少；
（5）施工方便，施工条件好，能保证作业安全。

8.2.4.2　底部结构的发展趋势

电耙巷道底部结构在改善劳动条件和减少漏口闸门的安装和维护方面，都比自重放矿的底部结构优越，加以其设备简单，不易损坏，操作简便，因而应用甚广。

使用振动放矿机和无轨自行设备的出矿底部结构，一般都较简单，特别是在减少底柱矿量和"采准"工作量，提高"采准"切割效率、矿块的放矿能力以及改善放矿工作劳动条件等方面，具有明显的优越性。实现强化开采，大幅度提高放矿强度是其以后发展和应用的主要方向。

8.2.5 "斗颈"、"斗穿"堵塞处理

"斗颈"堵塞，也称为卡斗，是指放矿过程中"斗颈"处被大块矿石卡塞，而不能继续放矿。处理"卡塞"，是比较困难和危险的工作。

如果"斗颈"是被几块矿石交错卡塞，且卡塞不太稳固，一般可用长达 3～4m 的竹竿，端头捆扎 3～5kg 炸药并 3～4 根导爆索，一起送入"卡斗"爆破处理。

如果"斗颈"是被一个特大块卡住，可以将"斗颈"封住，而后从巷道顶板向大块钻凿炮孔进行爆破处理。安全规程规定：严禁人员钻入"斗穿"处理塞斗。

如果"斗穿"是被不同块度细碎矿石压实造成的，可启动预埋在斗穿中压气脉冲炮处理。为了向压气脉冲炮提供气压，可在巷道壁上预先打好炮孔，安装压风管。压气脉冲炮可发出强大脉冲气流，松动或推出堵塞矿石。

8.2.6 放矿漏斗口闸门

在许多底部结构中，矿石通过放矿漏斗口闸门装车，因而对其要求和形式要有一个基本认识。

8.2.6.1 对放矿闸门的要求

(1) 结构简单，坚固耐用，维修方便；
(2) 开启与关闭灵活可靠，装矿安全；
(3) 溜口规格与矿车规格相适应等。

8.2.6.2 放矿漏斗口的闸门形式

放矿漏斗口闸门，按采用重力放矿还是振动放矿，分为重力放矿闸门和振动放矿机两大类。重力放矿闸门按其形式的不同，通常又有扇形闸门（有单、双之分）、插板式闸门、指状闸门、链状闸门与翻斗式闸门等。按启闭闸门的动力不同，有压气闸门、电力闸门、人力闸门、人力加配重闸门以及液压闸门。

(1) 插棍式和插板式放矿闸门。这是一种简易闸门，如图 5－20 所示，通常是在开采薄矿体或放矿量小时采用。

(2) 扇形闸门。这种闸门又分单、双扇形闸门两种。双扇形闸门如图 8－24 所示。放矿时，先打开小扇形闸门，当遇有大块或需要加快装车速度时，则短时间打开大扇形闸门，在矿车装满到 90% 时，将大扇形闸门关闭，用小扇形闸门继续放矿。双扇形闸门一般是在是生产量大时采用。

(3) 指状和链状闸门。指状和链状闸门均为大型闸门，用来向大型矿车放矿。漏口规格通常为 1.5m×1.5m，放出矿石的块度可达 0.7～0.8m。

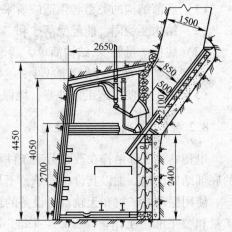

图 8－24　风动双扇形闸门

指状闸门，系用弯曲钢轨焊接而成，如图 8－25 所示。闸门用气缸开启，靠自重关闭。放矿强度大，放出矿石的块度也较大，装车快，但易从指缝中漏出细碎矿石。

链状闸门，如图 8－26 所示。它通常由 5～7 根 1.2～1.6m 长的粗链条组成，链条每个链节重量可达 20kg。铁链上部挂在钢梁上，下端各有圆柱状悬锤。

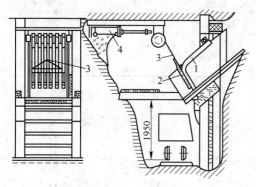

图 8－25　指状漏口闸门

1—钢轨；2—链子；3—钢绳；4—气缸

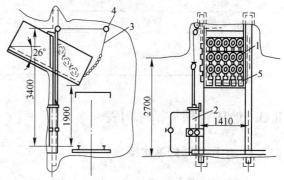

图 8－26　链状漏口闸门

1—链条；2—气缸；3—钢绳；4—滑轮；5—重锤

闸门用气缸开启，靠自重关闭，动作简单。与指状闸门相比，链状闸门漏粉矿少，放出块度可更大，维修简便，放矿可靠。但在含水和泥浆大时，易发生冲开链的"跑矿"事故。

（4）振动放矿机放矿闸门。图 8－27 是振动放矿机放矿闸门示意图。它排除了过去漏口装矿所使用的闸门形式，取而代之的是振动放矿机。

依靠开机时振动给矿，停机时流动截止控制向矿车装车的给矿量。这种装车设施，工作可靠，粉尘少，不易出现"跑矿"事故，处理大块容易。

我国目前采用的振动放矿机的电机功率为 1.5～30kW，长×宽的尺寸为 1830mm×810mm～5200mm×1360mm，机重 300～4000kg，振动台面倾角 10°～20°，设计生产能力为 300～750t/h。

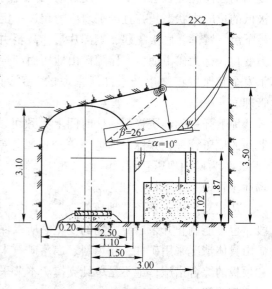

图 8－27　振动放矿机放矿闸门结构示意图

（尺寸单位：m）

如表 8－4 所示，为振动放矿机与风动闸门的技术经济指标对比。

表 8－4　振动放矿机与风动闸门的技术经济指标对比

技术经济指标	振动放矿机	风动闸门	技术经济指标	振动放矿机	风动闸门
技术生产率/t·h⁻¹	500～600	300～400	堵塞情况	不易堵、少冒矿	常堵塞、易冒矿
放矿工生产率/t·班⁻¹	100	50	崩斗炸药消耗量	极少	0.8～1kg/100t

技术经济指标	振动放矿机	风动闸门	技术经济指标	振动放矿机	风动闸门
矿石装满系数	0.9~1	0.7~0.8	钢材消耗量/t	可减少1.5	1.5
安全性	好	较好	维护木材消耗量/m³	0.5	2~3
劳动强度	低	较高	混凝土用量/m³	6	0
设备直接成本	大致相等		安装工时/工班	12	12
动力消耗	较少	较多	维修工时/h	4	一个钳工维护两个风动闸门

8.3　地压管理与循环图表

8.3.1　地压管理的基本概念

在矿区范围内的岩体，可认为是密实和连续互相挤靠在一起的，其内部的应力也是平衡的。但在内部开辟了采场或形成开采空间以后，就破坏了原岩中的应力平衡，在开采空间周围的岩体内，应力会发生较大变化。有的部位升高，有的部位降低；有的部位会由强度高的三向应力状态，变为强度低的二向应力状态；有的部位会由压应力状态转变为强度极低的拉应力状态，并且当围岩应力超过一定限度，结合原有的裂隙弱面还会伴随产生顶板下沉、冒落、底板隆起、侧部片帮，甚至引起岩石自爆。这种由采矿引起的岩体内部应力变化，称为矿山地压。伴随矿山地压而产生的现象，称为地压显现。在地下开采中，为了安全和保持正常生产条件所采取的一系列控制地压显现的综合措施，称为矿山地压管理。

地下开采的地压管理，从时间上大致可以划分为两个阶段：一是矿块（采场）回采期间的地压管理，亦称采场地压管理；二是矿块回采结束以后的地压管理（含空区处理等），称为矿山地压管理；两个“地压管理”是密切联系在一起的。但在这里讲的是“采场地压管理”基本概念和方法。

从狭义上讲，采场“地压管理”，也称为采场（采空场）支撑。但任何强大的支撑手段，也不能制止开采后应力场的变化。所以保持回采期间开采空间的相对稳固性，是针对矿山具体情况采用矿柱、充填料、崩落矿石来支撑的综合手段。而人为支撑回采空间两帮和顶板的综合措施，绝不是单纯支撑。本节采用传统方法来讲“地压管理”，是因为从狭义上阐明问题比较直观清楚。

在金属矿床地下开采中，采场支撑是地下开采的主要生产工艺之一。研究它的目的，是防止围岩在回采期内发生较大的移动和保证作业人员工作安全。

正确选择回采期间的采场支撑方法，具有非常重要的现实意义。采场支撑方法是影响矿山安全工作、矿石成本、矿石贫化和矿山生产能力的最主要因素。当前在金属矿床地下开采的采矿方法分类中，仍然是以采场支撑方法作为基础。

8.3.2　影响采场地压显现活动的因素

地压的大小和特点与许多因素有关。这些因素可以分为两组：一是自然因素，如原岩应力、矿体埋藏深度、矿体的规模、形状、厚度和倾角等；二是开采过程中形成的因素，比如采场支撑方法、开采空间的大小、形状和相互位置，工作面推进速度、落矿方法、回采强度周期等因素。

一般说来，在影响地压大小的因素中，最主要的是矿体和围岩的稳固性以及开采深度。随着开采深度大幅度加大，回采的方法和参数都必须相应改变，如减小顶板暴露面，限制采用空场采矿法，加大矿柱尺寸等。

在深部矿床的开采中，开采空间围岩的应力可增长到很大的数值，当超过一定限度后会引起冲击地压、岩石自爆或塑性变形，破坏矿柱的稳固性。

8.3.3　保持开采空间稳固性的方法

保持开采空间的稳固性，具体可从以下七个方面来做工作。

（1）限制开采空间和两帮暴露面的跨度。开采空间的顶板和两帮的稳固性，不仅取决于矿体和岩体的坚固性和围岩地压，同时也取决于人为开采后所形成的暴露面的跨度和面积。如果顶板和两帮的暴露面过大，将会导致许多不良后果：顶板和两帮局部或者大范围冒落，"地压"活动激烈，支柱损坏，矿石回采的损失与贫化增大，造成事故和停产。反之，顶板和两帮暴露面的尺寸若选择正确，在同样矿岩条件下，可能不需要人工支撑而也能维持很久不跨落或只用较少的人工支撑维护费用。所以，保持矿岩暴露面处于稳固状态的最主要方法，就是要正确选择矿岩暴露面的面积和跨度。

为了保持顶板暴露面跨度不超过允许范围，最有效的方法之一是，随工作面的推进崩落顶板围岩（见图 8 - 28）。

当顶板暴露面跨度不大时，用立柱即可支撑围岩。但随着工作面推进，跨度增大，地压也逐渐加大，以致最后不仅工作空间的支柱被压垮，甚至直接靠近工作面的支柱也支撑不住的程度。在这种情

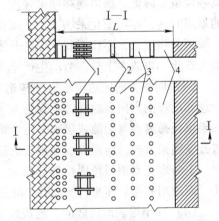

图 8 - 28　崩落顶板开采示意图
1—木垛；2—立柱；3—工作空间；4—工作面

况下，为降低工作空间和工作面支柱的压力，可以崩落一段顶板，以缩短暴露面的跨度，这项工作称为放顶。放顶在国内有多种方法，目前用得最多和最省钱的放顶方法就是撤柱。

图 8 - 28 中顶板岩石形态近似于悬臂梁，它的允许跨度 L 取决于岩石性质和矿体厚度。顶板暴露面跨度超过 L 即应放顶，放顶的长度称为放顶步距，需要控制。

放顶时顶板冒落的特点，也因岩石的性质而异。软岩冒落的范围由小而大，速度平缓；硬岩冒落时崩落范围大，有时还会突然冒落。

实践证明：使矿房的顶板成为拱形（如在房柱采矿法中）可以显著提高稳固性。从理论上讲，拱的高度应等于自然平衡拱高度。自然平衡拱的高度与矿岩性质及顶板暴露面的跨度有关。生产中必须根据具体情况确定，拱高可高于或低于自然平衡拱高。表 8 - 5 为自然平衡拱高度参考表。

表 8 – 5　自然平衡拱高度参考表

许用应力系数	跨度/m										
	6	8	10	12	16	20	24	30	36	42	48
0.1	0.4	0.9	1.4	2	3.5	4.7	6.6	8.7	10.8	12.9	15
0.2	0.2	0.6	1	1.5	2.7	3.8	5	6.5	8.2	9.9	11.6
0.3		0.4	0.8	1	2	2.9	3.8	5.2	6.5	7.8	9
0.4			0.2	0.8	1.2	2	2.8	3.8	4.8	5.8	6.8
0.5				0.2	0.6	1.4	2	2.6	3.4	4.2	5
0.6				0.2	0.8	1.2	1.6	2.2	2.8	3.4	
0.7					0.4	0.6	0.8	1.2	1.6	2	
0.8						0.2	0.4	0.6	0.8		

（2）提高开采强度，缩短矿块回采时间。因为岩石的强度常随时间增长而下降（蠕变现象），围岩中原有的闭合裂隙也会张开并纵深发展。岩体暴露后受风化和水的作用，其强度也要降低。所以提高回采强度、缩短矿块的回采时间，不但可以缩短采场顶板围岩的暴露时间，亦可简化采场支护，降低采场支护费用。

开采强度低，不仅不利于保持开采空间的稳固性；反而会导致支护费用增加，矿石的损失贫化、事故率上升，劳动生产率下降。

（3）回采方向应适应矿岩的构造。选择回采方向时，必须考虑矿岩中的裂隙、弱面片理和层理的方向。这样做不仅是为了提高落矿效率，也是为有利于保持顶板的稳固性。如果顶板暴露面与裂隙或层理平行，则顶板很容易离层、冒落，故需加强对顶板的支撑。若改变回采方向，会明显增加顶板的稳固性。

上向炮孔对顶板稳固性破坏较大，当矿体裂隙发育时，有时会被迫停止使用上向炮孔，而改用和接触面平行的炮孔，并用光面爆破。

（4）减小爆破地震效应。地震效应会造成开采空间的顶板和两帮开裂，破坏稳固性；同时起爆的炸药量越大，地震效应也越大。因此，为了减小爆破地震效应，在可能时应避免采用深孔和高威力炸药，而改用小直径炮孔爆破，并改变炮孔布置和爆破顺序。在进行大量爆破时，应尽量采用微差起爆。

（5）采用矿柱支撑。为保持开采空间的稳固性，实践中广泛采用矿柱支撑手段。矿柱既可作为独立的支撑，也可以与支柱、充填料、暂留矿石等结合进行联合支撑。矿柱可以留作以后不采的永久矿柱，也可以作为回采期暂时不采的临时矿柱。根据矿柱的作用和位置的不同，它可以分为：

1）保安矿柱，用来保护井筒和地表建筑与构筑物免遭围岩移动的矿柱；

2）阶段矿柱，在开采阶段中为保护上下阶段运输巷道而留的底柱和顶柱；

3）矿块或采区之间的矿柱，指两相邻矿块之间的矿房边界矿柱，亦称间柱；

4）工作面矿柱，是指在矿房或开采空间中留下的单个规则或不规则的矿柱。

阶段矿柱和房间矿柱，一般都是临时性矿柱。它的服务时间等于或小于阶段开采时间。其作用是支撑围岩、限制暴露面积，保证开采空间的稳定；并要保护矿柱内的阶段运输巷道和天井。对于阶段矿柱来说，顶柱一般是连续完整的，但绝大部分被矿块底部结构所削弱，支撑能力较差，再加上阶段矿柱易受上下盘岩层移动时的错动影响；从支撑能力上讲，阶段矿柱不及房间矿柱。

图 8-29 为开采急倾斜矿体矿块周围所留的矿柱。

开采缓倾斜矿体矿房所留矿柱，如图 8-30 所示。一般是在矿房与矿房之间留长方形、圆形、椭圆形等矿柱。这些矿柱在横向上有的被矿房联络道所切割，成单独矿柱；有的则为完整长条，称条带矿柱。作为几个矿房联系开采的采区，则必须留条带矿柱。如果开采空间的上覆岩层比较稳固，则矿房回采可直接采到顶板矿岩接触面。

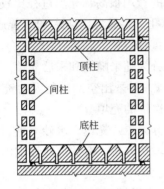

图 8-29　开采急倾斜矿体
矿块所留矿柱

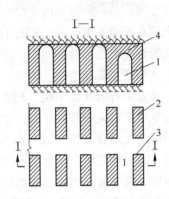

图 8-30　开采缓倾斜矿体矿房所留矿柱
1—矿房；2—房柱；3—联络道；4—护顶柱

用空场法开采缓倾斜矿体时，为缩小顶板暴露面跨度，继续保持大面积空场的稳定，可以在空场内部留工作面矿柱。工作面矿柱的形状和间距可以是不变或变化的。具体采用时，需根据顶板情况、矿石价值和品位分布等作分析确定。

矿房宽度和间柱尺寸取值范围很大，因为它与矿岩稳固性、矿柱的用途、矿体的开采厚度和开采深度有关。在《矿山岩体力学》里介绍了许多具体计算矿柱尺寸的方法，其都有各自的理论基础和实践检验依据。但由于矿山地质条件的复杂性和生产条件的多样性，计算的矿柱尺寸，应通过矿山生产检验后再作最后确定。

表 8-6 中数据系根据国外一个矿山根据生产检测确定的开采深度与允许暴露面积之间的关系摘录。该矿的矿石坚固性系数 $f = 6 \sim 7$，围岩 $f = 8 \sim 10$。当开采深度达 517m 时，矿岩稳固性变差，阶段上划分两个独立的矿房开采。

表 8-6　开采深度与允许暴露面积之间的参考数值

开采深度/m	307	367	437
上盘岩石/m³	900 ~ 1000	800 ~ 900	700 ~ 800
顶柱/m²	700 ~ 800	600	500

用矿柱支撑开采空间既简单、且经济，但是矿石的损失率很大，矿柱矿石回采率一般只有 50% ~ 60%；因此，对开采贵重矿石，有时包括开采中价矿石是不合理的。为开采这些矿石，近年来多采用人工混凝土胶结充填矿柱代替自然矿柱。

随着开采深度增加，到采深大于 800m 时，开采空间的围岩可能发生岩爆；这时就不能采用矿柱支撑。目前在深部开采中，为了支撑开采空间，多采用充填料支撑。

（6）采用充填料支撑。充填料支撑，是用惰性材料充填开采空间。惰性材料可以是废石、尾砂、碎石、砾石、炉渣及低标号混凝土等。充填料支撑，广泛运用于开采贵重、稀有金属和深部"难采"的矿床。

惰性材料充填，能起到的主要作用是：支撑围岩，减缓岩层移动，防止顶板冒落；加强矿柱稳固性和支撑能力；部分或全部取代矿柱，为回采矿柱创造条件，减少回采的矿石损失；开采高硫氧化自热矿床时，能抑制火灾发生。

充填料支撑，是一种可靠的支撑方法。虽然充填的费用很高，充填过程比较复杂，但是由于它能最充分地采出矿石，矿石损失小，坑木消耗少，又可以防水和改善通风条件，并能一次性的解决采空区处理问题，所以它的应用比重日益扩大。

根据充填与回采工艺的配合关系，充填料支撑可分为随采随充和采后充填。随采随充是指开采一部分矿石后（如 1 层、2 层或更小的范围），对采出空间进行及时充填；采后充填则是指整个矿房采完并将矿石放出后，再进行一次性的充填。

根据所用的充填材料和充填方式不同，充填可以分为干式充填、水砂充填、尾砂充填与胶结充填。每一种充填工艺都有不同的设备系统和输送方式，有关这些详细内容及充填体的强度问题，将结合充填采矿法的应用做具体讲述。

（7）采用人工支护。当开采不够稳固的矿体时，为保证回采工作的安全，可对开采空间进行人工支护。人工支护的形式很多，按照所用材料不同可以分为木材支护、金属支护、混凝土和喷射混凝土支护。

木材支护，常见的有以下几种：

1）横撑和立柱，如图 8 - 31（a）、（b）所示。横撑用来支承急倾斜薄矿体（厚度小于 3m），立柱则用来支承缓倾斜薄矿体，一般只承受轴向力；为扩大支承面可以加"木垫"或"柱帽"等。

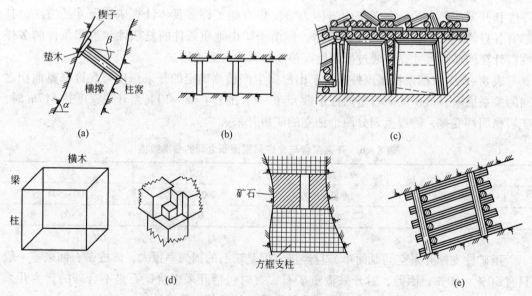

图 8 - 31　各种木材支护示意图

（a）横撑支柱；（b）立柱支柱；（c）棚架支柱；（d）方框支柱；（e）"垛积"支柱

2）棚子支护，如图8-31（c）所示。适合用于在小断面采矿巷道内支护。

3）方框支护，如图8-31（d）所示。它是由柱、梁、横木三种结构榫接而成的平行六面体。柱高一般为1.8~2m，方框平面规格为1.5m×1.5m，可用于任何厚度的矿体；当配用充填料时，以方框支承矿石、以充填料支撑围岩能够保护方框的相对稳定。

4）"垛积"支柱，如图8-31（e）所示。它是将木材层叠为四方形或三角形垛柱，以适应厚度较大的矿体支护；"垛积"柱，也可是混凝土垛或建筑石垛。

金属支护有金属棚子支护、锚杆支护或长锚索支护三种形式。

金属棚子支护强度大、使用期长、安装容易、能重复使用；但重量大、成本高。

锚杆是一种轻型金属支护，用钢管或钢杆加工制成，有点胀性锚固和全长锚固两种。点胀性锚固是在锚杆两端与岩层锚固，使其承受预加应力；全长锚固是在锚杆全长上借黏结或摩擦锚固。锚杆支护的主要特点是，它和围岩结合为一体，起到加固岩层并提高其承载能力的作用。

近年来，随着锚杆技术的发展，长锚索加固岩体的新工艺已在国内外广泛应用。长锚索是指在矿体或围岩中，按一定的网度，钻凿大直径深孔，在深孔内放置1~3根钢丝绳，然后注入水泥砂浆，使岩体锚接，以提高岩体的强度，防止顶板危岩冒落。我国凤凰山铜矿等试用长锚索与短锚杆联合支护，对于提高采场生产能力，保证采场作业安全，取得了良好的效果。

在地压较大、巷道结构形式较复杂的地段，如电耙巷道、采矿巷道，可采用混凝土或喷射混凝土支护。混凝土支护主要使用素混凝土；但在一些重要的部位（如"斗穿"与电耙道的相交处），还要配用钢筋或钢梁。

混凝土支护的整体性好、承压能力大；但无可塑性，抗爆破冲击震动性能差。

喷射混凝土和浇灌混凝土相比，施工速度快、节省劳动力和材料，在地压不太大、岩壁有较大裂隙时使用效果很好。

为保持开采空间的稳固性，有时也让采下的矿石暂时留住不放出，以作为临时支撑。

临时支撑一方面可以用作继续上采的工作台；另一方面也起缓冲两帮岩石或岩石柱子冒落的作用。但必须指出，用作临时支撑的矿石不能具有氧化、结块及自燃性质；否则，积久压实后就会放不出来。并且其围岩仍需要相当稳固，因为当矿块采完大量放矿时，如果围岩不稳而跟着放落，势必引起过分贫化。所以这种方法不能作为支撑围岩的主要手段。原因在于：

1）爆破碎胀后的矿石，具有很大孔隙，在未压紧前支承不住地压；

2）留下的矿石要经常放动，不可能也不允许压紧；

3）这些矿石最终有可能被全部放出。

8.3.4　回采作业的循环图表

8.3.4.1　回采作业循环的概念

在生产中，回采工作除了包括落矿、矿石搬运、采矿场地压管理这三项主要工艺以外，还有其他一些辅助工艺，诸如移动设备、接风水管、运送支护材料、处理浮石等。而回采作业的各项工艺，是按照一定的顺序循环进行的。

在回采工作面，按照一定顺序循环地重复完成各项工艺的总和，称为回采工作循环。

8.3.4.2　回采作业循环图表的功能

为了协调生产，表达或总结现有工艺，挖掘生产潜力，总结推广交流生产经验，人们就需要编制循环图表。最简单的循环图表，应表明回采工艺的顺序和各项工艺所需的时间；而较全面的循环图表，还要说明操作人员和作业位置的变化等情况。

回采作业工作中，有些工艺可以平行进行。平行作业可以缩短循环的总时间，提高采矿强度。但采矿强度提高程度与劳动生产率提高程度不成直接比例。有时在提高采矿强度时，要注意到各工艺的衔接配合，才能使得劳动效率也同步提高。

回采作业循环图表与回采的劳动组织关系极为密切，因此编制循环图表与确定劳动组织是同时进行的。我们编制回采作业循环图表的目的就是为了更好地安排与组织采矿生产。

8.3.4.3　回采作业循环图表的制作

制作回采作业循环图表，首先要掌握回采作业的各项工序和各项工序所需时间，然后将回采作业的各项工序作为纵栏，将各项工序所需时间作横排制表。

图 8-32 是某铜矿使用"浅孔"留矿采矿法的回采作业循环图表。

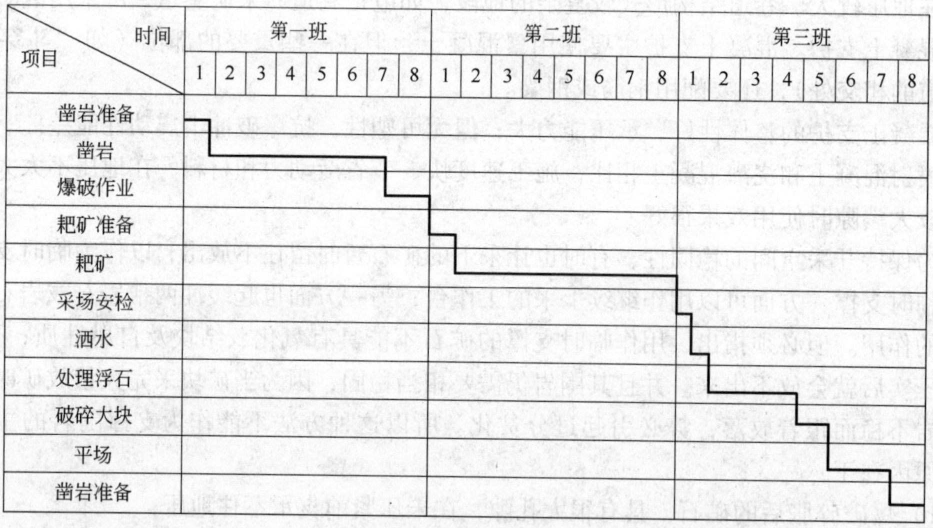

图 8-32　"浅孔"留矿采矿法的回采作业循环图表

复习思考题

8-1　矿块回采的主要工艺有哪些，各工艺的施工内容是什么？
8-2　回采落矿的炮孔布置方案有哪些，各自的适用条件是什么？
8-3　回采落矿效果如何评定，各评价指标受到哪些因素的影响？

8-4 何为落矿块度、大块产出率，降低二次破碎量的措施有哪些？

8-5 深孔落矿大块产出率高的原因是什么，怎么降低其产出率？

8-6 矿块内的矿石搬运方法有哪些，各自的适用条件是什么？

8-7 何为爆力搬运，爆力搬运的效果与哪些因素有关？

8-8 矿块底部结构按放矿方式（底部、端部、侧面）分有哪些？

8-9 设计电耙巷道底部结构时，应该着重考虑哪些参数？

8-10 振动放矿机应用推广很快的主要原因是什么？

8-11 矿块底部结构的放矿闸门有哪些类型？

8-12 插棍和插板放矿闸门的适用条件和特点是什么？

8-13 喇叭口、V形堑沟和平底"受矿"结构有哪些特点？

8-14 "卡漏"处理有哪几种方法，各自的适用条件是什么？

8-15 何为矿山地压管理，采矿场的地压管理有哪些措施？

8-16 影响矿山地压和采矿场地压显现的主要因素有哪些？

8-17 保持开采空间稳固性的方法有哪些，其实质是什么？

8-18 何为回采作业循环图表，它有什么作用，如何绘制？

采掘进度计划的编制

【本章要点】 采掘进度计划编制要求、编制原则与内容、编制计划的方法与实例

采掘进度计划，又称生产进度计划，是继矿山基建进度计划之后，安排逐年生产进度的指导性计划。采掘进度计划是根据回采顺序的合理超前关系、矿块的生产能力和新水平的准备时间等条件编制出来的。一般应该编制出从矿山投产那年起至达到设计能力，以及达产后逐年出矿计划和出矿品位，逐年掘进工作的进度安排。

就一般情况而言，采掘进度计划由设计部门编制，随同初步设计一起下达到矿山；矿山生产部门再按采掘进度计划，编制年度与季度的采掘作业计划，以指导生产。

9.1　采掘进度计划编制要求

9.1.1　编制采掘进度计划的目的

采掘进度计划的作用是多方面的，其目的是：

（1）为了验证矿山回采和"采准"工作的逐年发展情况；

（2）在产量验证的基础上，按开采技术条件进一步核实矿山能否在预定期以内达到设计生产能力，以及达到设计生产能力后能否持续稳产；

（3）具体安排矿体、阶段和矿块回采的先后顺序，逐年矿石产量和质量以及矿山投产和达到设计产量的日期；

（4）确定"采准切割"工作所需的超前程度；

（5）确定采掘工作所需的人员和设备数量。

9.1.2　编制采掘进度计划的要求

采掘进度计划实质，是将全部采矿设计决定具体化。它又是其他专业设计的主要依据资料。因此，在编制计划时一定要结合矿山特点，并力求做到以下几点：

（1）计划要体现国家对矿山生产的经济技术政策；

（2）计划所采用的各种生产技术定额，切实可行；

（3）在计划期内所完成的工程量应该做到均衡发展；

（4）编制的计划既要保持平均先进，又要留有余地；

（5）编制计划的图表和文字说明要清楚、准确。

9.1.3　编制计划所需的基础资料

编制采掘进度计划，需要具备以下的基础资料：

（1）国家要求的逐年产量与设计年产量；

（2）矿床开拓、运输及通风系统图；

（3）各阶段的平面图、矿体的纵剖面图和矿体的回采状况图；

（4）各阶段及各矿块的工业储量表，矿石开采的损失率和贫化率计算资料；

（5）基建进度计划表（表明矿山从开拓掘进之年起至达到产能期间的基建工程进度计划）；

（6）采矿方法设计所用的图（包括矿柱回采方法图）及其主要技术经济指标（凿岩机台班效率、采场日生产能力等）；

（7）"采准"与回采计算资料；"采准"与回采的井巷工程量；

（8）如系改建或扩建矿山，还需矿山近期的生产进度计划及开采现状图。

9.2　编制计划的原则与内容

9.2.1　编制采掘进度计划的原则

编制采掘进度计划时，应考虑以下的原则：

（1）尽可能提前达到设计产量，以满足国民经济发展和市场调节需要。根据矿山条件，采取措施（如由小到大，分期建设分批投产等），提前安排投产。

（2）遵循合理的开采顺序。例如，开采多层矿体或多个相邻的矿体，应首先采出上层，然后再采下层；在回采下层或阶段矿体矿柱时，不能破坏上层或上部矿体的运输和通风系统；矿柱也要及时回采。

（3）正确处理优先开采富矿和贫富兼采问题。在不破坏合理开采顺序、不影响开采运输和通风系统的前提下，允许优先开采富矿段，以便为企业创造初期效益，充分发挥投资效果。不具备上述条件时，应坚持贫富兼采。

（4）保持矿山产品产量与质量的稳定。多金属矿床和多种有用矿物的矿山，要尽可能综合开采、综合利用；保持各种矿产品的逐年产量和质量，使其在比较长的时期内相对稳定，其波动范围一般也应满足选矿和冶炼要求。

（5）采掘进度计划要与基建进度计划相适应。为使矿山基建与生产很好衔接，矿山开拓、生产探矿、采准与回采间应有合理的超前关系，保有的三级储量要能满足矿山持续、均衡生产的需要；每年所需设备、人员和材耗应保持平衡。

（6）尽量控制生产作业线的范围。一般情况下，同时作业的阶段数不宜多于 3 ~ 4 个，同时回采的阶段数不宜超过 1 ~ 2 个。

（7）保持矿山通风条件良好，运输畅通和安全、卫生、防火设施完善。

9.2.2　编制采掘进度计划的内容

采掘进度计划的内容，应该根据矿山具体条件而定。一般分采矿（回采）进度计划图表和掘进进度计划图表两部分。对大型矿山，有时分矿体或矿带编制采矿进度计划。

（1）采矿（或回采）进度计划图表。采矿（回采）进度计划图表，主要反映回采工作逐年的发展状况；对多品级矿山，应在此图表中标明各种品级矿石的逐年产量和质量的变化情况。一般勘探程度较好，高级储量较大的矿山，采矿进度计划图表可按矿体、阶段、矿块编制，其采矿方法、矿石储量、出矿任务等能编制的较详细；而对复杂矿床，因小矿体多、高级储量少，只能按矿山可能采矿强度计算各阶段逐年出矿量。

（2）掘进进度计划图表。掘进进度计划图表是反映矿山投产后井巷逐年掘进进度图表。一般是按设计确定的生产时期对开拓工程、生产探矿工程、按标准采矿方法计算的采准、切割工程，分阶段分作业项目逐年列出共作业量进度计划。该计划应保证回采与掘进的协调。

（3）采掘进度计划表。掘进进度计划可与采矿进度计划编制在一起，形成采掘进度计划表；可与基建进度计划编制在一起，但要另编回采进度计划。

9.3　编制计划的方法与实例

9.3.1　采掘进度计划的编制

采掘进度计划是在矿山设计阶段提出的。投产后经过生产探矿和采矿准备工作必将补充一定数量的新地质资料。为指导矿山生产，需在采掘进度计划基础上，根据新的地质资料和新的采掘要求具体地编制逐年的采掘计划、采掘季度计划和月计划。

大型矿山年度采掘计划，也是年度生产经营计划，是矿山一年工作的总纲。由矿山计划部门在对照上一年度各大指标完成情况基础上，按当年的实际情况进行编制。

采掘进度计划内应有上一年度完成情况的统计，本年度计划及下几个年度的规划。

年度采掘计划主要由工业总产值、主要产品产量、矿山作业量、选矿作业量、实现利润、上交所得税、上交调节税、上交产品税及直接成本等内容组成。其中与采掘进度计划直接有关的是矿山作业量。

矿山作业量是井下生产一年的工作目标。它主要包括：采掘总量（采矿量和副产量）、掘进量（开拓、生探、采准、切割）、出矿量、充填量、钻探量、万吨采掘量。

为了保证年度采掘计划的实施，应制定年度主要技术经济指标计划和年度作业计划。

采矿主要技术经济指标包括：原矿品位、采矿损失率、矿石贫化率、万吨掘进量、掌子面工班效率、凿岩机台班效率、全员劳动生产率、主要物料消耗。

这些指标从质和量两个方面控制生产任务的完成，包括设备效率、劳动消耗和物料消耗。

年度计划按采矿和掘进分别编写，都要具体落实作业地点（区段采场）、作业性质和内容。采矿作业计划的作业性质是采准、切割、矿房回采、矿柱回采，计划要反映全年及各个季度的切采量和回采量。掘进作业计划的作业性质是开拓、生探、采准、切巷。

年度计划也要反映出全年及各个季度的工程量。

年度计划对巷道进尺、采矿量和机台的安排，都是预估的，准确度较差。为了使计划尽量接近实际，编制时间应尽量提前，以留出足够时间进行探索和修改调整。

年度采掘计划和年度作业计划等经报请主管部门审查批准后，再编制季度和月度作业计划。季度作业计划也按采、出、充（充填法矿山）及掘进两部分编写，落实作业地点和作业内容。月度作业计划除规定作业地点、内容外，还要落实到班组、机台，具体规定台班效率及贫化损失指标。

采掘进度计划通常由表格和文字两部分组成。文字部分说明编制计划所依据的原始资料、编制原则和采掘顺序等；表格部分列出开采范围内各阶段的工业矿石量、品位及金属量；同时，根据设计推荐的采矿方法和矿床赋存条件所确定的矿石损失率、贫化率，计算出各阶段（或矿体、矿块）的采出矿石量、出矿品位和金属量，再根据可能的采矿强度计算出逐年的出矿量、出矿品位和金属量，并确定同时作业的阶段数目。采矿强度可按类似矿山开采年下降深度指标选取，或按各阶段的矿体走向大致划分矿块，然后根据设计所确定的矿块日生产能力计算各阶段、各矿体的出矿能力。为力求矿山逐年的产量、品种和品位均衡，在编制计划的过程中应采取具体措施，如局部改变回采顺序，增加备用矿块以减少采出矿石的质量波动等。

9.3.2　采掘进度计划的编制实例

编制采掘进度计划是一项复杂工作，往往是要经过反复多次的修改才能确定。

采掘进度计划的图表形式很多，设计时可根据矿山实际情况并参考采矿设计手册自行选取。

表9−1为季度采、出、充作业计划表；表9−2为季度掘进作业计划表；表9−3为某铅锌矿山应用全面法、"留矿"法、充填采矿法所编制的采掘进度计划表；表9−4为年度采矿作业计划；表9−5为年度掘进作业计划。这些表格，可供编制采掘进度计划时参考。

表9−1　××××年×季度采、出、充作业计划表

区　段	采场名称	采矿方法	作业性质	采矿量/t	出矿量/t	充填量/t	备　注
				全季	全季	全季	
东±0m	1号小矿体	普通充填	切采	2000	2000	500	
	0～4	普通充填	纯采	4000	6000	1200	
	⋮						
	一工区小计			34460	36300	5750	
西80m	2号E	VCR法	充填			2500	
	6～7号	VCR法	纯采	7000	5000		
	⋮						
	二工区小计			41460	41000		
⋮							
	坑口总计	VCR法 普通充填 机械充填					

表9−2　××××年×季度掘进作业计划表

区　段	作业地点及内容	作业性质	断面/m²	台效 /m³·工班⁻¹	工程量/m·m⁻³	备　注
					全季	
0m	6～8号穿顶板采场拉底	切割			40/160	一工区
−80m	6～7号VCR法采场进路	采准	6.4		32/205	二工区
⋮						
	各采矿工区小计				242/1421	
−40m	4～10号采场10−1天井	采准	4	10.17	37/147	
−120m	11～11号南上部硐室	采准	5.7		125/500	
⋮						
	掘进一队小计					
⋮						
	掘进二队小计					
	坑口总计					

表9-3　某铅锌矿采掘作业进度计划表

阶段名称	矿块或矿段采矿方法	矿房矿柱	工业矿量/t	品位/% Pb	品位/% Zn	采出矿量/t	品位/% Pb	品位/% Zn	采准工作 平巷/m	采准工作 天井/m	切割工作 副产矿量/t	切割工作 工作量/m³	切割工作 切割出矿/t	回采工作 回采中出矿/t	回采工作 大量放矿/t	月掘进效率 采准平巷及天井/m	月掘进效率 切割/m³	月掘进效率 回采/t	月掘进效率 大量放矿/t	第×年 7 8 9 10 11 12	第×年 1 2 3 4 5 6 7 8 9 10 11 12	第×年
一	Ⅱ-5-1（全面法）	房	11650	0.36	4.22	11391	0.32	3.8	130	92	1077	505	—	10314	—	100/70	500	3300	—		1077t 7t/d	10314t 120t/d
		柱																				
二	Ⅲ-1-1（充填法）	房	16866	8.62	16.59	17237	7.84	15.10	294	140	1176	962	—	12973	—	100/70	500	1925	—	706t 4t/d	3088t 29t/d	12973t 70t/d
		柱																				
	Ⅲ-3-1（"留矿"法）	房	20561	1.04	1.11	21287	0.88	0.94	168	75	541	1747	3045	5900	11801	100/70	500	1513	4400	541t 3t/d	3045t 15t/d	5900t 55t/d ～1180t 160t/d
		柱																				
	Ⅲ-2-1（"留矿"法）	房	11895	0.13	5.17	12315	0.11	4.39	25	58	1057	1148	4003	2418	4837	100/70	500	1513	4400		1057t 17t/d ／ 4003t 31t/d	2418t 55t/d
		柱																				
	Ⅲ-5-1（全面法）	房	8589	0.43	2.02	8657	0.36	1.67	290	82	1906	339	369	3767	—	100/70	500	3300	—		1906t 8t/d	369t 26t/d
		柱	…											2615				1238				
	…	…	…	…	…	…	…	…	…	…	…	…	…	…	…	…	…	…	…			…

副产矿石/t　1247
生产能力/(t·a⁻¹或t·d⁻¹)　1247/7
平均出矿品位(Pb/Zn)/%　4.82/8.96
年采出金属量(Pb/Zn)/t　60.11/111.70
年(季)度工作量(采准/切割)/m·m⁻³　506/—
年度保有矿量(备采/开拓)/10⁴t　2.56/6.1
同时工作凿岩机台数/台　1

表 9-4　×××年采矿作业计划

区段	采场名称	采矿方法	作业性质	上年度末备采矿量/万吨	贫化率 %	采下废石量/万吨	采矿量/万吨	损失率 %	损失矿量/万吨	动用储量/万吨	采矿作业计划/万吨 切采量 全年	一季	二季	三季	四季	回采量 全年	一季	二季	三季	四季	切割回采量合计	本年度末预计备采矿量/万吨	备注
东±0m	Jb5矿体	充	采	(3.47)	10	0.01	0.10	5	0.005	0.095	0.10				0.10						0.10	(3.375)	
	0~4号	填	采	2.145	13	0.13	1.00	6	0.006	0.93						1.00	0.30	0.30	0.30	0.10	1.00	1.215	
		回	采																				
…	…																						
…	小计																						
	总计																						

表 9-5　×××年掘进作业计划

区段	作业地点与工程内容	作业性质	断面/m²	工程量/m·m⁻³ 全年	一季	二季	三季	四季	采准天井/条	开拓天井/条	备注
东±0m	Jb5矿体采场天井与硐室	采准	4	86/344	86/344				2		
	矿体采场拉底巷、顺路井	采准	4	60/188			30/120	30/68		1	
	…										
	小计										
东-40m	0~6号底采场天井与硐室	切巷	5.7	43/172		43/172					
…	…										
	小计										
	总计										

复习思考题

9-1 为什么要编制采掘进度计划?

9-2 编制采掘进度计划的原则是什么?

9-3 采掘进度计划一般要反映哪些内容?

9-4 采掘进度计划与采掘作业计划有何不同,采掘作业计划如何编制?

9-5 年度作业计划和季度作业计划、月度作业计划的主要区别在哪里?

第 4 篇

金属矿床的地下采矿方法

金属矿床地下开采，除了要做大量的开拓和采矿准备工作以外，还要研究矿块（或采区）的采矿方法。但是何为采矿方法？它的分类究竟有哪些？采矿方法单体设计怎么做？本篇针对这些问题着重介绍地下采矿方法的分类、空场类采矿方法、充填类采矿方法、崩落类采矿法、采矿设计与采空区处理等内容。

 10 地下采矿方法概述

【本章要点】地下采矿方法的基本概念、地下采矿方法的分类与应用情况

10.1 地下采矿方法的概念

从前面的学习中我们已知道，金属矿床地下开采，必须先把井田划分为阶段或盘区，再把阶段（或盘区）划分为矿块（或采区）。而矿块（或采区），就是基本的回采单元。

所谓金属矿床的地下采矿方法，就是从矿块（或采区）中把矿石开采出的方法。它包括在矿块（或采区）中的采准、切割和回采三项工作内容。采准，是按照矿块构成要素布置井巷工程，目的是要解决矿块回采中的行人、矿石运放、设备材料运送、通风、联络等问题；而切割是为回采创造必要的落矿空间和自由面；待这两项工作完成后，才能直接进行大面积回采。所以采矿方法的实质，是采准、切割和回采工作在时间与空间上的有机配合。

采矿方法与回采方法是两个不同概念。在采矿方法中，落矿、矿石搬运和"地压管理"这三项主要作业在时间与空间上的配合关系，称为回采方法。但开采技术条件不同，回采方法也不相同。所以矿块的开采技术条件，在选择采用何种回采工艺时起着决定性作用；而回采方法的实质即为采矿方法核心内容，并由此来反映采矿方法的基本特征。所以采矿方法，通常是以回采工艺来进行命名的，并由它来确定矿块的采准、切割方法和采矿准备与切割巷道的位置。

在采矿方法中，有时将矿块划分成矿房与矿柱并作两个步骤开采，即先采矿房，后采矿柱，这种形式的回采方法称为房式采矿法；如果阶段划分成矿块后，不再划分成矿房与矿柱，而是将整个矿块作一次采完，这种采矿方法，就称为全面式采矿方法。

10.2　地下采矿方法的分类

10.2.1　地下采矿方法的分类目的和要求

金属矿床的赋存条件复杂，矿石与围岩的性质多变，加之科学技术发展，新设备和新材料不断涌现，新工艺日趋完善，一些旧的、效率低和劳动强度大的采矿方法被相应淘汰；而同时在实践中又创新出各种各样与具体矿床赋存条件相适应的采矿方法，所以目前存在的采矿方法种类繁多、空间结构也比较复杂。尽管这些采矿方法都有各自的特征，但彼此之间也存在着一定共性。

为了认识不同采矿方法的实质，掌握其内在规律与共性，进一步寻求更加科学、更趋合理的采矿方法，需要对它们进行分类，以便在生产实践中更好地选择与使用。

金属矿床的地下开采方法分类，应该体现出如下要求：

（1）分类应该能够反映出每类采矿方法的最主要特征，各类别之间界限清楚；

（2）分类应该简单明了，不宜繁琐庞杂，体现出新陈更替，如目前正在采用的采矿方法必须逐一列入，而明显落后或趋于淘汰的采矿方法应从中删除；

（3）分类应该方便于进行选择、比较、评价与改进和研究。

10.2.2　地下采矿方法的分类依据

目前，地下采矿方法的分类方法很多，且各有依据。本书采用设计部门所用的分类方法，即以回采过程中，采矿区域内的"地压管理"方法作为依据。因为这种分类，既可以反映出各类采矿方法的主要特征，又能明确划定各采矿方法之间的根本界限，同时它对于采矿方法的比较、选择、评价与改进工作也很方便。

10.2.3　地下采矿方法的分类特征

根据采区的"地压管理"方法不同，目前的地下采矿方法分为三大类，每一大类采矿方法，又可按不同采矿方法的矿块结构、回采工作面形式、落矿方式进行分组。

（1）空场法。通常是将矿块划分为矿房和矿柱两步回采。先采矿房时所形成的采空区，一般不做处理，用周围的矿柱和围岩自身的强度维护其稳定性；而矿房开采中留下的矿石，不能作为支撑采空场的主要依靠手段；采空场要依靠矿岩的稳定性来支持。

所以使用这类采矿方法的基本条件是，矿石与围岩均要稳固。

（2）充填法。此类采矿方法一般也分矿房与矿柱两步回采；也可以不分矿房与矿柱，而连续回采矿块。矿石稳固时，一般作上向回采；对矿石和围岩稳固性差的，作下向回采。回采过程中的采空区及时充填，充填体是作为"地压管理"的主要手段。

围岩和采区不允许崩落和移动，是这一类采矿方法的基本使用条件。

（3）崩落法。不同于其他方法的是，矿块按一个步骤回采。随回采工作面自上向下推进，用崩落围岩的方法处理采空区。围岩崩落以后，势必引起一定范围的地表塌陷。所以，围岩能够崩落和允许地表塌陷，是崩落采矿方法使用的基本条件。

值得注意的是，现实生产中，已经应用到了跨越类别的组合式采矿方法。如，空场法与崩落法相结合的分段矿房崩落组合式采矿法、阶段矿房崩落组合式采矿法、空场法与充填法相结合的分段空场——嗣后充填组合式采矿法等。而对这些组合的金属矿床地下开采方法，在一般的分类表中还没有得到很好的完整体现。

表10-1就是按"地压管理"方法划分的地下采矿方法分类表。表中所列的三大类采矿方法，也是可以用于矿柱回采的方法。

表10-1　金属矿床地下采矿方法分类表

按"地压管理"分	采矿方法的类别	采矿方法分组	采矿方法名称	采矿方法的主要分类方案
自然支撑采矿方法	空场法	分层（单层）空场法	全面采矿法	普通全面法、"留矿"全面法
			房柱采矿法	浅孔、中深孔落矿房柱法
			留矿采矿法	薄矿脉的"留矿"法、"浅孔留矿"法
		分段空场法	分段采矿法	有底柱分段、"连续退采"分段采矿法
			爆力运矿采矿法	
		阶段空场法	阶段矿房法	水平、垂直深孔阶段矿房法
				垂直深孔球状药包落矿阶段矿房法、VCR法
人工支撑采矿方法	充填法	分层（单层）充填法	干式废石充填采矿法	根据充填料和充填方式不同分： 1. 干式（废石）充填法； 2. 湿式充填采矿法； 　（1）水砂充填采矿法； 　（2）尾砂充填采矿法； 　（3）水泥充填采矿法。 3. 胶结充填采矿法
			上向水力分层充填采矿法	
			下向水力分层充填采矿法	
			壁式充填采矿法	
		分段充填法	分段充填采矿法	
			分段空场嗣后充填法	
		阶段充填法	阶段空场嗣后充填法	
			VCR法采矿嗣后充填法	
			房柱采矿嗣后充填法	
		支柱法	方框支柱、横撑支柱法	上向进路充填采矿法
崩落采矿方法	崩落法	分层（单层）崩落法	壁式崩落采矿法	长壁、短壁、进路崩落采矿法
			分层崩落采矿法	进路回采分层、长工作面回采分层崩落法
		分段崩落法	无底柱、有底柱分段崩落法	典型方案、高端壁无底柱分段崩落法
		阶段崩落法	阶段强制崩落采矿法	典型方案、分段"留矿"崩落法
			阶段自然崩落采矿法	

10.3　地下采矿方法应用概况

10.3.1　国内金属矿山各类地下采矿方法的使用情况

采矿方法演变，反映出一个国家或一个地区矿山生产的经济技术能力和采矿工业技术水平。过去我国使用的采矿方法都比较简单，而且机械化程度不太高，劳动生产率低；但是经过多年的采矿生产实践和引进、吸收国外先进技术工艺，我国的采矿方法应用情况已发生了很大变化。

　　根据国家有关部门（工业普查）的统计：在我国金属矿床地下开采矿山中，空场法、充填法和崩落法的应用比重分别是 59.2% 、5.8% 和 33.0% 。而其中有色金属矿床地下开采的矿山中，三大类采矿方法的应用比重分别为 55.5% 、11.4% 和 33.1% 。空场法中单是"留矿"法，应用比重就达到 2/3，而且长期保持这个状况。在国家对 17 个省的 120 个中小型矿山的调查，"留矿"法的应用比重还达到了 82% 。这说明我国中小型金属矿山企业的矿床条件是，急倾斜薄矿脉和零星小矿体居多；同时也说明"留矿"法的工艺简单、管理经验成熟、生产技术易于掌握；所以，在我国中小型金属矿山中得以广泛使用。

　　充填采矿方法，在我国应用已有很长的历史。但过去都是用干式充填和方框充填，生产能力小、效率低、材料消耗高。随着国民经济的迅速发展，老式的充填采矿法已远不能满足人们对矿石日益增长的要求，以至于曾面临即将被淘汰的境地。然而，充填采矿法具有矿石回收率高、损失贫化低、能有效防止地表沉陷等特点，这对开采高价值矿和高品位矿或埋藏较深的矿床具有重要意义。因此，许多金属矿山都从实现采矿场的采、装、运机械化入手，改革回采与充填工艺，并大力推广应用充填料的管网输送新技术，使充填采矿方法的综合经济技术指标大幅度提高。

　　现在干式充填法和方框充填应用很少，取而代之的是水砂或尾砂充填与胶结充填，并在此基础上，向物料自动制备、自动控制、自动检测方面完善。随着开采深度进一步增大，对环境保护规定日趋严格和充填技术的成熟，充填成本的下降，充填采矿方法的应用范围将会进一步扩大。

　　崩落采矿法，在"地压管理"上属于一种经济高效的采矿方法。它在黑色金属矿山地下开采中的应用比重较大，其中以分段崩落法的发展最快。在我国黑色金属矿山的地下开采中，大部分都采用无底柱分段崩落法；而近些年，又向高端壁无底柱分段崩落法方面发展。这些采矿方法不仅效率高、灵活性大，而且用一个步骤就能采完矿块和处理好采空区。

　　分层崩落法，对开采条件复杂的高价值矿床或矿体与矿脉是行之有效的；但生产能力小、效率低，使用比例越来越小；若无有效的改进，有可能被下向分层胶结充填采矿方法所取代。

　　近些年来，我国有色金属矿山地下开采中很少使用阶段崩落法和无底柱分段崩落法的原因是，地面不允许陷落范围的限制和崩落法的采矿损失率比较高。

10.3.2　国外金属矿山各类地下采矿方法的使用情况

　　纵观我国采矿方法的发展历程，国外有些经验可以借鉴。目前，国外采矿业比较发达的国家有美国、俄罗斯、加拿大、瑞典、法国、英国、日本、赞比亚等。但这些国家的矿体都比较厚大，矿石品位也比较稳定。有关的技术资料特别适合国内一些大中型金属矿床开采时借鉴或参考。

　　从这些采矿业发达国家所统计的采矿方法应用比重看，过去也主要使用空场采矿法和崩落采矿法，而充填采矿法正在扩大应用比例。空场采矿法中，房柱采矿法和分段采矿法占了很大的比重；而崩落采矿方法中，则大量应用分段和阶段崩落采矿法。这样的比重分配，是与新设备、新技术、新材料在井下的应用分不开的。如前苏联在地下开采矿山中，曾广泛应用大面积底部放矿的分段和阶段崩落采矿法，但因无轨设备的引用，就从底部放矿逐渐转为端部放矿。

充填采矿法，在国外所占比重逐年增加。使用空场法后的采空区，大都进行嗣后一次充填，并尽量回采矿柱。例如，加拿大国际镍公司所属矿山，用 VCR 法嗣后充填法开采出的矿石量已占 2/3，而深部矿体的开采，普遍采用分层充填采矿法；澳大利亚应用下向充填法的比重高达 83%，加拿大在金属矿床地下开采中，使用下向充填法的应用比重也达到 42.5%；日本在整个金属矿床地下开采中，应用充填采矿法的比重也达到了 35.8%；其他国家情况，如表 10-2 所示。

表 10-2　国外金属矿山多种地下采矿方法的使用比重参考表　　　（%）

采矿方法名称		国　别						英国	前苏联（俄罗斯）	澳大利亚	赞比亚	国外 32 个国家及地区 232 个矿山的综合	
		美国	加拿大	瑞典	法国	日本	五国小计					按矿山计	按产量计
空场法	全面法	1.0										0.9	0.4
	房柱法	29.3	2.1	2.9	73.1	2.9		15.7	4.2			13.4	11.9
	"留矿"法	1.6	11.0	0.2	24.1	12.9	2.0	1.1				9.9	3.0
	分段采矿法	4.3	18.1			47	48	83.2	4.5	17	53.6	20.3	12.7
	阶段矿房法								37	0.7		0.9	8.3
	爆力运矿法											0.4	0.19
	小计	36.2	31.2	3.1	97.2	62.8	50.0	100	46.4			45.8	36.5
充填法	上向充填法			3.5		24.8						28.4	13.0
	下向充填法	2.7	42.5	0.8	2.8	11.0				83	46.4	3.4	0.7
	VCR 嗣后充填法		2.1									1.3	0.4
	支柱充填法	0.3	2.7									1.7	0.4
	小计	3.0	47.3	4.3	2.8	35.8	15.2					34.8	14.5
崩落法	分层崩落法											1.3	0.21
	分段崩落法	0.2	15.8	86					45.6			12.1	26.3
	阶段崩落法	60.6	5.7	6.6					8.0			6.0	22.5
	小计	60.8	21.5	92.6		32.5			53.6			19.4	49.0
	其他					1.4	2.3						

目前，世界各国家使用的采矿方法，都在向高效、灵活、低消耗和高回收率的方向发展。

复习思考题

10-1　何为"采矿方法"，它与矿块的回采方法有什么联系与区别？

10 - 2　金属矿床地下开采的采矿方法分类，究竟应该体现哪些要求？

10 - 3　为什么要以采空区的"地压管理"作为采矿方法的分类依据？

10 - 4　地下采矿方法有哪些基本类型，各类的基本适用条件是什么？

10 - 5　你能简述一下各类采矿方法在我国的实际使用状况吗？

10 - 6　国外采矿方法的演变和发展，能给我们什么启示？

11　空场类采矿方法

【本章要点】全面采矿法、房柱采矿法、留矿采矿法、分段采矿法、阶段采矿法

空场采矿法的实质，是把矿石和围岩的暴露面积和暴露时间控制在其稳固性所允许范围内，充分利用矿岩本身的自然支撑能力，把回采单元（即矿块或采区）的大部分矿石开采出来。这类采矿方法的共同特征，是将矿块或采区划分成矿房与矿柱进行两步开采：先采矿房，后采矿柱；在矿房回采过程中相应形成的采空区始终保持敞空，顶板围岩靠自身的稳固性及临时或永久性的矿柱进行自然支撑。这些临时或永久性的支撑，虽然也采用废石垛、木柱或混凝土支柱等，但其只起辅助支撑作用。采矿场基本上保持敞空，是空场类采矿方法的主要特征。

空场采矿法，根据矿房的回采方案分为单分层、分段和阶段三组，其相应的典型采矿方法有全面采矿法、房柱采矿法、留矿采矿法、分段采矿法和阶段矿房采矿法等。以下将按矿体的倾角、厚度序列介绍各采矿方法的内容及其适用条件。

11.1　全面采矿法

全面采矿法，是一种主要用于开采水平和缓倾斜薄矿体的空场采矿法。一般作为单层开采。它的特点是：阶段划分成矿块后，在矿块内切割成宽回采工作面；回采工作面沿着走向或沿倾斜或逆倾斜全面推进。采矿暴露面积较大，采矿作业在大面积暴露的顶板下进行。整个回采过程中，将矿体内所夹的废石或贫矿留下来不采（有时也是普通矿石），作为形状、大小与间距均不规则的矿柱，以支护采空的顶板围岩。当开采的矿体厚度不大，矿石又贵重时，为尽量回收矿产资源，回采过程中不留矿柱，而改用人工支柱、木垛、废石垛或混凝土垛等，取代矿柱支撑。

全面采矿法回采单元的划分比较灵活。开采水平和微倾斜（倾角小于5°）的矿体时，盘区的全宽作为工作面并沿着其长轴方向全面推进。盘区宽度，按采用的运矿设备确定：用自行设备搬运，取200~300m；用电耙设备搬运，取80~150m。盘区之间保留10~15m到30~40m的矿柱。对缓倾斜矿体的开采，将井田划分为阶段后再划分成规则的矿块，有时将矿块再沿倾向划为分段或沿着走向分成小区。

现以使用"浅孔"落矿、电耙搬运的普通全面法，作为典型方案介绍。

11.1.1　普通全面法方案

此方案在我国一些层状、似层状、扁平状的铜、锡金矿山应用较为多。

11.1.1.1　矿块布置及构成要素

矿块的布置方案与矿体倾角有关，当矿体倾角小于5°，即为水平或微倾斜矿体时，井田不划分为阶段（由于水平的金属矿床很少，这种布置很少见）。对于倾角大于5°的缓

倾斜矿体，按 15～30m 垂直高度划分阶段。阶段斜长 40～60m，阶段之间保留 2～3m 厚的顶柱和底柱。阶段内沿矿体走向布置矿块，矿块长度 50～60m；矿块之间留间柱，矿块的回采工作沿矿体走向全面推进。

采场承受的面积可以达到 1000～1200m² 。当采场承受的面积超大时，一般留不规则矿柱；不规则矿柱，有时可以用夹石代替，其间距视顶板稳定情况而定。如图 11－1 所示。

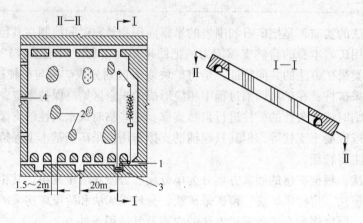

图 11－1　全面采矿法
1—运输巷道；2—支撑矿柱；3—电耙绞车；4—人行道

11.1.1.2　采切工作

全面采矿法的采准、切割工作，分脉外与脉内两种布置形式。阶段回采的作业点多，采取脉外布置；阶段回采作业点少或利用原有探矿巷道，则布置在脉内。采准、切割工作的主要内容包括：掘进阶段运输平巷、切割上山、切割平巷、矿石溜子、人行联络道和电耙绞车硐室等。

阶段运输平巷布置在脉外时，要加开放矿溜井与切割平巷。放矿溜井的距离，用移动式电耙时取 10～12m；用固定式电耙绞车时取 50～60m。阶段运输平巷布置在脉内时，沿底柱每隔 5～10m，布置一个矿石溜子；溜子上部刷大成切割平巷，作为回采的自由面。对应溜井或矿石溜子在运输巷道的另一侧开掘电耙绞车硐室。

切割上山开在矿块的边界，从切割平巷掘进到上部回风平巷，以此作为上下阶段的联络道及回采起始工作面。在间柱内自下向上每隔 10～15m 开掘行人联络道，随工作面推进，顶柱内也隔一定距离开掘联络道，以供通风和作为人员安全出口。若用前进式回采，阶段运输巷道的采准，应超前于回采工作面 50～60m。

11.1.1.3　回采工作

全面采矿法的矿块回采，可采用前进式或后退式。阶段之间，从限制地压的发展考虑，宜将上下的采矿场错开布置。矿块内以切割上山作分界，向一侧或两侧展开。每一侧工作面可布成直线的长工作面或沿阶段斜长的 2～3 个梯段工作面；布置成梯段工作面时，下部梯段应该超前于上部梯段 3～5m。

　　根据矿体顶板的稳固程度，工作面的推进方向，可以从沿着走向改变成逆倾斜方向或顺倾斜方向，后者经常成为扇形工作面推移。

　　全面采矿法，一般单层回采 3m 以下矿体；当矿体厚度较大时，改成正台阶分层回采。分层高度取 2~3m，上分层比下分层超前 3~4.5m，如图 11-2 所示。

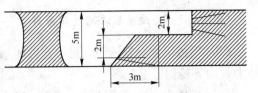

图 11-2　下向台阶工作面回采

　　（1）落矿。采用 1.2~2m 的"浅孔"爆破，以保证回采安全和减少采矿损失。

　　（2）采矿场的矿石搬运。由矿体的厚度与倾角大小决定。当矿体的厚度较小、倾角较大时，一般用电耙搬运。电耙绞车安在阶段运输平巷的一侧，也可以装在切割平巷或间柱的联络道内。当矿体的厚度较大、倾角很小时，用无轨设备运输。

　　（3）采矿场的顶板管理。视顶板围岩的稳固情况而定。采场内，可留形状不规则的夹石柱或贫矿柱与正常矿柱。留下支柱的位置既要保证单独支撑的面积，又要让电耙运行尽量不受到阻挡。矿柱的尺寸取决于顶底板的性质、矿体厚度等因素。一般圆形支柱的直径为 3~5m，间距为 8~20m。除此之外，还可用如下措施：

　　1）砌筑混凝土或废石垛。废石垛用掘进的废石砌成，成本低，但费工时；

　　2）使用锚杆支护。锚杆长 1.8~2.5m，网度为 0.8m×0.8m~1.5m×1.5m。锚杆支护比砌筑混凝土或废石垛的工作量少，而且有利于采矿场的矿石搬运。

　　为加强顶板管理，回采过程中必需切实做好顶板的安全检查工作，并派专人经常处理顶板和两帮的浮石；如遇顶板漏水等异常现象，要采取措施后再继续作业。

11.1.2　全面采矿法的应用评价

　　全面采矿法是一种工作面宽敞、采矿场支护灵活的空场采矿方法。它在金属矿床地下开采方法按产量计的应用比重中，目前 2.5% 的产量是用此方法开采出来。

11.1.2.1　全面采矿法的优点

　　（1）回采工艺简单、适应性强，随工作条件的变化可以改变矿块结构参数；

　　（2）采准、切割工程量小，巷道掘进的施工技术简单，采矿初期的投资省；

　　（3）对不同矿与夹石可分别对待或开采，采矿的损失贫化不大；

　　（4）在加强现场严格管理的情况下，通风条件良好；

　　（5）劳动生产率比较高，采矿成本低。

11.1.2.2　全面采矿法的缺点

　　（1）需要留下矿石矿柱且又不回采时，矿石的损失较大（最大达15%以上）；

　　（2）采矿场的顶板暴露面积较大，要进行严格管理，否则不利于安全生产；

　　（3）由于采场工作面积大、爆破下来的矿石难以集中，影响电耙出矿效率。

　　从发展的意义上考虑，全面采矿法的发展，依赖于改用无轨采装运输设备，对"留矿"全面法的电耙出矿底部结构进行简化，开采贵重或高价矿石时应寻求用机械化施工的人为支柱来取代矿石矿柱这三个方面的问题得到较好的解决。

注意："留矿"全面法的实质，是全面采矿法与"留矿"法的结合形式；在学习"留矿"法内容后，再返回来看这种采矿方法的采矿场底部结构，空间概念则容易建立。

11.1.2.3　全面采矿法的适用条件

（1）顶板围岩必须稳固，最小允许的暴露面积在 200～500m² 以上，矿石和底板围岩也要在中等稳固以上；

（2）矿体为水平或缓倾斜，倾角一般小于或等于30°；

（3）矿体的厚度在 5～7m 以下，最好是开采 1.5～3m 厚度的矿体；

（4）矿体产状要求比较稳定；

（5）允许开采的矿石品位分布不均匀或带有废石夹层。

11.1.3　全面采矿法的主要技术经济指标

我国部分使用全面采矿法的矿山所达到的主要技术经济指标，见表 11-1。

表 11-1　全面采矿法的主要技术经济指标

指标项目		普通全面法			"留矿"全面法		
		松树脚铁矿	车江铜矿	巴里锡矿	新冶铜矿	彭县铜矿	香花岭铜矿
矿块生产能力/t·d⁻¹		50～90	60～80	50～80		30～40	80
采掘比/m·kt⁻¹		6～18	13	30	21.4	23.9	17
损失率/%		14～20	4～6	8～13	6～9	19.23	11～24
贫化率/%		8～17	18～20	<15	19.28	7.29	14～30
掌子面工班效率/t		3.5～7.0	9～10	10～13	10.52		12.0
每吨矿石材料消耗	炸药/kg	0.47	0.29～0.54	0.29～0.63	0.37	0.51	0.4～0.6
	雷管/个	0.32～0.67	0.59～0.83	0.41～0.56	0.50	0.83	0.5～0.7
	导火线/m	0.3～0.69	0.90～1.62	0.92～1.07	1.4		0.02～0.03
	钎子钢/kg	0.017～0.032	0.09	0.06～0.08	0.04		0.9～1.1
	合金片/g	0.014～0.024	0.62～1.53	0.07～0.09	1.58	2.30	
	坑木/m³	0.0011～0.0057	0.0005～0.0006	0.003～0.007	0.00027	0.00079	0.00016

11.2　房柱采矿法

房柱采矿法，也是用于开采水平和缓倾斜矿体的一种空场采矿法。它的适用范围比全面采矿法广，其特点是在划分矿块的基础上，将矿房与矿柱相互交替布置。矿房回采时要留下规则的不连续的带状矿柱，支撑采空区的顶板围岩；开采缓倾斜矿体时，矿房的回采通常是自下而上逆倾斜面推进；开采水平矿床时，矿房回采则由一侧向另一侧推进；采下的矿石利用电耙或其他装运设备运出采矿场。

矿房回采后所留下来的矿柱，一般不回收。但当矿石贵重或品位高且矿体厚度较大时，为了提高矿块开采的综合技术经济指标，应对矿块的矿柱进行第二步回采。此外，为了减小地压，确保安全，尚需进行采空区处理，这也利于矿柱回采。

为便于第二步矿柱回采，可将矿柱布置成连续带状，并用两种方法回收：

（1）将矿房采空区随后充填，即矿房回采结束以后充填，然后回采矿柱；

（2）将带状连续矿柱逐渐切开，后退式地将分割出来的矿柱进行残采，最后强制或自然地崩落顶板围岩以处理采空区。

房柱采矿法可以开采厚与极厚矿体。由于矿房敞开的空间大，为大型设备作业提供了条件，所以是一种劳动生产率较高的采矿方法，在国内外金属和化工矿山都得到了广泛应用。

根据落矿与矿石搬运方法不同，房柱采矿法可以分为"浅孔"落矿电耙搬运方案、中深孔落矿电耙搬运方案和深孔落矿无轨设备搬运方案。当矿体厚大，且有条件采用大型无轨设备作业时，可采用无轨开采方案。

目前，无轨开采方案在国内外都得到了广泛的应用，它反映了房柱法今后的发展方向。

11.2.1 "浅孔"落矿的房柱法方案

此方案在我国一些似层状或透镜状的锑矿、汞矿、铁矿等应用较多，如图 11 – 3 所示。

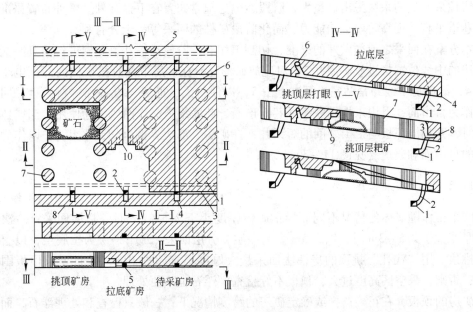

图 11 – 3 "浅孔"房柱采矿方法

1—阶段巷道；2—放矿溜井；3—切割平巷；4—电耙绞车硐室；5—上山；6—联络平巷；
7—矿柱；8—电耙绞车；9—凿岩机；10—炮孔

11.2.1.1 采区矿块的布置及构成要素

A 采区矿块的布置

缓倾斜矿体的井田划分阶段后，阶段再沿着矿体走向划分成采区。采区是具有单独运输和通风系统的回采单元，采区内沿矿体走向划分成多个矿块。每个矿块再划分为矿房与矿柱，矿块内的矿房沿矿体倾斜方向布置，并作为回采工作面。沿着走向每隔 4～6 个矿房留一条连续矿柱，两相邻带状连续矿柱之间的矿段可称为一个采区。采区长度，按采区之间条带状矿柱（隔离矿柱）的安全跨度和采区的生产能力，取 80～150m；每一个采区内，应考虑有不得少于 2～4 个回采矿房和 2 个以上正在做采矿准备与切割工作的矿房。

　　B　矿块的构成要素

　　矿块内的矿房长轴，可依据矿体倾角布置成沿着矿体走向、沿矿体倾斜方向或沿矿体伪倾斜方向。我国多用沿倾斜方向布置。

　　（1）阶段斜长，即矿房长度，由电耙有效耙运距离而定，一般取 40～60m。

　　（2）矿房宽度，主要取决于顶板允许暴露跨度，并和矿体的厚度、倾角和回采设备所需要的工作空间大小有关，一般取 8～20m。留下的矿柱若以后不回采，应尽可能按顶板围岩允许暴露的最大安全跨度来考虑。

　　（3）矿柱宽度（边长）或直径，按矿柱本身的强度和作用在矿柱上的载荷大小选取，并与以后是否回采有关。一般矿柱宽度取 3～7m，间距 5～8m。薄矿体顶板稳固性好时，其边长或直径取 3～5m，间距 10～20m。采区间连续矿柱厚度取 4～6m，薄矿体取 3～4m。

11.2.1.2　采准、切割工作

　　房柱采矿法的采区采出矿量大，阶段运输巷道常布置在下盘脉外。脉外布置采准，对保持巷道平直、提高阶段运输能力、简化阶段矿柱的回采等都十分有利。

　　本方案在回采之前须做好的采准、切割工作有：阶段运输巷道 1 掘进；由其一侧向每个矿房的中线位置掘进放矿溜井 2；对应放矿溜井，在矿房下部阶段矿柱内开掘电耙绞车硐室 4；沿矿房中线并紧贴底板掘进上山 5，以便行人、通风与设备和材料搬运，回采时以此作为自由面；上山末端用联络平巷 6 连通，此联络道又作回风平巷使用；当矿体厚度较大时，开掘向顶板与上山之间的短天井；在矿房下部边界掘进切割平巷 3，以作为下部回采的自由面和通道（见图 11-3）。

11.2.1.3　回采工作

　　回采工作随矿体的情况不同而异：矿体厚度小于 2.5～3m 时，整层回采，一次全采完；厚度大于 2.5～3m 时，以 2.5m 高为一层，分层回采。最下一层为拉底层，以上逐次分层挑顶。用"浅孔"挑顶的房柱法回采最大厚度不宜超过 10m，并且要求顶板围岩很稳固；否则，采空区高度过大，顶板不好检查、浮石也不便处理。

　　矿房的顶板，在正确选择或确定矿房的跨度情况下；一般只检查和处理浮石，而不支护。跨度大，可以适当保持其顶板的形状为拱形，以减少与矿柱转角处的应力集中；局部不稳固处可以留下矿柱支护顶层；当顶板整体不稳固时，原则上也不宜采用房柱采矿法，但在特殊条件下可以使用锚杆或锚杆加金属网支护。

11.2.2　中深孔落矿的房柱法方案

　　随着中深孔落矿技术和锚杆支护技术的发展运用，房柱采矿法的适用范围进一步扩大。目前我国已经对中深孔落矿房柱采矿法的使用，作了较大的改进。根据国内矿山的应用，本方案是崩落矿石作业人员基本上不进入采矿场的电耙出矿房柱法。它有切顶中深孔落矿和不切顶中深孔落矿两种。图 11-4 为荆襄磷矿王集矿区所使用的不切顶中深孔房柱采矿法。

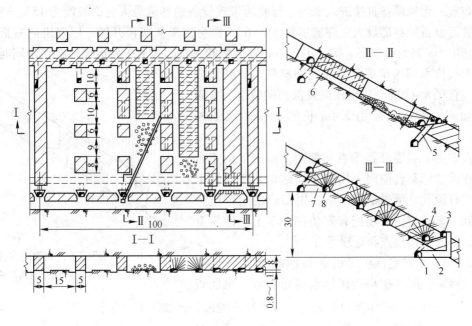

图 11 - 4　不切顶的中深孔房柱采矿法（尺寸单位：m）

1—阶段巷道；2—联络巷；3—联络平巷；4—切割平巷；5—放矿小井；

6—凿岩爆破上山；7—行人平巷；8—凿岩爆破平巷

　　该矿开采 8～10m 厚矿体，倾角 35°～39°，阶段高度取 30m，阶段之间保留 6～10m 矿柱。阶段内每隔 100m 划分采区，采区内分成 5 个规则矿房和成列的房间矿柱。矿房长轴与矿体倾向一致，跨度为 15m。矿柱宽度 5m。每个矿房内沿矿房两侧靠底板（常切入底板 0.8～1.1m）同时布置两条上山，利用上山进行上下联络、并向矿房钻凿上向扇形中深孔。工作面是逆向倾斜面推进，将成列的房间矿柱分割成 5m × 8m 的单个小矿柱，作永久损失。

　　回采的矿石，用电耙耙向下部矿石溜井。落矿人员限制在上山范围内作业。

11.2.3　用无轨设备回采的房柱法方案

　　20 世纪末，国外金属矿山（加拿大加斯佩公司的"针山"铜矿、美国的白松铜矿、瑞典的莱斯瓦尔铅锌矿和法国洛林铁矿区等）已广泛使用无轨设备回采的房柱法。

　　特别是法国的洛林铁矿区，使用这种无轨设备回采的效率很高，开采的厚度可达 16～24m，矿体的倾角近于水平，矿石与围岩顶底板均稳固。如图 11 - 5 所示。

　　矿体以盘区为回采单元进行采准，运输巷道

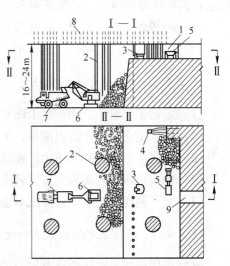

图 11 - 5　厚矿体无轨开采的房柱法

1—切顶工作面；2—矿柱；3—履带式钻车；4—轮胎式钻车；5—2.7m³ 前端式装载机；6—1m³ 短臂电铲；7—20～25t 卡车；8—锚杆；9—切顶平巷

环行布置，无轨设备直接进入采场。行驶履带式设备的巷道最大允许坡度为15°，行驶轮胎式装运设备的巷道最大允许坡度为5°～6°。矿房回采从切顶开始，用双机或三机凿岩台车切出5m高的切顶层。矿石用2.7m³前装机卸入自卸式卡车后运走。在切顶同时，用边界爆破技术切出矿房两侧的规则矿柱。矿柱留成圆形，直径8～10m，用钢丝绳或保护网缠绕，并用锚杆加固。矿房顶板用2.4m长的水泥砂浆锚杆锚固。

在矿房下端要开掘垂直切割槽，形成下向正台阶工作面。回采台阶时，用履带式钻车从顶层往下钻凿平行深孔。爆破后的矿石，用1m³的短臂电铲入自卸卡车运走。采场配有安装在卡车上的液压升降台，以便顶板检查和处理浮石。

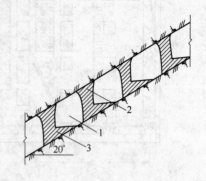

图11-6　矿房沿着走向布置的房柱法
1—矿房；2—矿柱；3—底板三角矿柱

采用这种方案，矿房的矿石回收率可以达到82%～84%；但在矿房沿矿体走向布置时，靠底板要留下一条大小与矿体倾角有关的三角矿柱不能回收，如图11-6所示。

11.2.4　房柱采矿法的应用评价

房柱采矿法，是开采水平和缓倾斜矿床最有效的方法之一。

11.2.4.1　基本适用的条件

（1）顶板围岩和矿石稳固；矿体倾角小于30°～35°；

（2）用"浅孔"落矿，厚度小于8～10m；用深孔无轨自行设备开采，厚度可达10m以上；但矿体厚度越大，对顶板围岩稳固性的要求越高；

（3）一般用于开采低价矿石或贫矿；

（4）当改变矿柱结构后，也可用于开采高价矿石。

11.2.4.2　房柱采矿法的优点

（1）采切工作量小，如锡矿山锑矿的采切比，为50～150m/万吨；

（2）回采工序与工作组织简单，工作面通风好，作业条件较安全；

（3）矿房生产能力和劳动生产率较高，采矿工效达30～50t/工班；

（4）便于应用高效率的大型无轨采掘设备来实现机械化开采；

（5）坑木消耗少，采矿直接成本也比较低。

11.2.4.3　房柱采矿法的缺点和改进措施

（1）采用房柱采矿法的缺点是，矿柱所占的矿石比重量较大，单独的矿柱占15%～20%；连续的矿柱占40%；而且一般都不回收，所以矿石的损失率高。

（2）减少矿柱损失矿石量的措施有三项：

1）利用锚杆加强顶板维护，相应增大矿房尺寸和减少矿柱数量；

2）将连续矿柱改为间断矿柱或在回采矿房时就部分回采矿柱；

3）提高开采强度、缩短顶板暴露时间，可减少留下矿柱损失。

11.2.5　房柱采矿法的主要技术经济指标

我国部分金属矿山使用房柱采矿法的主要技术经济指标，如表 11-2 所示。

表 11-2　我国部分金属矿山使用房柱采矿法的主要技术经济指标

指标项目		"浅孔" 房柱法			中深孔房柱法		
		锡矿山锑矿	福山铜矿	泗顶铅锌矿	湘西金矿	王集磷矿	牟定铜矿
矿块生产能力/t·d⁻¹		60~100	90~120	136	70		
采掘比/m·kt⁻¹		5~15	33	6.5	13.5		
损失率/%		20~30	13	11.5	14~17		
贫化率/%		5~10	15	17.2	5~10		
掌子面工班效率/t		10~14	10	14.25	7~8		
每吨矿石材料消耗	炸药/kg		0.35	0.396	0.275	0.42	0.719
	雷管/个		0.50	0.416	0.28	0.10	0.365
	导火线/m		0.80	0.934	0.62	0.02	0.487
	导爆线/m					0.27	0.690
	钎子钢/kg		0.03	0.016	0.015	0.13	0.600
	合金片/g		1.2	1.03	0.17	6.20	0.12（个）
	坑木/m³			0.0024	0.0002		

11.3　留矿采矿法

留矿采矿法，在以往的教材中曾经作为一类单独采矿方法提出。但经过实践证明：采矿场内暂时留下的矿石是经常放出和移动的，而采矿结束，采场内存留的大量矿石放出后，采场也保持敞空；因此，从实质上讲它仍然属于空场采矿法。

留矿采矿法，主要用来开采急倾斜极薄到中厚以下、矿岩较稳固、矿石无氧化性和自燃性的矿体。它的特点是：阶段划分成为矿块（极薄矿体不分矿房矿柱）后，按矿块全长自下而上分层回采。回采过程中，将每次落矿量的 1/3 借自重从矿块底部放出；其余矿石暂时存留在矿房内，以作为回采作业的工作台。待整个矿房回采完毕，在将留下矿石全部放出时，再回采矿柱和处理采空区。

我国有色金属矿山，能用此法开采的矿床类型很多，尤其是钨锡和黄金矿脉状的矿床开采，更是占了绝大多数，并且还难找到其他更有效的采矿方法取代。

长期以来，留矿采矿法也产生了许多变形方案。如人造假巷留矿采矿法、平底结构的电耙出矿法、平底结构的装矿机出矿法、天井吊罐留矿采矿法等，但这些仍然是以"浅孔留矿"法为主。过去的所谓"深孔留矿"法，在矿块结构和回采工艺上，与后面将要介绍的阶段矿房法基本相同，所以此处没有必要再作方案分述。

11.3.1 "浅孔留矿"采矿法

"浅孔"落矿的"留矿"法,简称"浅孔留矿"采矿法。它主要用于开采中厚度以下急倾斜、脉状矿体。矿块一般沿着矿体走向布置。如图11-7所示。

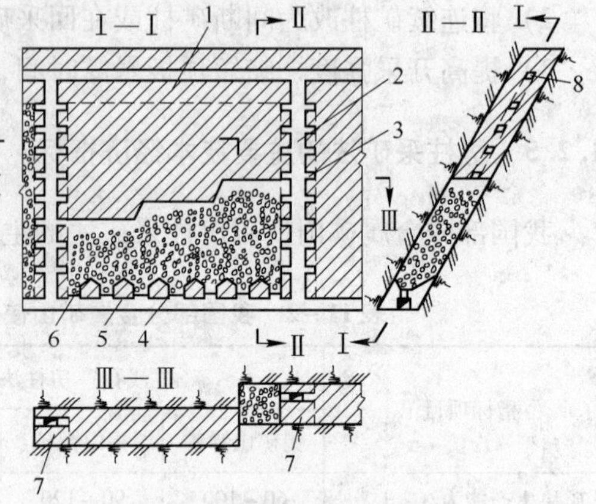

11.3.1.1 矿块的构成要素

(1) 阶段高度。取决于围岩稳固性与矿体倾角等。一般在保证安全和顺利进行回采前提下,应用较大的阶段高度,通常为40~60m。

图11-7 "浅孔留矿"采矿法
1—顶柱;2—天井;3—联络道;4—崩落矿石;
5—阶段平巷;6—溜井;7—间柱;8—回风巷

(2) 矿房长度。决定于矿体厚度及矿岩的稳固程度,一般情况下为40~60m,矿房的暴露面积可以达到400~600m²。

(3) 矿房宽度。等于矿体水平厚度。

(4) 间柱宽度。据矿体厚度及矿石与围岩的稳固性、矿房的长度来确定,通常为6~8m,当矿体较薄时可以为2~4m。

(5) 顶柱厚度。同样根据上述因素确定,一般为4~6m,矿体较薄时为2~3m。

(6) 底柱高度。其大小与底部结构的形式密切相关,当采用电耙运矿或带格筛的漏斗底部结构时,底柱高度一般为12~14m,当采用无二次破碎水平的漏斗放矿的底部结构时,底柱的高度一般为5~6m。

(7) 漏斗间距。一般取4~6m。

11.3.1.2 采准、切割工作

A　矿块采准

矿块采准包括掘进阶段运输巷、人行通风天井、联络道、拉底巷、漏斗等。

阶段运输平巷和天井的布置,一般是沿脉掘进。当矿体较薄时,阶段运输巷布置在矿体中,并沿矿体下盘接触线掘进(在开采薄矿脉时,则使矿脉位于平巷断面的中央);当矿体为中厚度以上时,阶段运输平巷可以布置在矿体下盘的接触线以外10~20m的围岩中。矿块中人行通风天井,通常设置在间柱中间。当矿体较薄时,天井沿脉向上掘进;在中厚度以上的矿体中,天井设在间柱水平断面中央。天井从阶段运输平巷起向上掘进,直至阶段回风平巷,断面2.5m×2m。

联络道位于间柱内,将天井与矿房连通。联络道断面为2m×1.5m,上下相邻两联络道的垂直距离一般为4~6m(等于两个回采分层的高度)。矿块两侧的人行联络道应彼此交错布置,以免回采时崩落的矿石同时将两侧联络道同时堵死。当矿房长度超过50m时,可在矿房中央,从拉底水平向上掘进一个辅助天井直至上部回风平巷,以改善通风及安全作业条件。

拉底平巷位于底柱之上,由两间柱内的最下一个联络道对向掘进。

漏斗从阶段运输平巷向上开掘,每隔4~6m开掘一个。

本采矿方法,因为采用"浅孔"落矿,矿石破碎效果较好,所以矿块底部一般不需

设置二次破碎巷道。至于少量大块的二次破碎，可在矿房内的矿堆上进行。

　　B　切割工作

　　这种切割比较简单，仅包括拉底扩漏。扩漏斗与拉底有以下两种施工方法：

　　（1）不掘进拉底平巷的扩漏斗和拉底法，如图 11－8 所示。适于厚度 3m 以下矿体，其步骤是：

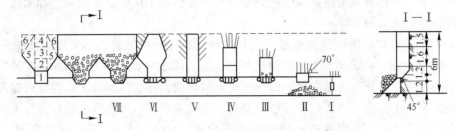

图 11－8　不掘进拉底平巷的扩漏斗和拉底法

　　1）从阶段运输平巷一侧，用上向凿岩机开凿倾角为 40°～50°的第一次炮孔，最上部的炮孔口在平巷的顶角线上，最下部的炮孔口离平巷底板 1.2m。各炮孔爆破后崩落的矿石暂不运出，作为开凿第二次炮孔的工作台（见图 11－8（Ⅰ）、（Ⅱ））。

　　2）在第一次炮孔爆破后的矿石堆上，开凿倾角为 70°的偏向一侧的第二次炮孔（见图 11－8（Ⅱ））爆破后，将矿石全部运走。

　　3）在距工作面 2m 处架设工作台，在台面上向开凿第三次炮孔，炮孔开凿完并装好漏斗口后进行爆破，如图 11－8（Ⅲ）所示。崩落的矿石由漏斗口放出。清理浮石后，再架工作台，继之开凿第四次炮孔，如图 11－8（Ⅳ）所示，爆破后形成高 4～4.5m 的漏斗颈。

　　4）在漏斗颈内，于其上半部（高度由拉底层高度与漏斗喇叭口高度确定）以大于 45°角向四周开凿炮孔，如图 11－8（Ⅴ）所示，爆破后再向周围开凿炮孔，如图 11－8（Ⅵ）所示，使漏斗喇叭口继续扩大至与相邻漏斗喇叭口基本相等，完成扩充漏斗的拉底，如图 11－8（Ⅶ）所示。最后崩落的矿石不予放出，使之将漏斗充满，作为第一分层回采的垫层。

　　（2）掘拉底平巷的扩漏斗法，如图 11－9 所示。这种方法适于开采厚度较大矿体时用。

　　首先，在阶段运输平巷一侧向上开掘漏斗颈，方法与上述相同。然后从漏斗颈

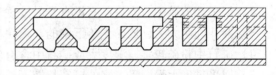

图 11－9　掘拉底平巷的扩漏斗法示意图

的顶部沿矿体走向，向两侧掘进高为 2m，宽 1.2～2.0m 的拉底平巷；接着将其开帮直至矿体两盘边界。

　　同时，从拉底水平向下或从漏斗颈向上凿束状孔，将漏斗颈扩大成喇叭口。

　　每个漏斗负担放矿面积不应过大，一般为 30～40m²；否则，矿堆上平场工量太大。漏斗喇叭口的坡面角一般为 45°～50°，若小于此值，则不仅漏斗负担放矿面加大；而且也不利于放矿；若大于此值，会减小漏斗所负担的放矿面积，从而增加漏斗数量，也即相应增加采矿准备与切割工作量。

11.3.1.3　回采工作

回采工作自下而上地分层进行，分层高度一般为 2 ~ 3m 左右。回采工作面多为阶梯形布置，但梯段数目不宜过多，一般为 1 ~ 2 个；否则将增加平场工作量；每个梯段的长度一般为 3 ~ 5m，高度一般为 1.5 ~ 2m。落矿使用浅孔。回采工作包括凿岩、爆破、通风、局部放矿、平场及顶板检查与二次破碎等作业。就整个矿房全部回采过程而言，回采工作尚应包括最终大量放矿。

（1）凿岩。在矿房内所留的矿堆上进行。当矿石比较稳固时，多采用上向炮孔（前倾 75° ~ 90°），由 01 - 45 型等上向凿岩机开凿，炮孔深度一般为 1.3 ~ 1.8m。这种凿岩方式的效率高，工作方便，无须多梯段即能多机同时作业，一次落矿量大，相应可提高回采强度与减少平场工作量。当矿石稳固性稍差时，为避免因矿石可能发生的片帮冒顶而不利凿岩安全，可用 YT - 25 型等凿岩机开凿水平炮孔（向上呈微倾斜），炮孔深度一般为 2 ~ 3m。此时，工作面的梯段长度较小，数目较多。

炮孔排列方式应以交错式布置为宜，由于爆破能量在矿体内分布均匀，故其爆破效果好。此外，还可采取非交错式布置，即平行对称布置方式。炮孔排距（系指最小抵抗线）一般为 0.6 ~ 1.6m，排与排之间的炮孔间距一般为 0.6 ~ 1.2m。

（2）爆破。常用铵油炸药或铵梯炸药，起爆一般用火雷管，亦有用电雷管的。

（3）通风。采场爆破以后，需要等待炮烟排除后方可进入工作面继续作业。此外，在进行凿岩与平场等其他作业时，采场也需要不断通风。采矿场的通风线路是：新鲜风从阶段运输平巷进入采场一侧的天井，并经过联络道进入采矿场排除炮烟粉尘；污浊风流经采场另一侧的联络道与天井排出。

（4）局部放矿。矿石崩落体积会膨胀，矿石的一次碎胀系数一般是 1.5 ~ 1.6。因此，在每次采矿爆破后要将 35% ~ 40% 的碎矿及时放出，才能保持原来工作空间的高度；而将每次采矿爆破后的碎矿及时放出作业，就称为局部放矿。局部放矿，应与平场工作配合。注意把握放矿漏斗上部的表面矿石下降情况，切实防止在留下矿堆内形成放不下来的悬空拱硐。

形成放不下来的悬空拱硐的主要原因，有以下几个方面：

1）矿体的倾角或厚度出现突变，回采过程中在突变处没有相应削帮；

2）回采和放矿中，大块矿石没有及时发现和破碎，以至于潜入到矿石堆中；

3）漏斗间距太大，放矿先落下小的、大块矿石就被挤到漏斗脊部形成拱硐；

4）矿石中粉矿较多、湿度大或矿石中含有硫化物，致使矿石黏结成大块；

5）回采进度太慢，采下来的矿石长期不放，在矿场内停留压实，导致黏结。

一旦发现悬空拱硐，就必须及时处理。处理悬空拱硐的方法有：

1）从形成空硐两侧的漏斗先放矿，使空硐拱脚失去支撑而自行垮落；

2）使用土火箭对空硐进行爆破消除；

3）用高压水冲洗，即从漏斗用高压水冲刷矿石悬空处或者在空硐上部向下冲刷。本法适于处理因粉矿多而引起矿石结块所形成的空硐。

（5）撬顶、平场与二次破碎。为便于在矿石堆上进行落矿，在局部放矿之后应进行整平。这项作业叫做平场。在平场之前或同时，要进行顶板检查，撬落顶板及两帮已经松动但还未脱落矿岩，以保证后续作业的安全。处理落矿产生大块要在平场中进行二次破碎，以免放矿时堵塞漏斗和在矿石堆内形成空硐。

上述凿岩、爆破、通风、局部放矿、平场及顶板检查与二次破碎等构成一个回采工作循环。一个分层的回采，可用一个或几个循环。为提高回采速度，一个循环中各项作业顺序必须合理安排。最常见方式是：一昼夜三班循环，一班凿岩爆破，一班放矿与通风，一班平场检查顶板与二次破碎。

矿房内各分层的矿石全部采完（崩落）后，再进行大量放矿，将暂留于矿房空区的采下矿石全部放出。这样就完成了整个矿房的回采工作。

11.3.2 "浅孔留矿"法的变形方案

"浅孔留矿"法，是我国沿袭采用最广泛的采矿方法之一。现场经验较为成熟，通过多年实践，产生了一些变形改革方案，这些变形方案的主要特征是：

（1）改变采场的结构。这类变形方案主要是以改变矿房底部出矿结构为目的。如图 11－10 所示，该矿房采用电耙出矿结构，它适用于矿体倾角 45°～55°、矿石不能自动溜下的采矿场。工作面由开始的水平逐渐转向倾斜，从斜面上将矿石耙运到短溜井，使平场工作大大简化。大量放矿时，应及时检查顶板，必要时给予支护。

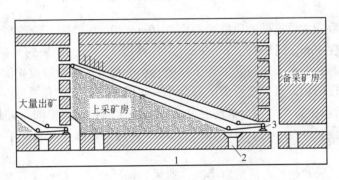

图 11－10 "留矿"法矿房用电耙出矿示意图
1—阶段运输巷道；2—放矿短溜井；3—电耙绞车

（2）底部改用装岩机出矿。图 11－11 是矿房底部改用装岩机出矿的方案。它用装岩机或铲运机出矿。采场底部全都改用平底结构，不留矿柱，由下盘沿脉巷道叉开装矿巷道进行装矿。

装矿巷道间距：用装岩机出矿时为 5～6m，铲运机出矿时为 11.5m。此方案出矿口断面较大，矿石不易堵塞。

（3）用于中厚矿体的矿房合并开采。某金矿矿体为含金石英脉，矿体厚度 0.5～1.2m 至 7～10m，倾角 75°以上。矿石稳固，节理不发育，硬度 f 为 10～13。围岩为花岗闪长岩与花岗岩，硬度 f 分别为 8～9 与 14～16，均

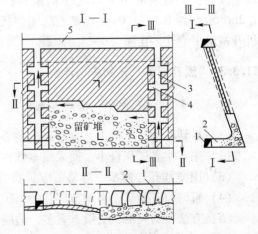

图 11－11 "留矿"法底部用装岩机出矿示意图
1—下盘沿脉巷道；2—装矿巷道；3—先进天井；
4—联络道；5—上阶段脉内回风巷道

稳固。

　　该矿全部使用"浅孔留矿"法开采，如图 11 - 12 所示。

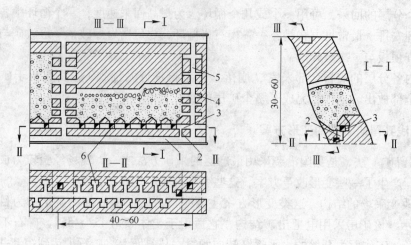

图 11 - 12　某金矿"浅孔留矿"采矿法（尺寸单位：m）
1—阶段运输平巷；2—放矿溜井；3—电耙道；4—联络道；5—天井；6—漏斗

　　矿块结构参数，主要根据地质勘探网度（40m × 40m）确定。阶段高度 40m，矿房沿着走向布置，长度 40m，间柱宽度 8 ~ 9m，顶柱高度 3 ~ 4m。矿块的采矿准备工作包括：掘进阶段运输平巷、采区天井与联络道、拉底巷、电耙道、漏斗和放矿溜井等。

　　为了减少矿柱矿量，该矿把两个矿房合并一起回采。其方式有两种：

　　1）在一个阶段中将相邻两个矿房合并，中间不留间柱，用中间天井作为矿房回采自由面；2）将上下两个阶段的相邻矿房合并，减少其间的顶底柱，减少矿石损失和提高矿石回收率。

　　回采工作从拉底开始，包括凿岩爆破、通风、局部放矿、检查顶板与平场等。自下而上分层回采，分层高 2.0 ~ 2.5m。凿岩使用 01 - 45 型和 YT - 25 型气腿式凿岩机。当矿石较稳固时，一般采用 01 - 45 型上向凿岩机开凿上向炮孔，孔深 2.5 ~ 3.0m，排距 1.0 ~ 1.2m，孔间距 0.8 ~ 1.0m。当矿石稳固性较差时，用 01 - 30 型或 YT - 25 型气腿式凿岩机开凿水平炮孔，孔深 3.0 ~ 4.0m。

11.3.3　"浅孔留矿"法的应用评价

11.3.3.1　"浅孔留矿"法的优点

　　（1）矿块结构、生产工艺、所用设备等均较简单，技术易于掌握，管理方便；

　　（2）采矿准备工作量小，回采成本低；

　　（3）用"浅孔"落矿，容易适应矿脉边界变化，矿石损失与贫化较小；

　　（4）暂时留下的矿石可调节矿井的出矿量和出矿品位；

　　（5）方法机动灵活，变形方案多，适应性广。

11.3.3.2　"浅孔留矿"法的缺点

　　（1）工人在暴露面下、留下矿石堆上作业，安全性较差；

（2）厚度增大时平场工作繁重，且难于实现机械化作业；

（3）回采矿柱时，损失与贫化都比较大；大量"留矿"不利于资金周转。

留矿采矿法虽然存在一些缺点，但对中厚度以下矿体、特别是薄和极薄矿脉，至今仍是无可比拟的最经济和最有效的采矿方法。它在采矿强度、劳动生产率、矿房日产能力和回采成本方面，均优于同类条件下所采用的其他采矿方法。

11.3.3.3 "浅孔留矿"法的发展方向

（1）提高机械化作业水平。"留矿"法目前采场作业劳动强度较大的是天井掘进、采场凿岩、平场及出矿。今后应积极研制轻型爬罐、轻型液压凿岩机、平场机及轻型振动放矿机等，以改善作业条件，提高生产效率。

（2）继续改造"留矿"法的采场结构与工艺，以创造出更加完善的新方案。今后目标是使采场结构与回采工艺趋于连续化。

（3）运用岩体力学研究成果，加强采场地压管理。"留矿"法回采所形成的采空区已在很多矿山引起剧烈的地压活动，既影响上部阶段矿柱回收，也影响深部采场建设。亟须解决的课题是如何运用岩体力学理论来确定"留矿"法的合理开采深度。对于已形成的采空区要以最经济和最有效的办法进行处理。对新设计矿山，则应按地压活动规律规划设计参数、回采顺序和空区处理。

11.3.3.4 "浅孔留矿"法的适用条件

（1）矿体中等稳固到稳固；在开采极薄矿脉时，可适当降低对稳固性的要求；

（2）急倾斜矿体，倾角大于 $50° \sim 60°$；改用电耙出矿时，倾角可适当减小；

（3）矿体形状规则，埋藏要素稳定，特别是下盘接触面要有利于自重放矿；

（4）极薄矿脉到中厚矿体以下的开采；

（5）矿石无氧化、结块及自燃性；

（6）地表最终要允许移动陷落。

11.3.4 "留矿"法的主要技术经济指标

我国部分金属矿山使用"留矿"法的主要技术经济指标，见表 11 -3。

表 11 -3 我国部分金属矿山使用"留矿"法的主要技术经济指标

指标项目	"浅孔留矿"法		极薄矿脉的"浅孔留矿"法			
	八家子铅锌矿	月山铜矿	西华山铜矿	盘古山矿	瑶岗山矿	银山(平底结构)
采场生产能力/t·d^{-1}	50 ~ 70	44 ~ 55	50 ~ 60	42		55 ~ 75
采掘比/m·kt^{-1}				13.5	21	12 ~ 16
损失率/%	3.5	7.59	6.1	4.7	13	12.6
贫化率/%	18.7	13.88	78	66 ~ 76	73 ~ 78	12 ~ 14
掌子面工班效率/t	24.6	8.39	12.5	12.4	10.2	10 ~ 12
采矿凿岩台班效率/t			66	64	41.4	50 ~ 70

指标项目		"浅孔留矿"法		极薄矿脉的"浅孔留矿"法			
		八家子铅锌矿	月山铜矿	西华山铜矿	盘古山矿	瑶岗山矿	银山(平底结构)
每吨矿石材料消耗	炸药/kg	0.585	0.62	0.76	0.72	0.60
	雷管/个	0.315	0.82	0.73	0.88	0.68
	导火线/m	0.65	1.70	1.95	1.75	2.00
	钎子钢/kg	0.016		0.05	0.055	0.045
	合金片/g	0.88	0.027	3.99	3.3	2~3
	坑木/m³	0.00057	2.6	0.0023	0.0022	0.0019

11.4　分段采矿方法

分段采矿方法，属分段空场法的类型之一，适宜于开采倾斜至急倾斜、薄至中厚矿体。它有分段凿岩、阶段出矿和分段凿岩、分段出矿两种形式。前者在我国地下金属矿山应用非常广泛，其比重仅次于留矿采矿法；后者是近十多年来由于无轨设备推广应用而出现的分段空场法的新方案，它具有生产能力高、采矿强度大，灵活性好、回采时间短等特点，拓展了此法的适用范围。

11.4.1　分段凿岩、阶段出矿的分段采矿法

这种方法的典型结构如图 11 – 13 所示。它的特点是在矿块内分成若干分段，各分段

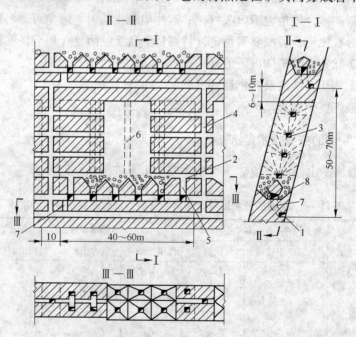

图 11 – 13　沿着走向分段凿岩、阶段出矿的分段采矿法

1—阶段运输平巷；2—拉底巷道；3—分段巷道；4—人行通风井；5—漏斗颈；
6—切割天井；7—放矿溜井；8—电耙巷道

之间保持垂直回采工作面；分段凿岩、阶段落矿，崩落矿石借自重落到底部放出。随工作面推进，采空区不断扩大，留下的矿柱用其他方法进行第二步回采。

11.4.1.1 矿块结构

按照矿体厚度不同，矿房长轴可以沿着走向或垂直走向布置。当厚度小于15m时，一般是沿着走向布置；超过20m后，改成为垂直走向布置，但使用较少。

矿块结构参数包括：阶段高度、矿房长度和宽度、间柱宽度、顶底柱高度及分段高度等。

（1）阶段高度。由矿房高度、顶柱厚度与底柱高度三部分组成，其大小取决于围岩的允许暴露面积及矿岩的稳固性条件。一般允许暴露面，参见表11-4选取。

表11-4　矿岩允许暴露面积的参考范围

名　称	矿石与围岩稳固	矿石极稳固和围岩稳固	矿石与围岩均极稳固
上盘围岩允许暴露面积/m²	1250~2000	2000~2500	2500~3000
顶柱矿石允许暴露面积/m²	≤800	800~1000	1500~1800

这种采矿方法的矿房采空区，是逐渐暴露的。达到最大暴露面积的时间不长，所以阶段高度可以适当加大，一般取50~70m。国外有的矿山取到120~150m。加大阶段高度，有利于增大矿房的尺寸，减少矿柱的矿石比重和采矿准备工程量，从而改善采矿方法的技术经济指标。

（2）矿房的长度和宽度。要联系阶段高度和矿体厚度确定，矿房长度一般为40~60m，以适合电耙有效运距。矿房宽度，对沿着走向布置的矿房，其等于矿体的水平厚度；对垂直走向布置的矿房，则根据矿岩的允许暴露面积和凿岩机的钻凿能力等因素，取15~20m。

（3）间柱宽度。决定于间柱本身的强度和作用在间柱上的载荷大小，并与其回采方法有关。沿着走向布置矿房时取8~10m，垂直走向布置矿房时取10~14m。

（4）顶柱高度。也由矿岩的稳固性及矿体厚度决定，一般为6~10m。

（5）底柱高度。与放矿方式和底部结构有关。用电耙巷道出矿时为7~13m，用格筛巷道时为11~14m；由放矿漏斗直接装车时则为4~6m。漏斗间距5~7m。

（6）分段高度。由凿岩设备钻孔深度决定。中深孔凿岩时为8~10m；深孔凿岩时为10~20m。

11.4.1.2 采准、切割工作

A　矿块的采矿准备工作内容

如图11-13所示，矿块的采准工作内容包括：掘进阶段运输平巷1、拉底巷道2、分段巷道3、采区人行通风天井4、漏斗颈5、切割天井6、放矿溜井7与电耙巷道8等巷道。

阶段运输平巷，一般在矿体内沿着矿体的下盘接触线布置。人行通风天井常设在间柱的中央，贯通上下两个运输水平，并由此开掘电耙巷道和分段凿岩巷道。电耙巷道，按下

部底柱高度开掘，在平面位置上考虑布置在两排漏斗颈中间。沿着电耙道每隔 5 ~ 7m 掘进双侧横向"斗穿"，并由"斗穿"往上掘漏斗颈和拉底巷道。在电耙道与阶段运输平巷之间的矿房内，开掘放矿溜井。

　　分段凿岩巷道，按分段确定的高度逐个开掘。其平面位置，取决于矿体倾角。倾角大时，分段巷道大多位于矿体厚度的中央；但对于倾斜矿体，分段巷道则应靠近下盘布置，以利于减少炮孔之间的深度差，从而提高凿岩效率，改善爆破效果。切割天井，一般布置在矿房的中央或矿体最厚的部位，并以此形成矿房回采前在矿房全宽和全高范围内的垂直自由面，即开切割立槽。

　　B　切割工作内容

　　切割工作内容包括：拉底与扩充漏斗和开切割立槽。拉底与扩充漏斗工作同时进行。由于回采工作面是垂直的，故矿房下部的拉底与扩充漏斗工程无需一次完成，而是随着回采工作面的向前推进逐步进行。一般说来，拉底与扩充漏斗工程只需超前于回采工作面 1 ~ 2 排漏斗的距离即可。

　　拉底和扩充漏斗工作的方法很多，概括起来分为"浅孔"法与深孔法两种：

　　(1) 拉底和扩充漏斗的"浅孔"法。在超前回采工作面一排的漏斗范围内，自拉底巷道用"浅孔"凿岩爆破法向两侧开掘垂直于矿房长度方向的横槽，直至矿体两盘边界。扩充漏斗可以从拉底水平上向下，也可以从漏斗颈下向上进行。这种方法的优点是简单可靠、易于保证切割质量；缺点是切割量大，效率低、施工慢。

　　(2) 拉底和扩充漏斗的深孔爆破方法。如图 11 - 14 所示，首先在拉底平巷 1 内，距已采空间约 1.5m 处开凿一排上向扇形中深孔 2，爆破后形成拉底空间 3，继之再于拉底平巷内以同样方式开凿第二排炮孔 4，爆破后形成第二个拉底空间 5，爆破的矿石被抛掷到前面漏斗内。如此循环往复直至形成足够的拉底面积。接着，从漏斗颈 6 用上向凿岩机开凿束状扇形中深孔（由 8 ~ 10 个组成），爆破后形成漏斗。本法具有切割工作效率高、速度快的优点。

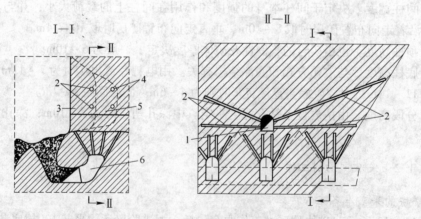

图 11 - 14　深孔法拉底扩漏

1—拉底平巷；2, 4—接杆深孔（上向扇形中深孔）；3, 5—拉底空间；6—漏斗颈

　　开切割立槽也与拉底工作同时进行，其方法亦有"浅孔"法与深孔法两种：

　　(1) 开切割立槽的"浅孔"法。就其切割立槽的形成过程而言，又称为"浅孔留矿"法，即把切割立槽看作一个小矿房，自下而上逐层上采，采下的矿石暂留于槽内，作业人员站在矿堆上进行凿岩爆破。开切割立槽的宽度一般为 2.5~3.5m。

（2）开切割立槽的深孔法。如图 11-15 以切割天井 2 为凿岩天井，在凿岩平台或吊盘上作业，向切割立槽空间内的矿体开凿直径为 60mm 的水平扇形炮孔 1，逐层向下落矿，直至顶柱下面。该法所开切割立槽宽度一般为 5~8m。

11.4.1.3 回采工作

切割立槽在矿房的全高形成后，即可正式回采矿房。

落矿是以切割立槽为自由面，在分段巷道内用上向扇形炮孔（多为中深孔）进行。开凿中深孔时，孔径一般为 60~75mm。各分段的落

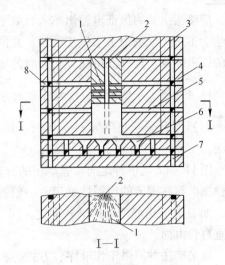

图 11-15 深孔法开切割槽
1—扇形炮孔；2—切割天井；3—天井；
4—分段横巷；5—分段平巷；6—漏斗；
7—矿石溜子；8—分段联络道

矿工作可依次进行，亦可同时进行。确定同时落矿一次爆破炮孔的排数，要考虑前面自由空间的大小。将崩落的矿石基本放出后，再进行下一次爆破。

自各分段崩落的矿石，由自重落入到矿块底部的漏斗内，经漏斗颈进入电耙巷道，再用电耙搬运至矿石溜井。大块矿石的二次破碎工作，在出矿过程中置于电耙巷道内进行。

11.4.1.4 采场通风

采场通风工作，必须保证凡是有作业人员之处都有新鲜风流通过。分段巷道和电耙巷道是这种采矿方法的主要作业地点，一定要保持风流畅通。当回采工作面由矿房的一边向另一侧推进时，通风线路如图 11-16（a）所示；回采工作面从矿房中央向两侧推进时，通风线路如图 11-16（b）所示。

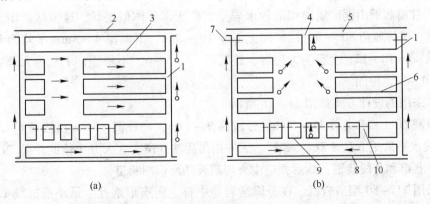

图 11-16 分段采矿法采场通风示意图
（a）单侧回采；（b）两侧回采
1—天井；2，5—回风巷道；3—检查巷道；4—回风小井；6—分段凿岩巷道；7—风门；
8—下阶段运输平巷；9—电耙巷道；10—漏斗颈；→ 新鲜风流；⊶ 污浊风流

应该指出：为保证电耙出矿人员处于新鲜流风中，进风方向应与运矿方向相反。

为了避免采场内上下风流混淆，我国使用分段采矿法的矿山，多采用集中凿岩分次爆破的回采顺序。这样既可保证凿岩时的通风效果，又有利于回采生产管理。

11.4.1.5　分段凿岩、阶段出矿的分段采矿法应用实例

（1）当开采厚与急倾斜矿体时，用垂直走向布置的分段凿岩、阶段出矿的分段采矿法。

图 11 - 17 是垂直走向布置矿房的分段采矿法的矿房长度，即为矿体厚度；矿房宽度要根据矿石和围岩的稳固性确定，一般为 8 ~ 20m，有时可达 25 ~ 30m；顶柱厚度不小于 6m，底柱高度由底部结构形式而定，间柱宽度在 6 ~ 8m 以上。此方案需要在矿体上盘开切垂直自由面。

该采矿法的回采工作顺序、方式等和沿着走向布置矿房方案基本相同。

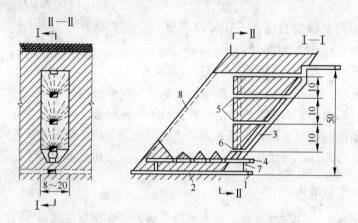

图 11 - 17　垂直走向布置矿房的分段凿岩、阶段出矿的分段采矿法（尺寸单位：m）
1—运输巷道；2—穿脉巷道；3—人行通风天井；4—电耙巷道；
5—分段巷道；6—拉底巷道；7—放矿溜井；8—切割天井

（2）甘肃辉铜山铜矿属典型的矽卡岩型铜矿床。矿体似层状、透镜状产出，矿岩边界不明显；矿体倾角 80° ~ 90°；矿体上部厚 10 ~ 20m，下部厚 4 ~ 8m；平均为 8 ~ 10m；矿石稳固，$f = 10 ~ 12$；上盘为大理岩、蛇纹岩，$f = 5 ~ 6$，不稳固；下盘为大理岩、矽卡岩，$f = 10 ~ 12$，稳固。

该矿采用的设计方案如图 11 - 18 所示。

阶段高 60m，矿块长 45 ~ 50m，分段高 9 ~ 11m，底柱高 11m，顶柱高 6m，间柱宽 8m。阶段水平采用下盘"双巷采准"。天井用吊罐法开凿。在天井中依此开掘二次破碎巷道、拉底巷道和分段巷道；然后掘进中央切割天井及切割巷道。

回采用 YG - 80 型凿岩机，在分段凿岩巷中打上向扇形炮孔。最小抵抗线 1.5m，炮孔底的距离 1.5 ~ 1.8m，炮孔深小于 15m。每次爆破 4 排孔，用微差电雷管爆破，每米炮孔崩落的矿石量为 4.5 ~ 5t。采下矿石经格筛二次破碎，用振动放矿机出矿。随回采用中深孔回收矿柱。为安全起见，底柱以上留下 20m 厚松散矿石层作安全垫层。采完后的空

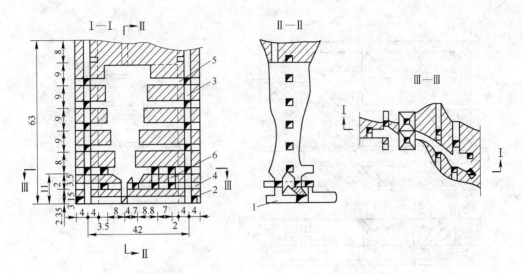

图 11 – 18　沿着走向布置的分段凿岩、阶段出矿的分段采矿法（尺寸单位：m）

1—运输平巷；2—穿脉平巷；3—天井；4—电耙巷道；5—分段平巷；6—出矿漏斗

区让其自然塌落以消除采空区。

　　11.4.1.6　分段凿岩、阶段出矿采矿法的应用评价

　　（1）分段凿岩、阶段出矿采矿法的优点。

　　1）由于矿房内同时作业的凿岩工作面多，落矿与矿石搬运作业可平行进行，故此回采强度大；采用平底装矿，阶段运输改用脉外大巷（9m^2），矿房的日均生产能力可达 1300t；

　　2）分段落矿自由面多，同次爆破的炮孔排数多、效果好，劳动生产率较高；

　　3）在分段巷道中进行回采落矿，作业安全（在敞开进路中进行作业外）；

　　4）坑木消耗量很小，炸药消耗量不大；采矿成本较低。

　　（2）分段凿岩、阶段出矿采矿法的缺点。

　　1）采矿准备工程量大，采矿准备时间长；

　　2）矿柱矿石量所占比重达 35%～60%，矿柱回采条件差，矿石损失贫化高；

　　3）掘进分段巷道时，如果机械化程度不高，作业条件较为困难。

　　目前，国内使用本法主要是用来开采矿岩稳固、中厚至厚急倾斜矿体；改变矿块布置方式，可开采极厚矿体；当改变炮孔深度时，也可用来开采极薄的急倾斜矿脉。

11.4.2　分段凿岩、分段出矿的分段采矿法

　　本采矿法又简称分段矿房法。其特点是，阶段划分为分段之后，以分段作为回采单元独立出矿。分段矿房回采完毕，立即将分段的顶底柱一起爆破下来，并同时处理采空区。

　　这种方法由于灵活性大，适用于开采倾斜至急倾斜、中厚到厚的矿体；同时由于围岩暴露的面积小、作业时间短，故对矿岩稳固性要求亦可以适当降低。

　　图 11 – 19 是沿着矿体走向布置的分段出矿的分段采矿法的典型方案。

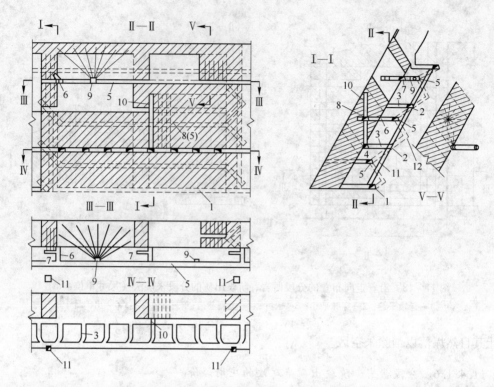

图 11 – 19　沿着走向布置的分段出矿的分段采矿法

1—阶段运输平巷；2—分段运输平巷；3—装矿横巷；4— 堑沟拉底平巷；5—矿柱回采平巷；6—切割横巷；
7—间柱凿岩巷道；8—凿岩平巷；9—顶柱凿岩硐室；10—切割天井；11—溜矿井；12—斜坡道

11.4.2.1　矿块结构参数

本采矿法的矿块主要结构参数为阶段高度、分段高度、分段矿房长度、分段间柱宽度、分段顶柱高度。一般，阶段高度取 40~60m，分三个分段，分段高 15~20m。分段矿房长度为 35~40m，间柱宽 6~8m，分段顶柱高按真厚度取 5~6m，用此间柱和顶柱支撑围岩，并与已采相邻采场隔开。

11.4.2.2　采切工作

采矿准备工作包括掘进阶段运输平巷、分段斜坡道、分段运输平巷、溜矿井、装矿横巷、堑沟拉底平巷、凿岩平巷、矿柱回采平巷、切割横巷、间柱凿岩巷道、顶柱凿岩硐室及切割天井。

阶段运输平巷 1 开在下盘围岩内，由此掘进斜坡道 12 连通到各个分段的分段运输平巷 2，以形成行驶无轨设备的通路。为形成放矿通路，在各分段运输平巷与阶段运输平巷之间沿着走向每隔 100m 掘进溜矿井 11。在每个分段水平上（图 11 – 19 中Ⅳ—Ⅳ），沿分段运输平巷每隔 10~12m 掘进装矿横巷 3，使其通到靠近矿体下盘的堑沟拉底平巷 4，由此展开矿房拉底。

为在矿房落矿后能随即回采矿柱，在每个分段上距分段水平 7~10m 处（图中Ⅲ—

Ⅲ），掘进下盘矿柱回采平巷5（连通斜坡道），沿矿柱回采平巷，正对矿房中央掘进开采斜顶柱的凿岩硐室9，同时又在矿房一侧紧靠间柱掘进切割横巷6，由切割横巷对间柱下方掘进间柱凿岩巷道7。

切割横巷，要延伸到靠近矿体上盘，并在靠近上盘处再开掘凿岩平巷8。

切割工作从矿房一侧开始，先从堑沟拉底平巷垂直上掘切割天井10，掘进到分段矿房的最高点，天井与切割横巷交会。利用切割天井作自由面，从切割横巷打上向平行孔，并从堑沟拉底平巷打上向扇形孔，分别爆破后即能形成切割槽。

11.4.2.3　回采工作

矿房回采从开有切割槽的一侧开始，由凿岩平巷8钻凿环形深孔，配合堑沟拉底平巷4钻凿扇形炮孔联合崩矿，崩下的矿石落到堑沟拉底平巷内，由铲运机装运至分段运输平巷最近的溜矿井。

矿房回采结束，就立即回采靠近已采区一侧的间柱和斜顶柱。采间柱是从间柱凿岩巷道7分排钻凿扇形深孔（图11-19中Ⅲ—Ⅲ）；回采斜顶柱是从顶柱凿岩硐室钻凿束状深孔。让间柱先爆破，爆破下来的矿石运走后，再爆斜顶柱。由于爆力抛掷作用，大部分矿石都能溜落到堑沟拉底平巷内。

采后的空区由上部分段崩落的围岩和上盘围岩陷落充填。如上盘围岩采后不能自行崩落，则应采用其他方法来处理采空区。

11.4.3　分段矿房法的应用评述

（1）分段矿房法的优点。

1）作业集中，回采强度高，生产能力大。若按沿着走向每隔200m划分区段，区段内有2~3个分段同时作业，保持每个分段有切割、矿房回采及矿柱回采工作面，用铲运机出矿，矿房平均日产800t，区段的月产能力达（4.5~6）×10⁴t。

2）分段矿房暴露面小、灵活性大，有利于控制顶板地压及扩大适用条件。

3）矿柱回采及时，结合处理空区，能使总回收率达80%以上，贫化率不高。

（2）分段矿房法的缺点。

1）采矿准备工作量大，每个分段的矿房矿柱回采都要掘进采切巷道；

2）矿柱的矿石量比重较大，但由于能及时回收，总的损失贫化率还不太大。

（3）分段矿房法的适用条件

1）矿体厚度由中厚至厚（6~30m）；

2）矿体倾斜至急倾斜（30°~90°），矿岩中等稳固以上；

3）具有高效的无轨运输设备。

随着矿体厚度、倾角和矿岩稳固程度的变化，本采矿法也可取消分段之间的矿柱，只保留阶段顶柱或取消矿房之间的间柱，从而使整个分段变为连续回采。

11.4.4　爆力运矿采矿法

爆力运矿，是凭借炸药爆破的能量，把矿石抛离矿体一段距离，并借助动能和势能使崩落矿石在采场底板上滑行、滚动，以解决不开掘底盘漏斗、工人不进入暴露顶板下采场作业问题。

　　爆力运矿采矿法，在我国都是结合分段或阶段空场法进行设计应用的。其特点是：分段矿房的回采都是从凿岩天井打垂直于矿体倾斜的扇形中深孔崩矿，借助爆力将矿石抛掷到采场下部的堑沟漏斗或普通漏斗，再由下盘电耙道出矿。每个步距崩下的矿石要出完，腾出堑沟容积再进行下一步距的崩矿。步距大小视堑沟容积而定。除最后一个步距崩下的矿石是在覆盖岩石下放矿外，其他各个步距崩落的矿石都是在空场下放出纯矿石。

　　根据矿体倾角大小和围岩的稳固程度，此方法可分为高分段爆力运矿和低分段爆力运矿两种方案。高分段方案是将阶段划分为两个分段，分段高为 15m 左右；低分段方案是将阶段划分为三个以上分段，分段高一般为 6 ~ 10m。

　　图 11 – 20 为我国青城子铅矿应用高分段爆力运矿采矿法的实例。

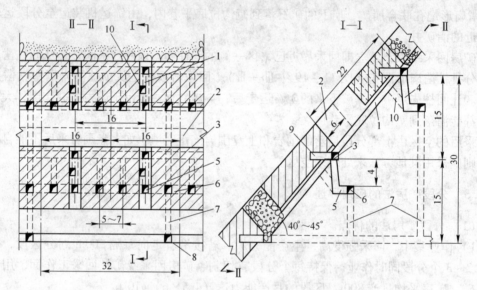

图 11 – 20　青城子铅矿高分段爆力运矿采矿法（尺寸单位：m）
1—凿岩天井；2—切槽堑沟；3—切割平巷；4—出矿溜子；5—"斗穿"；6—电耙道；
7—溜井；8—运输平巷；9—绞车硐室；10—行人道

11.4.4.1　矿块结构参数

　　阶段高度依据矿岩稳固程度、抛掷距离和划分分段数目取 20 ~ 35m，分段高度为 15m 左右。矿房长度根据采场允许的暴露面积及凿岩设备的工作能力，深孔时取 50m，中深孔时取 40m。分段爆力运矿一般不留顶柱和底柱，也不留间柱。

11.4.4.2　采切工作

　　在矿体下盘开掘阶段运输平巷及分段电耙道。电耙道开在分段水平以下 4m。沿电耙道每隔 5 ~ 7m 开掘"斗穿"及漏斗；电耙道端部设有放矿溜井通到阶段水平。在每个分段水平，靠矿体底盘开掘切割平巷，并从切割平巷按天井间距上掘凿岩天井。对应凿岩天井在分段水平掘进绞车硐室。凿岩天井与电耙道之间有行人道相通。切割槽从切割平巷起，切割槽宽 6m。

11.4.4.3 回采工作

分段之间回采从上向下，分段内回采则由下向上。于凿岩天井内打倾斜扇形中深孔，分次爆破。每次爆破步距为 5 排（斜长 7.5m）。一般爆力运矿开采的炸药消耗量应比正常回采的炸药消耗多 0.5 ~ 1 倍。实际炸药消耗量要随运输距离增大、倾角变缓、厚度变薄而相应增加。

爆力运矿的关键，主要是确定爆力运距和重力运距。这两种运距都要受矿体倾角、厚度、矿岩性质、底板光滑程度、采场结构、炸药性能及爆破技术等影响。

根据青城子铅矿的实际测试，当底板上基本无残留矿石时，运矿距离为 18 ~ 22m。

11.4.4.4 爆力运矿采矿法的应用评述

（1）本采矿方法的优点。

1）底盘的矿石损失减少；

2）千吨采切比比开底盘漏斗减少；

3）生产效率高、成本低。

（2）本采矿方法的缺点。

1）在平台上工作，作业安全性差；

2）爆力运矿效果不好时，矿石损失增大；

3）凿岩天井施工难度大。

本方案一般适用于倾斜矿体的中限值，即倾角 35° ~ 45°，厚度 8 ~ 15m；要求顶板稳固，矿石中等稳固以上；底板平整光滑。低分段爆力运矿，可适当降低对稳固性的要求。

11.4.5 分段采矿法的主要技术经济指标

我国部分使用分段采矿法的矿山所达到的主要技术经济指标，见表 11 - 5。

表 11 - 5 分段采矿法主要技术经济指标

指标项目		分段凿岩阶段出矿方案		分段凿岩分段出矿方案		爆力运矿方案	
		辉铜山铜矿	金岭铁矿	胡家峪矿	开阳磷矿	青城子铅矿	龙烟铁矿
矿块生产能力/t · d^{-1}		300 ~ 370	300 ~ 400	303	143		355.3
采切比/m · kt^{-1}		7.09	8.4	20.3	10.97	22.1	23.4
损失率/%		6.3	6.5	10.85	49.2	5.47	16.1
贫化率/%		9.49	13.5	16.7	20.5	10.73	12.9
掌子面工班效率/t		15.8	20.7		5.3		10.5
凿岩台班效率/m						10 ~ 12	32.6
搬运台班效率/t						55 ~ 60	70 ~ 150
每吨矿石材料消耗	炸药/kg	0.46	0.454	0.461	0.22		
	雷管/个		0.198	0.031			
	导火线/m		0.3				
	导爆线/m		0.251	0.234			
	钎子钢/kg		0.04				
	合金片/g	1.407	1.654				
	坑木/m^3	0.0007	0.0002		0.0021		

11.5　阶段矿房采矿法

阶段矿房采矿法，是以深孔落矿为主回采矿房的空场采矿法，属房式采矿法类型。矿房回采的特点是：以整个矿房高度作为崩落矿的空间，用深孔进行落矿，崩下的矿石全部从底部结构内放出。崩落矿和出矿作业都是在专用的巷道、硐室或天井内进行，作业人员和设备不进入采空区。矿房回采过程中的采空区，依靠周围矿柱进行支撑；待矿房采空后，再用其他方法回采矿柱。

阶段矿房法是高效率的地下采矿方法之一，通常用它来开采大型金属矿床，主要是急倾斜厚矿体；当厚度极大时，矿体的倾角可以不限。

根据回采矿房时落矿方式的不同，阶段矿房法分为水平深孔落矿、垂直深孔落矿与倾斜深孔落矿，有时还采取联合深孔落矿。垂直深孔落矿，由于钻凿垂直深孔的设备发展较快，国内外新开发的矿山都广泛采用大直径下向垂直深孔。

另外在解决高效率的出矿能力方面，无轨运输设备已广泛用于本采矿方法。

11.5.1　水平深孔落矿阶段矿房法

图 11－21 是这一方法的典型方案。回采前先在矿房底部开辟拉底空间，而后由下向上分次崩矿，矿柱作为第二步开采。

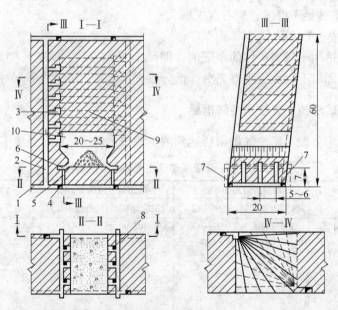

图 11－21　水平深孔落矿阶段矿房（尺寸单位：m）

1—脉内运输平巷；2—凿岩天井；3—凿岩硐室；4—运输巷；5—矿石溜子；6—二次破碎巷道；
7—行人短天井；8—放矿硐室；9—深孔；10—拉底空间

11.5.1.1　矿块结构参数

阶段高度 40～60m，条件优越时可取到 80m。矿房长度沿着走向布置时取 20～40m，垂直走向布置时取 10～30m，具体由矿岩的稳固性、顶板矿石允许暴露面积以及所选用设备的钻孔能力来决定。间柱宽度取 10~15m，顶柱厚度 6~8m，采用漏斗形底部结构时，底柱厚度取 8~13m，采用平底底部结构时，底柱厚度取 5~8m。

11.5.1.2 采准、切割

阶段水平，采用环形运输。运输巷道一般都布置在脉外（如利用原有沿脉探矿平巷，也允许布置在脉内），由开掘在矿房与间柱交界处的运输横巷连通。矿房底部采用平底无格筛的底部结构（见图 11-22）。在距离运输水平高 7m 处，沿矿房两侧边界开掘两条垂直走向布置的二次破碎巷道，断面为 1.8m×2m。此巷道一端与间柱内对角布置的凿岩天井 2 连通，作为回风出口；另一端与从运输平巷上掘的行人天井 7 相接，作为进风入口。沿二次破碎巷道每隔 5~6m 向矿房开掘放矿横硐 8，长度为 3~3.5m，每个横硐下部都有矿石溜子 5 通到运输巷道。从二次破碎巷道以上留 8~9m 高的保护"矿檐"，保护"矿檐"的宽 3~4m，檐口坡度大于45°。

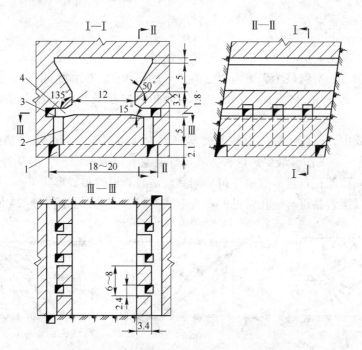

图 11-22　平底无格筛底部结构（尺寸单位：m）
1—运输巷道；2—矿石溜子；3—二次破碎巷道；4—放矿横硐

间柱内呈对角布置的凿岩天井，同时要作通风井使用。沿凿岩天井每隔水平深孔的两倍最小抵抗线距离开掘横向联络道。联络道通到矿房的一端在矿房端角处开掘凿岩硐室 3。矿房拉底采用如下方法（见图 11-23）：

（1）首先，在矿房一端（图中4处），用切割平巷及切割天井开成宽度等于矿房底宽（12m）、高度为拉底层高（约10m）的切割槽；

（2）其次，紧接矿房两侧的放矿横硐室，在拉底水平掘进拉底巷道 3，并在此巷道上按拉底空间的形状向上钻凿扇形拉底炮孔；

（3）然后以切割槽为爆破自由面，分段挤压爆破。爆破后将能放的矿石放出，余留

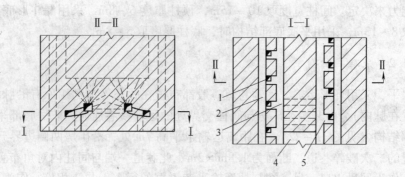

图 11 - 23　平底结构的拉底方法

1—短溜子；2—二次破碎巷道；3—拉底巷道；4—拉底切割槽；5—放矿横硐室

的三角棱柱状碎矿堆，等底柱回采时再行回收。

11.5.1.3　回采工作

回采工作主要是矿房的回采落矿、通风及出矿。

落矿：从凿岩硐室向整个矿房面积钻凿水平扇形深孔；或者从间柱内的凿岩横巷向矿房钻凿水平的平行深孔，也可从专用的凿岩天井中站在平台或吊盘上钻凿水平扇形中深孔。

这三种方式中，以前一种用得较为普遍。因为从凿岩硐室向矿房钻凿水平扇形深孔时，"采准巷道"的工作量最少。这种方式的深孔总长虽有所增加，但从经济上讲钻孔比开掘巷道有利。而深孔布置，取决于凿岩硐室或凿岩巷道的布置形式。

凿岩硐室或凿岩巷道与炮孔常见的布置形式有以下几种，如图 11 - 24 所示。

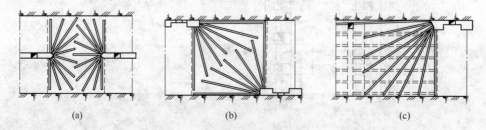

图 11 - 24　凿岩硐室巷道与炮孔常见的布置形式

（a）布置在矿房靠间柱两侧中央的双侧对称式；（b）布置在矿房对角的双侧对角式；

（c）水平扇形深孔与水平的平行深孔联合布置

在以上这几种布置方式中，对角式布置（图 11 - 24（b））对生产实际最有利。因为它能有效地控制矿房四周轮廓，不会因深孔爆破的利用率而影响矿房的设计规格。每层深孔一般只布置 1~2 个凿岩硐室，相邻分层间的硐室应作错开布置。

钻凿深孔可以和拉底同时进行。各层深孔之间的垂直距离，即为最小抵抗线，一般可以按照 3~3.5m 布置，待拉底和钻孔工作结束后，即可自下而上进行爆破。最下层的爆破限于补偿空间及底部结构承载震动能力，只宜爆破 1~2 层，以后可逐渐增加爆破层数，直至爆破到顶柱线为止。

矿房通风，分作两个系统。采场爆破后的通风由凿岩天井进入新鲜风流，经过天井的联络道和凿岩硐室进入矿房，冲洗工作面后，污风从另一对角天井排往上部回风平巷。出矿时期二次破碎巷道的通风，是由行人短天井进入新鲜风流，经二次破碎巷道及对角天井排往上部回风平巷。每次爆下的矿石，可全部从放矿横硐室放出，亦可暂留在矿房内作调节出矿。

本采矿法的矿房生产能力大，劳动生产率高，作业安全，采矿成本低；但采切工程量大，机械化程度不高，大块产出率高；落矿控制不当矿石损失贫化会增加，并在回采崩落矿时，对底部结构具有一定的破坏性。此法对开采矿岩稳固、形状规则的厚大急倾斜矿体较有利，当采用长锚索锚固不稳固顶板时，可适当放宽对顶板稳固性要求。

11.5.1.4　实例

某铜矿的矿体呈扁豆状，厚 $10 \sim 30m$，平均厚度 $20m$，倾角 $60° \sim 90°$，深部变缓；矿石含铜磁铁矿，矿岩稳固，$f = 8 \sim 12$；矿体的上盘为石灰岩，下盘为花岗岩，均很稳固，$f = 8 \sim 10$。该矿部分使用了阶段矿房采矿法，设计的采矿方法如图 $11 - 25$ 所示。

阶段高度 $60m$。当矿体厚度小于 $20 \sim 25m$ 时，矿块沿矿体走向布置；矿体厚度大于 $20 \sim 25m$，矿块垂直矿体走向布置。矿房长度沿着走向布置时，为 $30 \sim 40m$，垂直走向布置时为 $15 \sim 20m$，顶柱厚 $6 \sim 8m$，间柱宽 $6 \sim 10m$，底柱高 $13 \sim 16m$，其中，运输水平到耙矿水平高度为 $7 \sim 9m$，耙矿水平到拉底水平高度为 $6 \sim 7m$。

若矿体产状规整，倾角大于 $75°$，回采时用 YQ $- 100A$ 型潜孔钻机开凿水平的扇形深孔进行落矿。

凿岩工作在由凿岩天井向两侧开掘的凿岩硐室内进行，每个硐室一般只钻出一排炮孔，硐室的高度为 $2 \sim 2.2m$，长度与宽度为 $3.2 \sim$

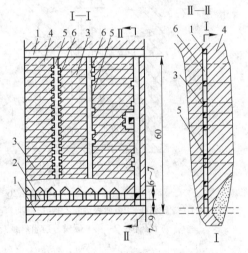

图 $11 - 25$　某铜矿阶段矿房采矿法
（尺寸单位：m）

1—运输平巷；2—电耙道；3—水平深孔；
4—顶柱；5—凿岩硐室；6—天井

$3.5m$。水平深孔的最小抵抗线为 $3 \sim 2.5m$，每一次爆破 $3 \sim 4$ 排炮孔。若矿体产状不规则，倾角小于 $75°$ 时，则用 KA $- 2M - 300$ 型地质钻机开凿下向垂直深孔进行落矿。水平深孔落矿的大块多于垂直深孔落矿，其大块产出率高达 $20\% \sim 30\%$。

11.5.2　垂直深孔落矿阶段矿房法

随着深孔钻机的发展和应用，炮孔的有效深度可达 $40 \sim 60m$ 以上。在此情况下，可将分段凿岩改为阶段凿岩，形成阶段凿岩阶段矿房法，垂直炮孔的深度就是矿房的回采高度，深孔凿岩工作集中在一个水平上。阶段凿岩阶段矿房法与分段凿岩阶段矿房法相比，不但采准工作量大大减少，而且减少了钻机架设、移位次数，生产效率大大提高。此法典型方案为 VCR 法。

VCR 法（vertical crater retreat method）是垂直深孔漏斗爆破后退式采矿法的简称。这种方法的特征是：用高效率的地下潜孔钻机，按最优的网孔参数，从矿房顶部的凿岩硐室向下钻凿垂直或倾斜的大直径深孔，钻孔钻凿至拉底层；再以高密度、高威力、高爆速、低感度的新型炸药，按球形药包爆破原理（药包长度与直径之比不大于 6 的药包称为球形药包）自下而上进行分层爆破，爆下的矿石用高效率的装运设备从矿房底部的装运巷道运出。

此法由于结构简单，采准、切割工作量小，崩落矿石效率好，生产成本低，贫化损失小，作业安全，对相邻矿房的充填体的破坏小等优点；所以在加拿大、美国、澳大利亚等国得到广泛应用。我国也在广东凡口铅锌矿、安庆铜矿等大型地下矿山应用。图 11 - 26 是该法的典型方案。

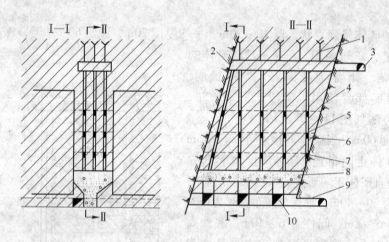

图 11 - 26　VCR 法示意图

1—支护锚杆；2—凿岩空间；3—运输平巷；4—第 3 爆破层崩落线；5—第 2 爆破层崩落线；
6—球状药包；7—第 1 爆破分层崩落线；8—拉底水平层；9—装矿横巷；10—受矿堑沟

图 11 - 27 所示为安庆铜矿所使用 VCR 采矿方法。

11.5.2.1　矿块布置及结构参数

根据矿体厚度不同，矿房可沿走向布置或垂直走向布置。矿体厚度为中厚时，沿着走向布置；开采的矿体厚度较大时，则垂直走向布置。垂直走向布置时矿房长度即为矿体的水平厚度。矿房宽度应视矿岩的稳固程度而定。

阶段高度取决于矿岩稳固性和钻孔深度。根据地下深孔钻机有效孔深度在 100m 以下，阶段高度一般取 60 ~ 80m。但随着高精度深孔钻机应用，阶段高可提高到 100 ~ 120m。但钻孔深度过大会带来控制钻孔偏斜度的困难。

安庆铜矿的中段高 120m，回采高度 105m；采场垂直走向布置，分为两步骤回采：一步矿房宽 10 ~ 15m，回采后一次胶结充填；二步矿柱宽 15m，分两段回采，两次尾砂充填。顶柱高度，根据矿石的稳固性取 6 ~ 8m。底柱高度，按底部结构的形式确定；用铲运机且只在装运巷道出矿时取 6 ~ 7.5m，若采用铲运机遥控直接进入采场底部出矿时，用平底结构就可以不留底柱。

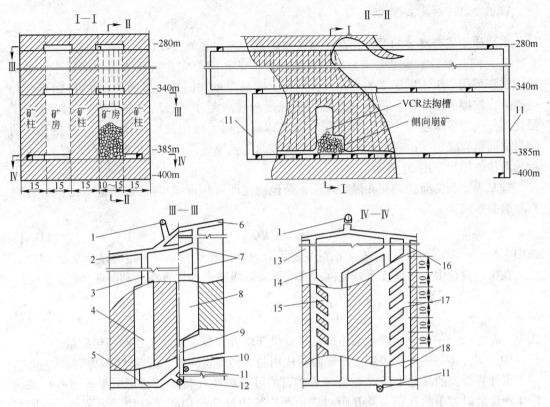

图 11 - 27　安庆铜矿的 VCR 采矿方法（尺寸单位：m）

1—矿石溜井；2—下盘沿脉（-280m）；3—凿岩联络道（-280m）；4—凿岩硐室（-280m）；5—通风联络道；
6—下盘沿脉（-340m）；7—凿岩联络道（-340m）；8—凿岩硐室（-340m）；9，10—回风道（-340m）；
11—回风井（至-340m）；12—回风井（至-280m）；13—下盘沿脉（-385m）；14—出矿横巷（3 号房）；
15—出矿进路（3 号房）；16—出矿横巷（1 号房）；17—出矿进路（1 号房）；18—回风道（至-385m）

11.5.2.2　矿块的采准、切割

阶段水平开掘下盘运输平巷与装运横巷以通达矿房的拉底层。装运横巷的间距一般为 8m，断面 2.8m × 2.8m，行车曲率半径为 6 ~ 8m，长度按铲运机在直道铲装的要求，不小于 8m。底柱多用混凝土假底柱。具体作法是：由拉底层的拉底巷道向两侧"扩帮"至矿房边界，再向上打平行孔（预先开出切割槽）至拉底设计高度后进行爆破，等底柱内矿石全部采出，灌筑堑沟式或漏斗式人工底柱；余留拉底空间的高度，须按同时爆破分层数的不同保持 3 ~ 15m（一般为 6m）。若不用混凝土假底柱，则为平底结构或从底柱上开切堑沟式拉底空间。

凿岩水平设在顶柱的下部，按钻机的工作要求掘进凿岩硐室。硐室长度应比矿房长度大 2m，宽度比矿房宽 1m，以适应钻凿边沿孔的要求，高度一般取 4.2 ~ 4.5m。为确保凿岩硐室的稳固，除顶板保持拱形外，还采用管缝式全摩擦锚杆加金属网护顶。锚杆布置成梅花形、网格度为 1.3m × 1.3m。凿岩硐室通过进路与上阶段运输水平联系，进路应保证钻机出入及爆破材料运送。

11.5.2.3　回采工作

本法使用能否奏效的关键,在于钻孔和爆破工艺,必须按设计要求严格施工。

(1) 网孔参数。为了确定合理的网孔参数,钻孔前都应在现场进行小型漏斗爆破试验。试验采用一组不同深度的炮孔,分别装上同种类型和同等质量的药包,并进行堵塞。爆破后,按爆破漏斗体积最大(包括可见深度和爆破漏斗半径均为最大)、"破碎块度"最优的药包埋置深度作为最佳埋置深度 d_0,以爆破后无任何破碎块体爆出,只见孔口的端自由面稍有隆起,出现若干长短不一的裂隙的药包埋置深度为临界埋置深度 d,以 d_0/d 称为最佳埋深比,用 Δ_0 表示。

按 C. W. 利文斯顿的漏斗爆破理论,药包最佳埋置深度 d_0 与药包质量 Q 之间,存在有经验关系式:

$$d_0 = \Delta_0 E Q^{\frac{1}{3}} \tag{11 - 1}$$

式中　E——与炸药介质性质有关的应变能系数,炸药和矿石条件一定时是个常数。

在生产设计中,一般按下列比例式来求算实际爆破最佳埋置深度和漏斗半径。

即

$$\frac{D_0}{d_0} = \frac{Q^{\frac{1}{3}}}{q^{\frac{1}{3}}} \quad 和 \quad \frac{R_0}{r_0} = \frac{Q^{\frac{1}{3}}}{q^{\frac{1}{3}}} \tag{11 - 2}$$

式中　d_0,r_0,q——分别表示漏斗爆破试验最佳埋置深度、漏斗半径和药包质量;

　　　D_0,R_0,Q——分别表示生产爆破时选用的最佳埋置深度、漏斗半径和药包质量。

按计算得到的漏斗半径 R_0,并考虑矿石的可爆破性(使爆破后形成平整顶板)来确定生产爆破时使用的孔距。此孔距对周边孔应按边界孔的爆破条件作适当调整。一般来说,边界孔应尽可能布置在采场边界上;但当所采矿柱边界为充填体时,则应离开边界1.2~1.5m 布置边孔。

(2) 钻孔。目前普遍采用大直径深孔,孔径为 165mm,安庆铜矿采用瑞典 Simba - 261 型高风压潜孔钻机,孔深为 40~60m,垂直平行排列。若开采间柱,亦可考虑采用扇形排列,其时将上部凿岩硐室改为窄的凿岩巷道,从间柱中间往下打扇形孔。孔的偏斜度应严格要求。一般当孔深为 60m 时,偏斜度应不超过 1%;若钻凿的为倾斜深孔,应考虑钻具本身质量的影响,按炮孔方向上偏 2°开孔。

(3) 装药爆破。包括炸药的选择、测孔、堵孔、装药、起爆等方面的问题。

1) 炸药选择。制作球形药包要求采用高密度(1.35~1.55g/cm³)、高爆速(4500~5000m/s)、高威力(以铵油炸药为 100,则该炸药应为 150~200)及低感度的炸药。我国北京矿冶研究总院已在普通乳化油炸药的基础上,研制出供球形药包用的 CLH 系列乳化油炸药。该类炸药有四种型号,其主要性能列入表 11 - 6。

表 11 - 6　CLH 系列乳化油炸药的主要性能

项　目　＼炸药编号	CLH - 1	CLH - 2	CLH - 3	CLH - 4
密度/g·cm⁻³	1.35 ~ 1.40	1.40 ~ 1.45	1.45 ~ 1.50	1.48 ~ 1.55
爆速/m·s⁻¹	4500 ~ 5500	4500 ~ 5500	4500 ~ 5500	4500 ~ 5500
临界直径/mm	60	60	60	60
传爆长度/m	>3.5	>3.5	>3.5	>3.5
岩石爆破漏斗体积/m³	2.48	4.29	3.67	

2）测孔。它是为分层爆破设计收集孔深、孔下部补偿空间高度、"孔底"表面形状等资料数据，借以绘制成分层崩落线图。每爆破一分层都要测量一次。测量孔时用有读数标记的带尺，带尺的上系一根长为 0.5～1m 的金属杆，系点在杆的一端。使用时将带尺的"零"读数用细线捆扎到金属杆的重心部位，使其沿钻孔一直放到采场内的矿石表面，记录一读数；再上提金属杆，使其横拦住孔底，即可测量出孔下部补偿空间高度、孔深及孔周围 1m 以内的表面状况。用力拉断捆扎的细线，使金属杆悬垂，又可收回再用。

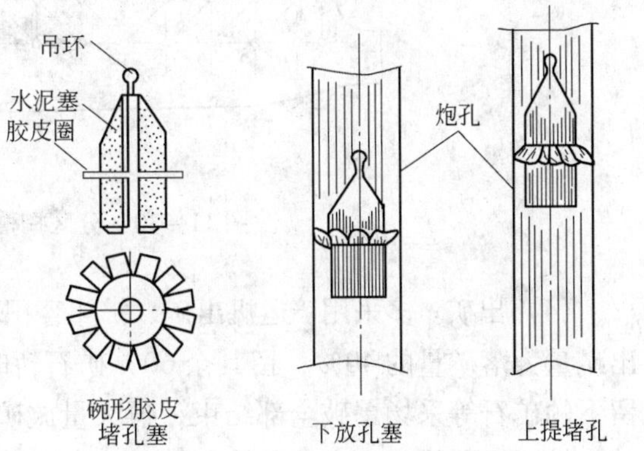

3）堵孔。是将钻孔的底部封住，在孔内填砂子至预定装药高度。堵孔常用碗形胶皮堵孔塞，如图 11-28 所示。

上堵塞体中央固定有吊环，下堵塞体中央开有通孔，两堵塞体之间垫以周围切开的碗形胶皮垫。当用尼龙绳钩住吊环引放到炮孔底再上提时，因胶皮垫向下翻转呈碗形倒置，紧贴于孔壁，就可以在其上面填堵河砂。

图 11-28 碗形胶皮塞堵孔方法

4）装药。单分层爆破时，每个孔的装药量约为 25～30kg。此药量按耦合要求用塑料袋分装成大小药袋；大袋装 10kg，小袋装 5kg，袋口扎结细铁丝环。

起爆药，装在 5kg 的药袋内。投放时，先用尼龙绳钩放大袋药包，再用起爆药上的导爆索吊放小袋药包，以后按耦合装药投一个小袋，再拉一个大袋，使药包都紧挤在最佳埋置深度位置。

药包上面填塞细砂或水袋，填塞长度原则上要等于或大于炮孔的最小抵抗线值，即 2～2.5m。其装药结构，如图 11-29 所示。

多分层爆破时，一次爆几个分层的装药结构应作如下安排：最下一个分层的药包仍按最佳埋置深度埋置，装填第二和第三个分层的球状药包时，间距要适当小于最佳埋置深度，以便达到充分的垂直进尺。此外，药包间的填塞材料最好是用 13～32mm 的破碎石块，填塞长度至少要保持 2m。

5）起爆。每分层采用分区中心掏槽、菱形分段毫秒微差起爆顺序，让靠近采场中心的炮孔先爆，旁边孔后爆；中心孔，采用一段延时；其余的各孔以同心圆或菱形顺序向两个自由面爆破（见图 11-30）。同段雷管炸药量不超过 250kg。

爆破网路，按起爆弹→导爆索→导爆管→导爆索的次序连接。孔内导爆索与外部网路导爆索之间，采用正向导爆管连接，这对于减少拒爆、保证网路的可靠性能够起到良好的作用。

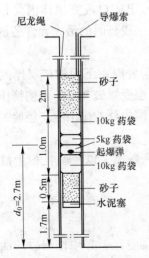

图 11-29 单分层爆破装药结构

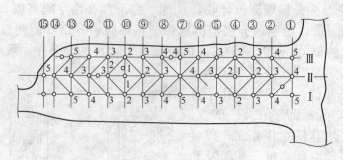

图 11 - 30　分区掏槽菱形分段起爆顺序

（4）出矿。多采用铲运机出矿，铲斗容积取 0.83 ~ 2m³。一般按每爆破一次出一次矿，出矿量为落矿量的 40%，留其余 60% 矿石暂时在采场内以支撑上下盘围岩和两侧充填体。留下的矿石等采场爆破全部结束，再大量放矿。

铲运机平均班生产能力为 223 ~ 247t/台班，最高班生产能力达 587t/台班。安庆铜矿用美国瓦格纳公司生产的 ST - SC 型铲运机出矿，出矿量为 1000 ~ 1800t/d。

当矿石含硫量较高时，为避免留下的矿石氧化、结块，底部必须经常放动，只要矿岩稳固性允许，也可以采取强采、强出，不限量出矿。

平底结构出矿到底部时，约有 15% ~ 20% 的矿石残留在底部结构内放不出来。为了让这一部分矿石安全装运，应尽可能采用遥控铲运机。它不仅可以提高矿石的回收率，还可改善作业条件。

长沙矿山研究院和广东凡口铅锌矿共同研制的 YK - 1 型遥控铲运机，成功地解决了残矿的装运问题。工业试验表明，其平均生产能力达到 54t/h，最高可达 120t/h。

11.5.2.4　采矿安全措施

采用大直径球形药包同段爆破，一次爆破药量较大。为防止采场矿岩、充填体和周围地下工程设施遭受破坏，在设计和采矿方法施工时必须采取以下措施：

（1）爆破效应的观测。在矿房附近的主要巷道、道口、出矿口或充填体内要布置地震波观测点，以测定其震动速度，研究其传播规律，为确定一段延时的最大允许药量及合理的起爆方案找出技术数据。

（2）顶层安全厚度的检测。随着逐个分层向上爆破、凿岩硐室下面的矿层厚度逐渐减小，最后留下的顶层呈板梁状态。在经过多次爆破后，顶层受爆破冲击、两侧挤压及自重等作用，很容易冒落。为了防止顶板塌落事故的发生，据国内外的矿山生产经验，顶层最小厚度不能小于 10m。

除上述两条应注意外，还应防止爆破后残余气体被明火爆燃，以及硫化粉尘被爆破引爆。

11.5.2.5　VCR 法的应用评述

用 VCR 法回采矿房工艺，属于空场采矿法。但采完后的空区，必须作嗣后一次性充填。因此项充填又不同于一般性的空区处理，而必须为房间矿柱的回采建立可靠的矿壁。

故此，有些文献把 VCR 法归属充填类采矿方法也是有理由的。

VCR 法的矿房回采与房间矿柱回采工艺基本相同。所不同是：矿房回采时，矿房两侧为将要开采的原矿体；而房间矿柱回采时，间柱两侧为已达到一定强度的胶结充填体，两者在网孔参数布置上也应有所区别。本法的这种分步开采实例，将结合采空区的间柱回采再做叙述。

（1）VCR 法的主要优点。回采强度大、劳动生产率高、矿石破碎效果好、大块产出率低和作业安全。

（2）VCR 法的主要缺点。

1）工艺技术要求较高，各种作业都要求作严格工程监督，只有检查合格才能进入下一步骤施工；

2）如果遇到破碎带，钻孔受爆破震动容易堵塞，且处理较困难；

3）使用高密度、高爆速和高威力炸药，爆破成本较高；

4）当矿体形态变化较大时，矿石的损失贫化较大。

总之，本法是新型的先进采矿方法。它集中反映了现代化大孔径凿岩设备和爆破理论、爆破材料的最新技术成就，实践证明，这种方法是行之有效的。

（3）继续改进方向。

1）要进一步完善深孔凿岩设备和球形药包爆破理论，从而为钻凿更深的高精度钻孔、简化爆破工作、降低爆破成本，寻找新的途径；

2）要继续研究球形药包和柱状药包的联合爆破方案，从而为单分层爆破变为多分层爆破、垂直深孔爆破变为扇形深孔爆破以及在不良矿岩条件下较好应用，确定出合理的结构设计参数；

3）要继续改进出矿系统，发展遥控铲运机，提高集中开采程度，减少出矿的损失，以寻求更加安全的生产开采和更高的开采效益。

11.5.3　主要技术经济指标

我国使用阶段矿房采矿法的部分矿山所达到的技术经济指标，如表 11-7 所示。

表 11-7　阶段矿房采矿法的主要技术经济指标

指标项目	水平深孔落矿阶段矿房采矿法			垂直深孔落矿的 VCR 法		
	某钼矿	红透山铜矿	河北铜矿	凡口铅锌矿	金川二矿	安庆铜矿
矿块生产能力/t·d^{-1}	200~400	300~400	200~400	164~304	250.6	1000~1800
采准、切割比/m·kt^{-1}	5.6		5.2	523（m³/kt)	85（m³/kt)	70（m³/kt)
损失率/%	9.97	20~25	6.85~19.9	2~4	6.3	5~8
贫化率/%	14.5	18~20	12.2~19.1	4~8.4	0.93	8~10
凿岩台班效率/m				8.7~24	44.69	45~60
工班回采效率/t		50~68	51~88			65
铲运机出矿能力/t·d^{-1}				253~1003		
每米孔崩矿量/t	30~35	15~16	20~25	15~20	14.66	24~27
大块的产出率/%				0.98~1.04		1.5

指　标　项　目		水平深孔落矿阶段矿房采矿法			垂直深孔落矿的 VCR 法		
		某钼矿	红透山铜矿	河北铜矿	凡口铅锌矿	金川二矿	安庆铜矿
每吨矿石主要材料消耗	炸药/kg	0.35	0.26 ~ 0.49	0.23 ~ 0.34	6.85 ~ 19.9	0.495	0.4
	雷管/发	0.21	0.42 ~ 0.80	0.372			
	导火(爆)线/m	0.26	0.5 ~ 1.7	0.67			
	钎子钢/kg	0.03	0.01 ~ 0.08	0.01 ~ 0.06			
	合金片/g	1.60	1.75 ~ 2.32	1.64 ~ 2.05			
	坑木/m³	0.0007	0.00035	0.002			

复习思考题

11 - 1　空场法的基本特征是什么，采矿场内留下支撑柱还能说是空场吗？

11 - 2　全面采矿法适宜于开采什么样的矿体，这种采矿方法的特点有哪些？

11 - 3　全面采矿法布局比较灵活，针对这种情况的采场顶板有哪些管理措施？

11 - 4　房柱采矿法和全面采矿法相比，主要区别在哪里，其结构参数怎样选取？

11 - 5　为什么说房柱法是开采矿岩稳固的水平和缓倾斜矿体最有效的采矿方法？

11 - 6　"浅孔留矿"法的阶段高度和矿块长度应怎样选取，矿柱尺寸怎么确定？

11 - 7　"浅孔留矿"法的底部切割工作有哪几种施工方法？

11 - 8　"浅孔留矿"法在实践中衍生出哪些变形方案，这些方案的主要特征是什么？

11 - 9　用"留矿"法开采极薄矿脉，应首先解决哪些问题？

11 - 10　分段凿岩、阶段出矿的分段采矿法与同样条件下的"浅孔留矿"法相比，为什么可以选取较大的矿块尺寸，这样做有什么好处？

11 - 11　分段采矿法的垂直切割槽有几种开法，以哪一种比较好？

11 - 12　分段凿岩、分段出矿方案与爆力运矿方案在哪些方面是类似和不同的？

11 - 13　水平深孔落矿阶段矿房法所用的平底无格筛底部结构有什么优越的地方？

11 - 14　垂直深孔落矿的阶段矿房法，即 VCR 法的主要特征和关键工艺是什么？

11 - 15　通过空场类采矿方法的学习，你认为研究采矿方法应从哪些方面入手？

12　充填类采矿方法

充填采矿法,是在回采过程中用充填料回填采空区的一种人工支撑采矿方法。回填充填料的作用,在于支撑两帮围岩,控制采场的地压活动,防止岩体移动和地表下沉;并为回采作业提供作业场地,人员可以在充填体上从事多项作业。

充填料的支撑,改善了矿柱周围的受力状态,有利于最大限度回收矿产资源;同时依靠惰性充填材料的天然防火性能,可以杜绝回采有自燃性矿床时可能发生的内因火灾。所以,充填采矿法主要用来开采矿石稳固和围岩稳固性较差、围岩或地表需要保护或有自燃性的稀有、贵重或高品位、高价值矿床。特别是随着地下开采工业的发展,深部复杂、难以开采的矿床将不断呈现,而环境保护与资源需求的矛盾愈来愈突出,这就更加有赖于充填采矿法创造出灵活的新方案,运用更为有效的新工艺、新设备和新技术,来适应这一发展现状。

充填采矿法在国外使用很广泛,用得最多的是澳大利亚和加拿大,其次是日本、瑞典和德国。它的突出优点是矿石回收率高、贫化率低,能适应开采产状变化复杂的矿体,对于有色金属矿床,条件尤为适宜。在我国的有色金属矿山中,用此法开采出来的矿石产量占19%以上。

充填采矿法,在回采阶段上的布置大致可分两类。一是把阶段矿体上的矿房、矿柱分为多步骤组合回采;另一类是不留矿柱或只留少量永久性矿柱的一次性连续回采。由于在回采矿柱时,"地压管理"相对复杂,矿石的贫化损失较大,并且容易形成多阶段作业,使生产管理复杂化,所以在条件允许时,应优先采用连续回采。

另外,按照采矿场的结构不同充填采矿法可分为:单层充填采矿法、分层充填采矿法、分段充填采矿法和阶段充填采矿法四种;而按充填料的不同又可分为:干式充填采矿法、湿式(水力)充填采矿法、(砂、石)胶结充填采矿法。

本章根据所使用的不同充填材料和不同回采工艺,主要介绍五个方面的内容:

(1) 干式废石充填采矿法(历史最悠久、最基本的充填采矿法);

(2) 上向水力分层充填采矿法(尾砂分层充填法是重点);

(3) 下向水力分层充填采矿法(国外多应用);

(4) 分段与阶段充填采矿法(大型矿多用);

(5) 矿山充填系统设施与其新技术简介。

12.1　干式废石充填采矿法

干式废石充填采矿法,是以废石作为充填料、利用自重放到井下,再用其他方式运送到工作点充填(有的也用机械或其他设备输送充填料)采空区的采矿方法。

这种采矿方法,由于废石运输条件较差,劳动强度大、生产率低下,一般适用于中、小型地下矿山。然而它又有生产工艺简单、不需较多设备和投资的长处，所以目前仍有一定的应用。

12.1.1　开采缓倾斜极薄矿脉的削壁充填采矿法实例

某钨矿为一矿脉厚度 0.1 ~ 4m（平均厚度 1.2m）的钨、锑、金共生石英脉缓倾斜矿床，矿石稳固，$f = 8 ~ 10$。矿体倾角 20° ~ 38°，成矿后，断层节理较发育，矿体沿走向、倾向都不连续，并有分支复合现象，变化复杂。顶板为紫红色板岩，$f = 4 ~ 6$，构造发育不稳固。围岩含有少量黄金，底板有时混杂有含钨细矿脉。矿石与围岩接触明显且容易分离。地表河流及建筑物，不允许陷落。

根据上述条件，设计采用单层上向 V 形削壁充填采矿法，如图 12 - 1 所示。

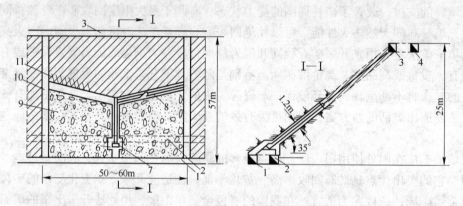

图 12 - 1　单层上向 V 形削壁充填采矿法

1—沿脉平巷；2—脉外平巷；3—上阶段沿脉平巷；4—上阶段脉外平巷；5—矿石溜子；
6—绞车硐室；7—电耙绞车；8—耙斗；9—充填料；10—切割上山；11—炮眼

注意：单层充填采矿法，是一次开采完矿体全厚度并进行及时充填的采矿方法。一般适用于开采缓倾斜、薄和极薄矿体。根据顶板岩层的稳固性不同，可把工作空间控制成为长工作面、进路式或削壁式；故有壁式工作面充填、壁式进路充填、壁式削壁充填等方案。

本方案的阶段垂直高度为 25m（倾斜长 57m），矿块沿着走向长 50 ~ 60m。采准、切割时，首先掘进沿脉平巷，继之掘进两个先进天井；然后在矿体底板的岩石中，距沿脉平巷 ±10mm 处，掘进脉外平巷。当脉外平巷掘进至设计漏斗口位置时，可开漏斗口，再一直掘进至与沿脉平巷相通。

回采工作，自下而上逆倾斜推进。因为顶板不稳固，一般先爆破底板围岩，将爆破下来的围岩充填于采空区后，再回采落矿。采用一次打眼，分次爆破方法。在矿脉中的炮眼成一字形排列，而在岩石中的炮眼成之字形排列。

崩落的矿石用电耙耙到矿石溜子，在脉外平巷中装车运走。

充填工作和回采工作顺序进行。随着回采工作不断推进，每隔 1 ~ 1.5m 处，便用大块废石砌筑一道较为完整的石墙，中间用碎石填满。为了确保充填质量，待充填至顶板附近时，要用石块严格充填接顶，使顶板压力均匀传到充填料上。

12.1.2　上向水平分层干式充填采矿法

这种典型方案，是沿矿体走向将矿块划分成矿房和矿柱。先采矿房，后采矿柱。矿房或矿柱回采中,自下而上分层回采,依次充填,并形成回采工作台。

12.1.2.1　矿块构成要素

阶段高度一般为30~60m。加大阶段高度,可增加矿房矿量,降低采矿准备与切割工作量。然而只有在矿体的倾角与厚度变化不大,矿体轮廓规则时,才采用较大阶段高度。阶段高度太大,会在生产中发生些困难,如,矿体厚度不大而矿体倾角变大时,会造成溜井架设困难;矿体很厚,出矿量多时,溜井下部分磨损大,维护困难;阶段高度大,回采速度慢,回采上部分层时,矿石的稳固性降低。这种典型方案的矿块如图12-2所示。

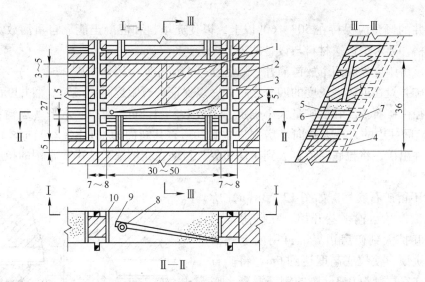

图12-2　沿走向布置上向分层干式充填采矿法(尺寸单位:m)
1—充填井;2—行人通风天井;3—天井联络道;4—运输平巷;5—混凝土垫板;
6—废石充填料;7—通风井;8—溜矿井;9—电耙绞车;10—混凝土隔墙

矿房的水平面积,主要取决于矿石的稳固性。在矿石稳固的条件下可以取为300~500m²;当矿石很稳固时可达800~1200m²。间柱的宽度根据间柱的回采方法及矿岩的稳固性来确定。用充填法回采间柱可取7~10m。若矿岩不太稳固,地压较大时,应取较大的尺寸,否则反之。

本法的采矿准备巷道布置简单,矿石底柱高度一般为4~5m,即在运输巷道上部留2~3m矿石底柱;当上部运输巷道需要保护时,一般保留3~5m顶柱。

12.1.2.2　矿块的采准、切割

矿块的采切,包括掘进沿脉和穿脉巷道、行人和充填天井、联络巷道、放矿溜井及拉底等。

沿脉运输平巷多用于中厚以下矿体的回采,一般布置在矿体下盘的边界。当矿体很厚,矿房垂直走向布置时,为了布置溜井的方便和使相邻矿块出矿互不影响,常采用穿脉运输。当矿房和间柱沿着走向的长度很大时,矿房和间柱分别开凿独立的穿脉运输巷道。相反,穿脉巷道可开掘于矿房与间柱的交界处。

矿块人行天井一般设在间柱中，通过联络道与矿房连通，这对于天井的维护及探明矿体边界及以后回采间柱时，将其改为充填天井都有利。人行天井也可在充填料中修筑，称为顺路天井，其优点是减少掘进工作量，同时能适应矿体形态的变化。人行天井的规格为 $2m \times 2m$（顺路天井为 $1.5m \times 1.5m$）。沿人行天井每隔 $4 \sim 6m$ 掘进一条联络道通达矿房。相邻两天井的联络道，在高度上要错开布置。联络道要与天井同时掘好，其断面规格为 $(1.5 \sim 1.8)m \times 2.0m$。

充填天井的位置应在矿房中央并自由靠向上盘，这有利于充填料的铺撒。另外，尚需考虑它和溜矿井、人行井的互相位置以及上部出口与上部平巷或短横巷相通，以利安全和便于工作。

充填井的倾角应保持在 $50° \sim 60°$ 以上，以使充填料和混凝土能靠自重溜放。充填井的断面规格，要考虑运送材料与设备的需要。

一个矿房中应设立两个放矿溜井，以备当一个溜井发生堵塞或破坏时，另一个能保证生产。溜矿井设在近矿房长度的四分之一处，以保证矿石搬运距离最短。溜井断面通常为圆形，内径由矿石块度和出矿量大小确定，一般 $1.5 \sim 1.8m$。在拉底水平（运输巷道上部 $2 \sim 3m$）从间柱中的人行天井向矿房掘进拉底巷道，其断面为 $(1.8 \sim 2.0)m \times 2.0m$，然后利用溜井出矿，将拉底巷道扩大到矿房边界。目前在充填采矿法中，常用的拉底方式有两种：

（1）不留矿石底柱。如图 12-3（a）所示，拉底工作从运输平巷开始，在矿房范围内，将平巷扩大到矿房边界，再用向上式凿岩机向上挑顶，使拉底高度达到 6m，将矿石运出后，在底层铺设 0.3m 厚的钢筋混凝土底板，然后，在运输平巷的位置用混凝土浇灌成人工巷道，混凝土的厚度为 0.3 ~ 0.4m。人工巷道的周围及上部 0.5m 高的空间，均用充填料填满。在充填料上面再浇灌一层 0.2m 厚的混凝土作为矿房的底板，以防崩下的矿石与充填料相混，并便于出矿。

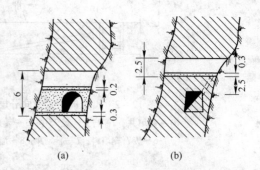

图 12-3　拉底方法示意图（尺寸单位：m）
(a) 不留底柱；(b) 留底柱

（2）留矿石底柱。如图 12-3（b）所示，在运输巷道顶板之上留有 2m 左右的矿石底柱，于底柱上部利用拉底巷道进行拉底：将拉底巷道扩帮，形成高为 2.0 ~ 2.5m 的拉底空间，然后在上面浇灌一层厚为 0.3m 的钢筋混凝土。

第一种拉底方式，需要浇注人工巷道，工作繁重，劳动强度大，效率低；但不留矿石底柱，从而免除了底柱回采的困难，提高了矿石回收率。

第二种拉底方式比较简单，效率高；但是，回采底柱的损失量大。

12.1.2.3　回采工作

回采工作按分层逐层进行，每采完一层便及时充填一层，使工作面的空间高度始终保持在 2 ~ 2.2m。每一分层回采作业是相同的，即包括落矿、撬浮石、矿石搬运、充填、浇灌混凝土隔墙及底板、接高溜矿井及顺路天井等。这样每采完一个分层，即完成上述一次全部作业，称为一个回采循环。

(1) 分层高度。目前国内主要是采用"浅孔"落矿，分层高度约为 $1.5 \sim 2.0m$。当矿石围岩均很稳固，并用中深孔落矿时，分层高度可达 $4 \sim 5m$。加大分层高度可减少清场、浇灌混凝土底板及设备搬迁等，从而能提高劳动生产率及采矿强度。但在这种设备条件下，加大分层高度将会带来下列问题：

1) 采空区高度增大至 $6 \sim 7m$，顶板的观察与检查困难，作业安全难于保证；

2) 用中深孔落矿，大块增多，从而影响电耙或装运机的搬运效率；

3) 若用人工浇灌混凝土隔墙，其劳动强度大。

因此，采用加大分层高度的必要条件与采取的相应措施是：矿石很稳固，并有高效的自行式采装运设备和自行式升降台，以便随时检查顶板和处理浮石；另外，还要能用机械设备输送混凝土材料与浇灌混凝土隔墙等。

(2) 回采作业。包括凿岩爆破、矿石搬运、混凝土浇灌工程与充填等。

1) 凿岩。方式有两种，一种是用向上式凿岩机打向上炮孔，另一种是打平炮孔。炮孔深度一般为 $1.5 \sim 2.0m$。打向上式炮孔时，可将炮孔集中打完，全分层一次或分次爆破。一次爆破的优点是大块产出率低，凿岩工时利用率高；但存在操作条件差，节理发育处作业不安全，每次爆破前需搬迁矿房中全部设备及风水管，凿岩与矿石搬运无法平行作业等问题。这样，在矿房数目不足的情况下，会严重影响生产任务的完成。水平孔落矿的情况，则恰好相反，它只能在分层中部打出炮孔后随即爆破。水平炮孔落矿，顶板比较平整，利于管理，安全情况较好。

2) 矿石搬运。主要使用电耙与装运机两种设备。电耙的优点是坚固耐用，操作简便，维修费用低，搬运能力大，可在采场中铺设充填料。其缺点是矿房周边的部分矿石难于耙净，要用人工辅助清理，需经常移动滑轮的位置，要有高强度的混凝土底板，否则将加大矿石的损失与贫化。装运机出矿运转灵活，矿石丢损少。

3) 混凝土浇灌。在矿房回采中，需要浇灌混凝土底板、隔墙、放矿溜井，有时还包括顺路天井和人工巷道等。为了提高矿石回收率及改进作业条件，在每分层回采完毕后，需多浇灌一层混凝土底板。用人工浇灌混凝土，劳动强度大而效率低。

某矿经过反复试验，创造了一种简便方法，即将搅拌好的混凝土经充填天井倒入采场中，用电绞车带动翻转过来的耙斗拖拉使之铺平，再辅以少量的人工铺平，其效果较好。

实验证明，在保证上下分层对齐及混凝土质量较好情况下，用充填法回采矿柱时，$1.0m$ 厚的隔墙完全可以达到预期的效果。有些矿山先砌筑隔墙而后充填矿房，这样不仅要消耗木材，而且劳动强度大，效率低，质量也不均匀。

为提高工作效率，减轻劳动强度，近年来多采取先充填矿房而后砌筑隔墙的方法，即当用混凝土预制件做成隔墙的模板以后，再进行充填工作，当充填一个分层尚差 $0.2m$ 时便停止充填，而改成制混凝土底板工作。

充填工作，是回采工作不可分割的一部分。在采场进行清场后就应开始准备，如浇灌混凝土隔墙，加高溜矿井和顺路天井。然后再由采场充填天井向采空区下放充填料，待一次充填量达到设计要求的厚度后，耙平充填料表层，铺盖混凝土底板，至此，充填工作结束。

12.1.2.4 干式充填工艺

(1) 对干式充填料的要求。干式充填用的材料多为废石，它可从井下或地面得到。

井下主要是巷道掘进的废石，有时也从专用的废石场采掘废石；地面主要是露天矿剥离的废石以及专用露天采石场采掘的废石。

用作充填料的废石块度不应太大，一般不超过 300~500mm。块度太大，充填时铺撒困难，又易造成天井堵塞。此外，充填料中不应含硫太高，以防产生高温和有毒有害气体。另外最好不含黄泥及其他黏性物质，以防堵塞充填系统。

（2）干式充填系统。干式充填系统包括露天采石场、下放废石的主充填井、从主充填井到各矿房的运输平巷、矿房充填天井等。由主充填井装车运来的充填料，从矿房充填井倒入采场，再用人工或电耙铺平到预定的高度。但电耙不能进行充填接顶，而且效率较低，成本较高，充填的质量也不十分理想。所以，目前只有在充填量不大，而又不允许用水砂充填的情况，才采用干式充填采矿法。

12.1.3　干式充填法的应用评价

本采矿方法主要缺点是：充填作业条件差，劳动强度大，生产效率低，充填体的密致性差，沉降系数较大，充填料不易平整，充填料含泥和水分大时会引起底板局部下沉。故已被其他充填法逐渐取代。但充填料来源广泛，充填工艺简单，工人易掌握，且形成充填系统无需要很大的设备和资金投入；所以对中小型矿山，特别是地方开采的小矿山，仍有一定的利用价值。

12.1.4　干式充填法合理、有效使用的基本条件

（1）开采的矿石品位或价值较高，围岩无矿化、矿岩易分离或选别的薄矿脉；
（2）开采矿石稳固、围岩不稳固，矿石品位或价值高的急倾斜矿脉或中厚矿体；
（3）矿岩具有明显忌水性，金属遇水易浸出或围岩遇水压力显著增大的矿床；
（4）水源缺乏，不能用水力充填，而矿石稳固、围岩不稳固的高品位、高价值急倾斜厚矿体。

12.1.5　主要技术经济指标

我国应用干式废石充填法的部分金属矿山的主要技术经济指标，如表 12-1 所示。

表 12-1　干式废石充填法主要技术经济（参考）指标

指标项目	单位	某矿水平分层充填法	某钨矿削壁充填采矿法	
			上向 V 形	长壁式
矿块生产能力	m/d	80	25~40	35~60
采准、切割比	m/kt	7	35~80	19~33
采矿工效	t/工班	6	3~5	4~7
采矿台效	t/台班	80	60~70	—
电耙能力	t/台班	60~80	25~40	35~60
充填工效	m^3/工班	3	25~40	—
损失率	%	3	5~25	3~30
贫化率	%	10	4~6	3~5

12.2 上向水力分层充填采矿法

水力分层充填采矿法，是借助于水力沿管道系统将充填料输送到回采工作面，一个分层接一个分层进行充填的采矿方法。从回采方向上看：可以从下向上充填，也可以从上向下充填。这里先介绍上向水力分层充填法的六个问题。下一节介绍，下向水力分层充填采矿方法的问题。

12.2.1 上向水力分层充填采矿法的典型方案

上向水力（水砂）分层充填采矿法的回采工艺，与干式充填采矿法基本相同。其差别主要在于充填工艺，其次是矿房结构。图12-4所示为这种采矿法的典型方案。

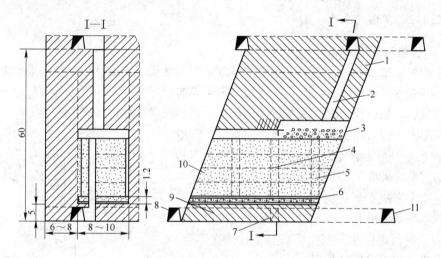

图12-4 矿房垂直走向布置的上向分层水力（水砂）充填采矿法（尺寸单位：m）

1—顶柱；2—充填天井；3—矿石堆；4—行人滤水井；5—放矿溜井；6—钢筋混凝土底板；
7—行人滤水井通道；8—上盘脉外运输巷道；9—横巷；10—充填体；11—下盘脉外运输巷道

12.2.1.1 矿块布置及构成要素

（1）矿块布置形式。矿块的布置形式，主要取决于矿体厚度。通常在矿体厚度小于10~15m时，矿房长轴沿着走向布置。厚度超过10~15m时，改成垂直走向布置。垂直走向布置矿房长轴控制在50m以内，超过时再在垂直走向布置两排矿房，两排矿房之间留下纵向矿壁。

（2）矿块的结构参数。矿块的结构参数，主要是控制阶段高度、矿房的水平面积及各类矿柱的尺寸。

1）阶段高度。国内一般取30~60m（国外取60~150m）。取大尺寸对维护充填体内的溜矿井不利。只有当矿体倾角较大、倾角和厚度变化不大，且矿体形态较规整时才宜取较大值。

2）矿房的水平面积。这关系到顶板暴露矿石的稳固性，以及采场内的作业条件。一般中等稳固到稳固的矿石暴露面积控制在150~500m²，很稳固矿石能加大到800~

$1000m^2$。采场顶板加固或留点柱支撑顶板可取大值。按常规设备工作,沿着走向矿房长度一般取 30～60m、垂直走向矿房宽度取 8～10m;而按机械化分层充填,沿着走向矿房长度可达 100～120m,甚至更大。

3) 间柱宽度。它也取决于矿石和围岩的稳固性与间柱的回采方法。矿房面积大,间柱宽度也应相应取大。矿房沿着走向布置时,间柱宽度取矿体的水平厚度。充填法回采时,取 6～8m。

4) 顶底柱尺寸。要考虑是否需要保护阶段运输巷道。当阶段运输巷道布置在脉内时,一般应留顶底柱;若从减少矿石损失出发不留矿石底柱,要做混凝土巷道来代替底柱。充填法底柱受到采准、切割巷道破坏影响较少,厚度一般都取的较小 (4～7m);顶柱厚度,只取 3～5m。

12.2.1.2　矿块的采准、切割

A　矿块的采准布置

矿块的采矿准备方式,取决于矿体的厚度、矿岩性质、矿石品位,并与采矿方法的出矿及充填方式有关。厚度不大时,矿块通常沿着走向布置,其时采矿准备大部分布置在脉内;只有当矿石品位较高时,为减少品位损失,才布置在脉外。

开采厚大矿体时,矿块通常垂直走向布置,阶段水平用上下盘"环形采准"或脉外平巷与独头横巷相结合的"T 形采准"。其横巷位置应根据矿房和矿柱的相对宽度来决定。矿房和矿柱的宽度都较大时,可以分别单独开掘横巷;当矿房与矿柱的宽度都较窄 (小于 6m) 时,则横巷开掘在矿房与矿柱的交界处,以供开采矿房和采矿柱时共用。

如果采用无轨设备,为联络阶段水平和分层工作面,需要用溜井和下盘斜坡道相结合的联合采准。开掘巷道部位的围岩要求稳固,并每隔 3 个或 4 个分层开掘沟通采场与溜矿井的联络道,如图 12 - 5 所示。

矿块准备包括:掘进运输巷道、行人通风天井、充填井、溜矿井、拉底巷道等。

开掘运输平巷,要兼顾本阶段的出矿和下阶段的充填及回风。

单一脉内的阶段运输平巷,一般靠近上盘或下盘开掘。靠上盘开掘对溜放干式充填料有利,但对布置和维护溜矿井不利。采用脉外平巷和横巷联合采准,横巷内的装车点要满足直道装车的要求。巷道断面规格应满足阶段生产对运输的需要。

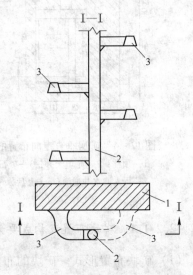

图 12 - 5　无轨设备出矿的脉外
溜井示意图
1—矿体;2—下盘脉外溜井;
3—无轨运输设备联络道

行人通风天井:在沿着走向布置的矿块中,开在两端间柱的中央,靠下盘倾角保持在 60°以上,这样开掘对于维护天井、探明矿体边界以及今后回采间柱时改为充填井有利。沿行人天井,从拉底水平起每隔 4～6m 垂直高度布置通往矿房的联络道,断面为 (1.5～1.8)m×2m。两端天井的联络道,在垂直位置上应错开布置,以免在充填时将两端的联

络道都同时堵死。垂直走向布置的矿块，行人通风天井布置在矿房内。

若为水砂充填时，行人通风井要结合滤水井一起布置，随充填顺路向上架设，一般每200m² 左右的面积要至少布置一个，并最少保持两个出口；用胶结充填则不需考虑滤水问题。

行人滤水井可用钢筋混凝土预制件构筑（见图 12-6），也可用钢筋混凝土来浇灌（见图 12-7）。

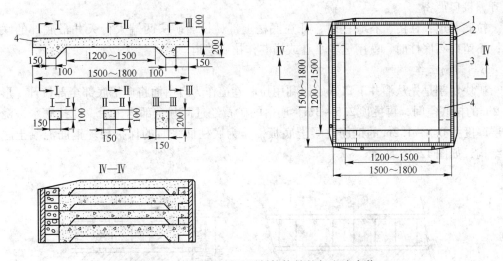

图 12-6　钢筋混凝土预制件构筑的行人滤水井
1—麻布、稻草帘；2—固定木条；3—箍紧铁丝；4—混凝土预制件

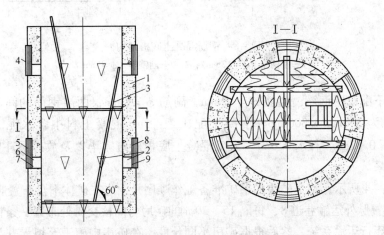

图 12-7　钢筋混凝土浇灌行人滤水井结构图
1—混凝土井壁；2—滤水孔；3—梯子；4—压木条；5—草帘；
6—麻布；7—细纱网；8—钢板网；9—钢筋

充填天井：沿着走向布置的矿块，充填天井布置在矿房中央靠近上盘，以利于充填料自动撒向两翼。倾角要保持在 60°以上。天井上口与上阶段平巷或短横巷相通；天井下口又要与行人井和溜矿井错开。天井断面规格除了需要满足溜放块矿以外，还应该考虑吊放材料与设备。垂直走向布置的矿块，因为一般使用水砂充填或胶结充填，对天井的位置和倾角没有严格要求，但从便于施工出发，倾角可以尽量大一些。天井内部除了敷设充填管道以外，并要布置人行梯子。

溜矿井：每一个矿房中至少应设立两个，以备当一个溜井发生堵塞或破坏时影响生产。溜矿井的位置适宜设在靠近矿房长度的四分之一处，以保证矿石搬运距离最短。溜井在底柱部位只开下口，上部按顺路天井用混凝土浇灌，断面通常为圆形，直径 1.5 ~ 2.5m（铲运机出矿时取大值），壁厚 300 ~ 500mm，壁内外要设置两层钢筋。整体浇灌要求接茬整齐，接口严密。

拉底巷道：在留矿石底柱时，开在底柱上部，拉通矿房两端人行天井最底部的联络道；不留矿石底柱时，就用运输平巷或横巷作拉底巷道。

B　切割工作

矿块切割是先从溜井下口开始，利用拉底巷道作为自由面将矿房底部全部拉开，形成高 2m 的拉底空间，再挑顶 2.5 ~ 3m。崩落的矿石经过溜井全部运出后，在拉底水平浇灌一层厚度为 0.8 ~ 1.2m 的钢筋混凝土底板，作为底柱回采时的保护层。钢筋混凝土底板的结构，如图 12 - 8 所示。

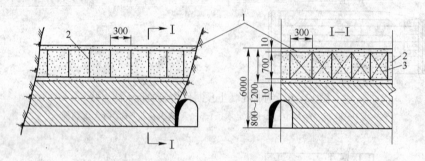

图 12 - 8　钢筋混凝土底板结构图
1—主钢筋（φ = 12mm）；2，3—副钢筋（φ = 8mm）

底板上下配双层钢筋，主筋 φ = 12mm，副筋 φ = 8mm，两层钢筋的间距为 700mm，平面上网格为 300mm × 300mm。混凝土配比是：1m³ 混凝土料中含水泥 288kg，砂子 0.5m³，碎石 0.87m³，耗水 0.6m³。人工混凝土底板砌筑完毕以及放矿漏斗闸门安装后，便可进行回采。

如图 12 - 4 所示，整个矿块的采矿准备工作顺序是：先在矿体下盘布置脉外运输巷道 11 和上盘布置脉外运输巷道 8，每隔 15 ~ 20m 的矿房与间柱交界处布置一条横巷 9，形成横巷装车的环行运输系统。然后根据矿房不同长度，在矿房中施工充填天井 2，行人滤水井 4，放矿溜井 5。

C　回采工作

矿块的回采实际上是分步骤进行的，即先采矿房，后采间柱。矿房回采与间柱回采基本相同。

矿房回采分层进行，采完一层充填一层。基本上保持 2 ~ 2.5m 回采空间高度。当矿岩稳固时，亦可采用"采二充一"的回采顺序，但"采二充一"的出矿量和充填量都要加大。

分层回采作业的内容包括：落矿、通风、清理浮石与护顶、矿石搬运、浇灌混凝土隔墙、接高溜矿井和行人滤水井、分层回采空区充填等。轮流完成全部作业一次，称为一个回采循环。

（1）落矿。一般采用"浅孔"凿岩机打上向炮孔或微倾斜炮孔，孔深为 2～3m，孔距为 0.8～1.2m，布置成梅花形。每个分层以充填井为自由面落矿，凿岩设备常用 YSP - 45 凿岩机。矿石稳固性较差时，采用 YT - 25 凿岩机开凿水平炮孔。用"采二充一"的回采顺序时，可打中深孔或上向与水平配合孔，分层高加大到 4～6m。

（2）护顶。可以采用锚杆加金属网。但锚杆加固深度有限，所以不少矿山采用了长锚索与短锚杆相结合的锚固方法，短锚杆网度：1.5m×1.5m～2m×2m，长锚索的网度：2.5m×2.5m～4m×4m，孔深 10m 以上，钻孔 $\phi = \pm 60mm$，长锚索送入孔内后注入砂浆（灰砂比为 1、水灰比为 0.4），等深孔全凝固后，可获得 20 吨锚固力。

（3）采场出矿。国内仍以电耙和装运机为主。一台 28kW 电耙、在矿石块度均匀时，台班生产能力可达 120～150t。

当采场面积较大或用盘区开采时，不少矿山使用铲斗为 1～3.8m³ 的铲运机出矿。铲运机出矿的下盘溜井布置示意图，如图 12 - 9 所示。

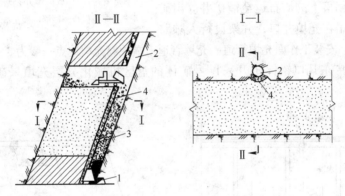

图 12 - 9 下盘溜井示意图

1—运输平巷；2—脉外溜井；3—充填料；4—混凝土墙

（4）回采充填。充填最上面一个分层时，要使充填料尽量接顶，以有效控制地压活动。

12.2.2 上向分层水力充填采矿法实例

【实例 1】 某铅锌矿属中低温热液交代硫化矿床。矿体赋存于石灰岩中，走向长度 600～800m，矿体厚度 20～80m，平均厚度 30m，矿体倾角 60°～70°，矿体形状比较复杂。矿石为致密块状，比较稳固，坚固性系数 $f \geq 8$，矿石品位较高，含硫达 30% 左右，有结块性。矿体顶底板为中等稳固到稳固的石灰岩，$f = 8 \sim 10$，石灰岩中有溶洞，矿区水文地质条件较复杂。

根据上述的地质条件和开采技术条件，该矿采用上向水平分层水砂充填采矿法（见图 12 - 10）。

（1）矿块构成要素。矿块垂直走向布置，阶段高 40～50m，矿块长等于矿体水平厚度，矿房宽度 13.6m，矿柱宽度 8～10m，采用人工钢筋混凝土底柱，厚度为 0.6m，顶柱厚度为6m。

（2）采切工作。在下盘布置沿脉运输平巷、上盘靠近矿体布置沿脉回风巷，垂直矿体走向每隔16~25m布置一条运输横巷与运输道连通。每个采场布置1~2个天井，矿体厚度大于30m时增加天井数。

回采第一分层前，从运输水平将矿房拉开高±4m空间，用混凝土浇灌人工穿脉横巷，然后沿采场全宽度浇灌0.6m厚的钢筋混凝土，同时完成放矿溜井及行人天井底部工程。再用水砂充填至人工巷道的底部标高，并在充填料上浇灌100~150mm厚的水泥砂浆垫板。这些工作完成后，即可进行第一分层回采。

回采工作，采用全分层一次落矿。分层高1.8~2m。搬运矿石用ZYQ-129型装运机出矿，直接在采场内将崩落下的矿石运至溜矿井。出矿后，将装运机悬吊在充填井口，并架设行人顺路

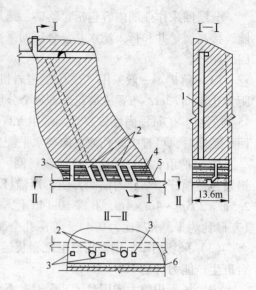

图12-10　某铅锌矿上向分层充填法
1—充填井；2—放矿溜井；3—行人顺路天井；
4—水泥垫板；5—钢筋混凝土底柱；6—混凝土墙

天井、放矿溜井，安装工作面充填管道。充填管道末端距离充填地点一般为3~5m。

【实例2】　广东凡口铅锌矿开采Ⅳ号矿体的盘区机械化分层充填采矿法方案，如图12-11所示。

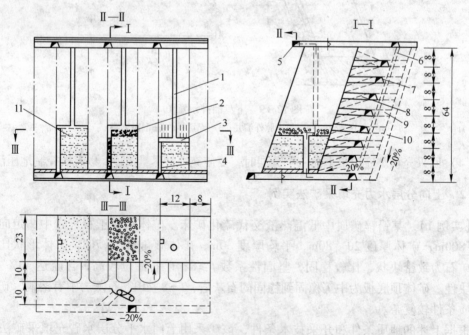

图12-11　盘区机械化上向分层尾砂胶结充填采矿法（尺寸单位：m）
1—通风充填井；2—出矿采场；3—凿岩采场；4—行人滤水井；5—回风平巷；6—溜矿井；
7—分段平巷；8—采场联络道；9—分段联络道；10—斜坡道；11—充填采场

Ⅳ号矿体系一孤立矿体，走向长 110m，倾角 70°～80°，水平厚度 20～30m，最厚的部位 50m。矿体受断层地质构造控制，形态和产状复杂，矿岩属于中等稳固，但节理、裂隙发育，接触界限较清楚，矿石品位极高。

设计矿块分五个矿房、五个矿柱、皆作垂直走向布置。先采三个矿房。阶段高度 60m，底柱高度 6m，矿房宽 14m，矿柱宽 8m。采用脉内、脉外联合采准。脉内工程为每个矿房有一个通风井、两个顺路天井；脉外工程采用采区斜坡道（一个或几个盘区共掘进一条）、分段平巷（两个分层共用一条）、联络道及脉外溜井兼作施工措施井。

回采工作采用水平孔落矿，方向由底盘推向顶盘；采二充一，分层高度 4m，充填高度 4m；铲运机出矿；管道输送尾砂胶结充填。

盘区内三个采场（矿房）凿岩、出矿、充填平行交叉作业，通风量相应调节。

试用本方案取得的技术经济指标是：采场生产能力 133t/d；盘区生产能力 400t/d；凿岩工效 64.3t/d 台班；采矿工效 12.3t/工班，矿石损失率 1%（粉矿损失）；矿石贫化率 9.7%。

12.2.3　上向水力分层充填法的应用评价

（1）上向水力分层充填法的优点。

1）回采方案多，方法机动灵活，适应条件广泛；

2）结构简单、采切工程一般不大，"万吨采准比"变化在 50～247m 之间；

3）除分采充填方案外，矿石的损失率和贫化率均较低；

4）改用自行设备（凿岩台车、铲运机配合自卸卡车），生产能力大幅度提高。

（2）上向水力分层充填法的缺点。

1）回采工艺复杂，浇灌底板隔墙等劳动强度大，工效低；

2）水砂、胶结充填回采顶柱和底柱仍有困难；

3）充填成本高。据统计，在干料、水砂、尾砂及胶结料四种充填工艺中，干料及尾砂充填成本较低，水砂充填次之，胶结充填成本最高。

12.2.4　适用条件

（1）适合开采矿石品位高或为稀有金属矿床、贵重金属矿床；

（2）适合开采矿体形态复杂，厚度、倾角变化大，分枝复合严重，夹石较多的矿床；

（3）适合开采矿体的上下盘围岩不稳固或矿石稳固、围岩内裂隙较为发育的矿床；

（4）适合开采急倾斜或倾斜薄到极厚的矿体，对薄和孤立小矿体可用干式充填开采；

（5）适合开采地表有河流、铁路、建筑物等需要保护及开采深度较大的矿床；

（6）适合开采露天与地下要同时生产的矿床；

（7）适合开采有自燃发火危险及有放射性危害的矿床。

12.2.5　发展方向

上向分层充填法适应性广，存在着很大的发展空间。为进一步提高生产能力，降低损失贫化，改善各项技术经济指标，需要从以下几个方面来努力：

（1）扩大分层高度。可以从常规的 1.8～3m 分层高扩大到分段或阶段。分层高度扩大，能节省回采的辅助工时，提高采矿强度，从而有利于减少损失贫化。

（2）简化回采工序，缩短分层回采周期。干式或水力充填中，占用工时最长的是砌筑隔墙和浇注底板，而胶结充填则不然。若能用同一种充填料，改变配比，如用 1：5 水泥尾砂胶结料浇灌底板、1：30 配比进行采场充填，一次性解决浇灌与充填问题，则不仅分层回采周期可大幅度缩短，而且还能达到降低开采成本的目的。

（3）简化矿块回采步骤，强化机械化开采。影响矿块生产能力大幅度提高的是，传统的矿房矿柱两个步骤回采。用点柱充填法，扩大采场落矿面积，改单一工作面回采为工作面连续回采，都是改革回采步骤的很好范例。

上向分层充填法若能先解决矿柱的替代问题，如构筑高强度的人工底柱，或用锚杆、长锚索等预先支护顶扳，增加采场自身的支承能力，就有可能改两步骤回采为一步骤连续回采。澳大利亚芒特·艾萨矿，就是采用单一步骤连续回采机械化充填采矿法的典型矿山，如图 12－12 所示。

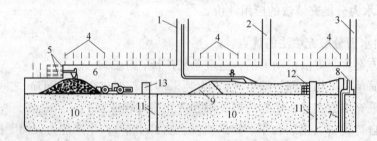

图 12－12　长采区上向分层机械化充填法

1—充填井；2—行人井；3—回风井；4—锚杆支护或钢绳锚索；5—炮孔；
6—凿岩、出矿区；7—排水井；8—泄水塔；9—尾砂堆坝；10—充填体；
11—脉外矿石溜井；12—隔墙；13—联络道

该矿所开采为中厚、倾角 65° 层状矿体，矿岩的稳固性较好。矿体沿着走向数百米长划归为一个采场，采场的水平面积达到了 1000～4000m² 。使用服务天井和斜坡道来做采准，每个分层都有联络道与斜坡道相通，采场用金属网锚杆或长锚索护顶。采场内凿岩、出矿和充填按分区平行交叉作业，全部使用采、装、运自行设备。充填，用低标号尾砂胶结充填。在拉底水平以上的前 3～4 个分层，用 1：10 的水泥尾砂浆浇灌，以作下一阶段回采时的人工顶柱，以后各层均填 1：30 的水泥尾砂浆。当开采到距离上部阶段 8m 的地方，打 18m 深的钢丝绳锚索，与上阶段的底柱锚固在一起，继续用上向水平分层充填法回采顶柱。采顶柱时每一分层照样用钢锚支护。采场日出矿的能力达到 3540t，采矿工班效率 30t，而损失率为 10%，贫化率为 6%～12%。

（4）寻求更加合理回采方案，简化工艺，降低成本，进一步提高矿石回收率。

12.2.6　主要技术经济指标

我国使用上向分层充填采矿法的部分矿山的技术经济指标，列于表 12－2。

表 12-2 上向水力分层充填法的主要技术经济（参考）指标

指标项目	矿 山 名 称					
	凡口铅锌矿	黄砂坪矿	铜绿山矿	凤凰山矿	龙首矿	锡矿山
采场生产能力/t·d⁻¹	65	30	191.6	65	45~57	40
损失率/%	4.9	3.49	19.23	15.9	7.4	20
贫化率/%	12.83	28.3	3.74	6.0	8.95	14.7
采掘比/m·万吨⁻¹	256	348	71	154.6	191.8	289.5
采矿台效/m·台班⁻¹	18.57	81.49	75.20	57.5	71.65	51.4
采矿工效/m·工班⁻¹	12.3	8.11	8.7	25	5.16	13.41
采矿全员劳动生产率/t·(人·年)⁻¹	140.7	248		382.8	169	275.8
井下工人劳动生产率/t·(人·年)⁻¹	294.8	485	145.2	586.7	251.7	439

12.3 下向水力分层充填采矿法

下向水力分层充填采矿法用来开采矿、岩均不稳固，矿石品位和价值又很高的稀有、贵金属矿床；当工作面改变后也能用来开采矿山地质条件比较复杂或地压较大的矿柱。

该法特征是：从上向下分层逐层进路回采，进路逐条充填。充填前进路内做好假顶铺设，为以下各层回采建立安全条件。下向回采分层成 4°~10° 或 10°~15°（水力充填）倾斜。分层采用部分倾斜的原因是这样有利于矿石向下搬运，也便于充填接顶。

下向分层充填用于水砂、尾砂或胶结料充填；不能用干料充填。它以矿块作回采单元，一步采完。但根据回采进路大小和布置方式不同，又分为多种不同方案。

12.3.1 典型方案

12.3.1.1 矿块的结构参数

矿块结构如图 12-13 所示。阶段高度和矿块长度均为 30~50m，矿块宽度取矿体的水平厚度。

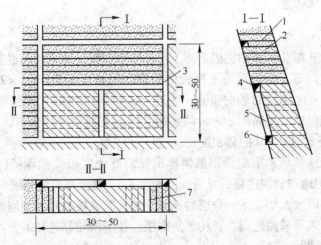

图 12-13 下向分层水力充填采矿法（尺寸单位：m）

1—人工假顶；2—尾砂充填体；3—矿块天井；4—分层切割巷；
5—溜矿井；6—阶段运输平巷；7—分层回采进路

12.3.1.2　采准、切割工作

采准：包括掘进阶段运输平巷、天井、溜井；用装运机出矿时，在下盘脉外布置斜坡道。

切割：包括在每一分层开切割平巷或横巷。

阶段运输平巷开在沿下盘接触线或下盘岩石内；矿块天井布置在矿块两端并靠下盘接触带，溜矿井布置在矿块中间。

随着分层往下回采，溜矿井逐层消失，而两端天井则逐层改换成混凝土井埋在充填体内，继续作回风井使用。分层切割巷道，沿每层下盘接触带开切；当矿体厚度较大时，开在矿体中央。

12.3.1.3　回采工作

每一分层可以按进路式或分区壁式布置回采工作面。进路开掘方向可以直交或斜交切割巷道，矿体厚度小时，也可沿走向布置，并先从下盘采起，按间隔顺序进行。上下两分层间进路，做到尽量错位，使分层假顶得到稳固。以分区壁式工作面进行回采时，每100m 以内的范围控制为一分区，每一分区要有单独的溜井，并以溜井为中心作扇形或平行布置，壁式工作面上仍以退路方式组织作业。进路高度取分层高度，一般为 2~3m，宽度也相应为 2~3m。

进路内按"浅孔"落矿，电耙或装运机出矿。进路上部为钢筋混凝土假顶时，进路采用木棚或立柱支护，棚子间距取 0.8~1.2m；如是锚杆吊挂式假顶，当锚杆直径不小于19mm 时，进路内不一定要求支护。

分层进路的回采顺序是按间隔式采出，先采单数进路，采出后逐条进行充填，然后转入双数进路的回采；等双数进路采完，平整各进路和分层道底板，安装锚杆，撤出设备，封闭溜矿井，改装矿块天井，接着进行全分层充填；以后重复进行这些工作。

12.3.1.4　充填作业

A　进路用水力充填

进路进行水力充填前，必须完成下列工作：清理底板、铺设钢筋混凝土底板、构筑隔离层及构筑脱水砂门等。钢筋混凝土底板中的钢筋网格度为 200mm × 200mm ~ 250mm × 250mm，主筋布置方向和进路轴向垂直，主筋（$\phi = 10 ~ 12$mm）端部弯钩，以便能和相邻进路的主筋连成整体；副筋用 ϕ6mm 的钢筋。混凝土强度要达到 100 ~ 150 号，采用水泥：砂：石子等于 1 : 17 : 29 的体积配比。

国外有的用连续预埋木梁配合钢筋网作钢筋混凝土底板。预埋梁，通常为 $\phi = 14 ~$16mm，配三根均匀地布放在进路的纵向，间距1.4m，其上再钉筑钢筋网，钢筋网，按所用钢筋的粗细调整网度大小。下一分层的进路支护，就直接撑托在预埋梁的下部。在准备充填的进路与相邻未采进路之间，要构筑隔离层，预防采相邻进路时充填体坍塌。隔离层的结构如图 12 - 14 所示。

它的构筑方法是：等钢筋混凝土底板浇灌完毕并养护一天以后，在充填进路的一侧每隔0.7m 架设立柱，立柱上钉一层网度为 20mm × 20mm ~ 25mm × 25mm 的铁丝网，再在铁

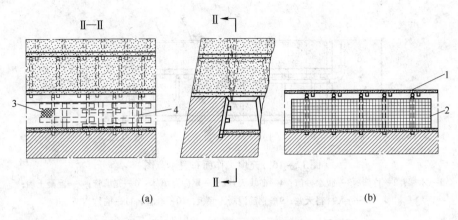

图 12 – 14　隔离层的构筑示意图

（a）竹席隔离层；（b）金属网隔离层

1—钢筋混凝土底板；2—钢丝网；3—竹席；4—板条

丝网上安一层草垫或粗麻布。铁丝网和粗麻布均要留 200mm 余量弯向充填进路底板，并用水泥砂浆严密封死以防漏砂。

脱水砂门，如图 12 – 15 所示。是一种滤水隔墙，设在切割巷道和充填进路之间。它用混凝土砖或红砖砌成。墙上按不同高度，一般相隔 0.5m，埋设若干根竹筒或钢管，管头用滤布盖住。脱水砂门是随充填料的加高而逐渐上砌到接顶的。当采矿进路的长度超过 50m 后，还应增加一道脱水砂门，以便提高充填的质量。

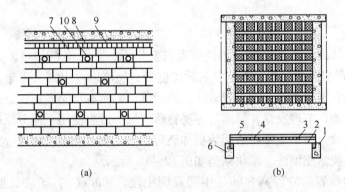

图 12 – 15　脱水砂门结构示意图

（a）砖砌脱水砂门；（b）预制混凝土构件脱水砂门

1—50mm×50mm 木条；2—50mm×20mm 木条；3—30mm×15mm 木条；4—麻布袋；5—30mm×15mm 木条；6—混凝土墙；7—混凝土预制块；8—红砖；9—充填管；10—滤水管

整个充填工作面的布置，如图 12 – 16 所示。充填管布在巷道中央、紧贴顶梁，出口距充填地点不大于 5m。当充填进路很长时，应采取分段充填。充填管出口略微上斜，以做好接顶。等分层内所有进路或分区都充填完以后，留下的切割巷道也一样进行充填，最后做好闭层工作。

　　B　进路用胶结充填

用胶结充填在矿块结构、采准及回采工艺方面与用水力充填是基本相同的，区别在于

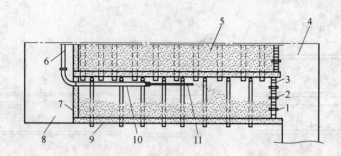

图 12 - 16　充填工作面布置示意图

1—木塞；2—竹筒；3—脱水砂门；4—矿块天井；5—尾砂充填体；6—充填管；7—混凝土墙；
8—行人材料天井；9—钢筋混凝土底板；10—软管；11—楠竹

它只要求在采矿进路两端构筑混凝土模板，而不必再铺设钢筋混凝土底板及构筑隔离层。胶结充填结构体的强度增大，故其进路的规格也可相应取大，一般采用高度为 3 ~ 4m，宽度为 3.5 ~ 4m 甚至达到 7m。为做好如此高度进路的接顶工作，进路经常布成 4° ~ 10° 的倾斜。

进路采用间隔回采连续充填，待采进路要等相邻已充填的进路充填体凝固 5 ~ 7 昼夜后再采。下一分层至少要等上一分层充填体凝固两周以后再采。

胶结充填用于开采深部或地压较大矿体时，充填前应在进路底板上铺放钢轨或圆木，面上再放金属网，并用钢绳把底梁吊挂到上一分层底梁上，然后充填。用这种结构形成的假顶强度更大。

12.3.1.5　实例

金川龙首矿区的一富矿地段，矿体的走向变化不一。倾角 60° ~ 70°，矿体水平厚度 10 ~ 50m；矿体母岩为橄榄岩，上下盘为辉橄榄岩，局部地段出露大理岩；矿体与围岩接触处有一蚀变带，宽度为 1 ~ 2m，较破碎，易冒落；矿体本身受多期构造影响和后期岩脉穿插，完整性较差，节理发育，暴露后容易冒落。该矿过去使用上向分层胶结充填法，回采取得了一定成效。由于下部矿岩转为更加破碎，在时间和空间上均不允许作较大暴露，故改用下向分层胶结充填法。矿块结构如图 12 - 17 所示。

采场沿走向布置。阶段高 80m（中间设副中段，30m 高），矿块长度按勘探线布置为 50m。

阶段水平布置脉内运输道（运输平巷及矿块中央横巷），在横巷靠近上下盘处各布置一条行人通风井。靠上盘的一条（图 12 - 17 中 3）只透到分层道水平，主要用于采场通风、行人及上料；靠下盘的一条（图 12 - 17 中 2）在分层道上部用作行人、回风及下料（改成混凝土顺路天井逐段向下延伸），在分层道下部用作溜井。

采场上水平和脉内平巷用作主充填道，矿块的两侧位置开横巷作采场充填道。

采场内，按下向分层用双翼倾斜进路回采。每一个分层先在矿体中央开分层道（2.5m × 2.5m），由分层道往两侧按 8° ~ 11° 上向斜开间隔进路，进路末端用充填小天井直接与上水平的采场充填巷道接通。对第一、二分层，因进路直接处在破碎的矿体之下，进路尺寸不能过大，取 2m × 2m 并进行支护；从第三分层起，除分层道为保证人员作业安

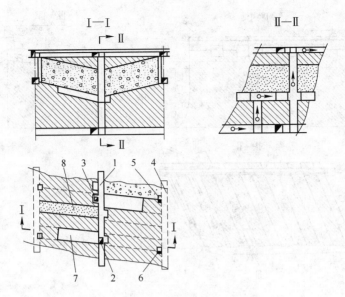

图 12 – 17　下向分层胶结充填法

1—分层道；2—溜矿天井；3—行人通风井；4—采场充填道；5—充填行人道；
6—充填下料井；7—回采进路；8—已充填进路

全继续支护外，其余回采进路依靠充填料自身的强度维持其顶板的稳定性，一般不再进行支护。以下各层进路尺寸也可扩大到高 3m、宽 5m。

进路内采用浅孔爆破。为改善掘进时的通风条件，可先掘进小断面贯通后再行扩大。爆下的矿石用 13kW 的电耙耙到分层道，再用 30kW 的电耙沿分层道耙到溜矿井。充填用混凝土。

充填前，在进路底板上铺放底梁，并用锚杆悬挂钢筋网。充填料由进路高处往下漫流至各进路充填后，最后连同分层道一起充填。这一分层封闭后，转入下一分层。

这种倾斜进路有利于电耙出矿和粗骨料充填料流动接顶，但开分层留下来的三角形顶柱回采困难，并且回采劳动强度大，生产能力低，通风条件差。

使用该方法的采场生产能力 58.37 ~ 94.3t/d，采矿工效 7.29 ~ 8.82t/工班，采矿台班效率 56.2 ~ 66.8t/台班，木材消耗 0.00859 ~ 0.0012m³/t，损失率 4.39% ~ 4.9%，贫化率 7.8% ~ 7.89%。

12.3.2　下向高进路分层充填方案

针对典型方案小进路回采生产能力低，每条进路需要分别筑隔墙进行充填、干扰生产等缺点，可将进路尺寸增大到 4m × 4m 或高 3 ~ 5m，宽 4 ~ 6m，这种进路称为高进路。

改用高进路后，保持相邻两进路上下错开 2m，使进路的两壁上半部为充填体，下半部为矿体，则仍能保持进路回采相对稳定性。图 12 – 18 为金川龙首矿使用的下向高进路分层充填方案。

下向高进路分层充填方案阶段高 60m，矿块长度 25m，宽为矿体的水平厚度。采切工程为沿矿块一侧开分层道（2.0m × 2.5m，图 12 – 18 中 4）、靠上下盘各掘一条断面为

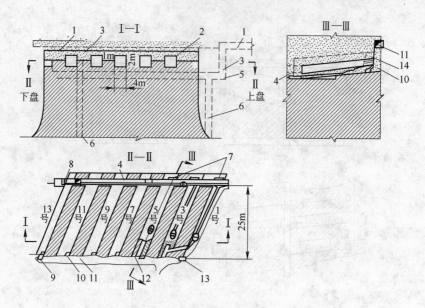

图 12 - 18　金川龙首矿下向高进路分层充填法

1—上水平穿脉道；2—回采进路；3—上下盘顺路天井；4—分层道；5—第四层分层道；
6—上盘通风井、下盘溜矿井；7—进路出矿电耙绞车；8—分层道电耙；9—充填井；
10—充填小井；11—外层充填道；12— 扩帮炮孔；13—行人材料井；14—压顶炮孔

2m×2m 的天井（图 12 - 18 中 6），靠上盘为通风井，靠下盘为溜矿井。上水平巷作为主充填道，沿主充填道在矿块另一侧开横巷充填道（图中均未画出），横巷充填道下方每回采 3~4 个分层又掘分层充填道（图 12 - 18 中 11），并以充填小井和行人井联通上下。此充填道在回采时兼作回风使用。

回采进路沿矿体走向布置,共分 13 条进路，相邻上下分层的进路在垂直方向上交错 2m。

第一分层先采单数进路，进路高 2m、宽 4m、间隔 4m。待单数进路回采结束，平整各进路和分层底板，安装吊挂锚杆，铺设钢筋，撤出全部设备，封闭溜矿井，并架设顺路天井模板，然后将所有已采进路和分层道一齐充填，以形成预备层。

从第二层起进入正常回采，先在第一分层下面从下盘溜矿井至上盘通风井掘进一条断面为 2m×2.5m 的分层道，而后回采双数进路，断面为 4m×4m，坡度为 8°~10°。等全部进路回采结束，也像第一分层那样全部充填。这样，在上下两分层间就形成了凹凸交错的工作线，以下各层回采，照此进行。

回采进路时，一般是先掘进一条 2m×2m 的回采巷道至进路尽头，接着向上掘进一条直径为 0.8m 的充填小井与横巷充填道贯通，形成进路通风系统，而后扩帮和挑顶形成 4m×4m 的进路，并进行支护。第二分层进路可不再支护。

经验表明：下向分层充填法只要采用合理的回采方式，保证充填体有不低于 4~5MPa 的抗压强度，上述暴露的进路宽度是可以保证作业安全的。这不仅是由于人工假顶具有良好的完整性，其稳定性比自然顶板好，还有赖于它有一定的柔性。

采用下向高进路回采，不但可以减少充填环节和次数，而且可实现小型机械化，加大采场生产能力，对于充填"接顶"也有好处。它的缺点是：两壁的整体性差，增加了不稳定性因素等。

12.3.3　下向分层充填法的应用评价

（1）下向分层充填法的优点。

1）矿石的损失率（3%~5%）与贫化率低；

2）在完整的人工假顶下作业，工作比较安全；

3）一步回采，简化了采场结构，采场生产能力稳定；

4）在技术经济上能取代方框充填法和分层崩落法的使用。

（2）下向分层充填法的缺点。

1）生产能力较低，工作面人工劳动生产率不高；

2）工序复杂，回采周期长，辅助作业时间占整个回采时间的1/4以上；

3）材料消耗大，生产成本较高。

（3）下向分层充填法的发展趋向。

1）增大进路规格，改单分层低进路间隔回采为双分层高进路间隔回采；

2）改变假顶的结构及铺设方法，以简化或免除下一分层内进路的支护；

3）推广使用无轨自行设备和充填料输送新工艺。

12.3.4　下向分层充填法适用条件

（1）开采矿、岩都不稳固的矿床；

（2）开采因地压大，致使开裂的矿柱；

（3）开采品位高、价值大的稀有、贵重金属矿床。

12.4　分段与阶段充填采矿法

12.4.1　分段或阶段充填采矿方法引题说明

分层充填采矿法，虽然具有回收率高、贫化率低等突出优点；但是由于充填次数较多，使得不仅工艺复杂，而且每次充填后都需要一定的养护时间，才能进入下一个回采作业循环，致使成本增加，生产能力受到影响。在矿岩稳固性较好的条件下，可以采用嗣后（事后）充填方法。

嗣后（事后）充填方法的主要特征是：在阶段以内将矿体交替划分为矿房和矿柱，先用空场法回采矿柱，待整个矿块回采完毕后，进行一次胶结充填，形成人工矿柱，胶结体达到养护时间后，在人工矿柱保护下，用同样的方法回采矿房，矿房回采完毕后，再进行一次非胶结充填。由于充填工作是在矿块的整个阶段内一次完成，因此该方法亦称为阶段充填法。

嗣后充填法的主要优点是：

（1）兼有空场法生产能力大、充填法回收率高和保护地表的优点；

（2）克服了分层充填繁杂作业循环的缺点；

（3）多使用中深孔穿爆，生产能力大；

（4）一次充填量大，有利于提高充填体质量，降低充填成本；

（5）回采与充填工作互不干扰。

其主要缺点是：

（1）充填采场砌筑密闭滤水设施工作量大；

（2）损失贫化指标比分层充填法差。

图 12 - 19 为新桥硫铁矿两步骤回采的分段空场嗣后充填采矿法示意图。

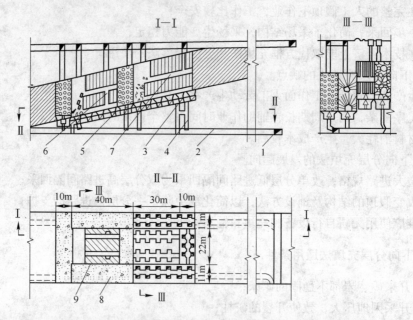

图 12 - 19　新桥硫铁矿分段空场嗣后充填采矿法示意图

1—上盘运输平巷；2—穿脉巷道；3—电耙道；4—溜矿井；5—底盘漏斗；

6—切割天井（兼作充填井）；7—分段凿岩巷道；8—矿柱；9—矿房

（1）采准、切割。如图 12 - 19 所示，布置上盘和下盘运输平巷 1，由穿脉巷道 2 形成环形运输系统。利用分段凿岩巷道 7 把阶段划分为分段，分段高度依凿岩设备有效凿岩高度确定。由于矿体缓倾斜（平均倾角 12°），厚度较大（平均真厚度 23m），沿矿体底盘布置两条电耙道 3，自电耙道施工漏斗，漏斗间距 5 ~ 6m。自穿脉巷道掘进人行天井和溜矿井 4。自上阶段穿脉平巷施工切割天井 6，该天井同时兼作回风井和充填井，以切割天井为自由面，在凿岩巷道内凿岩形成切割槽。

（2）回采。在凿岩巷道内钻凿上向扇形中深孔，几个分段同时装药爆破。崩落矿石进入漏斗，经电耙道运至溜矿井。整个矿柱（或矿房）回采完毕后，进行一次胶结充填（或非胶结充填）。

12.4.2　阶段充填采矿方法

阶段充填采矿方法，实质上是空场采矿与阶段充填的联合采矿法。它是按空场法条件，用空场法回采矿房（或间柱）、将开采后留下的空场，用充填料（事后）一次充填。这种充填的目的，不同于处理空区，而是要能可靠地支撑上下盘围岩或周围充填体，为回采间柱或周围采场创造必要的条件。充填在这一类方法中是回采矿房的一项必要工序。

这一类方法既然是为了改善第二步骤的回采条件；所以，必然要等充填体达到技术要求之后，才能进行第二步骤的矿柱回采。

12.4.2.1　阶段充填法的分类方案

根据空场法回采的空场状态，阶段充填法可以分为以下五种方案：

（1）分段空场嗣后充填；

（2）阶段空场嗣后充填；

（3）VCR 嗣后充填法；

（4）留矿采矿嗣后充填；

（5）房柱采矿嗣后充填。

每一种阶段充填方案的矿块结构参数和采切工作，基本上都和采矿房所用的方法一致，但为适应高效崩矿和出矿，以及便于充填前设置隔墙，底部结构经常采用能力大、结构形式简单的电耙道或无轨设备装运道。回采作业采用大孔径崩矿，无轨自行设备出矿。它们和空场法的本质区别在于嗣后充填的特征。嗣后不充填的，称为空场法；嗣后充填的，称为充填采矿方法。

阶段充填法的一次充填量大，充填材料没有凝固前静态压力高，回采与充填间隔时间长，充填时充填料容易离析而影响充填体的强度，并且要求充填后充填体的自立性好。因此，关键问题就是要做好充填材料的选用，采场充填前的准备以及合理布置充填工艺。

目前国内外阶段充填矿房，主要用尾砂胶结料或岩石胶结料；而充填间柱可按需要采用与矿房同样的充填料或先充填 10 ~ 20m 高的胶结料，再充填非胶结料。

岩石充填料价格便宜、充填速度快、且能减少排水费用。

充填前准备工作，主要是做好采场密闭，使整个采场与外界一切井巷隔离。

密闭的主要要求是：既要能够防止充填料流失与污染，又还要防止采场积水。

构筑密闭隔墙的位置，应选在岩石稳固、承受充填体的压力最小及隔墙需用数量最少的地方。一般当采场底部用电耙出矿时，隔墙筑在电耙道内，如图 12-20 所示。若用放矿漏斗出矿，且底柱岩石又较稳固时，可以筑在每个漏斗的颈部，如图 12-21 所示。

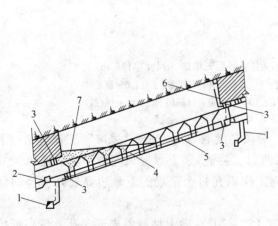
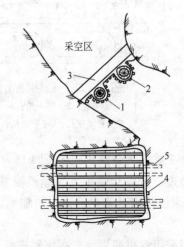

图 12-20　隔墙在电耙道内示意图　　　　图 12-21　放矿漏斗颈部隔墙图

1—运输平巷；2—电耙硐室；3—隔墙位置；4—电耙道；　　1—滤水麻布；2—横撑木；3—φ150 ~ 200mm 圆木；

5—滤水管；6—滤水筒；7—尾砂　　　　　　　　　　4—25mm×50mm 方木；5—φ25mm 销钉

　　隔墙离采场边界至少要有 3m。隔墙可以用砖或混凝土块砌筑，也可以浇灌混凝土墙或钢筋混凝土墙。砖隔墙要浇筑混凝土基础及安装固定墙的销钉；周边抹水泥浆，底部装滤水设施。

12.4.2.2　采矿场的充填工艺要求

　　(1) 检查隔墙及滤水设施，并经试充合格；

　　(2) 滤水管在开始充填前关闭，待澄清后打开放水；

　　(3) 分期充填：一般是先充填 5～7m 胶结料或相应非胶结料，待初凝脱水后，再充填满采空区；

　　(4) 充入口位置应对提高充填料质量有利；充填后要保持四个月养护后，才允许相邻矿房回采。

　　图 12－22 是用倾斜横巷出矿的分段空场嗣后充填采矿法的应用实例。

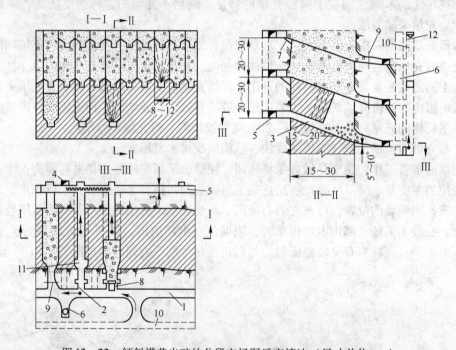

图 12－22　倾斜横巷出矿的分段空场嗣后充填法（尺寸单位：m）

1—运输平巷；2—装车道；3—凿岩道；4—通风天井；5—通风平巷；6—溜矿井；
7—充填钻孔；8—铲运机；9—隔墙；10—斜坡道；11—切割槽；12—风门

　　所采矿体为急倾斜矿体，厚 15～30m，分段高度取 20～30m。"采准"工作包括：下盘斜坡道、分段运输平巷、倾斜横巷（仅凿岩、装运）、上盘通风充填平巷、通风天井（几个采场共用）及充填钻孔的施工。切割工作则在每个采场的下盘边界处开掘竖向切割槽。

　　回采用双机凿岩台车在倾斜横巷（坡度 15°～20°）向上钻倾斜扇形深孔，最小抵抗线 1.5～2.5m，爆破参数按爆力运矿的要求设计。在倾斜横巷的脉外段出矿，将矿石运至附近溜矿井倾卸。

充填隔墙建筑在倾斜横巷的脉外段，墙上留有滤水孔；胶结充填体从上一分段通风充填平巷经钻孔充入采场，直到充满连接顶板为止。

同一分段内，采用分批间隔回采；先采的矿房用胶结充填，后采的间柱除了开始回填几米高的胶结料以外，其余的用干料或水砂充填。

12.4.2.3　本法的优点

(1) 兼备空场法生产能力大和充填法回收率高的优点；
(2) 减少了分层充填法中要构筑底板、溜井、滤水井等工程；
(3) 一次充填量大，有利于使用低标号混凝土充填，成本低；
(4) 用中深孔崩矿、铲运机出矿，装备水平较高，生产能力增大；
(5) 回采与充填工作互不干扰，有利于生产管理。

12.4.2.4　本法的缺点

(1) 充填采场砌密闭墙和隔墙工作量大，并且要求严格；
(2) 大容积充填，水泥浆和骨料容易离析，影响充填强度；
(3) 矿石的损失贫化比分层、分段充填法高（但比空场法低）。

12.4.2.5　适用条件

(1) 矿岩中等稳固以上，能用空场法回采的厚大矿体；
(2) 矿石价值高，需要提高回收率或需要保护地表的矿床；
(3) 采用充填的条件，但允许暴露面积要大，产量要求较高。

12.5　充填系统的工艺设施

充填采矿法在具体使用过程中，无论是干料充填、水砂（尾砂）充填还是胶结充填，都要涉及正确选择充填料、合理设计充填工艺以及怎样保证充填系统设备（设施）高效、持续正常运行的技术问题。特别是在充填方案确定后，充填系统设备（设施）是否先进，对改善充填工作条件、提高采矿生产能力和经济效益，都有较大的直接影响。

12.5.1　充填材料的选择

12.5.1.1　对充填料的基本要求

井用充填材料需要量大，充填后可起到支撑围岩作用而又不恶化井下条件，为此其必须满足下列要求：
(1) 能够就地取材、来源丰富、价格低廉；
(2) 具有一定的强度和化学稳定性，能维护采空区的稳定；
(3) 能迅速脱水，要求一次渗滤脱水的时间不超过 3～4h；
(4) 没有自然发火危险和有毒成分；颗粒形状规则，不带尖锐棱角；
(5) 水力输送的粗粒充填料，最大粒径不得大于管道直径的 1/3；粒径小于 1mm 的含量，也不得超过 10%～15%，沉缩率要小于 10%～15%；

（6）用尾砂作充填料的，也要进行理化分析；所含的有用元素要充分回收利用。

对目前尚难以回收利用而含有稀有或贵重元素的尾砂，要经国家上级有关部门批准后方能作为充填料使用。作为充填料的尾砂，含硫量要严格控制（一般要求黄铁矿的含硫量不超过 8%，磁黄铁矿含硫量不超过 4%），选矿药剂的有害影响要去除，并进行脱泥处理。

12.5.1.2　常用充填料的理化性质

在井下常用的主要充填料中，属于粗颗粒级的有河砂、山砂、砾石、采下的碎石及炉渣等；属于细颗粒级的为选厂尾砂。这些材料的物理化学性质，对整个充填工艺有很大的影响。

A　充填料的化学成分

含氧化钙、氧化镁、氧化铝高的充填料，如石灰岩、白云岩等，具有一定胶结、凝聚和承压性能；含二氧化硅高的充填料，如石英砂，只是沉降速度快、承压性能好，但无胶结能力。我国铜山铜矿用脱泥尾砂作充填料，尾砂中含胶结性成分达 40% 以上，随充随即能行人，8h 后，允许站在充填面上打眼和用手推车出矿，但锡矿山锑矿使用含石英质高达 88.04% 的脱泥尾砂，充填后头几个班内只能见到溢流脱水中的泥分大量消失和逐渐变少，但充填面仍继续保持松散，不利于立即作业。另外，水泥水化以后产生的强度，也决定于水泥的化学成分。

B　充填料的物理性质

充填料的物理性质，主要是指粒径及其级配、相对密度、重率和孔隙率、沉降速度、沉缩率和渗透性等。这些性质在充填理论中会进行专门研究，并通过实验测出具体数值。

本书仅对充填料要求的强度、最小的沉缩率和渗透性三项指标加以介绍。

（1）充填料的强度。包含充填料的本身强度、充填体的强度两方面的涵义。

充填料自身的强度，反映了它的承压性能大小，用其颗粒本身的抗压强度来表示。如测碾制"山砂"的岩石抗压强度，应取试样作压力试验，求其在水饱和状态下的极限抗压强度和在干燥状态下的极限抗压强度，当两者的平均值相差三倍以上时，则不能应用。充填料自身的抗压强度至少应达到充填体强度的 2 倍以上。强度愈高，充填效果愈好。

水力充填脱水后的充填体多数是松散介质，固体颗粒之间的黏结力远远小于固体颗粒的强度，破坏是固体颗粒之间发生相对剪切位移所引起的，所以其强度主要是抗剪强度。松散充填体抗剪强度的大小，与其颗粒之间的摩擦力（内摩擦力）及胶结物质形成的凝聚力有关。

即

$$\tau = \sigma \tan\varphi + C \qquad (12-1)$$

式中　τ——松散充填体的抗剪强度，MPa；

　　　σ——滑动面上的垂直应力，MPa；

　　　φ——内摩擦角，(°)；

　　　C——凝聚力，MPa，对一定材料，它是个常数；对松散颗粒则 $C = 0$。

由此可见，松散介质的抗剪强度与作用在上面的外力有关。要提高松散介质的抗剪强度，除改善颗粒之间的胶结性能外，只能靠增大其内摩擦角。

一般来说增大内摩擦角的办法是：改善充填料的粒径级配，增加密度，减少孔隙，降低充填料水分，提高颗粒间的表面张力；另外，在具体充填过程中可采用多次充填，以增加其密实性。

胶结充填体的强度，主要取决于水泥标号、骨料级配和水灰比，同时也与施工管理、充填工艺和凝结硬化环境有关。矿山充填用的水泥，要求凝结快、早期强度高，一般用32.5号（俗称425水泥）普通硅酸盐水泥。水泥标号提高和用量增大，混凝土强度也必然提高。但不同标号的混凝土最大允许的水灰比有一定范围，如表12-3所示。低于这个范围，水泥的水化作用不能完善，影响强度提高；高于这个范围，多余水分富集使充填料的和易性增大，混凝土强度降低。

表 12-3　各种强度的混凝土允许的最大水灰比

混凝土标号	20~30	40~50	50~75	>75~100
最大允许水灰比	1.6~1.8	1.2~1.4	1.0~1.2	0.8~1.0

图12-23是水灰比与混凝土强度的关系曲线。它表明随水灰比的增大，充填体强度急剧下降，同时其体积收缩率也明显增加。根据实际使用的经验证明，混凝土的水灰比以1.0~1.6为宜，此配比既便于输送，又能保证必要的强度。相应的1m³混凝土耗水量为250~400kg。

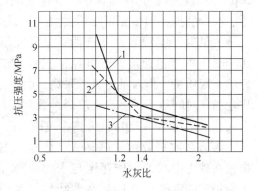

图 12-23　水灰比与混凝土强度关系
1—水泥用量 250kg/m³；2—水泥用量 200kg/m³；
3—水泥用量 150kg/m³

骨料的级配，应使细骨料恰能填满粗骨料的孔隙为宜，此时密实性与强度均为最高。细骨料少，混凝土容易离析，造成输送困难；粗骨料太少，不仅不经济而且影响强度的提高。

在充填料输送过程中，应尽量使水灰比保持不变，防止管道泄漏使得混凝土变干或堵塞。

（2）沉缩率。水力输送松散物料，由于水浸、自重和压力的作用其会缩小体积，其缩小的体积与原体积之比，称为沉缩率。沉缩率与充填料的孔隙率成正比，并直接影响充填体的质量。生产实践证实，充填料在输入采场后一个月左右的时间内，沉缩率最大；此后在正常压力作用下，沉缩率逐渐变小，且趋向稳定。河砂充填料的，其沉缩率约为原有高度的10%左右。

沉缩率除了与孔隙率有关外，还与充填料的含水量及颗粒组成等有一定联系。凤凰山铜矿在探索 ZYQ-14 型装运机是否能够在充填体表面正常作业时，就发现尾砂充填体的强度，有随孔隙率和含水量的降低而增加的趋势。而靠近滤水管处的尾砂沉缩率，要比远离滤水管处的大。

一般认为尾砂的沉缩率最小，如锡矿山锑矿用分级尾砂充填，沉缩率只有0.5%；而水砂充填要比尾砂充填大，为5%~10%；沉缩率最大的是干料充填，达10%~15%以上。

（3）渗透性。渗透性是指水从充填体中渗透出来的难易程度。一般用渗透性系数（或渗透速度）来表示，其代表单位时间内水流过充填料集合体的速度，单位为 mm/h 或 cm/h。渗透性是多孔介质普遍存在的性质。充填料渗透性的好坏，直接影响到充填法回采循环的进度和尾砂的利用程度。渗透性好，脱水快，可以迅速形成比较稳定的充填体，如渗透性差，充填料则有可能呈半流体状态，对采场的脱水设施、甚至矿柱便会造成很大的静水压力。一旦设施被压坏就会出现"跑砂"或堵塞巷道。

为提高充填料渗透性，应增加粗粒级含量和控制细粒级含量。锡矿山锑矿试验使用全尾砂充填，渗透系数仅为 0.648cm/h；用粒径大于 37μm 占总量 80% 以上的分级尾砂，渗透系数为 0.972cm/h，其尾砂利用率为 69.78%；而改用大于 74μm 占总量 80% 以上的粗分级尾砂，渗透系数陡增至 4.464cm/h，相应尾砂利用率仅为 54.58%；这表明提高渗透性受尾砂利用程度的制约。

影响充填料渗透性的主要因素是粒径小于 1mm 的颗粒细泥含量。而对细粒充填料，是指粒径小于 20μm 的微粒。在充填输送中，少量细泥可以润滑管道、减少磨损；但多了则必须去除。

大量生产实践和试验证明，只要充填尾砂具有 100mm/h 的渗透速度，就可保证正常生产和具有较好的充填质量。但对某个具体采场，由于充填方式和作业循环时间等不同，允许渗透系数存在差异。国外有人建议采用 50～350mm/h 这个范围。

渗透系数一般用"基马式"渗透仪测定，它是根据在砂土中水的渗透速度与水力坡降（单位长度上所损失的水头）之间存在着线性关系的原理用计算求得。该仪器结构如图 12-24 所示。

仪器本身为一高 40cm，直径 94.4mm 的金属圆筒（底面积为 70cm²），距筒底 5～10cm 处装有金属网格，圆筒侧边垂直开有三个侧压孔，孔中心间距 10cm，孔与筒壁连接处装有筛布，用三根玻璃测压管分别与测压孔相连。玻璃管固定在贴有方格纸的木架上，用作测计水位使用。这仪器除渗水主体部件外，还配有一套击碎砂土部件。

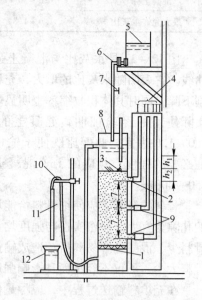

图 12-24　"基马式"渗透仪
1—金属网格；2—测压孔；3—砾石层；
4—玻璃测压管；5—供水瓶；6—供水管；
7—管夹；8—封底金属圆筒；9—溢流
水管；10—支架；11—调节管；
12—量筒

测定前，先在筒内装一个已知高度和具有所需密度的试料圆柱，分层装填分层击实，并从下向上分层浸水饱和；试料装至高出上测压孔 3～4cm 处，测出试料的高度和质量，再在试料上部放置一层 1～2cm 的砾石层，让水浸过层面 2～3cm。

测定时，先移动调节管口校正三个测压管的水位，如仪器无漏水或无气泡存在，则说明三个管的水位是齐平的。接着往上部继续放水，降低调节管口使之位于试料上部 1/3 高度处，则测压管出现从溢流水管口至调节管口的水位差，水位降低 h；开动秒表记录量筒中掺入一定水量 V 所需的时间 t，并测量进水与出水处的水温，取其平均值。同理，移动调节管口至试料中点高度及下部 1/3 高度，重复上述试验。

　　然后，进行计算。通过试料干重及试料体积先算出试料干密度；再通过试料真密度和干密度算出孔隙比，评价试料密实度是否符合要求。

　　根据渗出水量 V（cm^3）、渗透时间 t（s）、筒内横截面积 A（$A = 70cm^2$），可求得渗透速度 v 为：

$$v = \frac{V}{At} \quad cm/s \tag{12-2}$$

　　此速度应符合与水力坡降的线性关系式，即：

$$v = Ki \tag{12-3}$$

式中　K——渗透系数，cm/s；即水力坡降等于 1 时的渗透速度；

　　　　i——水力坡降，$i = h/s$；

　　　　h——测压管 Ⅰ 与 Ⅱ 、Ⅱ 与 Ⅲ 之间的平均水位差；

　　　　s——两侧压孔间试件长度，$s = 10cm$。

　　由此得：

$$Ki = \frac{V}{At}$$

　　或

$$K = \frac{V}{Ati} \quad cm/s \tag{12-4}$$

　　渗透系数随水温不同而变化。工程中都以 10℃ 时的渗透系数（K_{10}）作为标准，故 T℃ 时测出的数值 K_r 要按下式进行换算：

$$K_{10} = K_r \cdot \frac{\mu_r}{\mu_{10}} \tag{12-5}$$

式中　μ_r，μ_{10}——分别为 T℃ 和 10℃ 时水的动力黏性系数。

12.5.2　充填系统

　　采用充填采矿法的矿山，都必须建立一整套完整的充填系统。充填系统包括从充填料的采集到加工、运输、储存、制备、输送和采场充填等环节。对不同的充填方式，如干料充填、水（尾）砂充填或胶结充填，其充填系统的内容是不一样的。水力充填，必须考虑脱水、排水、排泥和系统控制等设施。干式充填，由于工艺复杂、劳动强度大、效率低、成本高，在大中型矿山已很少使用，目前考虑用的只是小型矿山或缺水矿山；这些矿山都是因地制宜安排简易系统，故此这里不作介绍。以下将重点介绍水砂（尾砂）和胶结充填系统，水砂与尾砂充填工艺系统如图 12-25 所示。

12.5.2.1　水砂充填系统

　　如图 12-25 所示右半部分，是典型的粗砂水力充填系统；左半部分是尾砂水力充填系统，它们都有脱水、排水和排泥的任务。从粗砂水力充填系统来看，经采集并加工的粗砂充填料，先运送到地面的充填料仓，使用时由下部的排砂口注入搅拌设备进行制备，成料砂浆再沿着充填管道输送道充填采场。充填料经过沉淀后，流出的水由下阶段的水泵房排出，澄清水又可以继续在充砂中使用，淤泥则先用压气排泥罐排至密闭的贮泥点，再由贮泥点转排到地表处理。尾砂水力充填系统则依靠钻孔自流，将选场脱泥尾砂或全尾砂输送到尾砂充填采场。

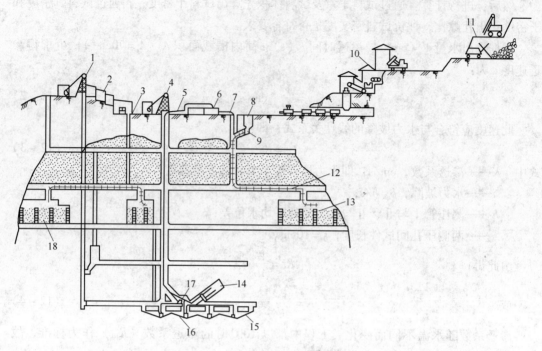

图 12 – 25 水砂与尾砂充填工艺系统图

1—主提升井；2—选矿厂；3—充填用钻孔；4—辅助提升井；5—井下排水管；6—地表清水池；7—充填水管；
8—充填料仓；9—拌砂室；10—破碎站；11—采石场；12—水砂充填管；13—水砂充填体；14—砂泥库；
15—压气排泥罐；16—沉淀池；17—水泵；18—尾砂充填采场

A 衡量充填系统是否完善的主要方面

（1）看它是否能够做到"充采平衡"。矿床开采是目的，充填是为采矿服务的，有采就有充，"充采"必须平衡。为了满足采矿生产能力的增长，要求各充填环节的生产能力留有余地，而矿山充填系统的生产能力可按下式计算：

$$Q_1 = K_1 K_2 \frac{Q}{\gamma_k T} Z \qquad (12-6)$$

式中 Q_1——充填料的每日平均供应量，m^3/d；

K_1——充填料的原体积与初次沉缩后的体积之比，$K_1 = 1.05 \sim 1.15$；一般情况下，水砂充填取大值，胶结充填取小值；

K_2——充填料流失系数；水砂充填取 $K_2 = 1.05$，胶结充填取 $K_2 = 1.05 \sim 1.15$；

Q——充填法年采出矿石量，t/a；

γ_k——矿石堆密度，t/m^3；

T——矿山充填天数，d/a；

Z——按容积计算的充采比，m^3/m^3。

（2）矿山废渣、废石是否充分利用。处理三废是国家既定方针，使用充填法的矿山，要优先利用现有的废渣、废石作为充填料；尽量不开辟新的充填料基地，这不仅能降低成本，而且还不会带来新的三废处理问题。

使用尾砂作为充填料的矿山，可供充填的自产尾砂量可以按下式计算：

$$B = \frac{\alpha\beta}{(1-E)\gamma_a} \quad \text{m}^3 \tag{12-7}$$

式中　B——每立方米矿石可供充填用的尾砂体积；

　　　α——选厂全尾砂产出率（全尾砂量与原矿处理量之比）；

　　　β——供充填用粗尾砂与全尾砂量之比；

　　　E——充填体的孔隙比；

　　　γ_a——充填尾砂的堆密度。

（3）充填管道系统布置是否合理。水力充填系统中，水力输送系统是核心。水力输送有两种形式：一种是自流输送，即利用自然压头通过明槽或管道输送，不用动力；另一种是加压输送，即当充填范围比较广时，利用单一自然压头充填能力不够，而利用自流与加压相结合的输送方式。

这里所说的充填能力，在充填计算中常用充填倍线的概念来表示。充填倍线是利用自然压头进行水力输送系统的重要技术参数。它的简单含义是，充填系统管道的沿长"总米数"L（m）与充填管道进出口之间的高差 H（m）之比，即：

$$N = \frac{L}{H} \tag{12-8}$$

式中　N——自流输送的充填倍线。

当充填系统中兼用砂泵加压时，还要把砂泵的有效扬程（H'）也计算在内，即：

$$N = \frac{L}{H+H'} \tag{12-9}$$

根据这两个公式，充填倍线也可理解为单位压头所能克服管道阻力的大小。这些公式都比较简单，计算也比较简单；但实际上，因受到每个充填系统满水点的位置、砂浆浓度、水头损失以及输送能力变化等的影响，充填倍线是一个变量。应用时，只能选取计算的偏小数值。

水力输送管道系统根据井田大小和矿床的埋藏深度，可以集中布置或分散布置。当整个矿山只建一套砂浆输送系统就能满足全部充填要求时，可用集中布置；当井田走向很长、矿体分散且埋藏又浅，适宜采用分散布置，实行多点充填。

B　充填系统设计布置主干管道应考虑的问题

（1）尽量利用自然压头作输送动力。如集中布置的充填站所负担的充填倍线过大，需要多用砂泵加压时，则应该与地表增加"充填站"的分散布置方案作比较。

（2）主干管道可以布置成竖管式或者斜管式。井深比较大时，布置成阶梯式（见图12-26）；同样的充填标高，斜管式充填倍线小，管道磨损少，而充填能力大，管道安装、更换、维修方便，应优先使用。

（3）充填管道应尽量沿着非主副井的下坡方向敷设，因为在主副井敷设，其拆装维修将严重影响提升和环境卫生。管道一般要求铺得平直，拐弯少，更不能凹陷，迫不得已需要凹陷时，应在管道的最低点装设处理事故的"放砂闸门"。

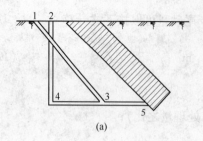

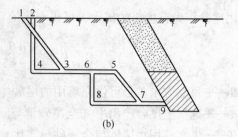

图 12－26　充填管道布置方式

（a）浅井布置：2→4→5 竖管式，1→3→5 斜管式；

（b）深井布置：2→4→6→8→9 竖管阶梯式，1→3→5→7→9 斜管阶梯式

（4）在垂直剖面上，充填管道应布置在有压流的水坡线下，如图 12－27 所示，否则会引起管道堵塞。

（5）采用阶梯式布置管道时，充填总压头分散为各个阶梯分压头之和。为砂浆流动稳定，上部阶梯的充填倍线要逐个小于下部阶梯的充填倍线，即 $N_1 < N_2 < N_3 \cdots\cdots$。这样每一个阶梯末端都能留有剩余压头。

（6）主干管道应尽量靠近砂仓，沿矿床中段下管，以使有可能向两翼延伸充填管道，有条件时也可采用钻孔下料。

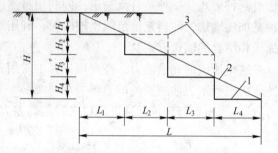

图 12－27　有压流动的水坡线示意图

1—管道；2—有压流动的水坡线；3—负压区

（7）应便于对充填管道进行监测管理。水砂充填管道在使用中经常有磨损、泄漏和堵塞等现象出现，若管理不善将直接影响正常生产。造成这些现象的原因是多方面的，如管道和所用的充填材料已经确立，则磨损主要与砂浆流速、浓度及水质有关。圆形水平管道的管壁磨损最剧烈处在内壁下部。据此必须定期地将管道翻转使用，每次翻转 90° ～ 120°。管道沿程磨损，从喇叭口到出口是逐渐减小的，也必须定期调换。使用耐磨塑料管，对提高管道通过能力有较好的作用。

堵塞多半是由于管道的安装质量不合要求以及充填料中铁件、杂物、大块等未被拦住所引起；另外砂浆浓度过高，供砂不匀，管内掺气，管道漏水，也都能引起堵管。对此一定要在管道上安装一系列仪表，以便堵管事故能被及早发现。

12.5.2.2　胶结充填系统

在前面图 12－25 的充填系统中，如增建水泥库，添加胶凝剂，通过计量装置，按一定的粗砂、细砂、水泥配比搅拌制成混凝土充填料；或按一定的尾砂、水泥配比混合制成尾砂胶结充填料；然后同样用自流、加压或机械输送进入待充填的采场，这就组成了胶结充填系统。

混凝土胶结充填与水砂充填料的不同点，在于其强度大，合水少，有粗细颗粒；胶凝体对管壁有黏性，因此其输送比水砂充填困难，在竖管中输送当落差较大时还有离析现象。

尾砂胶结充填料，将水灰比增大，虽然也可以按水力输送的要求进行管道自流或加压输

送，但尾砂胶结充填料的强度会明显下降，而且溢流水中将有一部分水泥颗粒被水带走。

　　根据以上原由，胶结充填系统的布置方式同样由其制备与输送方法来决定。

　　目前采用的混凝土制备方式有地面集中制备和地下分散制备两种。混凝土充填料的输送方式采用管道自流或机械运送。图12－28是连续式集中制备、机械分散运输胶结充填系统的示意图。由地表或上阶段的搅拌站集中制备成混凝土后，用专用下料管分散运送至各阶段的充填工作面。

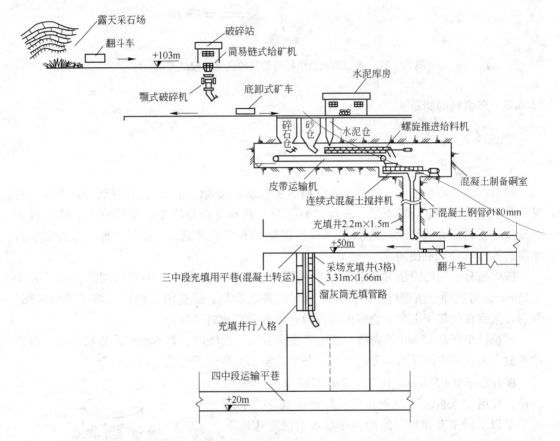

图12－28　连续式集中制备、机械分散运输胶结充填系统

　　这种方式既适用于中小型矿山分散的混凝土作业，也可用于大型矿山全盘机械化自流充填。集中制备混凝土的质量可以保证，生产连续，产量大（每小时可连续制备80m³），而且易于控制粉尘，便于管理。但其对输送要求严格，不能过分改变混凝土中的水灰比。

　　图12－29是半分离式集中制备管道自流或加压输送的尾砂胶结充填系统示意图。

　　该系统的实质是用一般输送材料的方法将尾砂从选厂尾砂池输送到待充地点附近的水力旋流器组，经过脱泥后自流进入搅拌桶。另一部分是先让水泥在地表水泥库附近制浆，将制成的水泥浆自流或压送到井下搅拌站的搅拌桶内，再与沉砂混合共同搅拌成质量浓度为65%~70%的尾砂胶结料，以后再输向充填采场。这种系统不仅能克服长距离输送胶结料所造成的困难，还能保证充填体的强度，改善井下作业条件；尽管工艺复杂，但工作可靠，已为一些大中型矿山所采用。

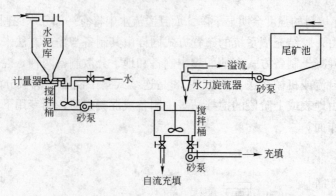

图 12-29　半分离式集中制备管道输送尾砂胶结充填系统

12.5.3　充填料的制备

12.5.3.1　水砂充填料的制备

A　充填料的准备

制备水砂充填料之前，需要准备合格的粗粒砂。河砂价格高，使用受到一定限制。现场大量采用的是从采石场得来、并经过破碎筛分达到符合充填要求粒径的"山砂"或废石砂。砂石料还必须筛除粒径小于 1mm 的泥质和有毒有害成分，达到沉缩、渗透要求后才能送入贮砂仓以备使用。

破碎筛分所用的方法和设备与选矿采用的一样，也分粗碎、中碎和细碎。粒径大于 0.25mm 的可用筛分法筛析，即将粒径范围较宽的物料，通过由不同筛号组成的标准筛，分别计量留在各筛子上余下物料的百分数，以此筛析成各个级别。

对粒径小于 0.15mm 的物料，要用筛洗法分级。筛洗用一套不同孔径的水洗筛，将细粒料放入水洗筛中漂至水中无砂为止，分别收集筛上物烘干称重，以定级别。

粒径小于 0.053mm（相当于 270 目以下）的极细颗粒，要用"水析法"沉积获得其粒级组成。"水析法"是以不同密度和粒径的物料在静水中沉降速度不同来分离粒径的。

不同密度和粒径的物料在静水中的沉降速度，可按下面经验公式进行求算：

$$v = 545(\gamma - 1)d^2 \qquad (12-10)$$

式中　v——物料在静水中的沉降速度，mm/s；

　　　γ——物料堆密度，t/m^3；

　　　d——物料粒径，mm。

尾砂作充填料，需要脱泥。脱泥是将微小粒级的细泥用溢流方式清除，这项工作通常是靠水力旋流器来完成的。水力旋流器的外貌如图 12-30 所示，它是一个空腔形容器，结构下部呈圆锥形，底部有排砂口 4，上部带密封顶盖 5，中部为短圆柱体 2，沿着短圆

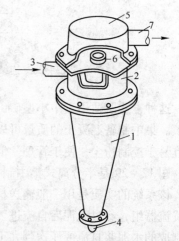

图 12-30　水力旋流器结构示意图
1—锥形容器；2—圆柱体；3—输入砂管；
4—排砂口；5—顶盖；6—溢流管；
7—导出管

柱体内腔切线方向安有输入砂管 3，顶盖的轴向插有溢流管 6，径向安装有导出管 7。整个容器设有动力及旋转运动部件。

水力旋流器的工作原理是：

当砂泵上扬的尾砂浆以一定压力从管道进入旋流器后，即在体腔内作高速旋流，粗粒料受离心力作用甩向腔壁面并沿锥面旋转下落，沉降到排砂口排出；微粒细泥则集中到中央悬浮上升，通过溢流由导管排走。这样既完成了分级脱泥，又达到了脱水目的。

水力旋流器的生产能力和分级效果受很多因素的影响。生产能力主要取决于旋流器的直径。直径大，旋流器的容量也大；但直径过大溢流中的细泥粒度也将超大，这对提高尾砂的利用程度适得其反。旋流器要求只脱除 10～95μm 细泥。根据这一要求，旋流器最佳直径为 75～150mm，使用时按要求可取多台并联工作。

从旋流器本身结构上分析，圆柱体的内径与输入管径、溢流管径与插入深度、排砂口直径以及圆锥体锥角之间都应保持一定关系。输入管直径加大，旋流器的生产能力和分离粒度都将变大；溢流管加粗，则砂浆的入口压力降低，分离粒度也会变粗；溢流管插入深度以达到圆柱体的下部边缘为宜，过深或过浅都会引起溢流颗粒变粗；排砂口直径加大，则沉砂中细粒含量增加，分级效果变差；锥体锥度加大，旋流器内旋流的路程缩短，也会恶化分级效果。所以，最佳结构是当旋流器的直径取为 1 时，溢流管的管径宜取 0.2～0.4、输入砂管的管径取 0.08～0.25、排砂口径取 0.4～0.8、锥体的锥度角为 15°～30°。

此外，分级效果还与入口压力、进料浓度及给料量多少等有关。

B　水砂充填料的制备

制备水砂充填料包括来料贮存与制浆这两个方面。贮存物料用砂仓，制浆用注砂室。

（1）砂仓。它需要专门的建筑。建筑时，要考虑砂仓的位置、形式及容量等问题。

砂仓的位置应该结合砂浆的制备方式和整个充填系统布置。如采用自流输送，则应该使充填管道的"倍线"不超出所允许的"倍线"范围。

砂仓的形式，有砂盆形、圆形、矩形等，如图 12-31 所示。

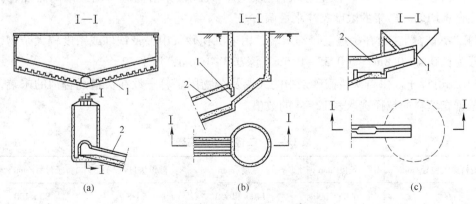

图 12-31　各种砂仓形式示意图
（a）矩形砂仓；（b）圆形砂仓；（c）砂盆
1—出砂口；2—注砂室

"砂盆"的容积一般为 $150 \sim 400 \mathrm{m}^3$；圆形砂仓的容积为 $600 \sim 2000 \mathrm{m}^3$，矩形则更大。一般金属矿山，由于采矿充填比较小（$0.25 \sim 0.4 \mathrm{m}^3/\mathrm{t}$），一次最大充填量约 $500 \mathrm{m}^3$ 左右，故选用"砂盆"或圆形砂仓已经足够。

圆形砂仓多为地下式，建筑在注砂室的正上方或一侧，用砖或混凝土砌成。为防止充填料在砂仓内结块，影响下料，砂仓的直径通常不超过 $12 \mathrm{m}$，深度不大于 $20 \mathrm{m}$。仓内底部安"喷嘴放砂"结构，底坡面的角度为 $30°$。底端设有 $1 \sim 2$ 个出砂口，出砂口里大外小，筑有可调的放砂闸门。闸门尺寸为 $450 \mathrm{mm} \times 450 \mathrm{mm} \sim 500 \mathrm{mm} \times 500 \mathrm{mm}$，相应的"下砂"能力为 $220 \sim 350 \mathrm{m}^3/\mathrm{h}$。砂仓顶部为拦截大块、铁件和杂物，一般都装有拱形格筛（头道算子）。

砂仓的设计容积，按矿山日平均充填量，并考虑充填材料供应的不均匀性来决定。根据国内经验，不均衡系数应取 $1.3 \sim 1.5$。

（2）注砂室。结构如图 12-32 所示。它由头道混合沟、"沉铁窝"、二道算子、二道混合沟、喇叭沟及喇叭口六部分组成。

1）头道混合沟。几条长为 $5 \sim 15 \mathrm{m}$、半圆或椭圆形的明沟，坡度 $15° \sim 20°$，实际设置的条数与砂仓放砂口的数量一致。从放砂口向砂仓库底部喷射压力水，冲射下来的砂浆首先流入头道混合沟，在混合沟内细小砂

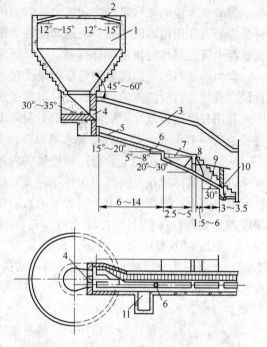

图 12-32　圆形砂仓注砂室结构示意图
（尺寸单位：m）

1—砂仓；2—头道算子；3—注砂室；4—出砂口；
5—头道混合沟；6—"沉铁窝"；7—二道算子；
8—二道混合沟；9—喇叭沟；10—喇叭口；
11—行人道

粒呈悬浮状态流动，中等砂粒呈跳跃状态运动，大颗粒则沿沟底滑动或滚动。混合沟越长，混合越均匀。砂浆的浓度靠注水量调节。

2）"沉铁窝"。设在头道混合沟末端，用来沉积砂浆中夹带铁件或密度较大杂物，规格一般为长 $0.4 \sim 0.8 \mathrm{m}$、宽 $0.35 \sim 0.6 \mathrm{m}$、深 $0.3 \sim 0.6 \mathrm{m}$，设 $1 \sim 2$ 个。

3）二道算子。供再次拦截砂浆中的大块及杂物用。算子设在头道混合沟的末端，其规格依据充填料的粒径选取表 12-4 的数值。

表 12-4　二道算子规格表

充填料最大粒径/mm	长度/mm	宽度/mm	敷设坡度/(°)	算子尺寸/mm×mm
60	3000~5000	1400~1600	5~8	80×100
50	2500~4000	1000~1400	5~8	70×90
河砂	2000~3000	800~1000	5	60×70

4）二道混合沟。供砂浆作进一步混合使用。它的断面形状和头道混合沟一样，长度取 3.5~11m（其中 2~5m 布置在二道算子的正下方），宽度 0.6~1.0m，沟深 0.6~0.8m，坡度 20°~30°，沟底砌上耐磨材料。

5）喇叭沟和喇叭口。喇叭沟，实际上是三道混合沟，紧接二道混合沟砌筑。为了使砂浆具有足够的流速和冲力，防止空气进入管道，沟断面纵向筑成抛物线形，横向筑成半圆形，坡度一般为 30°，长 3~3.5m，宽 1.2~1.4m，下端连接截锥形喇叭口，引导砂浆进入充填管路。

注砂室的宽度，取决于混合沟的条数。其净宽尺寸可按下式计算：

$$B = nb_1 + 0.2(n-1) + b_2 + b_3 \qquad (12-11)$$

式中　B——注砂室的净宽，mm；

　　　n——混合沟条数；

　　　b_1——二道算子宽度，m；

　　　b_2——算子外缘与拱壁间距，一般为 0.1~0.25m；

　　　b_3——行人道宽度，一般为 0.4~0.25m；

　　　0.2——两算子间的距离，m。

12.5.3.2　尾砂充填料的制备

制备尾砂砂浆包括脱泥、贮存和制浆三道工序。脱泥是要去除小于 20μm 的微粒，其设备和前述一样，不再重复。

A　尾砂的贮存

尾砂贮存和水砂贮存的不同点是，尾砂受压力水冲洗后易于液化流动，给仓内"造浆"提供了条件。尾砂料仓位置、形式和容积决定原则与水砂料仓一致。

尾砂料仓的结构形式有干式和湿式两种。若依仓体长轴的布置方式又可分卧式和立式。立式占地少，便于布置流程，故应用较广。以下就对较为常见的干式圆形料仓及湿式立式料仓进行介绍。

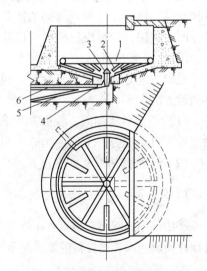

（1）干式圆形尾砂仓，如图 12-33 所示。这种料仓可供贮存分级脱水后的尾砂（含自然湿度）。料仓顶部设卸车平台，底部有出砂口与锥形漏斗相连，漏斗出砂管连通注砂室，出砂口上部安装锥形隔砂罩，以控制下砂量及隔离杂物。为适应仓内造浆，在料仓距底面 50mm 处，安设高压环形水管，再在其上装辐射状喷水支管。喷水造成的砂浆沿底坡面流入出砂口。料仓底的坡度对造浆浓度有很大影响。当砂浆浓度控制在 50%~70% 时，底面坡度应取 10°~25°，浓度若越大，坡度也越大，具体数值应通过试验得到。

图 12-33　干式圆形尾砂仓结构示意图

1—φ76mm 环形水管；2—φ25mm 水管；
3—锥形隔离罩；4—锥形漏斗；5—出砂管；
6—高压水管

（2）湿式立式尾砂仓。图 12 – 34 所示是长沙矿冶研究院和铜绿山铜铁矿合作研制的湿式立式圆形尾砂仓结构图。料仓上部为圆筒形钢筋混凝土结构体，直径 7m，高度 14m，底部为半球形。在仓下部直径为 3.5m 的圆周上均匀布设有 4 个卸料口，每个卸料口周围装 4 个造浆喷嘴。为清理砂仓，底仓中心也设有卸料口，卸料口周围安装一根有 21 个弹力紧固"逆止喷嘴"的喷射环。料仓顶部装有定时自动探料仪，以便监测砂子的库存高度。

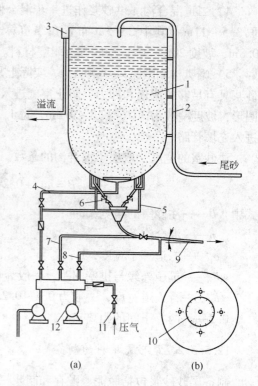

图 12 – 34   湿式立式圆形尾砂料仓结构示意图
（a）料仓总体结构图；（b）料仓底部结构图
1—料仓；2—输入管；3—溢流环槽；4—松动尾砂喷嘴及水管；5—制浆喷嘴水管；6—等阻力放出砂管；7—调节浓度供水管；8—导流冲洗水管；9—尾砂浆输送管；10—环形喷射水管；11—压气管；12—水泵

这种料仓的特点是：各卸流管的流动阻力和卸料流量是相等的，能有效地控制料仓中卸料漏斗的形状和尺寸，从而使尾砂呈全断面均匀下降，达到"多孔等阻力"自重卸料的要求。卸料浓度稳定，当卸料质量浓度控制在 64% 以上时，其有效卸料率达 83%。

为了进一步提高尾砂浆的浓度，又在该料仓设计的基础上，对卸料的方式进行改造，变"底卸式"为局部流态化吸出。局部流态化吸出是在料仓中央安装一根虹吸卸料管，穿过仓体侧壁引到仓外。仓内吸口周围安装流化喷嘴，用它来造浆；仓外卸料管端安装各种阀件、仪表，以控制卸料的流量和浓度。经过改装试用，卸料质量浓度可以稳定到 73% 以上，料仓的有效卸料率达到 80%。

B   尾砂浆的制备

尾砂造浆必须通过制浆过程。制浆方法，除了用上述"压力水造浆"外，还可用以下两种方法：

（1）用混砂沟制浆。混砂沟的构型类似水砂充填的混合沟，但只用一道。砂浆在流动过程中自然混合，不加搅拌。

（2）用搅拌槽制浆。在搅拌槽内加水搅拌，制成均质砂浆，供管道自流输送。

12.5.3.3   胶结充填料的制备

矿山使用的胶结充填料有粗砂混凝土和细砂混凝土，它们均需用胶凝材料、骨料和水混合搅拌而成。两者对骨料的要求是不同的。其制备过程包括准备物料、设计配比和搅拌制备。

A   准备物料

包括胶凝材料、骨料、水等物料的准备。

（1）胶凝材料。混凝土的强度在很大程度上取决于所用的胶凝材料。供采场充填用的，一般要求是价廉、缓凝、早期强度高的散装水泥。散装水泥一般贮存期短、不易变质、输送条件好。配制 $1m^3$ 的粗砂混凝土，约需 $150 \sim 350$kg 水泥。由于需用量大，应该尽量找寻代用材料。

目前可供直接利用的水泥代用材料是高炉的炉渣和火力发电厂的粉煤灰。碱性的高炉渣比酸性高炉渣好，但其要磨细到水泥细度（ -0.074mm 的粒度占 $40\% \sim 50\%$ ）才具胶结性。

（2）骨料。配制粗砂混凝土，需同时用粒径为 $5 \sim 50$mm 粗骨料和粒径为 $0.15 \sim 5$mm 的细骨料。粗骨料一般占配比中 $60\% \sim 70\%$ ，最大粒径不得超出输送管道直径的三分之一。但作长距离自流输送时，宜取较小粒径的细骨料；细骨料可改善混凝土的输送性能，但其含泥量（指小于 0.005mm 的微粒）不得超过 5% ，颗粒太小，掺入少量水泥不足以将全部尾砂表面裹住，会影响充填强度。

（3）水。一般用工业用水；若用坑下涌水时，要求含盐总量不超过 5000mg/L，pH 值不小于 4，硫酸盐的含量以 SO_4^{2-} 计不超过 2700mg/L，同时不应含油脂、糖类、硫等对混凝土有害的物质。

B　设计配比

胶结充填料是按其在采场内要求达到的抗压强度来设计的。人工底部结构要求达到的抗压强度为 $7 \sim 15$MPa，胶结铺面为 $5 \sim 10$MPa，大面积充填为 $3 \sim 5$MPa。根据这些要求设计配比。

必须指出：井下充填用混凝土配比与建筑工业中的配比不同，不能沿用建筑工业设计的配比计算公式。井下胶结料的水泥用量、水灰比和细骨料用量都比同标号建筑混凝土高，其目的是既能保证必要的强度，又便于输送和不至于过早离析。

根据生产实践，胶结充填料 $1m^3$ 混凝土中水泥用量控制在 $180 \sim 250$kg，粗骨料 $0.7 \sim 0.9m^3$，细骨料 $0.3 \sim 0.4m^3$，水 $250 \sim 400$kg；用浇灌机输送时，细骨料的用量比加大。

细砂混凝土根据使用的对象不同，水泥与尾砂的配比可取 $1:5 \sim 1:40$ 。

C　混凝土料浆的制备

在胶结充填系统中，混凝土的制备方式与其输送方法有着密切关系，确定制备方式时应同输送方法一起考虑。图 12-35 为某矿山分级尾砂胶结充填制备与输送系统工艺流程图。

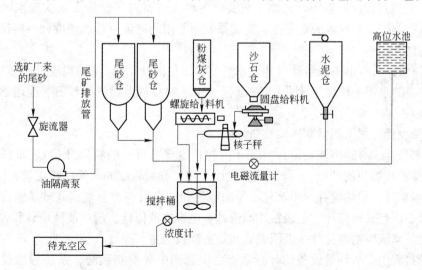

图 12-35　某矿山分级尾砂胶结充填制备与输送系统工艺流程图

混凝土充填料浆一般在地面充填制备站制备，然后通过输送系统输送到待充地点进行充填。充填料浆制备与输送系统一般包括充填物料贮存与输送系统、充填料浆搅拌系统、充填料浆输送系统和充填过程控制系统四部分组成。

图12-36所示的是在尾砂浆中直接放入水泥粉末的制备方式。

该方式中的水泥粉末由水泥库放出后，经过计量进入封闭的搅拌槽内，与由立式砂仓放出的尾砂浆一起搅拌，混合制成符合要求浓度的尾砂胶结料后，用管道自流或用砂泵送往井下。

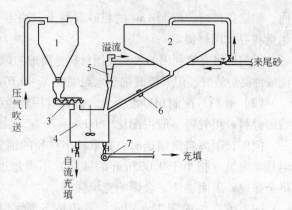

图12-36　尾砂浆中加入水泥粉末的制备方式
1—水泥库；2—尾砂池；3—螺旋给料机；4—搅拌桶；
5—水力旋流器；6—浓度计；7—砂泵

（1）充填物料贮存与输送系统。为解决矿山充填的不均衡性，充填制备站必须备有2~3天充填需要的骨料量，充填骨料一般贮存在砂仓中，砂仓分为卧式砂仓和立式砂仓两大类。

充填用水一般贮存在高位水池内，通过管道并经过计量（流量计）后输送至搅拌桶。

（2）搅拌系统。浆体充填料的制备，是通过专用搅拌设施来完成的，搅拌得越充分，料浆越均匀。如果搅拌不均匀，不仅会降低充填体的强度，而且还会影响充填料浆的顺利输送，甚至造成堵管事故。目前国内的搅拌设备主要有浆体普通混合搅拌机、水泥浆强力乳化搅拌机、浆体强力活化搅拌机、供膏体制备的专用双叶片式搅拌机和双轴双螺旋搅拌输送机等。国内矿山一般采用双叶片式搅拌机（搅拌桶）进行搅拌。

（3）充填料浆输送系统。搅拌后的充填料浆，通过钻孔或管道输送至待充地点。由于管道通过充填浆体量大且不均匀，磨损比较严重。矿山充填常用耐磨钢管，管道之间采用快速接头连接。

（4）充填过程控制系统。充填工艺要求各种充填材料按设计要求实现准确给料，以保证充填料浆配合比参数的稳定性。充填系统中常用的有流量计、浓度计、料位计和液位计等计量仪表。

1）流量计。有电磁流量计（用于水、浆体流量的计量），冲板式流量计（用于粉状、小颗粒物料的水泥、粉煤灰计量），核子秤（用于颗粒较大物料的沙石、湿尾砂、湿粉煤灰的计量）。

2）浓度计。用于测量浆体的质量浓度。

3）料位计。有超声波料位计（用于监控精度要求较高的料位计量）、重锤式料位计（用于浆体贮仓料位的计量）、音叉式料位计（用于颗粒较细的水泥、粉煤灰料位计量）。

4）液位计：检测搅拌桶中液位水平的液位计种类很多，有直读式玻璃液位计、浮力式液位计、压差式液位计、电接触式液位计、电容式液位计、超声波液位计和辐射式液位计等。充填系统中的液位计多以压差式和超声波式为主。

充填过程中，各计量设备的计量数据，汇总到中央控制系统，系统参照设计要求指标，进行各组成部分的自动控制。

12.5.4 充填料浆的输送

充填料浆是固体物料和流体的机械混合物，在流体力学里称为两相流。固体和液体两相流在管道输送中有其特定的属性。所以，必须认识两相流的性质。

12.5.4.1 两相流的主要性质

（1）砂浆重率和砂浆浓度。砂浆重率是指单位体积砂浆所具有的质量。根据砂浆流量的计算式，砂浆重率应为：

$$\gamma_m = \frac{\gamma_0 Q_0 + \gamma Q}{Q_m} \tag{12-12}$$

式中　　γ_m——砂浆重率，t/m^3；

　　γ_0，γ——分别为水和密实固体的重率，t/m^3；

Q_m，Q_0，Q——分别为砂浆、水、密实固体的体积流量，m^3/h，三者满足关系式：

$$Q_m = Q_0 + Q \tag{12-13}$$

砂浆浓度，是指砂浆中固体成分所占的百分数。它有两种表示方法：一种是体积浓度，即单位时间内流过的固体体积与砂浆或水的体积之比；另一种是质量浓度，即单位时间内流过的固体质量与砂浆或水的质量之比，依此有四种表达式：

$$C_v = \frac{Q}{Q_m} = \frac{\gamma_m - \gamma_0}{\gamma - \gamma_0} \tag{12-14}$$

$$G_v = \frac{Q}{Q_0} = \frac{\gamma_m - \gamma_0}{\gamma - \gamma_m} \tag{12-15}$$

$$C_g = \frac{\gamma Q}{\gamma_m Q_m} = \frac{\gamma(\gamma_m - \gamma_0)}{\gamma_m(\gamma - \gamma_0)} \tag{12-16}$$

$$G_g = \frac{\gamma Q}{\gamma_0 Q_0} = \frac{\gamma(\gamma_m - \gamma_0)}{\gamma_0(\gamma - \gamma_m)} \tag{12-17}$$

式中　C_v——砂浆的体积浓度，表示砂浆中固体体积与砂浆体积之比；

　　G_v——砂浆的质量浓度，表示砂浆中固体质量与砂浆质量之比；

　　C_g——砂浆体积的固液比，表示砂浆中固体体积与水的体积之比；

　　G_g——砂浆的质量固液比，表示砂浆中固体质量与水的质量之比。

（2）砂浆的黏性。在两相流中的固体颗粒，表面有一层吸附水膜，其厚度随固体物料的种类不同而变化。吸附水的性质与清水不同，类似于半胶体，黏性较大，特别是当砂浆浓度增大时，黏性也跟着增大，因而砂浆比清水的流动性差。

（3）两相流的管流阻力特性。固体与液体混合两相流在管内流动时，水的紊流特性使固体颗粒处于跳跃或悬浮状态。流速小时固体微粒呈现不连续跳跃状，流速逐渐变大时，则由间歇悬浮变成完全悬浮状态。管内浓度分布也是不均匀的。流速小时管道底有大颗粒沉淀或大颗粒沿管道底滑动，小颗粒全断面悬浮；流速大时全部颗粒处于悬浮状态，浓度在整个断面上变为均匀。

由此可见，管内固体颗粒处于哪种运动状态，主要取决于粒径和水速。

从管流阻力角度看，随着流速 v 增加，水头损失 i 也增加。但砂浆与清水两种流体的阻力特性是不完全相同的。从图 12 - 37 的曲线表明，清水的水头损失随流速增大持续增长；而砂浆在输送的初阶段（图中 1 ~ 2 段），由于推动颗粒开始运动，随流速增加水头损失增加很快，至第二阶段（图中 2 ~ 3 段）由于大部分颗粒已脱离管壁滑动而处于悬浮状态，虽然水流本身的水头损失还在增大，但运送物料所消耗的能量比第一阶段减少了。

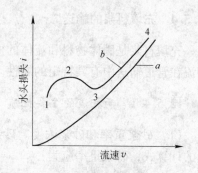

图 12 - 37　两相流水头损失变化曲线
a—清水；b—砂浆

流速再增大至第三阶段（图中 3 ~ 4 段），粗细颗粒都处于间歇或完全悬浮状态，水头损失又随流速增大而增大，直至逐渐与清水的水头损失接近。综观这三段曲线，在点 3 处水头损失最小，颗粒基本上还处于悬浮状态，称此点的流速为临界流速 v_c。正常工作时砂浆应按临界流速或稍大于临界流速进行输送。

上述阻力特性表明，当流态性质改变时，流动特性也将改变。

12.5.4.2　两相流的输送

对制备的充填料浆，矿山一般采用自流输送或加压输送。在靠近待充地点也有采用风力输送或机械运送的。

A　自流输送

自流输送是利用"料浆柱"形成的自然压头沿管道或溜槽输送固体物料。采用自流输送，需要解决三个问题，即算出在一定条件下可能达到的最大允许的充填倍线（或最大可能的输送距离）、可能的注砂量（充填能力）以及充填管道的管径。这些问题的解决目前主要依据经验计算。

最大允许的充填倍线 N_{max} 可按下式计算：

$$N_{max} = \frac{2gD}{v_c^2 \lambda_0 \gamma_m} \qquad (12 - 18)$$

式中　g——重力加速度，m/s^2；

λ_0——充填管清水阻力系数，可查水力计算手册；

D——充填管道的直径，m；

v_c——临界流速，m/s，可以选用经验数值，或按下式计算：

$$v_c = (3 \sim 4) v_f \qquad (12 - 19)$$

v_f——砂浆的悬浮速度，m/s，其关系式为：

$$v_f = 0.55 \sqrt{d_p(\gamma - 1)} \qquad (12 - 20)$$

d_p——充填料的平均粒径，cm；

γ——充填料的堆密度，t/m^3。

目前对不同充填料推荐的 N_{max} 值为：尾砂，$N_{max} = 10 \sim 15$；山砂，$N_{max} \leqslant 5$；河砂，$N_{max} \leqslant 6$；尾砂胶结料，$N_{max} = 5 \sim 6$（质量浓度 $C_g = 65\% \sim 72\%$）。

由此可算出最大的输送距离 L_{max} 为：

$$L_{\max} = 2g(H-h)\frac{D}{v_c^2 \lambda_0 \gamma_m} \tag{12-21}$$

式中　H——砂浆柱的自然压头，m；

　　　h——在充填地点管口喷出砂浆所需要的压头，一般取5m。

因有沿程能量损失和局部阻力损失，实际能达到的输送距离要比上式计算的为小。砂浆的输送能力 Q_m 可按下式计算：

$$Q_m = 3600 \times \left(\frac{D}{2}\right)^2 \times \pi v \quad \text{m}^3/\text{h} \tag{12-22}$$

式中　v——砂浆的工作流速，m/s。

注砂量（充填能力）可按下式计算：

$$Q_s = \frac{Q_m}{(1-\omega_h)+X'} \tag{12-23}$$

式中　Q_s——按松散体积计算的注砂量，m³/h；

　　　ω_h——松散体积固体孔隙率，出砂口处为40%，工作面浸水沉缩后为30%；

　　　X'——松散体积水砂比，即水与松散体积砂量之比，$X' = Q_0/Q_s$。

由此可得充填管道的管径 D 为：

$$(1-\omega_h+X')Q_s = 3600 \times \left(\frac{D}{2}\right)^2 \times \pi v$$

$$D = \sqrt{\frac{(1-\omega_h+X')Q_s}{900\pi v}} \quad \text{m} \tag{12-24}$$

根据此式计算的结果，再选择标准管径。

我国充填矿山实际使用的管径为178mm、168mm、152mm、144mm、125mm、100mm等几种，管壁厚度为5~20mm。管壁厚度的选用，应考虑管材的耐磨性、耐压强度以及要求的使用期限。

　　B　加压输送

当一个充填系统所涉及的范围很大，只依靠充填料浆所产生的自然压头无法克服管道总长的阻力时，就要采用自流与加压相结合的输送方法。加压输送要添置设备，消耗动力，所以定方案时要与多点分散充填作深入的技术经济比较。加压输送的任务是按系统的总扬程 H 和总扬量 Q，选择适用的砂泵类型和数量。

（1）砂泵总扬程 H，按下式计算：

$$H = h_1 \gamma_m + h_2 \gamma_m + h_3 + h_4 + h_5 + h_y \quad 10^4\text{Pa} \tag{12-25}$$

式中　h_1——砂泵吸入管高度（液面至吸入管水平段轴线的高差），m；

　　　h_2——几何扬程（吸入管轴心至排出管轴心的高差），m；

　　　h_3——管道局部压头损失，10^4Pa，$h_3 = (0.05~0.15)h_y$；

　　　h_4——吸入管中的压头损失，10^4Pa，常取 $(2~2.5)\times10^4$Pa；

　　　h_5——剩余压头，常取 $(2~5)\times10^4$Pa；

　　　h_y——管道沿程压头损失，10^4Pa，其计算公式为：

$$h_y = Li_m$$

　　　L——管道总长度，m；

i_m——管道的水力坡度，$10^4 Pa/m$，查阅设计资料。

（2）砂浆总扬量 Q，按下式计算：

$$Q = \frac{Q_m K \left(\dfrac{X'}{\gamma'} + \dfrac{1}{\gamma} + \dfrac{\beta}{\gamma_0} \right)}{t} \quad m^3/h \quad (12 - 26)$$

式中　Q_m——砂浆输送能力，t/d；

K——生产不均衡系数，$K = 1.2 \sim 1.3$；

β——矿石的湿度，t/t；

γ'——松散固体干重率，t/m^3；

γ——密实固体干重率，t/m^3；

γ_0——水的重率，t/m^3；

t——砂泵日工作时间，h。

（3）砂泵选择计算。选择砂泵前，应先确定砂泵类型。国产砂泵 PS 型和 PH 型可输送含砂石的砂浆，PNJ（PNJF）为"扬送"矿浆的衬胶砂泵。砂泵产品目录上的流量和扬程均系清水特性，"扬送"砂浆时，需作以下换算：

$$Q = \frac{Q_0 \gamma_0}{\gamma_m} \quad (12 - 27)$$

$$H = H_0 C_\beta \gamma_m \quad (12 - 28)$$

式中　Q_0，H_0——产品目录上列出的流量和扬程，即砂泵的工作点；

C_β——考虑砂泵磨损后的扬程减折系数，C_β 常取 $0.92 \sim 0.98$。

按换算结果计算砂泵电动机功率 N 为：

$$N = \frac{\gamma_m Q H}{102 \eta \times 3.6} C_{di} \quad kW \quad (12 - 29)$$

式中　η——砂泵综合效率，取 0.70；

C_{di}——电机储备系数，取 1.20；

3.6——系数 γ_m 用 t/m^3，Q 用 m^3/h 时的单位折换值。

12.5.5　采场充填和脱水

12.5.5.1　采场充填

料浆输送到采场后，有以下几种充填方式：

（1）上向分层充填。用上向分层充填法充填前，必须吊起迁移设备，接高溜矿井及行人井，水砂充填时要铺设充填管道、做分层底板、构筑隔墙及脱水设施。充填管道一般从中央的充填天井下接，下口安装一个转动活接头短管，以改变排料方向。采场内充填管道尽量采用轻便管（水砂充填用壁厚 4 ~ 5mm、长 2m 的直缝焊接钢管，尾砂充填用塑料软管），并配活接头以便于拆装。钢管架在楠竹三脚架上，塑料软管挂在顶板。

充填一般按后退式分段进行，每段充填长度为 1 ~ 2 节接管长度。最初落砂点定在离脱水井最远、并距采场边界约 5m 的地方，以使砂浆水流向脱水井泄流。对混凝土料浆则采用分条分段充填，每次充填高度约 2m。每次充填开始前或结束后，管道必须用清水冲洗，以保持管内畅通。

等待各充填分层完全沉降或胶结料浆体积收缩充分后，方能进行充填体的"接顶"处理。"接顶"可采用多次充填、加压注浆或膨胀充填材料。充填管道不能到达之处，要改用人工分条堆垒，直到垒实为止。"接顶"工作质量的好坏，直接关系到后一步矿柱回采的安全，必须正确对待。

（2）下向分层充填。对下向分层充填，每个分层都有铺底和"接顶"任务，而且不可能等干缩以后再进行二次回填，所以在设计分层进路时，尽量采用倾斜布置。

为节约水泥，铺底用的混凝土配比与大面积充填用的料浆的配比是不同的，底层要为下一分层的安全回采建立好条件，必要时应和相邻进路的底层挂连在一起。

（3）整个采场事后一次充填。当整个采场事后一次充填时，需做好构筑各种滤水隔墙及铺设充填管道等工作。大体积充填，为促进充填体结构的均匀一致，充填管道应尽量作多点布设，而且每一点的位置都应该尽可能设在各充填分区的中心。

12.5.5.2　采场脱水

水力充填料沉降后，要求尽快脱水，以形成一定的强度，方便下一步回采工作的正常进行。而采场常用的脱水方法有以下两种：

（1）溢流脱水。它是等充填料在料浆中自然沉淀后，让上部的澄清水经溢流管或溢流孔溢流出采场。这对于粒径小于 $19 \sim 27\mu m$ 的细粒充填料是唯一可行的脱水方法。但这种方法只能脱除溢流管以上的水，以下仍然不能凝固，而且这种方法脱水后充填面会留下一层不易凝固的稀泥，影响面上工作。故这种方法只适用于连续充注事后一次充填的采场。

（2）渗滤脱水。渗滤脱水是利用滤水构筑物隔离充填料而使水渗滤出采场。渗滤脱水可用来渗滤粒径大于 $19 \sim 27\mu m$ 的充填料，但控制不住细泥流失。当细泥含量过大时，可以将过滤材料的表面孔堵塞，形成不透水层，从而对密闭墙产生很大的静水压力。

分层充填多用渗滤脱水，其主要结构物为行人泄水井或人工底柱中的脱水巷，采后充填的空区中是滤水墙、滤水窗和滤水筒。滤水构筑物的外面围有用稻草帘、麻袋以及聚乙烯编织布等组成的滤水层，再用金属网及木材压住，以保证必要的强度。

图 12-38 和图 12-39 为滤水墙和密闭墙配合设置及滤水墙单独设置的示意图。如图 12-38 所示，水从滤水墙渗透到两墙之间的空隙内，由密闭墙上的预留排水管排走。这种滤水墙常用在人工底柱的"假巷"侧或壁式水砂充填法的采场内。

密闭墙上开洞加辅助滤水层，就成了滤水窗。滤水窗的规格一般为高 500mm、宽 1000mm；滤水窗太大，影响密闭墙的强度，太小则滤水缓慢。

有些矿山采用木板钉制方筒或圆筒，筒上每隔一定距离钻凿 $\phi30mm$ 的滤水孔，外裹滤水材料，做成滤水筒，其在缓倾斜矿体底板上应用效果良好。

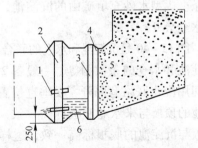

图 12-38　滤水墙和密闭墙配合设置
1—排水管；2—密闭墙；3—滤水墙；
4—滤水材料；5—沉积尾砂；6—滤出废水

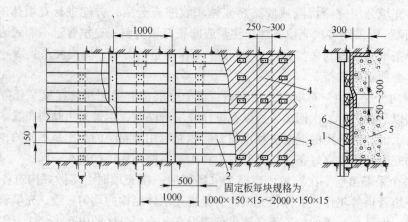

图 12 - 39   滤水墙结构

1—立柱；2—横固定板；3—圆钉木垫固定点；4—渗水层搭接；5—充填砂；6—泄水层

12.5.6   充填废水处理和排泥

12.5.6.1   废水处理设施

从充填采场渗滤出来的大量废水中，经常含有细泥、细砂及水泥微粒，其流失量约占充填总量 5%，滤水设施装设质量较差的矿山，则达 15% ~ 20%。这些泥砂需要在流入水仓之前加以沉淀澄清，一般水泵只能输送含泥量小于 5% 的清水；含量超过，会影响水泵正常工作。

为了顺利排除泥砂，不致造成水沟淤塞、巷道污染，排水沟的断面和坡度必须满足排泥要求。排泥自流的临界坡度为 5‰，排水沟坡度必须在 5‰ 以上。

在泥水进入水仓之前，需在巷道水沟内设立沉淀池。沉淀池可以和水仓连接在一起，但必须有良好的通风安全与清泥条件。沉淀池的容积要按其服务范围、日充填量及其细泥流失量的多少来确定，可以并列布成几条。大型水砂充填矿山的沉淀池，也可以和水仓分开。

图 12 - 40 是沉淀池和水仓的联合布置图。沉淀池和水仓的条数相等，一般各 2 ~ 4 条，中间用配水联络巷隔开。在垂直位置上，沉淀池的顶板与来水巷底板标高一致，清水仓顶板与沉淀池的底板标高一致，这样既便于清泥也便于净水。沉淀池底板纵向应保持水平，横向保持两侧高于中间，呈倒梯形，沉淀池长度应以保证细泥充分沉淀为原则。

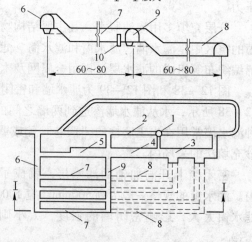

图 12 - 40   沉淀池和水仓的联合布置图
（尺寸单位：m）

1—竖井；2—井底车场；3—水泵房；4—变电所；
5—泥浆泵房；6—来水巷；7—沉淀池；8—清水仓；
9—配水联络巷；10—过水隔墙

12.5.6.2　排泥方法

根据各矿开采技术条件、排泥量大小以及细泥成分性质等不同，排泥可采用以下两种方法：

(1) 泥浆泵与射水泵联合排泥。此排泥方法的工作过程，如图 12 – 41 所示。利用射水泵将沉淀池中泥浆扬送到泥泵房内的泥浆池，再转由泥泵房内的泥浆泵排送出地表。

射水泵的结构如图 12 – 42 所示。它本身没有动力，凭借水泵排来的高压水，通过喷嘴高速喷出，在喷嘴外围形成负压，从而吸引沉淀池中的泥浆由"吸泥嘴"进入射水泵，并与高压水混合一起排向吸泥井。不排泥时，水泵作正常排水工作。利用射水泵装置，当高压水的压力达 3MPa 以上时，吸泥距离可达 60m，排泥高度可达 30m 左右，每小时的生产能力为 25m³，输送泥浆浓度为泥水比 1：3。

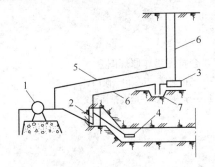

图 12 – 41　泥浆泵与射水泵联合的排泥系统
1—水泵；2—射水泵；3—泥浆泵；4—吸泥嘴；
5—排水管；6—排泥管；7—吸泥井

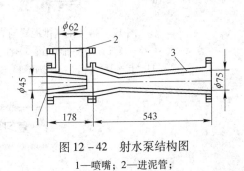

图 12 – 42　射水泵结构图
1—喷嘴；2—进泥管；
3—排泥管

吸泥井的容积为 3m×3m×3m，布置在两台泥浆泵之间，供其共同使用。

配用射水泵排泥，设备简单，控制容易，但排泥量不大，对泥浆泵也有较大磨蚀。

(2) 压气排泥罐和岩石泥库联合排泥。压气排泥罐，如图 12 – 43 所示。它的容积为 4.2m³，罐顶带锥形盖，可用气缸启闭。

压气排泥罐与岩石泥库联合排泥的工作原理如图 12 – 44 所示。压气排泥罐被安在沉淀池或水仓底部，每个池内安设三个。排泥时，由气压管 1 送入压气，将锥形盖 5 推下打开罐门，让泥砂流入排泥罐 6。待装满后，开启气压管 2，气缸将 5 提起关闭罐门。再开启压气管 3，罐内的泥砂即沿排泥管 4 被压入岩石泥库 12，泥库装满后，关闭阀门 10 和 9，打开阀门 7 和 8，使高压水经阀门 8 进入泥库，稀释泥库内的泥浆，经阀门 7 和排水管 11 排送到地表排泥池 15，泥浆排完后，重新关闭阀门 7 与 8，打开阀门 9，水泵又恢复正常排水。

此法排泥，泥浆不通过泵体，对泥砂的颗粒粗细和浓度大小要求不严格，排泥机械化程度高，能力大，生产规模较大、服务年限较长的矿山使用比较适宜。

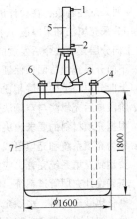

图 12 – 43　金属板压气排泥罐结构图
1,2—气缸进、排气口；3—锥形盖；
4—排泥管；5—气缸；
6—进风管；7—罐体

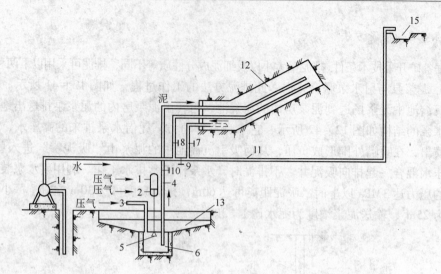

图 12 - 44　压气排泥罐与岩石泥库联合排泥工作原理图

1～3—压气管；4—排泥管；5—锥形盖；6—压气排泥罐；7～10—阀门；
11—排水管；12—岩石泥库；13—沉淀池；14—水泵；15—地表排泥池

复习思考题

12－1　采空区回填充填料能起到什么作用？

12－2　单层充填采矿法的壁式工作面的出矿与充填怎么配合？

12－3　上向水平分层充填法依矿体厚度不同，如何布置矿块与采准工程？

12－4　上向水平分层充填法的溜矿井应该怎样设计，滤水井又应怎样设计？

12－5　采场工作面采用长锚索和短锚杆护顶，怎样才能展现其效果？

12－6　上向分层充填法哪些地方会出现损失贫化，有何控制办法？

12－7　从回采矿柱着眼，在设计矿房时应着重做好什么，这些工作怎样做好？

12－8　用分采充填法开采厚度小于 0.4m 的急倾斜矿脉应着重考虑哪些问题？

12－9　上向分层充填法今后发展的趋势是朝哪些方面发展？

12－10　下向分层充填法回采保证工作安全的前提是什么，这些工作怎么进行？

12－11　上向分层与下向分层相比，两种充填法各适宜在什么样的条件下使用？

12－12　阶段事后充填法与空场法采矿后作空区处理，两者是否有本质区别？

12－13　根据充填材料的要求，决定某种材料能否利用的工作该怎样进行？

12－14　何为充填系统和充填倍线，它的主要内容有哪些？

12－15　要达到充填系统完善，应考虑哪些方面问题？

12－16　正确设计充填管道系统，应注意考虑哪些方面问题？

12－17　制备尾砂充填料、水砂充填料和胶结充填料有何不同点？

12－18　什么叫砂浆重率和砂浆浓度，砂浆浓度有几种表示方法？

12－19　在什么情况下，充填料可以采用自流输送？

12－20　胶结充填采场的充填工作中如何进行物料输送？

12－21　使用充填法为什么要限制和单独处理细泥，其排泥方法有哪些？

13 崩落类采矿方法

崩落采矿法（以下简称崩落法）是一类高效率、能够适应多种不同地质条件的采矿方法，它在国内外的矿山中，广泛应用于黑色金属矿山地下开采和有色金属矿山地下开采。

崩落法的实质是：随着回采工作进行，有计划地崩落和下放矿体上部的覆盖岩石和两盘围岩、以控制地压并及时处理采空区。所以地表允许陷落，是这类采矿方法使用的必要条件。而有效控制放矿时的矿石损失和贫化，是这类采矿方法的重要研究课题。

崩落法，分为分层（单层）、分段和阶段三组；其典型类别又有：壁式崩落法、分层崩落法、有底柱分段崩落法、无底柱分段崩落法、阶段强制崩落法与阶段自然崩落法。

13.1　壁式崩落法

壁式崩落法是开采缓倾斜中厚以下、顶板不稳固矿体的一种采矿方法，常用来开采铁矿、锰矿、铝土矿和黏土矿。其特点是：矿块按矿体全厚作为一个分层回采，以墙壁式工作面沿着走向方向推进；随工作面的推进，除保留回采工作所需的空间外，有计划地崩落顶板岩石，借以充填处理采空区和降低工作面地压。根据工作面形式不同分为长壁式、短壁式和进路式三种。

13.1.1　单层长壁式崩落法

单层长壁式崩落法，有时也简称"长壁法"。这种方法的典型方案，如图 13-1 所示。

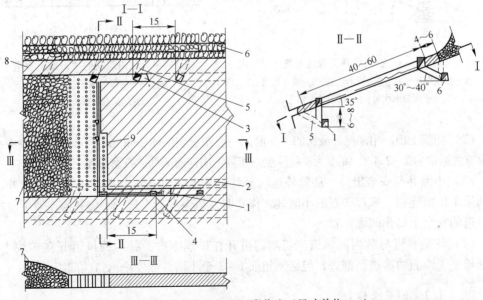

图 13-1　"单分层长壁"崩落法（尺寸单位：m）

1—脉外运输巷；2—切割巷道；3—脉内回风巷；4—小溜井；5—运送材料与行人用的安全出口；
6—脉外回风巷道；7—放顶区；8—矿柱；9—长壁工作面

13.1.1.1　矿块结构参数

阶段划分矿块，以矿块斜长作为壁式工作面长度。矿块斜长主要根据顶板稳固情况及搬运设备的有效搬运距离来决定，通常为 40~60m，顶板很不稳固时可适当缩短。阶段沿着走向每隔 200m，开切割上山（天井）。当矿山年产量大、断层多、矿体沿着走向赋存条件变化大时，矿块长度应酌情取小。阶段之间，留斜长为 4~6m 的临时矿柱，地压大、矿石稳固性差时取大值。

13.1.1.2　矿块"采切"

这种采矿方法的采矿准备与切割巷道主要有四种：

（1）运输平巷。开在矿体或下盘围岩，分双巷与单巷道两种形式，如图 13-2、图 13-3 和图 13-4 所示。

对单层崩落法，布置脉外"采准"比脉内"采准"具有许多优点：可开采多层矿体，通风条件好，巷道维修费用低、运输效益高。但相应"采准"工程量大，一般按掘进立方米数统计。

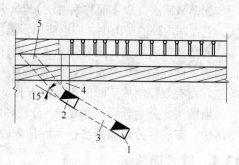

图 13-2　下盘脉外双巷的"采准"布置

1—阶段运输平巷；2—装矿平巷；3—联络巷道；
4—小溜井；5—材料行人斜井及安全出口

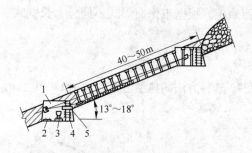

图 13-3　脉内单巷道双线布置

1—分段采矿平巷；2—调车轨道；3—装车轨道；
4—混凝土坎垛；5—铁板装矿溜子

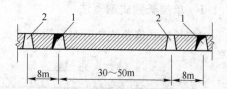

图 13-4　脉内双巷的"采准"布置

1—阶段运输平巷；
2—通风平巷兼安全出口

（2）切割上山。用来拉开最初的工作面，一般布置在矿体一侧（也可布置在矿块中央）。上山宽度通常为 2~2.4m，高度为矿层厚度。切割上山连通下部矿石溜井和上部安全出口。

（3）小溜井与安全出口。从脉外运输平巷每隔 15~20m 向切割巷道掘进小溜井，并与回采工作面连通。未存矿石的小溜井，作临时通风道和行人道。小溜井与连通下阶段回风巷道的安全出口作间隔布置。

（4）切割巷道与脉内回风道。切割巷道开在矿块下方，脉内回风道开在矿块上方，均随长壁工作面的推进而掘进，但必须超前 1~2 个小溜井或安全出口的间距。

13.1.1.3　回采工作

工作面的回采循环工艺主要由落矿、通风、搬运、支柱、架设密集切顶支柱、回柱放顶等工序组成。后三项工序可并称为顶板管理。前四项工序循环使工作面向前面推进一定距离后，进行一次回柱放顶。

回采工序多，工作面长度小，一次落矿量少，各工序多次重复变换，这些会严重影响工作面劳动生产率和采矿强度的提高，并给劳动组织与安全生产带来困难。所以，只要顶板稳固程度允许，就应加大工作面长度，采用直线长壁式工作面推进，以提高劳动生产率及采矿强度。

（1）落矿。一般用浅孔爆破法。当矿体厚度为 0.6~1.9m 时，炮孔呈"一"字形排列；矿体厚度在 2m 以上时，呈"之"字形或梅花形排列。孔间距 0.6~1.0m，边孔距顶底板 0.1~0.25m。沿着走向一次推进距离为 0.8~2.5m。推进的距离应为实际支柱排距的整倍数。

（2）搬运。多用 14~28kW 的电耙，耙斗容积为 0.2~0.3m³。一般分作两段耙矿，沿工作面耙运至切割巷道为一段，再由切割道耙运至溜井为第二段。为提高效率，可用两支箱形耙斗串联耙矿。对于轻软矿石还可用链板运输机辅以人工装矿。

（3）顶板管理。它是保证壁式崩落法的重要环节。许多矿山认为长壁式工作面顶板压力显现规律基本符合悬臂梁地压假说。根据龙烟铁矿在倾角为 30°、顶板不稳固的矿层中回采时顶板压力活动规律的观测，可以认为，顶板压力，沿倾斜的长壁工作面上的分布，其最大值，集中在倾斜工作面的下段，即距顶柱 2/3、距底柱 1/3 的地段，如图 13-5 所示；顶板压力在沿着走向的方向上分布，以悬顶跨度为限，距工作面愈远，压力愈大，如图 13-6 所示。

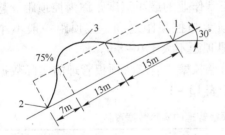

图 13-5　沿倾向顶板压力曲线
1—安全出口处（或顶柱）；2—小溜井处（或底柱）；3—顶板压力曲线

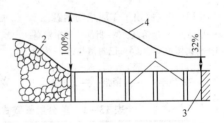

图 13-6　沿着走向顶板压力曲线
1—采场支柱；2—放顶区；3—工作面；4—顶板压力曲线

工作面的压力随悬顶时间延长而增加。所以，回采时应采取措施，尽可能加快工作面推进速度。加快工作面推进速度，对顶板管理、安全生产、提高劳动生产率与坑木回收率十分重要。

开采空间的顶板一般用木支护。在崩落矿石搬运后，用有"柱帽"的立柱（见图 13-7）、丛柱（双柱或三柱）或棚子支架进行支护。工作面的支柱应沿着走向成排架设，以利于耙矿。支柱的直径为 18~20cm，排距一般为 1.0~2.0m。支柱沿倾斜间距 0.7~1.0m。

为防止顶板浮石冒落，支柱的"柱帽"可作交错排列。"柱帽"长度 0.8~1.2m。为适应地压特征，要求支

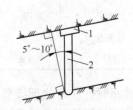

图 13-7　有"柱帽"立柱支护
1—"柱帽"；2—立柱

柱具有一定的刚性和可缩性。刚性要从立柱与"柱帽"全面吻合、打"柱窝"、全面"楔紧"来体现，并且要使立柱与矿层垂直方向上偏 5° ~ 10°。

为保证可缩性，除了加"柱帽"外，还可将柱脚削尖一段。当顶板岩石比较破碎且不稳固时，可采用"二柱一根梁"或"三柱一根梁"的棚子支架（见图 13 - 8）。

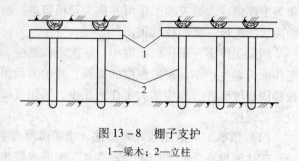

图 13 - 8　棚子支护
1—梁木；2—立柱

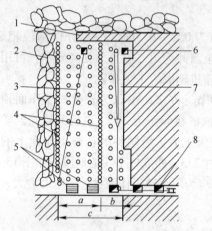

图 13 - 9　放顶工作面结构示意图
1—顶柱；2—崩落区；3—拆卸柱绞车钢绳；4—密集切顶支柱；5—已封溜井；6—安全出口；7—长壁工作面；8—溜井；a—放顶距；b—控顶距；c—悬顶距

随着长壁工作面持续往前推进，顶板暴露面积越来越大，工作面支柱所受的压力也相应增大。为了减少工作面上的压力，保证回采工作正常进行，在长壁工作面向前推进一定距离后，将靠近陷落区的部分支柱撤回，从而有计划地放落顶板岩石，使其充填到采空区，这一工序称为放顶。

放顶前，长壁工作面顶板沿着走向暴露的宽度，称为悬顶距，如图 13 - 9 所示。每次放落顶板的宽度，称为放顶距；放顶后，长壁工作面上保留能正常作业的最小宽度，称为控顶距。悬顶距为放顶距与控顶距之和。控顶距一般不小于 2.0m，悬顶距不大于 6 ~ 8m。

单分层长壁式崩落法顶板管理的实际数据资料，列于表 13 - 1。

表 13 - 1　单分层长壁式崩落法顶板管理的实际数据资料

名　称		单　位	庞家堡铁矿	焦作黏土矿	王村铝土矿	明水堡铁矿
木支柱	直径	mm	180 ~ 220	180 ~ 200	180 ~ 200	150 ~ 200
	排距	m	1.4 ~ 1.8	1.0 ~ 1.2	1.2	1.2
	间距	m	0.7 ~ 1.0	1.0 ~ 1.4	1.0	0.8
	柱帽		沿着走向放置	沿着走向放置二柱一根梁	沿着走向放置	沿着走向放置
悬顶距		m	6 ~ 10	4.5	4.8	4.8
控顶距		m	2 ~ 4	1.5	3.6	3.6
放顶距		m	4 ~ 6	3	1.2	1.2
回柱绞车		kW	15	20	HJ - 14/15	15

放顶时，应将放顶线前的支柱加密，即在原有支柱之间补加切顶支柱。以增加其刚性，使顶板能沿预定放顶线折断。密集切顶支柱的作用在于切断顶板，并阻止塌落岩石涌入工作面。

放顶线上的密集支柱安设好后，即用回柱绞车将放顶区内的支柱自下而上、由远及近撤除。矿体倾角小于10°时，回撤支柱的上下顺序可以不限。如果放顶时顶板很破碎，压力很大，回柱有困难时，可用炸药将支柱崩倒。若回撤支柱后顶板岩石不能及时崩落或虽能自行"冒落"，但"冒落"厚度不足以充填采空区时，宜在密集支柱外向欲放顶区钻凿60°的放顶炮孔爆破强制崩落。

13.1.1.4 矿块的通风

新鲜风流从本阶段运输平巷经超前于工作面的小溜井进入工作面，污风从材料行人斜井（安全出口）排至上阶段运输平巷（脉外回风巷道）。

13.1.1.5 该采矿法的应用评价

（1）长壁式崩落采矿法的优点。

1）长壁式工作面便于实现机械化，掌子面工效较高；

2）有可能选别回采和手选，将废石弃于采空区，降低贫化率；

3）脉外采准时，通风条件好；采空区处理及时，而且费用低。

（2）长壁式崩落采矿法的缺点。

1）回采工艺比较复杂；

2）矿体地质条件复杂时安全性较差。

13.1.1.6 该采矿法的使用条件

（1）顶板岩石不稳固至中等稳固，矿石稳固性不限；

（2）最适宜于开采厚度为 0.8 ~ 4m 的水平与缓倾斜（倾角小于35°）规则矿体；

（3）地表及围岩允许陷落。

13.1.1.7 主要技术经济指标

我国部分使用长壁式崩落法的矿山所达到的主要技术经济指标，如表13 - 2 所示。

表 13 - 2 长壁式崩落采矿法主要技术经济指标

指标项目	矿 山 名 称				
	庞家堡铁矿	焦作黏土矿	王村铝土矿	明水堡铁矿	遵义团溪锰矿
矿块生产能力/t·d^{-1}	143 ~ 217	60 ~ 100	160 ~ 240	160 ~ 200	75 ~ 90
采切比/m·kt^{-1}	20 ~ 40	20 ~ 40	8	10 ~ 20	43
矿石损失率/%	26.4	17	17	10	10
矿石贫化率/%	4.6		6	5	6.75
坑木回收率/%	34.6	80	70	80 ~ 90	80
劳动生产率/t·工班$^{-1}$					
凿岩工/t·工班$^{-1}$	30	25 ~ 35（风镐）	52.5 ~ 100	60 ~ 75	
耙矿工/t·工班$^{-1}$	30	30	40 ~ 60	40 ~ 50	
放矿工/t·工班$^{-1}$	35	30	80 ~ 120	80 ~ 100	
工作面工效/t·工班$^{-1}$	5.8	4 ~ 5.5	5.0 ~ 5.3	4.5	3 ~ 3.5

指 标 项 目		矿 山 名 称				
		庞家堡铁矿	焦作黏土矿	王村铝土矿	明水堡铁矿	遵义团溪锰矿
吨矿主要 材料消耗	炸药/kg	0.3 ~ 0.4	0.00224	0.16 ~ 0.17	0.15 ~ 0.18	0.388
	雷管/发	0.4	0.08	0.3 ~ 0.36	0.4	0.7
	导火线/m	1.0		0.4 ~ 0.52	0.6	
	钎子钢/kg	0.038 ~ 0.063			0.05 ~ 0.06	
	合金片/g	0.319 ~ 0.563				
	坑木/m³	0.007 ~ 0.011	0.0123	0.009	0.008 ~ 0.01	0.023

13.1.1.8　该采矿法的发展方向

（1）使用金属支柱取代木支柱；

（2）当矿体厚度大于 2.5m 时，使用无轨设备取代电耙；

（3）学习煤矿和国外液压支柱管理顶板及整体机械化经验，开采松软矿石。

13.1.2　单层短壁式与进路式崩落法

当开采顶板岩石稳固性很差或底板起伏变化很大的矿体时，可以沿着倾向用分段平巷或沿着走向用切割上山将采区进一步分割成许多小方块，把长壁工作面缩短，以减少顶板的暴露长度和暴露时间，加快出矿，这就形成了短壁式崩落法，如图 13 – 10 所示。

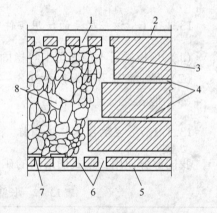

短壁工作面上的作业与长壁式崩落法相同，只是上部短壁面采下的矿石须经下部短壁面或者经分段平巷、切割上山再运至阶段运输平巷。

当顶板压力很大，短壁工作面无法使用时，可从分段巷道或切割上山向一侧或两侧用进路采矿道回采。进路回采工艺近似于巷道掘进工艺，并用棚子支护。

若地压很大，还可在进路靠近放顶区一侧留下临时矿柱加强支护。每采完一条进路，即进行放顶工作，如图 13 – 11 所示。

图 13 – 10　短壁式崩落法
1—安全口；2—回风巷；3—短壁工作面；
4—分段巷；5—运输道；6—矿石溜子；
7—隔板；8—崩落区

短壁式和进路式崩落法的采场生产能力和劳动生产率都比较低；独头进路工作面只有一个出口，安全与通风条件也较差；留下的临时矿柱又加大了损失率；所以，只有当受条件限制无其他更好的采矿方法可采用时，才使用这两种方案。

13.1.3　"房柱式"单层崩落法

"房柱式"单层崩落法，是法国洛林铁矿区使用的采矿方法，实质上是进路式单层崩落法的变形方案。其开采区域的布置结构，如图 13 – 12 所示。

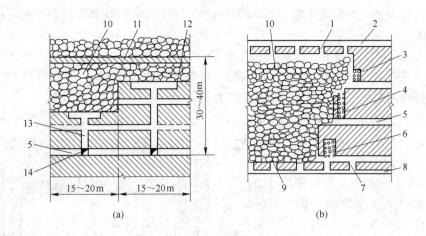

图 13-11 进路式崩落法示意图

(a) 自上山向两侧开回采进路；(b) 自分段平巷开回采进路

1—安全口；2—回风道；3—窄进路；4—临时矿柱；5—分段巷道；6—宽进路；7—矿石溜子；
8—运输巷；9—隔板；10—崩落区；11—顶柱；12—壁面；13—上山；14—矿石溜井

该矿矿体倾角约 3°左右。有开采价值的矿体共五层，每层厚度为 1.7~7m，平均 4m，层间废石厚度 1.5~6m。由于是贫矿（含铁 30%~50%）且用无轨设备开采，故对小于 2.5m 的薄矿层决定不采。矿石一般比较软，围岩主要为泥灰岩，中等稳固以下。

矿体划盘区开采。盘区下部掘进两条平行的盘区运输平巷。回采时首先垂直盘区运输平巷向上掘进一系列平行的大断面巷道，构成所谓的"矿房"。"矿房"的高度等于矿体厚度，宽度通常为 5.5~6m，中心间距约为 18m。两"矿房"之间的长带条矿石被称为"矿柱"。

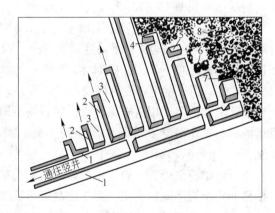

图 13-12 洛林矿"房柱式"单层崩落法示意图

1—盘区运输平巷；2—"矿房"；3—"矿柱"；
4—回收"矿柱"的横向进路；5—临时掩护矿柱；
6—残柱；7—残桩爆堆；8—放顶崩落区

当"矿房"上掘到和上一盘区的放顶区贯通后，即着手回采"矿柱"。回采"矿柱"开始是在"矿房"端部后退一定距离，掘进路，横向切开长条矿柱，进路的宽度与"矿房"宽度大致相同。进路靠近"崩落区"一侧所留临时矿柱称为"掩护矿柱"，以使"崩落区"与进路隔开。以后再将掩护矿柱切开成两个较小的"残柱"（若"残柱"尺寸较大，继续分割开采），最后将小"残柱"用炸药强制崩落，顶板岩石随即迅速而有规律地冒落下来充满采空区，从而完成放顶作业。掩护矿柱的宽度约 3~5m。残柱的最终尺寸取决于顶板稳固情况及回采速度，一般为 3m×3m。

整个掘进和回采工艺全部使用现代无轨设备。凿岩用轮胎或履带式凿岩台车，钻凿 120mm 的大直径水平掏槽孔，深度 3.5~7m（一次或两次连续爆破）。回采工作面上共凿 28 个炮孔，深 3.5m，每次爆下 120~200t 矿石。出矿随矿体厚度不同使用"蟹爪"装载机、铲运机等设备。当搬运距离达 400 ~ 800m 时，使用 20 ~ 43t 载重汽车把矿石运到有轨运输主平硐。

该矿使用连续采矿机。工作面顶板，全部用金属"胀圈"或树脂型锚杆支护。锚杆长 1.8m；"胀固式"锚杆孔的直径为 44mm，锚杆头部直径 42mm，杆体直径 17 ~ 18mm；树脂胶结锚杆头部直径为 22mm，杆体直径 18mm。

这种采矿方法的主要优点是采切工程量小，副产矿石量多，基本上属单步骤采矿，可及时处理采空区；矿石回收率一般为 80% ~ 90%，薄矿层厚 2.5 ~ 3m，甚至还更高；贫化率较低，机械化程度高、作业条件好，井下工人劳动生产率为 45.95t/工班，而回采工作面的工人劳动生产率为 109.08t/工班，并随着设备改进效率还在提高。

尼科波尔锰矿区使用的柱式长壁工作面崩落法，如图 13 – 13 所示。

该矿沿着走向布置盘区运输平巷，每隔 30 ~ 50m 逆倾向掘进回采巷道，两条回采巷道之间所夹的矿体称之为"柱"。"柱"用长壁工作面顺倾向回采。

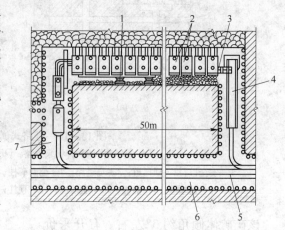

图 13 – 13　柱式长壁工作面崩落法
1—联合采矿机装载；2— 单节机械化支架；3—刮板运输机；
4—转载机；5—铁轨；6—盘区运输平巷；7—通风巷道

长壁工作面落矿用凿岩爆破法，矿石松软时也可采用联合采矿机；矿石搬运采用电耙或运输机；工作面支护根据工作空间不同，可用立柱（木或金属立柱）或全液压掩护支架。

由于锰矿石坚硬，一般要用凿岩爆破法落矿，为此，特地制造了专用的综采机组，它包括移动式全液压掩护支架、工作面刮板运输机、联合采矿机和皮带转载机。

全液压掩护支架，如图 13 –14 所示。它由多个单节支架组成，每节包括工作面液压立柱 1、升降液压柱 2、护顶板 3、移动液压缸 4、隔离板 5 及挡护板 6。挡护板悬挂在立柱 1 上，可操纵使之自由转动。爆破前将它推出，挡护住刮板运输机 7，并防止崩落矿石抛入支柱之间，妨碍以后支架移动。挡护板上开有许多小孔，用以消除爆破冲击波。

落矿炮孔深度为 1.3m。待整个长壁工作面炮孔开凿完后，全液压掩护支架连同刮板运输机整体移向工作面。掩护支架后面则让顶板冒落。随后用液压缸 8 将挡护板推出后进行爆破。爆破落下的矿石堆积在长壁工作面底板及挡护板上，然后再升高挡护板，矿石便落到刮板运输机上。底板残留矿石的装载和工作面清理，由联合采矿机来完成（见图 13 – 13）。

刮板运输机以及皮带转载机的设计生产能力均为 150t/h。

本采矿法具有生产能力大、机械化程度高、采矿成本低等优点。当壁式工作面长度为 50m 时，回采工作面生产能力可达 600 ~ 800t/d，比进路式采矿高 2 ~ 3 倍，且回采工作成本低 30% ~ 40%。

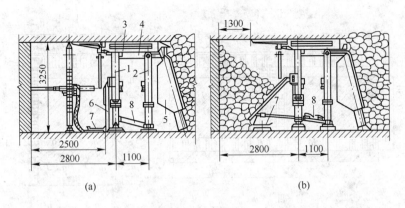

图 13 - 14 掩护支架在工作面的工作状态图
(a) 移动前（出矿后）；(b) 移动后（出矿前）
1—液压立柱；2—升降液压柱；3—护顶板；4—移动液压缸；5—隔离板；
6—挡护板；7—刮板运输机；8—液压缸

13.2 分层崩落与覆岩下放矿

13.2.1 分层崩落概况

在某些急倾斜矿体中，矿石与围岩均极不稳固。这时若用充填法自下而上分层回采，工作空间的顶板易"冒落"矿岩，给下部回采作业安全带来严重威胁；这时改用支柱充填法开采，不仅材料与劳动力消耗大，而且仍不安全。对此，当地表允许陷落时，可采用分层崩落法。

分层崩落法的特点是：将矿块从高度上划分为 2~3m 的水平分层，采取自上而下逐层回采。随着回采分层的下降，上部采空区围岩及浮岩跟着崩落，并充填到采空区。为了保证分层回采工作安全，不受上部崩落岩石冲击，防止矿岩混淆并隔绝崩落岩石漏入工作空间，需在工作分层上部构筑人工假顶。人工假顶可由隔板（或金属网）、废木料层、崩落岩石垫层等部分组成，如图 13 - 15 所示。

人工假顶形成后，即可在假顶保护下分层回采。分层回采可用进路式（见图 13 - 16）或长壁工作面。但长壁工作面空间暴露面积过大，木料隔板有断裂危险，故未能顺利推广。

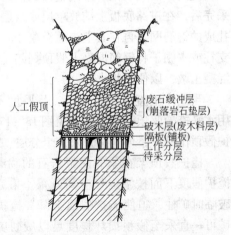

图 13 - 15 人工假顶示意图

进路回采工艺包括落矿、搬运、工作面支护、铺板与放顶。矿石搬运用两个电耙接力，一个先将矿石耙到分层巷道，然后再由另一个送入天井溜道。工作面支护采用棚子支架。为保证下一分层回采，在一条进路采完后，需沿着进路顺向在底面铺上隔板（此工序称为铺板），并对板头进行搭接。

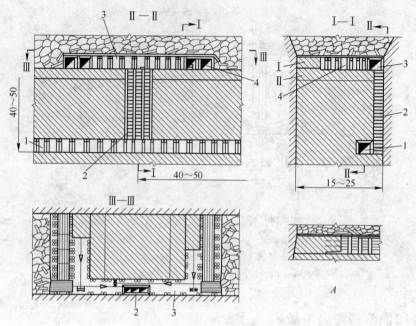

图 13 - 16　进路回采电耙搬运分层崩落法（尺寸单位：m）
1—运输平巷；2—三格天井；3—分层巷道；4—回采进路；A—进路纵剖面图

分层崩落法的优点是矿石回收率高、贫化率低，工作安全；缺点是劳动生产率低、产量小，木材消耗量大、通风困难，且破木层腐化发热，污染井下空气。

近年来，国内外不少矿山为解决人工木假顶弊端，采用了一系列新型工艺。

我国江西武山铜矿采用整体式钢筋混凝土假顶取代木假顶，取得了一定成效。当进路采完后，在进路底板上铺放单层或双层、网格为 200mm × 200mm、直径为 10 ~ 12mm 钢筋扎成的钢筋网，再在其上浇灌混凝土，总厚为 300mm。在下分层回采时，便用摩擦金属支柱或木棚子将钢筋混凝土假顶托起。金属支柱下端要垫一个直径 250mm、高 300mm 的混凝土墩，以便回收支柱。

当矿体垂直或接近垂直、且厚度不大时，可采用水平掩护假顶下向开采（见图 13 - 17）。用水平掩护假顶作保护，可连接开采几个分层。

掩护假顶架在紧靠两帮岩石的临时矿柱上，在掩护假顶下面按堑沟形空间开采。采完后用浅孔爆破临时矿柱，迫使掩护假顶下降。掩护假顶下向采矿可一直采至假顶损坏程度足以威胁劳动安全时为止。而后重新开始，用进路回采新的分层，铺设新的掩护假顶。

用分层崩落法开采易燃硫化矿体时，为降低火灾危险，应采用脉外采准。为预防假顶中粉矿自燃，可向崩落区里灌浆。防火浆采用黏土砂浆，沿泥浆管流到脉外通风巷道，再用泥浆泵注入用混凝土隔

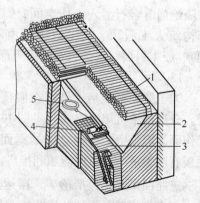

图 13 - 17　水平掩护假顶采矿法示意图
1—钢绳连接的掩护假顶；2—开采堑沟；
3—天井；4—电耙绞车；5—耙斗

墙隔断的采空区。泥浆注入压力为 0.3 ~ 0.4MPa。用量为采出矿石体积的 15% ~ 25%。

我国部分使用分层崩落法矿山所达到的主要技术经济指标，如表 13 - 3 所示。

表 13 - 3 分层崩落法主要技术经济指标

矿山名称	矿块产能/t·d⁻¹	工作面班效/t·班⁻¹	采切比/m·kt⁻¹	贫化率/%	损失率/%
会泽铅锌矿	45 ~ 50	2.69 ~ 2.98	10.5	13.2 ~ 14.1	11.6 ~ 22.9
云锡老厂锡矿	50 ~ 60	4 ~ 4.5	25 ~ 30	3 ~ 19	2 ~ 10
滇马拉格锡矿					
整体式软假顶		4.5 ~ 5	30 ~ 35	7.7	1.7
金属网假顶		3 ~ 4.5	30 ~ 35	10	5
武山铜矿	54	3.91	设计 21.2	13.93	2.34

矿山名称	每吨矿石主要材料消耗						
	炸药/kg	雷管/发	导爆管/根	导火线/m	钎子钢/kg	合金片/g	坑木/m³
会泽铅锌矿	0.23 ~ 0.32	0·33 ~ 0.42		0.67 ~ 0.87	0.006	0.0001	0.01 ~ 0.02
云锡老厂锡矿	0.17 ~ 0.27	0.4 ~ 0.47		0.319	0.01 ~ 0.03	0.16 ~ 0.22	0.02 ~ 0.023
滇马拉格锡矿							
整体式软假顶	0.3			1.5			0.12
金属网假顶	0.35			1.6			0.024
武山铜矿	0.224	0.116	0.173	0.103	0.025	0.136	0.0159

13.2.2 覆岩下放矿

在崩落岩石覆盖下放矿，简称覆岩下放矿。它是崩落采矿法的主要特征之一。为了防止崩落岩石过早地混入矿流，降低损失贫化，就应正确确定矿块结构参数、合理选择放矿方案和放矿制度，并要了解崩落矿岩接触面的形状及其变化，掌握放矿过程中崩落矿岩的移动规律。

13.2.2.1 覆岩下放矿的矿岩移动规律

崩落法开采，崩落的矿岩可以从漏斗底部或采矿巷道端部放出；而底部可以从一个漏斗口单独放矿或从几个漏斗口同时放矿，这分别称为底部放矿或端部放矿，单口放矿或多口放矿。

A 底部单口放矿时的矿岩移动规律

根据大量生产实践和实验室研究，覆岩下放矿的回收率和贫化率，与崩落矿岩的物理性质、湿度、块度组成、崩落矿石层的高度、漏斗间距、地压大小、放矿制度以及开采矿体的厚度、倾角、崩落矿石与崩落岩石的接触面数目等有关。为解释这些因素与松散矿岩移动规律之间的关系，已经形成多种理论，其中得到公认的是，放出椭球体理论。

放出椭球体理论有实验基础，更接近于实际；概念比较清楚，计算简单易用；能够说明和解决一些生产实际问题，而且定量化后的计算误差也在生产允许范围以内。

根据放出椭球体理论，放矿规律可概括如下：

（1）放矿时，漏斗口上部矿石的运动只限定在一定范围。

这个范围称为流动带或松动带。放矿时在此范围内矿石颗粒彼此之间发生松动。

（2）松动带下部的形状，是端头与放矿口相切的旋转抛物面体。

如图13－18所示，从放矿口1放出少量松散物料（矿石）时，模型中物料会发生二次松散（相对于爆破落矿的第一次松散而言），并向放矿口沉降。当放出量很少时，松动带还达不到2—2层面，但在图13－18（a）中，已经反映出各黑白层面由下向上的变化及逐层衰减情况。

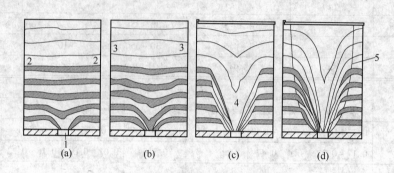

图13－18　覆岩下放矿的矿岩移动图

1—漏斗放矿口；2—黑色标志层面；3—矿岩接触面；4—废石降落漏斗；5—松动带椭球体

继续放出时，如图13－18（b）所示，松动范围扩展到矿岩接触层3—3中。随着继续放矿，废石逐渐下降并达到放矿口平面，如图13－18（c）所示。此后若继续再放，放出的将是矿岩混合体，即贫化矿石。以后废石渗入量将不断加大，直至放出矿石品位低于规定品位时，如图13－18（d）所示，截止放矿。

从原矿岩接触面至放矿口平面之间，渗入废石体的形态是漏斗状，称为废石降落漏斗。降落漏斗的边壁向放矿口中轴线凸起，其凸起程度取决于矿岩的物理力学性质。为了便于计算，可将废石降落漏斗视为一个倒置的圆锥体，其顶点为放矿口所切（实际误差在允许范围内）。在原矿岩接触带平面上，废石降落漏斗的直径就等于松动带的直径。

截止放矿时间所形成的废石降落漏斗叫做极限废石降落漏斗，它的底部斜面与水平面的夹角，称为放出角。放矿口周边小于放出角的矿石就放不下来，相邻几个放矿口之间均留下这一部分脊状的放不下来的矿石，工程中称这一部分矿石为漏斗脊部损失。

（3）从平面上看，松动带内矿石颗粒的运动速度不等，越靠近放矿口中轴线部位的颗粒，下降速度越快。从垂直方向看，越靠近放矿口的平面，其速度差值越大；而在松动带最顶部的颗粒，几乎以相等的速度同步下降。如图13－19所示。

（4）放矿口放出的矿岩，在崩落矿岩区内原来所占有的几何空间形态称放出体形态。

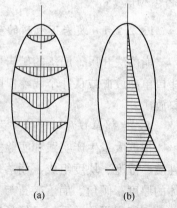

图13－19　松动椭球体内颗粒运动速度分布图

（a）各水平层上的速度分布；

（b）流动轴上的速度分布

大量试验表明：放出体的几何形态，近似于与放矿口相切的旋转椭球体，如图 13 - 20 所示。此椭球体，称为放出椭球体。

从放矿口放出的纯矿石量 V_f 基本上等于高度为崩落矿石层高 h 的放出椭球体所圈定矿石容积 V_t，也等于此时对应的废石降落漏斗的体积 V_1，即 $V_f \approx V_t \approx V_1$。

研究还表明：放出椭球体表层上所有颗粒由于上述速度差，因而会同时到达放矿口。所以，随着椭球体高度的增加，其宽度（短轴）方向上也会增大放矿过程中的松动带空间形态；总体上看也是一个近似的旋转体（其下部边界形态接近于抛物线），但它比对应的放出椭球体大很多倍（根据前苏联 Ｔ·Ｍ·马拉赫夫试验，其大于 15 倍）。

（5）为了降低放出矿石的损失贫化，要求放出椭球体横轴宽度 $2b$ 的发育尽可能大一些。

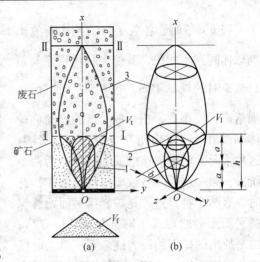

图 13 - 20　放出椭球体、松动椭球体及废石降落漏斗关系图

（a）模型示意图；（b）立体示意图

1—放出椭球体；2—废石降落漏斗；3—松动椭球体；V_t—放出椭球体积；V_1—废石降落体积；V_f—放出矿石体积；a—放出椭球体长半轴；b—放出椭球体短半轴；Ⅰ—Ⅰ：矿岩接触线；Ⅱ—Ⅱ：与 V_t 对应的松动椭球体顶面

影响放出椭球体横轴发育的因素很多，一般来说影响矿石流动性的因素也就是影响放出椭球体横轴发育的因素。

根据椭球体理论，截止放矿时，累计放出的矿石和废石量所对应的放出椭球体高度，已超过崩落矿石层高。这个放出椭球体所圈入的废石量，也就是放出矿量所混入的贫化废石总量。

B　底部多口放矿时的矿岩移动规律

实际生产中所用的底部放矿都是多口放矿。一般有两种情况，一是 $b < \dfrac{L}{2}$，二是 $b > \dfrac{L}{2}$。

b 是高度为崩落矿石层高时的放出椭球体的短半轴，L 是放矿口的间距，如图 13 - 21 所示。

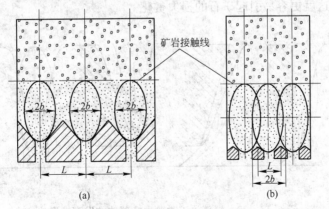

图 13 - 21　多放矿口放矿

（a）$b < \dfrac{L}{2}$；（b）$b > \dfrac{L}{2}$

当 $b < \dfrac{L}{2}$ 时，各放矿口的纯矿石放出
椭球体间互不相关，其损失贫化规律与单
口放矿时的规律相同。当 $b > \dfrac{L}{2}$ 时，由于
崩落矿石层很高，相邻放矿口的松动椭球
体和放出椭球体均相互交错，相互影响。
这种情况下的矿岩接触面下降可分为两个
阶段。第一阶段是各放矿口均匀放矿，此
时，有两个特点：一是矿岩接触面始终保
持平面无弯曲形式下降（见图 13 – 22）；
二是放出的矿石始终为纯矿石。第二阶段
放矿时则不然，放矿一开始，矿岩接触面
就成为弯曲波浪形，即成为多个废石移动

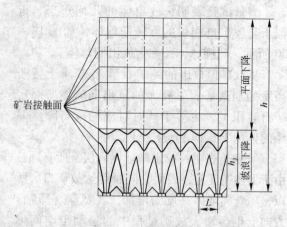

图 13 – 22　多口均匀放矿时矿岩移动规律
h—崩落矿石层高；h_j—极限高度；L—放矿口间距

漏斗。初始放出的是纯矿石，其体积等于与此阶段崩落矿层高度相等的椭球体体积；而后
期放出的是贫化矿石。由此可见，第二阶段放矿过程又与单口放矿相同。第二阶段放
矿的矿石层高度称为极限高度，常用 h_j 表示。在这个高度以上矿岩接触面以无弯曲的
平面形式下降，而在此高度以下矿岩接触面呈波浪形下降，极限高度与放矿口间距成
正比。

C　端部放矿时的矿岩移动规律

进路式崩落法放矿属端部放矿，其特点是崩落矿石在崩落围岩覆盖下借助重力或振动
力在回采巷道一端的近似 V 形槽中放出。实践证明，端部放矿的矿岩移动规律，基本上
与平面底部放矿相同。它仍然可以通过放出椭球体、松动椭球体、废石降落漏斗、放出角
及脊部损失等概念加以概括。但由于 V 形槽一般都比较窄，因为每次只爆破 1~2 排扇形
孔，崩落矿石量少、废石接触面多；而且，与底部放矿不同，其放出椭球体还受到放出口
上部尚未崩落的端壁和摩擦阻力的影响，因而会使放出椭球体的流线轴（中心轴）发生
偏斜，放出椭球体也就发育不完全，从而形成一个纵向不对称、横向对称的椭球缺体
（见图 13 – 23），这就更容易引起矿石的损失贫化。

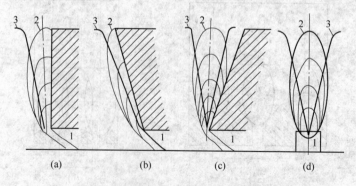

图 13 – 23　端部放矿时放出椭球体的发育情形
（a）端壁倾角 90°；（b）端壁倾角 70°；（c）端壁倾角 105°；（d）三种直回采巷道剖面
1—回采巷道；2—放出椭球体；3—矿石降落漏斗

放出椭球体的发育情况，与端壁的倾角（端壁面与水平面的夹角）大小有关。端壁前倾时，放出椭球体较小；端壁后倾时，放出椭球体较大；端壁垂直时，放出椭球体介于两者之间。由于矿石沿着端壁面流动受到摩擦阻力的影响，放出椭球体中心轴与端壁的壁面间也会形成轴偏角。轴偏角的大小随着端壁的倾角和壁面的粗糙程度而变化。

端部放矿也同样存在着脊部损失，每次爆破后实际放出矿石量小于计算崩落矿石量。脊部损失根据发生的位置不同，可分两侧脊部损失和正面脊部损失，如图 13－24 所示。两侧脊部损失发生在相邻几条回采巷道的放矿口之间，如图 13－24（a）所示。

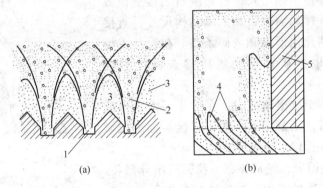

图 13－24　端部放矿脊部损失示意图
(a) 回采巷道两侧脊部损失；(b) 回采巷道正面脊部损失
1—回采巷道；2—废石降落漏斗；3—两翼脊部损失；4—正面脊部损失；5—端壁

根据矿岩移动规律，在端部放矿后期，废石降落漏斗到达放矿口后继续放矿时，废石降落漏斗下部扩展愈来愈大，放出矿石的贫化率愈来愈高，放出矿石品位愈来愈低。当最后放出矿石品位达到截止品位时，放矿停止。此时放出角以下的矿石就放不出来，而积留在两侧脊部上形成损失。

在回采巷道正面，因装运设备铲取深度所限及废石降落漏斗隔绝，有部分与脊部损失连在一起的斜条形矿石堆，在回采巷道也放不出来，这部分矿石损失称为正面脊部损失，如图 13－24（b）所示。

D　影响放矿因素的分析

（1）矿石的物理性质。矿石的物理性质，对放矿效果影响极大。当矿石干燥、松散、块度适中、无粉矿、流动性很好时，放矿损失贫化最小；若矿石碎小（如粉矿），压实、湿度与黏结性大，矿石流动性差；流动性差的矿石放出椭球体横轴增长很慢、纵轴增长很快，椭球体就变成了瘦长"管筒"状，放矿时上部废石通过"管筒"很快穿过矿石层而进入放矿口，而"管筒"周围矿石则放不出来，从而造成大量矿石损失。若矿石块度很大，而崩落的围岩仅为崩落矿石间隙 1/3～1/2 时，围岩会很快穿过矿石层而先到放矿口。因此，对崩落法的落矿块度应严格要求。

（2）放矿口尺寸。放矿口宽度加大，松动带边部曲率半径不变，但其半径随放矿口宽度加大。

（3）崩落矿石层高度及放矿口间距。崩落矿石层高度大，放矿口间距小，对减少放矿的损失贫化有利。当放矿口间距一定时，纯矿石放出椭球体的体积随崩落矿石层的加高而变大，放出纯矿石量的百分比也相应加大。如某矿崩落矿石层高为 40 ~ 45m 时，放出纯矿石量近达 60%，而层高为 16m 时，则仅为 25%。矿石贫化和脊部损失矿石量，也与放矿口间距有关。许多矿山经验表明：崩落矿石层高度 h 与放矿口间距 L 之比不应小于 5 ~ 6。采场放矿间距小、数量多，既可提高放矿强度，加强采场出矿量，也对减少底部结构的地压有利。

（4）放矿口的几何形状及放出过程中的振动因素。几何形状以采用矩形口为好，它的放出宽度最大；采用振动放矿技术可以增大松动带宽度，加快矿石流动。

（5）矿体的厚度、倾角及矿石与废石的接触面数目。厚度、倾角、接触面数目和采场结构尺寸，直接决定着崩落矿层的几何形态和放矿条件。在设计采场底部结构时，应根据矿岩移动规律检查设计的合理性。

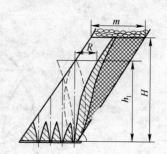

当矿体倾角小于放出角度时，在矿体下盘会形成一个放不出的死带，其范围大小随矿岩接触面距放矿口的高度而定，如图 12 – 25 所示。

为了减少下盘损失，经常要在下盘脉外增开漏斗。我国使用这类采矿法的矿山，当矿体倾角小于 60° 时，基本上都在下盘脉外布置单侧或双侧巷道，如图 13 – 26 所示。矿岩接触面形状及数目与放矿贫化率有关：接触面规则且数量少时，对降低贫化最为有利。

图 13 – 25　矿体倾角缓时
下盘的矿石损失
▨—贫化前的损失；
▧—底盘死带矿石损失

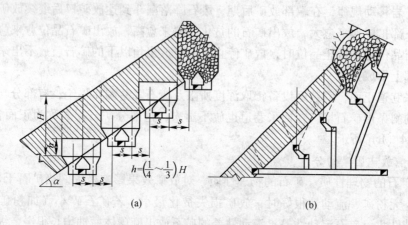

图 13 – 26　矿体倾角缓时下盘脉外漏斗
（a）沿整个下盘面布置双侧电耙巷道；（b）沿整个下盘面布置单侧电耙巷道

（6）放矿制度与放矿管理。制度与管理是否健全，对于放矿指标的影响很大。采用围岩崩落采矿法在矿块落矿以后、放矿之前，需要按照确定的放矿制度进行放矿计算，预算放矿损失贫化指标，制定放矿图表，放矿工作就按放矿图表进行。

13.2.2.2　放矿计算

放矿计算是根据矿岩移动的基本规律，预算纯矿石回收率、贫化率及提供编制放矿图表所需的数据。它的内容有：单放矿口放矿计算、多放矿口放矿计算、端部放矿时的放矿计算。

A 单放矿口放矿计算

这是针对从一个放矿口放出矿石，或从放矿口相距较远、放出椭球体互不接触的多放矿口中放出矿石的计算，如图 13 – 27（a）所示。为便于说明计算方法起见，只分析假设放矿口上含一个上部水平矿岩接触面的情况。

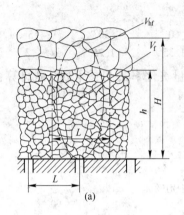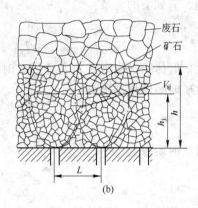

图 13 – 27 放矿计算图

（a）单放矿口放矿；（b）多放矿口放矿

令 V_f 为放出椭球体体积，V_{hf} 为混入的废石体积，H 为放出椭球体高度，h 为崩落矿石层高度，L 为放矿口间距，h_j 为极限高度。

体积贫化率 ρ，等于混入废石体积 V_{hf} 与放出椭球体的体积 V_f 之比，亦是与放出矿石量的体积之比，即：

$$\rho_t = \frac{V_{hf}}{V_f} \tag{13 – 1}$$

放出椭球体的体积为：

$$V_f = \frac{\pi p_s H^2}{3} \tag{13 – 2}$$

放出纯矿石体积为：

$$V_{ch} = \frac{\pi p_s h^2}{3} \tag{13 – 3}$$

式中 p_s——散体系数，由松散介质的性质确定。

散体系数在数值上等于放出椭球体顶点的曲率半径，即为 $\frac{b^2}{a}$（a 为椭球体的长半轴，b 为椭球体的短半轴）。对不同的矿岩，通常由试验测定。矿岩流动性越好，p_s 值越大。据国外克里沃洛格铁矿测定：大块矿石 $p_s = 0.45 \sim 0.55$，中硬的矿石 $p_s = 0.35 \sim 0.40$，有结块倾向的矿石 $p_s = 0.3$，磷灰石矿石 p_s 一般为 0.55。

放出椭球体的体积，也可以通过偏心率 ε 表达，即

$$V_f = \frac{\pi}{6} H^2 (l - \varepsilon^2) \tag{13 – 4}$$

椭球体偏心率（离心率）ε 为：

$$\varepsilon = \sqrt{\frac{a^2 - b^2}{a}} \qquad\qquad (13-5)$$

ε 小，说明椭球体肥短；ε 大，说明椭球体瘦小。ε 亦可由试验测定。矿岩流动性越好，ε 越小，否则相反。

根据试验和计算，截止放矿时矿石体积贫化率 ρ_t 与放出椭球体高度 H 和崩落矿石层高度 h 之间，有如下的关系：

$\rho_t / \%$	85	80	60	30	15
$H : h$	2.0	1.7	1.35	1.25	1.2

截止放矿时体积贫化率 ρ_t 与截止放矿时的质量贫化率 ρ_z 可按下列公式计算：

截止放矿时的体积贫化率：

$$\rho_t = \frac{\gamma_{fk}}{\gamma_{hf}} \rho_z \qquad\qquad (13-6)$$

截止放矿时质量贫化率：

$$\rho_z = \frac{\alpha_k - \alpha_{fk}}{\alpha_k - \alpha_f} \times 100\% \qquad\qquad (13-7)$$

式中　γ_{hf}——混入废石体积质量，t/m^3；

　　　γ_{fk}——放出矿石体积质量（含混入废石），t/m^3；

　　　α_k——矿石金属品位，%；

　　　α_f——废石金属品位，%；

　　　α_{fk}——截止放矿时矿石品位，%。

用以上数据可以计算出椭球体体积。混合放出矿石中的废石体积用下式计算：

$$V_{hf} = \rho_{ft} V_f \qquad\qquad (13-8)$$

式中　ρ_{ft}——放矿体积贫化率，可按下式计算：

$$\rho_{ft} = \frac{2h^3}{H^3} - \frac{3h^3}{H^3} + 1 \qquad\qquad (13-9)$$

放矿口实际放出的纯矿石量与该放矿口担负的应放出矿石量之比，以"%"表示，叫做纯矿石实际回收率。

B　多放矿口放矿计算

多放矿口放矿计算，图解如图 13-27（b）所示。令 V_{ch}' 为矿岩接触面水平下降阶段（即极限高度 h_j 以上）放出的纯矿石体积；h 为落矿后实际矿石层高度。

平面放矿阶段，即按第一阶段放矿时，从每个放矿口放出的纯矿石体积为：

$$V_{ch}' = (h - h_j) L^2 \qquad\qquad (13-10)$$

第二阶段，在极限高度 h_j 以下的放矿，也可按单放矿口放矿计算，其时矿石层高度应为 h_j。则极限高度 h_j 可用如下经验公式计算：

$$h_j = \frac{L^2}{4p_s} \qquad\qquad (13-11)$$

第二阶段放出的矿石体积为：

$$V'' = V_f' - V_{hf}' - 4V_{sj} \qquad\qquad (13-12)$$

式中 V'_f——当矿石层高度为 h_j、放出椭球体高为 H' 时放出的总矿岩体积；此处 H' 可由
　　　截止放矿时的体积贫化率决定；

　　V'_hf——放出椭球体高为 H' 时，混入的废石体积；

　　V_sj——相邻椭球体相交部分的体积；

　　4——指四个方向相交。

相交部分体积占放出椭球体体积的百分比，可由 $L : 2b$ 的关系确定：

$L : 2b$	0.7	0.5	0.3	0.2	0.1
$V_\mathrm{sj}/\%$	6	15	27	35	42

此处 b 为放出椭球体的短半轴，其值为：

$$2b = \sqrt{2\rho_\mathrm{s}H^2} \tag{13 – 13}$$

C 端部放矿计算

为了预测端部崩落放矿时的损失贫化，需要知道放出椭球体缺体积与混入废石的体积。放出体中的废石来源于正面废石混入与侧上部废石混入（见图 13 – 28），在确定采场结构参数时，应当使崩落矿石形态与放出体形态尽可能吻合，在这种情况下废石混入将主要来自正面废石混入。

为了估测放矿损失贫化，可用模拟试验法或计算方法。

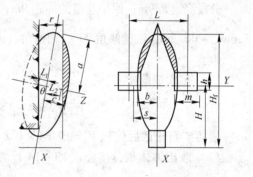

图 13 – 28 端部放矿放出体形态图

在无底柱分段崩落法中，计算放出椭球体缺体积一般采用下列公式：

$$V_\mathrm{f} = \frac{2}{3}\pi abc + \pi abc \frac{L_1}{\sqrt{A}}\left(1 - \frac{L_1^2}{3A}\right) \tag{13 – 14}$$

式中 V_f——放出椭球体缺体积；

　　a——放出椭球体长半轴，等于提高点到回采巷道顶板下 $1\mathrm{m}$ 处的一半，见上图；

　　b——横短半轴；

　　c——纵短半轴；

$$A = L_1^2 + c^2, \quad L_1 = a\tan\theta$$

　　θ——轴偏角，即流线轴与端壁壁面的夹角。

当 θ 角较小时，式（13 – 14）可简化为

$$V_\mathrm{f} = \pi abc\left(\frac{2}{3} + \frac{a}{c}\tan\theta\right) \tag{13 – 15}$$

正面废石体积可按下式计算：

$$V_\mathrm{zf} = \frac{2}{3}\pi abc - \pi abc \frac{L_2}{\sqrt{A}}\left(1 - \frac{L_2^2}{3A}\right) \tag{13 – 16}$$

式中 V_zf——正面废石体体积；

　　$L_2 = \dfrac{\gamma}{\cos\theta} - L_1 \approx \gamma - L_1$；

　　γ——放矿步距，等于落矿步距与挤压松散系数的乘积。

放出矿石体积的最大值 V_k 为

$$V_k = V_f - V_{zf} \tag{13-17}$$

从理论上讲（不考虑实际铲取深度），当正面废石体体积最小时，对放矿步距应用下式计算：

$$\gamma = \frac{1}{10}\left(9a\tan\theta + \sqrt{81a^2\tan^2\theta + 60c^2}\right) \tag{13-18}$$

D　例题

某矿采用无底柱分段崩落法，根据设计、模拟试验及现场测试，获得如下原始资料，试估算放矿中矿石最大回收率与最小贫化率。

原始资料：

分段高（h）9m；回采巷道的间距 9m；回采巷道断面 3m×3m；$a = \dfrac{(2h-2)}{2} = 8\text{m}$、$b = 3.6\text{m}$、$c = 3.2\text{m}$；端壁倾角 90°、轴偏角（$\theta$）9°；挤压爆破松散系数为 1.2；落矿步距 2.7m。

解：

（1）每次崩落矿石体积：

$$V = (9 \times 9 - 3 \times 3) \times 2.7 = 194.4\text{m}^3$$

崩落矿石松散后体积 $V_s = 194.4 \times 1.2 = 233\text{m}^3$

（2）放出体体积，按公式 13-14 计算为：

$$V_f = \frac{2}{3}\pi abc + \pi abc \frac{L_1}{\sqrt{A}}\left(1 - \frac{L_1^2}{3A}\right) = 295\text{m}^3$$

式中　　　　　　　　　　$L_1 = a\tan\theta = 8\tan9° = 1.27$

$$A = L_1^2 + c^2 = 1.27^2 + 3.2^2 = 11.85$$

（3）正面废石体体积，按公式 13-16 计算为：

$$V_{zj} = \frac{2}{3}\pi abc - \pi abc \frac{L_2}{\sqrt{A}}\left(1 - \frac{L_2^2}{3A}\right) = 43.07\text{m}^3$$

式中　　　　　　$L_2 = \dfrac{\gamma}{\cos\theta} - L_1 = \dfrac{2.7 \times 1.2}{\cos9°} - 1.27 = 2.01$

（4）混入废石量下限应为：295 - 233 = 62m³

（5）矿石全部回收时（即最大回收率100%），最小体积贫化率为：

$$\rho_{\min} = \frac{62}{295} \times 100\% = 21\%$$

13.2.2.3　放矿管理

放矿管理主要包括放矿方案选择、确定放矿制度、编制放矿图表三项内容。

A　放矿方案选择

覆盖岩石下放矿的核心问题，是在放矿过程中使矿石与废石的接触面保持成一定的形状并均匀下降。在崩落采场放矿中，按接触面在放矿过程中下降的状态，可以分为以下两种方案：

（1）水平放矿。矿石与覆盖岩石接触面基本保持成平面下降，如图 13 - 18 所示。

（2）倾斜放矿。矿岩接触面基本保持成一定角度的倾斜面下降，如图 13 - 29 所示。

合理放矿方案应满足损失贫化少、强度大与地压小等要求。选择时应根据矿体的倾角、厚度以及崩落矿岩的块度和相邻采场的情况等因素作综合考虑。生产中要求尽量减小矿石与废石接触面，竭力降低侧边接触面的废石混入率。

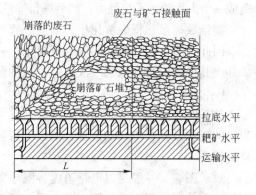

图 13 - 29　倾斜放矿示意图

水平放矿的相邻采场落矿和倾斜放矿的倾斜面角度，对于矿石与废石接触面的大小有很大影响。水平放矿时相邻采场的落差，一般应控制在 10 ~ 20m 范围以内；倾斜放矿的角度最好不大于 45°。

就地压管理而言，水平接触面放矿时底柱受压大，而倾斜接触面可相对降低地压。但倾斜接触面放矿不易管理，接触面的倾角难以保持不变，以致增大矿石损失与贫化。

我国金属矿山在开采厚大矿体时，一般均采用水平接触面放矿方案；开采倾斜或缓倾斜中厚矿体，以及急倾斜中厚矿体时，则采用倾斜接触面放矿。

B　放矿制度

放矿制度，是实现放矿方案的手段。它按放矿基本规律及不同放矿方案的要求，可以分为：等量均匀顺序放矿、不等量均匀顺序放矿和依次放矿。

（1）等量均匀顺序放矿制度。即在放矿过程中用相等的一次放出量，多次顺序地从每个漏斗中放出。这种放矿制度一般用在具有一个水平或倾斜接触面的垂直壁采场中，可以保证矿石与岩石接触面水平下降到极限高度，甚至再低一些。

（2）不等量均匀顺序放矿制度：由于采场的上盘下盘通常是倾斜的，每个漏斗担负的放矿量不相同。电耙巷道采用垂直走向布置时，若用等量均匀顺序放矿，势必只在沿着走向方向的接触面处保持水平或倾斜面下降；而在垂直走向方向上，靠近上盘接触面下降速度快，靠近下盘处的下降则很慢。为了保持矿岩接触面呈水平或倾斜下降，必须采取靠下盘的放矿口一次放出量大于上盘放矿口的一次放出量。相邻漏斗的排间距放矿也保持同样原则。

（3）依次放矿制度。即按一定顺序，将每个漏斗所担负的放矿量一次放完。这种放矿制度由于不能利用相邻漏斗的相互作用，损失贫化较大。无论对于垂直壁采场还是具有倾斜上下盘的采场，都不是很合理。只有对于分段高度小于极限高度的分段崩落法，由于各个放矿口基本上都可以单独自由出矿，这种制度才能采用。

实践证明，等量与不等量均匀顺序放矿，所获得的损失贫化指标都是较好的，只是使用场合不同。在生产中这两种放矿制度往往是联合使用。

例如，易门铜矿通常分四个阶段放矿，即首先进行全面松动放矿，放出 10% ~ 15% 以上矿量，使崩落矿石从爆破挤压状态变为松散状态；再用不等量均匀顺序放矿，使采场顶部造成一个人为的水平接触面；然后进行等量顺序放矿，回收纯矿石；最后放出贫化矿石。

如此放矿虽然损失贫化小，但放矿管理复杂，放矿周期长，难于长期坚持。

因此许多矿山对放矿制度进行简化。一般做法是，除回收纯矿石阶段采取等量顺序放矿外，其他各阶段均分别一次放完，这种做法基本上做到了均匀顺序放矿。

C　放矿图表

放矿图表是执行放矿制度的措施。它可以计算并及时掌握矿石与废石接触面在放矿过程中的形状及其在空间的位置，借以分析各个漏斗出现贫化的原因，进而指导放矿工作正常进行。

放矿图表，一般是以电耙道内各漏斗所担负的放矿量为单位来制定的。根据采场实测资料，可按照平行六面体算出各个漏斗所担负的放矿量及相应的放矿高度，然后编制放矿指示图表。在图表中还要根据放矿计算，列出各个漏斗的纯矿石回收量。

在放矿过程中，按照放矿原始记录与报表材料，将各个漏斗放出的矿石量用不同颜色的线条，标志到指示图表上。执行时，比计划下降慢的漏斗，应先放或多放；下降快的则暂时停放或少放；对过早出现贫化的放矿口，要找出原因。

降低放矿过程中矿石损失贫化的根本途径是提高纯矿石回收率。放矿图表应能反映出这一措施，使从开始放矿到接触面下降到极限高度之前，保持均匀顺序放矿。

目前国内外开始应用电子计算机来掌握矿岩接触面的变化情况，用以指导放矿，这是放矿管理工作的重大改革。

13.3　有底柱分段崩落法

13.3.1　概述

有底柱分段崩落法是沿矿体从上而下将阶段划分为分段，并沿着矿体走向按一定顺序，用强制崩落或利用地压与矿石自重落矿，实现单步骤连续回采；崩落矿石在覆盖岩石的接触下，借助矿石的自重和振动力的作用，经底部结构放出。随着矿石的放出，覆盖岩石随之下降，充满采空区，实现地压管理。这种方法的主要特征是：

（1）阶段内不分矿房与矿柱，矿体走向按一定顺序、一定步骤连续回采；

（2）在高度上矿块按 8~40m 高度划分为分段，分段之间自上而下依次开采；

（3）采矿前，一般需在崩落层下部或侧面开掘补偿空间进行自由空间爆破或挤压爆破；

（4）在回采过程中，让围岩自然或强制崩落填充采空区；放矿在崩落的覆盖岩层下进行；

（5）各分段留有底柱，并在其中开凿有受矿、放矿、搬运、二次破碎结构。

分段是个较大的开采单元。回采时需将它进一步划分为采场（一般是以一条电耙巷道负担的出矿范围划作一个采场）。采场的布置方式主要取决于矿体厚度与倾角。在急倾斜矿体中，矿体厚度小于 15m 时，采场一般沿着走向布置；大于 15m 时，采场为垂直走向布置（见图 13-30）。

在缓倾斜和倾斜的中厚矿体中，根据倾角大小，采场可沿倾斜方向或沿着走向布置成单一分段（见图 13-31）。

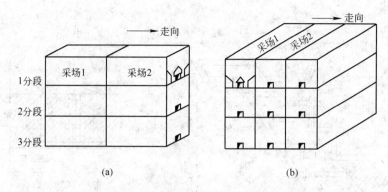

图 13－30 急倾斜矿体采场划分示意图
（a）采场沿着走向布置；（b）采场垂直走向布置

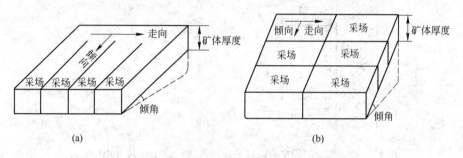

图 13－31 缓倾斜中厚矿体采场划分示意图
（a）采场沿着走向布置；（b）采场垂直走向布置

　　有底柱分段崩落法方案很多，它可以按爆破方向、爆破类型以及炮孔类型加以划分与命名，也有按放矿方式划分的。有底柱分段崩落法按放矿方式可分为底部放矿与端部放矿两种方案。

13.3.2 典型方案

　　以中条山胡家峪铜矿的有底柱分段崩落法为例介绍。

13.3.2.1 采场布置

　　急倾斜和倾斜矿体，厚度小于 15～20m 时，矿块沿着走向布置；厚度大于 15～20m 时，矿块垂直走向布置。图 13－32 为胡家峪铜矿沿着走向布置的有底柱分段崩落法示意图。

13.3.2.2 采准、切割

　　如图 13－32 所示，为提高矿块出矿和运输能力，阶段运输平巷 1 可采用环形运输系统，布置脉外双巷，采用穿脉连接。上下阶段运输平巷之间掘进溜矿井 10 和行人材料井 9（无轨设备出矿时，施工斜坡道），在每个分段出矿水平掘进联络道 7，与行人材料井和电耙道 4 连通。在出矿水平上方施工凿岩平巷 3，负责凿岩工作。自凿岩平巷上掘切割天井 5 和切割平巷 6，以切割天井和切割平巷为自由面，形成切割槽。

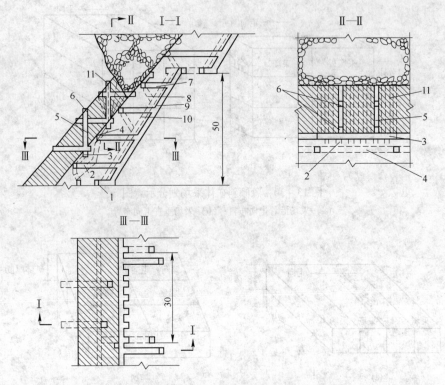

图 13 - 32　胡家峪铜矿有底柱分段崩落法示意图（尺寸单位：m）

1—下盘阶段运输巷；2— 漏斗颈；3—凿岩平巷；4—电耙道；5—切割天井；6—切割平巷；
7—联络道；8—矿块出矿小井；9—行人材料井；10—溜矿井；11—炮孔

13.3.2.3　回采

回采是用中深孔或深孔钻机在凿岩平巷内钻凿上向扇形孔，向切割槽方向挤压爆破。在 V 形堑沟内崩落的矿石，通过电耙道进入矿块小井，最终汇入主溜矿井。由于崩落矿石直接与上部覆盖岩石接触，为减少矿石损失与贫化，应使矿石与废石接触面保持一定的状态（水平或倾斜）下降；因此各分段出矿时应综合考虑上下分段与相邻矿块的出矿情况来制定放矿顺序和放矿量。

有底柱分段崩落法是在覆盖岩石下进行放矿的，因此在回采初期必须形成覆盖层。覆盖层的形成主要是根据矿体赋存条件、距地表的距离、地面和井下现状、废石来源等情况确定。选择形成方式方法时，首先考虑自然崩落，其次再考虑强制崩落。为防止覆盖围岩提前混入崩落岩石，造成矿石提前损失与贫化，覆盖岩层的块度应大于崩落矿石的块度。

通风的重点是电耙道，电耙道的风向应与耙运的方向相反。

13.3.2.4　矿岩移动规律

有底柱分段崩落法崩落矿石是借助重力移动至电耙道的，上部崩落的覆盖岩层，随着矿石的放出而向下移动。室内实验和现场观测研究结果表明，从单个漏斗中只能放出一定量的矿石，这部分矿石在原来位置占有的空间体积是一个近似椭球体，称为放出椭球体，如图 13-33 中的放出椭球 3。随着放出椭球体内矿石的流出，其周围矿石随即发生二次松散，占据放出矿石原来所占据的空间。据实验观测，二次松散矿岩原来所占有的空间，也是一个椭球体，称为松动椭球体，如图 13-33 中的松动椭球体 1。松动椭球体以外的矿岩不发生移动，松动椭球体的体积随放出椭球体体积的增大而加大。

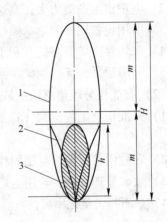

图 13-33 放出椭球体、松动椭球体和
废石漏斗的相互关系
1—松动椭球体;2—废石漏斗;3—放出椭球体;
H—松动椭球体高度;h—放出椭球体高度;
m—松动椭球体长轴

受漏斗口的影响，在漏斗口中心线不同点的矿石流动速度不同，愈靠近漏斗中心线，其流动速度愈大。因此，当矿石放出一定量后，矿石和废石的接触面开始向下弯曲。当放出椭球体的高度与崩落层的高度相等时，矿岩接触面即弯曲成漏斗形状，且最低点刚好处在放矿口的平面上，漏斗内充满废石，该漏斗称为废石漏斗，如图 13-33 中的废石漏斗 2。

废石漏斗的形成，标志着"纯矿石"回收的结束，贫化矿石的回收即将开始。随着贫化矿石的放出，废石漏斗随之扩大，废石漏斗母线的倾角随之变缓。当放到一定程度后废石漏斗母线倾角趋于稳定（通常在 70°以上），此时的废石漏斗称为极限废石漏斗，相应的漏斗母线倾角称为极限漏斗倾角。在极限漏斗倾角以外的矿石是放不出来的。由相邻漏斗间放不出来的脊部矿石造成的损失称为脊部损失，脊部损失矿石量由极限漏斗倾角确定。

放矿时，小颗粒矿岩的流动速度通常大于大颗粒矿岩的流动速度，如果废石块度小于矿石块度，则废石向下流动速度快于矿石的速度，那么放出椭球体内的矿石未放完之前，就会出现贫化。因此，覆盖岩层的块度应大于崩落矿石的块度，以优化损失贫化指标。

13.3.2.5 分段矿柱回采

用有底柱分段崩落法开采急倾斜或倾斜厚大矿体时，都有分段矿柱回采的问题。

分段矿柱一般采用以下方法进行回采：

（1）当分段中某矿块出矿结束后，在电耙道中向桃形矿柱和漏斗间柱钻凿垂直扇形中深孔，并在电耙道间的三角矿柱两端开凿硐室，在硐室中用水平深孔将桃形矿柱、漏斗间柱一起崩落。

（2）利用下一分段对应在矿块的凿岩巷道，隔一定距离向上开凿天井和凿岩硐室，在硐室中向上分段底柱打束状孔与下分段同时崩矿。或用下分段的凿岩巷道向上开凿天井后，再掘进水平凿岩巷道，并在其中打出垂直扇形孔，在下分段落矿的同时崩落上分段底柱。

（3）对倾斜厚大矿体，矿块垂直走向布置时，其底盘留有三角矿柱，可在脉外底盘加设沿着走向的水平底部结构和凿岩巷道，以对这部分三角矿柱进行回收。

13.3.3 有底柱分段崩落法的应用评价

（1）有底柱分段崩落法的优点。

1）采用不同的回采方案，能够适应多种地质条件变化，具有一定的灵活性；

2）电耙道生产能力大，高达 300～500t/d，每次爆破量大，易实现强化开采；

3）所用设备比较简单，操作与维修都很方便，材料消耗少；

4）矿块存窿矿石多，有利于矿山调节生产；

5）一步回采，无后期矿柱回采及采空区处理的麻烦。

（2）有底柱分段崩落法的缺点。

1）采准切割工程量大（特别是缓倾斜中厚矿体的开采），上水平巷道掘进机械化程度低；

2）底柱内巷道多，对稳固性有削弱，电耙道等维护工作量大；

3）放矿管理复杂；若用电耙道出矿，难以实现控制放矿；

4）矿石损失贫化率高，一般大于 20%～25%；不宜用来开采高品位及贵重金属矿床。

13.3.4　适用条件

（1）矿体上部没有流沙层、含水层或未疏干的尾砂，地表允许陷落；

（2）覆盖岩石不稳固，易于自然崩落成大块；矿石以中稳为宜；

（3）厚度大于 5m 的急倾斜或任何倾角的厚和极厚矿体（$\delta > 15m$，$\alpha > 70°$，效果最好）；

（4）矿体形态不太复杂，含夹石量不多，不需分采；

（5）矿石崩落后流动性好，不易结块，在围岩覆盖下不难放出。

13.3.5　主要技术经济指标

我国使用有底柱分段崩落法的部分金属矿山的主要指标，见表 13-4。

表 13-4　有底柱分段崩落法主要技术经济指标

目标项目		矿　山　名　称				
		易门狮山坑	易门凤山坑	中条山胡家峪	铜陵松树山	大姚铜矿
矿块生产能力/t·d^{-1}		200～250	200～250	200～300	200～250	180～220
采矿掌子面工效/t·工班$^{-1}$		65～95	50～70	30～35	35～40	25～35
损失率/%		5～10	10～22	10～15	20～27	25～35
贫化率/%		20～30	28～35	15～20	15～20	20～30
凿岩台班效率/m		8～12	8～12	20～25	7～10	15～20
出矿台班效率/t		70～90	70～90	70～100	70～90	60～80
每吨矿石主要材耗	炸药/kg	0.35～0.5	0.37～0.54	0.6～0.75	0.4～0.6	0.4～0.5
	雷管/个	0.02～0.35	0.06～0.1	0.025～0.3	0.3～0.4	0.05～0.07
	导火线/m	0.4～0.7	0.12～0.25	0.2～0.7	0.4～0.7	0.2～0.3
	导爆线/m			0.22～0.3		
	钎子钢/kg		0.002～0.013	0.19～0.33	0.02～0.04	0.4～0.6
	合金片/g	0.3～0.6	0.3～0.8			4～5
	坑木/m^3	0.0044～0.0090	0.0012～0.0018		0.0020～0.0030	0.0004～0.0006

13.3.6 有底柱分段崩落法的发展趋势

加大分段高度，改进与简化底部结构；采用平行深孔落矿，改善落矿质量；推广小补偿空间挤压爆破；改自重放矿为机械强制放矿，连续回采。

13.4 无底柱分段崩落法

无底柱分段崩落法，是一种机械化程度高、劳动消耗量小的高效率采矿方法。从20世纪60年代中期以来，就在我国冶金矿山（特别是在地下铁矿开采中）得到了很快应用。

该方法的基本特征是：以分段运输联络巷道，将阶段划分为分段；分段内再划分若干分条，每一分条内掘进一条回采进路进行回采作业。分条之间依次回采，分段之间自上而下回采。随着分段矿石的崩落和放出，上部覆盖岩层跟着下落充填到采空区，以实现地压管理。

分条回采时，先在靠上盘边界开出切割槽，而后以小的落矿步距向已经崩落区挤压爆破，爆破下的矿石，在松散覆岩掩盖下从回采进路巷道端部用装运设备出矿至就近溜井。

这种采矿方法，下部不设由专用出矿巷道所构成的底部结构；分段的凿岩、落矿和出矿等均在回采巷道内进行，一般采准、切割、凿岩、爆破、出矿等都是在从下到上不同的分段内进行，工作面多，互不干扰。同时可以使用无轨自行设备作业。

无底柱分段崩落法，按矿块装运设备的不同，分为无轨运输方案和有轨运输方案。无轨运输方案的出矿设备是铲运机，有轨运输方案是用装岩机和矿车。

13.4.1 典型方案

13.4.1.1 采场布置与结构参数

矿块布置根据矿体厚度和出矿设备的有效运距确定。一般情况下，矿体厚度小于20~40m时，矿块沿着走向布置；厚度大于20~40m时，矿块垂直走向布置。

分段高度和进路间距是无底柱分段崩落法的主要结构参数。为了减少"采准"工程量，降低采矿成本，在凿岩能力允许、不降低回采率的条件下，应尽量加大分段高度和进路间距。目前我国矿山采用的分段高度一般为10~12m，进路间距略小于分段高度，一般为8~10m。

矿块以一个矿石溜井所服务的范围为限，长度取决于分条布置及所用搬运设备的合理运距。当矿体厚度小于15m时，分条沿着走向布置，反之则作垂直走向布置。

矿块的主要结构参数，依据分条回采巷道的布置和所用搬运设备类型，参考表13-5确定。

表13-5 无底柱分段崩落法矿块主要结构参数

名　　称	装运机或有轨搬运		铲运机搬运	
	沿着走向布置	垂直走向布置	沿着走向布置	垂直走向布置
阶段高度/m	60~120	60~120	60~120	60~120
分段高度/m	7~12	7~12	10~15	10~15
矿块长度/m	60~80	40~60	100~150	80~120
矿块宽度/m	矿体水平厚度	<50	矿体水平厚度	<100
回采巷道间距/m	6~10	6~10	10~12	10~12

分段之间的联络，有设备井方案与斜坡道方案两种。阶段运输巷道经常布在下盘。

天井按分段高度掘进3~4条，分别用于溜矿、下放废石、人员设备材料的提升与通风；人员上下用电梯；设备提升用慢动绞车提升大罐笼。矿石溜井一般布置在脉外，以便于装运设备运行及上部分段采完后封闭。溜井之间的距离，采用 ZYQ-14 型装运机且分条作垂直走向布置时，不应该大于40~60m。当沿着走向布置分条，溜井布置在矿块中央时，溜井间距可达120m。

回采巷道通常与分段巷道垂直掘进，垂直交叉地段按设备转弯半径取用弧形连接。回采巷道的断面，取决于搬运设备的外形尺寸；对不同的装运设备，可以按照表13-6的规格取值。

表13-6   回采巷道的规格

装运设备	巷道规格（宽×高）/m×m	装运设备	巷道规格（宽×高）/m×m
装运机、小型铲运机	$(3\sim4)\times(3\sim2.2)$	有轨运输	$(2.5\sim3)\times(2.5\sim3)$
中型铲运机	$(3\sim4.5)\times(3.2\sim3.5)$		

13.4.1.2   采准、切割与覆盖岩层的形成

A   采准

图13-34是洴渚铁矿无底柱分段崩落法现场布置示意图。阶段运输平巷1、溜矿井2、斜坡道（无轨开采时）或设备井（有轨开采时），一般布置在矿体下盘岩石中。每个矿块设置一处溜矿井。溜矿井个数根据矿石产品种类而定，单一矿石产品设一条溜井，多种产品时增加溜井个数。当采用铲运机出矿时，根据铲运机和自行运输设备的合理运距确定矿石溜井的间距。

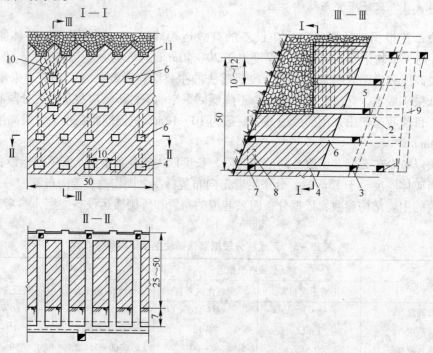

图13-34   洴渚铁矿无底柱分段崩落法示意图（尺寸单位：m）
1—阶段运输平巷；2—溜矿井；3—联络道；4—出矿凿岩进路；5—运输联络道；6—凿岩进路；
7—切割平巷；8—切割天井；9—行人井；10—炮孔；11—脊部矿柱

回采进路4、6布置分为垂直走向和沿着走向两种，具体布置根据矿体厚度、倾角、出矿设备和合理运距、地压管理、通风及安全因素等确定。上下相邻的分段，回采进路应呈菱形布置。回采进路的规格和形状对矿石的损失贫化指标有较大影响，要根据采掘设备尺寸和回采工艺而定。在保证进路顶板平直和眉线稳固的条件下，进路宽度应尽可能大些。进路高度应与凿岩设备、装运设备和通风风管规格相适应，应尽可能低些，进路的顶板以平直为宜。

为了形成切割槽，在回采进路的顶端，开凿切割平巷7和切割天井8。

B 切割

切割工程主要包括：掘进切割巷道、切割天井及形成切割槽。拉切割槽的工作非常重要。切割槽质量不佳或与上部废石没有贯通或贯通面积过小，会使覆盖岩石不能下落，回采将发生悬顶空场，崩下矿石不能全部安全放出；而且悬顶突然下陷会造成事故，悬顶处理也很困难。

拉底切割槽的常用方法有：切割天井与切割巷道联合拉槽、切割天井和扇形炮孔拉槽。

（1）切割天井与切割巷道联合拉槽。矿体较规则时，沿回采巷道端部矿体边界掘进切割巷道，根据需要在切割巷道中掘进一个或几个切割天井。在切割巷道内钻凿上向扇形深孔，以切割天井为自由面后退逐排爆破深孔形成切割槽，如图13-35(a)所示。如矿体不规则或回采巷道沿着走向布置时，在每个回采巷道端部掘进切割巷道和切割天井，如图13-35(b)所示。此法拉槽质量可靠。

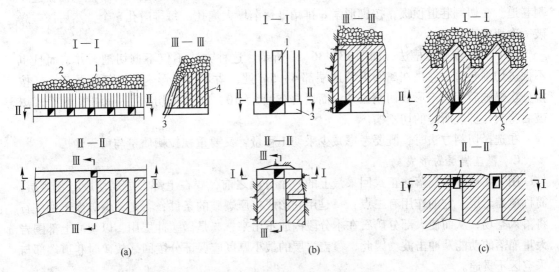

图13-35 拉切割槽的方法示意图

1—切割天井；2—切割炮孔；3—切割巷道；4—回采炮孔；5—回采巷道

（2）切割天井和扇形炮孔拉槽法。这种方法不掘进切割巷道，而在每条回采巷道端部掘切割天井。天井位于回采巷道中间。在天井两侧用凿岩台车凿三排扇形炮孔用微差爆破一次成槽，如图13-35(c)所示。采用这种方法的切割天井都用台车凿成，工艺简单；但天井数量较多是缺点。

现在，有的矿山为减少切割工作量采用不掘进天井的扩槽方法，如图 13 - 36 所示。此法又分：

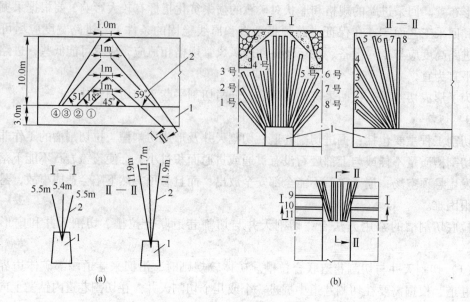

图 13 - 36　无切割天井拉槽法

（a）楔形一次爆破拉槽法：1—切割巷道；2—炮孔；（b）分次爆破拉槽法：1—回采巷道

（1）楔形一次爆破拉槽法，如图 13 - 36（a）所示。此法不掘切割天井，但仍需掘进切割巷道。在切割巷道顶板，按楔形凿 8 排角度逐渐增大炮孔，每排凿孔 3 个，然后微差爆破一次切成槽。

（2）分次爆破拉槽法，如图 13 - 36（b）所示。这种方法不仅不掘切割天井，而且也不掘进切割巷道。它是在离回采巷道端部 4~5m 处，凿 8 排扇形炮孔，每排凿 7 个，按排分次爆破后相当于形成切割天井；而后再布置 9、10、11 三排切割孔，每排凿 8 个，爆破后将天井扩成所需的切割槽。

在选择切割方法时，既要考虑减少采切工程量，又要重视拉槽质量与可靠性。

C　覆盖岩层的形成

用无底柱分段崩落法正式回采最上的一个分段之前，要在上部形成崩落废石覆盖层，简称覆盖岩层。它的作用有二点：一是用它形成挤压爆破的条件；否则，爆破崩下的矿石将落入空场，从而使大部分矿石在本分段内放不出来；二是做缓冲层用，以缓冲上部围岩大量崩落的动能及冲击波。因此，覆盖岩层的最小厚度应保证分段回采放矿时巷道端部与采空区不贯通。

一般认为，回采分段以上应该形成大于 1.5~2 倍分段高度的覆盖层。

覆盖岩层的形成有四种情况：

（1）矿体上部用其他方法回采，采空区已处理，用这种采矿方法时能自然形成覆盖层。

（2）由露天转入地下开采时，用处理露天边帮或舍弃的废石形成，如图 13 - 37 所示。

（3）围岩不稳固盲矿体，随矿石回采围岩可自然崩落。

（4）围岩稳固的盲矿体，需要人工强制崩落顶板来形成覆盖岩层。形成方法有随回采随崩落顶板和大面积崩落顶板两类情况。

随回采随崩落放顶方法，如图 13－38 所示。在第一分段上部掘进放顶巷，与回采一样形成切割槽；随下部回采，逐排崩落或一次崩落 2～3 排放顶孔。此方法在第一分段回采中能形成覆盖岩层及挤压爆破条件。但在形成覆盖岩层时，爆破条件差，组织工作比较复杂。

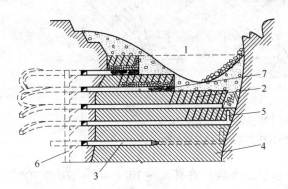

图 13－37　处理露天矿边帮形成覆盖岩层

1—露天矿；2—扇形深孔；3—回采分段；4—矿体；
5—切割槽；6—矿石溜井；7—铲运机出矿

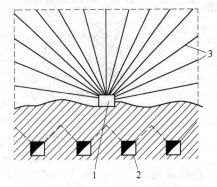

图 13－38　随回采随崩落顶板的放顶方法

1—放顶凿岩巷道；2—回采巷道；
3—放顶炮孔

大面积崩落顶板的放顶方法，如图 13－39 所示。当回采形成一定暴露面积后，自放顶区侧部的凿岩巷道或天井中钻凿深孔，一次大面积崩落顶板。采用这种方法时，第一分段的矿石大部分崩落至空场，放出的矿石量少，但放顶爆破条件好，组织工作比较简单。

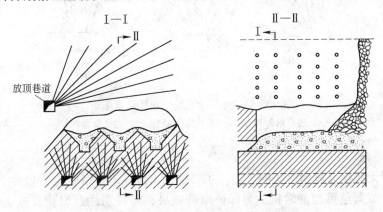

图 13－39　大面积崩落顶板的放顶方法

以上两种放顶方法，一般都用大直径深孔。炮孔最小抵抗线和炮孔底的距离通常为 4～5m，将废石崩碎成大于矿石块度的大块，以减少放矿贫化。

13.4.1.3　回采工作

分段回采工作包括落矿、搬运、地压管理与通风等项作业。炮孔布置是第一个问题。

A　扇形炮孔布置与落矿步距

炮孔布置与爆破参数对矿石回收率有很大影响。炮孔布置可以通过炮孔的排间距、排面角、边孔角、孔深等来表示。每次爆破的矿层度，称为落矿步距，它等于排间距与排数的乘积。

矿山生产中多用 1.8~3m 落矿步距。扇形炮孔排面与水平面间的夹角称为排面角，它与分条的端壁倾角相等，有前倾、垂直与后倾三种，如图 13-40 所示。

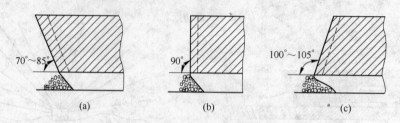

图 13-40　炮孔排面倾角示意图
（a）前倾布置；（b）垂直布置；（c）后倾布置

边孔角是扇形排面最边部两个炮孔与水平面夹角，它有 5°~10°、40°~50° 与 70° 三种，如图 13-41 所示。因为放出矿石的角度一般大于 70°，所以边孔的角度大于 70° 时的爆破效果最好。

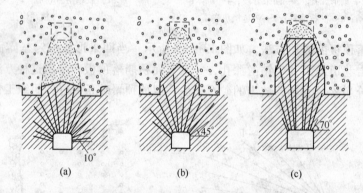

图 13-41　不同边孔扇形布孔示意图
（a）边孔角为 10°；（b）边孔角为 45°；（c）边孔角为 70°

B　凿岩爆破

国内应用无底柱分段崩落法的矿山，主要使用 CTC-700 型胶轮凿岩台车，装 YG-80、YGZ-90 或其他重型凿岩机。为保证爆破效果，需特别注意炮孔质量。炮孔深度和角度严格按照设计施工，并建立严格的验收制度。装药多采用装药器装粉状炸药。每次爆破一排孔时，用导爆线及火雷管即发起爆；每次爆破两排以上炮孔时，用导爆线与秒延期电雷管或继爆管微差起爆。目前我国有的矿山为提高爆破质量，采用同期分段起爆，即中央炮孔先爆，边侧炮孔后爆。

C　矿石搬运

以前我国金属矿山主要用 ZYQ-14 型气动自行装运机装运，可连续完成装、运、卸三项作业。这种设备操作灵活，但拖有风管，限制了运输距离，使用得较好的矿山，平均

台班效率在 ±120t。每台装运机最少保有三条回采巷道轮流作业，在 50m 运输距离内按逆风方向装矿，这样对二次破碎、提高设备利用率、保证分级出矿与减少烟尘污染都有好处。

现在许多矿山开始采用内燃无轨装运机，这种设备铲斗容积大、行走速度快，运输距离不受限制，生产能力大为提高，以 8.3m³ 铲斗为例，台班生产能力可达 400～500t。但是内燃设备废气净化问题没有完全解决，所以在先进国家大型矿山，都在积极应用电动装运机。

D　地压管理与回采顺序

当矿石稳固时，回采巷道地压不大，一般不支护；当矿岩稳固性差，节理裂隙发育时，使用喷锚支护即可保持回采巷道稳定。

同一分段内各回采巷道的工作面，应尽量保持在一条整齐的回采线上。这样可以减少与回采工作面的侧部废石接触，有利于降低矿石的损失贫化和保持巷道的稳固性。如图 13-42 所示，若有一条回采巷道落后，它将承受较大地压，还将受到相邻回采巷道落矿的多次震动破坏。因此这种情况下巷道可能发生冒落，必须加强支护。而加强支护又会拖延回采速度，影响安全生产，甚至最后整条巷道全部冒落。所以在矿石稳固性差时，应避免造成这种状况。

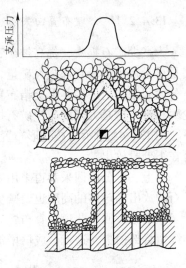

图 13-42　落后的回采巷道
压力增高示意图

E　通风

无底柱分段崩落法的回采巷道都是独头巷道，数目多、断面大、且互相连通，每条回采巷道还都通过崩落区域与地表相通。当采用内燃无轨设备时，所需风量特别大。因此，通风比较困难，通风管理也较复杂。

在考虑通风系统和风量时，应尽量使每个矿块都有独立的新鲜风流，并要求每条回采巷道的最小风速，在有设备工作时不低于 0.3m/s，其他情况下，不低于 0.25m/s。采用内燃设备工作时，要坚持在机内净化符合要求的基础上，加强通风与个体防护。

回采工作面采用局扇通风，局扇安在上部回风水平，由铺设在回采巷道及回风天井内的风筒对外抽风。图 13-43 就是回采工作面局部通风系统示意图。

无底柱分段崩落法的通风工作的重点是：凿岩出矿巷道，由于新鲜风流冲洗工作面后，需要通过爆堆回到上阶段回风平巷，因此该方法通风管理比较困难，通风效果较差。

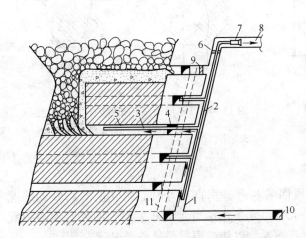

图 13-43　回采工作面局部通风系统示意图
1—通风天井；2—主风筒；3—分支风筒；4—分段巷道；
5—回采巷道；6—隔风板；7—局扇；8—回风巷道；
9—封闭墙；10—阶段运输巷道；11—溜矿井

13.4.2 减少采矿损失贫化的主要措施

根据端部放矿的矿岩移动规律，放出体为一纵向不对称、横向对称的椭球体缺。随着放矿条件的不同，椭球体缺两侧和正面存在脊部损失，这些损失及其贫化与分段结构参数的设计、采切巷道的布置及回采工艺密切相关。研究和设计采矿方法时必须对它作出分析。

13.4.2.1 合理布置回采巷道的形式

为减少矿石损失，提高纯矿石回收率，合理布置回采巷道的形式可采取两方面措施：一是尽量减少分段脊部损失矿量，另一方面是在下分段最大限度回收崩落矿石。为此，上下分段回采巷道采用菱形交错布置，使每次崩落矿石层为一菱形体，且使它与放出椭球体轮廓相符，这是大幅度减少矿石损失的措施之一。

图13-44所示为按菱形布置，上分段回采道两侧脊部和正面脊部损失的大部分矿石，可在下分段放出。

若上、下分段回采巷道采用垂直布置，其崩落矿石层高度会比菱形布置减少一半、纯矿石的放出椭球体的高度也要减少一半，则纯矿石回收率大大降低。

上下分段回采巷道垂直布置时，不能将分段两侧脊部损失在下分段放出，而下分段又继续留脊部损失，这就会成倍增加损失量，如图13-45所示。

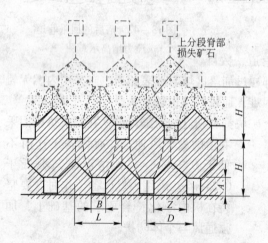

图13-44　上下分段回采巷道菱形布置
H—分段高度；D—回采巷道间距；L—回采分条宽度；
B—回采巷道宽度；A—回采巷道高度；
Z—回采巷道间柱宽度

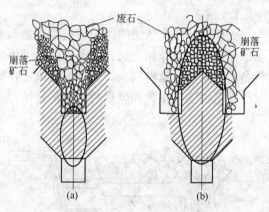

图13-45　不同回采巷布置矿石回收示意图
(a) 垂直布置；(b) 交错布置

根据大庙铁矿试验统计，当上下分段回采巷道呈垂直布置时，在贫化率15%的情况下，回收率仅为45%。当矿体厚度小于15m，分条作沿着走向布置时，回采巷道的布置要靠近下盘，图13-46所示为单巷、双巷布置，以使矿层尽量呈菱形崩落。

13.4.2.2 确定合理分段高度与回采巷道的间距

分段高度除了应该根据凿岩设备、凿岩深度合理选取外，还应该与放出椭球体短半轴的大小相适应。它们之间有如下的关系：

$$H = \frac{b}{\sqrt{1 - \varepsilon^2}} \qquad (13 - 19)$$

式中　H——分段高度，见图 13 – 44；

　　　　b——放出椭球体短半轴；

　　　　ε——放出椭球体偏心率。

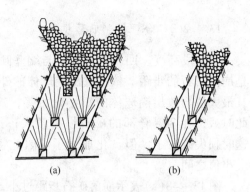

图 13 – 46　沿脉回采巷道菱形布置
(a) 双巷；(b) 单巷

b 与 ε 可由试验确定。崩落矿石块度适中且松散时，放出椭球体肥短，ε 值小；块度细碎、湿度大、含粉矿和有黏结性时，放出椭球体瘦长。

同一种崩落矿石，当其碎胀系数小或爆破挤压较紧时，放出椭球体瘦长一些，ε 大一些；装矿强度大，矿石很快发生二次松胀时，放出椭球体会肥短，ε 小一些。

2 倍的分段高度减去回采巷道高度，叫做放矿层高度。即：

$$H_{fh} = 2H - A \qquad (13 - 20)$$

式中　H_{fh}——放矿层高度；

　　　　A——回采巷道高度。

在放矿过程中，如果放矿层高度超过或等于设计分段高度 2 倍，则表明上部已采分段废石已经混入，必须控制放矿；如果放矿层高度与回采巷道间距不适应，也将增大矿石的损失贫化。

在分段高度已定的条件下，崩落矿石层的宽度应与放出椭球体的横轴相符合，即：

$$L = 2b + B = 2H\sqrt{1 - \varepsilon^2} + B \qquad (13 - 21)$$

式中　L——回采巷道的间距；

　　　　b——放出椭球体短半轴；

　　　　B——回采巷道宽度；

　　　　其他符号意义同前。

此外，可以用放出角来确定回采进路间距，放出角根据现场试验测定。

用放出角决定回采进路间距，有作图法和计算法。

作图法是以回采巷道断面的上部转角点为起始点，分别作两条射线，使其与水平面的夹角等于放出角 φ。射线与拟定的分段高度的标高线分别相交，其交点即为上一分段的两条回采进路的内侧底角的顶点。由此作出上水平的两条回采巷道，两回采巷道中心线间的距离即为所求的中心间距，如图 13 – 47 所示。

计算法是根据分段高度、放出角及回采巷道高度之间的关系，用下式计算：

$$L = 2\left(\frac{H - A}{\tan\varphi} + B\right) \qquad (13 - 22)$$

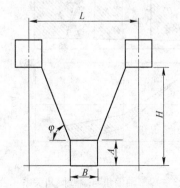

图 13 – 47　作图法求回采巷道间距

式中各符号的意义同图 13 – 47 所示。

13.4.2.3   合理控制崩落步距

当分段高度、回采巷道间距与端壁倾角已定时，唯一能调整崩落矿石层形态的参数是崩落矿石的步距。依据放出椭球体的外形可以确定崩落矿石步距的最大值与最小值。其最大值与放出椭球体的短半轴相等，这就避免了正面废石混入造成的正面损失。但此时残留在两侧脊部的矿石损失较大；其最小值等于放出椭球体的短半轴长度之半，这时损失减少了，但贫化加大了。因此实际采用的崩落矿石步距，介于上述最大值与最小值之间。

图 13 -48(a)表示崩落矿石步距过小，放出椭球体提前伸入正面崩落废石层，致使大量废石正面混入。同时，上部的矿石可能被废石隔断而无法放出，造成矿石损失。

图 13 -48(b)表示崩落矿石步距过大，放出椭球体提前伸入上部崩落废石层中，致使大量废石自上部混入，同时使正面脊部损失增加。

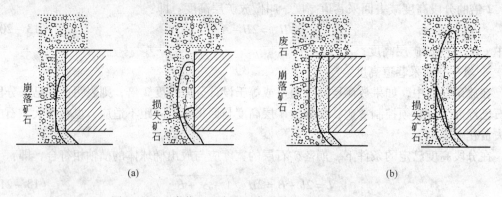

图 13 -48   崩落矿石步距不合理与矿石损失贫化示意图
(a) 崩落矿石步距过小；(b) 崩落矿石步距过大

13.4.2.4   合理的端壁倾角

端壁倾角不同，椭球体发育程度亦不同；此外，端壁倾角还与覆盖岩石的压力以及矿石和废石的块度有关。椭球体的发育程度和矿岩块度直接影响放矿的损失与贫化。端壁倾角及端壁面的粗糙程度对放矿椭球体的发育有直接影响。端壁前倾时，放出椭球体被端部切去一大半，放出体积较小；端壁后倾时，放出椭球体被端壁割切去一小部分，放出体积较大；端壁垂直时影响介于两者之间。放出椭球体因端壁倾角不同而被切去多少，可由轴偏角大小来表示，被切去的多少与轴偏角大小成反比。图 13 - 49 表示轴偏角与端壁倾角的关系。

在分段高度、回采巷道中心间距、崩落矿石步距及回采巷道规格等参数不变的条件，端

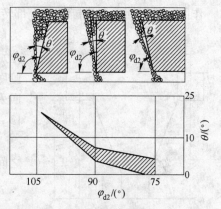

图 13 - 49   轴偏角与端壁倾角关系
θ—轴偏角；φ_{d2}—端壁倾角

壁倾角与矿石回收率间的关系，见图 13 – 50 的曲线（此曲线是由试验所得）。端壁倾角的最佳值为 90°~100°。实践证明，端壁倾角向后倾斜对放矿有利。

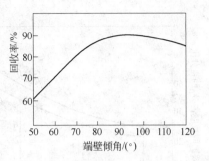

图 13 – 50　端壁倾角与矿石回收率的关系示意图

13.4.2.5　掌握回采巷道的断面形状与高度

回采巷道的断面形状有拱形和矩形，而回采巷道顶板与端壁面的接触线称为眉线。眉线的形状直接决定矿石堆表面的形状。拱形断面巷道眉线为拱形，矩形巷道眉线为直线。在拱形断面的回采巷道中，崩落矿石会在底板上堆积成"舌状"，如图 13 – 51(a)所示。突出"舌尖"妨碍在回采巷道全宽上顺序均匀装矿，因而使有效装矿宽度（即矿石损失与贫化达到最小的装矿宽度）缩短。顶板拱度越大，缩得越短。出矿若先铲出"舌尖"会使废石提前插入回采巷道，增大损失贫化。所以，铲出矿石时只有先铲装两侧，后装"舌尖"部分矿石，才能保持矿石沿拱形眉线全线铲装。

如图 13 – 51(b)所示，矩形巷道中矿石流呈平行下降，全线均匀装矿可使损失贫化相对减少。

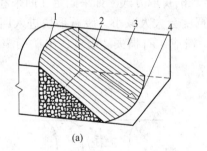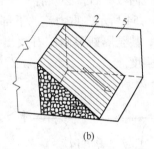

(a)　　　　　　　　　　　　(b)

图 13 – 51　拱形与矩形回采巷道中的矿石堆示意图

(a) 拱形回采巷道；(b) 矩形回采巷道

1—拱形巷道的眉线；2—矿石堆；3—拱形断面巷道；4—"舌尖"；5—矩形断面巷道

矿石坚固性差时，矩形巷道的眉线由于爆破震动和带炮，很容易塌落成拱形，给放矿带来不利影响，为保持眉线的完整，应采取间隔装药，必要时还应用锚杆支护。

图 13 – 52 为有效铲取宽度与各种回采巷道顶板形状的近似关系曲线。

为了降低放矿过程中大块堵塞机会，必须增加崩落矿石所流经的喉部高度，如图 13 – 53 所示。

喉部处于倾角不相同的两个平面之间：一个是崩落矿石的自然堆积面，它的倾角是自然安息角；另一个是平面崩落矿石经压实后的静止角。静止角比自然安息角大。在这两平面之间是崩落矿石的活动带。当其他条件不变时，这两个面是随着回采巷道高度变化而平行移动。因此，随回采巷道高度的增高，喉部的高度 h 也就相对减小，否则反之。为了增加喉部高度，应使回采巷道高度尽量减小，但不能小于搬运设备的工作高度。

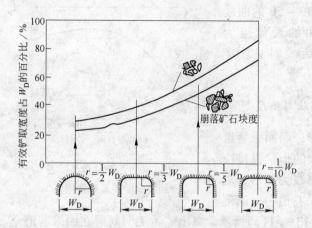

图 13 – 52　有效铲取宽度与回采巷道顶板形状的关系

W_D—回采巷道宽度；r—回采巷道顶板转角半径

图 13 – 53　回采巷道高度与喉部高度的关系

1—压实带；2—活动带；3—回采巷道；4—矿体；

5—崩落废石；6—崩落矿石；

h—喉部高度；φ—活动带自然安息角；

φ'—静止角，$\varphi' > \varphi$

13.4.2.6　控制铲取方式和深度

为了更多地回收矿石，必须有一个合理的铲取方式。如果固定在回采巷道中央或一侧装矿，如图 13 – 54 所示，重力流的下部宽度会大大减小，废石很快进入回采巷道，造成矿石过早贫化，甚至隔断旁侧矿石放出，造成矿石损失。此外，出矿面窄很容易产生悬顶，影响放矿强度。

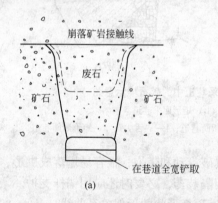
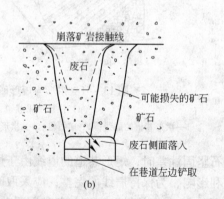

图 13 – 54　铲取宽度对矿石回收率的影响

（a）在回采巷道全宽度上铲取矿石；（b）只在回采巷道左侧铲取矿石

从理论上讲，最好的装载宽度应该等于回采巷道的宽度。实际上装载机械的装载宽度比较小，因而，必须沿着整个巷道宽度按一定的顺序轮番铲取，这时矿石和岩石接触线近乎水平下降，这就防止了废石过早地进入回采巷道，减少了矿石损失和贫化。

铲取深度大，放矿口的喉部高度亦大，因而能实现连续放矿；反之喉部高度小，放矿过程中堵塞的机会增大，放矿强度就变小。实际上，在端部放矿中使用装载机时，由于设备的限制，铲取深度都不很大，当崩落步距取大时都会有大量的正面脊部损失。只有当使用振动放矿机出矿或有专用掩护支架进入崩落矿石的下部时，才能达到较大的最佳铲取深度。

13.4.3 无底柱分段崩落法的主要方案

无底柱分段崩落法的使用，使各矿山在简化采矿工艺，降低矿石损失贫化，实现安全作业等方面都取得了很好的效益。但从发展来看，仍存在着矿石的损失贫化大、通风复杂、生产能力没有充分发挥等弱点。所以对这一类采矿方法现场应用的不少变形方案也需要了解或研究。

13.4.3.1 高端壁无底柱分段崩落

一般无底柱分段崩落法，每次崩落的矿石量只有 600 ~ 1000t。限制了大型内燃无轨铲运机设备效率的发挥。目前有些矿山采用高端壁无底柱分段崩落法，如图 13 – 55 所示。

这种采矿法与端部放矿阶段强制崩落法极其相似，主要区别只在于每次崩落矿层的高度和宽度。

该方案分段高度 24m，每个分段布置两条上下对应回采巷道，上部为凿岩回风巷道，下部为出矿回采巷道，两者高差 12m；进路间距 10m，呈双巷菱形布置。出矿巷道断面为 4.5m×3m，凿岩巷道规格可取 3m×3m。炮孔排距 1.4m，每次爆破三排，崩落步距 4.2m；出矿用铲斗 2 ~ 3m³ 的铲运机。

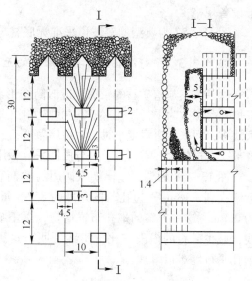

图 13 – 55　高端壁双回采巷道典型方案图
（尺寸单位：m）
1—出矿回采巷道；2—凿岩回风巷道

放矿步距约 5m 左右。新鲜风流从出矿巷道进入，流经爆堆，污风经凿岩回风巷道流至回风井。

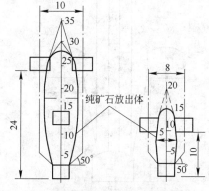

图 13 – 56　高端壁与低端壁的
纯矿石放出体对比图
（尺寸单位：m）

因高端壁结构形式和参数与纯矿石放出体相吻合情况比低分段好，故总贫化率也比低分段小。据试验：回收率 80% 时，高端壁方案贫化率仅为 2%，而低分段方案高达 15%（见图 13 – 56）。

从在寿王坟铜矿、浬渚铁矿等矿山的应用得知，本方案与一般的低分段回采方案相比，它的优点是开采强度大，矿石损失贫化率低，回收率高，可实现爆堆通风，改善作业环境。缺点是对爆破质量要求很高，爆破事故处理困难，生产灵活性差，"端壁"崩落的矿石层增高以后的铲取深度未能相应加大，因此对放矿要求严格，否则端部脊部损失会很大。

13.4.3.2　斜巷"采准"无底柱分段崩落法

我国采用无底柱分段崩落法新设计的矿山和国外采用此法的矿山，多采用联络斜坡道取代阶段之间的行人材料设备井。使用"采准联络斜坡道"便于无轨设备快速移动和出入不同分段；当出矿需要配矿时，便于装运设备调度。此外斜坡道还便于无轨设备检修、保养及人员上下。

国外无底柱分段崩落法的"采准联络斜坡道"多布置在下盘，斜坡道之间距离 250 ~ 500m，其具体尺寸视矿体走向长度及产量大小而定。坡度一般为 10% ~ 20%，断面取决于设备规格。

图 13 – 57 为典型的斜坡道采准无底柱分段崩落法示意图。

13.4.3.3　平行深孔大边孔角落矿的无底柱分段崩落法

这一方案崩落矿石的轮廓，近似筒仓形状。所以也称"筒仓"方案。它的特点是将扇形炮孔落矿改为平行深孔落矿，两侧边孔角取 80° ~ 85°。扇形炮孔落矿，矿石块度不均匀，大块多；回采巷道宽度小时，大块堵塞严重，影响放矿效率。边孔角小，爆破条件差，两侧脊部矿石损失大，需留到下一分段回采。采用"筒仓"式方案，可克服这些缺点。

图 13 – 58 为瑞典基律纳铁矿用的"筒仓"式方案。分段高度仍为 10 ~ 11m，炮孔深度增大到 ±18m，"边孔"的角度为 85°，每排炮孔数目为 6，中央 4 个为平行孔，孔间距为 0.9m。这一方案的炮孔布置均匀，爆下矿石块度均匀；可避免孔口炸药集中，保护眉线，减少矿石的损失贫化。实践证明，这种方案回收率达 95%。其缺点是炮孔深度大，炮孔平行度难以掌握。

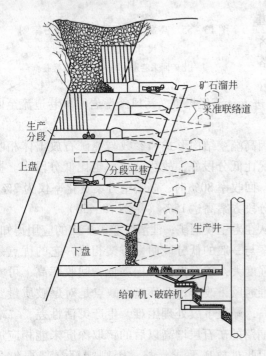

图 13 – 57　采准联络斜坡道无底柱
分段崩落法示意图

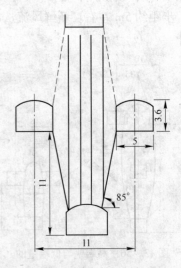

图 13 – 58　"筒仓"方案示意图
（尺寸单位：m）

13.4.3.4　预留矿石垫层的无底柱分段崩落法

无底柱分段崩落法突出的缺点是每次爆破矿石量少，在崩落围岩多面包围下放出的矿石贫化很严重，也限制了回收率提高。为解决这一问题，可在回采分段与崩落覆盖岩石之间加上一层缓冲的矿石垫层（或称矿石隔层）。这个隔层的矿岩接触面距回采巷道底板的高度大于放矿极限高度，所以它可以保持一个近似的水平面均匀下降。这样各个分段回采时，就能以纯矿石形式回收全部矿石，即贫化率实际上变为零，而矿石回收率也可达百分之百。

图 13 – 59 所示，为预留矿石垫层无底柱分段崩落法示意图。

当分段高度和回采巷道间距均为 10m 时，矿石垫层的高度应不小于 30m。为了形

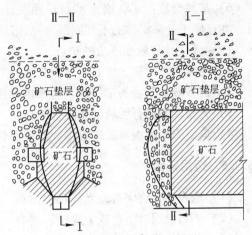

图 13 – 59　矿石垫层下放矿示意图

成矿石垫层，仍可采用无底柱分段崩落法工艺，只不过每次爆破后仅放出松散矿石量，其余矿石留下用于构成垫层。当矿体或阶段回采结束时，可将矿石垫层连同最后一个分段矿石一起放出。

矿石垫层的作用除了可以减少放矿损失贫化外，还能省去人工强制放顶工程。随着分段回采下降，矿石垫层上部形成一个足够围岩自然崩落的暴露面积，从而促使围岩自然崩落。矿石垫层的设置，既可以阻挡回采分段围岩崩落冲击载荷和冲击波的威胁；又可以利用垫层节省放顶工程的大量投资，从而加快矿山建设。

程潮铁矿就利用矿石垫层隔离了地表崩落区黄泥对井下安全的威胁。该矿预留矿石层厚度为 20m，即两个分段。回采时，仅放出约 20% 的松散矿量。为保证垫层厚度，还制定了放矿指示图表与采场管理措施。当矿体倾角近于垂直时，等矿体或阶段开采结束，矿石垫层中的矿石大部分可以在下部回收，所以矿石的总回收率不会降低很多。但当矿体倾角平缓时，靠近顶板处需要不断补充矿石垫层，这时靠底板处若无补加工程，则垫层矿石难以回收。

13.4.4　无底柱分段崩落法的应用评价

（1）无底柱分段崩落法的优点。

1）不留底柱，结构简单，省去了底部结构的掘进与维护工作，避免了回采底柱损失贫化；

2）回采工艺简单，便于使用高效率大型凿岩、无轨自行设备，便于实现回采工艺机械化；

3）采切工作主要是掘进大断面水平道，易于实现机械化和多工作面作业，提高了掘进效率；

4）在回采巷道内作业，工作安全；端部放矿，卡漏斗事故减少，并简化了二次破碎

工作；

5）同一分段内同时进行回采作业面多，灵活性大，回采强度高，工作互不干扰，便于管理；

6）矿块分段回采，崩落矿石步距又小，易于实现不同品位矿石分采分运及剔除夹石，并且便于开采矿体的不规则部分；地压管理较简单。

（2）无底柱分段崩落法的缺点。

1）在覆岩下放矿，矿石贫化损失大；

2）回采巷道为独头工作面，若用内燃设备工作，所需风量又大，故通风条件较差；

3）大型燃油自行无轨设备维护工作量大；据统计无轨设备用油占总用油量30%；

4）典型方案每次爆破矿量小，放矿条件差，不便于集中强化开采。

13.4.5　适用条件

（1）地表要允许陷落或允许垮山滚石，矿体为急倾斜、厚矿体；

（2）矿石稳固、下盘或上盘围岩要有一定的稳固性，允许开掘大断面巷道和溜矿井；

（3）矿石价值及品位不高，可选性好或围岩含矿允许有较大贫化；

（4）矿石需分级回采或剔除夹石；

（5）崩落的矿石流动性好，易于放矿。

13.4.6　主要技术经济指标

我国部分使用无底柱分段崩落法矿山的主要技术经济指标，列于表13－7。

表13－7　无底柱分段崩落法主要技术经济指标参考表

指标 项目	典 型 方 案				高端壁方案	
	大庙铁矿	镜铁山铁矿	梅山铁矿	向山硫铁矿	河北铜矿	浬渚铁矿
矿块生产能力/t · d^{-1}					500 ~ 750	200
采切比/m · kt^{-1}	3.27	6.46	5.916	8.54	4 ~ 10	6.3
矿石回采率/%	83.69	86.98	82.13	66.65	85	83 ~ 85
矿石贫化率/%	25.09	13.85	16.38	10.56	20	15 ~ 17
中深孔凿岩效率/m · 台班$^{-1}$	48.0	18.9	42.3	26.3		
装运机效率/t · 台班$^{-1}$	118.1	62.9	140	77.2		
铲运机效率/t · 台班$^{-1}$			216			
采矿工效/t · 工班$^{-1}$	26.8	18.4	10.3	18.5	30	12
采矿炸药消耗/kg · t^{-1}	0.33 ~ 0.42	0.52	0.45	0.14	0.5 ~ 0.5	0.5

13.5　阶段崩落采矿法

阶段崩落采矿法，分为阶段强制崩落法和阶段自然崩落法两类。

13.5.1　阶段强制崩落法

阶段强制崩落法是崩落法的一种，属于生产能力大、效率高、开采费用很低的一种采矿方法。它与有底柱分段崩落法有很多共同之处，都设有底部结构，但主要区别在于这种方法不在阶段或矿块全高上划分落矿与出矿分段，而是在阶段全高上进行落矿，即划分几个凿岩分段，但出矿都是以阶段全高在崩落的覆盖岩石下进行，因此只在阶段下部设立底部结构。

由于整个矿块的矿石一次崩落，所以必须有足够补偿空间，才能保证落矿质量。近年来国外成功采用了无补偿空间的挤压爆破落矿的阶段强制崩落法，这是这种采矿方法的重要发展。

阶段强制崩落法多用于开采矿石中稳及中稳以上极厚矿体，围岩稳固性可不限。矿体倾角也可从缓到急，但当倾角为 20°~60° 时，因覆岩下放矿条件限制，靠近下盘矿体需用分段开采。

根据补偿空间的位置和情况不同，阶段强制崩落法可以分为三种方案：向水平补偿空间落矿的阶段强制崩落方案、向垂直补偿空间落矿的阶段强制崩落方案以及无补偿空间（挤压爆破）阶段强制崩落方案。除了根据补偿空间划分外，近期又发展出阶段强制崩落法的组合方案——分段留矿崩落法。

13.5.1.1   向水平补偿空间落矿的阶段强制崩落方案

A   特点与结构参数

这一方案与水平深孔落矿分段崩落法相近，但崩落高度扩大到一矿块。矿块宽 20~50m，长 30~50m，阶段高 50~80m。地压大时矿块尺寸取小值。补偿空间开在矿块下部，高 8~15m。其他各部位尺寸，如图 13-60 所示。

B   采切工作

阶段运输水平多用脉内外平巷与横巷的环行运输系统，其中在运输横巷内装矿。运输横巷间距 30m；电耙道沿着走向布置，间距 10~12m；"斗穿"对称布置，间距 5~6m。在矿体下盘掘进脉外矿块天井，与电耙道联络道连通。在矿块转角处开 1~2 个深孔凿岩天井及若干个凿岩硐室。凿岩天井与硐室的合理位置，应使炮孔深度差异不大、均匀分布并有利于硐室稳固。

C   回采工作

回采前应进行补充切割，将拉底层扩大成补偿空间。补偿空间体积保持为崩落矿石体积的 20%~25%。当矿石稳固性较差时，为防止大面积拉底后矿块提前崩落，先在矿块下开 2~3 个小补偿空间，并在其之间留下临时矿柱支撑拉底。临时矿柱数目、尺寸和位置根据矿体稳固性确定。

该法常用拉底方法有两种：一种方法是在扩喇叭口的"斗颈"小井中打上向中深孔来实现拉底，如图 13-60 所示。若拉底高度不够，在临时矿柱内的凿岩小井中再打 1~2 排

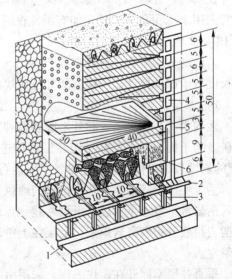

图 13-60   向水平补偿空间落矿的阶段
强制崩落法（尺寸单位：m）

1—运输横巷；2—电耙道联络道；3—电耙道溜井；
4—凿岩天井；5—脉外矿块天井；6—拉底水平

水平深孔并爆破；另一种方法是在拉底水平开专门拉底巷道，并在其中打扇形深孔，用垂直层向拉底切割槽爆破，如图 13 - 61 所示。

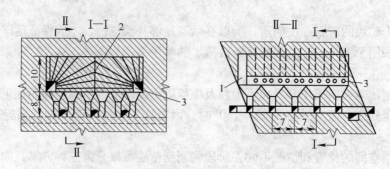

图 13 - 61　垂直层扇形深孔拉底（尺寸单位：m）

1—拉底空间切割槽；2—扇形深孔；3—拉底凿岩巷道

矿块凿岩与拉底平行作业。矿块凿岩时间取决于矿块规格大小、同时工作钻机数和钻机效率，一般为 3 ~ 5 个月。矿块落矿的深孔与临时矿柱中的深孔同时装药爆破，先起爆临时矿柱中炮孔，每层内的深孔可同时起爆也可微差起爆；层与层之间用分段电雷管间隔 1 ~ 2s 依次起爆。

放矿按放矿图表进行。

13.5.1.2　向垂直补偿空间落矿的阶段强制崩落方案

A　特点与结构参数

这种采矿方案适用于矿石稳固的厚大矿体。它与阶段矿房空场法很近似，只是其矿房尺寸比周边矿柱的尺寸小很多，矿房的作用是充当周边矿柱爆破时的补偿空间。当矿体不适宜采用水平深孔落矿时（如有很发育的水平层理、裂隙等），应该采用垂直层落矿，如图 13 - 62 所示。

阶段划分为矿块。阶段高度 70 ~ 80m，矿块宽度 25 ~ 27m，矿块作垂直走向布置时，其长度等于矿体厚度。补偿空间开在矿块的一侧，一般高 35 ~ 40m，宽可达 10 ~ 12m。

B　采切工作

运输水平采用上下盘脉外沿脉巷道和穿脉装车的环行运输系统，底部安装振动放矿机出矿。为了提高矿块下部采切巷道的掘进效率，在运输水平与拉底水平之间，掘进倾角 12°的斜坡道，以供无轨掘进设备上下运行。振动出矿机安装在穿脉两侧"斗穿"内。

为了便于处理漏斗卡塞及出矿的通风，在两条运输穿脉巷道之间开掘检查回风道。

凿岩水平设上下两层：下层在拉底水平上，包括穿脉巷道（连通斜坡道）及其两侧的凿岩拉底巷道和凿岩硐室；上层在上阶段运输水平，由穿脉运输道向两侧开掘凿岩巷道及硐室。

垂直补偿空间开在矿块一侧，采用由上部凿岩水平往下打垂直下向深孔方法扩切，补偿空间宽 4 ~ 6m，长为矿体厚度。

C　回采工作

垂直补偿空间开在矿块背离崩落区的一侧，以它作为自由面进行落矿。为了缩短落矿

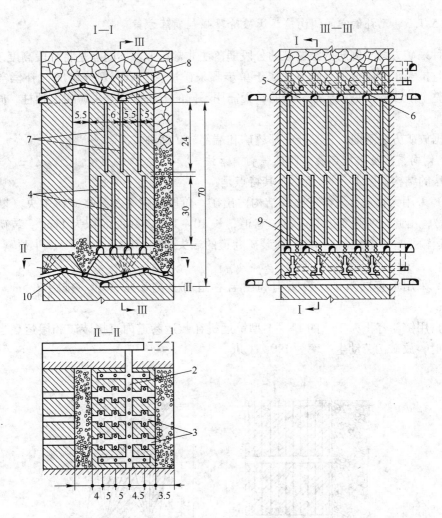

图 13 - 62　向垂直补偿空间落矿的阶段强制崩落法（尺寸单位：m）
1—无轨设备斜坡道；2—穿脉凿岩巷道；3—凿岩和拉底巷道；4—上向平行深孔；5—上部穿脉凿岩巷道；
6—凿岩硐室；7—下向深孔；8—顶部上向深孔；9—水平拉底深孔；10—检查回风巷道

炮孔的深度，减少孔底偏斜值，落矿深孔采取上下对打，在上部凿岩巷道往下打三排，在下部凿岩巷道往上打四排，孔的布置要求尽可能均匀。炮孔直径为 105mm。深孔采用微差起爆，微差时间间隔为 15 ~ 20ms。爆破前，矿块下部凿岩巷道之间存留的临时矿柱用水平深孔爆破。

　　矿块凿岩需要几个月时间，为防止或减少炮孔的变形和破坏，要求凿岩做到：

　　在相邻矿块落矿后的两个月内进行凿岩；先打靠近补偿空间一侧的深孔；靠近崩落区一侧的深孔在装药之前最后穿凿；在平面上矿块凿岩推进方向应与补偿空间内爆破方向相反。

　　该方案"采切"工作量小，千吨"采切"只有 ±3m，井下工人班劳动生产率高达 20t 以上，矿块月生产能力达 20 万吨。单位炸药消耗量：落矿 0.36 ~ 0.45kg/t；二次破碎 0.07 ~ 0.085kg/t。

13.5.1.3　无补偿空间侧向挤压爆破阶段强制崩落方案

这种采矿方案与侧向挤压爆破的分段崩落法非常相似，不同点是将分段高度改为阶段高度，且扩大了放矿范围。此方法属于单步骤采矿法，它不再划分矿房（补偿空间）与矿柱，整个阶段的回采工艺是一样的，无需用不同的方法分别开采矿房、顶柱、间柱及底柱等。

根据放矿方法不同，它又分底部放矿和端部放矿两种方案。

A　侧向挤压爆破底部放矿阶段强制崩落法

该法的结构如图 13 - 63 所示，其特点是：

（1）采用无轨自行设备在底部结构内出矿。阶段运输平巷开在矿体中央（断面面积为 16m²），由此向两侧交错掘进装矿巷道，长 10 ~ 12m，断面面积为 11m²。装矿巷道中心线与运输平巷中心线斜交 45°。在装矿巷道的端头两侧掘进"斗穿"、"斗颈"，断面面积为 6m²，与堑沟巷道的底部连通。

（2）采用垂直层落矿。从堑沟和凿岩巷道打上向扇形深孔。排距 2.5m，孔底距 2.5 ~ 3m。

（3）用铲斗容积为 2m³ 的 LK - 1 型铲运机在装运巷道内直接装矿和搬运。当大块率为 10% 时，放矿工劳动生产率为 190t∕工班。

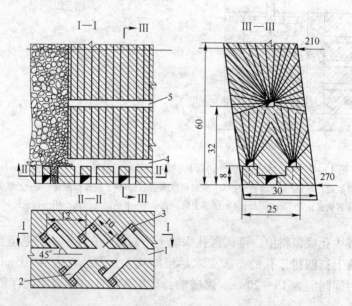

图 13 - 63　侧向挤压爆破底部放矿阶段强制崩落法（尺寸单位：m）
1—脉内运输平巷；2—装矿巷道；3—"斗颈"；4—堑沟道；5—凿岩道

B　侧向挤压爆破端部放矿阶段强制崩落法

此方案的工艺与有底柱端部放矿分段崩落法工艺基本相同。采用前倾式倾斜层落矿，振动放矿机与振动运输机搬运。为缩短炮孔深度，在凿岩巷道中打向上和向下的扇形深孔。为保护振动放矿机及矿块下部临时矿柱的稳固性起见，临时矿柱用浅孔崩落。如图 13 - 64 所示。

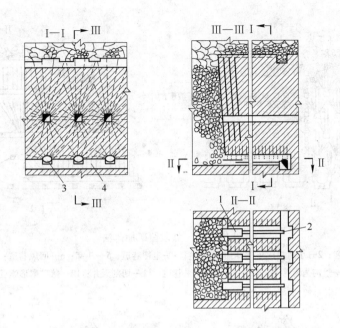

图 13 – 64　侧向挤压爆破端部放矿阶段强制崩落法
1—振动放矿机；2—振动运输机；3—回采出矿巷道；4—运输巷道

13. 5. 1. 4　分段留矿崩落法

分段留矿崩落法是阶段强制崩落法的变形方案，也是阶段强制崩落法与分段崩落法的组合方案。它的特点是：矿体划分矿块回采，矿块以分段进行凿岩爆破、阶段留矿和全阶段放矿。

矿块上部的切割巷道和落矿工艺与无底柱分段崩落法典型方案相似，但崩下的矿石全部或大部分留在原处；而下部放矿工艺则与阶段强制崩落法相似，一般保持在上面和侧面两个矿岩接触面覆盖下放矿；采矿准备系统则两者兼而有之。由此也可理解这种方法是从留矿石垫层的无底柱分段崩落法发展而来，它结合了无底柱分段崩落法和阶段强制崩落法的特点。

该法的方案如图 13 – 65 所示。阶段高度一般为 50 ~ 70m，矿块长 50 ~ 80m，分段高 10 ~ 14m，底部采用堑沟受矿电耙道底部结构，电耙道间距为 12.5 ~ 16m。

回采采用下向后退式，即各个分段间从上向下，同一分段内从端部后退，同一边路内炮孔可分次或一次爆破，对进路内有局部易冒落地段，可以顺利通过。

放矿需待各分段落矿结束后，再严格按放矿图表执行。可采用平面或斜面放矿（见图 13 – 66）。

在一般情况下，若上盘围岩容易自然崩落，为减少来自上盘的贫化，应该采用斜面放矿。对相邻矿块所采的矿石应放到一半高度后再开始放。

这种方法的最大优点是矿石贫化率低，与无底柱分段崩落法相比，单位崩落矿石与崩落围岩的接触面大为减少，矿块贫化率可由 25% 下降为 15%；并且回采巷道服务时间短、维护容易；出矿集中，放矿强度大。缺点是"采切"工程量比阶段强制崩落和无底柱分

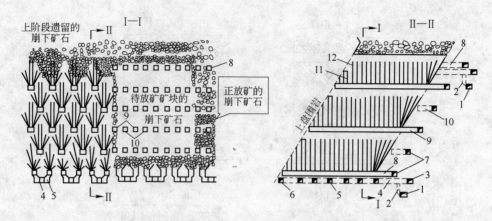

图 13 - 65　分段留矿崩落法

1—阶段运输平巷；2—小溜井；3—电耙道联络道；4—电耙巷道；5—斗穿；6—回风巷道；7—分段巷道；
8—堑沟凿岩巷道；9，10—分段回采巷道；11—切割天井；12—落矿扇形炮孔

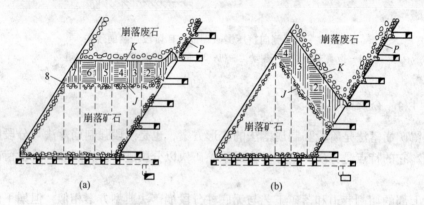

图 13 - 66　平面与斜面放矿示意图

（a）矿岩接触面水平下降；（b）矿岩接触面倾斜下降

1～8—某时期内应分别从对应下部放矿口放出的矿石量；

K，J—某时期开始、结束时矿岩接触面位置；P—贫化开始时遗留在下盘的矿石

段崩落大；并积压资金。

这种方法首先在瑞典基鲁纳铁矿试用，随后在我国凤凰山铁矿也被采用。

13.5.1.5　阶段强制崩落法的应用评价

（1）阶段强制崩落法的优点。

1）作业较安全（特别是垂直层落矿），全部操作在巷道中进行，劳动条件好；

2）劳动效率高，材料消耗少，矿石成本很低；

3）回采强度大，可以实现单步骤连续回采；

4）比有底柱分段崩落法"采切"工作量小。

（2）阶段强制崩落法的缺点。

1）矿石损失与贫化率高，一般达 25% ～ 30%；要求放矿严格；

2）大块矿石多，二次破碎工作量大；

3）"采切"工作时间长，地压大时巷道维护费用高；

4）用强制崩落形成覆盖岩层，工程量大，投资多；采用电耙出矿时，覆盖层厚度控制困难。

（3）阶段强制崩落法的适用条件

1）矿体厚大，急倾斜矿体厚度需在 15～20m 以上；倾斜和缓倾斜矿体，要在 20～25m 以上；采用大型振动放矿机使每个放矿口能负担 2 万吨以上的矿量；

2）低价矿石与低级品位，围岩最好含矿；

3）矿岩要有一定的稳固性，以利于维持拉底空间及底部结构；

4）矿石无结块性、自燃性，崩落后具有较好的流动性；

5）地表允许陷落，覆盖岩层易于成大块自然崩落。

13.5.1.6 阶段强制崩落法的主要技术经济指标

我国部分使用阶段强制崩落法矿山的主要技术经济（参考）指标，列于表 13－8。

表 13－8 阶段强制崩落法主要技术经济指标

指 标 项 目	扇形深孔联合落矿	水平中深孔落矿	垂直层与水平层联合落矿	水平扇形深孔落矿	分段留矿崩落法
	狮子山铜矿	桃林铅锌矿	小寺沟铜矿	会理镍矿	凤凰山铁矿
矿块生产能力/t·d^{-1}	250～450	400～600	1500	150～250	24～36（万吨/年）
凿岩工/t·工班$^{-1}$	5～48	40	60	30	
出矿工/t·工班$^{-1}$	75	47	125	33	
工作面工人/t·工班$^{-1}$	32～41	16	28～45	17	
采切比/m·kt^{-1}	12	13.5	6	18.4	9.0
矿石贫化率/%	20～25	30	25	21	14
矿石损失率/%	12～15	20	15～20	18	
炸药消耗/kg·t^{-1}	0.6～0.65	0.6	0.43	0.66	
其中：一次	4～0.45	0.4	0.42	0.31	
二次	0.2	0.2	0.01	0.35	

13.5.2 阶段自然崩落法

阶段自然崩落法又称矿块崩落法，是借助于自然应力进行岩体崩落的，矿块主体部分落矿不利用凿岩爆破。这种方法在国外应用较广，过去主要用来开采松软破碎不稳固的矿体，随着岩体力学的发展和无轨自行设备的应用，现已逐渐用于开采较坚硬稳固的矿体。

该法的结构特征及矿块自然崩落发展原理如图 13－67 和图 13－68 所示。

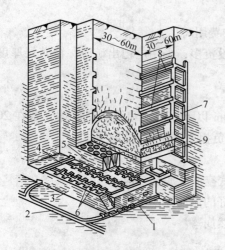
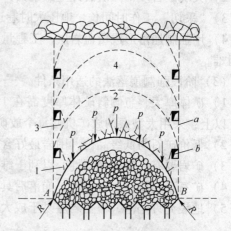

图 13 – 67　阶段自然崩落法示意图　　　　　图 13 – 68　矿块自然崩落发展示意图

1—穿脉运输巷；2—沿脉运输道；3—下底柱；　　　　　　a—控制崩落边界；b—割帮巷道；

4—电耙道联络道；5—上底桩；6—斗穿；　　　　　　　1，3—拱脚带；2，4—自然

7—检查天井；8—割帮巷道；9—拉底层　　　　　　　　平衡拱（内为降低区）

13.5.2.1　特点与实质

一般将阶段划分为矿块，在矿块底部做好底部结构后进行大面积的拉底，由于矿块岩体的不完整性（含节理、裂隙、弱面或软弱矿物夹层等）和拉底空间上部矿石处于应力降低区，使得岩块之间挟制力减弱或产生拉应力，从而在矿石自重和地压作用下发生自然崩落。

崩落过程的持续和控制，主要靠拉底、放矿和削弱破坏自然崩落过程中形成的自然平衡拱的拱脚带（支撑带）。为了削弱和破坏拱脚带，可在矿块四周或两侧掘进出割帮巷道，切割槽或打深孔进行爆破。割帮巷道兼起控制崩落边界的作用。

崩落过程中，仅放出已崩落碎胀矿石部分（约 1/3），并保持矿体下面自由空间高度在 5m 内（最好 2~3m），以防矿石大规模冒落和形成空气冲击。待整个阶段高度上崩落完再大量放矿。

为了增加同时回采的采场数目，还可改矿块回采为连续回采。此时将阶段划分为尺寸较大的分区，在分区的一端开切割巷道并拉底，随矿石自然崩落向另一端连续推进。

13.5.2.2　矿岩可崩性确定

应用自然崩落法，需对矿岩可崩性、崩落机理、矿块结构参数以及底部结构稳定性等进行确定，其中矿岩可崩性是进行可行性研究的主要内容。所谓矿岩可崩性，是指矿岩自然崩落的性质。它与矿区地质条件、岩石性质、岩体质量指标（RQD）节理构造、岩石强度及应力场等因素有关。矿岩可崩性直接支配着拉底、爆破和放矿时间，影响着矿石的回收率和贫化率。

设计中采用"岩石质量分级比较系数"来表达矿岩的可崩性。如果该系数累计总值为 100，则按累计数值大小评定的岩石质量分级如表 13 – 9 所示。

表 13 – 9　岩石质量分级表

比较系数累计数值	>70	50 ~ 70	40 ~ 50	25 ~ 40	15 ~ 25	<15
岩石质量分级	非常坚固	比较坚固	中等坚固	不稳固	非常不稳固	碎石

岩石质量分级比较系数，由以下六项指标确定（见图 13 – 69）：

（1）岩体质量指标（RQD），是反映岩体构造发育情况，从钻孔岩芯中取得的数值，代表不小于 10cm 长的岩芯段累加总长与钻孔长度的比值；

（2）岩石单轴抗压强度；

（3）平均和最大节理间距；

（4）节理构造；

（5）构造方位（节理方向）；

（6）地下水条件。

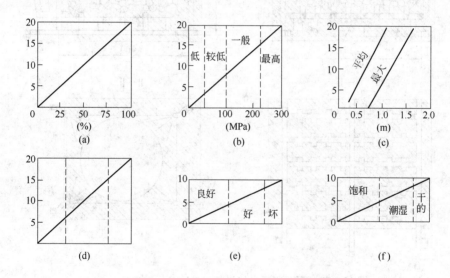

图 13 – 69　岩石质量分级比较系数

（a）RQD 指标；（b）岩石单轴抗压强度；（c）节理间距；（d）节理构造；（e）构造方位；（f）地下水

确定岩石质量分级需进行大量研究试验，并用数理统计方法进行数据处理和现场验证。

近年来，据人工地震波在岩体中传播时的振幅衰减的情况来判定矿岩可崩性已取得较大的发展。

13.5.2.3　采准切割工作

采切工程由阶段运输巷道、底部结构、拉底与割帮巷道等工程组成。阶段运输水平一般采用脉外环行运输系统。底部结构多用电耙道或格筛巷道，近年来也开始采用小规格无轨自行设备底部结构。在自然崩落法中，底部结构所承受的地压是很大的，电耙巷道要用厚为 30 ~ 45cm 的高标号混凝土浇灌，且底板用钢轨加固。地压过大时，可将回风巷道开在低于耙矿水平 4 ~ 5m 处，并用风眼（小井）与电耙巷道连通。

　　拉底巷道通常是掘进一系列相互垂直的"斗颈"联络道。"斗颈"联络道与"斗颈"联络道之间留有临时矿柱支撑拉底空间。

　　为了减少割帮巷道工程，可在矿块四周掘天井；在天井中开凿岩硐室，用深孔爆破的方法"割帮"，如图 13－70 所示。设置凿岩天井可以兼作检查天井，必要时还可将采矿方法改变为阶段强制崩落法。

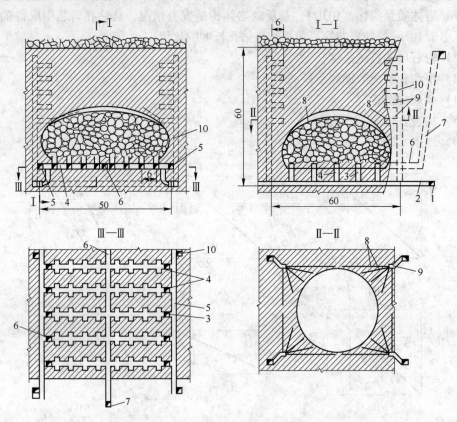

图 13－70　深孔割帮自然崩落采矿法（尺寸单位：m）
1—脉外运输平卷；2—横巷；3—电耙溜井；4—电耙巷道；5—电耙道联络道；
6—回风巷道；7—回风天井；8—割帮深孔；9—凿岩硐室；10—凿岩天井

13.5.2.4　回采工作

　　回采工作分为三个阶段：矿块拉底、局部放矿控制矿块自然崩落、围岩覆盖下大量放矿。

　　矿块拉底是指爆破拉底巷道间的临时矿柱，可由矿块一侧拉向另一侧，也可由矿块中央拉向两侧，采用中深孔爆破，如图 13－71 所示。拉底空间逐渐扩大后，形成拉底空间附近的拉底巷道和炮孔，甚至下部电耙道，均会受到压力支撑带的高地压。因此拉底速度不能过慢，必须超过拉底巷道和临时矿柱的破坏速度，否则会导致拉底不充分，给以后自然崩落造成严重困难。

　　拉底过程中，要放出部分崩落矿石；全部拉开后，开始自然崩落。如果割帮工程布置适宜，拱脚带适时破坏，自然崩落是逐渐发展的。随着自然崩落，需要不断放出崩落矿石。

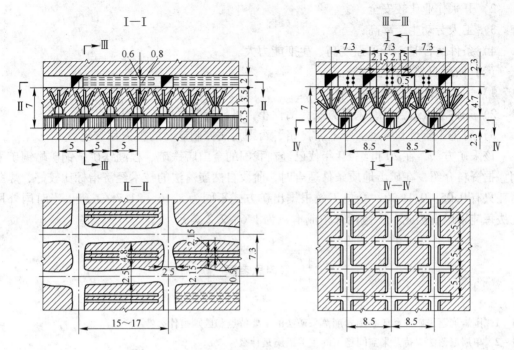

图 13 - 71　阶段自然崩落法的中深孔拉底（尺寸单位：m）

　　放矿速度是影响这种采矿方法技术经济指标的重要因素。放矿速度度过小，不仅产量小，而且给底部结构的维护带来很大困难，造成支护费用大幅度升高；放矿速度过快，强度过大，造成自由空间高度过大，有可能带来矿石整体冒落，并发生有危害的空气冲击波；矿块侧面已经崩落的废石也会流入自由空间，隔断上部矿石，造成很大的矿石损失和贫化。根据国外经验，矿岩条件不同，放矿速度也不同，一般放矿速度应控制在每天 152 ~ 1200mm 之间。

　　通过局部放矿控制，能使矿块自然崩落并一直发展到通风平巷水平，接触到上部崩落岩石，而后转入大量放矿。无论是局部放矿或是覆岩下大量放矿都需要加强放矿管理，加强计量工作；严格按各漏斗的放矿卡片进行放矿。

13.5.2.5　阶段自然崩落法的适用条件

　　（1）矿石在拉底后能够自然崩落成为适当块度，过大块在放矿过程中能压碎；

　　（2）上覆围岩随矿石自然崩落也能相应崩落，碎块应比矿石大；

　　（3）矿体厚大，一般不小于 30m；急倾斜、水平及缓倾斜矿体的厚度也不宜小于 25 ~ 30m，否则，会加大损失贫化和"采切"费用，且导致自然崩落过程缓慢；

　　（4）矿体轮廓较规整，矿石品位低，无需分采分运；

　　（5）矿石不含自燃成分，无结块性和氧化性。

13.5.2.6　阶段自然崩落法的应用评价

　　（1）阶段自然崩落法的主要优点。

　　1）采矿成本低，炸药、木材消耗少；

2）开采作业比较安全;

3）工人劳动生产率高;

4）条件适合时，开采强度高、生产能力大。

(2) 阶段自然崩落法的缺点。

1）适用条件比较苛刻;

2）条件不太适合时，采矿方法灵活性小，可能造成很大矿石损失;

3）对施工质量和管理要求非常严格，否则无法控制矿石的损失和贫化。

该采矿方法，在20世纪80年代已经在我国的金山店铁矿、程潮铁矿、铜矿峪铜矿采用。据资料介绍，在矿山地质条件适合时，阶段自然崩落法的技术经济指标比较好，炸药消耗只有 $0.05 \sim 0.1 \, kg/t$; 全员工效根据出矿方式不同为 $8.16 \sim 31.7 \, t/$工班。当时国外用此法每吨采矿直接成本（包括开拓成本）为 $1.6 \sim 2.2$ 美元。

复习思考题

13 - 1　围岩崩落采矿法和矿石围岩崩落采矿法的主要特点和区别是什么？

13 - 2　单层崩落法保持开采空间稳定的主要措施是什么？

13 - 3　分层崩落法的人工假顶如何构成，它的作用是什么？

13 - 4　为什么分层崩落法在许多情况下有可能被其他方法代替？

13 - 5　根据覆岩下放矿的规律，崩落法设计中要注意哪些基本原则？

13 - 6　为何要通过放矿计算预测损失贫化，放矿计算的方法有哪些？

13 - 7　有底柱分段崩落法有哪些方案，它与无底柱分段崩落法有何异同之处？

13 - 8　无底柱分段崩落法的适用条件是什么，为什么大批铁矿山都采用它？

13 - 9　为降低无底柱分段崩落法的矿石损失贫化，在技术上要把握哪些问题？

13 - 10　根据无底柱分段崩落法主要方案观测，这种方法存在的主要问题在哪里？

13 - 11　单分段崩落法主要优缺点是什么，评价这种采矿方法的指标有哪些？

13 - 12　为什么端部放矿的分段崩落法比无底柱分段崩落法的效果好？

13 - 13　崩落法的底部放矿、端部放矿和侧面放矿各自的优缺点是什么？

13 - 14　为什么国内外地下矿山中，在某些条件下要实现强化开采组织生产？

13 - 15　单步骤连续采矿法为什么也具有很强的生命力？

13 - 16　阶段强制崩落法与有底柱分段崩落法有何异同之处？

13 - 17　阶段强制崩落法与阶段自然崩落法区别在哪里？

13 - 18　分段留矿崩落法的实质是什么，它有哪些主要优缺点？

13 - 19　阶段自然崩落法的实质是什么，影响它使用的主要因素是什么？

13 - 20　阶段强制崩落法在什么条件下允许采用垂直层落矿，限制它的使用条件是什么？

14 采矿设计与采空区处理

采矿方法的选择是指根据矿床地质和开采技术条件，选择适合某一具体矿床开采的最优方法。地下采矿方法单体设计，是根据已定的采矿方法，对某个具体矿块进行的方案设计和施工设计。

地下采矿方法的选择和设计，不仅用于矿块的矿房回采；同时，也与矿柱回采方法和采空区的处理与利用有关；所以，这里将它们作为同一单元的四部分内容。即本章教学分为：地下采矿方法选择，采矿方法单体设计，矿柱回采方法（设计）与采空区的处理和利用。

正确选择与设计采矿方法，对采矿生产有着极其重要的作用。因为它决定着矿山生产布置、矿块的生产工艺、所用的材料与设备、劳动生产率、资源回收、采出矿石质量、采矿成本、生产安全以及后续的选矿与冶炼加工费用等。而且采矿方法选定后，建设周期长，影响面很宽；事后若要改变，就会造成很大的费用增加，甚至延误或中断矿山生产。

采矿方法的选择，是一项复杂而又要慎重对待的工作。一方面要全盘考虑影响采矿方法选择的诸多因素，这其中也包括一些技术政策问题；另一方面，又要对一些主要工艺参数进行必要的实验室试验和现场试验，或者借鉴类似矿山的实际资料。所以在具体实践中，要拥有相当熟练和可靠的经验；否则，选出的方法往往带有一定的局限性或不合理，甚至根本不能用。

这是由于：（1）为选择提供的地质资料不符合要求；（2）对工艺、设备引进和借鉴缺乏系统试验，反映不切实际或缺乏技术进步带来的更新需要；（3）对采矿方法选择的全过程重视不够，未按研究的地质资料选择采矿方法，未按照周密的规划和程序来指导基建施工，未做采矿方法试验、试生产、投产等。因此，选出最佳采矿方法的根本前提是要充分研究影响采矿方法选择和使用过程中的诸多因素。

14.1 地下采矿方法的选择

14.1.1 选择地下采矿方法的基本要求

正确、合理选择的地下采矿方法，必须满足下列要求：

（1）安全生产的要求。即所选的采矿方法不仅能保证工人日常采矿过程中安全，事故发生时，能及时撤离作业区；而且能保证各种地下设备、基本井巷、硐室或构筑物等不受采场地压活动灾害的破坏。

采矿安全事故的发生，历来不完全取决于客观的矿床地质条件，而恰恰在于主观上能否正确选择采矿方法及其关键的结构参数，即能否变不利条件为有利条件。

（2）合理的采矿强度。合理的采矿强度，是以满足国家对矿石产量需要为前提的。

采矿强度大，及时获得的矿石量多，对矿山安全和地压管理有利；但是矿山服务年限缩短，设备折旧费用提高，对总的经济效益又会产生不利影响。权衡利弊认为合理采矿强度必须与矿山生产规模相适应，并取得较高的效率。

从另一个方面讲，不同采矿方法的矿块生产能力是不同的，阶段内可能布置的矿块数目也不一样。当生产规模确定后，同时开采的阶段数目就会有变化。为便于生产管理，设计中通常以一个阶段回采即可满足产量要求作为选择采矿方法的依据，并依次核定生产规模的大小。

（3）经济效益高。采矿的经济效益可以体现在采矿成本、生产效率、能源消耗、材料消耗、矿石损失与贫化等方面，提高经济效益是使企业获得赢利的前提。要降低采矿成本，措施在于开展机械化作业，提高机械化作业水平。只有依靠全面机械化，才能进一步提高劳动生产率。同时要改进工艺，加强管理，采取有效措施降低能源和材料消耗。而这一切必须有相适应的采矿方法来保障。

矿产资源是有限的，所选的采矿方法必须能充分利用矿石中的有用成分，尽可能提高出矿品位和伴生的贵重和稀有金属矿石的回收率，同时降低贫化。对于特殊要求的矿种，还应考虑分采、分选的可能性。提高矿石的回收率和降低贫化率，也应满足选冶加工对矿石质量的要求。

表 14 - 1 是多种采矿方法的损失与贫化推荐指标，选择和设计采矿方法时应首先参考。

表 14 - 1　采矿方法的损失与贫化推荐指标

	采 矿 方 法	开 采 条 件	损失率 /%	贫化率 /%	备 注
空场采矿法	1. 全面法	倾斜、缓倾斜中厚及薄矿体	6 ~ 10	10 ~ 15	"浅孔"落矿
	2. 普通房柱法	缓倾斜连续中厚矿体 缓倾斜不连续中厚矿体	15 ~ 20 5 ~ 10	8 ~ 10 8 ~ 10	矿柱不采，"浅孔"落矿 围岩较稳定
	3. 留矿法	急倾斜薄到中厚矿体 急倾斜极薄矿脉 急倾斜极薄矿脉	8 ~ 15 5 ~ 8 6 ~ 10	8 ~ 10 60 ~ 70 50 ~ 55	普通"浅孔"留矿 混采，留矿柱 混采，不留矿柱
	4. 中深孔房柱法	缓倾斜中厚矿体	10 ~ 15 8 ~ 15	8 ~ 10 5 ~ 8	普通中深孔落矿 先拉顶预先控制
	5. 分段空场法	急倾斜厚矿体 倾斜中厚矿体	10 ~ 15 6 ~ 8	8 ~ 10 6 ~ 15	中深孔爆力搬运
	6. 阶段矿房法	急倾斜厚大矿体	10 ~ 15	15 ~ 20	深孔落矿
充填采矿法	1. 上向分层充填 　干式充填 　胶结与尾砂充填 　削壁胶结充填	急倾斜、倾斜中厚矿体 急倾、倾斜中厚和厚大矿体 倾斜、急倾斜薄和极薄矿体	5 ~ 9 5 ~ 7 6 ~ 10	7 ~ 10 6 ~ 10 8 ~ 10	有混凝土隔墙垫层 矿房胶结，矿柱尾砂 极薄矿体实际贫化较大
	2. 点柱充填法	急倾斜厚大矿体 缓倾斜中厚矿体(尾砂充填)	15 ~ 20	5 ~ 7 7 ~ 10	有胶结面时 无胶结面时
	3. 下向分层充填	急倾斜至缓倾斜中厚、厚矿体（胶结）	4 ~ 6	5 ~ 7	进路式回采

采矿方法		开采条件	损失率/%	贫化率/%	备注
充填采矿法	4. 壁式充填法	缓倾斜中厚矿体 薄及极薄矿体	5~8 4~6	7~9 8~10	(水砂)进路壁式回采 削壁胶结(贫化较大)
	5. VCR 嗣后充填法	急倾斜、倾斜厚矿体	5~7	8~10	胶结充填矿房及矿柱
崩落采矿法	1. 壁式崩落法	缓倾斜中厚以下矿体	10~17	5~7	"浅孔"落矿
	2. 分层崩落法	缓倾斜中厚矿体 倾斜、急倾斜中厚矿体	5~12 5~8	6~12 5~6	金属网假顶 柔性假顶
	3. 有底柱分段崩落法	急倾斜厚大矿体 缓倾斜厚大矿体 缓倾斜中厚矿体	10~20 10~20 15~20	15~18 15~20 15~25	中深孔落矿 中深孔落矿 单分段中深孔落矿
	4. 无底柱分段崩落法	急倾斜厚大矿体 缓倾斜厚大、倾斜中厚矿体	15~18 15~20	15~20 15~25	中深孔 中深孔
	5. 阶段强制崩落法	倾斜厚大矿体	15~20	15~25	深孔落矿
	6. 阶段自然崩落法	厚大矿体	10~15	10~20	国外矿山资料

（4）工艺成熟可靠。所选方法应有成熟范例、行之有效。新方案或引用外来方法必须通过系统试验，取得数据，以摸索出适合本矿的具体经验。主要技术经济指标留有余地，工艺技术发展进步，适应调节。

（5）符合国家法规。目前我国已对矿床开采陆续颁布了一些保护法，如环境保护法、资源保护法等；生产主管部门也有一些规定，如采场技术管理规定等；这些法规都应该在选择的采矿方法中得到执行。

上面各项要求，有的是互为因果关系。选择时，要能够做到综合考虑。

14.1.2　影响采矿方法选择的因素

影响采矿方法选择的因素很多，归纳起来有主要两大方面，如下所述。

14.1.2.1　矿床地质条件

地质条件对方法选择起控制作用。地质资料必须按要求提供和足够可靠。它的内容一般包括：

（1）矿石和围岩的物理力学性质资料。其中最关键因素是，矿石和围岩的稳固性。因为它决定着地压管理方法、矿块构成要素和落矿方法。采矿方法根据地压管理的方法来分类，又根据结构参数来定组别，所以选择采矿方法首先要考虑矿石的稳固性。当矿岩均稳固时，各种采矿方法都可采用，但以空场法最为有利，可适当排除崩落法；当矿石稳固、围岩不稳固时，可优先采用崩落法或充填法，适当排除空场法；当矿石中等稳固或不稳固时，可选用分段矿房法、阶段矿房法或阶段自然崩落法。

（2）矿体产状（主要是指矿体的倾角、厚度及几何形态等）。

1）矿体的倾角。影响采场矿石的搬运方式。水平矿体可采用有轨、无轨或电耙搬运；10°以下适用无轨设备搬运；30°以下矿体采用电耙搬运；30°~45°可采用爆力搬运；只有当倾角大于55°~60°时才允许用重力运搬。但当矿体厚度增大，即使倾角不陡，也可使用重力运搬。

2）矿体厚度。影响采场的落矿方法和矿块的布置方式。厚度小于0.8m的极薄矿脉，缓倾斜或倾斜以下应优先选用削壁充填法，而倾角大于50°，可用留矿法或削壁充填法分采；单分层采矿法一般要求矿体厚度不大于3m，分段采矿法和阶段采矿法，厚度分别要求大于6~8m和150~200m。厚度小时采用"浅孔"落矿，厚度大于5~10m，可采用中深孔、深孔以至药室落矿。

3）矿体几何形态。开采薄矿体，矿块一般沿着走向布置；而开采厚或极厚矿体，则布置成垂直走向。矿体形态不规则，边界接触不明显，只适宜采用浅孔落矿或中深孔落矿；而采用分段落矿时，若用大直径深孔，阶段落矿会带来较大的矿石损失和贫化。

（3）矿石品位及价值。品位高、价值高的矿石，应选用回采率高、贫化率低的采矿方法。如充填法；反之，宜采用成本低、效率高的采矿方法，如分段或阶段崩落法；当矿体中品位分布不均匀时，要考虑分采分运，这时的采矿方法可用全面法、上向分层充填法以及无底柱分段崩落法等。

在同一矿床中具有品位不同且相差很悬殊的多个矿体时，各矿体可以采用不同的采矿方法或采用先采富矿，暂时保留贫矿的充填采矿法。

（4）矿石和围岩的氧化性、自燃性和结块性。开采上述性质矿石的矿床，如含硫超过20%的硫化矿、遇水结块的黏土矿等，不宜采用矿石在采场内存放时间长的"留矿"法、有底柱分段崩落法、崩落法，只适合采用空场法或充填法。

（5）围岩矿化情况。围岩有矿化现象时，回采过程中对围岩混入限制可适当放宽，允许用深孔落矿崩落采矿法，但当围岩的矿物成分中不利于选矿和冶炼加工时，应坚决选用废石混入率小的采矿方法。

（6）矿体赋存深度。当矿体埋藏深度超过500~800m时，限制使用空场法，只适宜采用崩落法或充填法。

14.1.2.2　开采技术条件

某些开采技术条件提出的特殊要求，有可能对采矿方法的选择起决定性作用。

（1）地表陷落的可能性。如地表一定范围内有河流、铁路及重要建筑物，或由于环境保护要求不允许地表陷落时，则不能选用崩落法及采后用崩落围岩处理空区的空场法，而只能采用能够维护采空区和防止地表围岩移动的充填法或嗣后充填的采矿方法。

（2）技术装备和材料供应情况。选择采矿方法时必须同时考虑有无设备和材料供应，备品备件能否保证。根据我国当前经济条件，设备应该立足于国内已有的生产产品，木材、钢材、水泥等使用物资应有保证。

（3）加工部门对矿石质量的特殊要求。选冶加工部门对采出矿石常规定有最低品位、允许粉矿含量、矿石块度、湿度及有害成分等特殊要求，故所选采矿方法必须能满足这些要求。有时国家对某些原料的规模或金属量、损失率等也提出特殊要求，凡是不能满足这些要求的采矿方法，都不能考虑。

（4）采矿方法所要求的技术管理水平。所选的采矿方法应尽可能为现有工人和工程管理人员所掌握，这一点对中、小地方矿山尤显重要。如可以同时采用"留矿"法和分段采矿法时，技术力量薄弱的矿山，应尽量选用"留矿"法，它无论从"采准"布置还是凿岩爆破技术上均较分段采矿法易于掌握。采用新方法、新工艺、新设备的矿山，还要考虑试验及组织培训条件。

必须指出，上述影响因素，虽然不能孤立片面对待，但也难以面面俱到，因而必须结合具体条件，做出如前分析，有侧重的按提出的基本要求选用合理的采矿方法。

14.1.3　地下采矿方法的选择方法与步骤

选择采矿方法，一般按方案初选、采矿方法技术比较和经济比较这三个步骤进行。

14.1.3.1　方案初选

初选之前，应先根据地质报告及踏勘现场所收集的岩体力学资料，对矿石稳定程度、采场空区允许面积、暴露顶板最大跨度等做出估计，再按具体矿块范围分别选择不同的采场方法或采场构成要素；然后分析研究采矿方法选择的否决条件（即决定因素）和控制条件，从中选出若干个可行方案。这一步骤的选择，关系到所有好的方案能否入选，因此必须逐个方法进行分析研究。对于选出的有代表性的方案，绘制出采矿方法方案标准图，并选定有关技术经济指标。

14.1.3.2　采矿方法技术比较

初选选出的方案，不宜超过 3 ~ 5 个，最好为 2 ~ 3 个。对这些方案逐个比较下列内容：

（1）矿块生产能力；

（2）矿石贫化率；

（3）矿石损失率；

（4）千吨"采切比"；

（5）矿块的劳动生产率；

（6）主要材料消耗，特别是钢材、水泥的消耗等；

（7）采矿工艺过程的繁简和生产管理的难易程度；

（8）作业地点安全、通风条件的好坏等。

技术比较，可以参照条件类似矿山的实际指标或扩大指标定额（含 5% ~ 10% 左右的误差），提出实际数据并进行技术分析。分析中难免会出现同一方案有优有劣，对这种情况要分清主次、有所侧重，抓住在具体条件下起主导作用的因素。例如，贵重和稀有金属矿床的矿石损失率和贫化率就是主导因素；而对于低价矿石，劳动生产率和矿块生产能力又成了主导因素。

在一般情况下，经过技术比较，可选出合理的采矿方案。真正优劣难分不能取舍的是少数，在这种情况下挑 2 ~ 3 个选优，有不同类别的采矿方法进行第三步骤技术经济综合比较。

14.1.3.3　采矿方法经济比较

经济比较的实质，也是综合分析比较，它是以比较经济效益为主，涉及每个方案实现后各项具体指标的差额。经济比较需要作详细技术经济计算，根据计算结果，做出最后的分析评定。

A　综合分析比较的三个主要内容

(1) 表征经济效益指标。采出矿石成本，最终产品成本，年赢利、总赢利或其净现值；基建年度投资、投资收益率，返本年限等；

(2) 年采出矿石规模。即全部服务年限内，年产有用成分的数量和质量；

(3) 主要经济指标。矿块生产能力、千（万）吨"采切比"，水泥、砂等大宗材料消耗。

作综合分析比较时，当参数比较的各采矿方法方案的矿块生产能力、损失贫化指标不同时，需要做出全面综合分析比较。但在两种情况下可以只做简单比较：

(1) 当参与比较的采矿方案的贫化损失率相差较大，而全部采出矿石量、与采矿有关的投资相差不大而规模相同时，只需比较两种方案的年赢利、总赢利差；

(2) 当参与比较的采矿方法方案的贫化率、损失率、矿块生产能力及与采矿有关的投资基本相等时，只需比较其采出矿石成本。

B　采出矿石成本的确定

采出矿石成本，是独立矿山或采选联合企业中采矿车间综合经济指标。一般按条件类似的矿山企业的实际成本指标选取；当没有可供利用的实际成本指标时，可按设计的技术经济指标和定额计算。在矿山企业设计中常按成本费用项目计算采出矿石成本；对特大型矿山也可按生产工艺过程计算作业成本。按成本费用项目计算的项目内容包括：

(1) 辅助材料费用。这是指采矿生产中所消耗的炸药、雷管、导火线、导爆管、钎子钢、合金钎头、轮胎、风水管等材料费用。计算按当地材料价格乘以定额、数量加运杂费。

(2) 工艺过程耗用燃料和动力。系指矿山生产中耗油、煤、电力及风力等费用（不包括修理设施费用）。燃料费按设计消耗定额乘以单价，动力费中的电费按国家现行的两部电价计费。

(3) 生产工人工资及附加费。工资指从事矿山生产的直接生产工人和辅助生产工人（不包括机修维修和非生产人员）的基本工资与辅助工资之和。辅助工资指浮动工资与工资性津贴，可用辅助工资系数乘基本工资取得。井下工人平均工资等级如为 4~5 级，辅助工资系数则可取其 0.25~0.30。工资附加费，是指由生产工人工资总额中以 11% 比例提成的劳保费、医药费及福利费等。

(4) 基本折旧。井巷工程、建（构）筑物、采矿设备等的投资属固定资产投资。基本折旧是指从这些固定资产投资中，按服务（使用）年限所确定的基本折旧率提取的基本折旧费。

(5) 大修费与维修费。大修费列入计划修理项目，维修费是指固定资产中的小修费。大修费从固定资产投资中按大修费提取。金属地下矿山建筑部分大修费率为 1%~1.5%，有色矿山设备部分大修费率为 2.0%。维修费按维修费率提取，地下矿设备和建筑物维修率为 12%。

(6) 车间经费和企业管理费。车间经费和企业管理费系指车间和企业范围内所支付的费用。它包括的费用项目很多，计算也很复杂。一般按条件类似矿山选取，改扩建矿山按实际指标取用。

按生产工艺过程计算作业成本的项目包括：采准、回采、提升、运输、通风、排水、破碎、维修费或折旧费、企业管理费。由各项作业费用累计计算出单位采出矿石成本。

C 产品赢利指标的计算方法

产品赢利指标，系指产品的国家规定价格与产品成本之间的差额，它是全面衡量企业各方面工作质量的综合性经济指标，也是评价设计技术方案的重要价值指标。

赢利指标，有以下三种表示方法：

(1) 单位产品赢利。当从矿石中只提取一种产品，例如矿石、精矿或金属，则以单位产品价格和其成本的差额，计算单位产品赢利。

(2) 每吨采出矿石工业利用赢利。当从采出矿石中提取几种产品时，由于每种产品的数量和赢利不同，就要用采出矿石的工业价值和采出矿石的回采、运输和加工费的差额计算采出矿石的工业利用赢利，即

$$d_g = W - v \tag{14-1}$$

$$W = \sum_1^n \gamma P \tag{14-2}$$

式中 d_g——采出矿石工业利用赢利，元/t；

  W——采出矿石工业价值，元/t；

  v——采出矿石开采与加工费用，元/t；

  γ——产品产出率，%；

  P——产品价格，元/t；

  n——产品数目，t。

(3) 矿床开采赢利。在比较两个设计方案产出的产品数量不同，要考虑整个矿床工业储量在开采与加工过程中的回收指标时，需要用矿床开采赢利指标来比较方案的赢利多少。

矿床开采赢利指标可用下式计算：

$$D = dG \tag{14-3}$$

式中 D——矿床开采赢利，元，按产出产品不同，可分采出矿石、精矿或金属；

  d——单位产品赢利，元/t，也按不同产品区分；

  G——矿床开采得到的产品数量（采出矿石量、精矿量、金属量），t。

比较设计方案的年赢利，从单位产品赢利乘以年产量得出。

14.1.4 地下采矿方法的选择实例

原始条件：某银矿床，系由多个不规则似层状矿体组成，除两个矿体隐伏外、其余都不同程度出露地表。氧化层深度平均达52m。矿体走向总长约2800m，在横剖面上各矿体呈叠层状排列，相间10~20m。主矿体属第Ⅲ勘探类型，其余矿体具有膨缩、分支、尖灭再现等特征。矿体倾角西段为50°~80°，东段为25°~40°，中段为40°~45°，平均为40°~45°，上陡下缓。倾向延深为370~630m。平均厚度为3~5m，最大厚度超过10m。矿石以辉银矿为主，伴有方铅矿、闪锌矿、黄铁矿，品位较高，坚固性系数f=6~13，属中等稳固。顶底板围岩均为碳质绢云母石英片岩，含矿化，顶板f=10~15，整体稳固性

在中稳以上，局部地段由于受层间挤压的影响，存在片理带，稳固性较差；底板围岩 $f =$ $8 \sim 14$，中稳至稳固。矿岩接触面间无明显界线。矿石平均密度为 $2.77 t / m^3$，堆密度为 $1.682 t / m^3$。地表允许崩落，但有氧化矿处要求保护。

矿山设计年产量为 19.8 万吨，即日生产能力 600t。

14.1.4.1　开采方式的决定

该矿床由于开采范围较大，埋藏浅，曾对采用露天或地下开采作过可行性比较。比较结果认为技术上都是可行的，经济效益接近等价，但考虑矿山队伍已习惯于地下开采，并从减少先期投资和转入深部时必须用地下开采的要求，决定采用地下开采。

14.1.4.2　采矿方法的选择

根据该矿床矿体形态产状复杂、厚度与倾角变化较大，需要用多种采矿方法才能适应的特点，选定在矿体中段进行设计。中段是富矿段，品位较高，其采矿技术条件是：矿体倾角为 $30° \sim 55°$，平均 $34°$；厚度 $4 \sim 10m$ 以上，平均 6.5m。

（1）方案初选。按照上述开采条件，顶板中稳到稳、局部有片理带、矿石中稳、倾斜中厚矿体，可以考虑选用的采矿方法有：空场采矿法中的房柱法、留矿全面法和底盘漏斗分段法；充填采矿法中的分层与分段充填法。对崩落采矿法则因矿体厚度不大、形态产状变化大，贫化损失高，要保护上部"氧化矿"而不作考虑。空场法是适合本矿床开采条件的，工艺相对简单，经济上合理，安全也基本可靠，但采后空场需要作充填处理。充填法工艺复杂、生产能力、成本高，考虑选用仅由于其贫化损失指标低对开采本富矿段有重要意义。

从所选这些方法中，留矿全面法依靠留矿是不能从根本上解决采场支护问题的，采场顶板存在片理带，局部稳固性较差，这对留矿全面法不利，初步选择排除。

分层与分段充填法，按工艺条件，出矿只宜用铲运机，充填法只适合用水力充填。如果采用电耙出矿，矿石溜井工程量很大，且生产效率较低；用废石充填则劳动强度很大。故设计取用铲运机出矿及管送尾砂充填。采准工程除充填上山外，全部布在下盘。从分层充填与分段充填比较来看，分层的采准工程要比分段增加很多；同样用铲运机，分层充填的效率低于分段充填，且不能避免在矿石暴露面底下作业，不能改用中深孔凿岩，故决定将分层充填法也予以排除。

剩下房柱法、分段充填法、底盘漏斗分段法三方案进行技术分析比较。

（2）采矿方法技术比较。以房柱法作为第 I 方案。取阶段高度为 35m，采区长度为 100m，区间条带矿柱宽 5m，顶底柱高 8m，底部结构高 7m，矿房宽 12.5m，房间方柱 $4m \times 4m$。采用扇形中深孔落矿，采场平均日生产能力为 120t。该方案的矿块结构布置，如图 14 - 1 所示。

以分段充填法作为第 II 方案。取阶段高为 35m，采场长 100m，分段高 7m，采场不留顶底柱，暴露面用留矿柱的形式控制在 $250 m^2$ 以内。采用扇形中深孔落矿，采场平均日生产能力为 $80 \sim 120t$。该方案的矿场结构如图 14 - 2 所示。

以底盘漏斗分段出矿嗣后充填采矿法作为第 III 方案。阶段高度为 35m，采场长为 50m，分段高为 8.75m，采场留顶柱，每个分段之间留 2m 厚矿柱，底部结构布置在下盘，

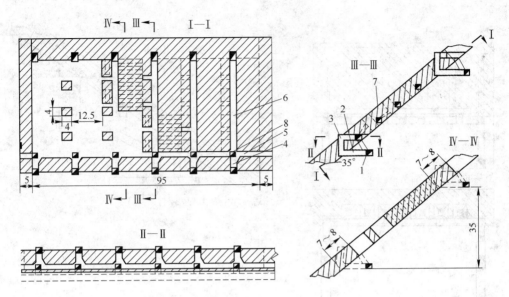

图 14 - 1　中深孔房柱采矿法（尺寸单位：m）

1—脉外运输巷道；2—行人联络巷道；3—行人天井；4—电耙硐室；

5—切割平巷；6—凿岩上山；7—凿岩平巷；8—溜矿井

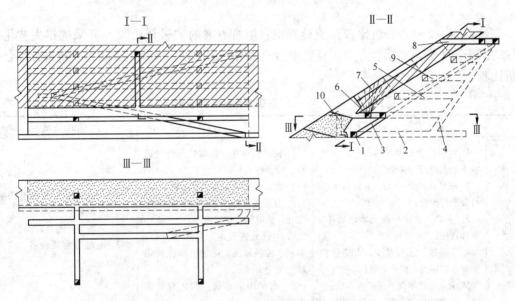

图 14 - 2　分段尾砂充填铲运机出矿方案

1—阶段运输巷；2—运输横巷；3—采场斜坡道；4—矿石溜井；5—分段出矿巷；

6—分段凿岩巷；7—充填上山；8—充填联络道；9—采场联络道；10—滤水井

切割天井布置在中间。采用扇形中深孔落矿，采场平均日生产能力为 100t。该方案布置如图 14 - 3 所示。

现根据作业安全性、采场生产能力、"采准"工程量、矿石损失与贫化指标、劳动生产率及工艺管理等因素，来分析评价这三个方案的优缺点。

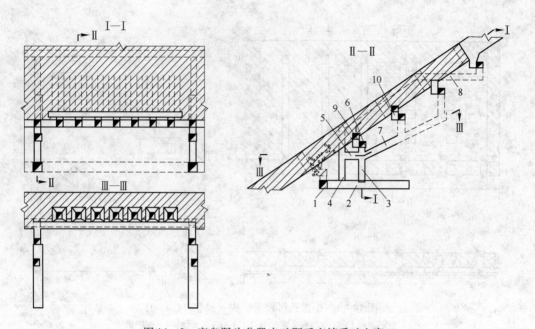

图 14 – 3　底盘漏斗分段出矿嗣后充填采矿方案

1—沿脉运输巷；2—运输横巷；3—矿石溜井；4—行人回风井；5—通风联络道；6—采场分段电耙道；

7—集矿电耙道；8—充填联络道；9—分段凿岩巷道；10—漏斗颈

经表 14 – 2 初步分析比较，明显看出：第Ⅲ方案的"采切比"与开采的损失贫化指标均高于第Ⅰ方案和第Ⅱ方案，且其嗣后充填有一定困难，故决定删除，不再进行综合分析比较。

表 14 – 2　采矿方案经济比较表

	第Ⅰ方案（房柱法）	第Ⅱ方案（分段充填法）	第Ⅲ方案
优点	1. 回采作业在专用巷道内，雪橇式支架上进行，安全性好； 2. 采场生产能力大，凿岩与出矿可以平行作业； 3. 生产工艺比分段充填法简单，管理方便； 4. "采准"工程量少，大部分巷道都布在脉内有副产矿量； 5. 劳动生产率高，采矿成本低； 6. 电耙为常规设备，经济耐用	1. 回采作业在分段凿岩巷道内进行，安全性好； 2. 凿岩比第Ⅰ方案容易掌握； 3. 分段高度小，能适应矿体产状变化，充分回收矿产资源； 4. 空区处理及时，充填质量好，有利于控制地压，保护上部"氧化矿"安全开采； 5. 出矿用铲运机，工艺与设备先进	1. 回采作业在专用巷内进行，安全性好； 2. 采场生产能力大； 3. 电耙为常规设备，经济实用
缺点	1. 留规则方柱及顶底柱，开采的损失贫化比第Ⅱ方案高； 2. 在雪橇式支架上凿中深孔的技术要求比较高； 3. 在暴露空场内经常挂电耙滑轮较麻烦，且底板很难清理干净	1. 回采工艺复杂，管理难度较大； 2. "采准"量大，且大部分分布在脉外； 3. 铲运机修理保养技术要求较高； 4. 因矿体薄、倾角缓，顶盘三角矿体比重大，不易开采，贫化损失增大	1. "采切比"比第Ⅰ、Ⅱ方案大； 2. 开采的损失贫化比第Ⅰ、Ⅱ方案高； 3. 嗣后充填与接顶困难

而第Ⅰ方案和第Ⅱ方案在安全、技术、生产能力及开采损失贫化指标等方面各有所长，很难对其分出优劣，因此需要进一步作方案的综合分析比较。

（3）综合分析比较。综合分析比较是以衡量经济效益为主的分析核算，一般都要算到企业的最终赢利为止。本企业最终产品为成品银，故当计算出回收的成品银总量时，就可从其年产值及年经营费用算出采、选、冶全部过程是否赢利及赢利多少。

如只计算到选矿过程，则按精矿含银量计算其产值。

表 14 - 3 为两采矿方案核算至最终产品成品银时的经济比较表。

表 14 - 3　采矿方案经济比较表

序号	项目名称	计算单位	Ⅰ（房柱法）	Ⅱ（充填法）	Ⅱ—Ⅰ	备　注
1	**按 19.8 万吨/年规模**					
(1)	投资	万元	8.44	41.41	32.92	只计不同部分
(2)	年经营费用	万元/年	26.75	55.15	28.40	
(3)	年产值	万元/年	2016.23	2062.76	46.53	计 Ag、Pb、Zn
(4)	回收白银总数					
①	计精矿含银量	t	315.36	346.9	31.54	
②	计成品银	t	274.99	302.5	27.51	
2	**按每吨矿石计算**					
(1)	经营费用	元/t 采矿	1.35	2.78	1.43	只计不同部分
(2)	产值	元/t 采矿	107.47	109.87	2.39	计 Ag、Pb、Zn
(3)	赢利差额	元/t 采矿			0.96	

（4）采矿方法的选定。综合上述结果，从产值和金属回收量指标看，充填法比房柱法有利；但在技术上房柱法生产工艺相对简单，矿块生产能力大，在专用巷内作业比较安全。考虑到本矿岩稳固性尚难预计，从可靠出发，设计推荐用房柱法。

14.2　采矿方法单体设计

在采矿方案选定之后，即可进行采矿方法的单体设计。采矿方法的单体设计有两种形式：一种是设计部门，为制订初步设计而作的标准矿块采矿方法设计，这是一种标准方案设计，是以地质勘探报告所提供资料，归纳成为具有代表性的矿块，并按代表性矿块条件做出的结构方案设计；另一种是具体矿块的采矿方法施工设计，它含有真实坐标、储量、品位等，需要经过生产探矿以后，达到规定勘探精度的基础上做出的设计（对于复杂第Ⅳ勘探类型矿体和边远分散小矿体，可以根据具体情况降低级别）。矿块施工设计是矿山生产部门的一项经常性的技术工作，其设计质量好坏，不仅直接影响到资源的回收、采出矿石的质量和采矿成本，而且关系到生产人员和设备的安全、劳动强度以及通风防尘的效果。

采场单体设计，应在本阶段采场总体设计的基础上进行，要照顾上、下、左、右相邻采场关系，并遵照其回采顺序。作矿房的回采设计同时，也应包括矿柱的回采设计。

14.2.1　单体设计的主要内容

单体设计一般都包括"采准"设计和回采设计两部分。"采准"设计的实质是矿块结构设计；回采设计，则主要是工艺设计。不同的采矿方法，设计的重点不同，深度和广度也有很大差别。如采用深孔、中深孔落矿的采矿方法，有深孔、中深孔设计、大爆破设计；采用在覆盖岩层下放矿的采矿方法，有放矿设计等；只有"浅孔"落矿采矿法因内容简单，才作一般性的单体设计。

采场单体设计一般包括：采矿方法选择的依据，采场结构与参数的确定，采场工程布置，施工顺序及进度要求，落矿、出矿和充填，顶板管理，通风及安全措施，降低矿石损失、贫化的措施及主要技术经济指标等。有的较大矿柱的回采方法设计，还要做大爆破设计。

同时应完成的相应图纸内容：矿房和矿柱的总体布置图，采准、切割工程布置图，主巷道断面图，支护结构图，炮孔布置图，施工进度计划工程量表和作业循环图表。

大爆破设计，除设计说明书外，还应提供装药结构和爆破网络等有关图纸。

技术经济指标部分的内容包括：地质矿量、地质品位、采矿量、出矿量及采矿品位、矿石损失率、贫化率、"采准"切割量、采掘工效、采场生产能力、主要材料消耗和作业成本等。

14.2.2　单体设计所需的原始资料

作标准方案设计所需的资料，由地质勘探部门在地质勘探报告中提供；作施工设计所需的原始资料，由矿山地测部门在生产探矿的基础上提供；一般应包括：

(1) 设计矿段的矿体赋存条件、地质构造、矿石与围岩的物理力学性质；

(2) 设计矿段的矿石储量和储量级别；

(3) 设计矿段的探矿资料（包括坑探、井探地质剖面图与说明书等）；

(4) 设计矿段平面图及相邻阶段含坐标的平面图；

(5) 相邻矿块的采矿技术经济指标或开采同类型矿床的经验资料；

(6) 可为矿块施工提供的采、装、运设备和材料资料；

(7) 采用充填系统的管网运输布置资料；

(8) 矿块上部的断层、水文资料等。

另外，还需要特别提请注意的是：各项地质资料是随着施工进行而逐渐填补的。施工中应及时实测地质平面图和剖面图，提出补充地质资料，尤其是对赋存条件复杂、浸染状矿体等；更要要求地质和测量部门作二次圈定，并将圈定结果及时进行补充升级。

14.2.3　"采准"设计

中段矿块的"采准"设计，是在矿块的采矿方法方案已经确定基础上进行的，它是单体设计的基础，具体内容包括：

(1) 矿块构成要素及底部结构形式的确定；

(2) 回采方案及回采范围的确定；

(3) 选择拉底切割方式，定切割巷道及切割槽布置与爆破顺序、爆破参数；

(4) 确定凿岩巷道布置，在此基础上计算采切工程量、采切时间和采切费用；

(5) 确定采场通风、联络及运输系统；

(6) 采切和回采设备选型；

（7）绘制"采准"巷道布置图及"采准"断面设计图。

以下是"采准"巷道的布置、断面决定、采切工程量计算、采切的时间与费用的说明。

14.2.3.1 "采准"巷道的布置

布置"采准"巷道可以从阶段运输水平、二次破碎水平、拉底水平、分段水平及从联络上下阶段的天井剖面、切割槽剖面等主要平面入手。布置时要遵循下列原则：

（1）巷道位置应符合矿块最合理的结构与参数，设计应对此作简要论证；

（2）巷道位置应适应矿体倾角和厚度变化，尽可能便于凿岩和放矿；

（3）巷道位置要考虑矿体的地质构造和矿岩的物理力学性质，尽可能避开断层、破碎带，或与断层成直交或斜交。

（4）布置凿岩或搬运巷道时，应考虑凿岩和搬运设备的有效工作范围，如用 YG – 40 型凿岩机，有效深度为 10 ~ 12m；YG – 80 和 BBC – 120F 型凿岩机，有效深度为 20 ~ 25m；电耙设备，有效运距为 40 ~ 60m；

（5）要保证工人作业安全、联络方便，通风良好；

（6）遵循探采结合原则，用已有探矿井巷为"采准"服务，"采准"巷道发挥探矿作用；

（7）当矿块分两步骤回采时，"采准"巷道要尽量考虑为矿房矿柱回采所共用；

（8）尽量避免在有塌陷危险的采空区上盘布置凿岩井巷；

（9）电耙道的位置要考虑保证稳固、便于装矿和布置通风联络道。

14.2.3.2 "采准"巷道的断面形状和规格

"采准"巷道的断面形状和规格可按巷道的用途、穿过矿岩的稳固性以及所用的采矿设备外形尺寸来确定。考虑到"采准"巷道使用时间比较短暂，只要用途适应、安全许可，其结构和规格均可比开拓基本巷道简单。巷道断面尺寸确定后，应绘制出施工图。

14.2.3.3 采切工程量及"采切比"计算

采切工程量可按前面所讲的列表计算。设计中当矿块作一个步骤回采时，只计算整个矿块的"采切比"；当矿块分步骤回采时，分别计算矿房与矿柱的"采切比"。对于开切割槽和拉底的工程量，"采切比"中只计算为开切割槽和拉底而开创自由面和补偿空间（如切割天井、拉底平巷、拉底横巷）的工程量，不计切割槽和拉底层其余部分工程量，其余部分属于采切，归回采矿量。

14.2.3.4 采切工作顺序及矿块采切时间

采切工作的顺序，应优先为方便通风、出渣及压气供应等创造条件，并尽量使下切的工作期内出勤人员和设备大体取得平衡。按一般矿块"采准"设计的施工顺序是：先从掘进运输平巷，贯通上下阶段，接着做底部结构拉底，与此同时进行切割和掘进凿岩巷道等。对这些内容，按照先后顺序编制矿块"采准"切割工作进度计划表，并依表排列出矿块的采切时间。

表 14 - 4 是常用的矿块"采准"切割工作进度计划表的表示方式。

表 14 - 4　矿块"采准"切割工作进度计划表

工程项目	工程量 /m 或 m³	掘进速度 /m·月⁻¹或 m³·月⁻¹	完成时间 /月	进度顺序 /月
1. 运输平巷				
2. 天井				
3. 回风平巷				
4. 拉底平巷				
5. 切割天井				
6. 漏斗颈				
⋮				

14.2.3.5　采切费用

矿块的采切总费用，可按表 14 - 5 求出。折算到每吨矿石的采切费用需将总费用除以该矿块的采出矿石量 (t)。

表 14 - 5　矿块采准、切割费用计算表

工程项目	工程量 /m·月⁻¹或 m³·月⁻¹	单价 /元·m⁻¹或元·m⁻³	金额/元
1. 运输平巷			
2. 天井			
⋮			
共计			

"采准"设计结果，应能提交其设计说明书和设计图表。说明书除包括表达上述设计的论据外，还应阐明该矿块地质条件及"采准"施工技术措施和要求。

图纸的数量和精度，以方便施工为准。

14.2.4　回采设计

回采设计，是在"采准"设计已施工完毕，矿块已被充分揭露后，根据具体分层、分区条件而进行的。它主要是设计回采作业所采用的工艺方法及其有关计算。由于各种采矿方法的回采作业不同，回采设计的内容有很大差别。以下只是对回采设计的一般内容作概括介绍。

(1) 回采方案及回采范围的确定。回采方案是指矿块各部分的回采顺序、落矿方式与爆破规模以及采用混采或分采等，在回采设计中具有技术决策性内容。回采范围是指圈定矿体边界线、断层区域回采界线、混采时的采幅以及拉底范围、切槽范围等。这些问题的决定与矿体赋存件、地质构造、含夹层情况、矿石品位等有关，要求在"采准"工作结束后，地质资料得到充分补充基础上，做出具体确定。

（2）落矿。包括选择凿岩设备及工具，布置并设计炮孔落矿参数，凿岩工作的组织及施工要求，爆破设计等。一般"浅孔"落矿较为简单；深孔落矿尤其是扇形深孔落矿，要按深孔排距、每排扇形孔中心，每个深孔的孔位、倾角方向、孔深、孔底距、装药量等做出周密细致的计算；并把计算结果列表和绘制施工图。

（3）出矿与搬运。包括选择出矿搬运设备、拟定出矿制度、二次破碎方法及决定截止品位等。

（4）采场通风。要选择采场通风系统、通风方式和通风制度，确定防尘措施与计算所需风量和通风时间等。

（5）地压管理。因各采矿方法所用的地压管理方法不同，故必须根据所选用采矿方法进行个别设计。如空场法，先应对所留矿柱进行理论计算，再对此类似条件下取用矿柱尺寸作具体分析，在安全可靠的前提下，尽量减少矿柱损失；又如用充填法，应对充填料配比与充填体的强度进行论证，做出工艺设计。

（6）回采工作组织。根据所选定的回采工艺、各项作业应完成的工作量、定额等，计算出工作人员数和完成作业所需的时间，编制成回采作业循环图表（表14-6）。利用循环图表可检查与督促作业进度。

表14-6　回采作业循环图表

回采作业名称	工作量	定额	完成量所需时间/班	循环时间/班						
				I	II	III	…	…	…	…
1. 凿岩										
2. 装药爆破										
⋮										

（7）回采计算。采矿方法的选择，要计算以下六项数字指标。

1）矿块生产能力。矿块平均每日生产的矿石量，按下列公式计算：

$$P = \frac{T_s}{t_s} \cdot n_b n_m \qquad (14-4)$$

式中　P——矿块或矿房的平均日生产能力，t；

　　　T_s——一个回采循环中从回采工作面采下的矿石量，t；

　　　t_s——一个回采工作面的回采循环时间，班；

　　　n_b——每昼夜回采工作班数，班；

　　　n_m——矿块（或矿房）中同时进行回采的工作面数。

上式是指以单步骤回采的矿块生产能力；若用两步骤回采，则应分别计算矿房和矿柱的平均能力。

2）回采的采场数。回采的采场数，分别按矿房和矿柱摊配的班产量进行计算。

① 所需同时生产的矿房数 N_r：

$$N_r = \frac{A_b i_r}{q_r} \qquad (14-5)$$

式中　A_b——班产量，t/班；

　　　i_r——矿房采出矿石量的比值，%；

q_r——矿房回采的班生产能力，t/班。

② 所需同时生产的矿柱数 N_p：

$$N_p = \frac{A_b i_P}{q_P} \tag{14-6}$$

式中　i_P——矿柱采出矿石量的比值，%；

q_P——矿柱回采的班生产能力，t/班。

3）矿块回采时间。作单步骤回采时，以一个矿块中的矿石量和一个回采作业循环时间内采出的矿石量来计算。

4）回采所需的设备、人员和材料数

凿岩机数量，根据同时回采的矿房、矿柱数和班生产能力，按凿岩机台班效率及每米炮孔的崩矿量来计算：

$$回采所需凿岩机台数 = \frac{每班回采矿量}{凿岩机台效 \times 每米炮孔崩落矿量} \tag{14-7}$$

选择指标时，应参照类似矿山实际资料，结合设计矿山的具体条件作对比确定。

搬运设备数量按同时回采的采场数和备用采场数配置，以采场生产能力和搬运设备效率来计算其所需数量。选型时应参考类似矿山的实际资料。

计算出的凿岩、搬运设备都应乘以备用系数。各备用系数可参见表14-7。

表14-7　设备备用系数表

设 备 名 称	备用系数/%	设 备 名 称	备用系数/%
凿岩机	100	电耙	25
凿岩台车	25	局扇	20
装岩机	25	凿岩机风动支架	100
装运机	25		

人员数可按劳动定员定额配备，再分别按工作制度考虑在籍系数。连续工作制在籍系数为1.15；间断工作制为1.08。

材料数可按工艺过程具体计算，或参照类似矿山的实际资料作对比确定。

5）回采作业成本。系指采矿直接成本，由回采过程中所消耗的材料、动力及工资等费用组成，不计管理费用。

单位采矿直接成本的计算方法可参照表14-8。

表14-8　采矿直接成本计算表

成 本 项 目	年(月)总费用/元	年(月)总产量/t	单位成本/元·t^{-1}	成本结构/%	备注
1. 辅助材料					
2. 生产过程中燃料及动力					
3. 生产工人工资					
4. 生产工人 　工资附加费 　　⋮					
合　计					

6）矿石损失和贫化指标。此项指标可以用列表的方式进行计算。先算出采准、切割、矿房回采和矿柱回采的矿石损失与贫化，然后再计算整个矿块的矿石损失和贫化。计算式可参见表 14 - 9。

表 14 - 9　矿块采出矿石量和损失贫化计算表

项　目	矿石储量 /t	回采率 /%	贫化率 /%	采出储量 /t	采出矿石量 /t	比值 /%
采准	T_1	η_1	p_1	$T_1' = T_1\eta_1$	$T_1'' = \dfrac{T_1'}{1-p_1}$	$K_1 = \dfrac{T_1''}{T''}$
切割	T_2	η_2	p_2	$T_2' = T_2\eta_2$	$T_2'' = \dfrac{T_2'}{1-p_2}$	$K_2 = \dfrac{T_2''}{T''}$
矿房	T_3	η_3	p_3	$T_3' = T_3\eta_3$	$T_3'' = \dfrac{T_3'}{1-p_3}$	$K_3 = \dfrac{T_3''}{T''}$
矿柱	T_4	η_4	p_4	$T_4' = T_4\eta_4$	$T_4'' = \dfrac{T_4'}{1-p_4}$	$K_4 = \dfrac{T_4''}{T''}$
矿块合计	T	η	p	$T' = T\eta$	$T'' = \dfrac{T'}{1-p}$	$K = 1$

14.2.5　矿柱回采方法

14.2.5.1　矿柱回采概述

金属矿床的地下采矿方法有三种类型。用崩落采矿法开采的矿体，一般不留顶柱和房间矿柱，而留下来的底柱也在矿块或采场开采结束时进行回收处理。所以，对崩落法采矿一般不存在大量矿柱回采问题。用充填采矿法开采的矿体，从工艺上讲需要留矿柱。但对留下来的矿柱，也是按矿房开采的方法回采，所以这种方法矿柱回采的问题，在这里也不作重点叙述。

用空场法开采矿体，一般留有大量矿柱。用它来开采缓倾斜矿体，留下矿柱的矿石量占矿块矿石总量的 15% ~ 50%；而在厚大矿体中，矿柱的矿石量约占矿块矿石总量的 40% ~ 70%；所以，矿柱回采，对于用空场法开采的矿体是最有针对性和最重要的。

多数情况下，开采矿房与开采矿柱的采矿方法不同（有些文献和教材中，将两种不同的采矿方法称为联合采矿方法），但不能将两种不同的采矿方法视为彼此孤立的。因为对于开采矿房和矿柱，两种采矿方法的采准及切割工程、回采工作和经济效益都是有机联系在一起，并共同形成开采矿块的采矿方法和经济效益。

留下的矿柱分为两种类型：一种是经批准作为永久性矿柱不再回采（多留在缓倾斜矿体中）；另一种是按工艺步骤作为第二阶段回采。目前国内外矿山，对早年开采时留下的永久矿柱性也开始作局部或全部回采；这种回采，属于二次采矿。

其实矿柱回采，必然涉及采空区处理。矿柱回采后必然引起围岩应力重新分布，甚至导致采空区失稳，威胁安全和采矿持续生产。所以矿柱回采与采空区处理在很多矿山都是一并进行的。但是为了叙述方便，本章将采空区处理与利用放在后面一节讲述。

按《矿产资源法》要求，矿柱回采必须纳入采掘计划。国务院矿山资源监管暂行办法规定："因开采设计、采掘计划的决策错误，造成资源损失的；开采回采率、采矿贫化率和选矿回收率长期达不到设计要求，造成资源破坏损失的，可处相当于矿石损失 50%

以下的罚款；情节严重的，应当责令停产整顿或吊销采矿许可证。"

矿柱要及时回采。矿柱能否及时回采不仅关系到矿山的经济效益，而且关系到矿山生产的持续和安全。一般开采矿房比较容易，经济效益好；开采矿柱相对比较困难，经济效益也较差。在组织生产时应根据矿柱所占矿石量，合理安排矿柱的出矿比例、回采顺序、施工力量和进度，以保证矿床开采有较好的综合指标和使整个矿山在较长时间内的经济效益处于最优状态。

矿房回采后围岩压力全部转移到矿柱上。随着时间的推移，地压加大；矿柱变形开裂，将给以后回采工作带来更严重的困难。矿柱不及时回采，不仅会造成矿产资源损失，而且还会给矿山安全生产造成严重威胁。矿山技术政策和安全规程都要求按计划及时回采矿柱。实践证明：为保证井下生产安全，预防大面积剧烈地压活动，不能允许保留大量矿柱支撑而未处理的采空区长期存在。

对矿柱回采方法的要求，与矿房回采要求相同；确定矿柱回采方法时，也要经过方案比较。回采矿柱，可以和下一阶段的矿房回采同时进行。但矿柱回采速度应该与矿房回采速度相适应。

影响矿柱回采方法选择的因素有：矿房采空区的状态（如充填与否）、地压显现情况、矿体倾角、矿柱形态及矿石价值等。

全面法、房柱法中所留的矿柱，以及急倾斜薄矿体中的矿柱一般不予回采。若需回采，其方法也较简单。厚大矿体的矿柱回采则比较复杂。厚大矿体的矿柱回采方法，根据矿柱回采前矿房空间是否充填，可分为两种：

（1）矿房采空区未充填情况下的矿柱回采，阶段矿柱与间柱可以一起开采或分开回采；

（2）矿房空间充填后的矿柱回采，此时矿房先行胶结充填。

14.2.5.2　矿柱回采方案

A　全面采矿法和房柱采矿法的矿柱回采

全面法和房柱法中的矿柱，包括矿房中的圆形或方形矿柱、房间（或盘区）间柱、顶底柱。它们的尺寸一般是：圆形矿柱直径 3~5m，方形矿柱，间距 8~15m；房间矿柱 3~6m；顶底柱 3m，最大为 5m。这些矿柱，当矿石品位或价值不高时，大多不回采；当品位和价值高，且生产实践证实所留矿柱面积过大或为确保孤立矿体、小坑口开采、封闭后围岩移动无危害或根据处理采空区需要等，可进行部分回采。

圆柱与方柱的回采方法，可根据具体情况采用以下三种：

（1）"抽柱法"。又称间隔采收矿柱。根据顶板的稳固程度和具体情况，可以规则地间隔抽采矿柱的 1/3~2/3。落矿采用"浅孔"或中深孔，落矿后搬运一般均利用原矿房的电耙出矿系统。但需做好顶板安全检测。

（2）替换法。即在原矿柱的周围，用块石混凝土柱、钢筋混凝土柱、木垛等堆叠，替换矿柱；可以全部替换，也可以局部替换。

（3）"削柱法"。根据矿岩稳固程度、矿柱原有规格及地压情况，将矿房中的圆形或方形矿柱用"浅孔"采下其 20%~50%，可采削成腰形、倒锥形或锥形。原来连续矿柱亦可削切成若干个圆形或方形的间断矿柱。

进入采空区回采矿柱必须经过矿山安全监督部门的认可，并组建专门的施工队伍、制定出专门的安全措施。在整个矿柱的回采期间，需要对采空区围岩的稳定情况进行连续监测。生产组织上实行快速强化、快采快运。

B 急倾斜薄矿体矿柱回采

当矿脉很薄、矿石价值不高或矿柱的矿石量不大时，矿柱一般不采；仅处理采空区，以消除隐患。但当矿石价值高，围岩条件好时，矿柱可以全部回采或间隔部分回采，而后处理空区。

（1）矿房采空区没有充填的矿柱回采。这种情况下是直接进入原有巷道采柱，用"浅孔"或中深孔落矿，阶段矿柱在脉内阶段运输平巷内凿上向或下向炮孔；间柱可在天井联络道内钻凿平行或扇形炮孔（见图14-4）。

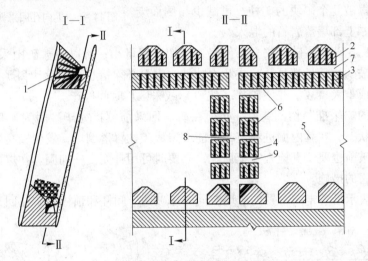

图 14-4 薄矿脉矿柱回采示意图

1—阶段矿柱；2—底柱；3—顶柱；4—间柱；5—矿房采空区；6—炮孔；7—阶段平巷；8—天井；9—天井联络道

采用"浅孔"回采时，炮孔深度应比矿柱厚度小0.1~0.3m，漏斗口之间每个小矿柱上打2~4个炮孔；间柱中炮孔间距最小抵抗线均为0.8~1.0m。一般采用段发雷管一次爆破。爆破前，于天井下部装好漏斗口闸门，并打好喇叭口的炮孔。

（2）矿房中存留矿石时的矿柱回采。用"留矿"法采矿，可在大量放矿之前用"浅孔"或中深孔进行矿柱落矿，并与矿房存留的矿石一起放出。矿柱的回采顺序是：先采顶底柱，后采间柱。

顶、底柱回采，如图14-5所示。顶、底柱同时用上向炮孔回采。底柱从平巷上开孔；顶柱回采，从留下的矿石堆面上开孔，事先在顶柱开切割槽为自由面。

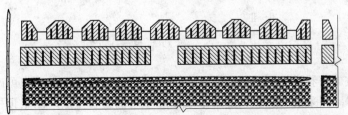

图 14-5 矿房留矿上向孔回采顶、底柱示意图

　　间柱回采，是在两侧的阶段矿柱采完后，矿房未放矿之前回采。一般是在联络道中打上向孔，"孔深"小于两个联络道的间距，以不凿穿矿柱为原则。抵抗线主要取决于炮孔直径。

　　由于矿柱的矿石量不大，落矿时可用天井和联络道作为补偿空间（见图 14 - 6）。

　　C　矿房没充填大爆破回采矿柱

　　对于厚大矿体的矿柱，可用大爆破方法回采。即以矿房采空区为自由面，用深孔或药室同时爆破若干个矿柱；爆破后使上部覆盖的岩石随之冒落，充填于采空区。同时爆破几个矿块的矿柱，可减少与侧面废石的接触，限制上部塌落岩石的混入。

图 14 - 6　上向孔回采薄矿脉间柱图

　　深孔爆破，比药室爆破的安全条件好，采切工程量小；所以多数矿山采用深孔爆破。大爆破每次爆破的炸药量都是几吨或几十吨计，因而必须精心组织设计和严格管理。违反安全规程会造成重大事故，并使矿井（坑口）或采区长时间停产。

　　回采矿柱的"采准"切割巷道，必须在矿房回采前掘进完毕。因为矿房回采后，矿柱处于高应力状态，在其内掘进巷道，可能会造成矿柱冒落倒塌，发生安全事故。对已掘进的巷道，爆破前也要认真检查安全情况，必要时可用补充支柱加固。在爆破前必须制订防止冲击波危害的措施。

　　图 14 - 7 表示沿着走向布置的矿块，同时爆破两个间柱和顶柱的矿柱回采方法。

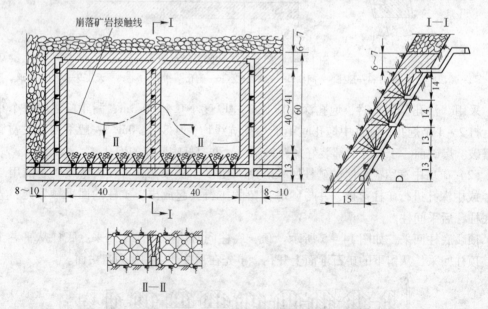

图 14 - 7　矿块沿着走向布置深孔回采矿柱（尺寸单位：m）

　　矿块底柱被放矿巷道切割成复杂形状，因而不便采用深孔回采，但可改用中深孔落矿并先于顶柱起爆。回采前，应让其上部形成足够厚度的废石垫层。回采顶柱可以从间柱上部凿岩硐室中打扇形孔。间柱则是从天井凿岩硐室中打束状深孔。顶柱应比间柱滞后 1 ~

2s 起爆。

如果矿房没有充填，采用深孔大爆破法回采矿柱，效率高，强度大，采切工程量小，但矿石回收率只有 40%～60%。矿石回收率低的主要原因是，爆破落下来的矿石在围岩覆盖下放出；尤其是当矿体倾斜角不是很陡时，大量矿石滞留在矿体下盘形成永久损失。

根据矿房没有充填大爆破回采矿柱的特点，这种方法最佳的适用条件是：

（1）矿岩比较稳固；

（2）矿石价值不高或围岩含矿；

（3）矿体的倾角不大于 50°～70°；

（4）地表允许陷落，并在开采阶段上部有足够厚度的废石垫层。

D　大爆破回采阶段矿柱、分段崩落法回采间柱

（1）用分段崩落法回采宽度 6～8m 的间柱。当间柱宽度不大，只有 6～8m 时，可将间柱划分为 12m 高的分段，再将分段联络巷道改成单侧"斗穿"电耙道，在"斗颈"中开凿放射状落矿炮孔，落矿后用电耙出矿（见图 14－8）。

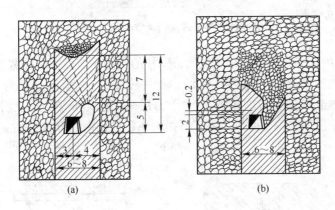

图 14－8　分段崩落法回采窄矿柱（尺寸单位：m）
（a）切割和凿岩；（b）落矿和放矿

（2）用分段崩落法回采宽度大于 6～8m 的间柱。图 14－9 为该法回采宽间柱时的示意图，分段高度 12m 以上。间柱宽度较大，可将分段横巷改造成双侧"斗穿"电耙道，并在双侧"斗颈"中钻凿落矿炮孔。落矿范围，可以是对应的一对"斗穿"，也可是几对"斗穿"。"斗穿"爆破后用电耙出矿，随后电耙巷道逐段放顶。

为了减少矿块的总采切工程量，在进行矿块单位设计时，应尽量使采切巷道既能为回采矿房服务，又能为回采矿柱所利用。图 14－9 中的脉外天井位置虽在掘进和回采矿房时使用并不方便，但综合考虑矿柱回采的需要，则还是合理的。

垂直走向布置的矿块，间柱的矿石量一般很大，用分段崩落法回采矿石回收率可达70%～75%，整个矿块回收率也可提高 10% 以上，且回采强度也较大。

E　矿房胶结充填的矿柱回采

（1）尾砂充填法回采间柱。用分段崩落法回采间柱损失率高达 25%～30%，为提高回收率，间柱可以用尾砂充填法开采。首先，将矿房进行采后胶结充填，待胶结充填体达到设计强度后，再采用尾砂充填法回采间柱。

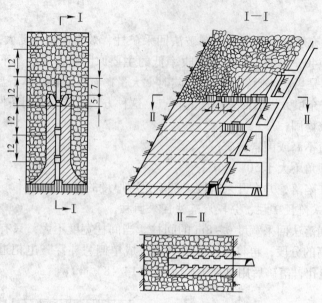

图14-9　有底柱分段崩落法回采宽间柱（尺寸单位：m）

　　图14-10为用水平分层尾砂充填法回采间柱的实例。该采场间柱宽度为8～10m，两侧矿房已事后一次胶结充填（尾砂、水泥、石块胶结），充填体强度为0.67～1.6MPa。为了给底柱回采创造安全条件，下部2～3个分层采用胶结充填，以上分层用尾砂充填，接近顶柱的用分条接顶充填，回采结果矿石损失率和贫化率在10%左右。

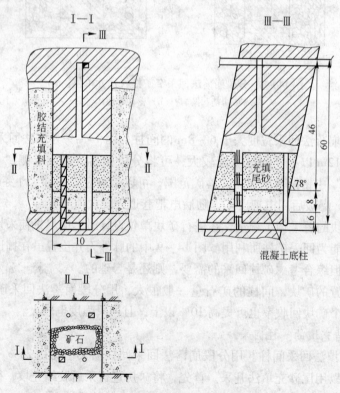

图14-10　水平分层尾砂充填法回采间柱示意图（尺寸单位：m）

（2）VCR 法回采间柱。凡口铅锌矿曾用胶结充填法回采矿房，并在我国成功应用 VCR 法回采间柱，其方案如图 14 – 11 所示。

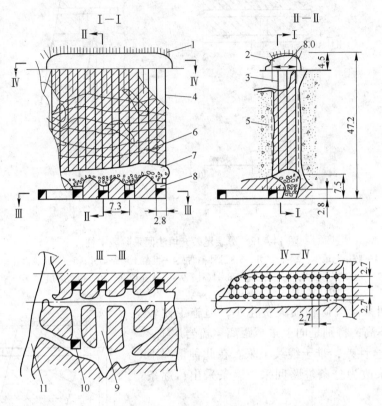

图 14 – 11　凡口铅锌矿用 VCR 法回采间柱实例（尺寸单位：m）

1—锚杆金属网支护；2—凿岩硐室；3—深孔；4—移位计孔；5—矿房胶结充填体；6—分层崩落线；
7—拉底空间；8—漏斗；9—装矿巷；10—溜井；11—下盘阶段运输巷

矿房作垂直走向布置，宽 8 ~ 10m，长 38m；间柱宽 6 ~ 10m；顶、底柱高均为 4 ~ 6m。矿房用混凝土胶结充填，3 个月后强度为 4.5 ~ 7.6MPa，充填体部分接顶。

间柱用 VCR 法回采，取拉底层高 3m，落矿层高 32m。整个落矿层，分七层落矿，下部先采六层，每层高 3.7m；最后一次顶层落矿高度为 9.6m。落矿采用配 COP – 6 冲击器的 ROC – 306 型潜孔钻机，孔径 165mm，孔间距 3.5m。落矿中对爆破地震波与钻孔位移都作了监测，并按 VCR 法工艺逐项测算调整。矿石用铲斗容积 0.83m³ 的 CT – 1500 型铲运机运出。

间柱空场采后一次充填，底柱以上 3m 高度用尾砂胶结料，余下部分用水砂或废石充填料。

用 VCR 法回采间柱，不仅安全可靠，而且也获得了比较好的技术经济指标：凿岩效率达 20.2m/台班；单位炮孔崩落矿石量为 24.8t/m；单位炸药耗量 0.28kg/t；大块率 1.31%；采场综合生产能力 161t/d；矿石回收率 97%；矿石贫化率 8.4%。

（3）用水平分层充填法回采阶段矿柱。阶段下部是胶结充填体，上部为覆盖岩石的阶段矿柱，这时也可用水平分层尾砂充填法回采。其布置如图 14 – 12 所示。

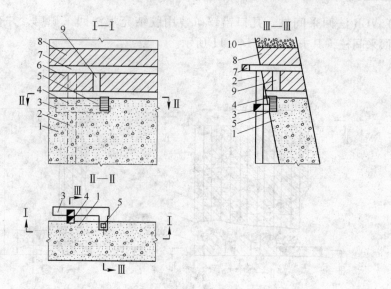

图 14 - 12　分层尾砂充填法回采阶段矿柱

1—胶结充填体；2—溜矿井；3—脉外平巷；4—混凝土顺路溜井；5—顺路脱水井；
6—顶柱；7— 阶段巷；8—底柱；9—行人充填井；10—覆盖岩层

充填法回采阶段矿柱损失贫化小，但施工比较复杂，效率不高，特别是向上采至距离覆盖岩层 1 ~ 2m 处，因安全性差，难于继续上采。在此种情况下宜将分层回采改为分条进路回采，逐条采出，逐条充填。

为了提高效率，简化工艺，也可对胶结充填矿房的顶底柱采用水平深孔落矿回采，如图 14 - 13 所示。

回采时，顶底柱分 2 ~ 3 次落矿。第一次崩落顶柱和上水平巷道高处的矿石，崩下后先将这部分矿石放出，尽量减少覆盖岩层的下放矿；然后再崩落底柱矿石。底柱矿石留在覆盖围岩下放出。

矿房胶结充填、矿柱用水平分层尾砂充填或 VCR 法采后充填，可将矿石损失率减少到 4%，并提高出矿品位；但其效率低，成本高，需有专门的充填系统配合。

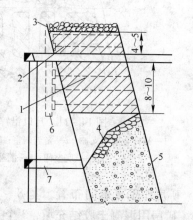

图 14 - 13　深孔落矿回采阶段矿柱

（尺寸单位：m）

1—第一次深孔落矿；2—第二次深孔落矿；
3—覆盖岩层；4—尾砂草袋堆；5—胶结充填料；6—深孔硐室；7—放矿巷道

14.3　采空区处理和利用

14.3.1　采空区处理和利用概述

14.3.1.1　采空区处理的必要性

从岩体力学中已知，岩体开挖以后，采空场周围岩石的原始应力平衡状态受到破坏，导致应力重新分布，形成次生应力场，在一些部位出现应力集中，而在另一些部位形成应力降低区，并在邻近空场的岩体内产生压力支撑带。

岩体次生应力场对采空场稳固性影响有两种可能性：一种是随着时间的推移和采空区扩大，岩石移动变化已逐渐结束或处于安全限度以内，采空区趋于稳固，在这种情况下只要辅以监测手段，采空区是可以安全利用的；另一种是随着时间推移和采空区的不断扩大，应力超过岩体的强度极限，岩石移动量超过安全限度，导致顶板下沉、底板隆起、侧帮突出、岩石剥裂等现象发生，并可能发展成岩石离层和崩落，甚至引起岩石自爆等。大面积采空区岩石突然崩落，会破坏矿山生产，危及人身安全。实践经验表明：大规模地压活动，会导致井巷设施破坏，造成重大人身安全事故；较小的地压活动，也可能导致生产失调和资源损失。

针对这两种可能性，必须对采空区给予不同的处理原则。对稳固的采空区应尽量争取加以利用，以创造可能的经济效益；对预计失稳的采空区应及时处理，以消除其危害或隐患。

在矿山开采设计中，若选择采后留有采空区的采矿方法，应同时制定采空区处理方法或计划。在生产中，必须按计划及时进行处理。我国政府对矿山的地压活动危害非常重视，除了科研单位外，很多矿山也都有专职人员从事这方面的工作。

14.3.1.2　影响采空区地压活动的因素

(1) 采空区的大小和形态。采空区的大小和形态，对形成次生应力场有影响，也对采空区的地压活动有直接影响。

据现场观察表明：在急倾斜薄矿脉的"留矿"法采空区中，岩石移动、夹墙倒塌，都是以邻近的密集采空场为基础的。因为矿脉越密集，空区的间距就越小，夹墙越薄，其稳固性也就越差。厚矿体和水平缓倾斜矿体中的采空区冒顶和岩石移动事故，大多数首先发生在大的采空区中。

(2) 原岩应力和开采深度。剧烈的地压活动，一般在开采深度较大条件下才发生，因为采空区周围岩石中的原岩应力随开采深度增加而变化加大。当开采到一定深度时，便会在大采空区发展成大地压活动。

以水平应力为主的地质构造应力场对采空区的破坏地压活动，大于重力应力场。

(3) 薄弱地质构造。薄弱构造及裂隙分布多半在断层、岩脉构造破坏等地区，当采空区破坏岩体应力平衡后，构造弱面便成为围岩移动带和地压活动带。我国许多矿山的突破口都是从薄弱地质构造开始的。

(4) 时间因素。采空区形成后，其中的夹墙、矿柱和上下盘岩石在荷载作用下会发生变形。当变形超过一定限度时，就会出现表面剥裂直至破坏。采空区的长期暴露，就是出现井下破坏性地压的因素。

岩体因受力作用而达到破坏所经历的时间，与岩体的力学性质有关。有的矿山岩体的力学性质较差，从采空区形成到出现破坏性地压活动，只需 2~3 年时间，甚至还短；有的岩石质地坚韧稳固，需要经历 7~10 年或更久时间。

(5) 岩石的物理学性质和稳固性。矿床的围岩坚韧稳固，对回采工作的安全是有利的。但是，也正因为它坚韧稳固，上盘崩落困难，积蓄应变能的能力强，在采空区体积不断扩大且不作处理的情况下，所积蓄的应变能一旦释放，便会造成大面积的夹墙或矿柱倒塌。出现大规模破坏性地压活动的围岩往往是极坚硬的。相反，如果围岩软弱，岩体中有软弱夹层或构造破坏，则在采空区形成后，就容易出现顶板垮落，矿柱碎裂倒塌，井巷开裂塌落等。地压活动，首先是从构造弱面或软夹层中开始的。软弱围岩大面积突然来压的可能性比坚硬稳固岩体小。

（6）矿柱回采情况。在采空区范围不太大条件下，采区留下阶段矿柱和间柱可以对上下盘岩石和夹墙起支撑作用，借以保证回采工作的安全和保护下部巷道。当采空区不断扩大和开采深度不断增加以后，矿柱会因应力集中和蠕变使其中的应力超过其极限强度而出现剥落、裂缝，进而发展成较大的变形和破坏。同时，矿柱的刚性如果比周围岩石的刚性大，由于应力集中而使其中的应力超过其极限强度时，就会向周围岩石释放应力而使巷道开裂、变形和垮落。一旦一个矿柱被破坏，应力集中便会向未破坏的矿柱转移，从而使尚未破坏的矿柱也因应力突然增长而破坏。

这种连锁反应如果连续进行，就会造成大范围的采空区塌落和岩层移动。

（7）岩石的含水性。有许多岩石，其强度能被水削弱，甚至可以使之破坏。我国东北地区有些矿山的岩层移动和顶板冒落，一般都发生在每年3~4月的解冻期或6~7月的雨季。

（8）落矿方式。在井下进行大爆破的矿山，岩体强度和结构遭到的破坏较大，产生的裂隙多而深。云南一些新中国成立前用手工开采的采空区能维持至今，而在规模相近矿体中用大爆破回采的空区却早已垮落。

（9）相邻采空区的处理方法和质量。若相邻采空区充填体较大、连接顶板程度好时，对采空区稳固有利。相邻采空区处理不好，仍有较大的地压活动时，对采空区稳定不利。

上述因素，对地压活动影响是综合的。需因时因地、因条件具体分析。此外，个别矿山尚存在一些特殊因素，如地震的影响等。

14.3.2　采空区的处理方法

采空区处理方法，一般分为三大类：充填法、崩落围岩法和隔离法。

14.3.2.1　充填法

用充填法来处理采空区的方法，是指用外来材料，对采空区进行采后充填。

充填体能降低岩石移动幅度，减少地表沉降值，并防止上部围岩崩落时产生的冲击载荷和空气冲击波对下部阶段的危害。充填体的侧压力可以改变矿柱应力状态，提高矿柱支撑能力。

（1）充填法处理采空区的优点。

1）能保持围岩和夹墙的稳定性或限制其移动幅度；

2）有利于提高矿柱回收率和减少矿石的损失；

3）有利于保护上部回风系统的巷道，消除地表崩落带来的危害；

4）利用尾砂充填采空区，可减少地表尾砂池容积；采用废石充填，可简化地表废石场设施。

（2）充填法处理采空区的缺点。

1）需要建立专门的充填系统，配备充填人员，费用高；

2）不利于深部地压的应力释放。

14.3.2.2　崩落围岩法处理采空区

这种方法的实质是，矿房回采时，及时回采矿柱，使围岩自然冒落；如果开始时围岩不能自然冒落，则用中深孔、深孔或药室强制崩落采空区围岩或采空区间夹墙。通过围岩崩落，释放应力，改变应力集中部位，将承压带转移到采空区周围较远处的岩体中，使岩体中的应力达到新的对回采工作无安全威胁的相对平衡状态。目前国内外矿山都尽量根据采空区具体情况，利用矿山岩体力学原理进行自然崩落围岩处理采空区，而尽可能避免采用强制放顶。

崩落围岩，使生产阶段与上部陷落区之间隔有相当厚的废石垫层，这种垫层可以缓冲上部围岩冒落时的冲击载荷和隔绝空气冲击波。

与充填法比较，这种方法的成本较低，能较主动的控制地压活动，但只能用于地表允许崩落和地表崩落所造成的危害可以控制的条件下。

近年来，国外有用应力释放法来处理采空区的，即通过观测手段找出矿山的应力集中部位，用爆破方法使应力释放，借以解除地压可能造成的危害。

14.3.2.3　隔离法

(1) 隔离法的两种应用情况。隔离法，根据采空区情况的不同分为两种：

1) 对孤立分散的小采空区隔离的方法。此法常用于处理矿体相距较远，围岩崩落后不会影响井下主要巷道的孤立小矿体的采空区。具体做法是，在采空区附近开掘一条通向地表的"天窗"，然后用坚实的密闭墙密封通向生产区域的一切通路。当围岩突然崩落时，空区内的空气冲击波由"天窗"冲至地表。

2) 对连续或基本连续的大矿体中设置隔离带的方法。此法是在基本连续的大矿体中间设隔离带，隔离带可以是大条带形矿柱、大夹石带、无矿带或高强度的混凝土充填体，以隔离其两侧采空区次生应力场的相互影响和叠加。

(2) 设置隔离带位置的作用。

1) 切断各主要采空区的连续性，隔离或减小作业区段内应力集中，控制地压活动范围；

2) 避免围岩大面积暴露时冲击波的危害；

3) 拦截上部涌水，使其不进入下部采空区。

(3) 选择隔离带位置应考虑的原则。

1) 留隔离带造成的矿石或金属量损失最小；

2) 当设置胶结充填人工隔离带时，要设置在充填量少的部位；

3) 隔离带要设置在矿体倾角平缓或急倾斜转折的区段；

4) 隔离带要设置在矿岩较稳固，地质构造破坏小的区域；

5) 隔离带应设置在能尽快达到控制地压活动的区段；

6) 隔离带应设置能拦截上部涌水和便于排水的阶段。

14.3.3　采空区处理方法的比较

14.3.3.1　不同空区处理方法对矿柱与围岩应力的影响比较

国外曾用光弹试验方法，对急倾斜厚矿体中矿柱支撑的采空区、充填采空区和崩落法处理的采空区对下部阶段顶柱和围岩应力的影响进行研究，得出如下结论：

（1）矿柱支撑围岩，顶柱切应力和拉应力大，围岩应力集中大，采空区易失稳。

（2）崩落围岩完全消除或显著降低顶柱中的拉应力，从而大大提高下部阶段顶柱的稳固性；

（3）与未充填对比，充填采空区后顶柱垂直应力不仅没有减小，反而有所增加，但是拉应力有所下降，其幅度没有崩落围岩时的大。

由此而见，在保持采空区稳定性方面，充填采空区优于矿柱支撑采空区，但却都不如崩落围岩效果显著。

14.3.3.2　技术经济比较

湿式充填与崩落法处理空区的技术经济对比，见表 14 – 10。

表 14 – 10　湿式充填与崩落法处理采空区的技术经济对比

比 较 项 目	湿式充填处理采空区	崩落围岩处理采空区	备注
劳动生产率	低 30% 以上	高	
生产规模	低 40% 以上	大	
损失率	低 5% ~ 10%	高	
贫化率	低 5% ~ 10%	高	
金属总回收率	高 5% ~ 10%	低	
原矿成本	高	低	
企业总生产费用	高 20% ~ 30%	低	
基建投资	建立充填系统，基建费用大	小	
设备需用量	多	少	与矿石的可选性有关
材料、动力消耗	风、水、电、水泥等消耗多	炸药消耗多	
建设速度	慢	快	
地压控制	围岩移动幅度小，可保护地表	围岩要及时崩落	
工艺与管理	较复杂	简单	
文明生产条件	较差	雨季时差	
防火条件	好	不能预防	
人员编制	多	少	
工业场地	大	小	
对矿体的适应性	强	差	

应当指出，采空区处理方法的比较不应离开矿山具体条件。为了选定合理的采空区处理方法，必须结合各矿情况进行综合对比。例如某矿山，开采已 50 余年，老空区情况不明，无法进行采空区处理设计。矿山根据具体情况，一方面积极探明采空区，另一方面开展宏观与微观连续监测，最后探明已基本自然崩落，不足以威胁下部阶段生产，为此避免了盲目投资。

14.3.4 采空区的利用

井下稳固的采空区，内部气候恒温恒湿，适应人工生活所耗费的能源很少，国外有的将闭坑矿井改造成地下疗养院或仓库等，获得很好的经济效益。我国有的矿山对稳固采空区的利用尚局限于为矿山本身生产服务，但就如此也取得较好的效益。目前已作的利用有如下几个方面：

（1）作废石场或废石仓。用采空区代替地面堆场，可使废石不出坑；少占地面土地，还能加强相邻采空区的稳固性。

（2）作尾砂库。地表建库占地多，投资大，尾矿坝受自然灾害威胁大（例如洪水、地震等）。利用采空区作尾矿库既可解决尾砂堆放难的问题，防止流失和污染环境，又能起到充填采空区的作用。

（3）作井底车场或硐室。有的矿山利用采空区来作为井底车场、卷扬机房、机修硐室、井下材料库、井下会议室等。

（4）作水仓。既可作为井下排水仓，也可作储水仓；地下储存水可以做矿山工业生产用水或生活用水。

复习思考题

14-1　正确选择的地下采矿方法必须满足哪些基本要求？

14-2　影响采矿方法选择的因素中，哪些是决定性因素，哪些是控制性因素，为什么？

14-3　进行地下采矿方法的选择设计必须掌握哪些基础资料？

14-4　地下采矿方法的选择一般分几个步骤，每一步骤需要达到什么要求？

14-5　采出矿石成本有几种算法，企业设计中常用哪种，它有哪些计算项目？

14-6　通过分析采矿方法选择示例，能学到这门课程哪些方面的知识？

14-7　采矿方法单体设计有几种形式，采矿单体设计包括哪些主要内容？

14-8　"采准"设计主要解决哪些问题？

14-9　回采设计主要解决什么问题？

14-10　从贯彻《矿产资源法》角度讲，矿柱回采有什么意义？

14-11　回采矿柱有哪些方法，有些国家为何用联合采矿法来处理矿柱？

14-12　为什么要强调及时有计划地进行矿柱回采和采空区处理？

14-13　采空区处理的重要性何在，它与矿柱回采究竟有何关系？

14-14　哪些采矿方法嗣后需要空区处理，哪些已经在回采中进行了处理？

14-15　井下采空区有哪些工业用途？

14-16　影响采空区地压活动的因素有哪些？

第5篇

金属矿床露天开采

金属矿床开采，除了地下开采还有露天开采。但是，露天开采在什么条件下使用？其基本工艺是怎么展开的？开采境界又怎么确定？露天采掘进度计划应怎么编制？本篇针对这些问题学习露天开采的基本概念、露天开采的生产工艺、露天矿的开拓方法、露天开采境界、露天采矿能力与采掘计划这五章内容（露天采矿场的边坡治理问题，在矿山安全与环境保护中讲述）。

 15 露天开采的基本概念

【**本章要点**】露天开采的特点、应用状况与发展方向、基本概念、开采步骤、发展程序

15.1 露天开采的概述

金属矿床中，依照矿床赋存条件，有的矿床规模大、埋藏较浅，甚至出露地表。对这种矿床的开采，只要将上面覆盖的岩土层和两盘部分围岩剥离掉，而不需掘进大量的井巷工程，就可从地面直接挖掘出有用矿物。这种直接从地面挖掘出有用矿物的开采方法，就是露天开采。

15.1.1 露天开采的特点

露天开采与地下开采相比较，具有以下突出优点：

(1) 建设速度快。从国内外建设金属矿山的情况看，建设一个年产 100 万吨以上大型露天矿，一般需要 2~4 年时间，最快的只有几个月即可建成投产；而建设同样规模的地下矿山，因为受地下掘进条件限制，其基建时间要增长一倍左右。我国大中型露天矿基建时间一般为 3~4 年，而大型的地下矿基建时间则要 7~10 年。而且一般大型露天矿的基建投资，也比地下开采要低 1~3 倍。

(2) 劳动生产率高。露天开采生产空间受限少，这为采用大型或特大型矿山设备并实行机械化生产创造了有利条件。所以开采强度较大（目前我国的大中型露天矿山已经普遍使用 4~6m³ 电铲，个别大型露天矿还使用 6~13m³ 电铲；国产穿孔设备孔径已达 ϕ380mm，一次连续钻进 16.5m；运输采用的汽车也大都在 30~60t），劳动生产率比地下开采高出 2~10 倍。

（3）安全生产条件好。这对于开采高温、易燃矿体和涌水量大的矿床，特别具有实用性和针对性。

（4）矿石损失贫化小。金属矿床露天开采，一般矿石损失率为 3% ~ 5%，贫化率为 5% ~ 8%；而地下开采的矿石损失率为 15% ~ 25%，贫化率也在 3% ~ 15%；所以对充分回收地下矿产更有利。

（5）开采成本低。金属矿露天开采的成本，仅为地下开采成本的 1/3 ~ 1/2。这对开采低品位的矿石更有利，因而可促进大规模开采低品位矿石。

露天开采与地下开采相比，存在的问题是：

（1）占用土地多，环境污染重。露天开采破坏或污染的范围，远比地下开采大；对农作物、大气、水和土壤都有污染。

（2）受气候的影响大。暴雨、飓风、严寒或酷热等气候条件下会影响生产，露天开采每年都有一定的停产时间。

（3）初期投资大。初期投资包括购置大型采掘运输设备、征购土地及初期基建、剥离、修路等。

15.1.2　露天开采的现场应用情况及其发展方向

露天开采在经济和技术上的明显优越性，决定了它在开采领域具有优先发展的趋势。因此，在有条件采用露天开采的情况下都应首先采用。但是露天开采，并不是在一切条件下都是合理的。从矿山设计和技术经济方面衡量，露天开采成本高于地下开采和深部矿床开采时就要用地下开采。

根据有关部门对我国开采各类矿石的 1500 个露天矿统计，铁矿露天开采的比例为 86.4%，黑色冶金辅助原料用露天开采的为 90.5%，有色金属矿石用露天开采的为 49.6%，化工原料矿石用露天开采的为 70.7%，而建筑材料用露天开采的为 100%。

我国现有露天矿生产的开采程序比较单一，主要采用缓工作帮、全境界开采方式。铁矿和煤矿绝大多数采用工作线呈平行走向分布，垂直走向推进的纵向开采方式，少数露天铁矿采用工作线沿着走向推进、横向开采方式；有色金属矿山一般采用分期开采和分区开采。

露天矿开拓的核心问题是运输方式。目前采用的开拓方法主要有铁路运输、公路运输、铁路与公路联合运输、平硐溜井—汽车—箕斗联合运输、汽车—破碎机—带式输送机联合运输等。

穿孔是坚硬矿石露天矿的主要生产环节之一。目前，我国金属露天矿钻孔主要采用孔径 250mm 的牙轮钻和 200mm 的潜孔钻，部分矿山使用孔径 310mm 的牙轮钻和孔径 250mm 的潜孔钻。在矿岩硬度比较大的露天矿，有用牙轮钻替代现有潜孔钻机的趋势。

近年来，我国露天矿在爆破技术和新型炸药研制方面也取得较大进展。在爆破技术方面推广应用大区微差爆破、压渣爆破、减震爆破和光面爆破。在露天矿基建剥离时，成功进行了万吨级大爆破和数十次百吨级和千吨级的大爆破，掌握了在各种复杂条件下进行松动爆破、抛掷爆破及定向爆破的技术。在炸药加工方面，成功研制出了多种铵油炸药、多孔粒状铵油炸药、乳化炸药和防水浆状炸药。

我国露天矿一般采用 1 ~ 4.6m³ 挖掘机进行采装。这种挖掘机对大型露天矿来说，规格小，效率低，全年效率一般为 100~120 万吨。目前少数大型露天矿采用 $6m^3$ 和 $7.6m^3$ 挖掘机装载，全年效率可达 400 万吨左右（目前世界上最大的露天铁矿年产量已经超过 6000 万吨）。

露天铁矿运输采用 80t、100t 和 150t 的电机车和载重 60t 的翻斗车。汽车运输一般使用载重 20~40t 级的自卸汽车。少数矿山使用了 100t 级的电动轮机车，个别矿山还引进 170t 载重汽车。

目前我国生产铁矿石近 2.5 亿吨，其中约 75% 是用露天开采。有色金属矿山露天开采的约占 50%；而建筑材料矿山全部采用露天开采。美国，铁矿石露天开采占 90%，有色金属矿露天开采占 88%。近些年国内外部分大型露天矿的生产能力统计，见表 15-1。

表 15-1 国内外部分大型露天矿统计资料参考表

矿 山 名 称	储量/万吨	设计生产能力/万吨·年$^{-1}$
美国双峰铜矿	44700	1370
加拿大卡罗尔铁矿	200000	4900
加拿大赖特山铁矿	180000	4450
澳大利亚纽曼山铁矿	140000	4000
前苏联南部采选公司	145000	3050
前苏联朱哈依洛夫矿	23370	1000
中国南芬铁矿	34000	1000
中国大孤山铁矿	18000	600
中国白云鄂博东矿	17220	600

露天开采技术的发展方向是：开采规模大型化、工艺设备大型化、工艺连续化和半连续化、开拓方式多样化和强化开采；扩大电子计算机、系统工程等学科在露天矿设计、规划和生产中的应用，以便选择最优方案；并使生产管理现代化。

15.2 露天开采基本概念

15.2.1 基本术语

（1）露天矿。露天矿是指用露天开采方法开采矿石的矿山企业，有时是指露天采矿场。

（2）露天采矿场。露天采矿场是指使用矿山采掘机械设备进行剥离与采矿的场所。它是由露天开采所形成的采坑、台阶和露天沟道的总称，如图 15-1 所示。

（3）山坡露天采矿场与深凹露天采矿场。露天采矿场，根据矿床矿体埋藏的地形条件，分为山坡露天采矿场和深凹陷露天采矿场。它们是以露天开采境界封闭圈划分的。封闭圈以上，称为山坡露天采

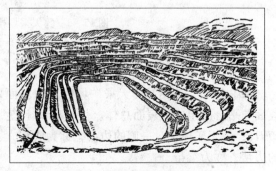

图 15-1 露天采矿场示意图

场，封闭圈以下称为深凹露天采矿场，也称凹陷露天采矿场。两种露天采矿场的横剖面，如图15－2所示。

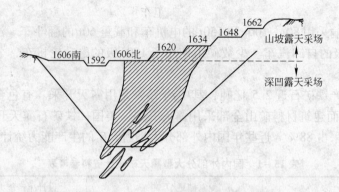

图15－2　山坡露天采矿场与深凹露天采矿场示意图

（4）露天矿田。露天矿田是划归一个露天矿开采的矿床范围或其中一部分。

（5）剥离。为揭露矿体，而将表土及围岩采出称为剥离。矿体上面的表土和围岩统称为剥离物。

15.2.2　露天采场的构成要素

（1）露天开采境界。露天开采境界，系指露天采场开采某时期或开采终了时的空间轮廓。开采境界有最终开采境界和分期开采境界之分。开采境界包括：地表境界线、边帮和底部境界线。采矿场边帮与地表轮廓的交线，称地表境界线（如图15－3中的A、B为地表境界线描绘点）。露天采矿场边帮与露天坑底的交线，称底部境界线（如图15－3中的G、H为露天坑底境界线描绘点）。

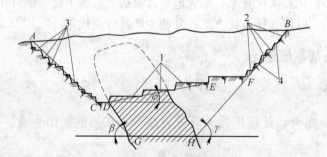

图15－3　露天采场构成要素示意图

1—工作平盘；2—安全平台；3—运输平台；4—清扫平台；

β，γ—最终边坡角；φ—工作帮坡面角

（2）边帮。边帮是露天采矿场四周的坡面，亦是由采场内各个台阶坡面、倾斜干线坡面与平台所组成的表面总体。位于矿体上盘一侧的边帮，称为顶帮（如图15－3中的BFD）；位于矿体下盘一侧的边帮，称为底帮（如图15－3中的AC）；位于矿体走向两端的边帮，称为端帮。

边帮根据其工作状态不同，又分为工作帮与非工作帮。由正在进行开采的和将要进行

开采的工作台阶所组成的边帮或边帮的一部分，称为工作帮（如图 15 – 3 中 CE）。工作帮的最上面和最下面一个台阶的坡底线所连成的假想斜面，称为工作帮坡面（如图 15 – 3 中 DE）；工作帮坡面与水平面的夹角 φ，称为工作帮坡面角。

由结束采掘工作的非工作台阶组成的边帮或其一部分，称为非工作帮（如图 15 – 3 中 AC 及 BF）；通过非工作帮最上部一个台阶坡顶线与最下部一个台阶的坡底线所连成的假想斜面，称为非工作帮坡面，（如图 15 – 3 中 AC 及 BF）；非工作帮坡面与水平面夹角，如图中 β 和 γ，称为非工作帮坡角或最终边坡角。

工作帮的位置，是随开采工作的进行而不断移动的；而非工作帮的位置一般是固定不变动的。非工作帮坡面代表露天采场边帮的最终位置，因此必须保持稳定。

（3）台阶。台阶也称阶段，是开采过程中，为适应采掘设备及运输设备的正常作业要求，将覆盖层、围岩及矿体划分成一定高度的分层。台阶是露天采场的基本构成要素之一，是进行独立剥采作业的单元。露天采矿场就是由一系列保持一定超前关系的台阶组成，它的空间形态为阶梯状。台阶通常是以其下部平台的标高来命名，如图 15 – 4 中挖掘机工作的台阶，就称为"0m 台阶"。

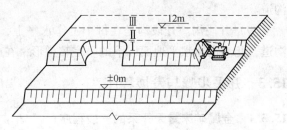

图 15 – 4　台阶的命名和采掘带、采区示意图

台阶构成要素，如图 15 – 5 所示。台阶上下为工作平台，或称工作平盘；台阶朝向采空区一侧的倾斜面称为台阶坡面，它与水平面的夹角称为台阶坡面角；台阶上部的平台与坡面的交线称为台阶坡顶线，台阶下部平台与坡面的交线称为台阶坡底线；上下平台之间的垂直间距称为台阶高。

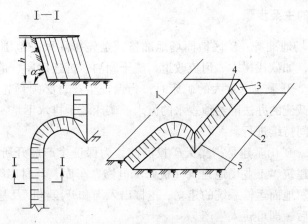

图 15 – 5　台阶基本构成要素示意图

1—上平台；2—下平台；3—台阶坡面；4—坡顶线；5—坡底线；
h—台阶高度；α—台阶坡面角

（4）非工作帮平台。非工作台阶上面的平台，按其用途不同，分为安全平台、清扫平台和运输平台。

安全平台：是为保持最终边帮的稳定和阻截滚石下落而留的平台，平台宽度约为台阶高度的 1/3，它有助于减缓最终边帮坡角。

清扫平台：是非工作帮上供清扫设备清除落石而留下来的平台，每 2~3 个台阶设置一个。

运输平台：是工作台阶与出入沟间，供运输联系用的平台。

（5）开采深度。开采深度是指露天采矿场内开采水平的最高点至坑底的垂直深度。

（6）采掘带。采掘带是指工作台阶上按顺序采掘的条带，如图 15-4 中的 Ⅰ 和 Ⅱ。

（7）采区挖掘工作线长度。指沿采掘带长度方向划分的采掘区段，每一采区配置一台采掘运输设备。

（8）出入沟。出入沟是连接地面与工作水平之间以及各工作水平之间的倾斜运输沟道。

（9）开段沟。开段沟是在每个工作水平上，为了开辟新的开采工作线而掘进的水平沟道，此沟道在水平地面以下的呈完整梯形，在山坡上的呈单侧沟形。

15.3　开采步骤与发展程序

15.3.1　金属矿床露天开采的一般程序

露天矿床经过勘探确定储量后，要进行可行性研究评定后再设计。矿山开采工作的第一步工作是进行露天矿的基本建设，它包括：选矿基础设施建设、矿区的地面场地准备、疏干矿床与防排水等；而基建工程包括：开拓与剥离，直至达到一定的矿石量储备后投入生产。

露天开采的主要工艺是：穿孔爆破—装载—运输—排土；辅助工艺有机械设备检修、动力供应、二次破碎及线路变移等。待开采终了，还需要开展地表的恢复利用工作。

15.3.2　露天开采的主要步骤

（1）矿区地面场地准备。矿区地面场地准备，是先排除开采范围内和基建地面设施地点的各种障碍物，如砍伐树木、河流改道、疏干湖泊、拆迁房屋、道路改线等。

（2）疏干排水。开采地下水大的矿床时，为保证生产，必须预先排除开采范围以内的地下水，并采取截流的办法隔绝地表水的流入。矿床疏干排水不是一次完成，而是要在露天矿整个开采期间持续进行。

（3）矿山基建。矿山基建是指露天矿投产前，为保证生产展开所必须完成的全部工程。它包括供配电建筑、工业场地建筑（机修、电修、车库、器材库等）、破碎筛分场地建筑、排土场建设、地面运输系统的建立、挖掘出入沟和开段沟以及基建剥离工程等。当基建达到一定程度后，即可转入生产。

（4）露天矿生产。露天矿生产，是按一定顺序和生产过程进行的。三个重要工程是掘沟、剥离和采矿，并按从上向下不断超前顺序进行。每个过程生产工艺基本相同，都包括穿孔爆破、采装、运输及排土工作。

（5）地表的恢复利用。地表的恢复利用，是把被露天开采所占用和破坏的土地进行治理恢复，以供农业继续利用。覆土造田不仅是露天开采一个重要环节，更重要的是可以保护环境，促进生态平衡。

上述步骤，在露天矿工作初期依次进行。以后同时并进，但在时空上保持一定超前关系。露天开采必须遵循"采剥并举，剥离先行"的方针。违背这个方针，正常生产秩序就会遭到破坏。

15.3.3　露天开采的工程发展程序

从露天采矿场采出的矿石和岩石，是按一定的工艺过程来实现的，这些工作称露天矿山工程。露天矿山工程，按施工对象分为剥离工程和采矿工程；按施工形式又分为掘沟工程和推帮工程。在正常情况下，露天矿山工程的发展必须符合程序。

对一个台阶，矿山工程的发展首先要挖掘出入沟，如图 15-6 中 *ABCD* 部分。然后在此基础上开掘开段沟 *EFGH*，并铺设运输线路。当开段沟掘至一定长度或工作线全长之后，在沟的一侧或两侧布置工作面 *FHIJ* 进行推帮，即采矿或剥离。

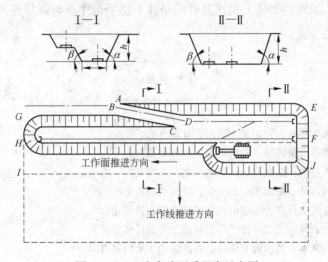

图 15-6　一个台阶开采程序示意图

对上下两个台阶而言，当上一台阶的推帮工程进行到一定位置后（图 15-7 中推进 *B* 距离），便可进行下一台阶的掘沟和推帮，于是矿山工程便从第一个台阶延深到第二个台阶（*AECD*）。以后各台阶的延深均按此程序进行，直至延深到露天矿最终开采深度。

由此可见，从施工形式来看，露天开采工

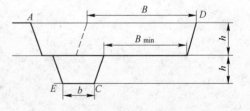

图 15-7　上下台阶工程发展示意图

程的发展，是在露天开采境界内自上而下按照一定分层进行不断掘沟及推帮（扩帮）的过程。

同一开采水平内掘出入沟、开段沟和推帮，先是依次进行，随后部分工程可以平行；工作线推进方向是从最初开段沟位置，不断从沟内一边向外推进，一直到最终开采境界。

上下开采水平之间，上部水平的"推帮"与下部水平掘沟工程保持同时进行。采场轮廓逐步由小到大、由浅至深，直至在露天矿最终境界范围内开采终了为止，如图 15-8 所示。

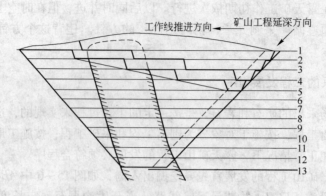

图 15 - 8　露天开采工程发展示意图

　　组织露天开采工程，实质上是在允许的条件下使平行作业时间尽量加长，以提高露天开采的延深速度。

复习思考题

15 - 1　露天开采有哪些特点，它的基本适用条件是什么？

15 - 2　何为露天矿和露天采矿场，它们有何区别与联系？

15 - 3　露天开采境界是个什么概念，研究它们有什么意义？

15 - 4　何为露天矿的边帮、采掘带、出入沟、开段沟与台阶？

15 - 5　怎么用绘图方式来将露天采场的台阶结构要素表达清楚？

15 - 6　露天剥离在什么时间进行，投产后的剥离工作有什么意义？

15 - 7　露天矿开采的基本工艺步骤有哪些，各步骤的主要内容有哪些？

15 - 8　露天开采有地下水的矿床为什么要预先疏干，治水措施有哪些？

15 - 9　用绘图方式说明露天开采工程的发展程序要清楚地表达哪些内容？

16 露天开采的生产工艺

露天开采的生产工艺，主要是穿孔、爆破；采装、运输；排土施工作业。这几项工艺，相互关联、密切配合，其中一项出现故障，都要影响其他工作的正常进行。

16.1 穿孔、爆破

穿孔、爆破，是金属矿山露天开采的首要工艺。其任务是有效地破碎矿岩，为后续采装工艺创造有利条件。金属矿山的矿岩坚硬、条件复杂，穿孔、爆破往往成为薄弱环节。提高穿孔技术，改善爆破质量，对强化露天开采，具有重要意义。

16.1.1 穿孔工作

穿孔的目的，是为爆破工作提供装放炸药的孔穴。穿孔工作质量，在一定程度上取决于穿孔方法与穿孔设备，并直接影响随后的爆破质量及采装工作。

目前露天矿使用的穿孔方法，按钻进能量或利用方式，分为机械穿孔和热力穿孔。机械穿孔适用于各种硬度的矿岩，是当前用得最普遍的方法；而热力穿孔因成本太高和存在别的问题应用很少。

露天矿穿孔设备，按其穿孔深度不同分为深孔和浅孔凿岩设备。

深孔穿孔设备主要是牙轮钻机和潜孔钻机，钢绳冲击式钻机由于操作笨重、效率低、成本高，对矿岩力学性质的适应性差，已经基本上被淘汰。

小型露天矿山的主要穿孔设备和大中型露天矿一次浅孔、二次破碎、采场边坡清理、三角岩体处理、根底消除以及露天矿硐室工程等凿岩作业，主要用凿岩机和凿岩台车。

16.1.1.1 常用穿孔设备及其选择

A 牙轮钻机

牙轮钻机由于具有穿孔效率高，作业成本低，机械化和自动化程度高，适应各种硬度的矿岩穿孔作业等优点，已被广泛使用。我国大中型露天矿穿孔作业多采用牙轮钻机，如图 16 - 1 所示。

目前已定型生产的牙轮钻机有 KY - 310 型和 KY - 250 型，正在积极研制的有 KY - 380、KY - 200、KY - 150、KY - 120 等型号。当选用牙轮钻机时，大型和特大型露天矿一般应选用孔径为 310～380mm 的牙轮钻机；中型露天矿一般应选用 150～250mm 孔径的牙轮钻机。

KY - 310 型牙轮钻机的回转、加压机构工作原理，如图 16 - 2 所示。嵌镶在牙轮上的凿齿，随着牙轮的滚动而对"孔底"岩石进行冲击→压入→挖切，被压碎和切削下来的岩屑，在持续压气吹扫下离开孔底，并沿着钻杆和孔壁之间的环形空间，被高速气流携出

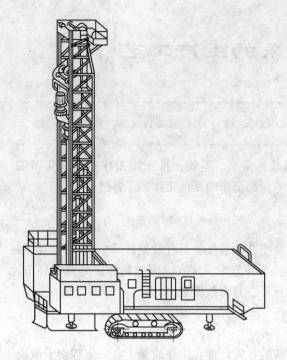

图 16 – 1　KY – 310 型牙轮钻机

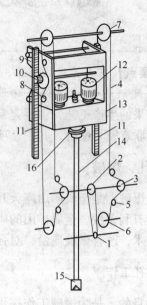

图 16 – 2　回转、加压机构工作原理图

1—主动链轮；2—从动链轮；3—架链轮；4—加压链条；
5—张紧轮；6—地轮；7—天轮；8—推压齿轮；
9—大链轮；10—推压齿轮；11—链条；
12—回转电机；13—减速器；14—钻杆；
15—钻头；16—卡体

钻孔。从而保证钻头的凿齿始终在未经破坏的"孔底"上面凿岩，以达到穿孔目的。三牙轮钻头，如图 16 – 3 所示。

　目前我国制造的牙轮钻机穿孔进尺，一般可达 4000 ~ 6000m/（台·月）；若按台·年"穿爆量"计算，可以达到 400 ~ 600 万吨以上。完全可以满足大型露天开采的穿孔需要。

　提高牙轮钻机的效率，可以从合理选用轴压和转速、加大排渣风量、增大钻孔直径以及提高工作时间利用系数等方面来采取措施。

　表 16 – 1 所列的是国产牙轮钻机型号及其主要技术性能指标。

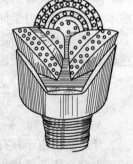

图 16 – 3　三牙轮钻头

表 16 – 1　国产牙轮钻机型号及其主要技术性能指标

技术性能指标	型　　号					
	KY – 310	KY – 250A	KY – 200	KY – 150	YZ – 55	YZ – 35
钻孔直径/mm	250 ~ 310	220 ~ 250	150 ~ 200	120 ~ 150	250 ~ 380	170 ~ 270
钻孔深度/m	17.5	17	15 ~ 21	20	16.5	17.5
钻孔角度/(°)	90	90	70 ~ 90	70 ~ 90	90	90
钻进速度/m·min^{-1}	0.1 ~ 1	0 ~ 0.94	0 ~ 3	0.17 ~ 0.34	0 ~ 0.92	1.2

技术性能指标	型　号					
	KY－310	KY－250A	KY－200	KY－150	YZ－55	YZ－35
回转速度/r·min⁻¹	0～100	0～85	0～120	45；60；90	0～120	0～90
轴向压力/kN	500	350	160	130	550	350
风压/MPa	0.3432	0.3432	0.3923	0.4～0.7	0.2746	0.2452
空压机气量/m³·min⁻¹	40	30	18	25	37	28
钻杆直径/mm	219，273	180，219，194	114，140，159	104，114，161	219，273，325	140，219
钻杆长度/m	9.13	8.98；8.95	7.55；17	9.5	不换杆	不换杆
电机总功率/kW	394	400		最大304，工作260	350	280
行走速度/km·h⁻¹	0.6	0.73	1	0.85	0～1.2	0～1.3
爬坡能力/(°)	12	12	12	14	14	15
适应岩石硬度 f	6～20	6～18	4～16	4～14	各种矿岩	8～18
钻机总质量/t	120	93	40	40	140	85
钻机工作尺寸(长×宽×高)/m×m×m	13.6×5.7×25	12.1×6.22×25	8.72×3.59×12.3	7.8×3.2×14.6	14.25×6.11×27.1	13.3×5.91×24.5

B 潜孔钻机

潜孔钻机是回转冲击式设备。它具有机动灵活，设备重量轻，价格低，穿孔角度变化范围大等优点，但穿孔效率不如牙轮钻机，目前是中小型露天矿主要穿孔设备，适用于中硬矿岩穿孔。

我国已经定型生产的潜孔钻机有 KQ－150（KY－150）、KQ－200、KQ－250 等系列。其中 KQ－150 和 KQ－200 一般用于中小型露天矿，KQ－250 可用于大中型露天矿穿孔作业。

图 16－4 为 KQ－150 型潜孔钻机的外貌。它由钻具组、回转推进提升机构、压风和除尘系统、电气系统、钻架及起落机钻具的存放和接卸机构、行走机构、司机室和操作控制系统等部分组成。钻孔时，气动冲击器潜入孔底，凿碎孔底岩石。岩石渣在气压与水的作用下排出孔外。

国产潜孔钻机的性能比较稳定，钻孔进尺约 2000m/(台·月)，一台潜孔钻机的年"穿爆量"可以达到 60～150 万吨。它既可钻凿垂直孔，又可钻凿带有一定角的倾斜孔；而且钻机价格较便宜，特别适用中小型露天矿穿孔。

潜孔钻机与牙轮钻机相比，具有如下特点：

(1) 转速比牙轮钻机低 40%～100%；

(2) 台年爆破量为牙轮钻机 ±1/3；

(3) 穿孔成本为牙轮钻机的 70%；

(4) 由于潜孔钻机孔径较小，爆破下来的矿石、岩块便于小型挖掘机采装。

国产潜孔钻机的型号和主要技术性能指标，列于表 16－2。

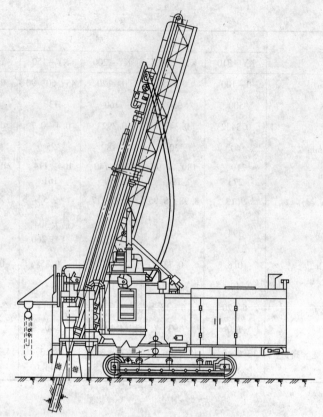

图 16 - 4　KQ - 150 型潜孔钻机

表 16 - 2　国产潜孔钻机型号及主要技术性能指标

技术性能指标	型　号				
	KQ - 250	KQ - 200	KQ - 150	KQD80/120（多方位潜孔钻）	SQ - 100J
钻孔直径/mm	230 ~ 250	200 ~ 220	150 ~ 170	80 ~ 120	80 ~ 127
钻孔深度/m	16	17.8 ~ 19.3	17.5	20	30
钻具转速/r · min^{-1}	17.9, 22.3	17, 13.5, 27.2	29.2, 21.7, 42.9	35, 45, 53, 67, 77, 115	33
推进行程/m	16	6	9	2 ~ 5	
钻杆直径/mm	219, 203	168	133	60	
钻杆长度/m	8.5	10.2, 9.5	9	2, 3, 5	3
冲击器型号	C230, C250	J - 200	C - 150B	C80, C100	
冲击频率/次 · min^{-1}	850, 650	790		1650 ~ 1900	
使用气压/MPa	0.5 ~ 0.6	0.5 ~ 0.7	0.5 ~ 0.6	0.5 ~ 0.7	0.6, 1.0, 1.5
总耗气量/m^3 · min^{-1}	30	20 ~ 25	15.4	9	12 ~ 17
电机最大容量/kW	316	331	58.5	30	
电压/V	6000	3000, 6000	380	380	
行走速度/km · h^{-1}	0.77	0.755	1	1	2
爬坡能力/(°)	10	14	14	25	17
钻机质量/t	45	41.6	14	8	5.2
钻机工作尺寸（长×宽×高）/m×m×m	10.2×5.93×21.3	9.76×5.74×14.4	6.59×3.13×12.9	6×2.52×2.77	5.61×2.6×2.5
耗水量/m^3 · 班$^{-1}$	3 ~ 5	3 ~ 4	1.5 ~ 2	1 ~ 1.5	1.5 ~ 2.5

16.1.1.2　提高穿孔设备效率的途径

穿孔设备效率，直接关系露天矿的生产能力和采出矿石成本，必须采取措施提高设备
效率。

A　提高牙轮钻机穿孔效率的途径

牙轮钻机的生产能力和牙轮钻机的机械钻速成正比。机械钻速愈快，台班生产能力必然
愈大。而机械钻速又与钻机的轴压和回转速度成正比，而与钻头直径成反比。因此，分析轴
压、回转速度、钻头直径与机械钻速之间的关系，就成为提高牙轮钻机穿孔效率的关键。

轴压与机械钻速的关系如图 16 - 5 所示。当轴压 p
很小时，岩石仅以表面磨蚀方式进行破碎，随轴压增
大，钻速 v 呈直线增长（图中 ab 段）。随轴压继续增
大，岩石内产生疲劳破坏而出现局部体积破碎，轴压
与钻速之间的关系就改成为幂函数变化（图中 bc 段）。
当轴压增大到等于岩石的抗压强度时，此时岩石破碎
效果最好，能量消耗也最低（图中 cd 段）。过了极限
轴压 p_k 以后，因钻头轮齿整个被压入岩石内，即使再
增加轴压，钻速也不会再提高（图中 de 段）。

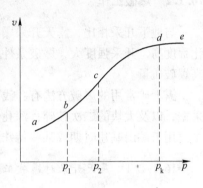

图 16 - 5　轴压 p 与钻速 v 的关系

合理的轴压可参照下式计算：

$$p = fK\frac{D_9}{D} \tag{16 - 1}$$

式中　f——岩石坚固性系数；

K——利用系数，$K = 1.4$；

D_9——9 号钻头直径，为 214mm；

D——使用的钻头直径，mm。

回转速度 n 与机械钻速间的关系也是一样。随转速加快，钻速也相应提高，但当超过
极限转速后，钻速也跟着下降。这是由于转速过大，轮齿与孔底岩石之间的作用时间太
短，未能充分发挥轮齿对岩石的压碎作用。再加转速过快，钻头磨损和钻机震动也加大，
反而给穿孔带来不良影响。

目前我国使用的 KY - 310 型和 KY - 250C 型牙轮钻机，其轴压分别为 42t 和 45t，转
速都控制在 100r/min 以内。这是根据轴压高、低转速的要求设计的。

钻孔直径 D 对钻速的影响是：随直径加大钻速下降。但钻孔直径加大以后，钻头直
径和强度能相应加大，有利于增加轴压与转速，轴压与转速增加结果，又有利于提高钻
速。从另一方面讲，增大钻孔直径，爆破网孔参数也能加大，从而能提高炮孔延米爆破量
和机台的年"穿爆量"。所以牙轮钻机设计总的趋势是采用大孔径穿孔，国外最大孔径已
高达 445mm。此外，影响机械钻速的还有排渣风量（提供孔壁与钻杆间环形空间适宜的
回风速度）以及工作时间利用系数等。

B　提高潜孔钻机穿孔效率的途径

潜孔钻机的台班生产能力，同牙轮钻机类似，与机械钻速及工作时间利用系数成正
比。但潜孔钻机的钻速主要取决于冲击器的冲击功和冲击频率。为改善冲击功和冲击频

率，常用措施是：

（1）提高风压，以改善排渣效果；

（2）采用双活塞冲击器，即在前活塞杆上串联两个活塞，分别在隔绝的两个气缸中作同步往复运动。由于推动活塞的作用面积增加，从而提高了单次冲击功和冲击频率。在同等风压条件下，双活塞的冲击频率比单活塞提高了 30% 以上，钻孔速度可提高 40% ~ 100%；

（3）采用无阀冲击器来取代复杂的专门配气机构。使用无阀冲击器可提高钻孔速度50%，冲击器的使用寿命可增加 3 ~ 4 倍。

16.1.2　爆破工作

与地下开采相比，露天开采爆破的主要特点是：台阶工作线长，工作面宽，开采机械化程度高，开采强度大，爆破条件好。在进行爆破工作时，应尽量利用这些有利因素来提高爆破质量。

露天矿常用的爆破方法有：浅孔爆破法，主要用于小型露天矿山或山头及平台的局部采掘，以及大块的二次破碎；深孔爆破法，这是露天开采最常用的爆破方法；硐室爆破，主要用于矿山基建时期或某些特殊情况下的爆破。

16.1.2.1　露天开采对爆破工作的质量要求

露天开采常以采装工作为中心组织生产，爆破质量必须满足采装工作要求。这些要求是：

（1）有足够的爆破储备量。为了保证挖掘机连续作业，要求采区工作面每次爆破的矿岩量，能满足挖掘机 5 ~ 10 昼夜的采装需要。近年来，随着大型设备和多排微差爆破技术的应用，这一要求完全可以达到。

（2）要有合格的破碎块度，以满足挖掘机铲装和粗碎机破碎。

符合挖掘机要求的最大允许块度为：

$$a \leqslant 0.8V^{\frac{1}{3}} \tag{16-2}$$

符合粗碎机要求的最大允许"块度"为：

$$a \leqslant 0.8A \tag{16-3}$$

式中　V——挖掘机斗容，m^3；

　　　A——粗碎机入口宽度，m。

（3）形成规整的爆堆和台阶。爆破后形成的松散岩堆，称为爆堆。其形状和尺寸对采装工作影响很大。爆堆过高，会影响挖掘作业的安全；爆堆过低且平缓，既降低铲装时满斗系数，又增加采装前清理工作量。对采用铁路运输的矿山，还要增加移线路的次数。故对爆堆的要求，以能适应采装和运输需要为限度。

爆破后，台阶的工作面上要求规整，不允许出现根底、伞岩、凹凸不平等现象。尽可能减少因爆破后冲击在新的台阶上产生裂隙（见图 16 - 6），以免影响下一个循环的穿孔爆破工作。

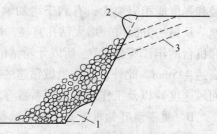

图 16 - 6　露天矿爆破的弊端示意图
1—根底；2—伞岩；3—后冲裂隙

实践证明：要满足上述质量要求，采用多排孔微差爆破和控制爆破十分有效。

16.1.2.2　提高爆破质量的措施

目前为提高爆破质量，进行了多方面的研究和试验，业已证明下列措施是行之有效的。

（1）多排孔微差爆破。多排孔爆破能扩大爆破规模，改善矿岩破碎效果。但多排孔（一般为4~6排或更多）同一瞬间起爆，爆破质量并不很理想；除非采用微差爆破，即以若干毫秒间差，分组依次起爆，才能取得岩石破碎均匀，大块率低、爆堆集中、后冲作用小的良好效果。其主要原因在于微差爆破能充分利用爆破后岩块所具有的动能，使之转化为相互间碰撞的机械功，从而产生补充破碎作用。

实践表明，只要合理地确定炮孔的布置方式、起爆顺序和毫秒间隔时间，微差爆破的优越性就能充分发挥。具体的起爆方式和起爆顺序，一定要结合矿山的具体条件进行设计与实验。

（2）多排孔微差挤压爆破。用多排孔微差挤压爆破，是在工作平台上残留有爆堆情况下的多排孔微差爆破。由于爆堆的存在，为挤压创造了条件。一方面能延长爆破的有效作用时间，改善炸药能的利用和破碎效果；另一方面能控制爆堆宽度，避免矿岩飞散。

多排孔微差挤压爆破与多排孔微差爆破的不同点，仅在于第一排和最后一排钻孔参数宜取小一点，装药量要加大一些（加大20%~30%），微差间隔时间要增大30%~60%（常用50~100ms）。

多排孔微差挤压爆破的明显优缺点是：矿岩破碎效果好，爆堆更集中，对用铁路运输的露天矿，爆破前可不拆道；但工作平台要求更宽，爆堆也更高，炸药消耗量也更大。

（3）高台阶爆破。高台阶爆破是将2~3个台阶合并成一个台阶一次爆破，然后再按原有台阶高度逐层装运，上部台阶装运是在已爆破岩渣上进行。爆破时，连同下一台阶采用多排微差挤压爆破（见图16-7）。

采用高台阶爆破，每次爆破钻孔排数不应少于四排，以8~10排为最好；考虑钻孔下部"夹制"严重，宜

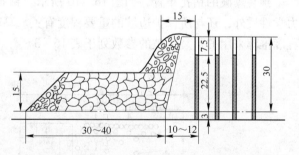

图16-7　高台阶爆破图（尺寸单位：m）

采用掏槽爆破；同时由于钻孔较长，宜采用分段装药，同一孔内各段装药之间的起爆，也可按微差延迟。

高台阶爆破的优点是：

1）成倍增大一次爆破量，有利于穿爆、采装和运输工作的平行作业；

2）炮孔装药的有效长度相对增加，爆炸能集中可改善矿岩破碎质量；

3）减少后冲作用和超钻到未爆的破坏范围；

4）减少超钻、开孔数量，提高穿孔效率。但高台阶爆破质量不易保证。

（4）合理改变装药结构。垂直深孔采用集中装药（见图 16－8），爆破作用集中在台阶的下部，而台阶上部则由塌落引起破坏，往往出现大块。改用间隔装药或混合装药，可使台阶中部和上部都在不同程度上受到爆炸的直接作用，有利于减少大块产生。

（5）用预裂爆破隔离边坡。露天矿在临近边坡时，采用预裂爆破可以取得良好的效果。它是在沿边坡线钻凿一排孔径和孔距较小的平行钻孔，孔内装入少量炸药，并使药包与孔壁之间保留空气间隔（见图 16－9）。在采掘带未爆破之前先行起爆，从而获得一条有一定宽度（不小于 1～2cm）并贯穿各钻孔的裂缝，使采掘带和最终边坡隔离开来。随后采掘爆破的地震波遇到裂缝即产生强烈反射，使地震波强度大为减弱，从而起到保护边坡的作用。

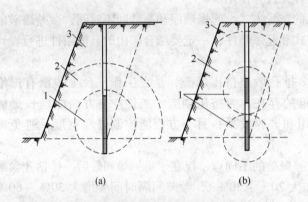

图 16－8　装药结构对爆破质量的影响

（a）集中装药；（b）间隔装药

1—细块区；2—中块区；3—大块区

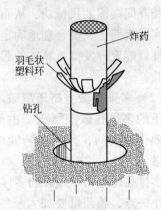

图 16－9　预裂药包装药示意图

预裂爆破的钻孔布置，如图 16－10 所示。钻孔的基本参数，除了取决于矿岩的物理力学性质外，还与所保护边坡的重要程度有关。马鞍山矿山研究院根据所保护边坡的重要程度推荐采用的预裂爆破的参数列于表 16－3。

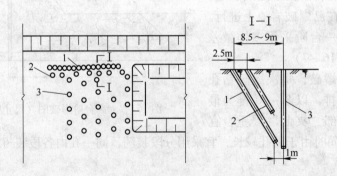

图 16－10　预裂爆破的钻孔布置

1—预裂孔；2—缓冲孔；3—主爆孔

预裂壁面要求比较平整，预裂钻孔附近的岩体不应出现严重的爆破裂隙，最好是在预裂壁面上能完整地留下半个钻孔壁。

表 16 – 3　预裂爆破的参数

普通预裂爆破				重要预裂爆破			
孔径 /mm	炸药	孔距 /m	线装药密度 /kg·m⁻¹	孔径 /mm	炸药	孔距 /m	线装药密度 /kg·m⁻¹
80	2 号岩石或铵油炸药	0.7 ~ 1.5	0.4 ~ 1.0	32	2 号岩石或铵油炸药	0.3 ~ 0.5	0.15 ~ 0.25
100	2 号岩石或铵油炸药	1.0 ~ 1.8	0.7 ~ 1.4	42	2 号岩石或铵油炸药	0.4 ~ 0.6	0.15 ~ 0.30
125	2 号岩石或铵油炸药	1.2 ~ 2.1	0.9 ~ 1.7	50	2 号岩石或铵油炸药	0.5 ~ 0.8	0.20 ~ 0.35
150	2 号岩石或铵油炸药	1.5 ~ 2.5	1.1 ~ 2.0	80	2 号岩石或铵油炸药	0.6 ~ 1.0	0.25 ~ 0.5
				100	2 号岩石或铵油炸药	0.7 ~ 1.2	0.30 ~ 0.7

16.2　采装、运输

用装载机将矿岩从其实体或爆堆中挖掘出来，并装入运输容器或直接卸到指定地点的工作，称为采装工作；而将矿石和岩土，分别运到选矿厂和排土场的作业就是运输。它们是露天开采的中心环节。采装、运输工作的好坏，直接影响到矿床开采强度、露天矿的生产能力与经济效果。

一般情况下，对采装工作起决定影响的因素是：正确选用采装设备和良好工作方法。这是提高采装工作效率，搞好露天矿生产的前提。当前金属露天矿所采用的采装设备主要是单斗挖掘机。故本节主要介绍正向挖掘单斗挖掘机的应用，其次介绍前端式装载机在露天矿的应用。

16.2.1　金属露天矿山常用的采装设备

露天矿使用的单斗挖掘机种类繁多，按铲斗与悬臂连接方式不同，可分为刚性连接的机械铲和挠性连接的索斗铲。前者又分正铲、反铲和刨铲；后者分为索斗铲和抓斗铲，如图 16 – 11 所示。按使用的动力设备不同可分为电铲和油铲；按行走机构形式不同可分为履带式、迈步式和轮胎式。露天矿用得最广泛的是履带式正向机械铲（见图 16 – 11(a)）。

16.2.1.1　机械铲及其工作参数

机械铲（以下又称挖掘机），可以用来采矿、剥离、排土、挖掘沟道和倒装等。挖掘机以铲斗容积表示其规格。国外露天矿用的挖掘机最大铲斗容积已高达 19m³，而我国生产的铲斗容积也已达 10 ~ 12m³；但我国露天矿广泛使用的仍为 4 ~ 4.6m³。

挖掘机的设备选型要根据矿山规模、矿岩采剥量、开采工艺、矿岩物理力学性质及设备供应情况等因素决定。一般特大型露天矿选用斗容不小于 8 ~ 10m³ 挖掘机；大型露天矿用 4 ~ 10m³ 斗容；中型露天矿用 2 ~ 4m³；小型露天矿用 1 ~ 2m³。

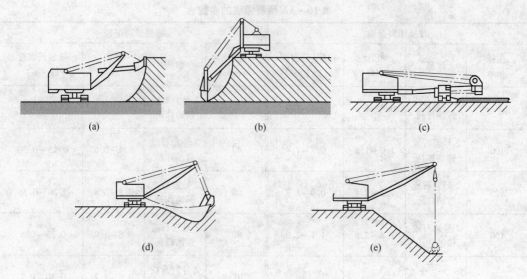

图 16 - 11　单斗挖掘机的类型
（a）正铲；（b）反铲；（c）刨铲；（d）索斗铲；（e）抓斗铲

采用汽车运输时，挖掘机铲斗容积应与汽车载重量合理配套，一般一车装 4 ～ 6 斗。挖掘机的工作参数，如图 16 - 12 所示。其主要包括：

（1）挖掘半径（R_w）。R_w 是指挖掘时由挖掘机回转中心至铲斗齿尖的水平距离。根据工作状态不同，又分最大挖掘半径和站立水平挖掘半径。最大挖掘半径（R_{wmax}）是铲斗杆最大水平伸出时的挖掘半径；而站立水平挖掘半径（R_{wz}）是铲斗平放在站立水平面上时的挖掘半径。

（2）挖掘高度（H_w）。H_w 是指挖掘时铲斗齿尖距站立水平的垂直距离。最大挖掘高度（H_{wmax}）是铲斗杆最大伸出并提到最高位置时的垂直距离。

（3）卸载半径（R_x）。R_x 是指卸载时由挖掘机回转中心至铲斗中心的水平距离。最大卸载半径（R_{xmax}）是铲斗杆最大水平伸出时的卸载半径。

（4）卸载高度（H_x）。H_x 是铲斗门打开后，斗门的下缘距站立水平的垂直距离。最

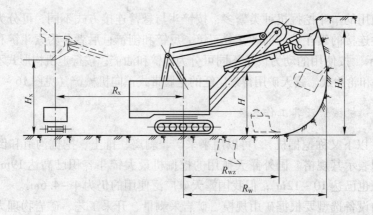

图 16 - 12　单斗挖掘机工作参数示意图

大卸载高度（H_{xmax}）是铲斗杆最大伸出并提到最高位置，当斗门打开后，斗门下缘距站立水平的垂直距离。

（5）下挖深度（H_{xw}）。H_{xw} 是铲斗下拉时由站立水平至铲斗齿尖的垂直距离。

应当指出的是，挖掘机的工作参数是依据动臂倾角 α 而定的。动臂倾角允许有一定的改变。当动臂调整变陡后，挖掘和卸载高度可加大；而挖掘和卸载半径相应减小。

16.2.1.2　液压铲

液压铲，是指以液压传动的挖掘机，最大斗容已达到 $8m^3$。

这种铲的特点是：结构简单，轻便灵活，工作平稳，自动化程度高；但缺点是液压部件精度要求高，发生故障不易从外部发觉，且在严寒地区作业困难。尽管如此，随着制造工艺和液压技术不断发展，这种铲在露天矿的应用范围会更广泛。液压铲的外观如图 16 – 13 所示。

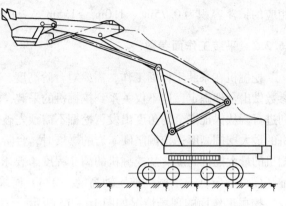

图 16 – 13　液压铲外观图

16.2.1.3　轮胎式前装机

轮胎式前装机，是以柴油发动机驱动和液压操纵的多功能装运设备。其主要特点除能向运输容器装载外，还可以进行自铲自运，清理工作面等多种作业。其基本结构如图 16 – 14 所示。

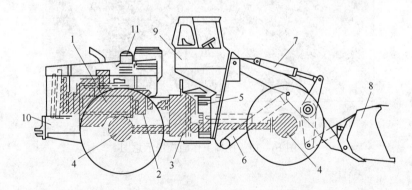

图 16 – 14　轮胎式前装机基本结构示意图

1—柴油发动机；2—液力变矩器；3—变速箱；4—前、后桥；5—车架铰链；6—动臂提升油缸；
7—转斗油缸；8—铲斗；9—司机室；10—燃料箱；11—滤清器

轮胎式前装机与挖掘机相比具有以下优点：

自重小，为同斗容挖掘机的 1/7 ~ 1/6；制造成本是同斗容挖掘机的 1/4 ~ 1/3；且行走灵活，速度快；可在 20°左右坡度上行走和进行采装工作；可随时更换工作机构，适应露天矿多种辅助作业。

它的缺点是：受矿岩块度的影响，生产能力变化范围较大；适应的工作台阶不宜过高；轮胎磨损较快和增加生产费用。

前装机在露天采场的主要用途是：

（1）作中小型矿山的主要采装设备，向汽车或铁路运输的车厢进行装载工作；

（2）在运距不远的溜井或排弃场之间，作采、装、运设备；

（3）用作辅助设备。如将爆散的矿岩集拢，平整作业场地，清扫边坡等。

国内露天矿常用的前装机为 ZL 系列，型号有 15、20、30、40、45、50、100 等，对相应的铲斗容积为 $0.75m^3$、$1.0m^3$、$1.5m^3$、$2.0m^3$、$2.5m^3$、$3m^3$、$5.4m^3$。

16.2.2　采装工作面参数

挖掘机在采装工作面工作，需要对台阶高度、采区长度、采掘带宽度和工作平盘宽度等参数做出合理确定，这不仅关系到挖掘机的采装，而且也影响露天矿其他生产工艺过程的顺利进行。从保证安全的角度出发，挖掘不需预先破碎的松软矿岩时，台阶高度不应大于挖掘机的最大挖掘高度；挖掘坚硬矿岩的爆堆时，台阶高度应能使爆破后的爆堆高度，不大于挖掘机的最大挖掘高度。从挖掘机的满斗程度来要求，松软矿岩的台阶高度和坚硬矿岩的爆堆高度，不应低于挖掘机推压轴高度的 2/3，而采掘带宽度就是挖掘机一次挖掘的宽度。

挖掘工作面的现场情况如图 16-15 所示。

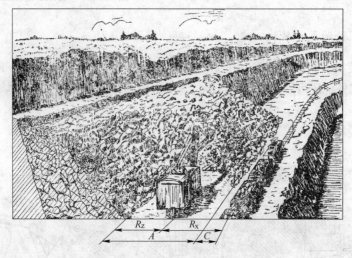

图 16-15　挖掘工作面现场示意图

16.2.2.1　台阶高度 h

露天矿台阶高度受多种因素制约，如挖掘机工作参数、矿岩性质和埋藏条件、穿孔爆破工作要求、矿床开采强度以及运输条件等。以下仅分析与生产关系最密切的挖掘机工作参数对台阶高度的影响。

　A　平装车时台阶高度

当运输设备与挖掘机在同一水平上装车时，若岩土可以直接挖掘，不需预先爆破，则台阶高度 h 不宜大于最大挖掘高度 H_{wmax}；否则，台阶上部残留岩土有突然塌落危险（见图 16-16）。若采装坚硬矿岩的工作面，控制爆破后的爆堆高度也要不大于最大挖掘高度，包括多排孔微差挤压爆破（见图16－17）；只有当矿岩块度不大，没有黏结性时可适当增高20%～30%。台阶高度过低，除铲斗挖不满降低挖掘机效率外，还会因台阶数目增加而增大线路等铺设和维修工作量。故松软岩土的台阶高度和坚硬矿岩的爆堆高度都不应低于挖掘机推压轴高度的2/3。

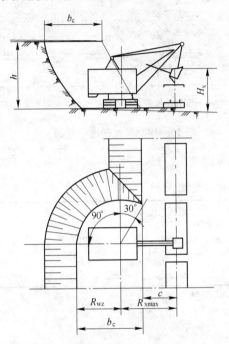

图16－16 松软岩土的采掘工作面

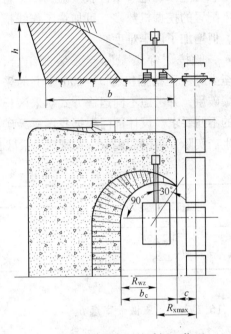

图16－17 坚硬岩石的采掘工作面

B 上装车时台阶高度

当运输设备移至台阶上部平盘装车时，为了使矿岩装入运输设备，应该按照挖掘机的最大卸载高度和最大卸载半径来确定台阶高度（见图16－18）。即取下列二式中的较小值。

$$h \leqslant H_{xmax} - h_c - e_x \qquad (16-4)$$

或
$$h \leqslant (R_{xmax} - R_{wz} - C)\tan\alpha \qquad (16-5)$$

式中　h——上装车时的台阶高度，m；

H_{xmax}——最大卸载高度，m；

h_c——上部平盘至车辆上缘高度，m；

e_x——铲斗卸载时铲斗下缘至车辆上缘间隙，一般 $e_x \geqslant 0.5 \sim 1$m；

R_{xmax}——最大卸载半径，m；

R_{wz}——站立水平挖掘半径，m；

C——线路中心至台阶坡顶线的间距，m；

α——台阶坡面角，(°)。

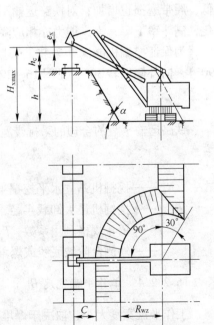

图16－18 上装车台阶高度的确定图

16.2.2.2　采区长度 L

采区长度又称挖掘机工作线长度，是指工作台阶上划归一台挖掘机采装的工作长度（见图 16 – 19）。采区长度的大小应根据需要和可能来确定。采区长度短，一个台阶上配置的挖掘机数多，可加快工作线推进，但增加了调车难度。

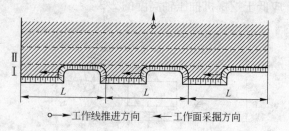

图 16 – 19　采区长度示意图

一般按"穿爆量"与采装相结合，即至少应保证挖掘机有 5 ~ 10d 以上的采装爆破量，并考虑不同运输方式对采区长度的不同要求。设计部门根据我国露天矿的生产实际，提出如表 16 – 4 所列的采区长度参考值。

表 16 – 4　采区长度参考值

挖掘机铲斗容积/m³	采区长度/m	
	铁路运输	汽车运输
0.2 ~ 2	>200	>150
4 ~ 6	>450	>300

16.2.2.3　采掘带宽度 b_c

采掘带的宽度是挖掘机一次挖掘的宽度。采掘带过窄，挖掘机移动频繁，生产能力降低，履带磨损也增加；对铁路运输平盘，增加移道次数。采掘带确定过宽，挖掘机条件恶化，满斗率下降，生产能力亦相应降低。

为保证挖掘机能满斗采装，采掘带应保持使挖掘机能向里侧回转 90°（一般不大于 90°），向外侧回转 30°（见图 16 – 17）。其变化范围为：

$$b_c = (1 ~ 1.5)R_{wz} \tag{16 – 6}$$

铁路运输平盘的合理的采掘带宽度应不超过下式计算值：

$$b_c \leqslant R_{wz} + fR_{xmax} - c \tag{16 – 7}$$

式中　R_{wz}——挖掘机站立水平挖掘半径，m；

R_{xmax}——挖掘机最大卸载半径，m；

f——铲斗规格利用系数，$f = 0.8 ~ 0.9$；

c——外侧台阶坡底线或爆堆坡底线至轨道中线的距离，一般取为 3m。

16.2.2.4　工作平盘宽度 B

工作平盘宽度大小，取决于爆堆宽度、运输设备规格、设备和动力管线的配置方式以及所需回采矿量。汽车运输和铁路运输的情况应分别给予不同计算。

汽车运输时最小工作平盘宽度，按图 16 – 20(a)计算：

$$B_{\min} = b + c + d + e + f + g \qquad (16-8)$$

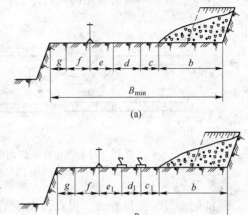

图 16 – 20　最小工作平盘宽度
(a) 汽车运输；(b) 铁路运输

式中　$B_{\min}$——最小工作平盘宽度，m；

　　　b——爆堆宽度，m；

　　　c——爆堆坡底线至汽车边缘距，m；

　　　d——车辆运行宽度，m；

　　　e——线路外侧至动力电杆距离，m；

　　　f——电杆至台阶稳定边界距离，m；

　　　g——安全宽度，m。

铁路运输最小工作平盘宽度，可按图 16 – 20（b）类似式（16 – 8）进行计算。计算时取 c_1 为爆堆坡底线至线路中线距离；d_1 为相邻两线路中线距离（同向架线 $d_1 \geq 6.5$ m，背向 $d_1 \geq 8.5$ m）；e_1 为外侧线路中线至动力电杆间距，$e_1 = 3$ m。

露天矿实际工作平盘宽度，通常比计算的最小工作平盘宽度要大。

16. 2. 3　挖掘机的生产能力与提高生产能力的途径

挖掘机是一种间断作业的采装机械，生产能力要受周期间断性因素的影响，根据分析计算方法，单斗挖掘机的实际生产能力为：

$$Q_{\mathrm{w}} = \frac{60 E T \eta K_{\mathrm{H}}}{K_{\mathrm{p}} t} \quad \mathrm{m^3/ 台班} \qquad (16-9)$$

式中　E——铲斗容积，$\mathrm{m^3}$；

　　　T——每班工作时间，h；

　　　η——班工作时间利用系数；

　　　K_{H}——满斗系数；

　　　K_{p}——矿岩在铲斗内的碎胀系数，中硬以下取 1.3 ~ 1.5；坚硬矿岩取 1.5 ~ 1.7；

　　　t——挖掘工作循环时间，min。

为充分发挥挖掘机效率，对选型后的挖掘机应从以下几个方面寻求途径。

（1）缩短挖掘机工作循环时间，提高满斗系数。挖掘机工作循环时间，是由挖掘、"重斗"转向卸载点、铲斗对位和卸载以及"空斗"转回工作面至挖掘点这四个工序组成。工作循环时间长短，主要取决于司机的操作技术水平、爆破质量和车辆停放位置。操作时加快回转速度，合并几项工序同时操作，车辆停放位置使挖掘机回转角度不大于 90°等，都对缩短工作循环时间具有很大意义。提高满斗系数关键在于提高爆破质量，利用等车时间集中爆堆，挑出不合格大块，也可减少铲斗挖取阻力。

（2）及时供应空车，提高挖掘机班工作时间利用系数。挖掘机往往因为等车而增加大量非工作时间。为提高挖掘机时间利用系数，必须增加空车供应率，缩短车辆入换时间，减少等候车时间，并加大车辆载重量。提高空车供应率除配足必要的车辆外，还应合理的组织运输工作。如以汽车运输为例，汽车在工作面入换方式就应根据平盘宽度、车线多少、入口数目等不同来取用同向行车、折返倒车或回返行车（见图 16 - 21）。

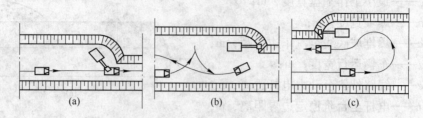

图 16 - 21　汽车在工作面的装载位置及调车方法示意图
(a) 同向行车；(b) 折返倒车；(c) 回返行车

（3）加强设备维修管理，提高设备完好率。设备维修应贯彻以防为主的方针，认真执行挖掘机的检查维修制度。

16.2.4　运输工作

露天矿运输工作的基本任务是，将采出的大量矿石运送到选矿厂、破碎站或储矿场，并同时把剥离的岩土运送到排土场，将采掘生产所需的人员、设备和材料等运送到工作地点。这些划归矿山企业范围以内的运输工作，属内部运输；而从选矿厂精矿仓、铁路装车站、转运站到精矿用户或冶炼厂之间的运输，属于外部运输。

露天矿常用的运输方式，主要有以下五种：

（1）自卸汽车运输；

（2）铁路运输；

（3）胶带运输机运输；

（4）斜坡箕斗提升运输；

（5）联合运输（联合运输包括自卸汽车和其他各种运输方式的联合使用）。

上述各种运输方式中，以自卸汽车运输应用最为广泛。除绝大多数有色金属露天矿采用外，露天铁矿采用比重也已增至 50% 以上。铁路运输在我国早年设计的大型露天矿中仍占一定的比重。胶带运输机运输由于爬坡能力大、生产能力高、劳动条件好，在金属露天矿深部也获得应用。

16.2.4.1　自卸汽车运输

自卸汽车运输之所以能被广泛应用，是由于它在露天矿中既可作为单一的主要运输方式，又可与其他运输类型配合组成联合运输系统。自卸汽车运输突出优点是：机动灵活，爬坡能力强，转弯半径小，运输组织及道路修筑养护均较简单。其缺点是：受气候条件影响较大，轮胎消耗量大，元/(t·km) 的运费较高。

A　自卸汽车运输线路的构造及技术参数

露天矿的汽车运输线路，由于断面形状复杂，坡度陡，弯道多，曲率半径小，行车密度大，传至路面的轴向压力大等特点，对线路构造提出了一定要求。

汽车运输线路必须具备的要求是：

（1）道路坚固，能承受较大荷载，不因降雨冰冻而改变质量；

（2）路面平坦而不滑，有合理的坡度和曲率半径，能保证行车安全。

露天矿运输线路，按其生产性质分为运输干线、运输支线、辅助线路三类；按其服务年限又分固定线路、半固定线路和临时性线路三类。固定线路都要服务 3 年以上，按其年运输量、行车密度、行车速度分为Ⅰ、Ⅱ、Ⅲ三级；Ⅰ级线路的要求是最高的。

a 路基

公路的基本结构是路基和路面，而路基是路面的基础。行车条件的好坏，不仅取决于路面的质量，更取决于路基的强度和稳定性。因此公路的路基应根据使用要求、当地自然条件以及修建公路的材料、施工和养护方式进行设计，使其达到坚固耐用。图 16-22 为其横断面的基本形式。路基横断面中主要设计参数是路基宽度、横坡及边坡。路基宽度由路面和路肩两部分宽度组成。

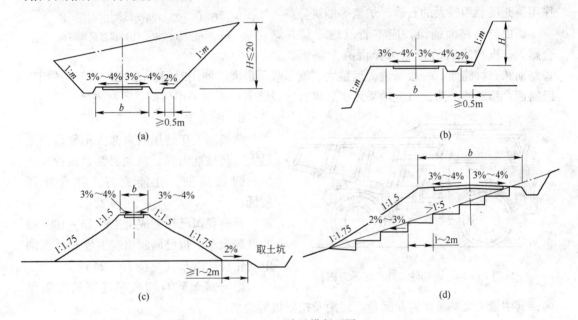

图 16-22 路基横断面图

（a）双壁路堑；（b）单壁路堑；（c）平地路堤；（d）山坡路堤

b—路基宽度；H—边坡高度；m—边坡坡度水平值

路面宽度，应根据汽车宽度、车道数目及线路等级确定。路肩宽度也应根据车宽的类型及填、挖方情况决定。这些数据已在矿山道路设计作了规定，可参照设计手册选取。

考虑线路排水，路面和路肩都应修筑成一定横坡，路面横坡依路面类型选取 1.0% ~ 4.0%；路肩横坡比路面横坡大 1% ~2%；在少雨地区可减至 0.5% 或与路面横坡相同。路基边坡坡度取决于土石种类和填挖高度，设计对此也有规定，但应结合实践试验采用。为保证路基稳固，路基旁边应构筑排水构。

b 路面

路面为路基上用坚硬材料铺成的具有一定厚度的结构层，用以加固行车部分，为汽车通行提供坚固而平整的表面。路面条件的好坏直接影响轮胎的磨损、燃料和润滑材料的消耗及行车的安全和汽车的寿命。因此，要求路面要能达到以下要求：

（1）有足够的强度和稳定性；

（2）有一定平整性和粗糙度；

（3）行车过程中尽量减少灰尘。

路面由面层、基层和垫层构成如图 16 - 23 所示。面层含磨耗层，直接承受车轮和大气因素作用，一般用强度较高的石料和沥青混合料碾压而成。基层又称承重层，承受行车时产生的动力。此层的材料应根据路面等级、路段土质等用石料或用结合料混合成土铺筑而成。垫层的作用除承受荷载外，还起泄水和隔离辐射作用，此层要用较大的石砂、炉渣等铺筑。

矿山公路路面铺筑，应本着就地取材并结合露天矿汽车运输的特点选择混凝土路面、沥青路面和石材路面。一般来说，运量大、汽车载重最大、使用时间长的干线公路应选用高级路面；移动线公路，可就地采用矿岩碎石铺设路面；也可采用装配式预制混凝土路面。

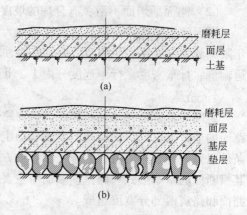

图 16 - 23　路面结构剖面图

(a) 单层路面结构；(b) 多层路面结构

B　矿用自卸汽车

金属露天矿使用的自卸汽车要求载重最大、爬坡能力强，机动灵活，运行速度快，卸载简便，性能完好，并且能耗较低。

目前我国已经能成批生产 15 ~ 100t 级的自卸汽车；也已研制出载重量 154t 级的电动轮自卸汽车（见图 16 - 24）。

影响露天矿自卸汽车选型的因素很多，其中最主要的是矿岩年运量、运距及挖掘机的规格。

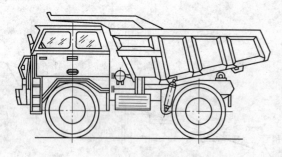

图 16 - 24　电动轮自卸汽车示意图

为了充分发挥汽车与挖掘机的综合效率，汽车车厢容量与挖掘机的斗容量之比，一般取 3 ~ 6，最大不要超过 7 ~ 8。表 16 - 5 为露天矿常用自卸汽车适用的年运量范围。

表 16 - 5　常用自卸汽车适用的年运量范围

车　型	EQ340	QD351	BJ371	B540 SH380 35D	50B	W392	SF3100 W3101 120C	170C 常州 154
计算车宽/m	2.4	2.5	3.0	3.5	4.0	5.0	6.0	7.0
载重/t	1.5	7	20	27 ~ 32	45	68	100	154
年运量/万吨	<45	45 ~ 180	80 ~ 500	170 ~ 900	250 ~ 1200	450 ~ 1800	750 ~ 3000	>3000

C　自卸汽车运输能力及需要量确定

自卸汽车台班生产能力主要取决于汽车载重、运输周期和班工作时间，其值可按下式计算：

$$A = \frac{60qT}{t}K_1\eta \tag{16 - 10}$$

式中　A——自卸汽车台班生产能力，t/台班；

　　　q——自卸汽车的载重量，t；

　　　T——班工作时间，h；

　　　K_1——自卸汽车载重系数，$K_1 = 0.85 \sim 1.0$；

　　　η——自卸汽车工作时间利用系数；

　　　t——自卸汽车运输周期，由装载、运行、卸载及调车等时间组成，min。

自卸汽车的需要量为：

$$N = \frac{K_2 Q_B}{AK_3} \qquad (16-11)$$

式中　N——自卸汽车在册数量，台；

　　　K_2——自卸汽车运输不均衡系数，$K_2 = 1.1 \sim 1.15$；

　　　Q_B——露天矿班产量，t/班；

　　　K_3——汽车开出率，出车台班数与总台班数之比，一般为 $0.75 \sim 0.65$；

　　　其他符号意义同前。

16.2.4.2　铁路运输

铁路运输与自卸汽车运输相比，具有运输能力大，能和国家铁路网直接办理行车业务，设备运行线路比较坚固，备件供应可靠，运输成本低等优点。但它的缺点是基建投资大，线路要求严格，线路爬坡能力小，组织调度工作较复杂，特别是当开采深度增大时运输效率显著下降。

因此，铁路运输适宜于储量大、面积广、运距长（超过 5~6km）的露天矿。

A　铁路线路建设

露天矿的铁路运输线，根据生产工艺特点，分为固定线路、半固定线路及移动线路三类；按轨距大小分标准轨道线路（轨距为 1435mm）和窄轨线路（轨距为 600mm、762mm、900mm）。标准轨道线路用于大型露天矿，窄轨线路用于中小型露天矿。

无论是标准轨道线路或窄轨线路，凡为固定线路的均按年运量大小分为Ⅰ、Ⅱ、Ⅲ、Ⅳ四个等级，以Ⅰ级线路年运量最大。

铁路线路由上部结构和下部结构两部分组成。上部结构包括钢轨、轨枕、道床、钢轨扣件、防爬器、道岔等；下部结构包括路基、桥梁涵洞、隧道及挡土墙等。

（1）钢轨。用来承受车轮的压力并传递给轨枕。它的型号以每米长的质量来表示。大型露天矿一般都采用 43kg/m 以上的钢轨；中小型露天矿则采用 24kg/m、18kg/m、15kg/m 的轻型钢轨。选型时要考虑运行机车车辆类型、行车速度和线路年货运量。

（2）钢轨扣件。它是将钢轨与枕木、钢轨与钢轨间连接成一整体所需的零件，如道钉、垫板、鱼尾板、螺栓及弹簧垫圈等。

（3）轨枕。为钢轨的支座，承受钢轨通过中间连接零件传来的垂直力和纵横水平力，并将其分布于道床。轨枕的布置，应根据线路的运输量和行车速度等来考虑。运输量大、行车速度高，轨枕要密集布置。

（4）道床。是铺在路基面上的道砟层，用碎石材料构筑而成，其作用是将轨枕传来的压力较均匀地传给路基，缓和车轮对钢轨的冲击，排除轨道中的雨水，阻止轨枕移动，

增强线路的稳定性。因此，要求道砟
材料质地坚硬、利于排水。

道床的横断面（见图16－25）由
道床宽度、道床厚度和道床边坡所组
成。其尺寸依据上部结构的类型、道
砟材料、线路平面、路基土壤性质和
线路等级而定。

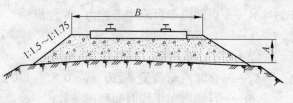

图 16－25　道床横断面图

A—道床厚度；B—道床宽度

道床顶面宽度：用固定线的为 2.8～2.9m，临时线的为 2.7～2.8m。

道床厚度：按表 16－6 选取。

表 16－6　道床厚度参考值

线路等级	普通土路基/m	岩石、碎石、卵石、砾石、粗砂或中砂路基	
		钢筋混凝土轨枕/m	木轨枕/m
I	0.35	0.25	0.25
II	0.30	0.20	0.20
III	0.25	0.20	0.15
IV	0.20	0.20	0.15

（5）道岔。用来连接两条线路或一
条铁路线转入另一条铁路线的设施。其种
类甚多，岔道方向不一，常用的是单式普
通道岔，其构造和表示方法如图 16－26
所示。

绘制道岔平面图时，常用线路中心
线（单线）表示。在图上要标出道岔中
心 O、辙叉角 α、道岔前端长 a（由基本
轨之轨缝至道岔中心 O 的距离）和道岔
后端长 b（由道岔中心至辙叉尾端接缝
的距离）。道岔的型号，由辙叉角的正切
值决定。设 $1/N = \tan\alpha$，则 N 为道岔号
数。N 值愈大，辙叉角愈小，列车通过

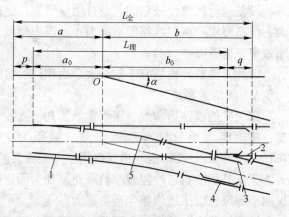

图 16－26　单式道岔构造和表示方法示意图

1—尖轨；2—辙叉心；3—翼轨；4—护轮轨道；5—导曲轨

道岔时也就愈平稳。露天矿常用 7 号、8 号、9 号道岔，具体尺寸参阅有关设计资料。

（6）路基。它是承受线路上部结构质量和机车荷重的主要结构，是铁路线基础。路
基应保证坚固、稳定、可靠、耐久，要有排水和防水设施，以免受水的危害。

路基横断面形式与公路类同。路基上铺设上部结构部位称路基顶面，顶面两侧未铺道
砟部分为路肩。路肩宽度一般不小于 0.61m，最小不得小于 0.4m。

双线路基宽度按单线路基的两倍再加上线间距。至于桥隧建筑物，露天矿用得少，需
要时也用混凝土涵管代替。为保证路基稳定和预防滑坡，挡土墙用得较多。

B　铁路线路区间和站场

为保证行车安全和必要的通过能力，露天矿铁路线路必须划分成若干个段落，每个段

落称为一个线路区间。一个区间内只允许一趟列车占用，因而区间起到隔离运行列车的作用。区间与区间的分界地点，称为分界点。两分界点之间的距离叫区间长度，其值一般为800～1000m。

分界点，分无配线的和有配线的两种。无配线的分界点，包括自动闭塞区段内的通过色灯信号机（见图 16-27）和非自动闭塞区内的线路所（见图 16-28）。而有配线的分界点是指各种车站。

图 16-27　自动闭塞无配线的分界点

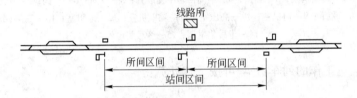

图 16-28　非自动闭塞无配线的分界点

露天矿山车站按其用途可以分为矿山站、排土站、破碎站、工业场地站等。矿山站常设在露天采场附近，为运送矿岩服务。排土站、破碎站、工业广场站分别设在排土场、破碎车间和工业场地附近，这些车站起配车和控制车流作用，同时办理人换作业及其他技术作业（如列车检查、上油等）。而设在露天采场内的车站，主要起会让和列车转换方向用，故又称会让站和折返站。

车站的配线根据站内性质而定。一般的车站都有正线、站线及特别用途线。

C　铁路运输机车和车辆类型

金属露天矿使用的机车，按其动力不同分为内燃机车和电机车。内燃机车牵引性能好，效率较高，不需架设牵引线和变电所，因而机动灵活，很适合露天矿生产需要。但因设备复杂，我国仅在少数中小型露天矿采用。电机车以电为牵引动力，牵引性能好，爬坡能力大，准备作业时间少，但灵活性较差。我国金属露天矿常采用直流架线式电机车，其型号为 ZG80-1500、ZG100-1500 和 ZG150-1500，外形结构如图 16-29 所示。

露天矿铁路运输车辆常用标准轨道翻矿车，主要型号为 KF-60、KF-65、KF-70、KF-100。

D　列车运输能力及列车、机车需要量的计算

（1）列车运输能力 A 可按下式计算：

$$A = \frac{1440Knq}{T_{zo}} \quad t/（昼夜·列） \tag{16-12}$$

式中　K——列车昼夜工作时间利用系数，$K = 0.85$；

　　　n——机车牵引的翻矿车辆数，辆；

q——每辆自翻车的实际载重量，t；

T_{zo}——列车运行周期，min，可通过实际测定。

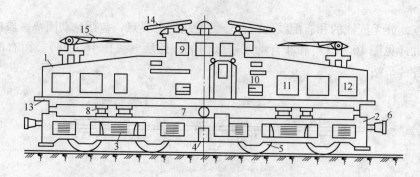

图 16 – 29 ZG100 – 1500 型电机车外观图

1—车体；2—转向构架；3—弹簧；4—中间回转平衡装置；5—轮对；6—车钩；7—中心轴承；
8—旁承；9—司机室；10—高压室；11—辅助机室；12—电阻室；13—底架；
14—正弓集电器；15—旁弓集电器

（2）昼夜同时工作的列车数 N_1 可按下式计算：

$$N_1 = \frac{Q}{A} \quad 列 \tag{16 – 13}$$

式中 Q——每昼夜需运出的矿岩总量，t；

A——列车每昼夜的运输能力，t。

（3）机车台数的计算。矿用机车分工作机车、检修机车和备用机车，其中工作机车又分剥离、采矿和杂用。通常按下式计算台数：

$$N = N_1 + N_2 + N_3 \tag{16 – 14}$$

式中 N——机车总台数，台；

N_1——运输矿岩的机车数，台；

N_2——机车检修数，台；

N_3——杂作业机车数，一般为 2 ~ 3 台。

自翻车数量即按 N_1 确定实际需用车辆，再考虑车辆检修系数。

16.2.4.3 胶带运输机运输

胶带运输机是一种连续运输机械，其特点是运送的物料按一条规定线路连续不断移运。这种运输方式最大优点是爬坡能力大（一般可达 18° ~ 20°），从而可缩短运输距离、减少基建投资；同时生产能力高，劳动条件好，能量消耗少，工作连续且易实现自动化。其主要缺点是不适用于运输坚硬大块和黏性大的矿岩。

近来由于大型移动式破碎机的发展，国内外在大型和特大型深凹露天矿或标高差较大的山坡露天矿，采用公路→破碎"转载站"→胶带运输机联合开拓运输，即先将采下矿岩用自卸汽车运至移动式破碎"转载站"粗碎，再将碎后小于 400mm 的矿岩用胶带运输机运至选厂、排弃场或其他场地。实践证明，这种联合运输方式生产能力高，成本低。

16.2.4.4　露天开采运输形式简评

（1）铁路运输适用于运输量大，运输距离长，采场平面较大而深度又比较浅的露天矿。

（2）公路运输在下列条件下采用更合理：

1）露天采矿场平面尺寸较小，开采深度较大；

2）矿体形状不规则，矿石品位分布不均匀；

3）可采储量不大，多种矿石共生的露天矿床。

（3）连续化运输，实际上是汽车→破碎机→胶带运输机的联合运输，它是现代露天矿先进技术的体现；适合于各种类型的露天矿，特别是在深凹露天矿中使用，运输优点突出。

（4）在中小型矿山，可以广泛采用溜井运输或斜坡卷扬运输。这些运输方法简便易行，因地制宜，故在条件允许的情况下，应该大力采用。

16.3　排土施工作业

露天开采的一个显著特点，就是要剥离覆盖在矿床矿体上部及其周围的表土和岩石；并将其运至专设的场地排弃。这种接受排弃岩土的场地叫做排土场，而在排土场内用某种特定方式进行堆放岩土的作业，称为排土工作。排土工作是露天开采主要工艺，它不仅关系采装、运输的生产能力和经济效益，还涉及对农业生产的影响。其主要任务是选择排土场的位置和排土方法。

选择排土场位置，要尽量不占或少占农田；在山谷设置排土场要考虑山洪的影响；排土场尽可能靠近露天采场，并设在居民区的下风侧，防止被排弃的岩石中有害成分带入河流、农田；排土场不应截断山洪和河流，同时要考虑复垦可能性。

排土场的总容积应与设计的总剥离量适应，其有效容量 V_y 可按下式计算：

$$V_y = \frac{V_{SH}K_s}{K_x} \tag{16-15}$$

式中　V_{SH}——剥离岩土方数，m^3；

　　　K_s——岩土的松散系数；

　　　K_x——岩土的下沉系数。

16.3.1　汽车运输 – 推土机排土

采用汽车运输的露天矿，常用推土机排土。推土机排土作业包括汽车翻倒岩土，推土机推土平整场地及整修公路。汽车运输 – 推土机排土场如图 16 – 30 所示，排土场布置如图 16 – 31 所示。

图 16 – 31 中，A 为公路宽度；B 为调车进入部分宽度，C 为汽车翻卸后留在平台上的土堆宽度。

汽车在排土场内后退到靠近边坡进行翻倒卸载情况如图 16 – 32 所示。

据现场统计，当汽车后桥中心线距坡

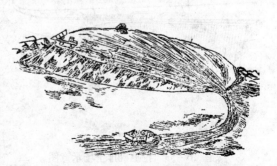

图 16 – 30　汽车运输 – 推土机排土场

顶线 1.5~3m 时，卸载后留在平台上的岩堆宽度最少。为保证卸载安全，推土机应在台阶坡顶推出宽为 1~2m，高度不低于 0.6~0.8m 的车挡。

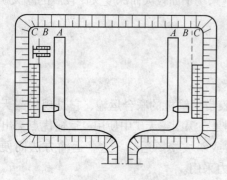

图 16-31　汽车运输排土场布置图

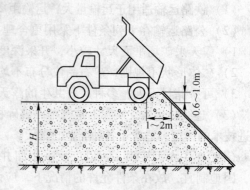

图 16-32　汽车在排土场卸载图

对新排弃岩土堆，应考虑下沉系数，堆弃岩土时要使台阶顶面保持 2% 的反向坡度。

推土机的排土量应根据卸载时残留在坡顶面上的岩土量和排土场下沉后而需要整平的岩土量来考虑。后者通常占总排土量的 20%~40%。

推土机排土场，一般为一个排土台阶。排土线长度应该按同时翻倒卸载的汽车数确定。相近汽车的正常作业间距，一般为 25~30m。

16.3.2　铁路运输排土

铁路运输排土按所采用设备可分为挖掘机排土、排土犁排土和前端式装载机排土。以下简略介绍矿山最常用的挖掘机排土和排土犁排土概况。

挖掘机排土如图 16-33 所示，其工作面布置如图 16-34 所示。排土工艺包括列车翻倒卸载废石，挖掘堆垒以及铁道线路移设。

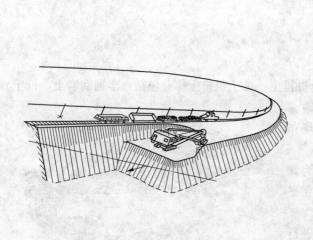

图 16-33　挖掘机排土场示意图

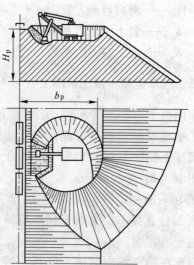

图 16-34　挖掘机排土工作面布置
H_p—排土台阶高度，b_p—排土带宽度

16.3.2.1 列车翻倒卸载岩土

列车进入排土线后逐辆对位将岩土翻卸到受土坑内。受土坑长度不小于一辆自翻车的长度,为防止大块岩石滚落直接冲撞挖掘机,坑底标高应比挖掘机行走平台低 1~1.5m。为保证排土线路基稳固,土坑坡顶距线路枕木端不少于 0.3m。

16.3.2.2 挖掘机堆垒

挖掘机从受土坑内取土,分上、下两个台阶堆垒。上台阶高度取决于挖掘机的最大卸载高度;下台阶高度依岩土粒度、软硬和稳定性而定,可取 10~30m。挖掘机站在上台阶的底平台将岩土堆向前方、旁侧及后方。

挖掘机排土带的宽度。可按最大挖掘半径 R_{wmax} 和最大卸载半径 R_{xmax} 取为:

$$b_p = 0.8R_{wmax} + R_{xmax} \quad m \qquad (16-16)$$

16.3.2.3 线路移设

挖掘机按设计的排土台阶高度和排土带宽度堆垒完毕后,便进行线路移设。线路移道步距等于排土带宽度。对 $4m^3$ 电铲,移道步距 23~25m。因移道步距较大,一般采用蒸汽吊车移设。

挖掘机排土具有排土线效率高、移道工作量少、岩土堆置高度大等优点。但它的设备投资比较大,对低台阶排土不能充分发挥效率。

根据条件改变,可因地制宜采用排土犁或前装机排土。

图 16-35 为排土犁示意图。它是行走在轨道上的排土设备,本身没有动力,靠机车牵引,工作时利用气缸使犁板张开,将堆置在排土线外侧的岩土向下推排。小型板主要起挡土作用。

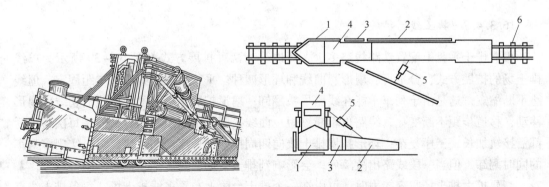

图 16-35 排土犁及其组成结构示意图

1—前保护板;2—大犁板;3—小犁板;4—司机室;5—汽缸;6—轨道

16.3.3 胶带排土机排土

露天矿采用胶带运输机运输时,为充分发挥运输机效率,需配以连续作业的胶带排土机排土。胶带排土机排土的优点甚多,它兼有运输与排土两种功能,排土接受能力大,生产效率高，成本低，能耗少，且自动化程度高。国内外在非金属矿应用较广；对金属矿由于胶带磨损严重，影响排土成本，使得应用受到限制。

16.3.4　排土场的建设及其病害防治

16.3.4.1　排土场初始排土线的修筑

山坡排土场为修筑初始排土线，需在山坡挖一单壁路堑（如图 16 - 36 所示）。平整后，铺主准轨铁路即形成铁路运输初始排土线。汽车运输排土，路堑宽度确定应考虑调车方式。

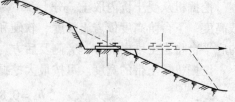

平地排土场通常采用分层堆垒和逐渐涨道。图 16 - 37 为用排土犁修筑时的交错堆垒方式，每次涨道高度为 0.4 ~ 0.5m。图 16 - 38 为用挖掘机修筑初始排土线的堆垒情形。采用推土机修筑时，采用两台推土机对堆。

图 16 - 36　铁路运输的山坡排土场
初始排土线示意图

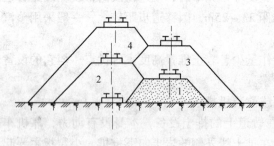

图 16 - 37　排土犁修筑初始排土线

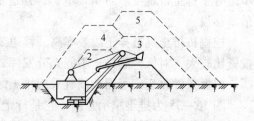

图 16 - 38　挖掘机修筑初始排土线

16.3.4.2　排土线的扩展

根据排土平盘上配置铁路线路多少，可以分为两种扩展方式。图 16 - 39 所示为单线排土场的扩展方式，分平行、扇形、曲线和环形四种。平行扩展方式移道步距固定，但线路不断缩短，这是由于列车不能在线路尽头翻卸；扇形扩展是沿道岔处曲线的切线作扇形移动，移道步距不断变化，线路也不断缩短；曲线扩展排土线虽不缩短，但是每次移道后都需接轨加长，工序复杂；环形扩展排土线向四周推移，长度增加较快，可以实现多列车的同时翻卸，但当一段线路出故障后，会影响到排土全局。

当要扩大排土场收容能力时，可以在一个排土台阶上布置多线排土场。每条排土线有独立的排土范围，各条排土线之间在空间和时间上保持一定发展关系。

16.3.4.3　排土场的病害和防治

排土场的病害，是指排土场的变形，包括滑动、塑性变形、坡面散落、沉陷等。究其产生原因，主要是排土台阶过高；岩土含水过多，未按岩石的渗水性、耐压能力、稳定性等进行堆积，以致疏干排水效果变差等（排土场的病害和防治在矿山环保课程中再作详细说明）。

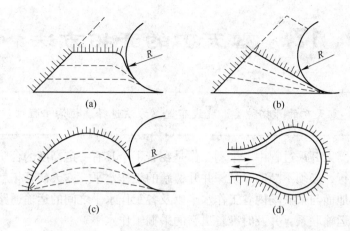

图 16-39　铁路运输单线排土场扩展示意图
（a）平行扩展；（b）扇形扩展；（c）曲线扩展；（d）环形扩展

　　为了防止排土场变形，应首先作好防排水工作，消除水对排土场的隐患；其次要查明排土场地的岩性，使排土场尽可能建在可靠的基底上；再则要按岩性合理排弃岩石，使坚硬岩块排于底层，松土排于上部，并选择适宜的排土台阶高度。

复习思考题

16-1　提高牙轮钻机、潜孔钻机穿孔效率应注意哪些事项？

16-2　露天矿对爆破工作质量有哪些具体要求？

16-3　露天爆破有哪些特点，常用的方式有哪些？

16-4　露天矿临近边坡的爆破应采取哪些有效措施？

16-5　挖掘机的设备选型工作，原则上应怎样掌握？

16-6　轮胎式前装机有哪些优点，它的应用条件是什么？

16-7　挖掘机的工作面参数包括哪些，如何确定？

16-8　上装车与平装车有何区别，它们对台阶高度有何影响？

16-9　挖掘机的技术生产能力与实际生产能力怎样确定？

16-10　影响挖掘机生产能力的因素有哪些？

16-11　提高挖掘机生产能力的途径有哪些？

16-12　国内外金属露天矿常用的运输方式有哪些？

16-13　露天开采的公路汽车运输有哪些突出优点？

16-14　汽车运输计算有哪些内容，其影响因素有哪些？

16-15　露天开采的铁路运输有哪些优缺点，什么情况下适用？

16-16　铁路运输能力如何计算，影响其运输能力的因素有哪些？

16-17　露天开采的排土场地址应如何选择，其容积应如何计算？

16-18　汽车运输-推土机排土的工艺要点是什么？

16-19　铁路运输-挖掘机排土有哪些优缺点？

16-20　如何防治露天排土场的病害？

17　露天矿的开拓方法

【本章要点】 露天矿的开拓种类、坑线布置、方法选择、掘沟工程

───

在金属矿的露天开采过程中，采剥工作是在若干个具有一定高度的台阶上进行的。随着采剥工作的进行，必须不断向下延深并开辟新的工作水平。露天矿开拓就是按照一定的方式和程序建立地面与采矿场内各工作水平以及各工作水平之间的运输通路，以保证露天采场正常生产的运输联系，并及时准备出新的采掘工作水平。

露天开拓的主要任务是，研究坑线布置形式，建立合理的矿床开拓运输系统。它是露天矿生产建设中的一个重要环节。开拓方法选择是否合理，直接影响露天矿的基建投资、建设时间、生产效益和经营成本以及生产的均衡性。因此，研究与选择合理开拓方法，对于快速建设露天矿和持续发展生产具有十分重要的意义。

露天矿的开拓方法与运输方式和矿山工程的发展有着密切关系，开拓坑道必须与运输方式相适应，运输方式取决于矿山工程的发展。因此，运输方式和开拓坑道类型都应成为划分露天矿开拓方法的主要依据。

根据国内外现代露天矿发展趋势及目前金属矿山所用开拓方法的特点，为反映运输方式和开拓坑道类型两大特征，本教材采用表 17 – 1 的露天开拓分类方法。

表 17 – 1　露天矿开拓方法分类表

开拓方法名称		主要运输方式
类　　别	开拓坑道类型	
公路运输开拓法	直进式、回返式、螺旋式缓沟	汽车、无轨电车
铁路运输开拓法	折返式缓沟	机车
胶带运输开拓法	直进式陡沟	胶带运输机
平硐溜井开拓法	平硐、溜井	重力放矿
提升机开拓法	竖井、斜井	箕斗、罐笼、串车
联合开拓方法	开拓坑道的联合使用	有以汽车运输为主的多种方式

公路运输开拓和铁路运输开拓属单一开拓运输方式，其余方法属于两种和两种以上运输方式联合应用。提升机开拓法包括斜坡箕斗开拓、串车开拓及竖井或斜井开拓。

17.1　公路运输开拓法

公路运输开拓，是现代露天矿广泛应用的一种开拓方式。也是以自卸汽车运输为主，含有前端式胶轮装载机和胶轮式铲运机的运输开拓方式，所以也称汽车运输开拓。根据我国矿产资源的特点，这种开拓方式的应用还有迅速增加的趋势。

公路运输开拓坑线的布置形式有，直进式、回返式和螺旋式三种，如图 17 - 1 所示。其中以回返式（或直进与回返的联合形式）应用最广泛。

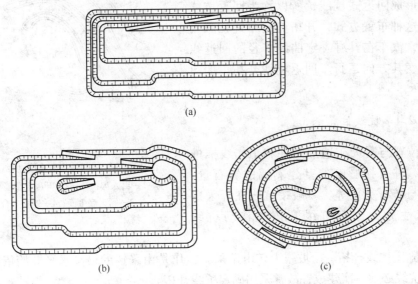

图 17 - 1 公路运输开拓坑线布置的基本形式
(a) 直进式；(b) 回返式；(c) 螺旋式

17. 1. 1 直进坑线开拓

当用公路运输开拓山坡露天矿床时，如果矿区地形比较简单，高差不大，则可将运输干线在空间布置上成直线形，中间允许有分支线路，但无回弯线路，这种坑线布置就称直进坑线开拓。

图 17 - 2 是山坡露天矿直进式公路运输开拓示意图。

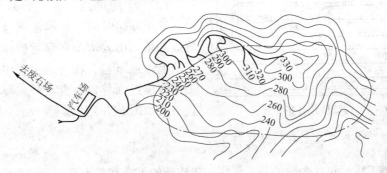

图 17 - 2 直进式公路运输开拓示意图

从图 17 - 2 中看出，运输干线布置在露天采场的一侧，从工作面单侧进车，汽车在干线上运行不必改变方向而一直到达山顶或向山顶直奔地面，空车和重车对向运行。深凹露天矿离地面的距离较浅部分，有足够的走向长度时，也可采用这种开拓方式。

17. 1. 2 回返坑线开拓

当开采深度较大的深凹露天矿或比高较大的露天矿时，为了使公路运输开拓坑线达到所要开采的深度或高度，需要使坑线改变方向布置，通常是每隔一个或几个水平回返一次，从而形成回返式坑线，所以称为回返坑线开拓。按这种布置方式，开拓坑线布置在露天矿的一帮，汽车在具有一定曲线半径的回返线上随时改变其方向运行。回返坑线开拓，如图17-3所示。

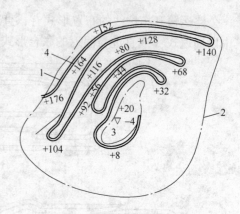

图 17-3　深凹露天矿回返坑线开拓
1—出入沟；2—露天开采上部境界；
3—露天底平面；4—连接平台

17.1.2.1　坑线位置

坑线位置与露天矿地形条件和工作线推进方向有关，并直接影响着基建剥离的岩石量、基建投资与矿石贫化等。一般按坑线在开采期间的固定性分为固定坑线开拓和移动坑线开拓。

（1）固定坑线开拓。山坡露天矿由于采剥工作是由采场的最高水平开始依次向下进行，开拓坑线必须一次建成，故常采用固定坑线开拓。

开拓坑线布置在采场境界以外，用支线与各工作水平联系。随着开采水平的下降，上部坑线逐渐消失，下部运输距离逐渐缩短，运输效率随之提高。

深凹露天矿的固定坑线，是布置在开采境界内的最终边帮上。一般设在底帮，以使采掘工作线尽快接近矿体，减少基建剥离的岩土量和基建投资，缩短基建时间。在特殊情况下也可将固定坑线布置在上盘，但情况相反。合理坑线位置，应在进行方案技术经济分析的基础上，择优选定。

（2）移动坑线开拓。为减少基建剥离量，缩短基建时间，加速建设，可采用移动坑线开拓。出入沟布在靠近矿体与围岩接触带的上盘或下盘，在开采过程中，出入沟随工作线推进而移动，直至开采境界。这种布置方式如图17-4所示。

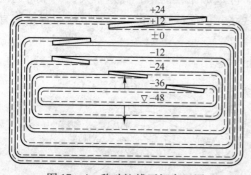

图 17-4　移动坑线开拓布置图

17.1.2.2　露天开拓工程的发展程序

露天开拓工程，包括台阶的开采程序、工作帮的推进和新水平的开拓延深程序。

采用固定坑线开拓时，首先在露天矿最终边帮按设计所确定的沟道位置、方向和坡度，从上水平向下水平掘进出入沟，自出入沟末端掘进开段沟，以建立开采台阶初始工作线。

开段沟掘成后，即可进行扩帮和剥采工作。当该水平帮扩展达到掘进新水平出入沟顶线与台阶坡底线不小于最小工作平盘宽度时，便开始下一水平的掘沟工作和随后的扩帮工作，从而逐渐形成自上而下的开拓坑线，图17-5为深凹露天矿折返固定坑线开拓的工程发展程序示意图。

图17-5(a)是按设计所确定的出入沟位置、方向和坡度掘进。当倾斜的出入沟掘到

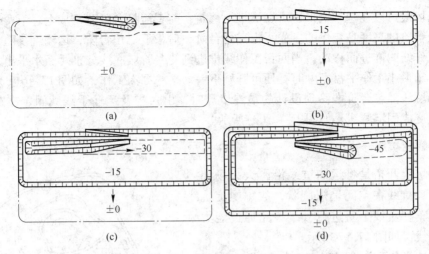

图 17 – 5　固定坑线开拓的工程发展程序示意图

－15m 水平时，便开始掘进水平开段沟。开段沟的位置如图中虚线所示，箭头表示的方向为开段沟的掘进方向。

图 17 – 5（b）中－15m 水平开段沟完成后，以开段沟作为初始工作线，进行扩帮。将－15m 水平的平盘扩宽，为掘进－30m 水平出入沟和开段沟准备必要的条件。箭头方向为扩帮推进方向。

图 17 – 5（c）是当－15m 水平的平盘达到足够的宽度时，按设计的位置、方向和坡度，开始掘进－30m 水平的出入沟和开段沟；同时，在－15m 水平按箭头所指的方向，继续推进。

所谓足够的宽度，即必须保证在掘进－30m 水平的出入沟和开段沟之后，道路运输保持正常状态，工作不中断，也能使－15m 水平台阶上的道路线从非工作帮绕至工作帮上去。为此，必须保证端部转弯处的宽度够二倍的最小曲率半径，－15m 水平不得小于最小工作平盘宽度。

图 17 – 5（d）是－15m 水平扩帮至设计最终开采境界而停止，－30m 水平按箭头所示的方向，继续扩帮，当达到足够宽度时，开始掘进－45m 水平的出入沟和开段沟。同样，－45m 开段沟掘进完后，进行扩帮，为下水平掘进出入沟和开段沟做准备。

按上述程序，依此类推，一直达到最终设计的开采深度为止。

移动坑线开拓，如图 17 – 6 所示。首先是在靠近矿体与围岩接触带的上盘和下盘，从采场中部按设计的位置掘进出入沟和开段沟。掘沟后，扩帮工程从中间向两帮推进。

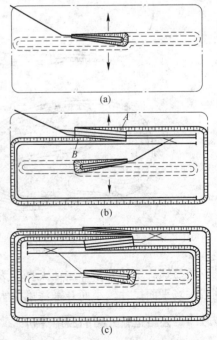

图 17 – 6　移动坑线开拓程序示意图
A—上三角掌子；B—下三角掌子

移动坑线可设在基岩上，也可在爆堆上修筑，前者需将台阶分割成上、下两个三角台阶。三角台阶的高度是变化的，先采上三角台阶，后采下三角台阶，运输坑线随上、下三角台阶工作线的推进而移动。当两帮工作线推进到使台阶坡底线分别距新水平出入沟沟顶线均不小于最小工作平盘宽度时，便可开始下一水平的掘沟工作，如图 17 – 6(b) 所示。

移动坑线随着台阶推移到设计的最终境界时，出入沟及运输干线就固定在最终边帮上，从而变成固定坑线。如图 17 – 6(c) 所示。

17.1.3　螺旋坑线开拓

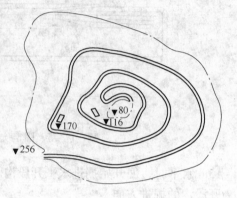

螺旋坑线开拓是将运输坑线沿露天采场四周边帮布置，坑线在空间呈螺旋状，故称螺旋坑线开拓。汽车在坑线上直进行驶，线路通过能力大于回返坑线，如图 17 – 7 所示。

螺旋坑线的开拓发展程序，如图 17 – 8 所示。首先沿采场最终边帮从上水平向下水平掘进出入沟，自出入沟末端沿边帮掘进开段沟，形成采剥工作线。以出入沟末端为固定点，使工作线呈扇形方式推进。当工作线推进到一定距离，满足下

图 17 – 7　螺旋坑线开拓

一个新水平的掘沟要求时，在连接平台的端部，再沿采矿场边帮向新水平掘进出入沟和开段沟，随之进行扩帮。以下各个水平依此程序发展，最后形成螺旋坑线。

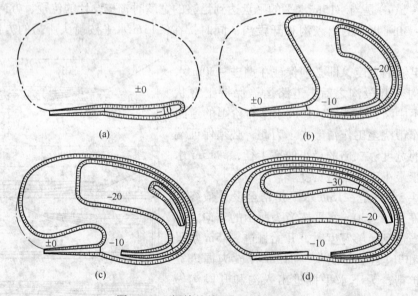

图 17 – 8　螺旋坑线开拓程序示意图

单一螺旋坑线开拓方法在大型露天矿很少采用；只有当地形复杂、矿床赋存形状不规则或采场平面尺寸较小而开采深度又大的露天矿，用此开拓法才较为适宜。

17.1.4　公路运输开拓的应用评价

公路运输开拓所采用的运输方式主要是汽车运输。它具有机动灵活、调运方便、爬坡能力大、要求的线路技术条件较低等优点，从而使开拓坑线缩短，开拓工程量和基建投资

减少，基建期限缩短，有利于加速新水平准备和强化开采。

采用移动坑线对尚未探清矿床地质和工程水文地质的矿山更为适应，可使其有充足时间最后确立露天采场的最终边坡角和开采境界。尽管移动坑线的位置与工作线推进方向较灵活，但在上下三角掌子处作业对穿爆、采装工作都有影响；同时移动坑线的公路质量差，轮胎磨损大，运输费高。

公路运输开拓的合理深度，主要取决于运输费用。当矿岩性质和采用的生产工艺与设备类型一定时，穿爆、采装和排土费用相对变化不大；而运输费用随运距加大而增长，确定合理运距的范围，就是要使采出矿石的总成本加利润与税金，不超过该种矿石的销售价格。

按照目前的技术经济条件，采用载重量为 40t 以下自卸汽车的合理深度为 80～150m；当用载重量为 80～120t 电动轮汽车时，其合理深度可达 200～300m。

17.2 铁路运输开拓法

铁路运输开拓，在我国和前苏联的露天铁矿开采中占重要地位。一般当露天矿的运量大、地形坡度在 30° 以下，比高在 200m 以内时，采用铁路单一运输开拓方式具有明显的优越性。前苏联的一些铁路运输露天矿山，曾改用牵引机组，将线路限制坡度提高到 40‰～60‰，开采深度下延到 300～400m。但一般牵引机车因受爬坡能力和转弯曲率半径的影响，开采范围必须很大，因此，在金属露天矿的应用受到限制。

17.2.1 布线方式

金属矿山平面尺寸一般不太大，沟道在平面上的布置常采用直进式、折返式和直进 - 折返联合式。直进式干线沟道布置在采矿场的一帮或一翼，由地面直达露天矿最深部位，列车在干线上运行不必改变方向；折返式干线不同于直进式的是列车需要经过折返站停车换向，再行驶至各工作水平；直进 - 折返式干线具有上述两种布线特点，每隔一个或几个水平折返一次换向运行。

铁路干线在开采期间按固定性划分为固定干线和移动干线两种。两种干线各有特点。目前在国内外采用铁路运输开拓的金属露天矿中，多以固定干线开拓为主。

图 17 - 9 为固定铁路折返干线开拓，图 17 - 10 为顶帮固定直进 - 折返坑线开拓。

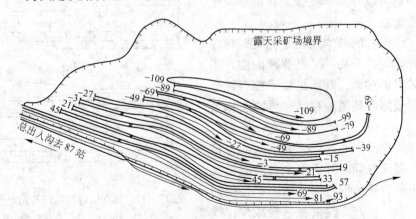

图 17 - 9　固定铁路折返干线开拓示意图

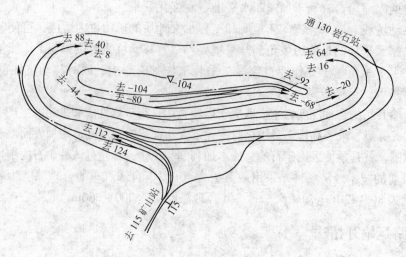

图 17 – 10　深凹露天矿顶帮固定直进 – 折返坑线开拓图

17.2.2　坑线位置

　　山坡露天矿的固定坑线位置随地形条件而变化。当地形为孤立山峰时，开拓坑线布置在非工作坡上，如图 17 – 11 所示。在多个水平同时开采条件下，为保证下水平推进时不切断上部水平与坑线运输联系，应使工作线推进方向从远离坑线的位置开始，逐渐退向坑线；再随开采水平的下降，由上向下逐个水平将运输坑线拆除。

　　矿体埋藏比高不大时，铁路干线可设在非工作山坡上作折返式开拓。

　　当采场附近为单侧山坡时，运输干线可布置在露天开采境界以外的端部。根据地形条件，采用端部两侧或一侧入车。

　　深凹露天矿铁路开拓系统形成与矿山工程的发展有着紧密的联系。依矿山工程的发展其也分固定坑线和移动坑线，其位置确定方法与公路运输开拓一样。

　　确定坑线位置的基本原则是：既要考虑山坡露天开采时的布局，又要兼顾山坡开采向深凹开采时的过渡，既满足总平面布置合理，又要使线路和站场的移动和拆除工作量最小。

　　在具体定线时，要首先研究干线的合理布线形式，保证在同时开采多个台阶的情况下，不因下部台阶的推进而切断上部台阶的运输联系；填、挖方工程量应尽量减少；线路折返次数也应尽量减少，使线路具有良好

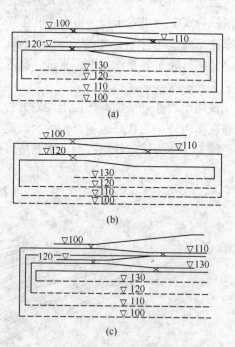

图 17 – 11　孤立山峰折返线开拓布置方式
(a) 单线折返环行；(b) 单线双侧交叉进车；
(c) 单线单侧进车

的技术条件，充分发挥铁路运输的效益。

17.2.3　路数与折返站

　　线路数目主要由露天矿的年运输量来确定。大型露天矿年运量超过 700 万吨时，多采用双干线开拓，其中一条为重车线，

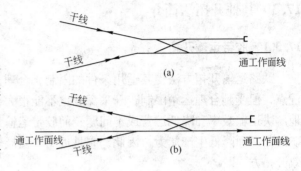

另一条为空车线。年运量小于该值时则采用单干线开拓。

　　折返站是设在出入沟与开采水平连接处，供列车换向和会让用的中继站，其布置形式较多。

　　图 17 - 12 为单干线开拓折返站示意图，图 17 - 13 为双干线开拓折返站示意图。

图 17 - 12　单干线开拓折返站示意图
（a）尽头式运输；（b）环行式运输

　　与单干线尽头式比较，环行式运输的线路通过能力大。双干线燕尾式折返站场的长度和宽度比套袖式小，但是空车重车同时进入站场时，彼此存在相互影响。套袖式站场范围大，行车不受影响，可提高线路通过能力。平面尺寸大的露天矿或深凹露天矿上部几个水平，可考虑用套袖式，而至下部宜转为燕尾式。

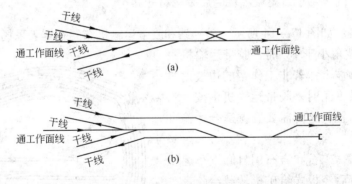

图 17 - 13　双干线开拓的折返站
（a）燕尾式；（b）套袖式

17.2.4　铁路运输开拓的应用评价

　　铁路运输开拓是一种通用性较强、运输能力大、运营费用低的运输方式。它的运输设备及线路结构坚实，工作可靠，易于维修；作业受气候条件的影响较小，并能与国家铁路网直接接轨，简化装卸工作；对于满足埋藏较浅，平面尺寸较大的大中型露天矿生产甚为适宜。

　　它的主要缺点是，由于线路坡度小、曲率半径大，基建工程最大，基建投资高，建设时间较长；新水平开拓延深工程缓慢，年下降速度比其他运输方式要低。

　　采用移动坑线开拓时，线路质量难以保证，线路移动及维修工作量增加，运行管理复

杂，影响挖掘机效率的发挥。尤其是随开采深度增加，运行周期增长，运输效率明显下降。

因此，铁路运输开拓的合理深度一般都控制在 120～150m 以内。深度超大后要改用公路与铁路联合运输开拓，并在两种运输方式之间设置转载平台。

17.3　其他开拓法简介

17.3.1　胶带运输开拓

铁路运输开拓方法受其适用条件的限制，合理开采深度较小；汽车运输虽具有一系列优点，但受到合理运距限制，开采深度也不能很大，即使采用大型载重汽车，仍不能有效地解决运输效率和降低运营成本问题。而胶带运输开拓，其线路坡度一般较大，不随露天矿的延深而降低生产能力。因此，它是近年来发展较快，并成为大型露天矿开采的一种有效开拓方式。

胶带运输的特点是：物料以连续的物流状态沿着严格规定的一条线路移动；但所运矿石和岩石物料必须预先经破碎机破碎，才能保证胶带运输机正常输送。

按破碎机的固定性和胶带运输机的布置方式以及生产工艺流程，露天矿常用的胶带运输开拓系统可以分为：汽车－半固定破碎机－胶带运输开拓；汽车－半固定或固定破碎机－斜井胶带运输开拓；移动式破碎机－胶带运输开拓。

17.3.1.1　汽车－半固定破碎机－胶带运输开拓

这种开拓方法如图 17－14 所示。破碎站和胶带运输机布置在露天采场的非工作帮上。当非工作帮边坡角小于 18°时，胶带运输机可直接布置在边坡上；若非工作帮的边坡角大于运输机的坡度角时，胶带运输机多按直进式斜交边帮布置，这时需要开掘适合运输机坡度的陡沟。

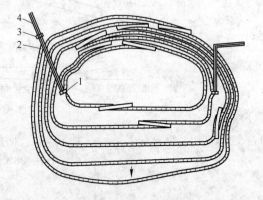

台阶剥采时，矿石和岩石用自卸汽车运至破碎站，破碎后经板式给矿机转载给胶带运输机运至地表，再由地面运输设备运至卸载地点。

采场内半固定式破碎机的选型，应根据露天矿生产能力、原矿块度、破碎工作的难易和破碎费用等，在综合分析比较的基础上确定。一般可选用旋回破碎机或颚式破碎

图 17－14　汽车－半固定破碎机－胶带运输开拓
1—破碎站；2—边帮胶带运输机；
3—转载点；4—地面胶带运输机

机。旋回破碎机生产能力大，经营费用少，使用周期长，但投资多，机体大，移动与安装工作复杂；颚式破碎机则恰好相反。在一般情况下，生产能力超过 1000t/h，采用旋回破碎机，否则采用颚式破碎机。

图 17－15 为旋回破碎机破碎系统图。汽车在卸载平台上卸载后，落到倾斜格筛上，大块进入旋回破碎机，经破碎机排料口落入漏斗。通过格筛的小块直接落入漏斗。漏口下

部设有板式给矿机，向胶带运输机供料，通过胶带输
送从采场边帮运出地面。

17.3.1.2　汽车-半固定或固定破碎机-斜井胶带运输开拓

此种开拓方式与上一种相区别的是将胶带运输机
布入斜井，或者部分布置在地面部分布置在井巷，以
此适应露天采场深部作业。此外，也可以在破碎机下
部设置一段溜井，作储矿仓用。破碎后的矿岩通过溜
井再经板式给矿机转载到斜井的胶带运输机上。

随露天矿延深而向下移动的破碎设施，除布置在
端帮外，还可以固定设置在露天矿境界底部。矿石或
岩石通过溜井下放到地下破碎站破碎，然后经板式给

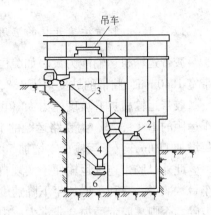

图 17-15　旋回破碎机破碎系统
1—旋回破碎机；2—电动机；3—格筛；
4—漏斗；5—板式给矿机；6—胶带运输机

矿机给矿，由胶带运输机运出地表。这种布置方式，破碎站不需移设，生产环节简单，可
减少在边帮上设置破碎站而增加的扩帮量，但初期基建工程量大，投资多，基建时间长，
溜井易发生卡堵，井下作业条件较差。

无论采用哪种斜井胶带运输方式，所需基建费用都比胶带运输机布置在地表或边帮上
大，建设或改造时间也较长；因此应结合具体条件，作分析比较后择优选取。

17.3.1.3　移动式破碎机-胶带运输开拓

此开拓方法是用挖掘机、前装机或汽车直接将矿石或岩石卸入设在采掘工作面的破碎
机内，破碎后的矿石或岩石经胶带运输机从工作面直接运出采矿场，如图 17-16 所示。

在开采过程中，破碎机随工作线的推进而移设，工作台阶上的胶带运输机也随工作线
的推进而移动。

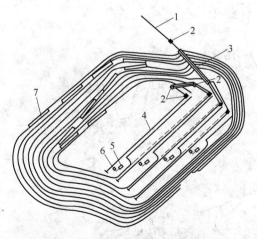

图 17-16　移动式破碎机-胶带运输开拓
1—地面胶带运输机；2—转载点；3—边帮胶带
运输机；4—工作面胶带运输机；5—移动式
破碎机；6—桥式胶带运输机；7—出入沟

工作台阶上胶带运输机的布置方式，
主要取决于工作线长度。当台阶工作线
较长时，胶带运输机可平行台阶布置，
破碎机与该胶带运输机之间铺设一条桥
式胶带运输机；当台阶工作线较短时，
采用可回转胶带运输机。为提高胶带运
输机的生产能力，除按上述方式布置胶
带运输机外，一般多采用设有转载平台
的移动式破碎站或用汽车直接把矿岩翻
卸到破碎站。

移动式破碎机按行走机构可分为履
带式和迈步式两种。当破碎设备重量大
于 300t 时，一般为迈步式破碎机。国外
有将破碎机组拆成几个套件，用履带式
运输车进行整体移动的。

17.3.1.4　胶带运输开拓的应用评价

胶带运输机运输能力大。如美国某铜矿的一条运输岩石的胶带运输机，全长2.4km，带宽1840mm，胶带的坡度角为13°，运输能力达8000t/h。

胶带运输机提升坡度能力大（可达16°~18°），运输距离短。在相同条件下，约为汽车运距的1/4~1/3，为铁路运距的1/10~1/5；运输成本低。据有关资料介绍，开采深度每增加110m，汽车运输成本增加50%，而胶带运输机运输成本仅增加5%~6%。

此外，胶带连续运输便于实现自动控制，劳动生产率与挖掘机效率均能提高，使用汽车台数减少，有利于增加年下降速度。但是，胶带运输对矿岩的要求较严，矿岩必须预先破碎，否则，胶带磨损会非常大。由于采场内设置破碎站基建费用高，移动工作复杂，在一定程度上还受气候条件影响，因此当露天矿开采深度不大时，胶带运输开拓一般不用。

17.3.2　平硐溜井开拓

平硐溜井开拓是指用溜井和平硐建立露天采场与地面之间的运输联系的一种开拓方法，适合开拓山坡露天矿。溜井内矿石靠自重溜放，溜井下部装有溜口，矿岩在此装车后经过平硐运往卸载地点。平硐内的运输方式可根据运量和运距，选用汽车运输、胶带运输机运输、标准轨和窄轨铁路运输等。

在采场内，剥离下来的岩石从采场直接运至附近山坡排土场排弃；矿石用汽车或其他设备运至溜井口卸矿平台翻卸。为减少溜井掘进工作量，当山坡地形条件有利，上部可以采用明溜槽与溜井相接。溜井是平硐溜井开拓系统中的关键部位，它承担着放矿任务。合理确定溜井位置和结构要素，对保证矿山正常生产具有重要意义。

溜井位置要根据矿床埋藏特点，以采矿运输功最小、平硐长度和平硐口至选厂运距最短、费用最低的原则确定，尽量布置在整体性好、稳固而坚硬的岩层中。采场内用汽车运输时，一般设置集中放矿溜井。在整个开采水平内用一两个溜井，以便集中管理；溜井多设在采矿场内，以保证正常生产，如图17-17所示。

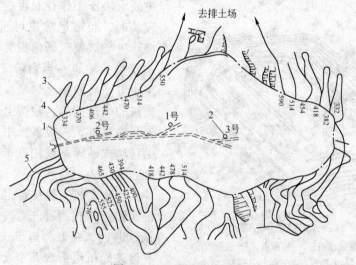

图17-17　平硐溜井开拓

1—平硐；2—溜井；3—公路；4—露天开采境界；5—地形等高线

当采场内采用铁路运输时，由于其灵活性差和线路受坡度的限制，故常在采场境界以外端部设置分散放矿溜井，每个溜井负担放矿的台阶数最多为2~3个。

平硐位置应与溜井位置同时确定。除应考虑溜井合理布置外，还应该注意以下几点：

（1）平硐应尽可能缩短，平硐口在最高洪水位以上，山坡岩层稳固不易产生滑坡；

（2）平硐位于采矿场下部时，平硐顶板距露天采场底的最小垂直距离不得小于15m。

平硐溜井开拓是一种经济有效的开拓方法，适用于开拓地形复杂、高差较大、坡度较陡、矿体在地面标高以上的露天矿，在我国山坡露天矿中得到广泛应用。

平硐溜井开拓的主要优点是：可利用地形高差自重放矿，运费低、基础投资少、基建时间短，由于运输距离缩短，能加速运输设备周转，减少设备需用量。缺点是：溜井掘进工程最大，溜井壁易受冲击磨损，易引起溜井堵塞和放矿事故，且平硐内作业条件较差。

17.3.3 斜坡箕斗开拓

斜坡箕斗开拓是以斜坡箕斗为主体建立运输系统的开拓方法。它在采场内利用其他运输设备将矿岩运至转载站，装入箕斗提升（对山坡矿床为下放）至地面矿仓卸载，再装入地面运输设备运往破碎站或排土场。当地面矿仓与粗碎站合一时，矿石就直接卸入粗碎站的原矿槽内。

图17-18为浅部采用铁路运输，深部改用汽车-斜坡箕斗的开拓系统图。

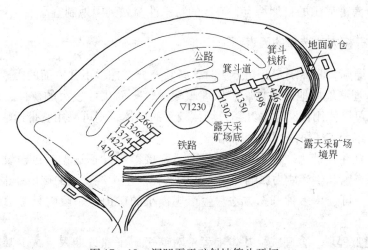

图17-18 深凹露天矿斜坡箕斗开拓

采用斜坡箕斗提升，矿岩在采场和地表需经两次转载。转载方式有直接转载和漏斗转载两种。直接转载是矿岩直接翻卸入箕斗内，此时箕斗载重量应与车辆的载重量相适应，用自卸汽车运输时通常为一车一个箕斗或两车一个箕斗。箕斗转载是车辆在转载平台上将矿岩卸入矿仓。

箕斗通道布置，在深凹露天矿是设在最终边帮上，山坡露天矿则设在采矿场境界外线路端部。其坡度根据最终边坡角和箕斗结构而定。由于箕斗是沿坡度较大的轨道运行，因此，要求轨道稳固不能下滑，轨面坡度均匀，以此保证提升和下放不脱离轨道。

深凹露天矿的箕斗通道穿过非工作帮上的所有台阶，会切断各台阶的水平联系，因此为建立继续联系和向箕斗正常装载，需要设立转载栈桥。

斜坡箕斗开拓的优点是：能适应较大运输高差，缩短运输周期；设备简单，经营费用较低；投资少，建设快。主要缺点是：转载站设备移动复杂，灵活机动性差，运输环节多且彼此互相制约。

斜坡箕斗开拓投资少，建设快，设备简单，适用于中小型露天矿。

17.4　开拓方法的选择

选择确定开拓方法是露天矿设计中的重要环节。它决定着矿床开采的基建工程量、基建投资和基建时间，并对整个矿床开采期间的矿山生产能力、矿石损失与贫化、生产的可行性和均衡性，以及经济效果等有着重大影响。

17.4.1　选择开拓方法的基本原则

选择露天开拓方法应首先掌握以下基本原则：

（1）最大限度地满足国民经济和市场调节对矿石产量和质量的要求；

（2）矿山建设速度必须满足国家要求，保证投产早、达产快；

（3）基建投资少，生产经营费用低，能取得较好的经济效果；

（4）尽量采用先进的工艺技术装备，不断提高露天矿的机械化、自动化水平；

（5）所采用的设备和材料能保证供应；

（6）充分考虑矿山的自然特点，矿床的特殊性，做到因地制宜。

17.4.2　影响开拓方法选择的因素

根据上述原则，具体确定开拓方法时，必须充分考虑以下几方面的因素：

（1）矿床埋藏地质地形条件。矿床埋藏较浅、平面尺寸较大的矿体，既可采用公路运输开拓，也可以使用铁路运输开拓；埋藏较深的矿体，则可采用胶带运输开拓或斜坡箕斗开拓。深凹露天矿还可采用联合开拓。

（2）露天矿生产能力。露天矿生产能力，直接影响设备选型。运输设备不同，开拓方法也不相同。因此生产能力影响开拓方法的选择。生产规模大的矿山，根据矿床埋藏条件和开采深度，可选用多种开拓方法。生产规模小的矿山，一般则只考虑采用斜坡箕斗开拓。

（3）基建工程量。合理减少基建工程量对缩短矿山建设期限、减少基建投资有重要意义。如采用靠近矿体移动坑线开拓和矿体倾角小时采用底帮固定坑线开拓，以及纵向布置开段沟等，均对减少基建工程量有利。

（4）矿床勘探程度。矿床的勘探程度及发展远景，决定着矿床是否采用分期开采和与之相适应的开拓方法。对尚未探清的矿床，宜采用移动坑线开拓，以适应露天矿开采境界的变化和分期开采的过渡。

（5）地表总平面布置。地表平面布置，反映了选矿厂或破碎站、排土场等工业场地与采矿场的相对位置，这对开拓沟道位置的决定、出口方向、数目和运输距离均有很大影响。

上述诸多因素，在实践中所起的作用是不同的。应针对具体情况，因地制宜，综合分析。

17.4.3　开拓方法选择步骤

17.4.3.1　确定开拓方法的基本步骤

确定露天开拓方法分为以下四个步骤：

（1）根据开拓方法选择的影响因素，确定开采范围、工业场地和排土场位置等，拟定若干方案；

（2）初步分析各个方案，排除明显不合理的方案；

（3）对保留方案进行沟道定线，并进行矿山工程量和生产技术经济计算；

（4）对各方案的多项技术经济指标进行综合分析比较后，取其中最优方案。

17.4.3.2　开拓沟道定线

所谓开拓沟道定线，即是具体确定露天矿开拓沟边的空间位置。它在拟定的开拓方法基础上进行，一般分室内图纸定线和室外现场定线。

定线所需基础资料有：矿区地质地形图、露天矿总平面布置图和主要参数，如露天开采境界、台阶高、沟道宽和限制坡度、回头曲线要素及连接平台长度等。

下面以汽车运输回返坑线开拓的室内图纸定线，说明定线步骤：

（1）在具有已确立底平面周界和各个水平最终境界的平面图上，根据排土场、卸矿点和地质地形条件等，定出入口位置，再按沟道各要素，自上而下初步定沟道中心线位置，如图 17 - 19(a)所示。

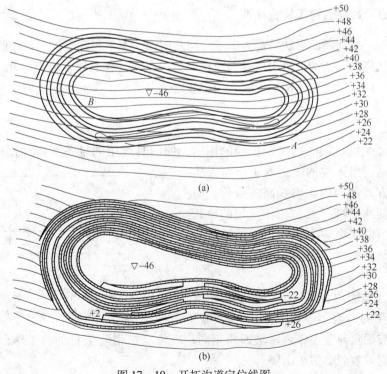

图 17 - 19　开拓沟道定位线图

（a）初步确定沟道中心线位置；（b）绘制沟道具体位置

A、*B*—上、下水平出入口位置

（2）根据出入沟底宽和各种平台宽度，在图 17－19（a）上，再自下而上画出开拓沟道和开采终了时台阶的具体位置，即形成图 17－19（b）。

17.4.3.3　开拓方案技术经济比较

比较的内容包括：基建工程量、基建的三材消耗、基建投资、建设投产和达产时间、各时期的生产剥采比和生产经营费、生产能力的保证程度、矿石损失与贫化、基建投资回收期和投资效果，生产安全可靠性等。其中，基建投资和生产经营费用是经济比较主要指标。

基建投资和生产经营费的比较项目和方法，在前面地下开采中已作了详细叙述，此处不再复述。

17.5　掘沟工程

露天开采，新水平准备是项重要工作，它直接影响露天矿山是否能够正常持续生产。

新水平准备工作包括：掘进出入沟、开段沟和为掘进沟道而在上水平面所进行的扩帮工作。掘沟工程的特点是，挖掘沟槽。而挖掘沟槽又受到运输设备在尽头区作业工作面狭窄，靠沟帮的钻孔"夹制性大"，掘沟装运效率低，雨季掘进沟施工积水多和难度较大等影响。由此，加快新水平准备工作的关键在于提高掘沟速度。要提高掘沟速度，应该合理确定沟道的几何要素和正确选择掘沟方法，以此减少单位沟长的掘沟工程量和提高掘沟设备的效率。

17.5.1　沟道参数与掘沟工程量计算

露天堑沟，按其断面形状可分为单壁沟与双壁沟。在平坦地形以下挖掘的具有完整梯形断面的沟，称为双壁沟；沿山坡等高线挖掘的、只有一侧帮壁，断面近似三角形的沟，称为单壁沟。沟道参数包括沟的底宽、沟边坡面角、沟深、沟的纵断面坡度和沟的长度。

17.5.1.1　沟道参数

（1）沟底宽度。沟底宽度依据沟的用途、掘沟时所用的设备类型和掘沟方法确定。依据沟的用途，出入沟的底宽取决于露天矿的开拓运输方式和沟内运输线路的数目；而开段沟是为新水平准备最初工作线用的，其沟底宽度，应以保证初次的"扩帮爆破"不掩埋装车线路为原则，其计算参数如图 17－20 所示。

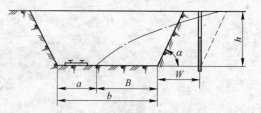

图 17－20　开段沟横断面要素示意图
a—运输线路宽度；B—爆堆宽度；b—沟底宽度

（2）沟边坡面角。该值取决于岩石性质与沟边面存在的期限。今后不继续"扩帮"和采掘的，坡面角与非工作台阶坡面角相同；准备"扩帮"采掘的与工作台阶坡面角相同，具体数据可参照类似矿山资料。

（3）沟的深度。在两水平之间开掘"双壁沟"时，出入沟深度沿纵向是变化的，其最小值为零，最大值等于台阶高度。开段沟的沟深即为台阶高度。

当在山坡掘进单壁沟时（见图 17 - 21），出
入沟和开段沟的沟深均按下式确定：

$$h' = \frac{b}{\cot\beta - \cot\alpha} = \psi b \qquad (17 - 1)$$

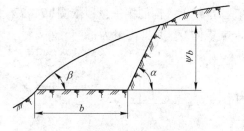

式中　h'——单壁沟的沟深，m；

　　　b——沟底宽度，m；

　　　β——山坡坡面角，(°)；

　　　α——沟边坡面角，(°)；

图 17 - 21　单壁沟横断面要素示意图

　　　ψ——削坡系数，$\psi = \dfrac{1}{\cot\beta - \cot\alpha} = \dfrac{\sin\alpha\sin\beta}{\sin(\beta - \alpha)}$。

（4）沟的纵向坡度。出入沟的纵向坡度，取决于露天矿采用的开拓运输方式和运输
设备类型，其值应综合考虑对运输及采掘工作的影响，并结合生产实际经验确定。开段沟
通常是水平的，有时为了便于排水而采用 3‰ ~ 5‰ 的坡度。

（5）沟的纵向长度。两水平间出入沟的长度 L，取决于台阶高度 h 和沟的纵向坡度 i。
其关系式为：

$$L = h \times i^{-1} \quad \text{m} \qquad (17 - 2)$$

开段沟的长度一般和该准备水平的采矿场长度大致相等。

17.5.1.2　沟道工程量计算

掘沟工程量直接取决于沟道的几何要素。其计算方法有：

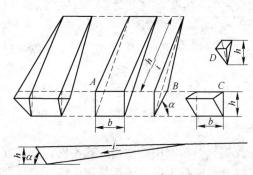

（1）分体计算法。即把沟道划分成若干
个近似规则的几何体进行计算。

（2）平行横断面法。即沿沟的纵向每隔
一段距离，作一个垂直沟道中心线的横断面
图，两个断面间的体积等于两断面的平均面
积乘以间距。

前者一般在地形平坦和准备新水平时应
用；后者常用于地形较为复杂情况下。

双壁出入沟的掘沟工程量可以划分成下
列几个部分（见图 17 - 22），即中间部分体

图 17 - 22　双壁出入沟的工程量计算示意图

积 A，两帮部分体积 B，末端分体 C 和 D。当两侧沟帮坡面角相同时，其掘沟工程量为：

$$V_1 = A + 2B + C + 2D = \frac{h^2}{i_x}\left(\frac{b}{2} + \frac{h}{2\tan\alpha}\right) + \frac{h^2}{\tan\alpha}\left(\frac{b}{2} + \frac{2h}{3\tan\alpha}\right) \qquad (17 - 3)$$

式中　h——台阶高度，m；

　　　i_x——出入沟的限制坡度，汽车运输用%，铁路运输用‰；

　　　b——沟底宽度，m；

　　　α——沟边帮坡面角，(°)。

当纵向坡度小于 40‰ 时，$C + 2D$ 可忽略不计。

单壁出入沟的掘进量，依图 17 – 23，可分成沟的起端锥体 E、中段三棱柱体 F、沟的末端锥体 G。其掘沟量为：

$$V_2 = E + F + G = \frac{\psi b^2}{2i_x}\Big[h - \frac{\psi b}{3}\Big(1 - \frac{i_x}{\tan\alpha} \Big) \Big] \tag{17 – 4}$$

式中　$\psi = \dfrac{1}{\cot\beta - \cot\alpha}$。

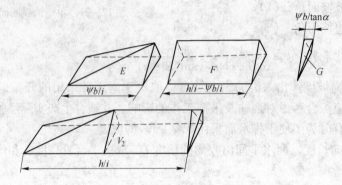

图 17 – 23　单壁出入沟工程量计算示意图

同样，当纵向坡度小于 40‰ 时，该式末项忽略不计，只留前两项。

双壁开段沟当沟边帮坡面角度相同时，其掘进工程量为：

$$V_3 = (b + h_e\tan\alpha)hL \tag{17 – 5}$$

单壁开段沟的掘进工程量为

$$V_4 = \frac{\psi b^2}{2}L \tag{17 – 6}$$

式中　L——开段沟长度，m。

17.5.2　掘沟方法

在大型金属露天矿中，主要掘沟设备是单斗挖掘机。按配用的运输方式不同，掘沟方法有汽车运输掘沟、铁路运输掘沟、汽车 – 铁路联合运输掘沟以及无运输掘沟等。

前三类掘沟方法常用于深凹露天矿掘进梯形断面的双壁沟，而无运输掘沟方法多用于沿山坡地形等高线掘进单壁沟。在山坡也可用汽车运输掘沟。

17.5.2.1　汽车运输掘沟

汽车运输掘沟一般是采用平装车，全断面掘沟方法。即全段高一次穿孔爆破，汽车驶入沟内按全段高一次装运。汽车在沟内的调车方式，常用为回返式和折返式，如图 17 – 24 所示。

回返式调车和折返式调车相比，前者空重车入换时间短，采装和运输效率高；后者汽车以倒退方式接近挖掘机，空重车入换时间较长，采装和运输效率较低。而双线折返调车方法，可以缩短挖掘机等车时间，但所需的汽车数量较多。

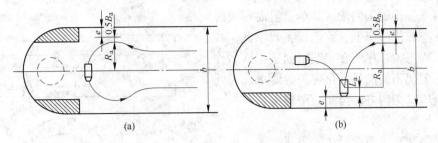

图 17 - 24   汽车在沟内的调车方式
(a) 回返式调车；(b) 折返式调车

不同的调车方法，沟底宽度是不同的。出入沟沟底的最小宽度为：

回返式调车时：
$$b_{\min} = 2 \ (R_a + 0.5B_a + e) \tag{17-7}$$

折返式调车时：
$$b_{\min} = R_a + 0.5B_a + L_a + 2e \tag{17-8}$$

式中 $b_{\min}$——沟底最小宽度，m；

R_a——汽车最小转弯半径，m；

B_a——汽车车厢宽度，m；

e——汽车边缘至沟边帮底线的距离，m；

L_a——汽车后轴至前轴的距离，m。

由此可见，回返式调车的沟底宽度，要比折返式调车的大。

另外，开段沟沟底的最小宽度，仍然应该满足图 17-20 所表示的要求。

掘沟速度根据统计资料表明，以双线折返调车方法为最高，回返调车次之，以单线折返调车方法为最低。为加速新水平的准备，也可采用多工作面掘沟，其实是将沟道分成几个区段，由临时斜沟道出车，同时掘进。

17.5.2.2   铁路运输掘沟

铁路运输掘沟分为平装车全段高掘沟、上装车全段高掘沟和分层掘沟。

A   平装车全段高掘沟

这种掘沟方法是将线路铺在沟内一侧，并接出一条调车线，工作面用一台挖掘机进行装车，如图 17-25 所示。装车时，列车驶入工作面，挖掘机每装完一辆自翻车，列车便将其拉到调车线上，再顶入空车继续装车，直至整列车装完，然后从调车线上将全列重车拉出工作面。

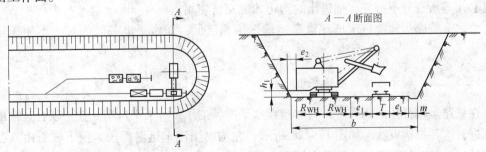

图 17 - 25   单铲单线掘沟示意图
R_{WH}—挖掘机尾部回转半径；h_1—挖掘机机体的底盘高度；m—水沟宽度

平装车掘沟的沟内配线简单，但需频繁解体调车，空车供应率低，装运设备效率低，线路移动工程量大。尽管在实践中创造出许多作业方法，但仍不能满足强化掘进的要求。因此平装车全段高掘沟方法当前应用较少。

B　上装车掘沟

它是将装车线路铺设在沟边帮上部，用沟内长臂铲向上部自翻车进行装载，列车每装完一辆自翻车，便向前移动一次，如图 17 – 26 所示。

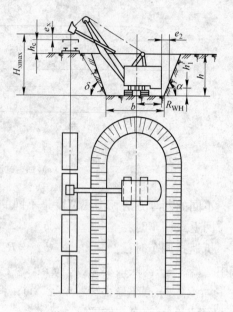

图 17 – 26　上装车全断面掘沟示意图
α—沟边帮坡面角；δ—沟边岩石移动角；
其他符号意义同前

这种掘沟方法的优点是：列车装载时不需解体，可缩短调车时间，工作组织简单，线路工程量少，挖掘机效率较高，掘沟速度较快。在掘沟的程序上，也可不先掘出入沟，而直接掘进开段沟。至一定长度后，在继续掘进开段沟的同时，平行掘进出入沟，这样可加快新水平的准备。但是上装车需要具备与之相适应的上装设备。只要设备条件允许，就可用全段高掘沟。若没有适当的长臂铲，也可用普通平装铲或改装后的半长臂铲斗进行分层上装车掘沟。这种掘沟方式，如图 17 – 27 所示。图中数字为分层掘沟顺序。

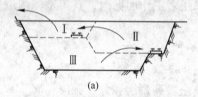
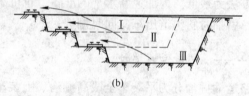

图 17 – 27　分层上装车掘沟示意图
（a）交错分层掘沟；（b）顺序分层掘沟

采用分层掘沟时，列车也不需解体调车，且必要时还可增加装运设备，使几个分层同时作业，以加快掘沟速度。但分层掘沟的掘进断面较大，掘进工程量与线路工程量增大，而且必须等所有分层掘完，掘进出的沟道才能交付使用。

总之，铁路运输掘进沟道比汽车运输掘沟速度低，新水平准备时间长，不便于强化开采。

17.5.2.3　联合运输的沟道掘进

在铁路运输开拓的露天矿，为加速新水平准备工作，可采用汽车 – 铁路联合运输的沟道掘进。这种掘沟方法，如图 17 – 28 所示，在沟内用汽车运输掘沟，掘下岩石由汽车运至沟外，通过转载平台装入铁路车辆运往排土场。

因此，本法具有汽车运输掘沟的特点，汽车运距较短，能达到较好的技术经济效果。

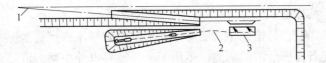

图 17 - 28   汽车 - 铁路联合掘沟
1—铁路；2—汽车道；3—转载平台

在采用汽车运输开拓的矿山，当所掘沟内岩土松软或爆破后岩块小，也可以前装机代替挖掘机开展作业，形成联合运输掘沟。此时缩小沟底宽，可减少工程量，有利于提高掘沟速度。

17.5.2.4   无运输掘沟

无运输掘沟可以分以下两种。

A   倒堆法掘沟

在山坡露天矿掘进"单壁沟"时，常用挖掘机将沟内岩石直接倒入沟旁山坡堆放，如图 17 - 29(a)所示。

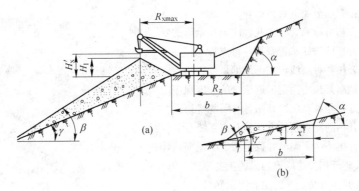

图 17 - 29   倒堆掘沟示意图
(a) 陡山坡倒堆法掘沟；(b) 缓山坡倒堆法掘沟

这时所用挖掘机工作规格应与堑沟断面尺寸相适应。挖掘机最大卸载半径卸下的渣堆，不能占用沟道的设计底宽；同时，渣堆的横断面必须等于沟道的横断面积乘以岩石碎胀系数。在缓山坡掘进"单壁沟"时，可用掘进沟的岩土来加宽沟底，从而减少掘沟工程量。但必须采取预防岩石沿山坡滑动的措施，以保证沟底的稳定性，如图 17 - 29(b)所示。

B   抛掷爆破掘沟

抛掷爆破掘沟的实质是沿沟道合理布置药室，采用定向抛掷爆破将沟内岩石破碎，并将其中大部分岩石抛至沟道的一帮或两帮(见图 17 - 30)。根据岩石抛掷的方向，又分单侧定向抛掷

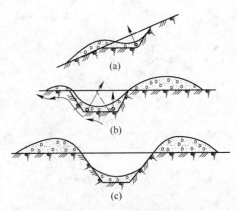

图 17 - 30   定向抛掷爆破掘沟
(a) 坡地单侧定向爆破；(b) 平地单侧定向爆破；
(c) 双侧定向爆破

爆破和双侧定向抛掷爆破。

　　单侧定向抛掷爆破，是借助于自然地形或药室爆破顺序来控制抛掷方向。双侧定向抛掷爆破掘沟是将岩石抛掷至沟的两侧，多用于采场境界以外小型沟道掘进。

　　定向抛掷爆破掘沟只要爆破设计与施工合理，掘沟速度很快。但炸药消耗量大，掘沟成本高，沟内残岩不易清理，爆破震动散落范围大，影响周围建筑物和边坡的稳定，而且容易砸坏线路和设备。因此适用于矿山基建期间沿山坡掘进单壁沟或溜槽。

　　综上所述，掘沟工程是露天开采中一项不可缺少的重要项目，组织这项工程的措施是要能保证具有最大的掘沟速度和最低的掘沟成本。掘沟时必须充分考虑：沟道所在地点的地形和岩石物理力学性质；露天矿采用的开拓运输方式；在沟帮上堆放岩渣的可行性；沟的断面尺寸；挖掘机的类型和工作规格等。

复习思考题

17 – 1　露天矿开拓分类方法的依据是什么？

17 – 2　露天矿开拓方法分类的具体内容是什么？

17 – 3　公路运输开拓坑线布置有哪几种图形表示形式？

17 – 4　公路运输开拓的坑线布置有哪些特点？

17 – 5　铁路运输开拓各种布线形式的依据是什么？

17 – 6　怎样绘制铁路开拓中固定折返坑线的发展程序图？

17 – 7　固定坑线开拓与移动坑线开拓各有哪些优缺点？

17 – 8　胶带运输开拓的特点是什么，其开拓系统有几种？

17 – 9　平硐溜井开拓法中平硐溜井位置确定的原则是什么？

17 – 10　选择露天矿开拓方法应该遵循的主要原则有哪些？

17 – 11　影响露天开拓方法选择的主要因素又是什么？

17 – 12　何谓开拓沟道定线，定线的基本方法是什么？

17 – 13　掘沟工程的特点是什么，掘沟方法主要有哪些？

17 – 14　沟道参数有哪些内容，掘沟量计算有哪些方法？

18 露天开采境界

【本章要点】露天开拓境界的基本概念、影响因素、确定方法、剥采比计算

18.1 露天开采境界概述

在金属矿床开采设计过程中，可能遇到以下三种情况：

(1) 矿床全部适合用地下开采；

(2) 矿床全部适合用露天开采；

(3) 矿床上部适合用露天开采而下部用地下开采。

对于后两种情况，都要求合理确定露天开采的最终界线，即露天开采境界。露天开采境界由露天采矿场的底部周界、最终边坡及开采深度三个要素组成。确定露天开采的境界，就是合理确定开采深度、底部周界和露天矿最终边坡角。

确定合理的露天开采境界，是露天矿设计的一项重要工作。它不仅关系到露天矿的可采矿量、剥离岩量、生产能力、开采年限等主要技术指标，而且也影响到矿床开拓及总图运输，从而对整个矿床开采的经济效果产生深远的影响。

在确定露天开采境界时，往往要受到下列因素的影响：

(1) 自然因素，包括矿床埋藏条件、矿岩物理力学性质、工程水文地质等；

(2) 经济因素，包括基建期限和投资、矿石成本、损失和贫化、达产情况；

(3) 组织技术因素，包括地面建筑物、铁路、河流等对划定开采境界限制等。

对这些因素的影响，应针对不同矿床条件，进行具体分析，分清主次、时间和条件，并作综合全面考虑。还应该看到，随着科学技术发展和露天开采经济效果的改善，已经确定的露天开采境界也不是一成不变的，也有扩大的可能。

在设计露天开采境界时，主要是按经济因素来确定。反映露天开采经济条件的重要指标是剥采比。剥采比的含义是指露天开采中每采出一定单位的有用矿物所需要剥离的岩石量。随着露天开采境界的变化，可采出的矿石和所需剥离岩石量也相应变化。因此，可以通过剥采比与开采境界的相互关系，来合理确定露天开采境界。常用的剥采比，有图 18-1 中所表示的几种形式。

18.1.1 平均剥采比 n_p

平均剥采比 n_p 是指在露天开采境界内岩石总量与矿石总量之比，即

$$n_p = \frac{V_p}{P_p} \qquad (18-1)$$

式中　V_p——露天开采境界内岩石总量，m^3；

　　　P_p——露天开采境界内矿石总量，m^3。

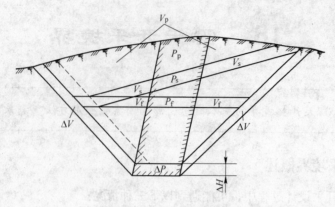

图 18 - 1　多种剥采比示意图

18.1.2　分层剥采比 n_f

分层剥采比 n_f，是指在同一分层内剥离岩石量与采出矿石量之比，即

$$n_f = \frac{V_f}{P_f} \qquad (18-2)$$

式中　V_f——分层剥离岩石量，m^3；

$\quad\quad P_f$——分层的采出矿石量，m^3。

18.1.3　境界剥采比 n_j

境界剥采比 n_j，是指以最终边坡角划定的境界，由某一水平延深至另一水平时，所增加的剥离岩石量与采出矿石量之比，即

$$n_j = \frac{\Delta V}{\Delta P} \qquad (18-3)$$

式中　ΔV——境界延深时增加的剥离岩石量，m^3；

$\quad\quad \Delta P$——境界延深时增加的采出矿石量，m^3。

18.1.4　生产剥采比 n_s

生产剥采比（也称时间剥采比），是指露天矿某一时期剥离废石量与所采的矿石量之比，即

$$n_s = \frac{V_s}{P_s} \qquad (18-4)$$

式中　V_s——露天矿某一生产时期剥离的废石量，m^3；

$\quad\quad P_s$——露天矿某一生产时期所采出矿石量，m^3。

18.1.5　经济合理剥采比 n_{jh}

经济合理剥采比 n_{jh}，是指经济上允许的最大剥离岩石量与可采矿量之比。以该剥采比从事露天开采时，露天开采成本不得大于地下开采成本。

18.2 经济合理剥采比的确定

经济合理剥采比是确定露天和地下开采界限的重要指标，其大小直接影响露天开采和地下开采所占比例和资源利用程度。开采设计应根据不同情况具体计算。

经济合理剥采比按我国现行的计算方法，主要有以下几种。

18.2.1 产品成本比较法

18.2.1.1 原矿成本比较法

原矿成本比较法，是以露天和地下开采原矿单位成本相等为计算基础，即

$$n_{jh} = \frac{c - a}{b} \cdot \gamma \quad \text{m}^3/\text{m}^3 \tag{18-5}$$

式中　c——地下开采每吨矿石成本，元/t；

　　　　a——露天开采每吨矿石采矿费用（不包括剥离费用），元/t；

　　　　b——露天开采剥离费用，元/m³；

　　　　γ——矿石密度，t/m³。

18.2.1.2 精矿成本比较法

精矿成本比较法是，以露天和地下开采单位精矿的成本相等为计算基础，即：

$$n_{jh} = \frac{c_d - a_1}{bT_1} \cdot \gamma \quad \text{m}^3/\text{m}^3 \tag{18-6}$$

$$c_d = (c + f_d)T_d$$

$$T_d = \frac{\beta_d}{[\alpha(1 - \rho_d) + \rho_d \alpha_d]\varepsilon_d}$$

$$a_1 = (a + f_1)T_1$$

$$T_1 = \frac{\beta_1}{[\alpha(1 - \rho_1) + \rho_1 \alpha_1]\varepsilon_1}$$

式中　c_d——地下开采每吨精矿的成本，元/t；

　　　　a_1——露天开采每吨精矿的成本（不包括剥离费用），元/t；

　T_1，T_d——分别为露天开采和地下开采每吨精矿需要的原矿量，t/t；

　f_1，f_d——分别为露天开采和地下开采每吨原矿的选矿加工费用，元/t；

　β_1，β_d——分别为露天开采和地下开采的精矿品位，%；

　　　　α——地质品位，%；

　α_1，α_d——分别为露天开采和地下开采混入的废石品位，%；

　ρ_1，ρ_d——分别为露天开采和地下开采的废石混入率，%；

　ε_1，ε_d——分别为露天和地下采出矿石的选矿回收率，%；

　　　　其他符号意义同前。

18.2.2 赢利比较法

赢利比较法是以露天和地下开采相同工业储量获得总赢利相等为计算基础。

（1）按原矿产品计算：

$$n_{jh} = \frac{n_1'(B_1 - a) - n_d'(B_d - c)}{b} \cdot \gamma \tag{18-7}$$

$$n_1' = \frac{n_1}{1 - \rho_1}$$

$$n_d' = \frac{n_d}{1 - \rho_d}$$

式中　B_1，B_d——分别为露天开采和地下开采每吨原矿的销售价格，元/t；

　　　n_1'，n_d'——分别为露天开采和地下开采的视在回采率，%；

　　　n_1，n_d——分别为露天开采和地下开采的实际回采率，%。

（2）按精矿产品计算：

$$n_{jh} = \frac{A_1 - A_d}{b} \cdot \gamma \tag{18-8}$$

$$A_1 = \frac{\alpha_1' \varepsilon_1}{\beta_1} P_1 - n_1'(a + f_1)$$

$$A_d = \frac{\alpha_d' \varepsilon_d}{\beta_d} P_d - n_d'(c + f_d)$$

式中　A_1，A_d——分别为露天和地下开采每吨工业储量加工成精矿获得的赢利，元/t；

　　　α_1'，α_d'——分别为露天开采和地下开采的采出矿石品位，%；

　　　P_1，P_d——分别为露天开采和地下开采的每吨精矿价格，元/t；

　　　其他符号意义同前。

用赢利法确定多金属矿床的经济合理剥采比时，应按式（18-7）或式（18-8）分别计算出各金属品种用露天开采和地下开采的单位赢利后累加求得。

18.3　确定开采境界的原则

随着露天开采境界的延深和扩大，可采矿量和剥离岩石量也增加，剥采比也相应增大。因此，露天开采境界的确定，实质上是对剥采比大小的控制，使之不超过经济合理的剥采比。按一般观点，主要是控制境界剥采比、平均剥采比和生产剥采比。

18.3.1　境界剥采比不大于经济合理剥采比（$n_j \leqslant n_{jh}$）的原则

这一原则的理论依据是，在开采境界范围内，紧邻境界边界层矿石的露天开采费用要低于或等于地下开采费用，使全矿床开采的总费用最低或总赢利最大。

如图 18-2 所示，若 abcd 是露天开采境界，为了采出紧邻境界的 ΔH 层矿量 ΔA，需要剥离岩石 ΔV。当这层矿岩开采成本小于地下开采成本时，说明开采境界还可以继续延深和扩大。境界的临界条件是：

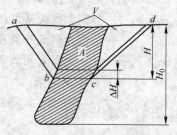

图 18-2　$n_j \leqslant n_{jh}$ 原则的实质

$$\frac{\Delta V}{\Delta A} = \frac{c-a}{b} \cdot \gamma \qquad (18-9)$$

式中 ΔV——露天开采境界延深 ΔH 后所增加剥离的岩石量，m^3；

ΔA——露天开采境界延深 ΔH 后所增加采掘的矿石量，m^3；

其余符号意义同前。

根据这一条件，可以划定露天与地下开采的分界线，在这界线以上总的经济效果最佳。我国大多数冶金、煤炭、化工露天矿山多按此原则确定开采境界。

按这一原则确定境界，矿床产状应保持连续，而且厚薄均匀。否则矿床上薄下厚或不连续，将会使初期剥采比超过允许值。对这种情况，除了使用本原则外，还要用其他原则进行补充。

18.3.2 平均剥采比不大于经济合理剥采比（$n_p \leqslant n_{jh}$）的原则

该原则的理论依据是，用露天开采方法开采境界内全部储量的总费用，应等于或小于用地下开采方法开采该部分储量的总费用。

如图 18 - 3 所示，设 abcd 为露天开采境界，境界内矿石量为 A，而剥离岩石量为 V。根据原矿成本比较法，得

$$\frac{V}{A} = \frac{c-a}{b} \cdot \gamma \qquad (18-10)$$

式（18 - 10）左端为平均剥采比，右端为经济合理剥采比。

本原则是一个算术平均概念，没有考虑露天开采过程中剥采比的变化规律，也没有涉及整个矿床

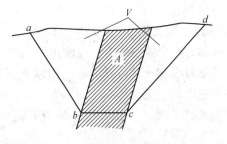

图 18 - 3 $n_p \leqslant n_{jh}$ 原则的实质

开采的总经济效果，只是从平均的效果考虑。因此，用该原则确定的开采境界，有可能使露天开采过程中的生产剥采比超过允许值，则企业会长期处于亏损状态。某些贵重的有色、稀有金属矿床或中小型矿山，从尽量扩大露天开采矿量，减少矿石的损失和贫化角度考虑，设计中有时就用这个原则来确定境界。此外，对某些覆盖层很厚或不连续的矿体，当用 $n_j \leqslant n_{jh}$ 原则确定出境界后，还以是否满足 $n_p \leqslant n_{jh}$ 原则，作为验算 $n_j \leqslant n_{jh}$ 原则的补充。

18.3.3 最大均衡生产剥采比不大于经济合理剥采比（$n_{smax} \leqslant n_{jh}$）的原则

该原则的理论依据是，露天矿任何一个生产时期按正常工作帮坡角进行生产时，其生产成本不超过地下开采成本或允许成本。就露天矿来说，生产剥采比能真实地反映矿山生产的采剥关系。按最大均衡生产剥采比不大于经济合理剥采比的原则圈定境界，可使露天矿任何生产时期的经济效果都不劣于地下开采。但是，这一原则没有考虑整个矿床开采的总经济效果，它只顾及了矿床上部的露天开采，而不管剩余部分的开采；其次是用这一原则确定的境界，虽然小于 $n_p \leqslant n_{jh}$ 原则，但却大于 $n_j \leqslant n_{jh}$ 原则，因而初始剥采比和基建投资较大；生产剥采比受到开拓方式和开采程序的影响也较大，从而给开采境界的确定带来一定困难。

实际应用中，只对不规则、沿着走向厚度变化较大及上部覆盖层较厚的矿体，按 $n_j \leqslant$

n_{jh}原则确定境界后，用它来进行校验。

18.4   境界剥采比的确定方法

确定露天开采境界的原则，既以$n_j \leqslant n_{jh}$为主，因此，就必须找出境界剥采比与开采深度的变化关系。为了计算境界剥采比，将露天矿分为长露天矿与短露天矿两类。设计中将长宽比大于 4 : 1 定为长露天矿，反之为短露天矿。长露天矿可不考虑端帮量，短露天矿则必须考虑端帮量。

18.4.1   长露天矿境界剥采比的计算

对走向长的倾斜、急倾斜矿体，一般在地质横剖面上用面积比法或线比法计算境界剥采比。

18.4.1.1   面积比法

如图 18 – 4 所示，在地质横剖面上作通过境界深度 H 和 $H - \Delta H$ 的水平线 OO' 和 $O_1O_1{}'$，取 ΔH 等于台阶高；根据岩石稳定条件和开拓运输条件选择边坡角 γ、β，绘出开采境界线 $abcd$ 和 $a_1b_1c_1d_1$。用求积仪分别求出三个四边形 a_1b_1ba、b_1c_1cb 及 c_1d_1dc 的面积 S_1、S_2 和 S_3，则深度 H 的境界剥采比为：

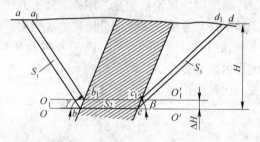

图 18 – 4   求 n_j 的面积比法示意图

$$n_j = \frac{S_1 + S_3}{S_2} \quad \text{m}^3/\text{m}^3 \tag{18 – 11}$$

18.4.1.2   线比法

线比法是以投影线段之比，代替面积比来计算境界剥采比。

对单一矿体，如图 18 – 5 所示，在地质横剖面上，于深度 H 及 $H—\Delta H$ 处作水平线交矿体于 bc 和 b_1c_1，并连接 c_1c。又根据确定的露天采场底宽和顶、底盘边坡角 γ、β，作两边帮坡线 ab、cd、a_1b_1、c_1d_1，交地形于 a、d、b_1、c_1，通过 a、d、b_1、c_1 点作平行于 c_1c 的平行线 ag、dh、b_1b，则 gb 即为 ΔV_1 的水平投影线段，ch 为 ΔV_2 水平投影线段。则依线比法计算的境界剥采比为：

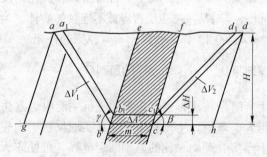

图 18 – 5   用线比法求境界剥采比图

$$n_j = \frac{gb + ch}{bc} \quad \text{m}^3/\text{m}^3 \tag{18 – 12}$$

也就是说，境界剥采比可以用露天矿地面境界剥离部分的水平投影线段与矿体部分的水平投影线段之比来表示。

同理，主矿体顶、底盘有小矿体或夹层时，如图 18-6 所示，也可应用和单一矿体相同的作图方法，求出该矿体的线比法境界剥采比。即

$$n_j = \frac{a_1 e_1 + f_1 b + c g_1 + h_1 d_1}{e_1 f_1 + bc + g_1 h_1} \quad m^3/m^3 \tag{18-13}$$

对缓倾斜或近似水平矿体（如图 18-7 所示），用线比法求境界剥采比，计算式如下：

$$n_j = \frac{AB}{BC} = \frac{H \sin(\gamma + \alpha)}{m \sin \gamma} - 1 \quad m^3/m^3 \tag{18-14}$$

式中　γ——境界顶盘边坡角，(°)；

　　　α——矿体倾角，(°)；

　　　H——境界深度，m；

　　　m——矿体厚度，m。

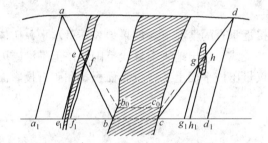

图 18-6　主矿体顶盘有小矿体时境界
剥采比求法示意图

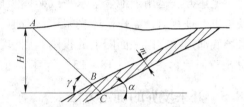

图 18-7　用线比法求境界
剥采比示意图

18.4.2　短露天矿境界剥采比的计算

走向短、深度大的露天矿，端帮剥离量所占比重较大，单独用地质横剖面图不能正确确定矿床境界剥采比，可应用平面图法确定。这种方法的步骤如下：

（1）选择几个可能的开采深度，绘制每个开采深度的平面图。按坑底平面图上的矿体形状，根据运输线路要求，初步确定露天矿底平面周界，如图 18-8(a) 中 1、2、…、9。

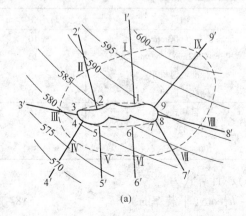

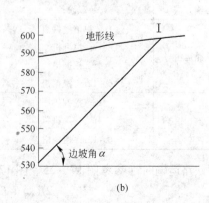

图 18-8　短露天矿境界剥采比确定示意图

(a) 平面图；(b) 辅助剖面图

（2）在平面图上确定地面境界线。在可利用的地质横剖面图上绘出开采境界，并将边帮上矿岩界线和地表境界线投到平面图上；无地质横剖面图可利用的区段，平面图上要选有代表性的各点，作垂直于底平面周界的辅助剖面，如图 18 – 8（a）中 1 – 1′，2 – 2′，…，9 – 9′。

（3）在辅助剖面图上按已知的境界深度和边坡角，确定地表境界点及境界的水平投影距离，然后移转到平面图上，如 1 – 1′剖面的地表境界点 Ⅰ 等。

（4）连接平面图上各剖面的地表境界点 Ⅰ 、Ⅱ 、Ⅲ 、…、Ⅸ，即得出地表境界线。

（5）在平面图上用求积仪分别量出地表境线内矿岩总面积和矿石面积，再按下式计算境界剥采比：

$$n_{\mathrm{j}} = \frac{S - S_{\mathrm{p}}}{S_{\mathrm{p}}} \qquad (18 - 15)$$

式中　S——露天矿地表境界范围内矿岩总面积；

　　　S_{p}——露天矿地表境界范围内矿石面积。

上述方法运用于地表呈水平或矿体倾角接近垂直的情况下。如果地表不呈水平，矿体倾角也不垂直时，需作矿体剥采边帮与地表的交线，求出地表境界线范围及该范围沿露天采场底部延深方向平面图上的投影，用求积仪量出该平面上矿岩投影面积 S 和矿石投影面积 S_{p}，而后再按公式（18 – 15）计算 n_{j} 值。

18.5　开采境界的确定方法

我国在露天开采设计中，广泛采用 $n_{\mathrm{j}} \leqslant n_{\mathrm{jh}}$ 原则确定境界。确定境界是在矿床的纵、横地质剖面图和平面图上进行的。其具体步骤如下所述。

18.5.1　露天矿最小底宽的确定

露天矿最小底宽应该按照采装和运输设备的规格确定，一般不得小于开段沟的宽度，以保证矿山工程正常发展。

露天采场最小底宽可以取用设计推荐值（见表 18 – 1），或按下列公式计算。

表 18 – 1　露天采场底部最小宽度

运输方式	装载设备	运输设备	最小底宽/m
铁路运输	1m³ 以下挖掘机	窄轨机车（600mm 轨距）	10
	1m³ 挖掘机	窄轨机车（762mm、900mm 轨距）	12
	4m³ 挖掘机	标准轨道机车	16
	6～12m³ 挖掘机	标准轨道机车	20
公路运输	1m³ 挖掘机	7t 自卸式汽车	16
	4m³ 挖掘机	10～32t 汽车	20
	6～12m³ 挖掘机	100～154t 汽车	30

铁路运输时（参考图 17 – 25、图 17 – 26），计算式为：

$$B_{\min} = 2R_{\mathrm{WH}} + T + 3e - h_1 \cot\alpha（平装车时） \qquad (18 - 16)$$

$$B_{\min} = 2R_{\mathrm{WH}} + 2e - 2h_1 \cot\alpha（上装车时） \qquad (18 - 17)$$

式中　$B_{\min}$——露天矿最小底宽，m；

R_{WH}——挖掘机尾部回转半径，m；

T——运输设备最大宽度，m；

e——挖掘机、车辆和台阶坡面三者之间的安全距离，m；

h_1——挖掘机的底盘高度，m；

α——台阶坡面角，(°)。

汽车运输按式（17-7）和式（17-8）取出入沟底最小宽度为露天采场的最小底宽。

应当指出：在露天矿底，当矿体水平厚度小于最小底宽时，露天矿底平面按最小底宽绘制；当矿体水平厚度远大于最小底宽时，也以最小底宽绘制底平面。因为按露天开采经济效果最大原则，这样选定可使采矿量可靠，并减少误差影响。

18.5.2 露天矿的边坡结构和最终边坡角的确定

露天矿的最终边坡角，对剥采比有很大的影响。如果其他条件不变，边坡角度每增加1°，则沿边坡每米长度上的剥离量相应要减少很多。所以边坡角要尽可能大一些，但不能超过安全技术条件的允许范围，否则会造成滑坡或塌方等事故。

确定露天矿边坡角时，应全面考虑各种因素对边帮稳定性的影响。从安全条件考虑，就是要能保证边坡的稳定。从技术条件考虑，就是要满足矿山的开采和运输需要。

根据正常生产需要，露天矿边坡通常由安全平台、清扫平台、运输平台及相应的坡面组成，如图18-9所示。

安全平台是为保证工作安全而设的，其宽度一般不小于2~3m；清扫平台每隔2~3个台阶设一个，其宽度以保证清扫设备正常工作而定，一般大于6m；至于运输平台的宽度，则取决于运输设备规格和线路数目。当运输平台与安全平台或清扫平台重合时，其宽度主要增加1~2m。

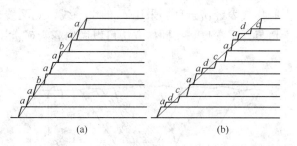

图18-9　露天矿最终边坡组成示意图

（a）非工作帮边坡；（b）工作帮边坡

a—安全平台；b—清扫平台；c—水平运输平台；d—倾斜运输平台

近年来，不少矿山取消安全平台，将两个台阶合并在一起，然后设一个宽为8~12m的清扫平台，以利于大型设备工作。

当各种平台确定之后，露天矿最终边坡角可按下式计算：

$$\tan\beta = \frac{\sum_1^n h}{\sum_1^n h\cot\alpha + \sum_1^{n_1} a + \sum_1^{n_2} b + \sum_1^{n_3} c + \sum_1^{n_4} d} \tag{18-18}$$

式中　β——最终边坡角，(°)；

n——台阶数目；

h——台阶高度，m；

α——台阶坡面角，(°)；

$a \sim d$——分别为安全平台、清扫平台、水平运输平台和倾斜运输平台的宽度，m；

$n_1 \sim n_4$——分别为安全平台、清扫平台、水平运输平台和倾斜运输平台的数目。

按上述安全条件或技术条件确定的最小边坡角，便是露天矿的最终边坡角。最终边坡角绝不允许大于按边坡稳定条件所选定的数值。

18.5.3　露天开采深度的确定

18.5.3.1　长露天矿开采深度的确定

走向长的露天矿山，应该先在各地质横剖面图上初步确定开采深度，然后再用纵剖面图调整露天矿底部标高。其具体做法如下：

（1）在各地质横剖面图上初步确定露天开采深度。确定时通常利用方案法，即在剖面上，根据矿体埋藏条件的复杂程度，取若干个开采深度方案，如图 18 - 10 所示。

矿体复杂时，方案可多取几个，但一定要包括境界剥采比有明显变化的开采深度方案。根据确定的露天矿最小底宽和边帮角 β、γ，绘出每个方案的最终边帮位置。然后计算不同深度的剥采比，并做出境界剥采比与开采深度关系曲线（见图 18 - 11）。在曲线图上画出代表经济合理剥采比 n_{jh} 的水平线，此两线交点横坐标，如图中 H_j，即为该横剖面上境界开采深度。按同样方法可以做出露天矿范围内所有横剖面图上境界开采深度。

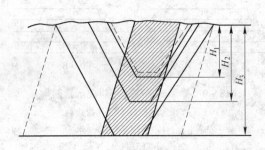
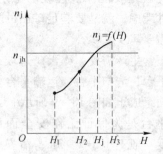

图 18 - 10　长露天矿开采深度的确定　　　　图 18 - 11　境界剥采比与开采深度关系曲线

（2）在地质纵剖面图上调整露天矿底部的标高。从各个地质横剖面图上初步确定的露天开采深度，由于各横剖面上矿体厚度和地形条件不同，所得的深度也高低不一；投影到地质纵剖面图上，连接各有关点，得出的将是一条不规则的折线（如图 18 - 12 中的虚线）。

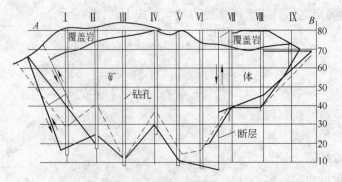

图 18 - 12　在地质纵剖面图上调整露天矿底平面标高示意图
——矿体界线；- - - 调整前的开采深度；—— 调整后的开采深度

为方便开采和布置运输线路，须将露天采场的底部调整为同一标高。若矿体埋藏深度沿着走向变化较大，只要长度允许，可将底平面调整成阶梯状。这种调整的原则是使少采出的矿石量与多采出的矿石量基本平衡，并使剥采比尽可能小。图 18 – 12 中的实线为调整后的设计深度。

18.5.3.2　短露天矿开采深度的确定

走向很短、深度和宽度相对较大的露天矿，必须考虑"端帮扩帮"的影响。在剖面图上不能把开采深度直接确定下来，而需用平面图法计算出境界剥采比后再确定露天开采深度。

具体步骤是，把预计几个可能深度的境界剥采比分别算出后，选取境界剥采比等于经济合理剥采比的阶段作为露天采场的底平面，则其深度即为露天矿开采深度。

18.5.4　固定露天矿底平面周界

经过调整后的露天开采深度，已不再是最初方案的深度，这时需要重新圈定露天矿底平面周界，其步骤如图 18 – 13 所示。

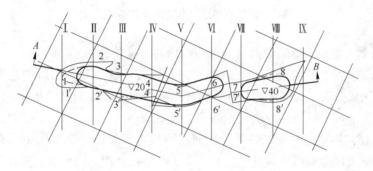

图 18 – 13　露天矿底平面周界的确定
Ⅰ～Ⅸ—剖面线；– – –理论周界；——最终设计周界；——矿体界线

（1）按调整后的露天开采深度，绘制出该水平的地质分层平面图；

（2）按地质纵剖面图上已调底部标高，在各横剖面及辅助图上绘出采场境界；

（3）将各剖面图上露天矿底部周界投影到该标高的分层平面图上，再将各点连接，即可得出底平面的理论周界（如图 18 – 13 中虚线）；

（4）为适应采掘运输，得出的理论周界尚需按下列原则进行进一步修正：

1）底平而周界线要尽量平滑，弯曲部分要满足运输设备对曲率半径的要求；

2）露天矿底的长度应满足运输线路需要，特别是采用铁路运输的矿山，其长度要保证列车出人工作面。

理论周界经修正后得出的底平面周界便是最终设计周界。

18.5.5　露天矿开采终了平面图的绘制

露天矿开采终了平面图，可以按下述方法进行绘制：

（1）将确定的露天矿底部周界线绘在透明纸上，并将其覆于地形地质图上。然后，按照边坡组成要素，从底部周界内部开始，依次向外绘制出各个台阶的坡底线（见图 18 - 14）。露天采场深部各台阶坡面在平面图上是闭合的，而处在地表以上的各台阶坡面则不能闭合。因此，在绘制地表以上各台阶坡面时，应特别注意使末端与相同标高的地形等高线连接。

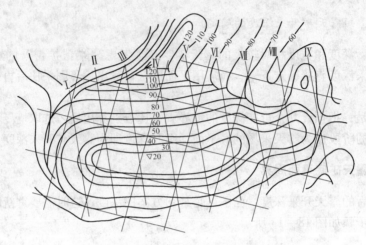

图 18 - 14　初步圈定的露天矿开采终了平面图

（2）在图上布置开拓运输线路（有关定线内容，见前面第 17 章）。

（3）在圈定各个台阶的坡面和平台时，注意倾斜运输道和各台阶的连接。要常用地质纵、横剖面图或分层平面图来校核矿体边界，使在圈定的各个阶段开采范围内矿石量多而剥离量少；各个水平的周界应能满足运输工作要求。

（4）对上述初步圈定的采场终了平面图进行检查和修改。在绘图中，常因开拓运输线路需要或具体条件影响而变动开采境界。其变动是否合理，需要通过重新计算境界剥采比和平均剥采比来加以核定；若出入太大，则应重新定境界。修改合格后的境界就定为露天开采最终境界；所成的平面图，即为露天矿开采终了平面图，如图 18 - 15 所示。

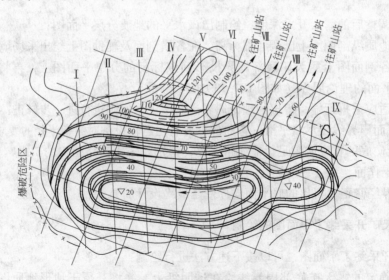

图 18 - 15　露天矿开采终了平面图

　　根据最终修订的露天采场开采终了平面图，再投影到各横剖面上，使各横剖面上的境界也与平面图上的境界一致。

　　总之，露天开采境界的确定，是一项复杂的工作。在设计中既要遵循基本原则，又要机动灵活地适应具体条件，以此使境界确定得更加合理。

复习思考题

18-1　何为露天开采境界，它由哪些要素组成？

18-2　何为剥采比，金属矿在生产、设计中常用哪几种剥采比？

18-3　用绘图法表示各剥采比与开采深度间的关系要绘制哪些内容？

18-4　何为经济合理剥采比，经济合理剥采比是由哪些内容确定的？

18-5　确定露天开采境界应该遵循哪些原则，这些原则是怎样掌握运用的？

18-6　境界剥采比用什么方法计算，对不同形态的露天矿怎么计算？

18-7　露天开采的境界确定一般分几个步骤，最关键的是哪一步？

18-8　露天采矿场的开采终了平面图是用什么方法绘制出来的？

19　露天采矿能力与采掘计划

【本章要点】 露天矿的生产能力及验证、生产剥采比、采掘进度计划编制

19.1　露天开采的生产能力

19.1.1　概述

露天矿的生产能力，是矿山企业主要技术经济指标。它标志着一个矿山的生产规模和水平，其大小常用矿石年产量和矿岩年采剥总量两项指标来表示。如矿石年产量代表了露天矿的生产规模，则矿岩年采剥总量就反映了露天矿的生产技术水平。

生产能力只用矿石年产量表示，是不能充分反映露天矿生产实际的。因为每个露天矿的赋存条件、开拓方法和矿山工程发展程序等各不相同，生产剥采比的差别也很大；况且，露天矿除采矿外，还要剥离相当数量的岩石，其采剥总量又大大超过采矿量。因此，必须同时采用年采剥总量指标来反映生产能力。

矿石年产量和矿岩年采剥总量，或称矿石生产能力和矿岩总生产能力，两者可以通过生产剥采比联系起来，其关系式为：

$$A = A_h + n_s A_h = A_h(1 + n_s) \qquad (19-1)$$

式中　A——矿岩总生产能力，t/a；

　　　A_h——矿石生产能力，t/a；

　　　n_s——生产剥采比，t/a。

上式说明，生产剥采比一定时，矿石产量需要有足够的矿岩采剥总量来保证。

露天矿的矿石生产能力，通常是由上级主管部门根据国家的需要、国内外市场供求关系、矿山资源条件、开采技术上的可行性、合理的服务年限以及资金的来源、企业建设的外部条件等通过经济上、技术上的综合分析而确定，并载明于设计任务书中。设计部门则应根据矿山地质条件和开采技术经济条件，对既定的生产能力进行验证，以保证在一定的投资和设备供应的条件下，完成国家所规定的任务。有时上级主管部门不规定矿山的生产能力，则由设计部门根据国民经济发展的需要和矿山的具体条件，权衡利弊，初步确定矿山的生产能力，送交上级主管部门审批下达，再以之作为矿山设计的依据。

露天矿生产能力一经确定，其便成为决定一系列重大技术经济问题的基础，它涉及露天矿的职工人数、投资总额、矿山主要设备的类型和数量、辅助车间和选矿厂的规模、技术构筑物结构尺寸、供电供水设施等，这些都应与生产能力相协调。同时它对劳动生产率、产品成本等技术经济指标，也具有决定性的影响。

一般确定露天矿的矿石生产能力应从如下三个方面进行计算或验证：

（1）按需求量确定矿石生产能力，包括国内和国际市场需求量。

（2）按开采技术条件确定矿石生产能力。

（3）按经济条件确定矿石生产能力。

通过上述计算或验证，确定认为符合经济上合理、技术上可行、市场需要的矿石生产能力，还必须通过编制矿山采掘进度计划予以最终验证和落实。

在生产中，露天矿的生产能力是通过各生产工艺环节的生产实践活动来实现的，因此有必要研究各生产工艺之间的配合，以确保所要求的生产能力能够达到。

19.1.2　按需求量确定生产能力

需求量受许多因素的影响。为避免盲目生产，提高投资的经济效益，就必须对市场的需求量进行预测。需求量要根据国内和国际历年供求实际情况进行统计和分析，在统计和分析的基础上预测未来的供求关系。我国有关部门对各自生产的产品都有自己的预测方法，并以此安排近期和长远的规划。

预测分为国内需求量预测和国外需求量预测两种。

国内需求量预测，如以有色金属需要量预测为例，可以采用以下预测方法：

（1）按单位国民生产总值的有色金属消费系数预测；

（2）按有色金属消费量增长率与工业总产值增长率的比例预测；

（3）按单位工业总产值的有色金属消费量预测；

（4）按有色金属消费及与钢材消费量的比例预测。

国际市场需求量的预测比较复杂。一般要设立专门的研究机构，并通过计算机建立行情模型。行情模型主要包括：供应、需求和价格三个基本因素，用这三个基本因素可以综合预测和计算近期和长远的需求量。

需求量与矿石生产能力之间，需要通过不同的计算方法进行换算。如有色金属产品与矿石生产能力之间，可以采用以下计算式换算：

$$A = \frac{\beta A_1}{\alpha \varepsilon_1 (1 - \gamma)(1 - K_1)} \qquad (19-2)$$

式中　A——矿石产量，t/a；

　　　β——有色金属产品（或精矿）品位，%；

　　　A_1——有色金属产品（或精矿）需求量，t/a；

　　　α——地质品位，%；

　　　ε_1——选冶总回收率，%；

　　　γ——采矿贫化率，%；

　　　K_1——运输损失率，一般为 1% ~3%。

19.1.3　按采矿技术条件验证生产能力

19.1.3.1　按可能布置的挖掘机工作面数验证生产能力

现代化露天矿的主要生产设备是挖掘机，挖掘机的平均生产能力和同时进行采矿的挖掘机台数，就确定了露天矿的矿石生产能力。其计算公式为：

$$A_K = N_{wK} n_K Q_{wK} \gamma \qquad (19-3)$$

式中　A_K——露天矿采矿生产能力，t/a；

N_{wK}——一个采矿台阶可能布置的挖掘机台数，台；

　n_K——可能同时采矿的台阶数；

　γ——矿石密度，t/m^3；

Q_{wK}——每台采矿挖掘机的平均生产能力，m^3/a。

一个采矿台阶可能布置的挖掘机台数，可按下式进行计算：

$$N_{wK} = \frac{L_T}{L_c} \quad \text{台} \tag{19-4}$$

式中　L_T——采矿台阶的工作线长度，m；

　　　L_c——1 台挖掘机正常工作线长度，m。

对铁路运输，要求 $N_{wK} \leqslant 3$。

可能同时采矿的台阶数，主要取决于矿体的厚度、倾角、工作帮坡面角和工作线推进方向。水平或缓倾斜矿体的采矿工作台阶数等于矿体垂直厚度除以台阶高度。

倾斜矿体可根据图 19-1 的几何关系得出。图中（a）表示从下盘向上盘推进；图（b）表示从上盘向下在推进。

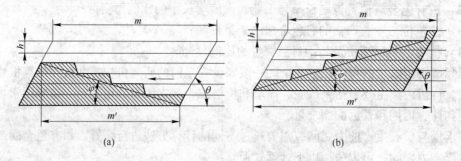

图 19-1　同时工作的采矿台阶数目计算示意图

从图 19-1 中可得出，采矿工作帮的水平投影长度 m' 为：

$$m' = \frac{m}{1 \pm \cot\theta \tan\varphi} \tag{19-5}$$

式中　m——矿体水平厚度，m；

　　　θ——矿体倾角，（°）；

　　　φ——工作帮坡面角，（°）。

"$\pm$"——采矿工程从下盘向上盘推进时取"$+$"；如果反向推进时则取"$-$"。

当工作平盘宽度相同时，可能同时采矿的台阶数 n_K 为：

$$n_K = \frac{m'}{B + h\cot\alpha} = \frac{m}{(1 \pm \cot\theta\tan\varphi)(B + h\cot\alpha)} \tag{19-6}$$

式中　B——工作平盘宽度，m；

　　　h——台阶高度，m；

　　　α——台阶坡面角，（°）。

上述计算只适用于比较规则的层状急倾斜矿体。而形状复杂的矿体，一般由于不可能明确划分出剥离台阶和采矿台阶，而是许多台阶既采矿又剥岩。在这种情况下，只能用露天矿分层平面图求出工作线在不同位置时的长度，以此来确定可能布置的挖掘机台数，并得出露天矿可能的矿岩生产能力；然后再根据生产剥采比，确定露天矿的矿石生产能力。

19.1.3.2　按矿山工程延深速度验证生产能力

露天矿在生产过程中，工作线不断向前推进，开采水平不断下降，至最终开采境界前，矿山工程是沿水平和向下两个方向发展。因此，可以用工作线水平推进速度 v_T 和矿山工程延深速度 v_Y 这两个指标来表示露天矿的开采强度。开采强度愈高，矿岩的产量也就愈大。

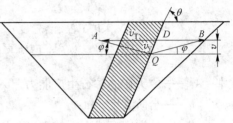

图 19-2　矿山工程延深速度与工作线
水平推进速度的关系示意图

开采水平或近似水平的矿床，除基建时期外，一般不存在延深问题，露天矿生产能力主要由工作线水平推进速度来决定。开采倾斜或急倾斜矿体的露天矿，其生产能力主要取决于矿山工程延深速度。随着工程往下延深，上部各台阶也应相应保持水平推进。矿山工程延深速度和工作线水平推进速度之间应保持下列关系（见图 19-2）：

$$v_Y = \frac{v_T}{\cot\varphi \pm \cot\theta} \tag{19-7}$$

式中　v_Y——矿山工程延深速度，m/a；

　　　v_T——工作线水平推进速度，m/a；

　　　φ——工作帮坡面角，(°)；

　　　θ——矿山工程延深角（即延深方向和工作线水平推进方向间的夹角），(°)；

"$\pm$"——矿山工程延深方向与工作线推进方向成同一朝向时为"+"；否则为"-"。

从式(19-7)可以看出，在 φ、θ 一定的条件下，欲加速延深速度，必须相应加快水平推进速度，否则将影响继续延深或破坏露天矿正常生产，导致采掘失调。

矿山工程延深速度又与采矿工程延深速度间存在一定的联系。这两种速度的概念是不同的，前者表示在新水平的准备时间内，所完成延深的台阶高度，折合成每年下降的速度（m/a）；而后者是指露天采场境界内被开采矿体的水平面每年垂直下降的速度（m/a）。延深下降方向与垂直下降方向不同，但可从图 19-3 中可找出它们的几何关系，即

$$v_k = v_Y \frac{\cot\varphi \pm \cot\theta}{\cot\varphi \pm \cot\gamma} \tag{19-8}$$

式中　v_k——采矿工程延深速度，m/a；

　　　v_Y——矿山工程延深速度，m/a；

　　　γ——矿体倾角，(°)；

"$\pm$"的取法，同式(19-7)。

一般露天矿，由于准备新水平、掘沟延深工程都开在离矿体不远的顶、底盘或矿体内，特别是开采急倾斜矿体，这两种延深速度的差值实际很小。

露天矿生产能力是直接按采矿工程延深速度进行计算的，当其他条件一定时，应满足以下关系式：

$$A_K = \frac{v_k P \eta}{h(1-\rho)} \cdot \rho \tag{19-9}$$

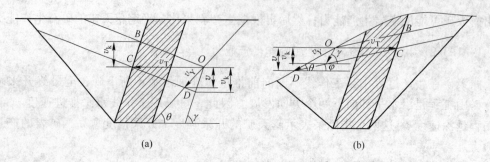

图 19 - 3　采矿工程延深速度 v_k 与矿山工程延深速度 v_Y 的发展关系示意图
（a）由下盘推向上盘；（b）由上盘推向下盘

式中　A_K——露天矿的矿石生产能力，t/a；

　　　h——台阶高度，m；

　　　P——所选定有代表性的水平分层矿量，t；

　　　η——矿石回收率，%；

　　　ρ——废石混入率，%。

由于 v_k 和 v_Y 存在式(19 - 8)的关系，故在露天矿设计中，常用矿山工程延深速度来验证矿石生产能力。实际工作中矿石生产能力要通过编制采掘进度计划最终确定。

19.1.4　按经济合理条件验证生产能力

按开采技术条件确定的生产能力，只代表在技术上可能达到最大，但并不一定在经济上合理。正确确定露天矿的生产能力，除了开采技术因素外，还必须要考虑经济影响因素。按经济条件验证矿山生产能力，目前主要是根据露天矿合理的服务年限；当资料具备时，也可以按可能筹措的投资额确定矿石生产能力。

19.1.4.1　按合理的服务年限确定矿石生产能力

露天矿正常的服务年限是受多方面因素影响的，如矿区附近是否有后备资源，是否要转入地下开采，国家对资源的需求程度，资源及其开采技术条件的好坏，矿山建设等，都对确定正常服务年限有影响。在我国现行的条件下，要考虑与主要采掘设备的使用年限相适应，使该年限内露天矿生产用的固定资产全部磨损，其主要采掘设备的价值全部要摊销在产品中回收。

露天矿的服务年限与露天矿的生产能力是直接相关的。当露天矿境界内矿石工业储量一定时，它们的关系是：

$$A_K = \frac{\eta Q (1-\rho)}{T(1-\rho)} \tag{19 - 10}$$

式中　A_K——露天矿的矿石生产能力，t/a；

　　　η——矿石回收率，%；

　　　Q——露天矿境界内矿石工业储量，t；

　　　ρ——废石混入率，%；

　　　T——露天矿正常服务年限，年。

在校验露天矿生产能力时，根据已知的年产量，按上式求得的计算服务年限如符合规定的经济合理服务年限，则说明该年产量在经济上是合理的；否则便为不合理。

一般情况下以最佳经济效益确定矿山建设规模后的开采年限，称为经济合理服务年限。根据我国矿床资源开采技术条件和经济状况，一般服务年限依据矿山规模类型划分，如表 19 - 1 所示。

表 19 - 1 一般冶金露天矿规模类型及服务年限

矿山规模类型	特大型	大 型	中 型	小 型
黑色金属露天矿/万吨·年$^{-1}$	>1000	1000~200	200~60	<60
有色金属露天矿/万吨·年$^{-1}$	>1000	1000~100	100~30	<30
服务年限/年	>30	>25	>20	>10

新建露天矿可以按照最大的矿山工程发展速度可能达到的生产能力进行规划，然后以经济合理服务年限加以验证。对于国家急需的资源，开采条件好的富矿、小矿，附近有远景储量大的接续矿山或地下水大的露天矿或矿区内有几个矿山时，某些矿山服务年限可相应缩短。

露天矿总的服务年限，应包括投产至达产时间、正常生产时间和减产时间三部分。从投产到达产的时间，大型露天矿山不应大于 3 ~ 5 年，中、小型露天矿山不应大于 1 ~ 3 年。在一般情况下，按设计产量生产的时间不应少于总服务年限的 2/3。

19.1.4.2 按可能筹措的投资额确定矿石生产能力

国家用于扩大再生产的资金是有限的，有时只能根据可能筹措资金来确定矿石生产能力。过去，我国的企业建设采取由国家计划分配投资。而目前企业建设投资逐步改为由银行或企业贷款的形式筹措。在此情况下，最简单的办法是用每吨矿石（或每吨矿岩）的投资扩大指标来估算矿石生产能力。用公式表示为：

$$A = \frac{I}{i} \tag{19-11}$$

式中 A——年矿石（或矿岩）生产能力，t；

  I——可能筹措的投资额，元；

  i——年矿石（或矿岩）生产能力的单位投资，元/t，具体可参阅类似矿山资料。

应该指出，对经济上合理的生产能力与技术上可行的生产能力，在设计中要全面而慎重地研究，做到具体分析、合理确定。此外，确定露天矿生产能力，还要有相应的工艺装备来保证。

露天矿山是一个机械化程度较高、生产条件较复杂的矿山企业，其主要生产工艺和辅助生产环节之间必须形成一个有机的完整系统。露天矿生产能力就是由这些环节，相互配合相互制约所形成的综合生产能力来决定的。

为从工艺装备上保证生产能力，必须研究露天矿的工艺联系，使穿孔、挖掘、运输、排卸设备数量之间保持一定比例，做到设备能力相互匹配；同时，在生产活动中还要有合理的组织、调度与管理，使生产全面正常、积极平衡，达到稳产高产。

19.2　生产剥采比与其调整

19.2.1　生产剥采比的意义及其变化规律

19.2.1.1　生产剥采比的意义

生产剥采比,是指露天矿在某一生产时期内必须剥离的岩石量与所采出的矿石量之比。单位可用 m^3/t 表示,也可用 m^3/m^3、t/t 表示。其计算时间,通常以年、季、月为计算单位。故称×××年或××月的生产剥采比。

生产剥采比的大小,取决于矿体的埋藏条件、矿山的自然地形、开采程序和生产进度计划编制过程中对于生产剥采比的安排等因素。

在露天矿的生产过程中,为了保证以一定生产能力经济合理地开采境界内矿石,必须合理地发展矿山工程。一般来说,每个开采水平都应该是按照掘进出入沟—开段沟—"扩帮"的顺序进行开采作业,直至采到最终境界。这些矿山工程无论是在空间位置、工程时间、数量关系上都需要保持超前关系,而生产剥采比和储备矿石量正是表示采剥关系的具体数量指标。

露天矿年采剥总量,与生产剥采比和矿石生产能力间的关系,已在公式 (19-1) 中表明。当矿石生产能力一定时,露天矿的采剥总量是由生产剥采比来决定的,而露天矿的设备数量、人员数量和地面设施的规模等,又主要是由露天矿的采剥总量所决定。因此,生产剥采比往往就是影响露天矿基建投资和生产成本的主要因素。从经济效益上看,生产剥采比应该越小越好。

生产剥采比,又是编制露天采掘进度计划的主要指标。编制采掘进度计划前,应分析露天采场内各个开采时期的矿岩量分布情况,结合开采顺序对应调整均衡。

19.2.1.2　生产剥采比的变化规律

生产剥采比按其发展情况,随矿山工程的延深而变化,如图 19-4所示。

生产初期生产剥采比一般较低,随着工程延深而增大,达到高峰后又逐渐变小。高峰期的位置与矿体倾角和工作帮坡角等有关。深凹露天矿高峰期发生在工作帮坡线扩展到地表境界部位时。

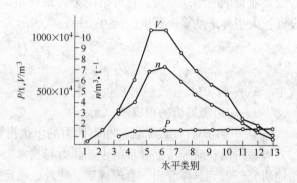

图 19-4　采剥量 V、矿石量 P 和生产剥采比 n 的自然变化曲线

A　工作帮坡角对生产剥采比的影响

工作帮坡角 φ 是指工作帮坡面与水平面的夹角,如图 19-5所示。其计算式为:

$$\tan\varphi = \frac{h_2 + h_3}{b_2 + b_3 + B_2 + B_3}$$

$$(19-12)$$

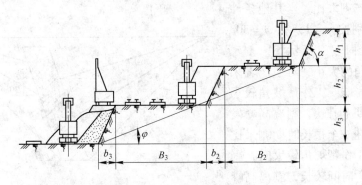

图 19 - 5　露天矿工作帮

若工作帮的各台阶高度、台阶坡面角和工作平盘宽度均相等时，且台阶单独开采，如图 19 - 6（a）所示，则工作帮坡角为：

$$\tan\varphi_D = \frac{h}{h\cot\alpha + B} = \frac{nh}{nh\cot\alpha + nB} \quad (19-13)$$

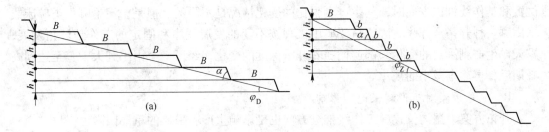

图 19 - 6　台阶单独开采与分组开采的工作帮坡角
(a) 台阶单独开采；(b) 台阶分组开采

若台阶分组开采，以一个工作平盘范围作为一组，如图 19 - 6（b）所示，则工作帮坡角为：

$$\tan\varphi_z = \frac{nh}{B + (n-1)b + nh\cot\alpha} \quad (19-14)$$

式中　φ_D——台阶单独开采的工作帮坡角，(°)；

　　　φ_z——台阶分组开采的工作帮坡角，(°)；

　　　h——台阶高度，m；

　　　α——台阶坡面角，(°)；

　　　B——工作平盘宽度，m；

　　　b——运输平台宽度，m；

　　　n——台阶数。

注：上面计算式，因为 $B + (n-1)b < nB$，所以 $\varphi_z > \varphi_D$。

一般情况下，台阶单独开采时最大工作帮坡角为 15°左右，而台阶分组开采时可达 25°~35°（陡帮开采）。

为减少生产剥采比，当其他条件相同时，可分别按 $\varphi = 15°$ 和 $\varphi = 30°$ 组织生产，如图 19-7 所示。

工作帮坡角的大小，对生产剥采比变化有较大影响。工作帮坡角较小时，剥采比初期上升快，剥离高峰发生较早，然后在一个很长时期剥采比逐渐下降。而工作帮坡角较大时，剥采比上升较慢，时间较长，剥离高峰发生在开采到较深的位置，也就是发生在生产的较晚时期，高峰到达之后，剥采比急骤下降。

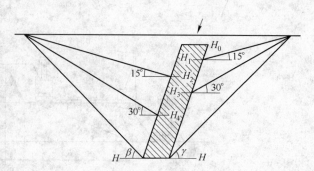

图 19-7　分别按 $\varphi = 15°$ 及 $\varphi = 30°$ 生产时工作帮发展到出现剥离高峰的相对位置

工作帮坡角越大，初期的生产剥采比越小，在采出矿石量相同的情况下，所需的剥离量越少，这对减少投资，降低初期生产成本、早出矿多出矿也就越是有利。

还应当指出，同一露天采场，即在同一矿床埋藏条件下，采用不同的开拓方案、掘沟位置和工作线推进方向时，其生产剥采比的变化情况是不同的。但是，无论哪一类矿床或采用哪一种开拓、开采方法，只要矿山工程按不变的发展程序和固定的工作帮坡角发展，露天矿生产剥采比的变化，都遵循随着开采深度的变化，经历一个由小到大，直至达到高峰期后，再逐渐减小的规律。

B　其他因素对生产剥采比的影响

开拓方案、掘沟位置、工作线推进方向也是影响生产剥采比的重要因素。

图 19-8 所示为开拓方案的四种不同情况。Ⅰ、Ⅳ为顶帮和底板固定坑线开拓；Ⅱ、Ⅲ为上盘和下盘移动坑线开拓。图中箭头表示工程延深方向，数字表示各个水平开段沟序号，短横线表示各开段沟的沟底位置。

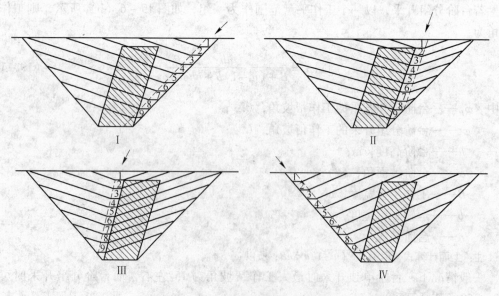

图 19-8　开掘沟位置的四个方案

为了比较方便，令各方案境界相同，工作帮坡角都取15°，各方案分别按延深到各个水平时的矿岩量和生产剥采比以及投产前的基建工程量绘制曲线，如图19-9所示。

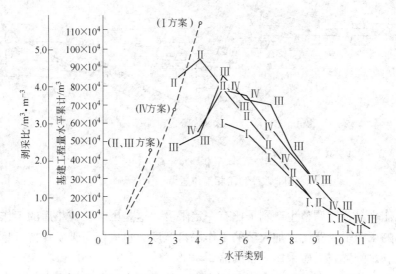

图 19 -9　四种方案的剥采比和基建工程量

- - - 基建工程量水平累计；Ⅰ、Ⅱ、Ⅲ、Ⅳ— 剥采比及方案编号

从图中看出，Ⅰ、Ⅳ两方案开段沟离矿体远，见矿迟、基建工程量大，生产剥采比较小。而Ⅱ、Ⅲ两方案见矿快，基建工程量小，生产剥采比大。除Ⅰ方案外，其他方案都具有生产剥采比由小到大，达到剥离高峰后再逐渐减小的水平类别变化规律。Ⅰ方案由于进入"高峰"时才能投产，高峰期短，投资最大，故一般不宜采用。

19.2.2　生产剥采比的均衡调整

生产剥采比的不断变化，使露天矿剥离的岩石量也不断变化，从而造成设备、人员、资金等经常处于不稳定状态，给生产带来很多困难。因此，设计中往往采用调整手段，使生产剥采比在一定时期内相对稳定，即以均衡生产剥采比指导生产。

所谓生产剥采比的调整，就是设法降低高峰期的生产剥采比，使露天矿能在较长时期内以较稳定的生产剥采比进行开采。

19.2.2.1　生产剥采比的调整方法

调整生产剥采比的方法很多，凡影响生产剥采比的因素都可用来调整，但主要是通过改变矿山工程发展程序来实现。调整的基本方法是改变台阶间相互位置，即改变台阶工作平盘宽度，使生产剥采比达到高峰期时的一部分岩石提前或移后剥离，从而减少高峰期时生产剥采比的数值。

如图19-10所示，在剥离高峰期被提前完成的剥离量为 ΔV_1，移后完成的剥离量为 ΔV_2，则减少的生产剥采比 Δn 为

$$\Delta n = \frac{\Delta V_1 + \Delta V_2}{P_G}$$

(19 -15)

式中　P_G——剥离高峰期采出的矿石量，t。

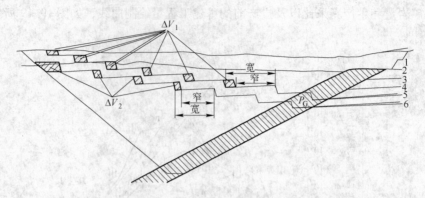

图 19 – 10　改变台阶相互位置调整生产剥采比示意图

改变工作平盘宽度调整生产剥采比有一定限度。这是因为：减小后的工作平盘宽度不得小于最小的工作平盘宽度；加大后的工作平盘宽度，也应使露天矿保持有足够的工作台阶数目，以满足配置露天矿采掘设备的需要。

调整生产剥采比还可以靠改变开段沟长度，改变矿山工程延深方向，以及根据矿山具体地质地形条件采取相应的措施来实现。如在生产剥采比高峰期适当地减缓或停止对矿体较薄区段工作线的推进，在山坡露天矿调整不同山坡方向的工作线推进量等。但这些措施都应根据露天矿的具体条件研究确定。

19. 2. 2. 2　生产剥采比的均衡

在露天矿整个开采期限内，为了使生产剥采比变动不要太大，以便使确定的露天矿设备、人员数量和辅助设施规模等保持相对稳定，通常采取均衡生产剥采比的办法。所谓均衡，就是保持生产剥采比相对稳定。其实质是在整个生产过程中或各个生产时期，调整某些发展阶段的剥离量，以求得一个在较长时期内稳定不变的生产剥采比。生产剥采比的均衡方式有全期均衡和分期均衡。全期均衡是指在露天矿正常生产年限内，只按一个生产剥采比均衡生产；分期均衡是指在露天矿正常生产年限内分几个生产剥采比均衡生产。

小型露天矿存在年限不长，全期均衡问题不大；存在年限很长的大型矿山，采用全期均衡便意味着将把几年后甚至几十年后应剥离的岩石提前剥离，即工程提前投资，这显然是不经济的。因此，应综合考虑各方面因素采取分期均衡。

若设计中分期扩大矿石产量，可分期均衡生产剥采比，则无需全期均衡。

均衡生产剥采比的原则是：

（1）服务年限较长露天矿可用分期均衡生产剥采比，每期一般不要小于 5 年。

（2）生产剥采比的变化幅度不宜过大，变化幅度应考虑其他方面的相应变化，如工作面的数目、排土场的建设、设备的购置、辅助设施的建设等。

（3）生产初期的生产剥采比应尽量取小，然后由小到大逐渐增加。

（4）两个以上采场同时生产的露天矿，应互相搭配，搞好综合平衡，稳步发展。

应该指出，在一些金属矿山，尤其是有色金属矿山，在矿石品位变化较大情况下，为满足矿石中所含金属含量稳定，在通过不同工作面配矿仍不能满足要求时，可允许矿石产量相应变化。只不过这时生产剥采比的均衡，不仅要考虑采剥数量上和空间上的关系；还要考虑矿石品位及空间分布，此时均衡生产剥采比要复杂些。

均衡生产剥采比方法，即是在设计计算中计算均衡期间生产剥采比的平均值。具体方法有用矿岩变化曲线 $V = f(P)$ 进行计算的，也有按编制进度计划和作年末平面图的方法进行确定的，对于"缓帮"开采，还有用最大几个分层平均剥采比的。

A　用矿岩变化曲线确定均衡生产剥采比

露天矿在生产过程中，每延深一个台阶，采剥出来的矿岩量总是不同的。以延深各个水平采出矿石累积量 P 作横坐标，以延伸各个水平剥离岩石累积量 V 作纵坐标，可得出 $V = f(P)$ 曲线，如图 19 – 11 所示。曲线上各点的斜率表示矿山工程在该时刻的生产剥采比，即

$$n = \frac{\mathrm{d}V}{\mathrm{d}P} = f'(P) \qquad (19 - 16)$$

式中　n——生产剥采比，m^3/t；

$f'(P)$——$V = f(P)$ 的一阶导数。

$V = f(P)$ 曲线要按 $\Phi = \Phi_{\max}$ 和 $\Phi = \Phi_{\min}$ 两种极端情况绘制。$\Phi_{\max}$ 代表按最小工作平盘宽度进行剥采，$\Phi_{\min}$ 则是按

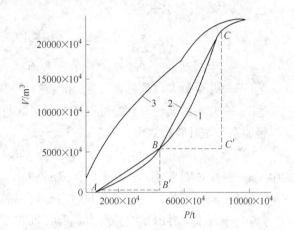

图 19 – 11　露天矿延深各个水平时采出的矿岩关系曲线
1—未均衡的 $V = f(P)$ 曲线 $(\Phi = \Phi_{\max})$；2—均衡的 $V = f(P)$ 曲线；3—未均衡的 $V = f(P)$ 曲线 $(\Phi = \Phi_{\min})$

$$n_1 = \frac{BB'}{AB'} = 1.4\,\mathrm{m}^3/\mathrm{t}; \quad n_2 = \frac{CC'}{BC'} = 3.76\,\mathrm{m}^3/\mathrm{t}$$

工作平盘宽度达到最大值进行剥采，即以逐个台阶进行剥采。两条曲线上各点的斜率是变化的，表示生产剥采比也是变化的。

若以均衡的生产剥采比进行生产，则矿岩量变化关系应是一条直线，且此直线位于两条曲线之间。在两条极限曲线之间，技术上可能均衡生产剥采比的方案是很多的，因而也会产生不同的经济效果，这就需要根据基建投产和矿石生产成本等指标差别，通过技术经济比较来最终确定。

图 19 – 11 中，若用 AB、BC 来代替 $V = f(P)$ 曲线，则每一条直线段称为一个均衡期。第一期均衡生产剥采比为 n_1，第二期为 n_2。

用 $V = f(P)$ 曲线确定均衡生产剥采比，绘图、测量、计算工作量大，对于按分层平面图做设计的矿山来说，十分繁琐，故除露天煤矿外，金属矿山均未获推广。

B　用编制生产进度计划和作年末采场平面图法确定均衡生产剥采比

这是目前国内金属矿山多用的均衡方法。编制生产进度计划和相应作年末采场平面图的目的，在于安排挖掘、装载设备的工作面，布置开拓运输线路，计算矿石品位，保有储备矿量，核实矿山的生产能力，确立生产剥采比，计算矿山所需的设备等。在作图过程中考虑到地形地质及开采程序等多方面的因素。因此，确定的生产剥采比比较准确，是初步设计和施工图阶段确定生产剥采比主要手段。

金属露天矿在初始阶段设计中（如矿山规划、可行性研究或编制进度计划之前预先确定生产剥采比），常采用最大台阶矿岩量法或经验系数法确定均衡生产剥采比。

最大台阶矿岩量法或最大几个分层平均剥采比法，是当全境界或分期开采境界确定后，利用台阶矿岩量表，把可能出现剥离高峰期的几个最大矿岩量台阶（连续的）进行平均而得出生产剥采比，如图 19 – 12 所示。

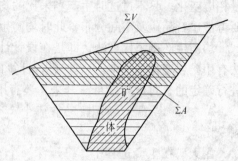

图 19 – 12　矿石量最大的台阶

这种方法的计算公式为：

$$n = \frac{\sum V}{\sum A} \qquad (19 - 17)$$

式中　n——生产剥采比，m^3/m^3、t/t 或 m^3/t；

$\sum V$——几个最大台阶总岩石量，m^3 或 t；

$\sum A$——几个最大台阶总的岩石量（分层数与同时工作水平数相同），m^3 或 t。

经验系数法计算公式为：

$$n = Cn_P \qquad (19 - 18)$$

式中　n——生产剥采比，m^3/m^3、t/t 或 m^3/t；

C——经验系数，一般为 1.1～1.7，可参照类似矿山选取；

n_P——开采境界内扣除基建剥离量后的平均剥采比，m^3/m^3、t/t 或 m^3/t。

这两种方法，对"缓帮"开采为主的金属露天矿简单实用，但不够准确。相邻几个最大分层的平均剥采比较为接近前期生产剥采比，用来安排进度计划时可以使用。

以上论述表明，"缓帮"开采不能解决经济最优剥采比均衡问题。"缓帮"开采时，剥采比的任何均衡，都意味着把均衡期内的剥离高峰岩石量部分提前采出，这在经济上是不合理的。

陡帮开采工艺的应用，为解决经济上最优的均衡生产剥采比、最大限度地减少基建剥离量和推迟剥离高峰提供了有效手段。但如何确定最佳均值尚待深入研究。

总之，无论采用哪种方法确定均衡生产剥采比，都是为编制采掘进度计划安排采剥量，提供依据或作参考的。因此最终要通过编制采掘进度计划来加以验证并证实。

19.3　露天矿采掘进度计划

19.3.1　编制露天矿采掘进度计划的目的和基本要求

采掘进度计划是露天矿生产计划的重要部分，是指导矿山均衡生产的重要依据。

19.3.1.1　编制采掘进度计划的目的

编制采掘进度计划的目的是：进一步验证和落实采矿生产能力，并确定均衡生产剥采比和矿岩生产能力，以满足用户对矿石数量和质量的要求。生产多品种矿石的矿山、如用户有特殊要求，应采取分采分运措施，落实各矿石的数量和质量；并在此基础上，确定矿山基建工程、矿山投产和达产时间以及穿孔和装载设备数量。

露天矿采掘进度计划，是用图表表示露天矿工程发展的具体时间、空间与数量关系的矿山建设与生产计划，它表示了露天矿逐年或逐月采掘的矿石量、剥离量、掘沟量、生产剥采比及各项工程的空间位置、各个水平推进的超前关系，"扩帮"与延深的关系，露天矿建设的起止时间、投产达产时间、基建工程及其位置、基建和生产期间相应投入的设备和人员数量、设备的调动情况等。采掘进度计划要在全面系统地研究露天矿采剥关系、生产能力以及各生产工艺环节配合的基础上编制。

露天矿采掘进度计划可以分为两种：

（1）长远计划。设计中以年为单位编制，它的主要任务是比较准确地确定露天矿基建时间、基建工程量、投产达产时间、设计计算年、均衡生产剥采比、露天矿生产能力、逐年工作线推进位置，并按此计算所需的设备、人员和材料等。

所谓设计计算年，是指矿石达到规定的生产能力和以均衡生产剥采比开始生产的年度，其采剥总量开始达到最大值。

（2）生产作业计划。这是生产矿山编制的年、季、月的采掘计划。

年采掘计划，主要是以当年国家下达的产品产量、质量与技术定额等指标为编制依据，并根据技术设计中的要求来安排该年度的采掘工作。

季采掘计划，根据批准的年度采掘计划编制，是年度计划的具体化。月作业计划则根据每月的生产具体情况，安排具体措施，以保证季度和年度计划的完成。

冶金矿山采掘进度计划编制要贯彻执行党的有关方针政策，注意做到"采剥并举，剥离先行"，充分利用国家资源，坚持安全生产。

19.3.1.2 编制采掘进度计划的要求

（1）根据矿山资源情况，正确处理需要与可能的关系，尽可能减少基建剥离量，加速矿山建设，保证按时投产、达产，并能持续生产。

（2）对多品级矿石的矿山，要求质量和数量相对稳定或呈规律性变化。

（3）按最大均衡生产剥采比生产的期限不能过短。

（4）采掘设备调动不宜过于频繁，工作线之间要保持超前距离。

（5）为保证新水平准备工程的实施，"扩帮"过程中，要遵循预定工程发展程序。

（6）对分期开采的矿山，要处理好正常生产与过渡时期的关系。

具体地说，一是尽量均衡生产剥采比，二是尽量缩短达产时间。

19.3.2 采掘进度计划的内容

按矿山实际，采掘进度计划编制完成后，应提交如下图表：

（1）采剥工作进度计划图表。图中应反映出采矿、剥离等工作在时间和空间上的发展与配合，采掘设备数量及其配置，工作类别（开沟或"扩帮"），逐年发展情况等。

（2）采掘水平分层平面图。此图以地质分层平面图为基础编制而成；图上应标明逐年采剥的矿岩量、挖掘机的数目和台号、出入沟和开段沟的位置、开采境界以及年末工作线位置等。

（3）采矿场年末开采综合平面图。此图以采掘水平分层平面图为基础编制而成；图上绘有同年度各个水平的工作线位置、挖掘机和穿孔机的配置情况、线路布置，以及各个矿山站与工业区位置等。

（4）产量逐年发展图表。该图表是在采掘进度计划编制完成的基础上整理成的。横坐标表示开采年度，纵坐标表示矿石、岩石和采掘总量，相互关系以不同线条表示。

采掘进度计划只编制到设计计算年后 3～5 年，以后产量以 3 年或 5 年为限粗略确定。

19.3.3　编制采掘进度计划所需基础资料

（1）圈定境界时的全套图纸，扩建和改建矿山尚需开采现状图。

（2）开采境界内的分层矿岩量表、开采程序和开采要素。

（3）露天矿最终的开拓运输系统图。

（4）采掘、运输设备的型号和效率。

（5）矿石开采的损失率和贫化率，规定的储备量指标。

（6）矿山开始基建时间和要求投产、达产的预测时间等。

19.3.4　编制采掘进度计划的方法和步骤

采掘进度计划是露天矿基建生产的指南。多数矿山是在分层平面图上，以挖掘机生产能力为计算单元进行编制。挖掘机生产能力可通过计算或按类似矿山的实际指标选取。在一般情况下，初期挖掘机生产能力要比正常时期低 10%～30%。

采掘进度计划的具体编制步骤如下：

（1）在分层平面图上逐年逐个水平确定年末工作线位置。由露天矿最上一个水平分层开始，逐个水平的用求积仪在图纸上求出挖掘机的年末采掘量，划出年初"起始线"和年末推进线，并把年份、矿石和岩石的采掘量标于图上。累计当年各个水平的矿岩量即为当年矿岩生产能力。

（2）确定新水平投入生产时间。如前所述，上下两相邻台阶应保持一定超前关系。只有当上一台阶推出一定宽度后，下一台阶方可开始掘沟，开始准备新水平。控制上下水平超前关系的方法，是把同一年各个水平推进位置用不同颜色的笔绘在一张透明纸上，形成综合平面图。从图上观察平盘宽度及运输道是否满足要求，以此作为修正各个水平采掘量的依据。

（3）编制采掘进度计划图表。在分层平面图上确定年末工作线位置的同时，编制采掘进度计划图表。在该表中记入每台挖掘机的工作水平、作业起止时间及其采掘量。该图表能控制各个水平开采进度和每台挖掘机采掘量以及设备的调动情况。

（4）绘制采矿场年末开采综合平面图。该图是以地质地形图和采掘分层平面图为基础绘制的。图上绘制坐标网、勘探线、采场以外地形、线路等，并将各个水平同年开采的实际情况也描于其上。从图上可看出各个水平年末的开采位置及采出矿岩情况、挖掘机布置情况、各个水平超前情况及线路间联系情况等。年末图不必逐年绘制，一般只绘制投产与达产年及设计计算年的图。

（5）绘制逐年产量发展曲线和图表。该图表，根据采掘进度计划数字整理绘制。采掘进度计划，是实际组织生产的依据。由于客观情况发生变化，部分修改也是正常现象。因此，在实践中要及时修改和完善原计划。

19.4　露天开采的储备矿量

为了保证露天开采持续、均衡供矿，使所有时期都能持续正常生产，每个露天矿均要有与矿石产量相符的储备矿量,认真执行"采剥并举、剥离先行"的方针。所谓储备矿量,系指已完成一定的开拓、准备工程,能提供近期生产的矿量。按可采程度,露天矿储备矿量一般分为开拓和回采矿量两个级别,其划分见表19-2。

表19-2　储备矿量的划分

台阶开拓情况	示　意　图
台阶开拓工程刚完成时,开拓矿量最多	
正常"扩帮"时的情况,开拓矿量逐渐减少	
新台阶开拓工程要完成时,开拓矿量最少	
图　例	开拓矿量　回采矿量　B_{min}——最小工作平盘宽度

开拓矿量——完成了开拓工程最下一个台阶底板标高以上的矿量,主要运输通路及排水工程已经形成,并已具备了进行"采准"工作的条件。

回采矿量——开拓矿量的一部分,等于各台阶保留最小工作平盘宽度以外能采出的矿量。

储备矿石量在生产中是变化的,随着开拓出一个新水平而使开拓矿量增加,又随剥离的进展而不断转化为回采矿量;回采矿量则随生产而消失。储备矿石量过多,说明过早地进行了开拓和剥离工作,积压资金;储备矿石量过少,又会影响生产持续。因此,必须有一个合理的储备矿石量指标。储备矿石量指标,常用储备矿石量保有期或保有时间来表示,表明在这个时间内供露天矿按一定生产能力开采的矿石量已经储备。

储备矿石量保有期,因开采技术条件、装备水平、管理水平、企业重要程度等不同,各工业部门规定不一样,同时随着矿体赋存条件、开采工艺、开采程序和生产管理水平的不同而有所区别。

《冶金矿山基本建设采矿工程交工和验收规定》对金属露天矿山开采储备矿石量的保有期作了明确的规定:有色金属露天矿山的开拓矿量保有期为1年,黑色金属露天矿山为2年;回采矿量,有色金属露天矿为3~6个月,黑色金属露天矿为6个月。

复习思考题

19-1　露天矿生产能力常用什么方法来表示,其技术经济意义是什么?

19-2　验证露天矿生产能力的方法有哪些,他们的实质关系是怎样的?

19-3　矿山工程延深速度与采矿工程延深速度有何区别与类同?

19 - 4　何谓经济合理服务年限，它与生产剥采比有什么联系？

19 - 5　生产剥采比一般变化规律是什么，它受哪些因素影响？

19 - 6　怎样区别"缓帮"开采的露天矿和陡帮开采的露天矿？

19 - 7　生产剥采比调整的目的是什么，一般用哪些方法来调整？

19 - 8　何为生产剥采比均衡原则，矿山常用哪种均衡生产剥采比？

19 - 9　编制采掘进度计划的目的是什么，要求它在什么基础上编制？

19 - 10　采掘进度计划主要应该包括哪些内容，其编制步骤有哪些？

19 - 11　露天矿储备矿石量的增加、转化和消失有什么规律可循？

第6篇

其他采矿方法与矿业法律法规

金属矿床露天开采和地下开采,是基本的开采方式。但随着易采、易选矿产资源的不断减少,矿山生产成本不断上涨,采矿生产、矿物加工的难度也在增加。如一律沿用常规方法开采砂矿、低品位矿石、海洋矿产资源,不仅技术上难以保障,安全生产和环境保护的问题也会受到挑战,有时甚至会因代价巨大而没法进行下去。因此,必须研究其他的特殊采矿方法。

本篇学习砂矿水力开采、溶浸采矿法、海洋矿产资源开采与矿业法律法规方面的内容。

 20　砂矿水力开采

【本章要点】 砂矿的概念、水力冲采的设备与原理、开拓冲采方法、水力运排作业

20.1　砂矿开采概述

砂矿是松散或胶结的碎屑淤积物,内含一些有用矿物颗粒。它的种类很多,有金、铂、锡、钨、铬、铁、钴、铅、汞、锑、钽、铌、锆、钛、稀土矿物及金刚石等。其中以金、铂、锡、钛、锆、铌、钽、金刚石等最为人们关注和利用,已普遍用于商业用途和工业生产。

由于砂矿是经过风化作用,使稳定的矿物从矿石或岩石中脱离出来,并经过分选作用而富集形成的矿床。所以矿层厚度不大,埋藏较浅,多半埋于河谷海滨之中;一般无需穿孔爆破松动,适合于露天开采。我国砂矿露天开采的方法有:机械开采、水力开采和采砂船开采三种,并以后两者为应用较多。本章只介绍砂矿的水力开采;采砂船开采,在后面浅海资源开采中再作叙述。

水力开采,是利用水枪喷射出的非淹没高压水射流来破碎岩土形成矿浆或泥浆,并采用自流或加压水力运输,将矿浆或泥浆分别输往选矿厂或排土场。因此,要有适合水力开采的条件。

20.1.1　水力开采的适应条件

(1) 矿床条件和矿岩性质适宜使岩土在高压水射击下碎散,碎散后粒径大于100 ~

200mm 的大块含量不超过 20%，粒径在 50～100mm 的小块含量不超过 30%；否则，不宜采用水力开采；

(2) 有充足的水源和廉价的电源。

(3) 有水力排土场，且位置恰当。

(4) 矿床底板的渗漏水要小，以保证砂浆正常流动与排放运输。

(5) 开采的地区冰冻期较短或无冰冻期。

20.1.2 水力开采的特点

实践证明，水力开采具有以下优点：

(1) 生产过程简单，具有连续性和机动性，能够均衡生产。

(2) 机械化水平的设备简单，易于制造，方便检查和维修。

(3) 采矿回收率高，能为选厂洗矿回收作业创造良好条件。

(4) 投资少，投产快，生产成本低。

(5) 水力开采的劳动生产率高。

水力开采的缺点是：

(1) 受自然条件限制，局限于可被冲采的矿岩。

(2) 水和动力消耗大（电力消耗达 6～20kW·h/m^3）。

(3) 在严寒地区作业困难或受冬季影响不能全年生产。

(4) 需要用些辅助机械来清除被冲采残留的大块废石。

(5) 泥浆水对环境污染较为严重，影响矿区周围农业生产。

砂矿床的岩土粒径及粒级组成、黏结力、密度、温度、孔隙率、松散系数等，都会对水力开采产生影响。根据水枪水力开采时的工作特点，可将岩土按其粒状特征分为 6 组，以 Ⅰ 组最为松散，属于黏土岩；以 Ⅵ 组最难冲采，大量为卵砾石，含黏土质很少。

岩土（砂）的具体分类，可参考采矿设计手册或 20.3.3 节的相关内容。

20.1.3 水力开采生产工艺

砂矿水力机械化开采，是利用水枪喷射的压力水流来破碎岩土，冲采所形成的矿浆（或泥浆）用加压水或自流水力运输送至选厂或排土场。它的主要工艺特点，是利用同一水流完成冲采、运输和选矿，从而形成一个连续的生产工艺过程。图 20-1 为水枪冲采现场示意图。

由于水枪冲采具有基建投资少，建设速度快，劳动生产率高，设备简单，维护工作量小等特点；故现在我国砂矿开采中应用较多。

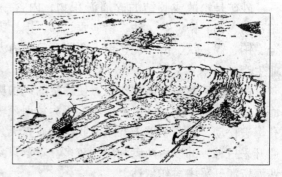

图 20-1 水枪冲采工作面示意图
1—准备移动的水枪；2—掏槽水枪；3—崩矿水枪

20.2 水力开采设备

砂矿床水力开采中的主要设备有：水枪、砂泵、水泵及管道、管件等。辅助设备有推土机。这里着重讲述水枪结构，而管道、管件等与前面所讲的水砂充填基本相同，此处不再重复。

20.2.1 水枪

水枪是一种能形成高速射流并控制射流作用方向的水力冲采设备。水枪性能的优劣，直接影响射流能量的合理利用和冲采效率。根据水枪上下弯管的连接方式，水枪可以分为中心螺栓式和滚珠式两类。我国多采用滚珠式，产品型号有 SQ 型和平桂型，其技术性能列于表 20-1。

表 20-1 水枪型号及主要技术性能

技术性能参数	单位	水枪型号				
		SQ-80	SQ-150	SQ-250	平桂Ⅰ型	平桂Ⅲ型
进水口直径	mm	80	150	250	100	150
喷嘴直径	mm	25、30、35	44、50	45、50、55、60 65、70、75、80	43	40、50
枪筒长度	mm	1481、1458、 1434	2228、2202	2290	1100	1454
水平转角	(°)	360	360	360	360	360
上下仰俯角	(°)	30	30	30	26	29
最大有效射程	m	6	10	12		
外形尺寸 （长×宽×高）	mm×mm ×mm	2081×363 ×1088	2807×398 ×1297	5100×500 ×1790		2228×350 ×1899
总重	kg	59	160	341	50~60	80

水枪的外形结构，如图 20-2 所示。它由枪筒、喷嘴、上下弯管、水平旋转磨盘、球形活动接头等组成。其中喷嘴和枪筒是关键部件。

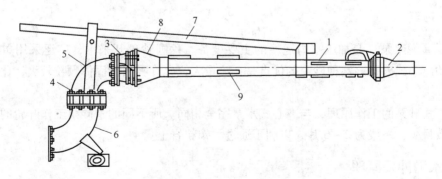

图 20-2 水枪外貌示意图

1—枪筒；2—喷嘴；3—球形活动接头；4—水平旋转结构（磨盘）；

5—上弯管；6—下弯管；7—操纵杆；8—锥形管；9—稳流片

（1）喷嘴。为使水流经过喷嘴收缩而成高速射流喷出，常将喷嘴设计成圆锥收敛形并在出口端留有圆柱段。水流能量的特性，主要取决于喷嘴结构参数及其加工质量。

研究表明，喷嘴流量系数、流速、喷射效率等都与喷嘴圆锥角度有关。当圆锥角 $\alpha = 13°$ 时（一般取 $8° \sim 12°$），流量系数最大（$\mu_{max} = 0.95$），超过此角度后，μ 值开始下降。流速系数随 α 角增加而增大，当 $\alpha = 30°$ 时，流速系数 $\varphi = 0.98$。为创造优质射流，需要对喷嘴的圆锥角，喷嘴长度、出口端圆柱段长度以及喷嘴内壁的加工光洁度等加以严格控制。

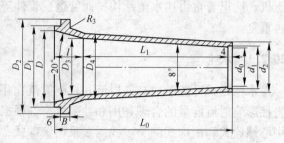

图 20 – 3　平桂Ⅲ – 150 型水枪喷嘴结构示意图

图 20 – 3 为平桂Ⅲ – 150 型水枪喷嘴结构图，技术参数列于表 20 – 2。

表 20 – 2　平桂Ⅲ – 150 型水枪的喷嘴技术参数

喷嘴几何形状	技术参数											
	锥角 α /(°)	d_0 /mm	d_1 /mm	d_2 /mm	L_0 /mm	L_1 /mm	l /mm	L_0/d_0	D /mm	D_1 /mm	D_2 /mm	D_3 /mm	D_4 /mm
圆锥收敛形	8 ~ 20	38	44	57	248	210	34	6.526	81	94	106	69	88
	8 ~ 20	41	50	60	208	170	34	4.727	81	94	106	69	84
	8 ~ 20	50	56	62	178	140	34	3.56	81	94	106	69	84

（2）枪筒。枪筒一般是圆锥收敛形。一端与球形活动接头连接，另一端与喷嘴连接，其长度为 1.2 ~ 2.3m。枪筒的作用是收缩压力水流，增大流速后送入喷嘴。为了减少从弯管进入枪筒过程中产生的强烈涡流，枪筒内必须安装稳流器。稳流器的形状有很多种，国产枪筒常用星形稳流片，以三片一组对称布置在枪筒的内腔，装 2 ~ 3 组；前苏联曾使用蜂房 16 格稳流器，并把枪筒设计成由圆柱段、稳流器、锥形段三段组成，实践证明效果好，水流通过稳流器进入喷嘴能保持稳定流线型。

20.2.2　砂泵

砂泵（泥浆泵）是加压水力运输的主要设备。我国砂矿开采中，广泛采用单级单面进矿浆的离心式砂泵。这种砂泵的优点是：流量大，允许吸入的固体颗粒较大，比较适用于砂矿开采。

离心式砂泵的工作原理，与离心式水泵完全相同。所不同的是砂泵工作叶轮的直径大和叶轮数目少，一般为 2 ~ 6 片，以利于通过大颗粒岩土。

20.3　水力冲采原理

砂矿的水力开采，要掌握水枪射流的特点、三种力的作用效果、相关水力计算的内容。

20.3.1　水枪射流的结构特点

水枪喷射出来的射流，由于空气介质与水质间产生的脉动交换，射流表面将产生周围介质的环形涡流，加之水的弹性与溶解于水的空气和自由空气的存在，使射流一离开喷嘴就开始扩散。射流的扩散，会导致射流在结构上形成三个区段：起始段、基本段和射滴段，如图 20-4 所示。

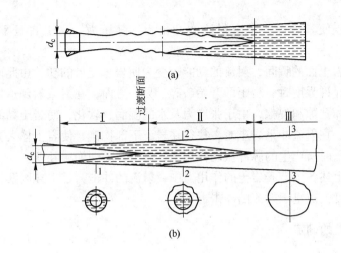

图 20-4 水枪射流结构示意图
(a) 用基本段冲采；(b) 用起始段冲采
Ⅰ—起始段；Ⅱ—基本段；Ⅲ—射滴段

从喷嘴出口到过渡断面，为起始段Ⅰ，该段的冲击压力很大。自过渡断面到短节细射流尖灭断面，为基本段Ⅱ，该段射流的紧密性已远不如起始段，其冲击压力随着与喷嘴距离的增大而急剧下降。基本段以后的区段，称射滴段Ⅲ。其射流由细水滴组成，充进了大量空气；射滴段的冲击压力最小，基本上无破碎岩土的能力。

就高速射流水冲采岩土而言，最有效的做功应该取起始段。然而起始段的长度很短，为保证安全作业，水枪不可能紧靠工作面，所以实际上只能利用基本段进行冲采。

射流的有效长度，即能够用来有效冲采岩土的射流长度，取决于射流压头、喷嘴直径和岩土的性质。对同一种岩土，当所用的射流压头 H_0 及喷嘴直径 d_0 变化时，射流的有效长度 L_k 也相应变化，L_k 可从表 20-3 的数据中得知，且满足：$L_k = (0.1 \sim 0.2)H_0$。

表 20-3 射流的有效段长度 L_k 及 L_k/H_0 值（近似值）

岩土类型	参 数	$H_0 = 80 \times 10^4 Pa$ 喷嘴直径 d_0/mm			$H_0 = 100 \times 10^4 Pa$ 喷嘴直径 d_0/mm		
		75	90	110	75	90	110
Ⅱ	L_k/m	10.5	13	15	15	20	—
	L_k/H_0	0.13	0.16	0.19	0.15	0.2	—
Ⅲ	L_k/m	8.2	10	11.8	12.3	14.5	17.5
	L_k/H_0	0.103	0.13	0.15	0.12	0.15	0.18
Ⅳ	L_k/m	—	7.6	9.2	10	11.7	13.6
	L_k/H_0	—	0.1	0.12	0.1	0.12	0.14

射流的起始段长度，除了取决于射流压头、喷嘴直径以外，还与枪筒和喷嘴结构、加工质量有关；实际使用时，可以通过试验对比测定。

20.3.2　冲采原理

射流冲采岩土使其破碎，是由射流的冲击力、静压力、岩土自身重力的综合作用结果。

当射流达到岩土面的瞬间，射流的动能转变为使岩土变形的功，由此而产生应力。当应力超过岩土的允许强度时，岩土即开始破碎。另一方面，在射流射到达岩土面时，部分压力水掺进岩土体孔隙和裂隙，由于张应力及水的湿润、软化，使岩土黏结力迅速下降而导致崩解。此外，在射流冲采岩土时，往往在岩土下部掏槽，使岩土体失去支撑，在岩土体重力和射流冲采时所产生的脉冲振动作用下，岩土体随即崩塌碎解。

应当指出，上述各项破碎岩土的作用力中，射流的冲击力是主导因素，岩土破碎效率的高低在一定程度上决定于射流的冲击力大小。

20.3.3　冲采参数的确定

水力冲采参数是指射流的工作压头 H_0 和冲采岩土的单位耗水量 q。这两参数直接关系着水力机械设备选型和冲采经济指标，冲采岩土的能耗也由这两参数确定。

（1）射流工作压头 H_0。水枪射流工作压头取决于被冲采岩土的致密性、台阶高度和喷嘴直径。设计按下式计算：

$$H_0 = (1.1 \sim 1.3) Kf \quad 10^4 \text{Pa} \tag{20-1}$$

式中　K——砂矿的松散孔隙渗透系数；

　　　f——砂矿的普氏硬度系数。

根据我国砂矿水力开采实际，工作压头取 $(30 \sim 140) \times 10^4 \text{Pa}$。

（2）冲采岩土单位耗水量 q。影响岩土单位耗水量的因素很多，如岩土的致密性、冲采台阶高度、工作面底板坡度以及砂浆的流动条件等，都能影响耗水量的多少。在实际生产中，可通过试验或参见表 20-4 选取。

表 20-4　水枪工作压头和耗水量

岩土组别	岩土（砂）名称	阶 段 高 度								
		3~5m			5~15m			>15m		
		单位耗水 /m³·m⁻³	压头 /Pa	工作面最小允许坡度 /%	单位耗水 /m³·m⁻³	压头 /Pa	工作面最小允许坡度 /%	单位耗水 /m³·m⁻³	压头 /Pa	工作面最小允许坡度 /%
I	预先松散的非黏结土	5	30×10^4	2.5	4.5	40×10^4	3.5	3.5	50×10^4	4.5
II	细粒砂	6	30×10^4	2.5	5	40×10^4	3.5	4	50×10^4	4.5
	粉状砂		30×10^4	2.5		40×10^4	3.5		50×10^4	4.5
	轻亚砂土		30×10^4	1.5		40×10^4	2.5		50×10^4	3
	松散黄土		40×10^4	2.0		50×10^4	3		60×10^4	4
	风化泥炭		40×10^4	—		50×10^4	—		60×10^4	—

续表20-4

岩土组别	岩土（砂）名称	阶段高度								
		3~5m			5~15m			>15m		
		单位耗水/m³·m⁻³	压头/Pa	工作面最小允许坡度/%	单位耗水/m³·m⁻³	压头/Pa	工作面最小允许坡度/%	单位耗水/m³·m⁻³	压头/Pa	工作面最小允许坡度/%
III	中粒砂	7	30×10^4	3	6.3	40×10^4	4	5	50×10^4	5
	各种粒子砂		40×10^4	1.5		50×10^4	2.5		60×10^4	3
	中等亚砂土		50×10^4	1.5		60×10^4	2.5		10×10^4	3
	轻砂质黏土致密土		60×10^4	2		10×10^4	3		80×10^4	4
IV	大粒砂	9	30×10^4	4	81	40×10^4	5	7	50×10^4	6
	重亚砂土		50×10^4	1.5		60×10^4	2.5		10×10^4	3
	中和重砂质黏土		10×10^4	1.5		80×10^4	2.5		90×10^4	3
	瘦黏土		10×10^4	1.5		80×10^4	2.5		90×10^4	3
V	含砾石土	12	40×10^4	5	10.8	50×10^4	6	9	60×10^4	7
	半油性黏土		80×10^4	2		100×10^4	3		120×10^4	4
VI	含卵石土	14	60×10^4	5	12.6	60×10^4	6	10	70×10^4	7
	油性黏土		100×10^4	2.5		120×10^4	3.5		140×10^4	4.5

20.3.4　水枪的水力计算

（1）喷嘴出口处的射流速度 v_0。其值按下式计算：

$$v_0 = \varphi\sqrt{2gH_0}\quad \text{m/s} \tag{20-2}$$

式中　φ——喷嘴速度系数，一般取0.94；

　　　g——重力加速度，$g=9.81$，m/s²；

　　　H_0——喷嘴出口处射流工作压头，10^4Pa。

简化式(20-2)可得：

$$v_0 = 4.17\sqrt{H_0} \tag{20-3}$$

（2）喷嘴喷出的射流流量 Q_0：

$$Q_0 = \mu\omega_0\sqrt{2gH_0}\quad \text{m}^3/\text{s} \tag{20-4}$$

式中　μ——流量系数：

$$\mu = \alpha\varphi$$

　　　α——射流的压缩系数；

　　　ω_0——喷嘴出口断面积，m²：

$$\omega_0 = \frac{1}{4}\pi d_0^2$$

　　　d_0——喷嘴直径。

（3）水枪喷嘴直径 d_0。当工作压头 H_0 和喷嘴流量 Q_0 已定，则：

$$d_0 = 0.553 \sqrt{\frac{Q_0}{\sqrt{H_0}}} \quad \text{m} \tag{20-5}$$

（4）水枪射流的功率 N：

$$N = 32.1 d_0^2 \sqrt{H_0^3} \quad \text{kW} \tag{20-6}$$

（5）水枪的射程 L_1：

$$L_1 = 1.8 K H_0 \sin 2\alpha \quad \text{m} \tag{20-7}$$

式中　K——空气阻力系数，$K = 0.9 \sim 0.95$；

　　　α——水枪仰角，（°）；当 $\alpha = 45°$ 时，射程最大，实际有效射程仅为最大值的 0.2 ~0.3。

（6）压头损失。

1）水枪内部压头损失 h_1：

$$h_1 = K Q_0^2 \quad 10^4 \text{Pa} \tag{20-8}$$

式中　K——系数，我国常用水枪为 80~100，平射较小，俯射较大，仰射取中间值。

2）喷嘴压头损失 h_2：

$$h_2 = \xi \frac{v_0}{2g} \quad 10^4 \text{Pa} \tag{20-9}$$

式中　ξ——系数，$\xi = 0.06$。

（7）水枪射流的冲击力 P_L。射流断面上平均单位面积的冲击力，随冲采距离增大而相应减少。经研究测定，其可按下式进行计算：

$$P_L = \left(\frac{m}{\frac{L}{d_0} + 30} \right)^2 \times P_0 \tag{20-10}$$

式中　P_L——距离喷嘴 L 处射流断面上平均单位面积的冲击力，0.1MPa；

　　　m——系数，其值随 H_0 和 L 而变化，当 $d_0 \geqslant 50\text{mm}$，$\frac{L}{d_0} \geqslant 10.7$ 时，m 取 40.7；

　　　L——射流计算断面距喷嘴出口处的距离，m；

　　　P_0——喷嘴出口处射流断面上平均单位面积的冲击力，0.1MPa，$P_0 = 0.2 H_0$。

20.3.5　水枪生产能力与数量的确定

（1）水枪的生产能力。水枪冲采岩土的生产能力，按下式计算：

$$Q_T = \frac{Q_0}{q} \tag{20-11}$$

式中　Q_T——水枪冲采岩土的生产能力，m^3/h；

　　　Q_0——水枪射水量，m^3/h；

　　　q——岩土单位耗水量，m^3/m^3。

（2）水枪需用台数 M：

$$M = \frac{Q_1}{Q_0} \quad 台 \qquad (20-12)$$

式中 Q_1——按岩土生产能力计算的所需水量，m^3/h：

$$Q_1 = \frac{V_1 q}{t_1 t \eta}$$

V_1——砂矿岩土生产能力，m^3/h；

t_1——年工作天数，d；

t——昼夜工作小时数，h；

η——工作时间利用系数，采场无备用砂泵时，$\eta = 0.65 \sim 0.75$，具有50%的备用砂泵时，$\eta = 0.75 \sim 0.85$。

（3）水枪的备用量。根据冲采作业条件，取生产能力的20%~100%。

20.4 开拓冲采方法

20.4.1 砂矿床的开拓

用水力机械化开采砂矿床，开拓工作的主要内容是：建立选矿厂和排土场与采砂场工作水平之间的通路，以形成水力运输和供水系统；与此同时解决排洪、设备运输及供电问题。

砂矿床开拓方法，依据砂矿床赋存条件和所用的水力运输方法，通常采用以下三种。

20.4.1.1 基坑开拓法

此法是在矿床底板最低处和矿床底板同标高，开掘出一条具有一定规格的凹坑，在坑内修筑砂泵房和吸浆池并安装砂泵；由此向周围进行冲采，如图20-5所示。

基坑按一次开掘深度不同，分一次开掘法和逐次开掘法。

基坑的尺寸取决于所采用的砂泵类型，以及为水枪冲采开辟的必要场地。一般取底面长40~50m，宽10~15m；基坑的高度，按照采场的台阶高度选取。

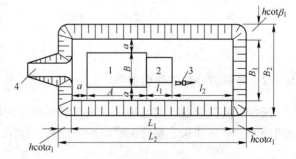

图20-5 基坑参数示意图
1—砂泵房；2—吸浆池；3—水枪；4—出入沟

这种开拓方法的优点是：可开采低凹矿块及残矿，回采效率高，施工时间短，投产快；缺点是：使用设备多、投资较高，水电耗费量大，生产成本高，而且生产可靠性差，砂泵需要经常搬迁。因此，它只适用于开拓矿床位置低于主冲矿沟，或储量较少的低凹砂矿块。

20.4.1.2 堑沟开拓法

此法是开掘一条直通矿体的明沟，为自流水力运输打开通道。堑沟的坡度，应满足自流水力运输沟槽要求。沟道宽度常取 15 ~ 25m，两帮坡面角为 45°，如图 20 - 6 所示。

堑沟位置，应尽量选在一个能使"块段"绝大部分砂矿量自流进入运矿沟，同时又使掘沟工程量最小的地方。

随着冲采工作面推进，向前延伸主运矿沟，沿主运矿沟每隔 100 ~ 200m 横开运矿支沟，继续布置冲采工作面，使之形成树枝状开拓系统。

此法优点：工期短，生产可靠，投资小，成本低；缺点：砂矿低洼部分采不到，需要用基坑法辅助，工作面平台坡面残留矿石，需要进行二次回采。

这种方法主要用在掘沟工程量不大，矿床足够倾斜，可实现自流运输的条件。

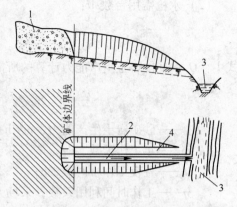

图 20 - 6　堑沟开拓示意图
1—砂矿体；2—自流水力运输沟；
3—主要运输沟；4—堑沟

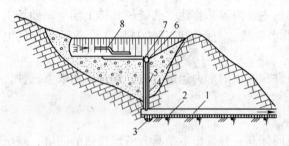

图 20 - 7　平硐溜井开拓示意图
1—平硐；2—运矿沟；3—缓冲池；4—溜矿井；
5—矿浆管；6—漏斗；7—格筛；8—水枪

20.4.1.3　平硐溜井开拓法

这种开拓方法的现场布置，如图 20 - 7 所示。从采区或矿块范围外，开掘具有自流水力运输坡度的平硐通达矿体底部，再往上开溜矿井布置冲采工作面。

这种方法能扩大山坡或山间封闭式砂矿的开采，节省基建投资和生产经营费用；但平硐基建工程量大，基建时间长。适用于开拓采场相对选厂标高比较大，地形不适于使用堑沟开拓的矿床。

20.4.2　冲采方法和工作面参数

按照射流的喷射方向与冲采下来矿浆流动方向的相对关系，水力冲采的方法可以分为逆向冲采、顺向冲采、逆向 + 顺向冲采三种，如图 20 - 8 所示。

20.4.2.1　逆向冲采法

逆向冲采法，如图 20 - 8(a) 所示，它是将水枪安装在台阶的下平台，射流水垂直工作面，被冲下来的岩土沿着逆射流方向流入矿浆池或主运矿沟内，然后输往洗选厂。

冲采工作分两步进行。首先在台阶下部掏槽，使上部岩土体失去支撑因自重而塌落；沟槽宽一般为 0.3 ~ 0.4m、槽深 0.5 ~ 0.9m，沟槽长度视槽深、台阶高度和岩土的性质而定；接着冲采崩塌下来的岩土。

逆向冲采工作面参数，应确定水枪距工作面的最小距离、工作面宽度及台阶高度。

(1) 水枪距工作面的最小距离 L_{min}。根据安全要求，水枪距工作面的最小距离按下式

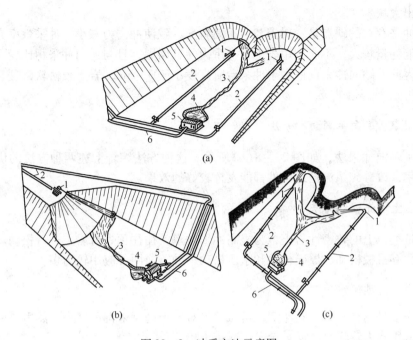

图 20 - 8　冲采方法示意图

（a）逆向冲采；（b）顺向冲采；（c）逆向 + 顺向冲采

1—水枪；2—供水管道；3—矿浆沟；4—矿浆池；5—砂泵房；6—水力运输管道

计算：

$$L_{min} = Kh \qquad (20 - 13)$$

式中　　h——台阶高度，m；

　　　　K——系数，按表 20 - 5 选取。

表 20 - 5　岩土崩落的特性系数

岩土种类	K	岩土种类	K
致密黄土和黏土	1.2	砂质黏土	0.6 ~ 0.8
泥质土	1.0	砂质土	0.4 ~ 0.6

（2）冲采工作面宽度 A。对致密土质，$A = 15 \sim 20m$；松散土质，$A = 20 \sim 30m$，或取水枪最大射程的 1 ~ 1.5 倍。

（3）台阶高度。台阶高度，介于 5 ~ 20m 之间，一般取 8 ~ 15m。

逆向冲采效率高，耗水量较少；但水枪不能靠近工作面，在一定程度上降低了冲采能力；同时它不能冲离大块岩石和粗粒物。逆向冲采在生产中普遍采用，最适合冲采矿层厚度大，岩土致密、黏性大、难冲采和含石率不高的矿层及剥离层。

20.4.2.2　顺向冲采法

顺向冲采法，如图 20 - 8(b)所示。水枪置于台阶上平台并靠近工作面，可利用射流起始段或基本段前段提高冲采效率。而且射流方向与矿浆流动方向一致，可利用射流推赶矿浆和冲出大块。

顺向冲采存在的缺点是：射流与岩土面斜交，致使冲击力减小，冲采效率亦将显著下降；单位能耗量较大；不能利用岩土自身重力使其崩塌，且与逆向冲采相比少了一个台阶的压头。因此，顺向冲采仅适用于冲采台阶高度小于 3～5m，岩土较松软，且含卵砾石较多的砂矿。

20.4.2.3　逆向＋顺向冲采法

逆向＋顺向冲采法，如图 20－8(c) 所示。这种方法综合上述两种方法的优点，对提高冲采效率，改善矿浆流输运条件都能发挥较好的效果。

20.4.3　岩土预先松动方法

对于Ⅲ类以上的致密性岩土，为提高冲采效率，往往预先对岩土进行松动。常用松动岩土的方法有机械松动、爆破松动和水压松动三种，前两种应用较为多。

20.4.3.1　机械松动

机械松动是用推土机、索斗铲、机械铲等对岩土进行采掘和堆集，然后再用高压射流冲碎造浆，用水力输送至洗矿、选矿厂或排土场。

机械松动岩土可使射流工作压头大幅度下降（50%～73%），单位耗水量显著下降（50%～60%），耗电量降低（70%～85%），矿浆浓度增大，从而使冲采和运输效率提高，总的单位成本下降。

20.4.3.2　爆破松动

它是我国使用最普遍的松动方法，分小孔爆破、中孔爆破和硐室爆破三种方式。

小孔爆破多用于台阶下部辅助掏槽爆破和工作面平台底板残矿的预先松动，炮孔直径多为 32～50mm；中孔爆破用于工作平台底板残矿的爆破松动和在工作平台上部为降低台阶而进行的爆破，所取炮孔直径 100～120mm；硐室爆破是松动阶段的主要方法，最小抵抗线为阶段高的 0.6～0.85。

20.4.3.3　水压松动

水压松动只适用于具有渗透性的岩土，借插管将高压水注入岩土中，使岩土水容度增大，黏结力降低，内摩擦角减小，塑性指数提高，从而达到冲采松散目的。

20.5　水力运排作业

砂矿水力开采，水力运输和水力排弃作业是整个生产工艺必须的连续环节。水力运输方式分为自流水力运输、加压水力运输和加压－自流联合运输三种方式。而水力排弃作业，又包括水力排土场的选址、建设和排灌方法。

20.5.1　水力运输方式

20.5.1.1　自流水力运输

在地形条件适宜时，应尽量采用自流水力运输。自流水力运输又分为沟槽和管道水力运输这两种方式。从就地取材，减少基建投资考虑，目前广泛采用的是沟槽水力运输，并以矩形、梯形结合而成的上半部矩形下半部梯形为其断面的形式。

（1）沟槽水力运输线路的选择。自流运输线路必须满足下列技术要求：

1）保证全线各段沟槽的坡度大于砂矿流动的临界水力坡度；

2）应使填挖方工程量较少，架空部分也最少；

3）尽可能布置成直线，线路转角一般不小于120°，转角处最好有100mm的落差，以防砂石沉积阻塞，曲线半径应大于沟底宽度的20倍；

4）应方便材料运输，方便施工与维修；

5）尽可能使大部分剥离物和砂矿实现自流运输，少用辅助砂泵扬送；

6）局部地段地形条件限制时，可采用自流管和倒虹管水力运输。

（2）沟槽坡度的选取。砂矿自流沟槽的最小坡度，可参考表20-6中的值选取。

表20-6　冲矿沟、槽最小坡度

运输的岩土名称	沟槽材料		
	木质面槽	混凝土沟	土　沟
黄土、细黏土、淤泥	0.008~0.015		0.015~0.02
含15%以下细砂的黏土	0.01~0.020	0.015~0.025	0.02~0.03
细粒砂和砂壤土	0.015~0.025	0.025~0.030	0.03~0.04
中粒砂	0.025~0.035	0.03~0.035	0.04~0.07
粗粒砂	0.03~0.06	0.035~0.050	0.06~0.08
卵石、砾石	0.06~0.100	0.05~0.100	0.03~0.12

（3）沟槽衬砌材料的选取。沟槽衬砌材料常用的有石灰岩、花岗岩、耐磨铸铁和辉绿岩铸石，其次是高强度混凝土和铁屑混凝土等。选取衬砌材料的一般要求是耐磨、坚固、阻力小、造价低。石灰岩可就地取材，造价低，但耐磨性差，粗磨系数大；辉绿岩耐磨性最好，粗糙系数小，但性脆易碎，安装困难。

有关自流水力运输的水力计算，可参考有关实验资料进行。

20.5.1.2　加压水力运输

加压水力运输，是借砂泵造成的压力输送砂矿浆。水力开采使用的砂泵一般均采用吸入式；若采用串联作业，中间升压泵可采用注入式。砂泵一般不采用并联作业。

加压运输管道采用铸铁管或钢管，铸铁管为直径75~800mm、壁厚9~18mm的增压管；这种管道重量大，移动不便，多用于固定管线，采场内很少使用。钢管作干线用，壁厚度一般取8~14mm，工作面使用管壁厚度为3~5mm。

加压水力运输的水力计算与砂泵选取计算基本上和充填料输送相同。

20.5.2　水力排灌作业

20.5.2.1　水力排土场的概念

排弃水力剥离的表土或堆置选矿厂尾矿的地方，统称为水力排土场。对水力开采的矿山，建立水力排土场应充分考虑以下几点：

（1）尾矿必须妥善堆置，以待以后综合回收利用；

（2）泥浆或尾矿中含大量污水，需要妥善处理，以防影响邻地经济发展；

（3）对水源较缺的矿山，应该合理组织排土场的澄清水循环利用。

A　选择排土场必须遵循的原则

（1）充分利用地形，如选择谷口窄、库容大、地质构造好的山谷地段，使堤坝工程量最小；

（2）尽可能靠近采场，使输送泥浆的沟槽最短、经营费最少；

（3）避免在村庄、工厂上方设置水力排土场，以防塌坝；

（4）尽可能不占或少占农田，要有利于覆土造田；有利于回水循环，减少污水排放。

B　水力排土场的容积

水力排土场的容积 V 计算：

$$V = KV_1 + V_2 \tag{20-14}$$

式中　V_1——应该向排土场排弃的岩土体积，m^3；

　　　V_2——所需的澄清池的容积，等于 $5\sim6$ 天灌入排土场的泥浆量，m^3；

　　　K——岩土的体积膨胀系数，砂和砂土为 $1.0\sim1.15$，黏土为 $1.2\sim2.0$。

排土场的最小容积应能容纳选厂五年左右的尾矿量。若排运距离大，扬升高度大，排土场的容积应满足十年以上的生产要求。

20.5.2.2　水力排土场的排灌方法

泥浆从管道或自流槽排出后，在排土场表面扩散流动，其速度急剧下降。排浆管道出口附近沉淀的颗粒较大，离管口越远颗粒越小，从而形成岩土的颗粒分级和不同的排灌坡面。通常在排管出口处坡面较陡，距出口愈远，排灌面愈缓，如图 20-9 所示。

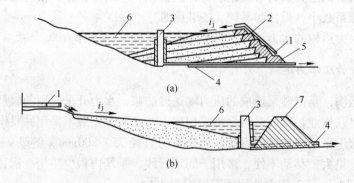

图 20-9　向排土场排灌泥浆（或尾矿浆）示意图

（a）从坝面排灌；（b）从斜坡面上部排灌

1—输浆管；2—排灌管；3—泄水井；4—底部泄水管；5—初期坝；6—澄清水池；7—挡水坝

水力排土场常用的排灌方法有两种：

（1）端部排灌。端部排灌是从泥浆管端部排放的排灌方法，随岩土的逐层堆积，泥浆管道逐渐加长连接。这种方法适宜于建在山谷地区的排土场（见图 20-9）。

先在该地区的下方建筑一道土坝，形成具有一定容积的排土场。然后将泥浆管铺设在栈桥上或直接铺在地面，从端部进行排灌，每排一层（厚度为 35~50cm），接着延接管道。管道采用快速接头，接头如图 20-10 所示。

有条件时，采用履带行走式吊车架接，如图 20-11 所示。

端部排灌的优点在于：泥浆管在一个排灌位置上能排大量岩土，整个排土场所需管道少，架设栈桥工程量少，日常所需的操作人员少。唯一缺点是，需要从外部取土修筑挡土坝。

（2）环状排灌。环状排灌，如图 20-12 所示。它是从设在排土场周边上的排浆管中排放。

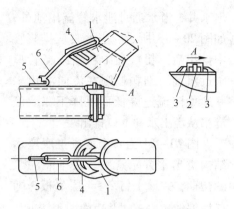

图 20-10　排浆管的快速接头
1—锥形管；2—胶皮圈；3—钢圈；
4—把手；5—钩；6—环

图 20-11　端部排灌时排浆管铺设及加接示意图

运输矿浆的管道沿排土场土坝周边铺设，并用支托栈桥将管道托起一定高度。管道接有一系列泄浆短管，泥浆依次由数个相邻的泄浆短管排放。泄浆点可沿土坝逐渐移动。泄浆短管铺在土坝坡面上，随着排灌进行，挖取土坝附近沉积岩土来加高坝体。

环状排灌的优点是，能利用排灌后的岩土来加高坝体；一旦在某分段上排灌时发生故障，不影响其他分段继续排灌，可以保持排浆工作的连续性。但缺点是排浆管路很长，管理复杂。

图 20-12　环状（周边）排灌示意图
1—输浆管；2—泄浆管；3—栈桥；4—澄清池；5—溢出井；
6—泄水管；7—回水沟；8—泵站；9—供水管

20.5.2.3　澄清池及澄清水的排出

砂矿开采中通常采用连续作用的澄清池。它由排灌下游侧的挡水坝围成，坝内设有溢出水井, 溢水通过泄水管流出池外, 如图 20 – 13 所示。当泥浆从排浆管中排出后, 粗粒和中粒陆续在管口附近沉淀, 细颗粒则在流向溢出水井途中随流速降低而沉降下来。澄清水从溢出水井上口排出。

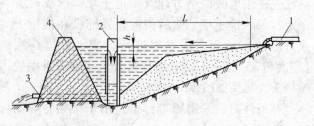

图 20 – 13　连续澄清池示意图
1—排浆管; 2—溢出水井; 3—泄水管; 4—挡水坝

图 20 – 14 为一个混凝土底座木结构溢出水井示意图。在排灌泥浆的初期, 井壁上钉 3 ~ 4 层木板。随后根据细粒岩土在井边的淤积情况, 逐渐向上加钉木板, 以增高井壁。这种溢出水井的高度不大于 10 ~ 20m。溢出水井距离挡水坝应大于 5 ~ 10m。

为了保证澄清水质量, 自排土场排灌侧水边线到溢出水井的距离 L, 根据允许含有的最小颗粒尺寸来确定。实际生产中 L 值变动在 100 ~ 350m 之间, 我国云南锡业公司控制的 L 大于 150m。

澄清后溢水层厚度 h 由溢出水井上口的壁板来调节。该厚度一般为 100 ~ 120mm。当澄清池宽度超过一个溢出水井"活跃区"几倍时, 需设置几个溢出水井, 以使细粒岩土均匀地沉在池底。

图 20 – 15 为混凝土结构的溢水井示意图。

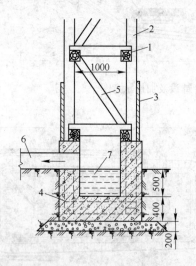

图 20 – 14　木结构溢出水井示意图
1—井梁; 2—立柱; 3—可卸板; 4—混凝土井座;
5—斜撑木; 6—泄水管; 7—水垫

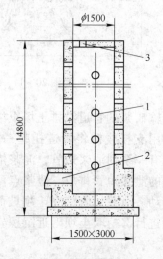

图 20 – 15　混凝土结构溢出水井示意图
1—进水孔 $\phi350$; 2—泄水管 $\Sigma\phi1200$;
3—人员上下孔 $\phi750$

20.5.2.4　溢出水井的流量计算

(1) 当采用木结构壁面溢水时, 流量计算按下式进行。

$$Q = mbh\sqrt{2gh} \tag{20 – 15}$$

式中　m——流量系数, $m = 0.3 ~ 0.55$;

b——溢出水井的进水宽度，m；

h——溢出水层厚度，$h = 0.1 \sim 0.5$m；

g——重力加速度，$g = 9.81$m/s^2。

（2）当采用孔口溢流时，流量计算按下式计算。

$$Q = \mu F \sqrt{2gh} \tag{20-16}$$

式中 μ——孔口流量系数，对圆形孔，$\mu \approx 0.64$；

F——孔口的断面积，m^2；

h——溢出水井外面水面高出孔口中心线的高度，m。

20.5.2.5 泄水管的流量计算

泄水管的流量可按下式进行计算：

$$Q = \mu_0 W \sqrt{2gH} \tag{20-17}$$

式中 W——泄水管的断面积，m^2；

H——超过管轴心的水头，10^4Pa；

μ_0——直接排入大气的流量系数，其关系式为：

$$\mu_0 = \frac{1}{\sqrt{1 + \lambda_0 \dfrac{L}{D}}} \tag{20-18}$$

D——泄水管直径，m；

L——泄水管长度，m；

λ_0——水的摩擦阻力系数，可参照表 20-7 选取。

表 20-7 钢管水流摩擦阻力系数 λ_0 值

管道状况	管径/mm				
	200	250	300	400	500
新钢管	0.0258	0.0239	0.0225	0.0205	0.019
磨损积污垢的钢管	0.0333	0.0309	0.0291	0.0264	0.024

复习思考题

20-1 砂矿床在什么条件下可以用水力开采？

20-2 水枪的结构由哪几部分组成，喷嘴应怎样设计？

20-3 水枪射流有哪几个区段，其有效段取决于什么因素？

20-4 岩土冲采效果是怎样的，水枪水力计算包括哪些内容？

20-5 砂矿床的水力开采有哪些开拓方法，各自适合什么条件？

20-6 砂矿床的水力冲采有哪几种方法，各自的优缺点是什么？

20-7 水力排土场常用哪些排灌方法，各自有哪些优点和缺点？

21　溶浸采矿法

【本章要点】 溶浸采矿的基本概念、地表堆浸法、原地浸出法、细菌化学采矿法

　　溶浸采矿，是根据矿物的物理化学特性，将溶浸液注入矿层（堆），通过化学浸出、质量传递、热力和水动力等作用，将地下矿床或地表矿石中某些有用矿物，从固态转化为液态或气态，然后加以回收利用的一种特殊开采方法。它的实质是，很少或者根本就不用传统的地下作业直接提取有用矿物或金属，以达到降低开采成本的目的。

　　溶浸采矿彻底改革了传统的采矿工艺（如开拓剥离、采掘搬运等），特别是地下溶浸采矿使复杂的采选冶工艺趋于简单。溶浸采矿可处理的金属矿物有铜、金、银、离子型稀土、锰、铂、铅、锌、镍、铱等 20 多种，但目前应用较多的是铜、铀、金、银、离子型稀土的回收。

　　溶浸采矿方法包括：地表堆浸法、原地浸出法和细菌化学采矿法等。

21.1　地表堆浸采矿法

　　地表堆浸采矿法，是指将溶浸液喷淋在矿石或边界品位以下的含矿岩石（废石）堆上，在其渗滤过程中，有选择性的溶解和浸出矿石或废石堆中的有用成分，使之转入产品溶液（也称为浸出富液）中，以便进一步提取或回收矿产资源的一种方法。

　　按浸出地点和方式的不同，堆浸可分为露天堆浸和地下堆浸两类。前者主要用于处理已采至地面的低品位矿石、废石和其他废料；后者用于处理地下残留矿石或矿体，如果这些矿体或矿柱还未开采松动，为提高堆浸效果，需要预先进行松动爆破。

21.1.1　适用范围

　　堆浸法的适用范围，主要有以下几类：

　　（1）处于工业品位或边界品位以下，但其所含金属量仍有回收价值的贫矿与废石。

　　根据国内外堆浸经验，含铜 0.12% 以上的贫铜矿石（或废石）、含金 0.7g/t 以上的贫金矿石（或废石）、含铀 0.05% 以上的贫铀矿石（或废石），可以采用堆浸法处理。

　　（2）边界品位以上，但氧化程度较深的难处理矿石。

　　（3）化学成分复杂，并含有害物质伴生的低品位金属矿和非金属矿。

　　（4）金属含量仍有利用价值的选厂尾矿、冶炼加工过程中的残渣与其他废料。

　　（5）被遗弃在地下，暂时无法开采的采空区矿柱、充填区或崩塌区的残矿。

　　（6）露天矿坑底或边坡下的分枝矿段及其他孤立的小矿体等。

21.1.2　地表堆浸的主要环节

　　地表堆浸法的作业程序是，先将溶浸液喷淋在破碎而有孔隙的废石（围岩废石与低品位矿石的混合物）或矿石堆上，溶浸液在往下渗滤的过程中，有选择性溶解和浸出

其中的有用成分,然后从浸出堆底部流出,最后在汇集起来的浸出液中提取并回收金属。其主要环节是:破碎矿石(废石)堆的设置、浸出作业控制、浸出液处理与金属回收。

21.1.2.1　破碎矿石(废石)堆的设置

(1)地表堆浸矿石的粒度要求。被浸矿石的粒度,对金属的浸出率及浸出周期的影响很大。一般来说,矿石粒度越小,金属的浸出速度越快。例如,对粒级 25~50mm 与 −5mm 的金属矿石浸取 12 天,其浸出率分别为 29.575% 和 97.88%;但矿石粒度又不宜太细,否则将影响溶浸液的渗透速度。

国内堆浸金矿石的粒度一般控制在 50mm 以内,并要求粉矿不超过 20%,国外许多堆浸矿石的粒度控制在 −19mm,浸出效果较好。

(2)堆场选择与处理。矿石堆场,应尽量选择靠近矿山、靠近水源、地基稳固、有适合自然坡度、供电与交通便利,且有尾矿库的地方。堆场选好后,先将堆场地面进行清理,再在其表面铺设衬垫,以防止浸出液的流失。衬垫的材料有热轧沥青、黏土、混凝土、PVC 薄板等。在堆场渗液方向的下方要设置集聚沟和收集液池,在堆场的周边需要修筑防护堤,在堤外挖掘排水、防洪沟。

(3)碎矿(废石)的堆垒。矿石堆的高度,对浸出周期及浸出面积的利用率有直接的影响。高度大、浸出周期长,浸出面积利用率就相对提高。但从提高浸出效率、缩短浸出周期等综合考虑,矿石堆垒高度以 2~4m 为宜。

21.1.2.2　浸出作业控制

(1)配制溶浸液。根据浸出元素不同,配制合适的溶浸液。如提取金,普遍采用氰化物。

(2)矿石堆的布液。矿石堆的浸液布置方法有:喷淋法、垂直管法及灌溉法。前者主要适合于矿石堆浸,后两者主要适合于废石堆浸。喷淋法是指用多孔出流管、金属或塑料喷头等不同的喷淋方式,将溶浸液喷到矿石堆表面的方法。灌溉法是在废石堆表面挖掘沟、槽、池,然后用灌溉的方法将溶浸液灌入其中。垂直管法适合高废石堆布液,其作法是在废石堆内根据一定的网络距离,插入多孔出流管,将溶浸液注入管内,进而分散注入废石堆的内部。

(3)浸出过程控制。浸出过程控制的主要因素包括:浸出液的温度、浸泡时间、酸碱度与矿物杂质等。

21.1.2.3　浸出液处理与金属回收

浸出液中含有需要提取的有用元素,可以采取适当的方法将其中的有用元素置换出来。如从堆浸中所得的含金、银浸出液(富液)里回收贵金属,回收方法有锌粉置换法、活性炭吸附法等传统工艺,也有离子交换树脂法和溶剂萃取法等新工艺。

21.2　原地浸出采矿法

原地浸出法,又称地下浸出法。它包括地下就地破碎浸出法和地下原地钻孔浸出法。

21.2.1　地下就地破碎浸出法

地下就地破碎浸出法，是利用爆破或其他方法将矿体中的矿石就地破碎到预定的合理块度，使之就地产生微细裂隙发育、块度均匀、级配合理、渗透性能良好的矿石堆；然后在矿石堆上面布洒溶浸液，有选择性地浸出矿石中的有价金属；待浸出的溶液收集后，再输送到地面进行回收利用的方法。

这种方法又分为三种情况，具体如下所述。

21.2.1.1　用大爆破破碎矿体进行就地浸出

国外有一个露出地表的筒状矿体，矿体直径 200m，深 150m，矿石量 400 万吨，含铜品位 0.4%，矿物是黄铜矿和辉铜矿。为了进行地下浸取，在矿体的上、中、下三个部位放置了 2000t 炸药，由上而下顺序起爆，使整个矿体破碎成小于 225mm 的矿石块。然后，灌入稀硫酸溶液，进行地下浸取。5 年内回收铜 13500t，占整个铜矿体金属量的 80% 以上。这种方法的优点是：矿山工程量比常规的露天开采少了 10% ~ 15%。但为了运送和放置炸药，还是需要挖掘大量的地下坑道。

21.2.1.2　用高压水破碎矿体进行原地浸出

用高压水破碎矿体，能造成良好的可渗透性，为地下浸取创造了有利的条件。

例如，国外有一个氧化铜矿体，铜金属量约 18 万吨，埋藏深度达 300m，含铜品位 1%；用常规方法开采在经济上不合理，于是采用地下浸取方案。

首先在 36.5hm^2 试验区打了 5 个钻孔，压入 6.9 ~ 9.8MPa 的高压水使矿体破碎。50 天后，矿体裂隙充满了水，达到饱和状态；接着转入浸取作业，每天从 4 个钻孔注入 240t 浓度为 3% 的稀硫酸溶液；经过沥滤后的含铜富液，从第五个钻孔排出；最后用电解法制得纯铜。

试验成功后，按每年 5000t 铜金属产量来建设，20 年内回收整个矿体铜金属的 60%；这种方法比炸药爆破法简单，但适用条件苛刻，要求矿体有必要的规则节理和裂隙。

21.2.1.3　利用核爆破技术进行原地浸出

最理想的整个矿体破碎，是地下核爆破破碎。核能是目前人类已知的强大的能源。以单位炸药质量计算，裂变核爆物和聚变核爆物的爆破威力，比烈性炸药三硝基甲苯分别大 1700 万倍和 6000 万倍。一枚相当于 40000t 三硝基甲苯爆力的核装置，整体质量不超过半吨，直径 0.3m 时，长度约 4.5m。因而可用钻孔来装设，无需很大的地下硐室，既简便，成本也很低廉。

地下核爆破的安全问题，能解决。核爆破后的放射性物质有氚、碘、铯、锶等。碘的半衰期很短，影响很小；锶和铯的半衰期虽然较长，但是只存在于核爆形成的烟窗底部熔体中，且以不溶性的硅酸盐类存在；只有氚为气体，应该专门处置。当地下核爆破埋置较深时，放射性产物可以完全封闭在地下，从而使逸出地面的放射性微粒微不足道。

用地下核爆破破碎铜矿体，9 个月后可进行地下浸取作业。一般在核爆破以前，先开凿一个竖井及一条平巷，以便放置核装置（如果不是放置在钻孔内），并为地下浸取提供溶液流出的通道。

核爆破中心位置的温度高达100万摄氏度，因而许多岩石被熔化和蒸发，形成一个孔穴，其底部有一层约100mm厚的熔化岩石壳，构成一个既不透水，而且耐酸的巨型天然浸取槽。爆破时，孔穴中最大压力达700万个大气压，可使孔穴顶部岩石崩落，形成数百米深的塌陷区。在此范围内由于强烈的震动和冲击，矿体破碎、松动为易渗透区，其形状轮廓如烟囱，故称碎石烟囱。

浸取作业与上述就地浸出法相同，从顶部灌入浸取溶液后，即可在其下部聚集浸出富液。

国外有一个埋藏较深的特大低品位铜矿床，储量达18亿吨矿石量，但品位仅为0.4%；拟用地下核爆破后进行地下浸取。为此圈定了一个盲矿体进行工业试验：在地下381m深处爆破了一个2万吨级的核装置。爆破后形成直径为67m、高149m的碎石烟囱，共破碎136万吨矿石。接下来，由钻孔注入稀硫酸溶液沥滤矿石烟囱，随后使硫酸铜富液汇集在矿体底部，经水平巷道聚集到溶液池，最后用泵扬送到地面，用铁置换法回收铜。试验效果良好，日产海绵铜25t。

21.2.2　原地钻孔溶浸采矿方法

这种方法的特征是，矿石处于天然赋存状态下未产生任何位移，通过钻孔工程向矿层注入溶浸液，使之与非均质矿石中的有用成分接触，进行化学反应。

反应生成的可溶性化合物，通过扩散和对流作用离开化学反应区，进入沿矿层渗透的液流，汇集成含有一定浓度的有用成分的浸出液（母液）并向一定方向运动，再经抽液钻孔将其抽至地面水冶车间加工处理，提取浸出金属。

地下原地钻孔溶浸采矿方法适用条件苛刻，一般要同时满足以下条件：

（1）矿体具有天然渗透性能，形状平缓，连续稳定，并具有一定的规模。

（2）矿体赋存于含水层中，且矿层厚度与含水层厚度之比不小于1∶10，其底板或顶、底板围岩不透水，或顶、底板围岩的渗透性能大大低于矿体的渗透性能。在溶浸矿物范围之内应无导水断层、地下溶洞、暗河等。

（3）金属矿物易溶于溶浸药剂而围岩矿物不能溶于溶浸药剂。例如，氧化铜矿石与次生六价铀易溶于稀硫酸，而其围岩矿物石英、硅酸盐矿物不溶于稀硫酸，则该两种矿物有利于浸出。

此法由于适用条件苛刻，目前国内外仅在疏松砂岩铀矿床中有所应用。这种疏松砂岩铀矿床通常赋存于中、新生代各种地质背景的自流盆地的层间含水层中。含矿岩性为砂岩，矿石结构疏松。且次生六价铀较易被酸、碱浸出，因而适合用地下原地钻孔浸出法开采。

21.3　细菌化学采矿法

21.3.1　细菌化学采矿原理

有用矿物的溶解，是细菌化学采矿浸出作业的首要问题。矿物浸取时，矿石要在水溶液中经过化学反应，才能使金属溶于水溶液中。人们把浸取用的化学溶剂称为浸取液；而把浸取后的溶液称为浸出液。由于被浸取时的矿石种类不同，如金属态矿、氧化矿、硫化矿、磷酸盐矿等，其浸取剂也就不同，浸取时的化学反应式也不一样。如许多金属在矿床里是以硫化物的形式存在或伴生硫铁矿等含硫物质。它们在地下矿床里与溶解了空气的水或潮湿空气相接触，就会慢慢地氧化成水溶性的金属硫酸盐、硫酸和硫酸高铁 $Fe_2(SO_4)_3$，后两者又是溶解金属矿物的良好溶剂。这样，在地下矿床里就天然地进行着矿石的浸取过程。

例如黄铜矿 $CuFeS_2$ 在浸取时，有如下的化学反应：

$$CuFeS_2 + 4O_2 \longrightarrow CuSO_4 + FeSO_4$$

很明显，其反应物是水溶性的，所产生的硫酸亚铁 $FeSO_4$ 有可能进一步被氧化和水解。

有人做过这样的试验，把硫化铜矿石泡在天然的矿坑水中，其浸取速度还是比较快的；但是将天然矿坑水消毒杀菌之后，其浸取作用就很微弱。这一事实说明，铜矿堆垒的浸取过程中，存在细菌的积极活动。后来通过试验证明，细菌作用的氧化，比天然浸取或仅由空气和水中的氧的化学氧化，速度快 1000 倍以上。

21.3.2　采矿细菌

细菌化学采矿应用的细菌，是自养性的。如氧化硫杆菌、氧化铁硫杆菌、氧化铁杆菌和氧化硫铁杆菌等。它们均为短杆菌，体长 $1 \sim 2\mu m$，宽为 $0.5\mu m$ 左右，广泛分布在金属"硫化矿"的酸性矿坑水中，摄取空气中的二氧化碳、氧和水中的其他微量元素，用以合成细胞组织，并在促进矿石的铁、硫等成分的氧化作用中做出贡献的同时，获得新陈代谢所需的能量，自养自生。因此，利用它们在酸性条件下对矿物中的硫和铁组分发生作用，可以加速铜矿或铀矿的堆垒浸取速度。

目前用于浸矿的微生物细菌有几十种。按生长最佳温度可分三类，即中温菌（mesophile）、中等嗜热菌（moderate thermophile）与高温菌（thermophile）。

"硫化矿"浸出经常涉及的细菌，如图 21 - 1 所示。

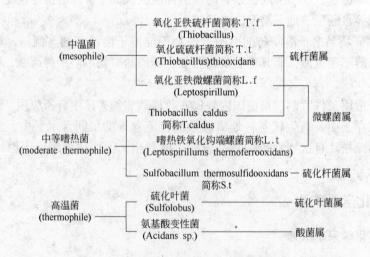

图 21 - 1　可用于浸矿微生物细菌种类

21.3.3　结语

其实，细菌化学采矿最早是由中国人首先发明的。早在公元前2世纪，我们的祖先就发现了关于铁制硫酸溶液中置换铜的电化学作用。世界上最早的化学采矿，就是我们的祖先在含有硫酸铜溶液的矿坑水中加入铁置换铜。由于硫酸铜溶液的颜色似胆汁，故称胆水浸铜。

据历史记载，胆水浸铜法在北宋时期已经大规模使用，计有11处矿场用此法进行生产，最高年产量超过了100万市斤，占当时全国铜总产量的15%～20%；而世界上其他国家，到了16世纪才知道这种方法。以后此法更为人们重视，并成功用于铜矿和铀矿的浸取作业。

现代实验证明，用细菌化学采矿还能回收许多有色金属和稀有金属。所以，细菌化学采矿是一种很有发展前途的特殊采矿法。

复习思考题

21 - 1　何为溶浸采矿，它有哪些特点？
21 - 2　溶浸采矿法有哪些分类，各有什么特点？
21 - 3　影响地表堆浸效果的主要因素有哪些？
21 - 4　原地钻孔溶浸采矿的基本适用条件是什么？
21 - 5　用高压水破碎矿体进行原地浸出有什么意义？
21 - 6　核爆破技术的应用与溶浸采矿有什么联系？
21 - 7　可以用于溶浸采矿的微生物细菌有哪些？

海洋矿产资源开采

【本章要点】 海洋矿产资源的概念、浅海底资源开采、深海资源开采

在浩瀚辽阔的海洋中蕴藏着极其丰富的海洋生物资源，取之不尽用之不竭的海洋动力资源，储量巨大、可重复再生的矿产资源和种类繁多、数量惊人的海水化学资源。依据海洋资源的可再生性分为可再生资源与不可再生资源，如图 22 - 1 所示。显然，海底资源均属于不可再生资源。依据不同的海水深度，海底资源可分为大陆架资源、大陆坡、大陆裙底资源与深海底资源。

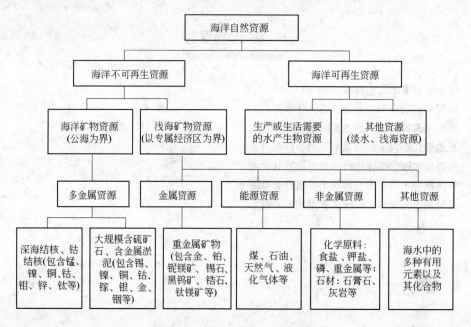

图 22 - 1　海洋资源分类示意图

22.1　浅海底资源开采

浅海底资源，包括海水深度为 0 ~ 2000m 内的大陆架、大陆坡、大陆裙在内的海底资源，主要有石油与天然气、金刚石、磁铁矿、金红石、独居石、锡石等砂矿床，以及海底基岩中含煤、铁、硫、石膏的矿床等。

22.1.1　石油与天然气开采

海底中储藏着丰富的石油和天然气，石油量约 1350 亿吨，天然气约 $14 \times 10^4 km^3$，约占世界可开采油气总量的 45%。据估计，可能含有油气资源的大陆架面积约 2000 × $10^4 km^2$，可能找到油气的海洋面积有 $(5000 ~ 8000) \times 10^4 km^2$。

我国海洋石油与天然气十分丰富，经过近 30 年的勘察与研究，我国海域共发现了 16 个中、新生代沉积盆地有石油与天然气，油气面积达到 $130 \times 10^4 km^2$，海洋石油储量达到 450 亿吨，天然气储量达到 $1.4 \times 10^4 km^3$，分别占全国油气资源量的 57% 和 33%。

海上油气开采的主要设施与方法有以下几种：

（1）人工岛开采法。人工岛开采法，多用于近岸浅水中，较经济。

（2）固定式油气平台法。其形式有：桩式平台、拉索塔平台、重力式平台。

（3）浮式油气平台法。其形式分为可迁移平台法与不可迁移式平台法，可迁移式平台法包括：座底式平台、自升式平台、半潜式平台和船式平台等；不可迁移式平台包括：张力式平台、铰接式平台等。

（4）海底采油装置法。此法是采用钻潜水井办法，将井口安在海底，采出的油气用管线送往陆地或油气设施。

22.1.2 砂矿开采

海滨砂矿开采的矿物种类多达 20 多种，主要有金刚石、砂金矿、铬砂、铁砂矿、钛铁矿、砂铂、锡石、锆石、金红石、重晶石、海绿石、独居石、磷钙石、石榴石等。

我国海滨砂矿床，除绝大部分用于建筑材料外，还有许多具有工业开采价值的矿床，比较有名并具开采潜力的矿带有：海南岛东岸带、广东海滨、山东半岛南部海滨、辽东半岛海滨及我国台湾西南海滨一带。

对于海滨砂矿，大多是采用采砂船进行开采。采矿船舶通常是用大型退役油轮、军舰加以改装而成。目前有效的开采方法，仍然是集采矿、提升、选矿和定位为一体的采矿船开采法。

海滨砂矿开采的发展方向是大型化和多功能化，即研究制造大功率多功能的链斗式采矿船。使链斗斗容接近或超过 $1m^3$，开采深度接近或超过 100m。此外，建立全自动具有采矿选矿功能的海底机器人开采系统，也是海滨砂矿开采的发展方向之一。

海滨砂矿机器人开采系统具有采选一体化、生产效率高、环境破坏少等优点。

22.1.3 岩基矿床开采

浅海岩基固体矿床资源有煤、铁、硫、盐、石膏等。

海底岩基矿床有两类：一类是陆成矿床，即在陆地时形成，陆海交替变更沉入海底的矿床；另一类是海成矿床。海成矿床是由海底岩浆运动与火山爆发生成的矿床，这类矿床多为多金属热液矿床。海底岩基矿床在世界许多地方部可以找到，特别是在沿海大陆架位置，许多陆成矿床清晰可见，日本、英国的煤矿及我国的三山岛金矿都属于陆成矿床。

海底岩基矿床的开采方法，与陆地金属或非金属矿床的开采方法基本相同。对海底出露矿床，同样可采用海底露天矿的方法进行开采；对于有一定覆盖层的深埋矿床，为满足与陆地开采相同的技术要求，其开拓方法有海岸立井开拓法、人工岛竖井开拓法、密闭井筒 - 海底隧道开拓法等。这类海底岩基矿床开采的关键技术是：以最低的成本设置满足工业开采与安全要求的行人、通风、运输通道，以及防止海水渗入矿床内部及采空区，淹没井筒与井下设施。

对于海底露天矿，可供选择的开采方法有潜水单斗挖掘机 – 管道提升开采法、潜水斗轮铲 – 管道提升开采法与核爆破 – 化学开采法等。其开采工艺与地表露天矿的开采方法基本相同。但所有设备均在水下不同深度的海底进行，需要有可靠的定位系统、监控系统、机械自行与遥控系统、防水防腐系统等。此外，还需要有能替代人工操作的机器人。

对于海底陆成基岩矿的采矿方法有空场采矿法与充填采矿法；其中最可靠的是胶结充填采矿法，它能有效控制岩层变形与位移，防止海水渗入采区井巷。我国三山岛金矿就是采用充填法进行开采的。

对于海底岩基矿床的开采，其发展方向是密封空间内的核爆破 – 化学法开采，即对海底矿床预先密闭，然后采用核爆破方法进行破碎，再采用化学浸出，提取有用金属。

22.2　深海底资源开采

22.2.1　深海底资源赋存特征

深海底矿藏大致上可分为三大类：锰团块、热液矿床、钴壳。

（1）锰团块。锰团块又叫锰结核、锰矿球，是以锰为主的多金属结核。锰团块广泛分布在大洋水深 2000 ~ 6000m 处的洋底表层，以太平洋蕴藏量最多，估计为 1.7 万亿吨，占全世界蕴藏量（约 3 万亿吨）的一半多。结核形态千变万化，多为球状、椭圆状、扁平状及各种连生体。结核体积大小不一，绝大部分为 30 ~ 70mm，平均直径为 80mm。最大可达 1000mm，锰结核一般赋存于 0° ~ 5° 的洋底平原中。

（2）热液矿床。热液矿床含有丰富的金、银、铜、锡、铁、铅、锌等，由于它是火山性金属硫化物，故又被称为"重金属泥"。它的形成是由于海水沿着海底地壳裂缝渗到地层深处，把岩浆中的盐类和金属溶解，变成含矿溶液，然后受地层深处高温高压作用喷到海底，从而使得深海处泥土含有丰富的多种金属。通常深海处温度较低，但由于岩浆的高温，可使得这些地方的温度达到 50℃，故称为热液矿床。热液矿床和锰团块不一样，它堆积在 2000 ~ 3000m 中等深度海底，所以容易开采。

（3）钴壳。钴壳是覆盖在海岭中部、厚度为几厘米的一层壳，钴壳中含钴约为 1.0%，为锰团块中的几倍。它分布在 1000 ~ 2000m 水深处，因此更加容易开采。据调查，仅在美国夏威夷各岛的经济水域内，便蕴藏着近 1000 万吨的钴壳。钴壳中除含钴外，还有约 0.5% 的镍、0.06% 的铜和 24.7% 的锰；另外还含有大量的铁，其经济价值约为锰团块的 3 倍多。

22.2.2　深海锰结核开采方法

传统的水底采矿法，已不能适应水深超过 1000m 的海底锰结核开采。深海锰结核的采矿方法按结核提升方式不同，分为连续式采矿法和间断式采矿法；而按"集矿头"与运输母体船的联系方式不同，又分为有绳式采矿法与无绳式采矿法。具体开采方式，如图 22 – 2 所示。

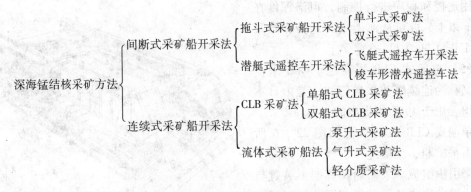

图 22-2　深海锰结核开采方法示意图

（1）单斗式采矿法。单斗式采矿法，如图 22-3 所示。由于锰结核矿层很薄，只需从洋底刮起薄层锰结核就可以，因此可采用拖斗采集并储运结核。

（2）双斗式采矿法。由于单斗式采矿法仅采用一只拖斗，拖斗工作周期长。从生产效率与作业成本考虑，均不利于深海锰结核的开采，为此提出采用双拖斗取代单拖斗开采。双拖斗采矿法其采矿系统构成与单拖斗系统基本相同，由采矿船、拖缆和两只拖斗构成。

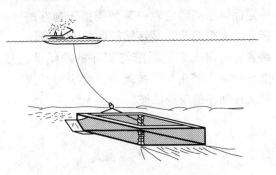

图 22-3　单斗式采矿船开采法示意图

（3）飞艇式潜水遥控车采矿法。这种采矿车是用廉价压舱物压舱，借助自重沉入海底采集来锰结核的。装满结核后抛弃压舱物浮出海面（见图 22-4）。采矿车上附有两个浮力罐，车体下装有储矿舱，用操纵视窗可直接观察到海底锰结核赋存与采集情况，待储矿舱装满结核后，利用浮力罐内的压缩空气的膨胀排出舱内的压舱物而产生浮力，使采矿车浮出水面。

（4）梭车形潜水遥控车采矿法。该车靠自重下沉，靠蓄电池作动力。压舱物储存在结核仓内，当采矿车快到达海底时，放出一部分压舱物以便采矿车徐徐降落而减小落地时的振动。

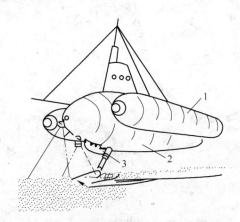

图 22-4　飞艇式潜水遥控采矿车示意图
1—浮力罐；2—操纵视窗；3—储矿舱

采矿车借助阿基米德螺旋推进器在海底行走，一边采集锰结核，一边排出等效的压舱物。因采矿车由漂浮性材料制成，所以采矿车在水中的视在重量接近零。当所有压舱物排出时，结核舱装满，在阿基米德螺旋推进器作用下返回海面，采矿车在锰结核采集过程中

均采用遥控和程序进行控制，可潜深度在
6000m 以上，并可从海上平台遥控多台采
矿车工作（见图 22 - 5）。

（5）单船式 CLB 采矿法。CLB 采矿
法，又称为连续绳斗采矿船法；是由日本
人益田善雄于 1967 年提出的。

单船式 CLB 采矿系统如图 22 - 6 所
示，由采矿船、无极绳斗、绞车、万向支
架及牵引机组成。采矿船及其船上装置与
拖斗式采矿法中的采矿船相同，但绳索则
为一条首尾相接的无极绳缆，在绳缆上按
一定间隔距离固定着一系列类似于拖斗的
铲斗。无极绳斗，是锰结核收集和提升的
装置；万向支架是绳缆与铲斗的联结器，
能有效防止铲斗与绳缆缠绕，牵引机是提
升无极绳斗的驱动机械。

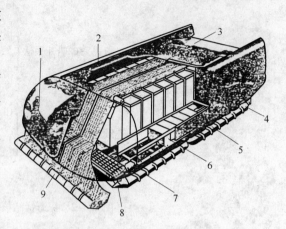

图 22 - 5　梭车形潜水遥控车示意图

1—前端复合泡沫材料；2—右侧复合泡沫材料；
3—上/下行推进器；4—左侧复合泡沫材料；
5—结核/压舱物储舱；6—蓄电池；7—阿基米
德螺旋推进器；8—集矿机构；9—前端采集器

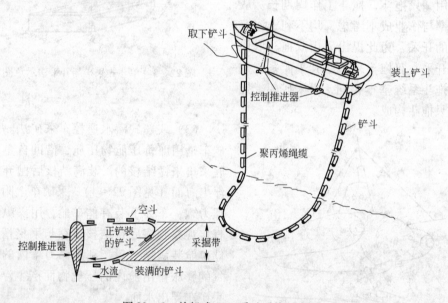

图 22 - 6　单船式 CLB 采矿系统示意图

开采锰结核时，采矿船前行，置于大海中无极绳斗在牵引机的拖动下做下行、采
集、上行运动，无极绳缆的循环运动使铲斗不断到达船体，从而实现锰结核矿的连续
采集。

（6）双船式 CLB 采矿法。双船式 CLB 采矿系统的构成与单船基本相同。双船作业
时，绳缆间距由两船的相对位置确定，因而绳斗间距不受影响，不管多大绳斗间距均可通
过调节船体的相对位置来确定。

（7）泵升式采矿法。水泵提升式采矿法，是深海锰结核开采中比较具发展前景的采

矿方法。该方法用各类水泵将海底集矿机采集的锰结核通过管道抽取到采矿船上，如图22-7所示。提升管道中的流体是锰结核固液两相流，当固液两相流的流速大于锰结核在静水中的沉降速度时，锰结核就可能达到海面采矿船上，显然其水力提升问题属于垂直管道的固料水力输送问题，因而可借鉴固液两相流理论及其研究成果。

（8）气升式采矿法。压气提升式采矿法，是流体提升式采矿法的主要方法之一。如图22-8所示，它与水力提升式采矿系统的区别是多设一条注气管道，用压力将空气注入提升管。压气由安装在船上的压缩空气机产生，通过供气管道3注入充满海水的提升管道1中，在注气门5以上管段形成气水混合流，当空气量比较少时，压气产生小气泡，再逐渐聚集成大气泡，而最终会充满管道整个断面，使海水只沿管道内壁形成一圈环状薄膜，从而使气体和流体形成断续状态，这种状态称为活塞流（见图22-8）。

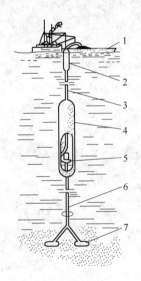

图22-7　砂泵提升系统示意图
1—采矿船；2—稳浮标；3—提升机；
4—主浮筒；5—砂泵及电动机；
6—吸矿管；7—吸头(或集矿机)

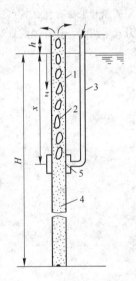

图22-8　压气提升系统原理图
1—提升管道；2—三相流；
3—供气管道；4—两相流；
5—注气门

由于气水混合流的密度小于管外海水密度，从而使管内外存在静压差，并随着空气注入量的增加而加大，当压力差大到足以克服提升管道阻力时，管中海水便会向上流动并排出海面。若管内海水流速增加到大于锰结核沉降速度时，就可将集矿机采集的锰结核提升到采矿船上。

由于气升法是依赖管道内三相流来实现锰结核提运的，因此也可以称为三相流提升法。

（9）轻介质采矿法。其提升原理与气升法提升原理完全相同，不过是用煤油等密度低于海水的轻介质取代了压缩空气。在可用的密度低于海水密度的提升媒介中有煤油、塑料小球、氮气等，该类采矿船上具有将轻介质与海水、锰结核分离的能力，船下有轻介质压送管及垂直运输管道，以及注入轻介质的混合管。海底集矿头利用铰链接头与管道相连，能随海底起伏进行作业。

复习思考题

22 – 1　海洋资源怎么进行分类，哪些能为现代工业利用？

22 – 2　浅海底的矿产资源有哪些种类？

22 – 3　浅海油气资源开采方法有哪些？

22 – 4　海滨砂矿开采有什么特点？

22 – 5　深海矿产资源主要有哪些？

22 – 6　深海矿产资源有几种赋存形式？

22 – 7　深海锰结核的开采方法有哪些？

22 – 8　单斗式采矿船开采法有什么特点？

22 – 9　何为泵升式采矿法，其发展前景又是怎样的？

23　矿业法律法规

【本章要点】 矿产资源的所有权、矿业权、办矿审批与关闭、税费管理

科学地开发矿产资源，促使资源开发管理立法化、科学化，已成为当今世界广泛关注的社会热点。我国矿产资源立法虽然起步较晚，但在法律工作者、行业主管部门和矿产资源开发利用工作者的共同努力下，我国矿产资源立法工作进入了快速发展的阶段。1986年3月19日，第六届全国人民代表大会常务委员会第15次会议通过，中华人民共和国主席令第36号公布了《中华人民共和国矿产资源法》；1996年8月29日，第八届全国人大常委会第21次会议对《矿产资源法》作了修改；1998年2月12日，国务院发布了《矿产资源勘查区块登记管理办法》、《探矿权采矿权转让管理办法》、《矿产资源开采登记管理办法》作为《矿产资源法》的补充，初步形成了具有中国特色的矿产资源法律法规体系。

23.1　矿产资源所有权

矿产资源所有权，是指作为所有人的国家，依法对属于它的矿产资源享有占有、使用、收益和处分的权利。矿产资源所有权具有所有权的一般特性。第一，它是公有制关系在法律上的体现；第二，是一种民事法律关系，即矿产资源所有人因行使对矿产资源的占有、使用、收益和处分的权利而与非所有人之间所发生的法律关系；第三，是一种对矿产资源具有直接利益并排除他人干涉的权利；第四，它是所有人——国家对属于它所有的矿产资源的占有和充分、完善的支配权利。矿产资源所有权同样是一种法律制度。这个意义上的所有权就是调整矿产资源的国家所有权关系的法律规范的总和，它是一切矿产资源法律关系的核心，决定着这些关系的实质和基本内容。

23.1.1　矿产资源所有权法律特征

矿产资源所有权的主体（所有人）是中华人民共和国。国家是其领域及管辖海域的矿产资源所有权统一和唯一的主体，除国家对矿产资源拥有专有权外，任何其他人都不能成为资源所有者。因此，矿产资源所有权的主体具有统一性和唯一性特征。《宪法》第九条、《民法通则》第八十一条和《矿产资源法》第三条都规定：矿产资源属于国家所有。这是矿产资源所有权的法律依据。

矿产资源所有权的客体是矿产资源，它具有特殊的自然属性——非再生性和社会属性，是巨大的天然财富、人类赖以生存的物质条件。因此，法律对这一所有权的客体加以保护。

矿产资源所有权的占有、使用和处分权，主要是通过国家行政主管机关的行为具体实现的。其实现的基本方式主要为国家通过其行政主管机关依法授予探矿权和采矿权，实现自己对矿产资源的占有、使用和处分权。

23.1.2　矿产资源所有权的内容

矿产资源所有权的内容，是指国家对其所拥有的矿产资源享有的权利。包括矿产资源占有、使用、收益和处分 4 项权利。

（1）占有权。占有权是国家对矿产资源的实际控制，是行使所有权的基础，也是实现使用和处分权的基础。国家对矿产资源的占有，一般是法律规定的名义上的占有或称法律上的占有。实际上，矿产资源是由国有矿山企业、乡镇矿山企业和个体矿山企业等依法占有。上述民事主体对矿产资源的实际占有，是国家以所有者身份依法将占有权转让他们的结果。探矿权或采矿权是这些主体获得矿产资源占有权的法律依据，属于合法占有；因而受国家法律的保护，任何人都不得侵犯，即使是所有权人——国家也不得任意干涉或妨碍。非法占有，是指没有法律上的根据而占有矿产资源。这种占有是一种侵犯国家所有权的行为，应当受到法律制裁。

（2）使用权。使用权是指通过对矿产资源的运用，发挥其使用价值。国家对矿产资源的使用，同占有一样，一般是法律规定的名义上的使用。实际上，其他民事主体依据法律规定使用国家所有矿产资源，取得使用权，属合法使用，受国家法律保护。使用人不得滥用使用权或使用不当，要依法合理利用矿产资源，否则要承担法律责任。一般而言，探矿权或采矿仅是其他民事主体取得矿产资源使用权的法律根据。

（3）收益权。收益权是国家通过矿产资源的占有、使用、处分而取得的经济收入，矿产资源所有权中占有、使用和处分的目的是为了取得收益。如前所述，国家不直接占有、使用矿产资源，而是授权其他民事主体占有、使用。这些民事主体通过占有、使用国家所有的矿产资源所取得的收益，应按照法律的规定将其中一部分交纳给国家，以实现国家矿产资源的收益权。国家通过向矿产资源的占有、使用人征收矿产资源补偿费的形式，来实现其矿产资源所有权的收益权或经济权益。

（4）处分权。处分权是国家对矿产资源的处置，包括事实处分和法律处分。由于处分权涉及矿产资源的命运和所有权的发生、变更和终止问题；因此，它是所有权中带有根本性的一项权能。采矿权人依据采矿权占有、使用矿产资源，并通过采掘矿产资源使其逐步消耗，转变成其他物质和资产，这在事实上和法律上间接地实现了矿产资源的处分权。另外，1998 年 2 月发布实施的《探矿权采矿权转让管理办法》第三条规定，探矿权采矿权可以依法转让，即可以作为买卖和类似民事法律行为的标的物，因此，我国对矿产资源处分，可以通过将其采矿权转让他人来实现。

23.1.3　矿产资源所有权的取得、实现与终止

（1）、矿产资源所有权的取得。我国取得矿产资源所有权的方式有以下几种。

1）地质科学研究。国家开展地质科学研究是取得矿产资源所有权的基础。地质科学研究可以发现地壳物质（岩石、矿物和元素）的用途，扩大矿产资源种类范围。

2）地质矿产勘查活动。国家通过财政拨款进行地质矿产勘查活动，发现矿产资源地，评价矿产资源储量，取得矿产资源所有权。国家财政拨款开展的地质矿产勘查活动，是取得矿产资源所有权的主要活动。

3）没收。没收国民党政府和官僚资本家的矿山收归国有，变成社会主义全民所有制

财产。

4）上报国家。群众在生产活动中发现矿产资源应当上报国家有关部门。

（2）矿产资源所有权的实现。矿产资源的占有、使用权的转让是通过法定的国家行政机关代表国家将探矿权或采矿权授予探矿权人或采矿权人。探矿权人或采矿权人依据国家转让的探矿权和采矿权来实际占有、使用矿产资源并按照国家法律规定从事地质勘查和矿业开发活动，以实现矿产资源合理开发利用的目的。国家根据法律征收探矿人和采矿人因占有、使用矿产资源所获得的经济收入的一部分，作为矿产资源的收益，以实现国家对矿产资源的收益权和财产权。

（3）矿产资源所有权的终止。国家所有权可分为整体所有权和具体所有权。矿产资源整体所有权以国家权力为后盾。只要国家权力存在，矿产资源所有权就不会终止。矿产资源具体所有权以实际行使为基础，可以通过某种法律事实而终止。国家矿产资源所有权的终止有两种形式：所有权的转让和所有权客体的灭失。所有权转让的方式有三种：协议转让、招标转让、拍卖。矿产资源灭失有以下三种情形：

1）矿产资源开采消耗和正常损失；

2）自然灾害造成矿产资源损失或矿山报废造成矿产资源灭失；

3）因需求下降，价格下跌等稀缺性变化因素造成矿产资源储量耗减。

23.1.4 矿产资源所有权的保护

矿产资源所有权的保护，是指法律保证国家能够实现对矿产资源的各项权能。包括对采矿权和探矿权（统称为矿产资源使用权）保护，因为它们派生于所有权，只有保护矿产资源使用权，才能保障资源使用的稳定性和有效性，才有可能使矿产资源得到合理有效地开发利用。对矿产资源使用权的保护，同时也是对国家所有权的保护，因为使用权是独立于所有权的独立权能，其能否正常行使，直接影响到所有权的权能能否实现。因此，保护探矿权人和采矿权人的权利不受侵害的同时，也就保护了已经形成或正在建立的以矿产资源国家所有权为基础的矿产资源的使用秩序，从而实现所有权的权能。

对矿产资源所有权的侵权行为，主要是指对法律所保护的国家矿产资源所有权及其设定的探矿权或采矿权的侵犯与损害的行为。这种侵权行为主要有以下几种。

（1）因对所归属的错误认识发生的侵权。尽管法律规定矿产资源归国家所有，不因其所依附的土地的所有权或者使用权的不同而改变，但一些土地使用人或所有人则误认为土地之下的矿藏归他们所有，因而发生了将矿产资源买卖和出租的违法现象。

（2）对探矿权和采矿权的侵犯。主要表现为对已取得探矿权和采矿权的权利人的各项权利的侵犯和对采矿权取得程序的破坏。包括违反法律规定，未取得采矿许可证和探矿许可证，擅自进入他人矿区和勘探区采矿、探矿，侵犯他人采矿权或探矿权；超越批准的勘查区或采矿区范围探矿或采矿的行为；无权或超越批准权限发放勘查许可证或采矿许可证，这种行为是对国家作为所有权者行使所有权权能的破坏。

（3）对所有权客体的侵害。对客体的侵害是指对矿产资源的破坏、浪费，主要情况包括：因未综合勘探和综合开发利用矿产资源而造成的矿产资源的浪费和破坏；因采矿方法不当或违反开采程序造成的资源的损失、浪费；因采富弃贫、采厚弃薄、采易弃难和乱采滥挖，造成的资源破坏和浪费；因选、冶、炼工艺技术落后，矿产资源利用率低，造成资源浪费。

23.2　矿业权的法律内涵

23.2.1　矿业权基本概念

23.2.1.1　矿业权及其属性

矿业权，是指赋予矿业权人对矿产资源进行勘查、开发和采矿等的一系列活动的权利，包括探矿权和采矿权。

矿业权是资产，是一种经济资源。所谓资产，会计上定义为企业拥有或控制的，能以货币计量，并能为企业提供未来经济利益的经济资源。资产按存在的形态分为有形资产和无形资产。有形资产是指那些具有实体形态的资产，包括固定资产、流动资产、长期投资、其他资产等；无形资产是指那些特定主体控制的不具有独立实体，而对生产经营较长期持续发挥作用并具有获利能力的资产，包括专利权、商标权、非专利技术、土地使用权、商誉等。

无形资产的特点表现在以下几个方面：

（1）无形资产具有非流动性，并且有效期较长；

（2）无形资产没有物质实体，但未来收益较大；

（3）无形资产单独不能获得收益，它必须附着于有形资产。

矿业权从本质上说应属无形资产的范畴，因为它具备了无形资产的特征：

（1）矿业权无独立实体，必须依托于矿产资源；

（2）矿业权在地勘单位或企业中能够较长期待续地发挥作用，具有获利能力，并由一定主体排他性的占有。

矿业权归根结底是矿产资源的使用权，转让的也仅仅是使用权，而不是矿产资源的所有权。这种他物权的行使不妨碍国家作为矿产资源的所有权人，对矿产资源处置享有的终极决定权。

23.2.1.2　矿业权的法律特征

根据 1996 年《中华人民共和国矿产资源法》，矿业权的法律特征主要体现在：

（1）矿业权是矿产资源所有权派生出来的一种物权，是矿产资源使用权；

（2）矿业权的主体是矿业权人，客体是被权利所限定的矿产资源；

（3）矿业权的权能内容仅指对矿产资源的占有、使用、收益的权利；

（4）矿业权共有排他性和主体唯一性，任何单位和个人都不得妨碍矿业权人行使合法权利；

（5）矿业权的取得和转移必须履行法律、行政程序，遵循以登记为要件的不动产变动原则。

23.2.1.3　矿业权市场

矿业权市场体系结构，按矿业权所有者的不同分为一级（出让）和二级（转让）市场。

一级（出让）市场是指矿业权登记管理机关以批准申请或竞争方式（招标、拍卖、挂牌）作出行政许可决定，颁布勘查许可证、采矿许可证的行为和因此而形成的经济关系。矿业权登记管理机关向申请人、投标人、竞得人出让矿业权即构成矿业权一级市场。

转让是指矿业权人将矿业权转移的行为，包括出售、作价出资、分立、合并、合资、合作、重组改制等方式。矿业权在一般民事主体之间构成矿业权二级（转让）市场。

23.2.1.4　矿业权市场有关法律制度和规定

（1）勘查、开采矿产资源的登记制度。《中华人民共和国矿产资源法》第三条规定："勘查、开采矿产资源，必须依法分别申请，经批准取得探矿权、采矿权，并办理登记。"

（2）矿业权出让、转让制度。《中华人民共和国矿产资源法》第六条和《探矿权、采矿权转让管理办法》对矿业权的转让条件、批准机关、审批程序做出了明确的规定。

（3）矿产资源有偿使用制度。《中华人民共和国矿产资源法》第五条规定："开采矿产资源，必须按照国家有关规定缴纳资源税和资源补偿费。"

（4）矿业权有偿取得制度。《中华人民共和国矿产资源法》第五条规定："国家实行探矿权、采矿权有偿取得制度。"矿业权有偿取得制度体现了国家的行政管理权利，而行政权力必须依法行使。

（5）对国家出资勘查探明矿产地收取矿业权价款的规定。国务院三个法规规定了申请国家出资勘查探明矿产地的探矿权或采矿权，应当缴纳国家出资勘查形成的探矿权价款或采矿权价款。矿业权人转让国家出资勘查形成的探矿权、采矿权必须进行评估，并对国家出资形成的矿业权价款依照国家规定处置。

23.2.2　探矿权

探矿权是指权力人根据国家法律规定在一定范围、一定期限内享有对某地区矿产资源进行勘查并获得收益的权力。《矿产资源法》第三条规定："勘查矿产资源必须依法提出申请，经批准取得探矿权，并办理登记。"探矿人依法登记，取得勘查许可证后，就可以在批准的勘查范围和期限内，进行勘查活动，并取得地质勘查资料。

探矿权的主体是依法申请登记，取得勘查许可证的独立经济核算的单位。中外合资经营企业、中外合作经营企业和外资企业也可以依法申请探矿权。目前，作为探矿主体的地质勘查单位主要是全民所有制企业。

探矿权的客体是权利人进行地质勘查的矿产资源及与其有关的地质体。客体的范围、种类等都是由探矿权规定的。探矿权的内容包括探矿权主体所享有的权利和应承担的义务两个方面。

（1）探矿权人的权利。《矿产资源法》规定国家保护探矿权不受侵犯，保障勘查工作区的生产秩序、工作秩序不受干扰和破坏。探矿权人享有法律规定的矿产资源勘查权利，主要包括：

1）按照勘查许可证规定的区域、期限、工作对象进行勘查；

2）在勘查作业区及相邻区域架设供电、供水、通信管线，但不得影响或损害原有管线设施；

3）在勘查作业区和相邻地区通行；

4）根据工程需要临时使用土地；

5）优先取得勘查作业区内新发现矿种的探矿权；

6）优先取得勘查作业区内矿产资源的采矿权；

7）在完成规定的最低勘查投入后，经依法批准，可以将探矿权转让他人，获得应有的收益；

8）自行销售勘查中按照批准的工厂设计施工回收的矿产品，但国务院规定由指定单位统一回收的矿产品除外。

（2）探矿权人的义务。《矿产资源法》规定了探矿权人必须履行的义务，具体包括：

1）在规定的期限内开始施工，并在勘查许可证规定的期限内完成应当投入的勘查资金，其投入的数量平均每平方公里不得少于法规规定的最低勘查投入标准；

2）向勘查登记管理机关报告勘查进展情况、资金使用情况、逐年交纳探矿权使用费；

3）按照探矿工程设计施工，不得擅自进行采矿活动；

4）在查明主要矿种的同时，对共生、伴生矿产资源进行综合勘查、综合评价；

5）按照国务院有关规定汇交矿产资源勘查成果档案资料；

6）遵守有关法律、法规关于劳动安全、土地复垦和环境保护的规定；

7）勘查作业完毕，及时封填探矿作业遗留的坑洞，采取措施消除安全隐患。

23.2.3　采矿权

采矿权是权利人依法律规定，经国家授权机关批准，在一定范围和一定的时间内，享有开采已经登记注册的矿种及伴生的其他矿产的权利。取得采矿许可证的法人、组织和公民称为采矿权人。采矿权人依法申请登记，取得采矿许可证，就可以在批准的开采范围和期限内开采矿产资源，并获得采出的矿产品。

（1）采矿权人的权利。采矿权人依法享有以下权利：

1）按照采矿许可证规定的开采范围和期限，从事开采活动；

2）自行销售矿产品，但是国务院规定由指定的单位统一收购的矿产品除外；

3）在矿区范围内建设采矿所需的生产和生活设施；

4）根据生产建设的需要依法取得土地使用权；

5）法律、法规规定的其他权利。

（2）采矿权人的义务。采矿权人在享有权利的同时应当履行以下义务：

1）在批准的期限内进行矿山建设或者开采；

2）有效保护、合理开采、综合利用矿产资源；

3）依法缴纳资源税和矿产资源补偿费；

4）遵守国家有关劳动安全、水土保持、土地复垦和环境保护的法律法规；

5）接受地质矿产主管部门和有关主管部门的管理，按照规定填报矿产储量表和矿产资源开发利用情况报告。

（3）采矿许可证的发放。国家对开办国有矿山企业、集体矿山企业、私营矿山企业和个体采矿实行审查批准、颁发采矿许可证制度。国家对提出的采矿申请，通过审批、发证的法定程序，将国家所有的矿产资源交给具体矿山企业经营管理。

23.3 矿权审批与关闭矿山

23.3.1 矿权审批

国家对矿产资源的所有权，是通过对探矿权、采矿权的授予和对勘查、开采矿产资源的监督管理来实现的。因此，任何组织和个人要开采矿产资源，都必须依法登记，依照国家和法律有关规定进行审查、批准，取得采矿许可证后才能取得采矿权。这是矿山企业，从国家获得采矿权所必须履行的法律手续。

（1）审查内容。开办矿业企业的审查内容主要包括：

1）矿区范围；

2）矿山设计；

3）生产技术条件。

（2）审批程序。我国开办矿山企业实行先审批，后登记的原则。

1）审批机构。全民所有制企业兴办的矿山建设项目的审批机构按矿山规模分级划分权限。对全国国民经济有重大影响的矿山建设项目由国务院及其计划部门、矿产工业主管部门审批，对省级地方国民经济有重大影响的地方矿山建设项目，按照国家规定的审批权限，由省、自治区、直辖市人民政府批准。

2）审批内容。全民所有制企业办矿审批的内容主要是《矿山建设项目建议书》、《矿山建设项目可行性研究报告》和《矿山建设项目设计任务书》。

3）审批程序。全民所有制企业办矿必须按照一定的审批程序有计划、有步骤地进行。除国家另有规定者外，不得一边勘探，一边设计，一边施工，一边采矿。审批程序包括以下几项：

①《矿山建设项目建议书》的审批。国务院规定，凡列入长期计划或建设前期工作计划的全民所有制矿山建设项目，应当具备批准的项目建议书。

②《矿山建设项目可行性研究报告》的审批。拟新建或改扩建矿山的企业或主管部门必须按照批准的矿山建设项目建议书组织建设项目的可行性研究，并经审批工作的部门审核批准。

③矿山建设项目复核。在设计任务书形成以前，申请办矿的全民所有制企业或有关主管部门，应当按照矿产资源法规定的采矿登记管理权限，向相应的采矿登记管理机关投送复核文件，即矿产储量审批机构对矿产地质勘查报告的正式审批文件、矿山建设可行性研究报告和审批部门的审查意见书。采矿登记管理机关在收到办矿企业或主管部门投送的文件之日起30日内提出复核意见，并将复核意见转送《矿山建设项目设计任务书》的编制部门和审批部门。编制和审批设计任务书的机关应当采纳采矿登记管理机关的复核意见。在规定期限内，审批机关在没有收到采矿登记管理机关的复核意见之前，不得批准矿山建设项目设计任务书。

④《矿山建设项目设计任务书》的审批。被批准的《矿山建设项目可行性研究报告》和采矿登记管理机关的复核意见是编制和审批《矿山建设项目设计任务书》的依据。办矿企业或主管部门应向国务院授权的有关主管部门办理批准手续。《矿山建设项目设计任务书》由办矿企业主管部门编制，按基本建设规模划分审批权限。对国民经济有重大影

响的矿山建设项目设计任务书由国务院批准；大、中型矿山建设项目设计任务书，由国务院计划部门或其授权的部门审批；小型矿山建设项目设计任务书，由省、自治区、直辖市人民政府计划部门审批。

23.3.2　关闭矿山

矿山（包括露天采场）经过长期生产，因开采矿产资源、已达到设计任务书的要求或者因采矿过程中遇到意外的原因而终止一切采矿活动、并关闭矿山生产系统称为关闭矿山。关闭矿山应具备以下条件：

（1）矿产资源已经地质勘探和生产勘探查清，其地质结论或地质勘探报告已经储量委员会审查批准；

（2）所探明的一切可供开采利用、并应当开采利用的矿产资源已经全部开采利用；

（3）因技术、经济或安全等正常原因而损失的储量，经有关主管部门批准核销；

（4）矿山永久保留的地质、测量、采矿等档案资料收集、整理及归档工作已全部结束；

（5）对采矿破坏的土地、植被等已采取复垦利用、治理污染等措施；

（6）关闭矿山要向有关主管部门提出申请，在矿山闭坑批准书下达之前，矿山企业不得擅自拆除生产设施或毁坏生产系统；

《矿产资源法》第二十一条规定"关闭矿山，必须提出矿山闭坑报告及有关采掘工程、安全隐患、土地复垦利用、环境保护的资料，并按照国家规定报请审查批准。"

（1）矿山闭坑报告及有关资料。矿山闭坑报告，是终止矿山生产和关闭矿山生产系统的申请报告，也是矿山建设、矿山生产发展简史和经验、教训的总结。该报告应由矿山总工程师或技术负责人组织专门人员编写，并在计划开采结束一年前提出。闭坑报告应包括如下内容：

1）储量历年变动情况；

2）采掘工程资料；

3）安全隐患资料；

4）土地复垦利用资料；

5）环境保护资料。

（2）关闭矿山审批规定。关闭矿山实行审批制度，是保护矿产资源的合理开发利用、防止国家人、财、物力的浪费和矿区的环境保护的法律程序，起到加强闭坑的管理和依法监督、防止造成资源的浪费和环境污染的作用。因此，关闭矿山时，除提出闭坑报告和有关资料外，还要履行国家规定报请审查批准的法律手续。具体程序如下：

1）开采结束前一年，向原批准开办的主管部门提出关闭矿山申请，并提交闭坑地质报告；

2）闭坑地质报告经原批准办矿主管部门审核同意后，报地质部门会同储量审批机构批准。

3）闭坑地质报告批准后，采矿权人应当编写关闭矿山报告，报请原批准开办矿山的主管部门会同同级地质矿产主管部门和有关主管部门按照有关行业规定批准。

（3）关闭矿山报告批准后的工作。

1）按照国家有关规定将地质、测量、采矿资料整理归档，并汇交闭坑地质报告、关闭矿山报告及其他有关资料；

2）按照批准的关闭矿山报告，完成有关劳动安全、水土保持、土地复垦和环境保护工作，或者缴清土地复垦和环境保护的有关费用。

3）矿山企业凭关闭矿山报告批准文件和有关部门对完成上述提供的证明，报请原颁发采矿许可证的机关办理采矿许可证注销手续。

23.4　矿产资源的税费管理

23.4.1　矿产资源税

矿产资源税是以矿产资源为征税对象的税种。作为征税对象的矿产资源必须是具有商品属性的资源，即具有使用价值和价值的资源，我国资源税目前主要是就矿产资源进行征税。目前，各国对矿产资源征收税费的名称各异，如地产税、开采税、采矿税、矿区税、矿业税、资源租赁税等，除以税的形式命名外，也有的叫地租缴款、权利金、红利或矿区使用费等。

（1）征收原则。矿产资源税是既体现矿产资源有偿使用，又体现调节矿产资源级差收入，发挥两种调节分配作用的税种。在实际实施中，其主要征收原则为"普遍征收、级差调节"。普遍征收就是对在我国境内开发的纳入资源税征收范围的一切资源征收资源税；级差调节就是运用资源税对因资源条件上客观存在的差别（如自然资源的好坏、贫富、赋存状况、开采条件及分布的地理位置等）而产生的资源级差收入调节。

（2）征税范围。矿产资源税的征收范围应当包括一切开发和利用的国有资源。但考虑到我国开征资源税还缺乏经验，所以，《中华人民共和国资源税暂行条例》第一条规定的资源税征税范围，只包括具有商品属性（也即具有使用价值和价值）的矿产品（原油、天然气、煤炭、金属矿产品和其他非金属矿产品）、盐（海盐原盐、湖盐原盐、井矿盐）等。

（3）税额。矿产资源税应纳税额的计算公式为：应纳税额＝课税数量×单位税额；即资源税的应纳税额等于资源税应税产品的课税数量乘以规定的单位税额标准。

纳税人开采或者生产应税产品销售的，以销售数量为课税数量；纳税人开采或者生产应税产品自用的，以自用数量为课税数量。

资源税实施细则所附《资源税税目税额明细表》和《几个主要品种的矿山资源等级表》，对各品种各等级矿山的单位税额作了明确规定，对《资源税税目税额明细表》未列举名单的纳税人适用的单位税额，由各省、自治区、直辖市人民政府根据纳税人的资源状况，参照《资源税税目税额明细表》中确定的邻近矿山的税额标准，在上下浮动30%的幅度内核定。

（4）纳税时间与地点。纳税人销售应税产品，其纳税义务发生时间为收讫销售款或者索取销售款凭据的当天；自产自用纳税产品，其纳税义务发生时间为移送使用的当天。

纳税人应纳的资源税，向应税产品的开采或者生产所在地税务机关缴纳。纳税人在本省、自治区、直辖市范围内开采或生产应税产品，其纳税地需调整的，由省、自治区、直辖市政府确定。

23.4.2　资源补偿费

在中华人民共和国领域和其他管辖海域开采矿产资源，应当依照《矿产资源补偿费征收管理规定》征收矿产资源补偿费。

矿产资源补偿费按照矿产品销售收入的一定比例计征。企业交纳的矿产资源补偿费列入管理费用。采矿权人对矿产品自行加工的，按照国家规定价格计算销售收入；国家没有规定价格的，按照矿产品的当地市场平均价格计算销售收入。

征收矿产资源补偿费金额 = 矿产品销售收入 × 补偿费率 × 回采率系数

其中，回采率系数 = 核定开采回采率/实际开采回采率；补偿费率为 1% ~ 4%。

征收矿产资源补偿费的部门为：地质矿产部门会同同级财政部门。

矿产资源补偿费纳入国家预算，实行专项管理，主要用于矿产资源勘查。

采矿权人有下列情形之一的，经省政府地质矿产主管部门会同财政部门批准，可免缴补偿费：

（1）从废石（矸石）中回收矿产品的；

（2）按照国家有关规定经批准开采已关闭矿山的非保安残留矿体的；

（3）国务院地质矿产主管部门会同国务院财政部门认定免缴的其他情形。

采矿权人有下列情形之一的，经省政府地质矿产主管部门会同财政部门批准，可减缴补偿费：

1）从尾矿中回收矿产品的；

2）开采未达到工业品位或者未计算储量的低品位矿产资源的；

3）依法开采水体下、建筑物下、交通要道下的矿产资源的；

4）由于执行国家定价，而形成政策性亏损的；

5）国务院地质矿产主管部门会同国务院财政部门认定减缴的其他情形。

复习思考题

23 - 1　何为矿产资源所有权，它的法律特征与主要内容有哪些？

23 - 2　矿业权与矿产资源所有权有什么区别，矿业权是怎么来行使的？

23 - 3　申请取得探矿权或者采矿权，要准备哪些材料和履行哪些手续？

23 - 4　国家对行使探矿权和采矿权的权利人，规定了哪些权利和义务？

23 - 5　申请关闭矿山，一般情况下应该具备什么条件和提交什么资料？

23 - 6　何为资源税，探矿和采矿要缴纳税费吗，缴纳多少，怎么缴纳？

23 - 7　国家规定，在什么情况下可以减少或者免缴矿产资源补偿费？

23 - 8　自办矿山企业，怎样获得采矿许可证和缴纳矿产资源管理费？

参 考 文 献

[1]《采矿手册》编委会．采矿手册［M］．北京：冶金工业出版社，1999.

[2] 张荣立，等．采矿工程设计手册［M］．北京：煤炭工业出版社，2006.

[3] 康静文，等．矿产资源学［M］．北京：煤炭工业出版社，2002.

[4] 王青，等．采矿学［M］．北京：冶金工业出版社，2001.

[5] 张钦礼，等．采矿概论［M］．北京：化学工业出版社，2008.

[6] 东兆星，等．井巷工程［M］．徐州：中国矿业大学出版社，2004.

[7] 刘念苏，等．井巷工程［M］．北京：冶金工业出版社，2011.

[8] 周志鸿，等．地下凿岩设备［M］．北京：冶金工业出版社，2004.

[9] 朱嘉安．采掘机械和运输［M］．北京：冶金工业出版社，2008.

[10] 周爱民．矿山废料胶结充填［M］．北京：冶金工业出版社，2007.

[11] 钟义旃．金属矿床开采［M］．北京：冶金工业出版社，1988.

[12] 孙盛湖，等．砂矿床露天开采［M］．北京：冶金工业出版社，1985.

[13] 文先保．海洋开采［M］．北京：冶金工业出版社，1996.

[14] 王运敏．中国采矿设备手册（上、下册）［M］．北京：科学出版社，2007.

[15] 中国矿业学院．露天采矿手册［M］．北京：煤炭工业出版社，1986.

[16] 王海锋，等．原地浸出采铀井场工艺［M］．北京：冶金工业出版社，2002.

[17] 崔云龙．简明建井工程手册（上、下册）［M］．北京：煤炭工业出版社，2003.

[18] 张志呈．爆破基础理论与设计施工技术［M］．重庆：重庆大学出版社，1990.

[19] 王昌汉，等．矿业微生物与铀铜金属等细菌浸出［M］．长沙：中南大学出版社，2003.

[20] 熊国华，等．无底柱分段崩落采矿法［M］．北京：冶金工业出版社，1988.

[21] 解世俊．金属矿床地下开采［M］．北京：冶金工业出版社，1986.

[22] 王家齐．空场采矿法［M］．北京：冶金工业出版社，1988.

冶金工业出版社部分图书推荐

书　名	作　者	定价（元）
现代金属矿床开采科学技术	古德生　等著	260.00
采矿工程师手册（上、下册）	于润沧　主编	395.00
中国典型爆破工程与技术	汪旭光　等编	260.00
深井硬岩大规模开采理论与技术	李冬青　等著	139.00
地下金属矿山灾害防治技术	宋卫东　等著	75.00
矿山废料胶结充填（第2版）	周爱民　著	48.00
矿山环境工程（第2版）（国规教材）	蒋仲安　主编	39.00
工程爆破（第2版）（国规教材）	翁春林　等编	32.00
地质学（第4版）（国规教材）	徐九华　主编	40.00
采矿学（第2版）（国规教材）	王　青　主编	58.00
矿山安全工程（国规教材）	陈宝智　主编	30.00
矿山充填力学基础（第2版）（本科教材）	蔡嗣经　编著	30.00
高等硬岩采矿学（第2版）（本科教材）	杨　鹏　编著	32.00
矿产资源开发利用与规划（本科教材）	邢立亭　等编	40.00
碎矿与磨矿（第2版）（本科教材）	段希祥　主编	30.00
金属矿床露天开采（本科教材）	陈晓青　主编	28.00
矿井通风与除尘（本科教材）	浑宝炬　等编	25.00
矿山岩石力学（本科教材）	李俊平　主编	49.00
矿冶概论（本科教材）	郭连军　主编	29.00
金属矿山环境保护与安全（高职高专教材）	孙文武　等编	35.00
矿井通风与防尘（高职高专教材）	陈国山　主编	25.00
金属矿地下开采（高职高专教材）	陈国山　等编	39.00
井巷设计与施工（高职高专教材）	李长权　等编	32.00
矿山提升与运输（高职高专教材）	陈国山　主编	39.00
矿山地质（高职高专教材）	刘兴科　主编	39.00
矿山爆破（高职高专教材）	张敢生　主编	29.00
采掘机械（高职高专教材）	苑忠国　主编	38.00
凿岩爆破技术（职业技能培训教材）	刘念苏　主编	45.00
矿山通风与环保（职业技能培训教材）	陈国山　主编	28.00
碎矿与磨矿技术（职业技能培训教材）	杨家文　主编	35.00